U0293648

大气探测学

（第二版）

孙学金　刘西川　赵世军
李　浩　王晓蕾　陆　文　编著

内容简介

本书是一本关于大气探测原理、技术、方法与仪器方面的专业教材，是在第一版的基础上修订的，增删了相关内容。本书共分为17章，内容包括云、能见度、天气现象、气温、湿度、气压、风、降水、辐射、日照、大气电场与大气成分等气象要素的测量原理与方法，自动气象站、无线电探空系统、天气雷达、风廓线雷达、激光气象雷达、气象卫星等探测仪器设备的组成结构与工作原理，主动大气遥感与被动大气遥感原理与方法。各章前均给出了学习指导，各章后均附有习题与思考题以及电子资源二维码，以便帮助学习者加深对书中内容的理解。

本书既注重基本原理、概念的准确严谨，又关注内容的先进性、系统性、完整性，语言简洁，通俗易懂，可作为大气科学及相关学科大气探测学课程的教科书，也可供从事大气探测研究、业务和管理的专业技术人员参考。

图书在版编目（CIP）数据

大气探测学 / 孙学金等编著. -- 2版. -- 北京 ：
气象出版社，2023.6(2024.7重印)
ISBN 978-7-5029-7992-8

Ⅰ. ①大… Ⅱ. ①孙… Ⅲ. ①大气探测 Ⅳ. ①P41

中国国家版本馆CIP数据核字(2023)第113224号

大气探测学
中国大学慕课

大气探测学（第二版）
Daqi Tancexue(Di-er Ban)

出版发行：气象出版社
地　　址：北京市海淀区中关村南大街46号　　邮政编码：100081
电　　话：010-68407112(总编室)　010-68408042(发行部)
网　　址：http://www.qxcbs.com　　E-mail：qxcbs@cma.gov.cn
责任编辑：杨泽彬　张锐锐　刘瑞婷　　终　　审：张　斌
责任校对：张硕杰　　责任技编：赵相宁
封面设计：地大彩印设计中心
印　　刷：三河市百盛印装有限公司
开　　本：720 mm×960 mm　1/16　　印　　张：35
字　　数：700千字　　彩　　插：6
版　　次：2023年6月第1版　　印　　次：2024年7月第2次印刷
定　　价：88.00元

第二版前言

2009年《大气探测学》第一版出版发行后，在国内许多高校、科研院所、生产企业以及气象业务部门得到广泛应用，已印刷7次17400册。十多年来，大气探测已得到了很大发展，一些原先还处于科研阶段的探测技术已成为当今的业务探测手段，如PWV的地基GNSS遥感、温湿廓线的GNSS掩星遥感已实现了业务化，观测资料已成为数值预报模式的重要初始场资料，风廓线雷达、雷电定位系统已实现了全国组网，我国风云三号、风云四号卫星已成为业务气象卫星，我国碳卫星、大气环境监测卫星、云海三号卫星已成功发射，北斗探空测风系统、相干激光测风雷达、双线偏振多普勒天气雷达已研制成功，这些新型技术和系统为大气科学研究和应用提供了更多的精细化的观测资料，促进了大气科学发展和气象服务水平的提高。

本次修订出版，对原书的个别笔误、排版印刷错误和其他不妥之处进行了修订，调整了部分章节结构，改进了插图质量，调整和增加了部分习题，设计了开放性的创新习题和研究性课题，在每章前增加了学习指导，明确了教学目标要求和思想政治要求，对教师“教”和学生“学”提供指导，增加了由军队精品课程教学团队主讲的中国大学MOOC《大气探测学》二维码及每章电子资源二维码链接，供学生课外拓展学习。修订中，在保持原有教材内容体系和特点的基础上，根据近十年来我们教学团队以及国内外的最新研究成果，对部分经典内容进行了精简和更新，增加了地基可见光与红外测云、天气现象自动识别、降水滴谱测量、超声波测风仪、激光测风雷达、双线偏振多普勒天气雷达、气溶胶卫星遥感等内容，对大气电的测量、探空测风比对试验、卫星微波遥感内容进行了更新，为适应气候变化和环境研究的需求，增设了“大气成分的探测”一章，这是对传统大气探测学课程教学内容的首次扩充。

本次修订出版得到了国防科技大学“十四五”精品教材建设计划的资助。全书由孙学金主编并统稿润色，第1章至第3章、第12章、第13章、第15章由孙学金主笔修订，第4章、第9章由刘西川主笔修订，第5章至第8章由王晓蕾主笔修订，第10章和第11章由李浩主笔修订，第14章由赵世军主笔修订，第16章、第17章由陆文、孙学金主笔修订。

大气探测发展日新月异，内容丰富。本书在修订过程中，尽可能兼顾现有观测业务所采用的探测技术和仪器，以及先进的探测技术研究成果的介绍，保持内容体系完整，选材精当，论述严谨，概念阐述清晰，行文简明。与本书配套的有中国大学MOOC课程、学习辅助电子资源（见每章最后一页二维码）以及思想政治教学案例。

本书在编著过程中，参考吸收了大量国内外教材、专著、规范、指南、报告和论文，以及仪器设备手册，在此表示衷心的感谢。本次修订是在第一版基础上进行的，对参与第一版编著工作的张伟星、严卫同事也一并表示感谢。由于参考文献数量较多，未能一一列出，敬请谅解。若有不妥之处，请与作者联系。

希望本书的再版能为大气科学专业学生开展大气科学试验研究以及观测资料分析和应用研究提供所需的基础知识，也为开展大气探测创新研究提供打开大门的钥匙。

限于作者水平，书中疏漏之处在所难免，敬请读者批评。

编著者

2023年春节于南京祥云苑

第一版前言

大气探测学是大气科学的重要分支，是研究获取大气物理和化学性质的原理、技术和方法的一门学科。它是一门涉及大气物理学、气象学、传感器技术、遥感技术、电子技术、无线通信技术和空间技术等多个学科和专业的交叉综合学科。随着数学物理理论和现代科学技术的发展以及大气科学自身发展的需要，大气探测学也在不断地发展中。

该课程是大气科学专业本科生必修的一门专业基础课，多年来一直是我院的主干课程。本书是在我院原有讲义的基础上，参考国内外有关大气探测专著和文献编写而成的。书中在传统大气探测课程讲授内容基础上，增加了云量、能见度、天气现象、降水量的自动测量以及闪电定位、风廓线仪、激光气象雷达和 GNSS 大气遥感等内容，统一了高空风的计算方法，对新的测量仪器以及遥感方法进行了较全面的介绍，分析了各种测量方法和仪器的误差来源。

本书第 1—4 章、第 12 章由孙学金编写、第 5—9 章由王晓蕾编写、第 10 章和第 11 章由李浩编写、第 13 章和第 14 章由张伟星编写、第 15 章和第 16 章由严卫编写，最后由孙学金统稿，王林斌、赵世军等参与了部分文字整理工作，余鹏参与了插图绘制工作，胡明宝提供了部分典型雷达回波图。本书编写得到了解放军理工大学气象学院、探测与信息工程系各级领导和机关的支持，以及林国安和探测工程教研室同事的有益建议，我们在此一并表示感谢。

在本书编写过程中，曾参考了国内外出版的教材、专著、规范、指南和厂家的设备手册以及最新的文献资料，书后列出了这些著作，在此向上述作者们表示衷心的感谢。

由于大气探测学内容广泛，且处于不断发展变化中，特别是现代大气遥感内容非常丰富，因此在教材内容组织中很难全覆盖，疏漏在所难免，请读者给予批评指正。

编者

2009 年 4 月

第一版前言

目　录

第1章 绪 论

【学习指导】

1. 熟悉大气探测概念、技术与方法特点；

2. 了解大气探测学在大气科学学科中的地位、作用和研究内容；

3. 了解大气探测学发展历史、现状和趋势，树立历史发展观；

4. 熟悉大气探测特点和"三性"要求。

1.1 大气探测与大气探测学

大气探测，是从气象观测概念演化而来的。由于劳动和生活的需要，人们很早以前就开始观察发生在大气中的云雨、风雷、干湿、冷暖等现象，这种对表征大气状态的气象要素、天气现象及其变化过程开展的个别或系统的、连续的观察和测量，并对获得的记录进行整理的过程，称之为气象观测（林晔 等，1993）。后来，随着探测仪器的发明创造，现代探测技术的应用，不仅对大气的物理性质和现象进行观测，还对大气组成成分及化学过程进行观测，从而演化成了大气探测概念，即对地球大气的物理和化学性质及其变化过程进行系统的、连续的观察和测量。大气探测所获取的资料是开展天气预报、气候分析、科学研究以及生产生活和国防安全服务的重要基础。对观察和测量地球大气物理与化学性质及其变化过程的原理、技术和方法的研究总结，形成了大气科学的重要基础分支学科——大气探测学（赵柏林 等，1987）。

大气探测学的发展是建立在现代科学技术基础上的。大气探测学是一门涉及数学、物理学、大气物理、电子技术、遥感科学与技术、光学工程、信息与通信工程、航空与航天技术、计算机技术等多学科交叉融合的独立学科，理论性、工程性、实践性、综合性强。现代科学技术的每一次进步均促进了大气探测的发展，也给大气科学提供了发展动力。今天对气团、锋面、大气长波、高空急流、台风结构、雷暴结构等天气系统和大气现象的认识，均是依赖于每一次探测技术的进步，而目前对中小尺度天气系统的监测预警则更是依赖于多普勒天气雷达、风廓线雷达等现代大气探测手段。可以说，大气探测的发展水平是大气科学发展水平的一个重要标尺。大气探测学是大气科学中重要的基础性学科分支，处于大气科学发展的前沿，是推动大气科学发展的源动力。

1.1.1 大气探测技术与方法

随着科学技术的发展,开展大气探测的技术与方法也是多种多样的。

按照探测方式,大气探测分为目测、原位测量与大气遥感。原位测量与大气遥感都是采用仪器进行测量的,又统称为器测。

目测,是指凭借目力或借助辅助仪器对大气进行的观测,主要由观测员用肉眼凭借经验进行观测,获取的资料主要以定性为主。长期以来,云、天气现象、能见度主要以目测的方式进行,目前,能见度已基本实现器测,云、天气现象的器测化仍在发展中。

原位测量,是指利用探测仪器(传感器)对其所在位置处的大气状态及其变化过程进行的探测。特点是所测参数是位于探测仪器(传感器)所在空间内或与其直接接触的大气的参数。原位测量按照仪器(传感器)探测原理又可分为两类:一类是利用探测仪器(传感器)感应元件的物理、化学特性受大气作用而产生变化,将气象要素的测量转化为感应元件物理、化学特性的测量,称为原位直接测量。如玻璃液体温度表,它是利用水银的热胀冷缩效应,通过水银柱的长度变化受温度影响来测量气温的。另一类是探测仪器(传感器)直接测量的物理量需要通过与大气特性有关的数学模型才能转换为所需测量的气象要素,称为原位间接测量。如散射式能见度仪,它是通过测量散射光强,然后通过与大气特性有关的数学模型计算出能见度的。由于原位测量时,被测大气位于探测仪器空间范围内或与之直接接触,因而探测仪器就干扰了原有大气的状态,研究干扰后的测量值是否代表被干扰前的实际大气状态是大气探测学的重要研究内容。光电技术的发展和探测需求的增加,原位间接测量技术正处于迅速发展中。原位测量方式已发展成一种遥测方式,即探测仪器(传感器)与用户终端之间具有一定的距离,探测结果通过有线或无线通信的方式传递给用户。无线电探空仪、自动气象站探测温压湿风的方式均属于遥测方式。

大气遥感,是指利用接收穿过大气的电磁波、声波等波动信号对远距离大气状态及其变化过程进行的探测。特点是被测大气远离探测仪器(遥感器),利用的信息源是波动信号。利用天气雷达探测远距离处降水强度的方式属于遥感方式。由于遥感仪器不对被测大气产生干扰,因而其测量结果代表了原有大气的特性,但是由于从测量的波动信号中反演气象要素值的方法存在着诸多不确定,因而遥感反演结果仍然存在着是否代表真实大气状况的问题。大气遥感采用的是间接测量技术,需要从测量的波动信号的强度、相位、极化等信息中反演出相应的气象要素,反演的数学模型与大气特性有关。大气遥感利用的波动信号源有两种:一种是自然源,一种是人工源。按照利用的波动信号源性质不同,大气遥感又分为主动大气遥感和被动大气遥感。若波动信号为人工发射的信号,如人工发射的无线电波、微波、声波、激光等,则称为主动式大气遥感。天气雷达、声雷达、激光雷达等是最常见的主动遥感仪器，它们既发射电磁波或声波、光波信号，也接收相应的波动信号。若波动信号为自然界发射的信号，如太阳发射的辐射、大气发射的辐射、雷电产生的电磁波、声波、光波等，则称为被动式大气遥感。微波辐射计、红外辐射计、可见光辐射计等是常见的被动遥感仪器，它们只接收不同波段的辐射而不发射相应的辐射信号。按照采用的波动信号特性的不同，大气遥感可分为可见光遥感、红外遥感、微波遥感、激光遥感、声波遥感等。研究电磁波、声波等波动信号发射技术、测量技术，波动信号在大气中的发射、散射、吸收、折射、反射、频移、极化等规律以及从测量的波动信号强度、相位、极化等信息中反演气象要素的方法是现代大气探测学重要的研究内容。

按照探测范围，大气探测分为地面气象观测和高空气象探测。

地面气象观测，是指在地面上以目力或仪器对近地面层的大气状况和天气现象进行的观测。通常观测的项目有云、能见度、天气现象、温度、湿度、气压、风、降水、积雪、蒸发、辐射能、日照时数、电线积冰等。虽然云是发生在空中的大气现象，由于历史的原因，通常把它也归入到地面气象观测的项目中。

高空气象探测，是指对自由大气气象要素的探测。高空气象探测，通常利用无线电探空仪、气球、气象飞机、气象火箭、气象卫星、气象雷达等探测仪器和平台设备进行探测。常规高空气象探测，通常是指利用气球携带无线电探空仪对空中气温、湿度、气压和风进行的探测，其最大探测高度一般为 35 km，又称为无线电探空探测。一般又把 35 km 以上的高空气象探测，称为中高层大气探测。

按照传感器所处位置的不同，大气探测分为地基探测、空基探测和天基探测（中国气象局，2004）。

传感器位于地球表面对大气进行的探测，称为地基探测。地面观测场、海面船只、海上浮标、移动的汽车均可作为地基探测平台。地基探测具有持续时间长、时间分辨率高的优点，但局限于探测站点附近及空中，探测范围有限。传感器位于大气层中对大气进行的探测，称为空基探测。可作为空基探测平台的有飞机、气球、飞艇等。空基探测可对大气进行区域范围的垂直探测、立体探测，但由于平台在空中运行时间受限，空基探测一般持续时间短，探测范围有限。传感器位于大气层外对大气从上向下进行的探测，称为天基探测。人造地球卫星、空间站、宇宙飞船等是重要的天基探测平台，这些平台运行在大气层外。天基探测可对全球大气进行探测，探测范围广、持续时间长。通过天基探测，全球云系分布一目了然，台风云系结构清晰可见。

按照探测时间，大气探测分为定时观测和不定时观测。

定时观测是指每日在固定的时次进行的观测。世界气象组织又把定时观测分为基本天气观测和辅助天气观测。由指定测站所组成的观测网在世界时 00、06、12、18 时所进行的天气观测，为基本天气观测。由指定测站所组成的观测网在世界时 03、09、15、21 时所进行的天气观测，称为辅助天气观测。基本天气观测和辅助天气观测均参与全球气象资料的交换。为了特殊的目的,定时观测的时次还可以进一步加密,例如,可缩短为每小时观测一次。不定时观测,又叫补充观测,是指在规定时刻以外,为满足某种专门需要而增加的气象观测。例如,为监测强降水而增加的降水观测,为保障飞机起飞和降落,在机场对云、能见度等进行的补充观测。

根据探测资料用途分,大气探测可分为天气观测、气候观测和专业气象观测。天气观测主要是为天气预报、灾害性天气预警所开展的气象观测。气候观测则是为气候业务和气候变化分析所开展的气象观测,需要获取长时间序列的观测资料,并对影响地球气候变化的各圈层及其相互作用进行观测。专业气象观测则是各种对气象条件高度敏感的行业所开展的专门气象观测,如航空气象观测、农业气象观测、交通气象观测以及军事气象观测等。

综合利用人工目测、原位测量与大气遥感方式,以及地基、空基、天基探测平台,组建世界天气监测网、全球气候观测系统以及专业性气象观测网,对从近地面到大气层顶的全球三维大气层进行定时与不定时综合观测是现代大气探测的重要特点。

1.1.2 大气探测学研究内容

大气探测学的研究对象是大气,采用的研究方法主要有理论研究、实验研究、模拟研究和野外观测等方法。

大气探测学是对探测原理、探测技术与探测方法的研究总结。

探测原理,即探测地球大气物理和化学特性及其变化过程的基础理论。每一种探测仪器的发明创造、探测方法的改进均是建立在一定的理论基础之上的,探测原理的研究为创新探测技术与方法提供了源泉,是大气探测学研究的基础内容。

探测技术,即实现探测的手段,核心是探测仪器。研究适应复杂恶劣环境、具有长期稳定性、准确性和灵敏度的探测仪器的各种技术,包括探测仪器的设计制造技术、环境适应性技术、测试技术、定标校准技术等是大气探测学研究的主要内容。

探测方法,即人工目测或使用仪器开展气象要素探测的方法,包括人工判别方法、探测仪器的安置方法、防护方法、探测信息处理方法、探测资料质量控制方法、探测资料整理方法、探测资料应用方法以及探测网的构建方法等。对探测方法的研究形成了一套具有约束力的规范、技术标准和指南,如中国气象局制定的《地面气象观测规范》,世界气象组织(WMO)出版的《气象仪器与观测方法指南》等,各仪器生产制造商、各地的气象观测机构和人员均要按照这些规范、指南进行工作。

每一种探测方式,均涉及探测原理、技术与方法。对于玻璃液体温度表测温来说,物体的热胀冷缩理论与热平衡理论为制造和采用玻璃液体温度表测量气温提供了理论基础,玻璃液体温度表的研制为实现这一测温方式提供了技术保障,而对温度表的安置方法、防护方法、资料处理方法等进行的研究,则为用玻璃液体温度表测量出具有准确性、代表性、比较性的气温提供了方法保证。对于温度红外被动遥感来说，探测原理是物体的热辐射定律和大气辐射传输理论，探测技术是红外辐射计，探测方法是从辐亮度反演温度的算法。热辐射定律和大气辐射传输理论为建立辐亮度与温度之间的关系提供了理论基础，红外辐射计为实现红外辐射的准确测量提供了技术保障，而反演算法则解决了从辐亮度反演温度的方法途径，缺一不可。

大气探测学的研究内容包括：研究全球观测系统建立的原理、技术和方法，以便获得有代表性的全球三维空间分布的气象观测资料；研究利用探测仪器与设备开展大气探测需要遵循的原则和方法，制定大气探测技术规范，使探测方法统一和标准化，确保气象观测资料具有可比较性；研究探测仪器(传感器)测试、校准和相互比对的原理、技术与方法，确保测量结果的准确性。

1. 全球观测系统

一个比较完整的现代化的全球观测系统，由探测平台、探测仪器、通信系统和资料处理系统四部分组成。

探测平台是观测系统的基础。探测平台的建立与观测网的建立有关，不同的观测网需要有不同的探测平台。组建地面气象观测网时，作为地基探测平台的地面观测场位置的选择很重要，应选择在对观测地点周围具有代表性的位置；组建卫星监测网时，为了保证获得全球分布的具有一定时间分辨率的卫星资料，应在全球布设分布合理、轨道不同的卫星平台；组建天气雷达观测网时，则要考虑到天气雷达的有效探测距离，确保网内所有地区能被雷达探测范围所覆盖。建立好适当的探测平台后，探测仪器的安装也是探测平台必须考虑的问题，应确保探测仪器能取得具有代表性的资料。

探测仪器是观测系统的核心。现代化的观测系统应采用先进的探测仪器，既具有很高的灵敏度、准确度和很大的动态范围，又具有长期稳定可靠的探测性能，适应各种复杂和恶劣的环境条件。探测仪器的发明创造是大气探测学研究的核心内容。探测仪器的设计还要考虑到适应不同探测平台的需要，在移动平台上的探测仪器，则要比固定平台上的探测仪器更要考虑到适应不同运输条件的性能。在天基探测平台上的仪器则需要考虑高能粒子、真空环境等对仪器性能的影响。

通信系统是现代观测系统的纽带。为了保证分布于全球各地的气象观测资料能实时地汇聚起来，需要高速有效的通信系统的支撑。目前全球已建立起由多种通信技术组成的连接世界气象中心、区域气象中心、国家和地区气象中心的通信系统。

资料处理系统是现代观测系统不可缺少的组成部分。现代化的观测系统所获取的信息量巨大，为了能有效地利用各类气象观测资料，供天气预报、气候分析和各种服务使用，必须建立高速的计算机资料处理系统，对各类资料进行分类处理。在全球的世界气象中心、区域气象中心、国家气象中心以及各级气象业务中心均建立有高效的资料处理系统。

2. 大气探测技术规范

研究和制定大气探测技术规范一直是大气探测学研究的重要内容之一。为了促进气象观测的标准化和确保始终如一地公布观测资料和统计结果,WMO一直重视大气探测技术的规范工作,成立了仪器与观测方法委员会(CIMO),在世界气象大会上,通过一些重要技术规则,制定各成员国必须遵循的各种气象实践和程序,使得观测更准确一致和可追溯,这些规则均被写进世界气象组织的出版物《气象仪器与观测方法指南》(简称《指南》)中。该《指南》自1954年出版第一版以来,随着探测项目的不断增加和探测技术的改进,到2006年已修订出版了第七版,内容从第一版的12章增加到第七版的34章,其后分别于2008年、2012年分别对其进行了更新。2018年以后,世界气象组织出版了最新的2018版《仪器与观测方法指南》,删除了原先书名中的"气象"两字,使其也能适用于其他相关领域(WMO,2018)。《指南》2018版共分为5卷40章:第一卷介绍各种气象参量的测量要求、技术与方法,包括17章,涵盖气温、气压、湿度、地面风、降水、辐射、日照、能见度、蒸发、土壤湿度、高空风、高空压温湿、天气现象与地表状态、云、大气成分的观测与测量;第二卷介绍冰冻圈参量的测量,主要是与雪和冰有关参量的测量;第三卷介绍观测系统,包括自动气象站、航空气象站、飞机观测、海洋观测、特种廓线测量技术、火箭探测技术、雷电电磁定位技术、雷达观测、气球技术、城市观测和路面气象测量技术等;第四卷介绍天基观测,内容包括天基观测原理、遥感仪器、卫星计划、地球物理参数的天基观测、校准与真实性检验以及频谱保护等相关内容;第五卷介绍观测系统的质量保证与管理,包括质量管理、气象参量的采样、数据处理、测试校准与比对、仪器专家的训练等。

我国气象业务管理部门于1955年出版了第一版《地面气象观测规范》以规范地面气象观测工作,1979年进行了修订;为了适应自动气象站技术的发展,1999年开始制定了适应自动气象站设备的观测规范,并于2003年对自动观测方式和人工观测方式进行了统一,制定了新的《地面气象观测规范》;先后还制定了高空气象探测规范、天气雷达探测规范等一系列标准和法规性文件,以便对气象观测工作进行统一要求,取得具有准确性、代表性、比较性的观测资料。军队和民航气象部门结合行业特点也制定了相应的气象观测规范。

3. 气象仪器的测试、校准和相互比对

气象仪器的测试、校准和相互比对技术与方法的研究一直是大气探测学研究的重要内容。气象仪器测量结果的准确与否与仪器本身的性能有很大的关系,要确保仪器的性能符合规定的要求,获得有效准确的观测数据,应对仪器进行相应的测试、校准和相互比对。通过测试、校准和相互比对,可以了解传感器或测量系统的准确度以及对测量结果产生的影响;同时还可以了解当传感器或测量系统的布设位置发生变化时,测量数据会有何种变化或偏移,以及当更换传感器或测量系统时,会对相同的气象要素的测量数据产生何种变化或偏移(WMO,2008)。

对传感器和测量系统进行测试是为了获得它们在规定条件下使用时的性能资料。测试包括环境测试、电或电磁干扰测试以及功能测试等。

传感器或测量系统的校准是确定测量数据有效性的第一步。校准的目的是将仪器与已知的标准器进行比对,以确定仪器在预期运行范围内的输出与标准器的吻合程度。实验室校准结果只能反映仪器的静态性能,与仪器野外使用中的性能有时并不一致。连续几次校准的情况可以提供对仪器性能稳定性的参考。

校准是一组操作,是指在特定条件下,建立测量仪器或测量系统的指示值与相应的被测量(即需要测量的量)的已知值之间的关系,主要是确定传感器或测量系统的偏差或平均偏差、随机误差、是否存在任何阈值或非线性响应区域、分辨率和滞差等。滞差是通过校准时使传感器在其使用范围内进行循环测试后确定的。校准结果有时可以用一个校准系数或一系列校准系数表示,也可以采用校准表或校准曲线的形式表示。校准结果通常记录在校准证书上或校准报告中。

校准证书或校准报告可以确定系统偏差值,这种偏差可以通过机械的、电学的或软件的调试方式来消除。随机误差是不可重复的,也是不能消除的,但是它能够通过在校准时采用足够次数的重复测量和统计方法加以确定。

仪器或测量系统的校准通常都是与一个或多个标准器进行比对完成的。气象仪器的校准通常是在拥有合适的测量标准器和校准装置的实验室进行。根据国际标准化组织(ISO)的定义,标准器可分基准、二级标准、国际标准、国家标准、工作标准、传递标准、移运式标准等。基准设置在重要的国际机构或国家机构中。二级标准通常设置在主要的校准实验室中,不宜在野外场地使用。工作标准通常是经过用二级标准校准的实验室仪器。工作标准可以在野外场地作为传递标准使用。传递标准既可用于实验室也可在野外场地使用。校准装置是产生校准用环境的装置。

基准(或一级标准)(primary standard):具有最高的计量学性质的标准器,其量值可以被接受而无须参照其他标准器。

二级标准(secondary standard):其值是通过与基准进行比对而认定的标准器。

国际标准(international standard):经国际协议承认的标准器,在国际上作为对有关量的其他标准器定值的依据。

国家标准(national standard):经国家承认的标准器,在一个国家内作为对有关量的其他标准器定值的依据。

参考标准(reference standard):适用在给定地点或在给定机构内,通常具有最高的计量学性质的标准器,在该处所做的测量均由此标准器导出。

工作标准(working standard):日常用于校准或核查测量仪器的标准器。

传递标准(transfer standard):标准器进行比较时用作媒介的标准器。

移运式标准(travelling standard):可运输到不同地点使用的标准器,有时具有特殊结构。

为了保证溯源性，校准实验室由有关的国家机构予以授权和认可。校准实验室要保持测量标准器所必需的品质和保持这些标准器的溯源性的记录。经过授权和认可的实验室才可以颁发内容含有对校准准确性评估的校准证书。

仪器与观测系统的相互比对，对于建立兼容性资料集是很重要的。所有的相互比对均应周密计划和认真实施，以保证每种气象参量的测量均能具有适当的一致的质量水平。有多种气象参量是不能直接用计量标准器进行比较的，也不能用绝对参考量进行比较，例如，能见度、云底高度和降水。对于这几种气象参量而言，相互比对则显得非常重要。

仪器或观测系统的比对与评价可以按照不同级别进行组织与实施，如国际比对、区域比对、多边的和双边的比对以及国家级的比对。由于气象测量进行国际比对的重要性，世界气象组织经常组织各种仪器的国际比对和区域比对，并且制定了相应的规则以使协调有效而且有保证。

1.2 大气探测学发展简史和趋势

大气探测学是由人们在长期观察和测量气象要素与天气现象的过程中发展起来的一门学科，也是随着科学技术的进步不断发展的一门学科，具有悠久的历史和广阔的发展情景。大气探测学的发展历程以探测仪器的发明创造为重要标志。

1.2.1 发展简史

由于劳动和生活的需要，人们很早以前就对发生在大气中的云、雨、风、雷、干、湿、冷、暖等现象进行观察，并根据某些征兆做出对天气的经验性预测。随着科学技术的发展，这种定性的目力观测逐渐发展到用仪器来进行定量的测量。其发展过程大致经历了四个主要阶段(林晔 等，1993)。

1. 萌芽发展阶段

在16世纪以前，人们对于大气的认识主要停留在目力和定性的观察上，通过不断对经验的总结产生了各种谚语，用于对天气的预测。这个时期也发明了一些气象仪器，如我国古代劳动人民发明的相风乌、铜凤凰、天池盆测雨器、天平式湿度计等，但主要还是以目力和定性观察为主，仪器观测为辅，观测资料是零散的、定性的。

2. 地面气象仪器观测发展阶段

地面气象观测发展阶段是从1593年伽利略发明气体温度表开始的。在这个阶段，随着物理学的发展，一系列的气象观测仪器被发明出来，如1643年托里拆利发明了水银气压表；1783年瑞士人德·索修尔发明了毛发湿度表。从此以后，一些主要的气象要素才开始有了仪器的连续观测记录。在这个阶段，仪器观测的项目逐渐增多，观测站也逐渐增加，并逐渐将各地的气象资料集中到一起进行分析，形成了有组织的地面气象观测网。1902—1915 年，拉马契克在欧洲建立的第一个气象观测网，标志着地面气象观测发展阶段的成熟，使得人们第一次认识到大气的水平分布特点，提出了气团的概念。

3. 高空气象探测发展阶段

从 18 世纪末开始，人们利用风筝、气球等对高空大气进行探测，但直到 20 世纪初，随着无线电技术的发展，一些先进国家，如法国、德国、芬兰、苏联等，先后开始研制无线电探空仪，才发展了现代的高空气象探测技术。1919 年法国人巴洛第一次作无线电探空仪施放，这标志着大气探测技术进入了高空气象探测发展阶段，从而使得人们对大气的垂直结构有了认识，从平面二维发展到空间三维，提出了气旋、锋面、大气波动等概念。20 世纪 40 年代中期，气象火箭探测技术又进一步把探测高度从二三十千米提高到一百千米左右。

4. 大气遥感发展阶段

20 世纪 40 年代初，第二次世界大战期间，在应用雷达进行敌机预警探测时，发现降水对飞机探测有较强的干扰，为了消除降水干扰回波，开展了降水回波的研究，并将雷达技术应用到降水目标的探测中来，研制了专用气象雷达。这标志着大气探测进入到了大气遥感发展阶段。在这个阶段，各种遥感设备应用于大气探测中，天气雷达、声雷达、风廓线雷达、激光雷达、红外辐射仪、微波辐射仪等均被发明并应用到大气探测中。1960 年 4 月美国成功发射第一颗气象卫星泰罗斯-1号，开始了人类利用人造卫星遥感探测大气特性的新方法。遥感设备的应用，使人们获得了时空分辨率更高的观测资料，对于大气的认识产生了新的飞跃，大气科学也进入了一个新的发展阶段。

一部天气雷达可以对数百千米范围内的雷暴中降水分布及其结构进行连续性探测，人们可以利用它进行龙卷的预报；利用静止气象卫星很容易地监测几千千米尺度的台风结构以及变化移动情况，对台风移动和强度做出预报。这些均是在天气雷达、气象卫星发明之前很难做到的事情。

1.2.2　发展现状

随着科学技术的发展，大气探测取得了显著的发展，主要表现在探测能力显著增强，自动化水平迅速提高，观测方法、观测网的设计和观测工具的配合得到重视，各种探测技术并存，各取所长，综合利用（张庆阳 等，2003；WMO，2018）。

1. 传感器与测量仪器

随着科学技术的发展，目前各种气象要素测量仪器的性能均得到长足的发展。在气象测量中，铂电阻温度传感器已基本取代应用了 400 多年的玻璃液体温度表，其测量误差不超过±0.2 ℃。铂电阻通风干湿表、湿敏电容传感器、冷镜式露点仪也已成为湿度测量的主要仪器。但是由于湿度测量的复杂性，目前湿敏电容传感器的相对湿度(RH)测量准确度在0 ℃以上只能达到3%～5%,在0 ℃以下为5%～8%,在低温条件下其测量准确度虽然高于铂电阻通风干湿表,但在5 ℃以上时要比铂电阻通风干湿表低。目前为了减小测温误差,主要问题已不在温度测量传感器和仪器本身上,而是在于对温度敏感元件的通风和防辐射设备设计上;而对于测湿传感器来说,问题主要集中在提高低温、低湿下的测量性能。

利用振筒传感器制成的振筒气压仪已替代水银气压表被用于气压日常业务测量,从而解决了长期的汞污染问题。体积更小、耗电更低的硅压阻传感器、硅电容气压传感已被用于广泛应用。

由碳纤维制成的高强度风杯、风向标以及采用计数和编码方式的风速、风向转换器已替换了滞后和阻尼特性不能满足世界气象组织要求的电接风向风速计和电传风向风速仪。超声测风仪已研制成功并得到应用,由于没有转动部件,解决了结冰情况下的测风问题,也大大提高了抗风和冰雹等自然灾害的能力。

翻斗雨量计、称重式雨雪量计已普遍应用于降水量自动测量中,取代了降水量的人工观测。目前在进一步提高其测量性能的基础上,又研制出了新型的光电雨强计、感雨器和雨雪量计等。

测量总辐射、长波辐射、短波辐射的各种辐射表已广泛应用于辐射测量中,测量准确度得到了大大提高。短波辐射的测量准确度达到1%～2%,长波辐射的测量准确度达到2 $W \cdot m^{-2}$。人们还研制成功了自动跟踪太阳的直接日射表和太阳光度计。

利用先进的电子技术和全球卫星导航技术(GNSS)研制的GPS探空仪、北斗探空仪已被用于高空气象探测业务中,替代了长期使用的机械式电码探空仪。与电子数字探空仪配套的L波段二次测风雷达、无线电经纬仪已成为主要的高空气象探测设备。

天气雷达已从模拟型发展成数字型,并从降水强度定性测量的模拟天气雷达发展到降水强度定量测量、降水区风场探测和降水粒子性质测量的数字化多普勒天气雷达、双偏振天气雷达等。

风廓线雷达也已从研究设备发展成为业务使用设备。各种类型的边界层风廓线雷达、对流层风廓线雷达、平流层风廓线雷达均已研制成功,并被应用到大气风廓线的连续监测中,为研究大气运动提供了实时连续的风场资料。

激光技术应用到大气监测中后,已成功地研制出多种类型的激光气象雷达,激光云幂仪已被广泛应用于国际机场测量云底高,相干型多普勒激光测风雷达也开始应用于风切变的监测。

气象卫星遥感仪器已从最初的成像辐射仪发展到谱分辨率高于1 cm^{-1}的高光谱分辨率辐射计,形成了图谱合一的辐射遥感仪器,卫星遥感资料已是数值天气预报模式主要的同化资料。主动遥感设备,如降水雷达、激光雷达、合成孔径雷达等已装载到卫星上,使得气象卫星的作用得到增强。

地基GNSS可降水量探测技术、GNSS掩星遥感技术已成为重要的观测业务,

GNSS掩星遥感获得的温湿廓线数据大大提高了无线电探空资料的时空密度，成为现代数值天气预报模式的重要资料。

2. 全球观测系统

从发明第一支温度表以来，经过400多年的发展，目前已在全球范围内建成了由多种手段组成的全球观测系统(GOS)，它由地基观测子系统、高空观测子系统、海洋观测子系统、卫星观测子系统、飞机观测子系统和天气雷达观测子系统等组成。

全球陆地上大约有11000个地面气象观测站，其中4000个为基本天气观测站，每3 h，甚至每小时向全球交换观测资料。全球约有1300个无线电探空站，其中有2/3的台站每天在世界时00时和12时对30 km以下的高空大气进行探测。另外，在海洋上约有15条船开展自动船载无线电探空观测，有大约1200个浮标、400个船舶观测站提供海面温度、海面气压观测资料。与国际民航组织合作，有超过3000架次的飞机开展航线气压、风、温度、湿度和湍流的观测，每天可提供超过300000个观测数据。

自从20世纪50年代以来，天气雷达已被应用于降水粒子的探测和降水率的测量，多普勒天气雷达已广泛应用于国家和区域观测网。

除了地基和空基观测系统外，目前还建成了由业务极轨卫星和业务静止卫星以及其他研究试验卫星组成的全球卫星观测子系统。

截至2022年，中国已经建立了7万多个地面自动气象观测站，120个高空气象观测站，236个新一代天气雷达站，45个风廓线雷达站，以及7颗在轨运行的风云气象卫星。此外，还建设有全国闪电定位系统、GPS/MET观测网，形成了地基、空基、天基相结合、门类较为齐全、技术先进的综合气象观测系统。

1.2.3 发展趋势

经过400多年的发展，大气探测经历了从人工定性观测向二维平面观测、三维立体观测、大气遥感的三次飞跃，每一次飞跃均促进了大气科学的发展。进入21世纪后，大气探测技术发展迅速，随着新型材料、电子信息以及人工智能等现代高新技术的发展，可以预测到，在未来15～20年内，大气探测整体上呈现综合观测发展趋势，并具有以下几个特点(王强，2012；《中国气象百科全书》总编委会，2019)：

1. 自动化

以自动气象站、无人值守天气雷达、自动放球探空系统等一批为代表的自动化观测设备已应用到气象观测业务中，随着探测仪器性能的进一步提高，气象观测的自动化水平也越来越高，应用范围也越来越广。常规气象要素和云、能见度、天气现象等传统人工观测项目实现自动化观测，将释放出更多的人力资源，提高观测资料的时空分辨率。

2. 智能化

长期以来云、天气现象主要采用人工目测,随着人工智能技术的应用,云、天气现象的智能化识别准确性将会大大提高。同时,随着海量的雷达、卫星等多源观测资料的获取,采用人工智能技术进行数据处理,并应用于专业服务和预测预警,将成为未来重要发展的方向。

3. 精细化

随着科学技术的发展,现代大气探测技术突飞猛进,并建立了先进的全球观测系统,但与精细化气象预报与服务需求相比,观测资料的空间范围、时间分辨率、空间分辨率,不同观测手段获取的同一气象要素的时空同步性和准确度仍然存在较大差距,针对中小尺度天气系统的精细化观测与多源数据融合同化处理将成为重要发展方向。

4. 协同化

地球气候系统的变化,不仅与大气圈有关,还与水圈、冰雪圈、岩石圈、生物圈以及近地空间相联系,为了更好地理解地球气候系统的变化,大气探测将朝着与地球系统各圈层以及近地空间的协同观测方向发展。

1.3 大气探测特点与要求

1.3.1 大气探测特点

由于大气探测是对地球大气整体状态和运动变化规律进行探测的,是在野外自然环境下进行的,因而具有如下三个特点。

一是大气探测是动态测量过程。这是由于气象要素是不断随时间变化的,而不是一成不变的,因此大气探测是一动态测量过程,仪器的动态响应特性是需要考虑的重要因素,应根据不同的研究现象采用不同响应特性的仪器进行连续测量。

二是大气探测是采样测量。由于地形地貌影响,气象要素空间分布差异大,但是又难以对整个地球大气做高空间分辨率的精细化测量,因此只能在大气中布置一些观测点并在一定的时间间隔进行采样测量,或者对一定空间内的大气进行平均测量,这就产生了测量结果的代表性的问题,应针对不同的研究现象采用不同时间、空间采样分辨率。

三是测量仪器性能受环境影响。由于大气探测需要长时间野外进行,受降水、沙尘、雾霾、日射等影响,而在长时间内气温、湿度、气压、风等气象要素变化大,气候环境条件恶劣,因而测量仪器受环境影响容易损坏或性能发生改变,从而引起测量结果的准确性随时间变化,这就需要在探测过程中考虑如何减小环境对测量结果的影响问题,需要经常定期地对测量仪器进行定标校准处理。

因此，大气探测是一项复杂的动态测量工作，不同于实验室内的对一般物理量的静态测量。

正是由于大气探测的这些特点，并且地球大气是一个整体，相互影响，因此为了使得各观测站点不同时间的观测资料能用于分析地球大气的整体状态和运动变化规律，这就对大气探测提出了“代表性、准确性和比较性”的要求，即所谓“三性”要求(张霭琛 等，2015)。

1.3.2 大气探测要求

1.3.2.1 代表性

所谓代表性，就是指气象测量值应能代表测站周围较大区域范围内的或一段时间内的平均状况。严格地讲，代表性是指某空(时)间范围里的一组测量值，反映相同的或不同的空(时)间范围里实际状况的程度。这种时空范围，是按照具体应用情况所定出的尺度。例如对于中小尺度的观测，其所代表的范围应比天气尺度的观测要小些。

按照这个定义，代表性包含了两层含义，即空间代表性和时间代表性。

空间代表性，是指点对点、点对平面以至点对空间的代表性程度。就是一个点的观测值能代表多大空间范围大气状况的问题。空间代表性的要求，重点是对观测场地选择和设置的要求。空间代表性范围大小要根据观测结果的应用目的而定。对于天气分析来说，观测值应能代表观测站点周围 100 km 的区域，但是对于小尺度或局地应用来说，如航空服务来说，10 km 或更小的区域就可以了。

因为大气探测的站点总是少数，这就要求站点的地形、地貌要具有代表性，气候特征要具有代表性，环境状态要具有代表性，并尽可能避免恶劣环境的干扰和影响。

时间代表性，是指一个点在给定时段内的观测值对该点不同时段或另一时段被测量值的代表性程度。例如，在 12 时前 1 min 平均观测值，对于 12 时前 10 min 内的大气状况有多大的代表性，或者对于 01 时前 1 min 内的大气状况有多大的代表性。

在湍流大气中，由于气象要素变化很快，因此在某一点某一时刻的瞬时测量值，不能反映一定范围或时段的大气特征，只有在一定时段的平均值才能反映区域内若干点同时测量的区域平均值。因此在测量中，我们总是取一定时段的平均值作为测量值。至于平均时段的长短，平均的次数，则需要根据所研究的大气现象和应用目的而定。通常，对于天气分析而言，气温、湿度、气压平均时长一般为 1 min，风向风速的平均时长一般为 10 min。对于航空服务而言，风向风速的平均时长一般为 2 min。若要分析大气湍流变化特点，平均时长则要取得更短。由于仪器具有一定惯性，从而自动具有一定的平均能力，所获取的观测值也就代表了一段时间的平均情况。这种一段时间的平均值也就对一定的区域具有一定程度的代表性。

1.3.2.2 准确性

所谓准确性，是指观测值与真值一致的程度。通常它可以用测量中的系统误差和随机误差的合成大小来描述。在现代误差理论中,准确性是相对的,常用不确定度来表示。

由于大气探测仪器本身的特性(静态的或动态的)和观测方法等因素的影响,大气探测结果总是存在误差的。这个误差中包含着两部分,一部分称之为系统误差,一部分称之为随机误差。

系统误差,是指对某一量的同一值进行若干次测量的过程中,保持常量的误差;或者情况改变时,按照一定的规律变化的误差。其大小可由多次测量的平均值减去真值得到。系统误差可以通过对仪器进行检定时给出的修正值加以部分修正。

随机误差,是指在同一条件下,对同一给定量值作多次测量时,其大小和符号以不可预测的方式变化的那部分误差。其大小等于测量结果减去多次测量的平均值。由于各种偶然的因素,每次测量结果的随机误差均不相同,多次测量结果的随机误差的分布一般接近于高斯正态分布,即小的随机误差出现次数多,而大的随机误差仅仅偶然出现。利用正态分布可以估计在一定区间内随机误差出现的概率。

对于准确性的要求,通常应从两个方面去认识,其一为单站、个别仪器测量的准确性,其二为多站、仪器组测量值的总体准确性问题,即站网的准确性。

1. 单个仪器的测量准确性

单个(单站)仪器的测量准确性,可以采用多次测量与标准量进行比对统计的方法进行不确定度的估计。

图 1.1 中曲线表示的是对同一给定量值作 N 次测量结果的分布曲线,一般具有高斯正态分布特点。若用 $\overline{O}$ 表示多次测量结果的平均值,通常称为观测值,T 表示真值,于是系统误差 S 等于平均值 $\overline{O}$ 与真值 T 的差。若用 O_i 表示任意一次的测量值,且测量次数 N 足够大,则可以用 O_i 与平均值 $\overline{O}$ 的偏差平方和平均值的均方根来表示随机误差的大小,也就是标准偏差 σ 来表示随机误差的大小。标准偏差越小,表示测量准确性越高。

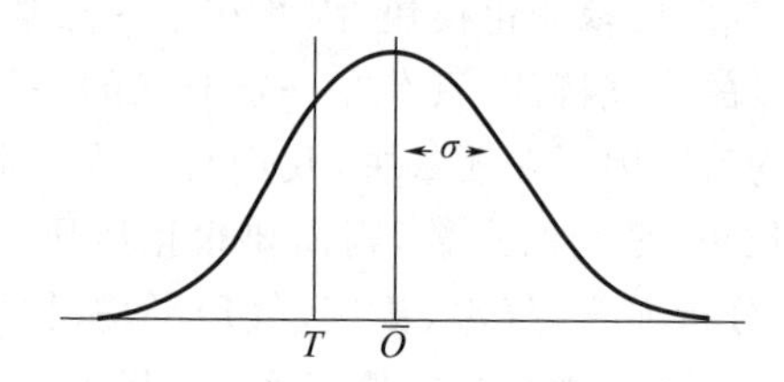

图 1.1　多次测量结果的分布曲线

气象上通常用 2 倍的标准偏差来表示观测值的不确定度要求。当测量误差符合高斯正态分布时,2 倍的标准偏差的不确定度要求意味着真值位于“经系统误差修正后的观测值±2σ”范围内的置信水平为 95%。

某一气象要素的不确定度要求,是由观测值的使用目的决定的。世界气象组织针对天气分析要求给出了各个气象要素的不确定度要求。对于气温测量而言，要求在−40 ℃～40 ℃范围内的气温观测值的不确定度为0.1 K，也就是说测量值的标准偏差要不大于0.05 K。

$$\overline{O}=\frac{1}{N}\sum_{i=1}^{N}O_i \tag{1.3.1}$$

$$S=\overline{O}-T \tag{1.3.2}$$

$$\sigma=\sqrt{\frac{1}{N}\sum_{i=1}^{N}(O_i-\overline{O})^2} \tag{1.3.3}$$

2. 站网多台仪器测量的准确性

由于气象观测都是由多站组成网进行的，因此观测网资料的准确性估计与单站的估计是有差别的。虽然站网中使用的是同一设计的仪器，但每一个仪器的系统误差并不完全相同，这样对于多个仪器的系统误差而言，其均值不为零，且标准偏差也不为零。

由于系统误差的标准偏差σ_s的存在，致使站网资料的标准偏差σ_A将大于单台仪器观测资料的标准偏差σ_0，且有关系式(1.3.4)成立。

$$\sigma_A^2=\sigma_0^2+\sigma_s^2 \tag{1.3.4}$$

为了保证站网的测量准确度，除对单个仪器(单站)的标准偏差σ_0做出要求外，还必须对站网中所有仪器系统误差的标准偏差σ_s做出要求。WMO建议，站网中的同类仪器系统误差的标准偏差σ_s应小于单站标准偏差σ_0的一半，即

$$\sigma_s\leqslant\frac{1}{2}\sigma_0 \tag{1.3.5}$$

这样站网资料的总标准偏差σ_A约比单台仪器的σ_0大12%。

1.3.2.3　可比性

所谓可比性，是指所获取的气象观测资料，必须具有良好的时间和空间上的比较性，这对天气分析预报和大气科学研究都是极其重要的。

为了获得具有可比较性的资料，必须使用响应特性一致的观测仪器，采取一致的观测方法，统一的观测程序，并在统一的时间进行观测等。

不同响应特性的仪器，在对大气的动态测量过程中，其所得的结果是不同的，例如两个热惯性差异较大的温度表，在恒温槽中所测温度值可以相同，而在温度扰动的自然大气中，所测结果就会有相当大的差别。

对于同一种观测仪器，观测者操作方法的差异，其所测结果也会各不相同。

这些都是在进行大气探测时需要注意的问题，为此，WMO对观测仪器、观测方法和观测时间等都做了统一的规定。因此，即使一个准确度很高的观测仪器，在加入到现有观测网中时，也要进行动态对比观测，以确定其是否可以入网，入网后会给观测结果带来什么影响。

代表性、准确性和可比性，是对大气探测的基本要求，它们之间是互相联系、互

相制约,缺一不可的。观测资料的代表性是建立在准确性基础上的,没有准确性的资料也就谈不上有代表性;只有准确性而没有代表性的观测资料也是难以使用的;观测资料的比较性,也必须以代表性和准确性为前提,没有准确性和代表性的资料,也就失去了时空比较的意义。气象观测资料质量的好坏,通常以气象观测资料的"三性"进行衡量。

1.4 本书的安排和教学要求

大气探测学课程是大气科学本科专业的一门专业基础课程,为从事大气科学研究和应用服务提供重要基础知识。全书共分 17 章,主要讲述云、能见度、天气现象、温度、湿度、气压、风、降水量、积雪深度、蒸发量、辐射、日照时数、大气电、大气成分等的探测原理、技术和方法,侧重介绍现代气象观测业务应用的仪器设备。由于现代大气探测技术的不断发展,大气探测学内容涉及面广,但是由于学时有限,为了适应大气科学本科专业教学需要,在本书中对一些内容作了取舍,对一些特殊的观测内容和技术,例如云雾微物理结构、大气湍流等探测方法未作详细介绍,留待其他课程作专门介绍。考虑到继承和发展的关系,一些常规的气象仪器,如玻璃液体温度表、干湿表、水银气压表也进行了简单介绍,可不作为教学内容。本书章节编排考虑由浅入深,并遵循大气探测发展历程的特点,先介绍地面气象观测有关内容,然后介绍高空气象探测、大气遥感,最后介绍大气化学成分测量。第 1 章绪论主要介绍大气探测概念、大气探测学研究内容和"三性"要求,第 2 章至第 11 章,主要介绍地面气象要素探测仪器与方法,第 12 章介绍自动气象观测系统,是对前几章的总结提升,第 13 章介绍大气成分的探测,第 14 章、第 15 章主要介绍高空风、气温、气压、湿度的无线电探空测风方法,第 16 章、第 17 章介绍主动式大气遥感与被动式大气遥感原理、技术与方法,教学中可根据教学对象、教学内容特点,采取精讲、研讨、讲座、实践等方式进行教学。全书理论教学 40～60 学时,实践教学 20～30 学时。

该课程的特点之一是理论性与实践性并重。既牵涉到一些理论知识,如探测原理,特别是各种遥感探测的原理,理论性很强,又牵涉到实践动手能力的培养,如云、能见度和天气现象的目测,各种仪器设备的操作使用和各种观测资料的分析应用。因此,在教学时,应根据教学对象,在理论教学和实践教学中安排好课时分配和实践性教学环节。

该课程的第二个特点是基础性与前沿性并重。在这门课程中既涉及数学、物理等基础性知识,又涉及无线电技术、电子技术、激光技术、卫星导航技术等前沿科学技术。每一次现代科学技术的发展,几乎都能在大气探测学这门课程中找到应用。因此,学习这门课程,既要具有扎实的数学、物理基础知识,又要有广泛的现代科学技术知识,才能更好地理解课程内容,在教学中应注意做好与前续课程的衔接,同时对一些前沿科学技术知识做好铺垫和补充。

习　题

1. 列表比较地面气象观测与地基探测、高空气象探测与空基探测的异同点。
2. 列表比较原位测量与大气遥感的异同点。
3. 列表比较主动大气遥感与被动大气遥感的异同点。
4. 列表比较测试、校准和比对的异同点。
5. 举例说明如何实现大气探测资料的代表性？
6. 举例说明如何实现不同气象台站大气探测资料的比较性？
7. 气温测量误差为0.2 ℃，其表示的含义是什么？
8. 由若干台站组成的观测网资料的标准偏差与哪些因素有关？
9. 查阅资料，了解全球综合观测系统(WIGOS)，并做PPT介绍。
10. 查阅资料，了解某一类大气探测仪器发明过程，撰写小论文。
11. 查阅资料，列表比较大气探测仪器发明与采用的科学技术发现发明时间，并阐述有何特点。

参考文献

《中国气象百科全书》总编委会，2016．中国气象百科全书(气象观测与信息网络卷)[M]．北京：气象出版社．

林晔，王庆安，顾松山，等，1993．大气探测学教程[M]．北京：气象出版社．

王强，2012．综合气象观测(上)[M]．北京：气象出版社．

张霭琛，等，2015．现代气象观测(第2版)[M]．北京：北京大学出版社．

张庆阳，张沅，李莉，等，2003．大气探测技术发展概述[J]．气象科技，31(2)：119-123．

赵柏林，张霭琛，1987．大气探测原理[M]．北京：气象出版社．

中国气象局，2004．中国气象事业发展战略研究[M]．北京：气象出版社．

WMO，2008．Guide to meteorological instruments and methods of observation[Z]．Geneva：WMO．

WMO，2018．Guide to instruments and methods of observation，2018 edition[Z]．Geneva：WMO．

第1章　绪论
电子资源

第2章　云的观测

【学习指导】

1. 熟悉云的分类，掌握各类云的基本特征及英文简写，了解云的特征形成原因；
2. 掌握云量概念及观测要求，理解云量自动观测误差原因；
3. 熟悉云状观测方法，了解云的观测研究发展历史，培养云的观测研究兴趣；
4. 理解不同手段云底高观测资料不一致原因。

云是悬浮在大气中的大量细小水滴、冰晶或者由它们混合组成的可见聚合体，其底部不接触地面。有时也包含较大的雨滴、冰粒或雪晶。

观测云是研究大气的一种手段。通过对云的观测，可以了解大气中的热力过程和动力过程。云是大气中热力过程和动力过程的外部表现。由于地面受热不均就会生成热力对流云，大范围空气的波动和系统性缓慢抬升就会形成波状云和层状云。因此不同的云反映着不同的大气运动状况。分析、观测云可以分析大气层结及其湿度，通过云的移动和形态可以了解大气运动规律。云的形成和消散伴随着潜热的释放和辐射能转换。

云是水分循环的重要环节。地面和水面上的水分通过蒸发变成水汽到达空中，然后通过凝结形成云，再在大气环流的作用下移向其他地区，形成降水，再汇入河流、湖泊和海洋。

云在气候变化研究中具有重要意义。从卫星云图可以看出全球几乎有一半地区都被云遮蔽。云对于太阳辐射、长波辐射的分配起了调节作用，因此云的覆盖面和分布状况从气候上来说是一个不可忽略的重要因素。

云也是影响天气预报的重要因素。云对降水、日照、气温变化等有重要的影响，因此在天气预报中云必然处于一个重要的地位，云的准确预报对于其他要素的预报有重要影响。

云是影响飞行的重要因素。云对飞机的起飞、着陆与航行有着极大影响，飞机在对流云中飞行会产生强烈的颠簸，甚至遭雷击。低云则影响飞机起飞着陆。飞机穿过云中过冷却水区时易产生积冰，使飞机载荷过重，改变机翼机身的形状，影响飞机的动力性能，甚至发生飞行事故。

云的观测一般从宏观和微观两方面进行。云的微观观测，包括云粒子的相态、形状、谱分布和云中含水量等的观测，这对于云和降水形成的微物理过程研究具有重要意义。而云的宏观观测,则从云的外形特征入手,区分出不同种类的云,以便于对云的种类、分布、多少和高低等有一个全面的了解,为气候学研究积累资料。云的宏观观测,过去通常由人进行目测,随着科学技术的发展,各种测云仪器也相继研制成功,特别是气象卫星的应用,为云的大范围观测提供了重要手段。

本章主要介绍云的宏观分类和特征、云的外形特征与大气运动过程之间的关系,以及在地面上对云的宏观特征进行人工观测和仪器测量的方法,有关气象雷达、气象卫星遥感观测原理在第 16、17 章中介绍。

2.1　云的分类和特征

2.1.1　云的分类

在我国出土的殷商时代的甲骨文中有大量对云的种类的记载,将连绵不断的云称为“延云”,停滞不动的云称为“困云”。最初比较系统的云分类是由法国人拉马克(C. de Lamarck)和英国人霍华德(L. Howard)于 1802—1803 年提出的。他们把云分成冰晶云、块状云、层状云和降水云四大类,并用四个拉丁名表示,分别称为卷云(Cirrus)、积云(Cumulus)、层云(Stratus)和雨云(Nimbus)。在 1891 年慕尼黑国际气象会议上对云的分类首次取得一致意见,并于 1896 年出版了第一本国际云图。1929 年国际气象组织哥本哈根会议规定了云的国际分类(WMO,2008)。1934 年在形态学分类的基础上,挪威贝吉龙(T. H. P. Bergeron)根据云的形态及其发生的物理过程把云分成三类:垂直发展的积状云、水平发展具有均匀幕状的层状云和呈现波浪起伏的波状云,这就将云的形态学分类与发生学分类结合起来。这种云的分类,本质上反映了成云的物理过程,对于理解云的成因和指导实际观测都有重要意义。1932 年、1939 年、1956 年、1975 年、1987 年分别出版了修订版的国际云图,并对云的分类作了进一步的修改和补充。2017 年世界气象组织出版了在线数字化版的国际云图,在高积云、层积云属中增加了滚轴状云类,并增加了若干附加特征和附属云等分类方法。

目前国际云的分类原则主要以云的外形以及高度等特征为基础,适当结合云的发展及内部结构。云的外形特征通常用云块大小、形状、结构、纹理、亮度、颜色等描述。国际云图的云分类按照属、种、类以及附加特征和附属云等进行分类,其中 10 属云的分类一直保持不变,且各云属之间是相互不包容的,云类主要是根据云的形状或内部结构进行划分的,云种主要根据云的透光程度和云块排列等特征进行划分的,均在历次修改版中有所增加和修改。我国地面气象观测规范中把云分为 3 族 10 属 29 类,是在国际云图分类中进行归并精减后提出的一种划分方法,适合于台站的日常业务观测。中文名称及对应的英文简写见表 2.1,其中高云族包括卷云、卷积云和卷层云 3 属,中云族包括高积云和高层云 2 属,低云族包括雨层云、层积云、层云、积云、积雨云 5 属(林晔 等,1993)。

表 2.1　云的分类表

云族	云属		云类	
	学名	英文简写	学名	英文简写
高云	卷云	Ci	毛卷云 密卷云 伪卷云 钩卷云	Ci fil Ci dens Ci not Ci unc
	卷积云	Cc	卷积云	Cc
	卷层云	Cs	毛卷层云 匀卷层云	Cs fil Cs nebu
中云	高积云	Ac	透光高积云 蔽光高积云 荚状高积云 积云性高积云 絮状高积云 堡状高积云	Ac tra Ac op Ac lent Ac cug Ac flo Ac cast
	高层云	As	透光高层云 蔽光高层云	As tra As op
低云	雨层云	Ns	雨层云 碎雨云	Ns Fn
	层积云	Sc	透光层积云 蔽光层积云 荚状层积云 积云性层积云 堡状层积云	Sc tra Sc op Sc lent Sc cug Sc cast
	层云	St	层云 碎层云	St Fs
	积云	Cu	淡积云 碎积云 浓积云	Cu hum Fc Cu cong
	积雨云	Cb	秃积雨云 鬃积雨云	Cb calv Cb cap

2.1.2　云状特征

2.1.2.1　高云族

高云族的云由冰晶组成，中纬度地区云底高通常大于 6000 m。

1. 卷云(Ci)

卷云云体呈丝状、羽毛状、片状、带状或者钩状，具有类似纤维状结构，如图 2.1 所示。云片互不相连，分布通常杂乱无章。云体常呈白色，在天边略带黄色，临近日出日落时，常为鲜明的黄色或者红色，暗夜为灰黑色。云体厚密的部分，会使日光、月光显著减弱，甚至看不清日月轮廓。有时伴有晕，但出现晕时，晕圈往往不完整。在我国北方和西部高原，冬季卷云有时可降零星小雪。

卷云分为毛卷云、密卷云、伪卷云和钩卷云四类。毛卷云呈羽毛状和丝条状，分布零散，纤维结构清晰。密卷云云片的中部较厚，纤维结构不明显，而边缘部分的纤维结构明显。密卷云偶尔也呈絮状或者堡状。伪卷云由鬃积雨云的云砧脱离其母体而成，云片较大较厚。在热带地区上空出现大片伪卷云时，常伴有晕。钩卷云的云丝方向比较一致，形似逗点符号，向上的一头有小簇或者小钩。

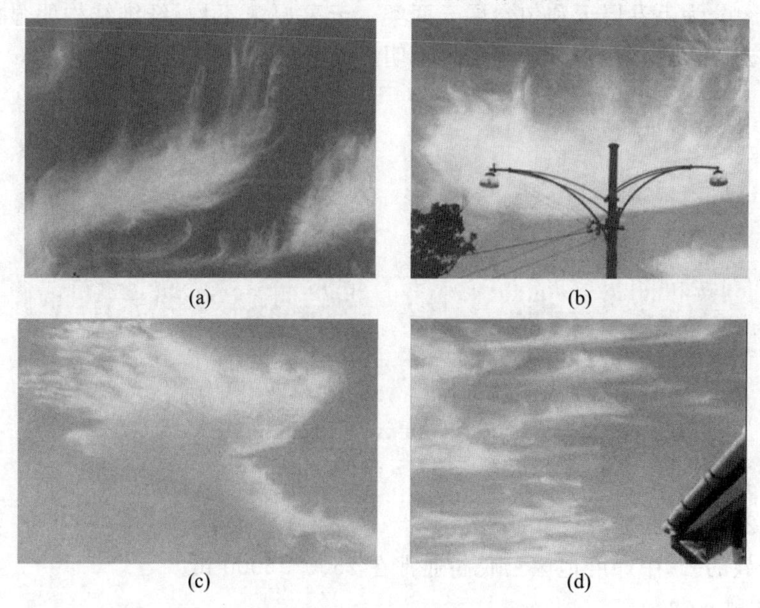

(a)　(b)　(c)　(d)

图 2.1　卷云(彩图见书末)[①]

(a)毛卷云；(b)密卷云；(c)伪卷云；(d)钩卷云

① 本章大部分云的图片引自“航空气象云图”“中国云图”和“国际云图”，均已在参考文献表中列出——作者注。

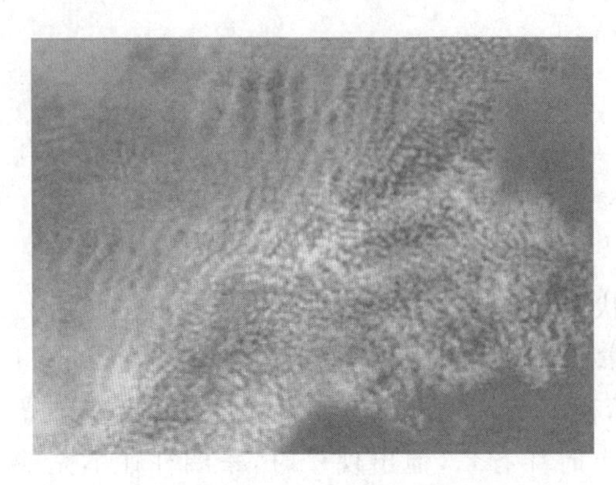

图 2.2 卷积云(彩图见书末)

2. 卷积云(Cc)

卷积云云体呈鱼鳞片状,如图 2.2 所示,有时部分云块呈絮状、堡状或者荚状,常排列成群或者成行,像水面上的小波纹,多数云块的视角小于 1°,边缘有纤维结构。云体常呈白色,无暗影,暗夜呈灰黑色,云块很薄,能透过日光、月光和较亮的星光。

3. 卷层云(Cs)

卷层云云底呈幕状,常见纤维结构,水平分布范围较广,常遮蔽全部天空,如图 2.3 所示。云体常呈乳白色,在暗夜则为灰黑色,能透过日光、月光和星光,较厚的云层使日光、月光明显减弱,但可较清楚地看到日月轮廓,地(船)上物体有影,常见晕。卷层云通常不会降雨雪,但在我国北方和西部高原地区的冬季,有时可降小雪。

卷层云分为毛卷层云和匀卷层云两类。云幕厚薄不均,纤维结构明显的卷层云为毛卷层云;云幕厚薄均匀,纤维结构不明显的卷层云为匀卷层云。

(a)

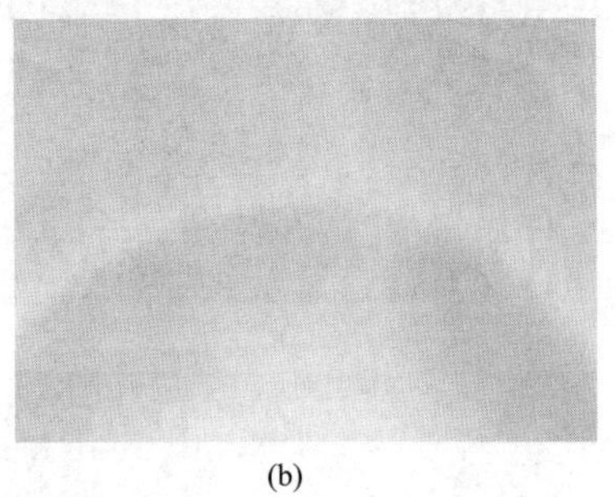

(b)

图 2.3 卷层云(彩图见书末)

(a)毛卷层云;(b)匀卷层云

2.1.2.2 中云族

中云族的云,中纬度地区云底高通常在 2500～6000 m。

1. 高积云(Ac)

高积云云体呈块状、片状或者球状。云块有时孤立分散,有时成群、成行,形似田垄或者波浪,云块视角一般为 1°～5°。云块常呈白色或者灰色,中部较阴暗,云体透光程度差别很大,薄的部分能看出日月轮廓,厚的部分分辨不清日月位置。有时会在高积云上出现华或者彩虹,偶尔降零星雨雪。

高积云分为透光高积云、蔽光高积云、荚状高积云、积云性高积云、絮状高积云和堡状高积云等六类，如图 2.4 所示。透光高积云的云块个体明显，排列较整齐，云块之间有间隙，可见蓝天或者上层云，即使无缝隙，但大部分云块都比较明亮，能辨别日月位置。蔽光高积云的云块密集，排列不规则，大部分或者全部云层没有缝隙，不能辨别日月位置，偶尔有间歇性降水。荚状高积云的云块呈豆荚形或者椭圆形，轮廓分明，生消变化较快。积云性高积云由衰退的浓积云或者积雨云崩溃解体而成，云块大小不一致，顶部具有积云的特征。絮状高积云的云块顶部凸起，底部不在同一水平线上，个体破碎似棉絮团，多呈白色。堡状高积云的云块顶部凸起明显，底部并连在同一水平线上，形似城堡或者长条形的锯齿。2017 年出版的国际云图，在高积云属中增加了滚轴状云类，如图 2.4g 所示，它是一种长的水平管状云条，与其他云不相连，通常看起来围绕水平轴缓慢地滚动，有时是一条或几条互不相连的管状云条。

(a) (b) (c) (d) (e) (f)

(g)

图 2.4 高积云(彩图见书末)

(a)透光高积云;(b)蔽光高积云;(c)荚状高积云;

(d)积云性高积云;(e) 絮状高积云;(f) 堡状高积云;(g)滚轴状高积云

2. 高层云(As)

高层云的云底呈均匀的幕状,常有条纹结构。水平分布范围较广,常遮蔽全部天空,昼间呈浅灰色或者浅蓝色,夜间呈黑色,隔着云层通常能隐约地辨别日月的位置。高层云有时能降雨雪或者产生雨幡或者雪幡。

高层云分为透光高层云和蔽光高层云两类,如图 2.5 所示。透光高层云云层较薄,透过云层看日月如同隔着一层毛玻璃,可见日月位置,但其轮廓模糊。蔽光高层云云层较厚,且厚度差异较大,厚的部分看不清日月位置,薄的部分有时可大致辨别日月位置。

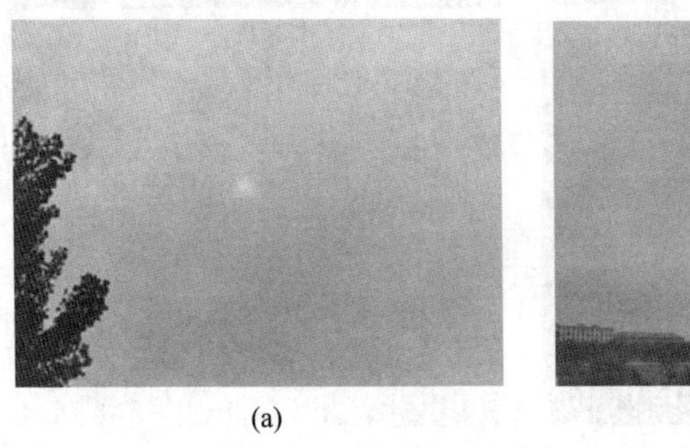

(a)

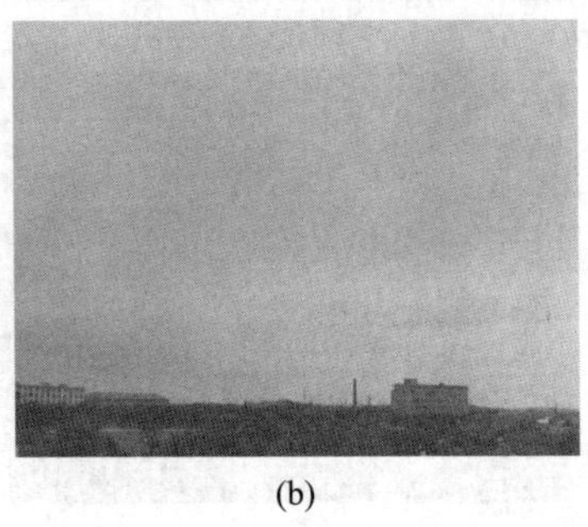

(b)

图 2.5 高层云(彩图见书末)

(a)透光高层云;(b)蔽光高层云

2.1.2.3 低云族

低云族的云,中纬度地区云底高通常在 2500 m 以下。

1. 雨层云(Ns)

雨层云的云底呈均匀幕状,模糊不清,常伴有碎雨云,有时两者融为一体,如图 2.6所示。水平分布范围很广,遮蔽全部天空,云层很厚呈暗灰色,无法分辨日月的位置。雨层云常降连续性雨雪,有时有雨雪幡。

碎雨云也归为雨层云一属。碎雨云的云体呈破碎的片状或者块状，形状极不规则，云片呈灰色或者深灰色，移动较明显。随着上面云层降水的持续，云量增多，碎雨云也可聚集成层。

图 2.6　雨层云与碎雨云（彩图见书末）

2. 层积云（Sc）

层积云的云体呈块状、团状、片状或者条状，云块较大，其视角多数大于 5°，有时孤立分散，有时成群、成行，形似大海中的波涛。云体多呈灰色或者灰白色，有时呈暗灰色，云层各部分的透光程度差别很大，薄的部分能看出日月的轮廓，厚的部分分辨不出日月的位置。有时出现华，可降间歇性雨雪。

层积云分为透光层积云、蔽光层积云、荚状层积云、积云性层积云和堡状层积云五类，如图 2.7 所示。透光层积云的云层较薄，云块排列较整齐，云块之间有缝隙，可见蓝天或者上层云，或者虽无缝隙，但是大部分云块都比较明亮，能辨别日月位置。蔽光层积云的云层较厚，云块密集，无缝隙，常布满天空，不能辨别日月位置，有时可降间歇性雨雪。荚状层积云的云体中间厚，边缘薄，形似豆荚，个体分明，孤立分散。积云性层积云由衰退的积云或者积雨云崩溃解体而成，或者由微弱的对流作用直接形成，云块大小不一致，呈扁平的长条形，顶部具有积云的特征。堡状层积云的云块顶部凸起似积云，底部并连在同一水平线上，形似城堡。2017 年出版的国际云图，在层积云云属中增加了滚轴状云类，如图 2.7f 所示，它是一种长的水平管状云条，与其他云不相连，通常看起来围绕水平轴缓慢地滚动，有时是一个管状云条，有时是几个排列整齐的管状云条。

3. 层云（St）

层云的云底很低，呈均匀的幕状，像雾，但不接触地面（海面），常笼罩山顶或者较高的建筑物，如图 2.8 所示。昼间呈灰色或者灰白色，夜间地面有灯光照映或者有积雪反光时，多呈白色或者淡红色，无灯光照映时，呈黑色。层云有时降毛毛雨或者米雪。

图 2.7　层积云(彩图见书末)

(a)透光层积云;(b)蔽光层积云;(c)荚状层积云;

(d)积云性层积云;(e)堡状层积云;(f)滚轴状层积云

图 2.8　层云(彩图见书末)

(a)层云;(b)碎层云

碎层云也归为层云一属。碎层云的云体呈片状，支离破碎，形状极不规则，云体常呈灰色或者灰白色。碎层云的云片较薄，有时不易发现，移动特别明显，可在短时间内布满全部天空。

4. 积云(Cu)

积云的云体像小山和土包，底部平坦，顶部凸起，凸起部分呈弧形或者花菜形，云块间互不相连，个体明显。云体被阳光照耀的部分洁白光亮，云底常呈灰色或者深灰色。在我国高原和严寒地区，积云可由冰晶构成，云体有纤维结构，呈白色或者灰白色。

积云分为淡积云、碎积云、浓积云三类，如图 2.9 所示。淡积云的云块垂直向上发展不旺盛，其厚度小于水平宽度，从侧面看似小土包。碎积云的云块破碎，中部稍有凸起，形状多变。浓积云的云块垂直向上发展旺盛，庞大臃肿，从侧面看像小山和高塔，云顶成团升起，形似花椰菜。当浓积云位于天顶时，仅见巨大的块状底部。浓积云有时产生阵性降水。

(a)　(b)

(c)

图 2.9　积云(彩图见书末)

(a)淡积云;(b)碎积云;(c)浓积云

5. 积雨云(Cb)

积雨云的云体很厚，垂直发展极盛，远看像耸立的高山，顶部具有纤维结构，有时平衍呈马鬃状或者铁砧状，云底混乱，常呈悬球状、滚轴状或者弧状。云底多呈铅黑色，云下常有低而破碎的云，布满天空时，天空显得非常阴暗，并常伴有雷暴、降水(或者呈幡状)，有时会产生飑或者冰雹，偶尔有龙卷，常伴有风和气压等要素的显著变化。我国高原地区,在气温很低的情况下,积雨云全部云体可由冰晶构成,呈纤维结构,颜色灰白。

积雨云分为秃积雨云和鬃积雨云两类,如图2.10所示。当积云顶部圆弧形轮廓的部分或者全部模糊,或者出现了少量的云丝但尚未扩展开来时,为秃积雨云。当积云顶部有明显的纤维结构,且扩展成马鬃状或者铁砧状时,为鬃积雨云,如图2.10b所示。鬃积雨云的云体水平分布范围较广,往往不见云顶,仅见云底。鬃积雨云的云底十分混乱,有时与雨层云十分相似。

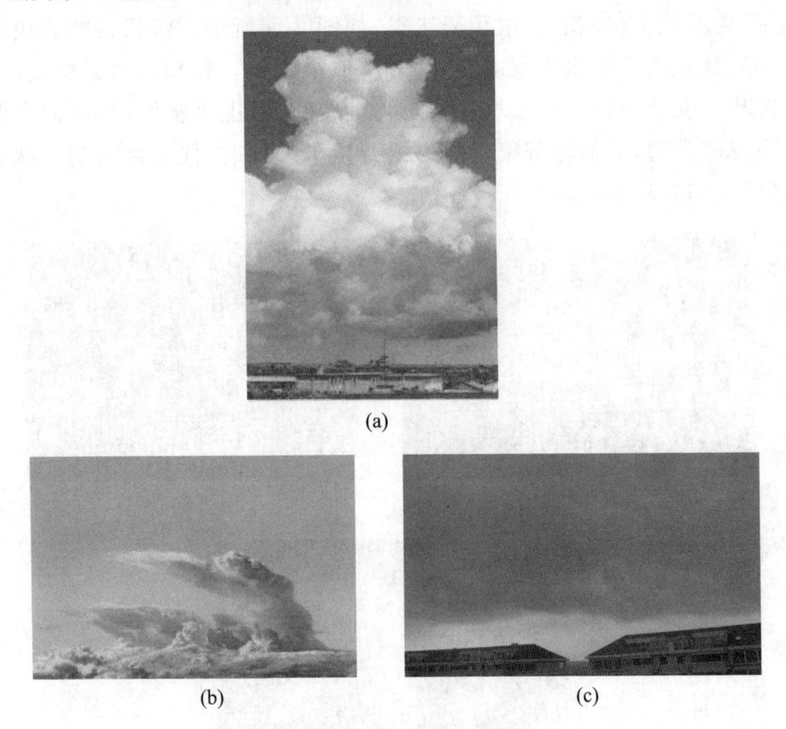

(a)

(b) (c)

图2.10 积雨云(彩图见书末)

(a)秃积雨云;(b)鬃积雨云顶;(c)鬃积雨云底

2.2 云的形成与外形特征

云的外形和形成云的物理过程是密切相关的。因此为了更好地识别云状,对云进行归类判别,有必要对形成云的主要物理过程作一介绍。

2.2.1 云的形成条件

形成云需要两个条件,一是空气中水汽达到饱和,二是大气中存在凝结核或冰核。通常实际大气中不缺乏凝结核和冰核，因此形成云的关键是使水汽达到饱和。使水汽达到饱和主要有三种方式：一是水汽含量不变，空气降温冷却；二是温度不变，增加水汽含量；三是既增加水汽又降低温度。但对于云的形成来说，降温过程是主要的过程。降温的方式常见的有上升冷却、直接冷却和水平混合冷却，其中上升冷却是成云的主要过程。

引起空气上升的原因很多。地面受热不均会产生热对流，而冷气团流经暖地面，或者上层有冷平流下层有暖平流，也会造成对流现象的发生。当暖湿空气遇到与冷重空气相邻的倾斜界面或起伏不平的山坡时，常常被迫在这些倾斜面或山坡上产生滑行上升。而在低气压区由于流场的辐合，则可产生大规模的上升气流。在逆温层上下，由于空气密度和风的不连续，当空气流动时极易产生波状运动，在波峰处空气上升。

除了上升运动引起空气冷却会形成云外，还可以由空气的辐射冷却、湍流交换和冷暖空气的互相混合或者直接增加水汽的方式而形成云。晴夜地面强烈辐射，导致近地面层空气冷却而形成雾，日间雾层抬升离开地面而形成层云。在云层顶部因辐射冷却常使云层进一步加厚，或使云内层结不稳定而使云层发展。冷暖空气混合后，空气的水汽压有可能超过混合后空气温度下的饱和水汽压，从而凝结成云。当水滴从云层降落到下面气层中时，水滴蒸发增加下层气层的湿度使之达到饱和而成云。坏天气下的碎雨云就是这样形成的。

一些特殊的云状，如荚状云、堡状云、絮状云、积云性云和钩状云等，也是在特定的条件下形成的。

2.2.2　积状云形成过程

不同的物理过程往往会形成形态各异的云。对流现象发生时，较暖空气上升到凝结高度就开始凝结成云。这样的云边界轮廓一般比较分明，底部在一个水平面上，称为积状云，积云、积雨云等属于这一类型的云。由于对流运动的强度不同，对流云垂直发展的厚度也不相同，如图 2.11 所示。当对流高度超过凝结高度时，开始凝结形成云，此时云的厚度不大，但当对流继续向上发展时，云体也变厚，当对流高

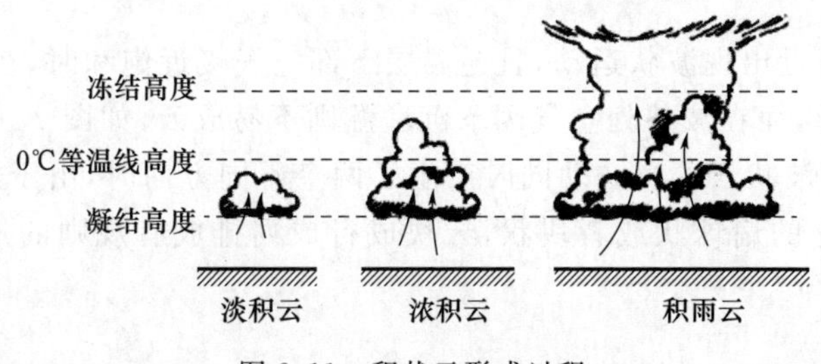

图 2.11　积状云形成过程

度达到冻结高度以上时，云顶开始冰晶化，云顶轮廓开始模糊，就进入积雨云阶段，对流再继续发展达到对流层顶，遇到对流层顶的抑制，冰晶化的云顶开始平展形成砧状，或在气流的吹动下形成马鬃状。积状云发展到鬃积雨云阶段，预示着大雨就要来临。天气谚语“天上铁砧云，很快大雨淋”指的就是这种天气。

当对流运动发生在高空时，可在高空形成对流云，如絮状、堡状高积云以及对流性的卷云。对流性卷云在好天气情况下，常分布在冷高压区对流层的上部；在坏天气情况下，常出现在锋面、气旋或者台风等系统的前方。因此当卷云云量逐渐减少时，预示未来有好天气；而当卷云逐渐增多增厚，看不清明显的卷云结构时，常是坏天气来临的预兆。

2.2.3 层状云形成过程

暖湿空气沿着山坡或锋面滑行上升，可以在广阔的范围内形成卷层云、高层云和雨层云等连续云层。通常，当暖锋移来时，可以先后见到 Ci、Cs，然后是 As tra、As op 和 Ns，图 2.12 所示为典型暖锋云系分布。由于晕易出现在卷层云上，因此常有“日晕三更雨，月晕午时风”的说法。对于第一型冷锋，即当暖空气在移来的冷空气楔上作有规则的上滑时，则所见云状与暖锋云系先后顺序相反，可以先后出现 Ns、As op、As tra、Cs、Ci。

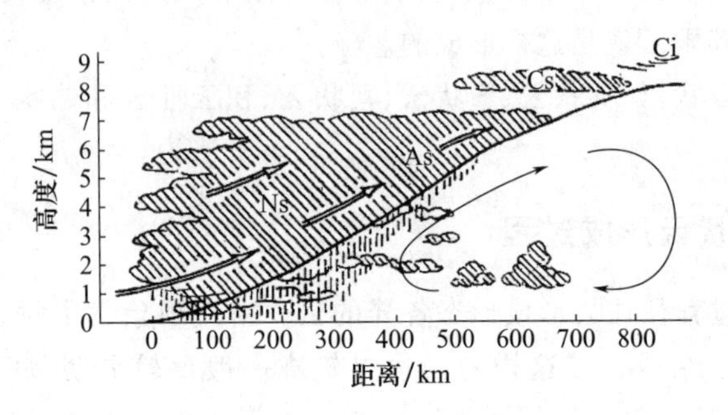

图 2.12　暖锋云系分布

2.2.4 波状云形成过程

当逆温层附近出现波状运动，且逆温层下部空气接近饱和时，在波峰处因空气上升冷却形成云，而在波谷处空气因下沉增温则不易成云，如图 2.13 所示，从而形成了平行排列的波状云。当波动同时产生于两个不同方向时，由于波的相互作用，云便分裂成孤立的扁球状或者块状，云块成行成列排成有规则的形状，如图 2.14 所示。

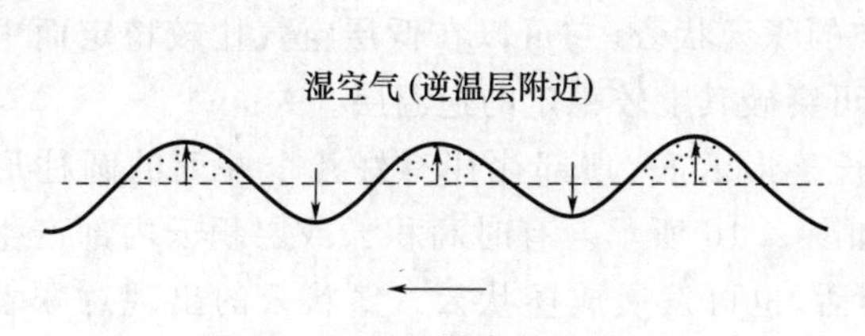

图 2.13　平行排列的波状云

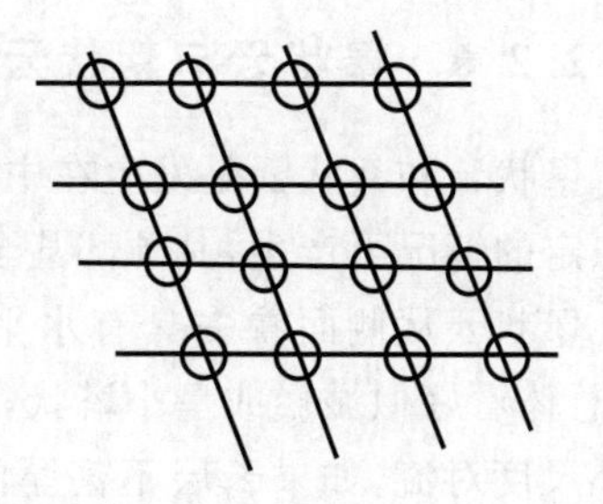

图 2.14　有规则的块状云系

2.2.5　荚状云形成过程

荚状云多在局部上升气流和下沉气流会合处产生。上升气流带着暖湿空气,在绝热冷却的过程中凝结成云。但由于上空有下沉气流的阻挡,云体不能充分地向上伸展。另一方面,下沉气流的绝热增温又使云体的边缘发生蒸发,于是云体的边缘变薄了,使整个云体呈豆荚状,如图 2.15a 所示。

荚状云可出现在冷锋过后或第二型冷锋前方的暖空气中。冷锋过后,地面因太阳照射而增温,使局部空气上升并形成云。但因锋后冷空气原是稳定的,上空可能仍有下沉气流存在,这种下沉气流与造成云体的上升气流相会合就可形成荚状云。有时,在第二型冷锋前方的暖空气中,出现暖空气内部的界面。由于上空的暖空气常呈波状运动,气流有所升降,这样在界面气流会合处,也可能形成荚状云,如图 2.15b所示。这种荚状云以 Ac lent 居多,它的形成和消失通常都是比较快的。

气流受地形影响也可以形成荚状云。如图 2.15c 所示。当气流过山时,在背风的下游往往形成波动,受影响的高度往往相当大。这时在波峰处气流促使凝结,而在离开波峰后就下降增温,云滴重新蒸发,因此云的位置未变,而组成云的空气却不断更换。

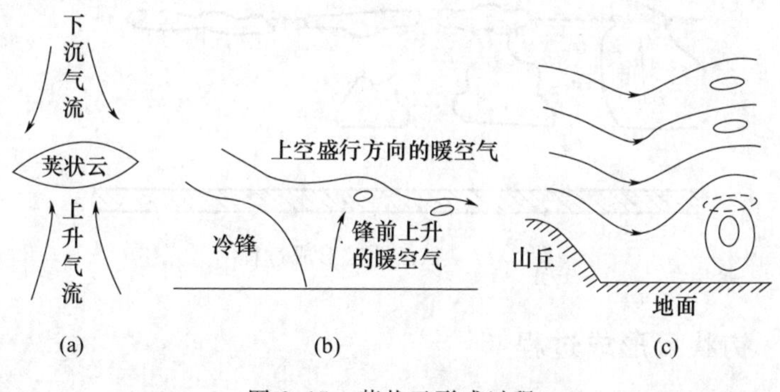

图 2.15　荚状云形成过程

2.2.6 堡状云与絮状云形成过程

堡状云和絮状云是发生在中空的积云状云,它可以在低层空气比较稳定而中层不稳定的情况下产生,其顶部甚至可突破其上较稳定的逆温层。

堡状云从侧面看去具有水平长条形云底,顶部往往有好几个并列的圆柱形凸起,总体看好似城堡或呈小塔状,如图 2.16 所示。有时高积云或层积云内部产生缓慢小尺度对流,如果云层不甚厚的话,也可发展成堡状云。堡状云的出现意味着原来稳定的层结开始受到破坏,天气转坏。天气谚语“天有城堡云,地上雷雨临”指的就是这种天气。

絮状云的形成原因与堡状云基本相同,只不过是乱流和对流更强更普遍,致使原来稳定的云层,因下沉气流或更强的乱流而破裂。故絮状云为一些孤立的积状小团簇,个体小而不均匀,边缘破碎,像破絮团似的不规则分布在天空。天气谚语“早晨棉絮云,午后必雨淋”指的就是这种天气。

图 2.16 堡状云形成过程

2.2.7 积云性云形成过程

积云性云和积云状云的发展过程不同。Sc cug 和 Ac cug 往往是由于强逆温层对垂直气流的阻挡作用,导致对流终止,从而使得 Cu 的顶部在逆温层或稳定层底水平展开,平衍成的,如图 2.17 所示。

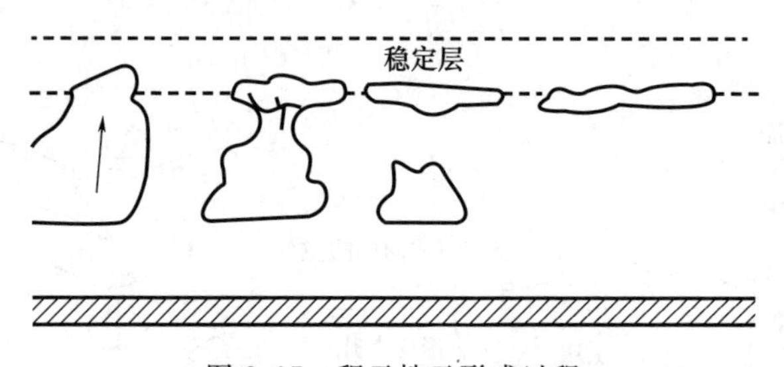

图 2.17 积云性云形成过程

2.2.8 钩状云形成过程

钩卷云的出现往往是由于冰晶云的下垂部分因高空风速有较大的垂直切变而

使其远远地拖在首部的后方，以及下垂冰晶云不断蒸发消失，形成像逗点状的尾曳，如图 2.18 所示。由于大的水平风速垂直切变意味着大的温度梯度，而大的温度梯度往往伴随着锋面，因此成束的钩卷云连续地侵入天空，预示着未来有较大的天气变化。天气谚语“天上钩钩云，地上雨淋淋”指的就是这种天气。

图 2.18　钩卷云形成过程

2.3　云量的观测

2.3.1　云量概述

云量是指云遮蔽天空视野的成数，我国采用 10 分量制表示，国际上通常采用 8 分量制表示。云量观测结果在对外进行交换通报时通常采用云量编码的方式，云量编码与实际云量之间的关系如表 2.2 所示。当采用 10 分量制时，将视天空划分为 10 等份。当视天空全部被云遮蔽时，云量为 10 成。当天空有云，全部被云遮蔽，但还有少量蓝天缝隙时，云量为 10⁻ 成。当天空无云时，云量为 0 成。当天空有云，但不足 0.5 成时，称为微量。云量有视云量和单独分云量之分，要注意加以区分。观测者从地面所见到的云层遮蔽天空的成数，称为视云量。实际云层所遮蔽天空的成数，称为单独分云量。当云层不被下面的云层遮挡时，视云量与单独分云量相同；当云层被下面的云层遮挡时，视云量小于单独分云量。云量的多少实际上是云相对于观测者所张的立体角的度量，与云层实际面积、高度以及在天顶或天边的位置（仰角）有关。

观测云量时，通常要观测总云量、低云量和每类云的分云量。总云量是指不区分云的属类和层次，天空所有云共同遮蔽天空的成数，为视云量。低云量是指所有低云族的云共同遮蔽天空的成数，也为视云量。观测每类云的分云量时，应自下而上逐层观测每一类云的可见部分遮蔽天空的成数；如果上层云的一部分被下面的云层遮蔽，则只需观测上层云的可见部分遮蔽天空的成数，这样确定的分云量称为视分云量。以视分云量表示时，各类云的分云量之和等于总云量。若观测的是每类云的单独分云量，则各类云的单独分云量之和不一定等于总云量。

表 2.2 云量编码表

编码数字	八分量制含义	十分量制含义
0	0	0
1	小于等于 1/8,但不是 0	1/10 或小于 1/10,但不是 0
2	2/8	2/10～3/10
3	3/8	4/10
4	4/8	5/10
5	5/8	6/10
6	6/8	7/10～8/10
7	大于等于 7/8,但不是 8/8	大于等于 9/10,但不是 10/10
8	8/8	10/10
9	天空被雾和(或)其他气象现象遮蔽	
—	云量不可确定,但不是因为雾和(或)其他气象现象遮蔽,或者没有观测云量	

2.3.2 云量的目测

云量通常采用目力估计,但目前已研制出多种测量云量的仪器和方法,如全天空成像仪。

目测云量时,可采用补贴法、等分法或球带法来进行估计。夜间观测云量时,可根据星光被云层遮蔽的情况来判定。通常,有云处见不到星光,或者只能模糊地见到个别星光。

1. 补贴法

天空云的分布在多数情况下是分散和不规则的。为了便于估计云量,观测时以主要云区为基础,将其余零散的云加以聚合、补贴在一起,以得到较为集中的云区,并以此估计其占天空的成数。如图 2.19 所示,圆圈表示整个天空,阴影部分表示云量,在这种情况下,将 A′部分“补贴”到 A 处,B′部分“补贴”到 B 处,显然云层恰好遮蔽全天 1/2,即云量为 5 成。

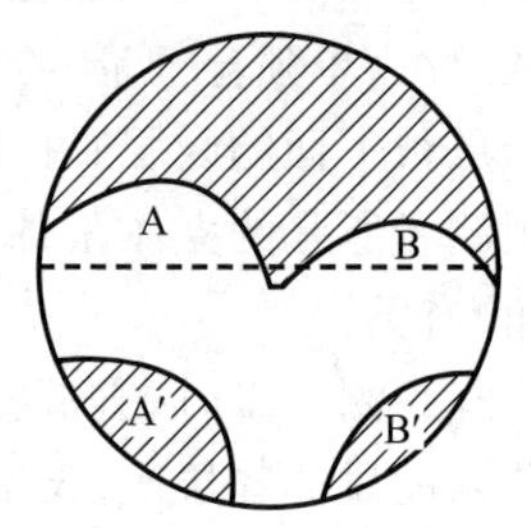

图 2.19 补贴法示意图

2. 等分法

等分法,是用手臂的夹角来划分的。图 2.20 上两条实线箭头代表两臂,图中 A、B 分别表示两臂夹角为 180°和 90°。通过头顶,人眼所看到手臂夹角部分的天空,即为全天的 1/2 (5 成)和 1/4(2.5 成)。

3. 球带法

球带法是将天空当作一个半球形的球面。依据几何原理，若把天空半球按其高度匀分为 10 个水平的球带，则此 10 个球带的面积是相等的，各占 1 成天空。图 2.21是球带的平面图。可以看出：最下一个球带的上限仰角的正弦值近似 0.1，对应的仰角约为 6°，其余可类推。

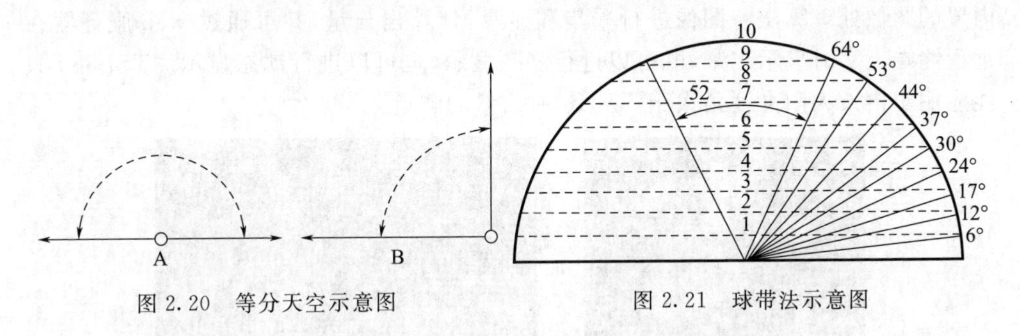

图 2.20　等分天空示意图　　图 2.21　球带法示意图

观测云量时，将手臂平伸用中间三指宽（相当 5°至 6°）沿地平线一周，则这部分球带的面积相当于云量 1 成；用同样的做法，伸出五指（相当 10°）、一掌长（由中指尖至腕部约 20°）去量度天空，则分别相当云量 2 和 3 成；若是位于天顶附近的孤立云块，则可将两臂向上伸，用略大于一臂长所相当的圆锥角（50°）去量，对应的云量约为 1 成；对出现于某一方的云（或蓝天），可将分布于某一方向的云层（或蓝天）补贴为球带的一段，估计其占球带的几分之一，再根据仰角，折算出云量。

用球带法观测云量是有局限性的，通常适用于在地平线附近的云。在实际观测中，应注意综合利用这些方法，以便正确估计云量。

2.3.3　云量的器测

云量的目测主观性强、精度不高，且夜间观测困难，昼夜观测资料很难取得准确度一致的结果。为此，世界各国均进行了云量器测的研究，并取得了一定进展。目前地基云量测量仪器主要有三种：全天空可见光成像仪、全天空红外测云仪、激光云高仪。可见光成像仪与红外成像仪均是通过识别出的云像素数与总像素的比值来分析云量。激光云高仪是通过测量的云底高时间序列，采用统计方法分析一段时间内云底高出现频率并进而给出云量的。

1. 全天空可见光成像仪

全天空可见光成像仪是利用照相机对天空进行拍摄，获取天空可见光亮度分布图像，并根据可见光亮度、RGB 等特征判别各像素是否为云，进而计算出云量。20 世纪 70—80 年代我国上海宝山气象站研制了 BS-794 型全天摄影仪，利用仪器的影像进行网格求和计算云量。为了获得全天空图像，可采用大视场的鱼眼照相机对天空进行拍摄,也可采用球面镜对天空成像,然后利用普通相机对球面镜内的天空图像进行拍摄。

图 2.22 所示是美国 Yankee 环境系统公司生产的 TSI-880 型全天空成像仪,它由向下观测的固态 CCD 成像仪来获取被加热的半球形凸面镜上的全天空图像的。安装在镜面上的横梁阻挡了强烈的太阳直射光线,从而保护了成像仪的光学镜头。内置的图像处理算法将图像进行采集和显示,计算出云量,并可通过 web 服务器在远程终端上实时显示出来,既可以进行静态显示,也可以进行动态显示。TSI-880 只能应用于白天太阳高度角大于 5°~10°时云量的测量。

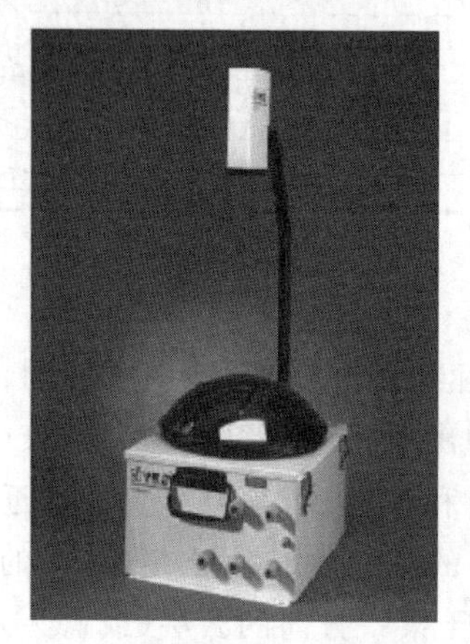

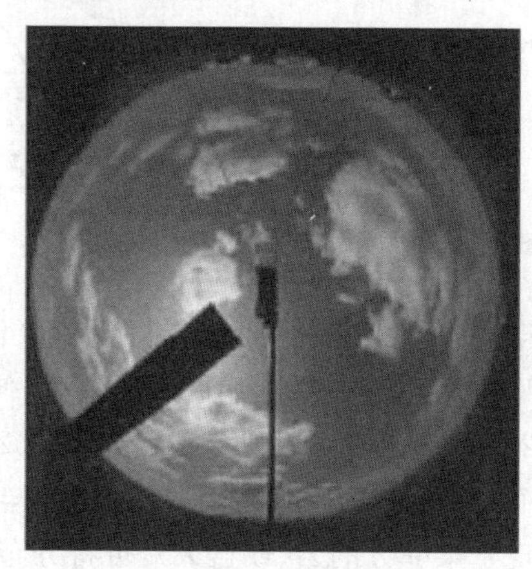

图 2.22 TSI 全天空成像仪(左)与获取的图像(右)

图 2.23 所示是美国加利福尼亚大学研制的一种 WSI 全天空成像仪,它通过内置的带有滤光片的鱼眼镜头的相机测量天空 650 nm 和 450 nm 两个窄波段的可见光辐射,生成全天空图像,然后利用内置的算法计算云量。鱼眼镜头是一种特殊的镜头,它对从 1 m 到无穷远处的物体都能成清晰的像,其焦距一般小于 15 mm,视场可达 180°,有时甚至可达 220°。将数码 CCD 相机安装鱼眼镜头,将其对天顶拍摄时,可将全天空

图 2.23 WSI 全天空成像仪(左)及其获取的图像(右)

半球成像于像平面上为一圆。圆内任一点的半径值和方位角值，对应于天空中相应的天顶角和方位角。通过特殊的内部校准、太阳月亮位置计算和遮蔽等措施，可在白天和夜晚进行云量的连续测量。国内也已研制了类似的全天空可见光成像仪。

依据可见光图像计算云量，关键是要识别出每一个像素是云还是蓝天，常用的方法可概述如下。

(1)根据RGB值差异进行识别。根据三原色原理，自然界的可见光颜色可以用三种原色(基色)按一定的比例混合得到，反之，任意一种颜色都可以分解为三种原色。这三种原色即红(R)、绿(G)、蓝(B)三色。利用图像处理软件对所拍摄的典型图像的各像素做RGB值分析，初步分析"云点"与"非云点"所呈现出的RGB分布，并作出相应的灰度分布图，利用云与蓝天点的RGB值的差异来区分云和蓝天。

(2)根据RGB空间分布特性进行识别。根据蓝天和云天图像的等灰度值分布或等蓝色值分布的差异进行云的判别。通常晴空的蓝色成分分布较有规律。对于理想大气，在无云的晴天下，图像中各像素的RGB分布应是对称的，对称轴为太阳中心和图像中心连线。因此，可以从对称性上来分析图像，从其对称位置的像素的特性来判断是否是云。

(3)根据天空蓝色与亮度值的比值进行识别。一般说来，地面气溶胶层、雾等不很严重时，人眼所见的晴空总应呈蓝色，同样相机成像也应如此。因此，可从蓝色值与亮度值的比值上来分析图像，获取判断云点、区分蓝天和云的阈值。

霍娟等(2002)曾利用数码CCD相机拍摄的近350幅图像做了云量自动识别的试验。与观测员的记录对比结果表明：①能见度≥15 km时，云量计算结果误差平均小于10%；②3 km≤能见度<15 km时，人工云量观测为6～10成时，计算结果误差平均小于10 %，人工云量观测为3～6成，计算结果误差平均小于15%，人工云量观测为1～3成，计算结果误差平均小于20%；③能见度<3 km时，由于所拍摄到的图像效果很差，此时肉眼判断天空中云的能力也较弱，因此未做比较。

利用全天空可见光成像仪代替人眼观测云量，在绝大多数情况下效果很好。但是，天空状况千变万化，当云量较多、云间间隙小时，太阳受云的遮挡，图像亮度较低，"云点"与"非云点"的RGB值也相当接近，因而判断阈值的选择很困难。其误差来源主要有：

(1)当大气中有霾、扬沙、沙尘或雾等存在时，无云的天空受其影响，所成像的像素RGB值间的差距缩小，采用以B(蓝色)与亮度的比值来作为主要判断时，比值的减小就有可能将其误判为是云类的点，这使得云量的计算值偏大。

(2)太阳越接近天顶，其散射辐射所占的相对比重减小，图像上在太阳周围的点，亮度变大，各像素的RGB值间的差值缩小，这也使得对云量的计算值偏大。

(3)天空中卷云类的薄云，成像时较难分辨，在判据的选择上容易与蓝天的判断标准相抵触，对此类云的计算会出现误差。毛卷云，尤其是成丝缕状、较薄的云类，相机目前的分辨率不足以很好地将其在图像上表现出来。

(4)采用对称性来判断云时,从理论上讲是可行的,但它有一前提条件,即太阳的中心点必须找准,一旦中心点有了偏差,对称轴出现问题,必然导致云量计算上的误差。

2. 全天空红外测云仪

由于红外镜头视场角的限制,目前全天空红外测云仪一般采用红外探测器或红外焦平面阵列通过扫描合成的方式生成全天空红外图像,进而计算出云量。

图 2.24 左图所示为原解放军理工大学研制的全天空红外测云仪(孙学金 等,2008)。它是采用对 8～14 μm 波段辐射敏感的非制冷红外焦平面阵列,通过对 6 个方位角和 2 个仰角天空红外辐射的扫描测量,通过等角变换合成了全天空红外图像(孙晓刚 等,2008)。图 2.24 右图所示为其合成的全天空红外云图,图像像素为 650×650,从图中可清晰地看出卷积云云块大小和排列结构,进一步可反演获得云量、云底高以及云状等产品(孙学金,2009a;2009b;2012)。

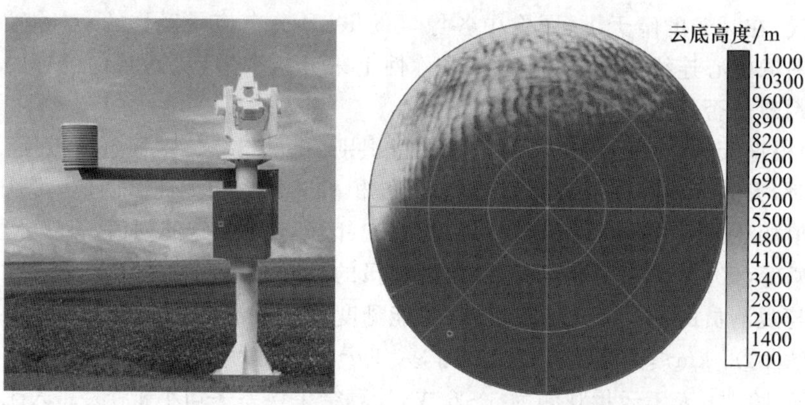

图 2.24　全天空红外测云仪(左)及其获取的图像(右)

全天空红外测云仪采用的红外通道一般为 8～14 μm 窗区波段,在该波段上晴天大气几乎为透明的,影响大气下行红外辐射的主要气体是水汽(李浩 等,2010)。当有云存在时,大气下行红外辐射要比晴天下行红外辐射大,如图 2.25 所示,利用测量的下行红外辐射是否大于无云时下行红外辐射即可进行云检测。由于夜晚云也发出同样的红外辐射,因而利用全天空红外测云仪可实现云量的白天夜晚连续测量,且准确度一致。影响云量测量准确性的原因主要是晴空下行红外辐射阈值的准确性,8～14 μm 波段的晴空下行红外辐射除受到水汽影响外,还与大气中的 O_3、CO_2、气溶胶等有关,不同天顶角的下行红外辐射也有差异。为了提高红外云检测的准确性,一方面要构建准确的红外辐射阈值模型,另一方面可采用纹理与阈值相结合的云识别方法(孙学金 等,2011)。

图 2.26 左图所示为中国科学院大气物理研究所研制的全天空红外测云仪(章文星 等,2010)。它是采用红外探测器通过点扫描方式获得全天空红外图像的,如图 2.26右图所示。

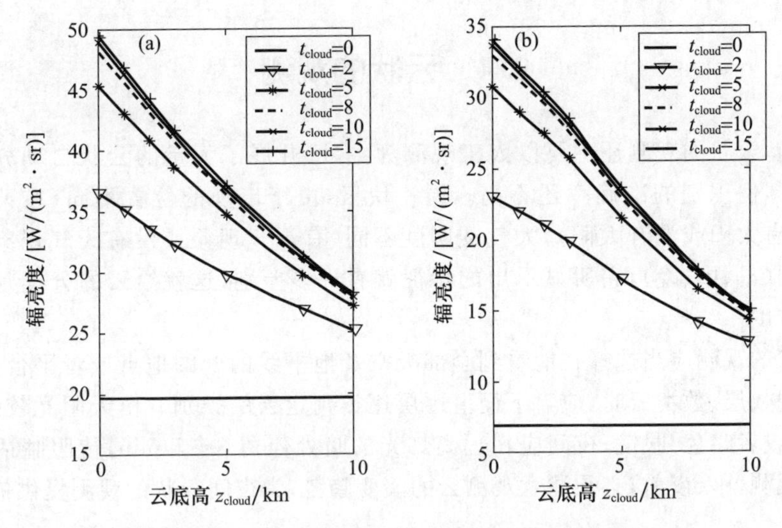

图 2.25　不同光学厚度、高度云的下行红外辐射

(a) 中纬度夏季模式；(b) 中纬度冬季模式

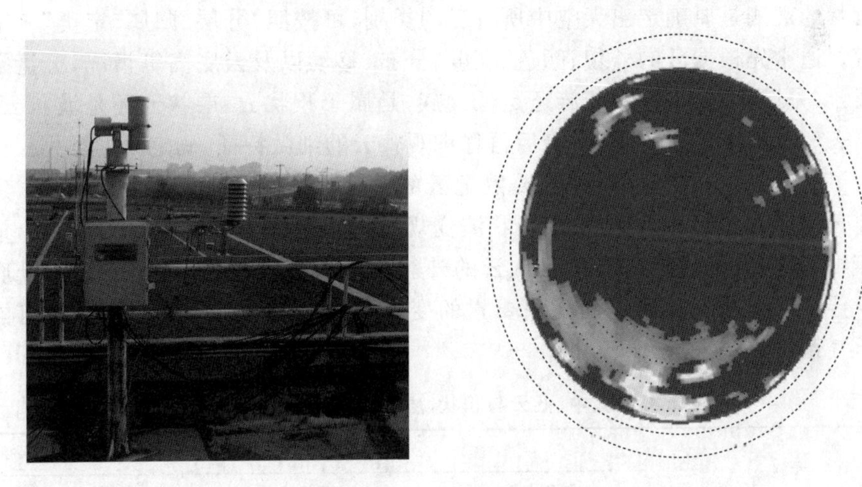

图 2.26　全天空红外测云仪

3. 激光云高仪

激光云高仪是一种利用激光回波信号测量云底高的仪器设备，将其固定安置在观测点，对经过观测点上空的云底高进行连续测量，由于云的移动，一段时间内经过观测点上空出现的云层频率可以反映该时段内云的天空分布状况，通过统计云底高出现频率即可对云量进行估计。美国气象局的 ASOS 系统曾使用这种方法来进行云量的测量，其将观测前 30 min 内同一高度区间有效云底高出现的次数进行加权统计获得云量估计值。在加权统计时，近 10 min 内数据的权重为其他时段数据的 2 倍，并将所有云底高数据聚类到 5 个高度区间内。

2.4 云状的观测

目前,云状的观测还主要以人工观测为主,已开展了大量的云状自动分类识别研究工作,但识别的准确率还不高。同一块云,由于出现的位置不同(在天顶或天边,背景有太阳或没有太阳),大气透明度不同(有天气现象或没有天气现象),光照条件不同(早、中、晚),它所显示出的特征就有许多差别,这就给云的分类判别带来了一定难度。

云状的观测应当选择在能看到全部天空及地平线的开阔地点或者平台上进行。天空出现数层、数类云时,应自下而上逐层逐类判定云的类别。白天阳光较强时,应戴黑色(或者暗色)眼镜;夜间应在远离灯光的暗处停留 3～5 min,待眼睛适应环境后进行观测。入夜前,必须注意观测云的演变趋势,为夜间云状的观测提供依据。

2.4.1 云状观测的一般方法

云状的观测是要确定出天空中所有云的类别,可按照"分层、归属、定类"三个步骤进行。通常先根据云的外貌、颜色、亮度、分布、移动以及云底高等情况,分清空中有几层云,是属于高云族、中云族还是低云族,是属于积状云、层状云还是波状云,然后按照表 2.3 确定出云的属别,最后再仔细观察云的细微特征,确定云的类别。

为了正确判定云的类别,首先要熟记云的基本特征和相似云的区别要点,建立起各类云的清晰图像,其次要掌握云状演变规律,为云状的判定做好预先准备,最后要全面细致地观察云的各种特征,从云的外貌、结构、亮度、颜色、云块大小、云底高度以及伴见的天气现象和地面气象要素的变化等多方面进行分析判断。有可能时结合天气系统演变进行分析判断。

表 2.3 高、中、低云与积状、层状、波状云交叉排列表

云族	云类		
	积状云	层状云	波状云
高云	Ci	Cs	Cc
中云		As	Ac
低云	Cu Cb	St Ns	Sc

云的外貌、结构和高度是判定云状的重要依据。不同的云具有不同的结构,例如卷层云的结构为纤维状,高层云的结构常为条纹状。层积云与高积云的结构虽然同是块、片、条状,但前者结构松散,单体边缘毛糙;后者结构紧密,单体边缘光滑。云底高度与云族具有一定的对应关系,当知道了云底高度后,再结合云的其他特征,即可方便地判定出云的类别。

云块大小也是判定云状的依据之一。在波状云的观测中，常用其云块视角的大小区分层积云、高积云与卷积云。用云块视角大小判定云状时，要注意云块视角大小与云所处高度有关。同样面积的云块，高度越高，视角越小。

借助对云的亮度和颜色的观察也有助于判定云状。云层越薄，透光程度越好，亮度越强；反之，云层越厚，透光程度越差，亮度越弱。太阳高度角越高，光线通过云层的距离越短，云层越明亮；反之，太阳高度角越低，光线通过云层的距离越长，云层越暗淡。在云的观测中，常参照云层的亮度大致判定云的底部高度，云层越明亮、高度越高，越暗淡、高度越低。但要注意的是，云层亮度的变化并不能完全反映其底部高度的变化。当投射光的强度一定时，若云层移动且厚薄不均，或者云层厚度一定，投射光的角度变化时，这时云层的亮度就有较大的变化。在实际观测中，黎明、黄昏观云时，易误薄为厚、误高为低，就是这个缘故。

云的颜色主要决定于所接受光的颜色，不同种类的云，颜色有差异，不同高度不同时刻云的颜色也有变化。在白天通常的情况下，卷云洁白，卷层云乳白，卷积云白，高积云白或灰白，高层云浅灰或浅蓝，雨层云暗灰，层积云灰或灰白，层云灰或灰白，积云灰或深灰，积雨云铅黑。

有些云常伴见一些特殊的天气现象，例如积雨云常伴有雷电，而卷层云则常伴有晕圈，当出现这些天气现象时，则可利用它们来帮助判断云状。此外，有些云出现时，会引起近地层气象要素的特殊变化，根据这些气象要素的变化情况，也可以帮助判断云状。

在根据云的基本特征判断云状时，还需要注意云的地方性和季节性特点。同一种云，在不同地方和不同季节，其特征是有差别的，有的差别还很大。例如，在冬季，我国北方地区的卷层云可以降雪，但南方地区的卷层云则不可能降雪。在夏季，我国南方地区的浓积云可以产生强烈的阵雨，而北方地区则一般不可能出现这种情况。因此，要注意总结云的地方性和季节性特点。

当在夜间观云时，特别是在暗夜观云时，由于没有光亮，云状的很多特征看不到，给判定云状带来了很大困难，可根据天空星光的分布和亮度情况进行判定，平时应注意掌握不同季节天空星光的分布特点。傍晚时要注意云的高度、分布及演变趋势，利用云状的演变规律和出现的天气现象来帮助判定。

2.4.2　相似云的区分

在观测中常遇到一些相似的云，难以区分。对这些云需要全面地观察，仔细地分析对比，找出它们的区别点，才能正确地作出判定。下面列出了一些相似云的区分要点。

1. 卷云与卷层云的区分

卷云连成片，或者出现晕时，易误认为卷层云。卷云云片即使相连，仍然能分辨出个体,云丝方向很不一致,各部分厚度不均匀;出现晕时,晕圈往往不完整。而卷层云水平分布范围广,云丝方向比较一致,各部分厚度较均匀,常见完整的晕圈。

2. 卷云与高积云的区分

当能见度较差,天边出现零散呈条状的卷云时,易误认为零散的高积云。卷云云丝通常与地平线成斜交,像是从地平线上某一点发射出来的。而零散高积云在天边时,往往呈长条状,与地平线平行,而且云的边缘较卷云光滑。

高积云的云底较高且产生纤维状的下曳(幡)时,易误认为卷云。如果高积云母体尚存在,则判定为高积云;若高积云的母体消失,则判定为卷云。

3. 卷云与层积云的区分

在我国北部地区的冬季,出现较厚较低的卷云时,易误认为层积云。卷云云片的边缘有明显的纤维结构,其中部与边缘的厚度差异较小,移动不明显。而层积云的云块边缘模糊,无纤维结构,中部与边缘的厚度差异较大,云块排列较密集,移动通常较明显。

我国北部地区的冬季出现由冰晶构成的层积云时,易误认为卷云。层积云即使云块有纤维结构,但仍有圆浑的块状或条状特征,且颜色多为灰白,透光程度较小,云底较低,移动较明显。而卷云的纤维结构清晰,多为白色,或略带黄色,透光程度较大,云底较高,移动不明显。

4. 卷积云与高积云的区分

卷积云刚由卷层云蜕变而成且云块较大时,易误认为高积云。卷积云边缘有纤维结构,云体无暗影,出现和消失较快,存在时间较短。而高积云云块边缘较光滑,无纤维结构,云体中部常有暗影。

高积云很薄而且云块较小时,易误认为卷积云。高积云云块的视角多数大于1°,即使有较小的云块,也大部分集中在云层的边缘。而卷积云往往由卷云、卷层云蜕变而成,边缘处有纤维结构,云块的视角小于1°。

5. 卷积云与卷云的区分

卷积云的云块呈絮状或堡状时,易误认为卷云。卷积云的云块一般都比较小,多数云块的视角小于1°。而卷云的云片一般较大,其视角多大于1°。

6. 卷层云与高层云的区分

日出日没之际,较厚密的卷层云易误认为高层云。卷层云常出现晕,云层略呈黄色或略带红色,有纤维结构。而高层云不会出现晕,云层呈灰色,云底具有条纹结构。

高层云较薄且条纹结构不明显时,易误认为卷层云。有高层云时,看太阳轮廓不清,不感到刺眼,地面物体没有影子;在夜间常不见星月,云层呈深黑色。而有卷层云时,看太阳轮廓清楚,感到刺眼,地面物体有影子;在夜间星月模糊可见,云层呈灰黑色。

7. 卷层云与层云的区分

黎明前后,呈灰白色的卷层云易误认为层云。卷层云能看出一些纤维结构,云层亮度均一，云底界线较清楚。而层云看不出什么结构，只能看出各部分明暗不一，在日出方向的部分比较明亮，低层湿度比较大，云底界线较模糊。

我国北部地区的冬季，由冰晶构成的层云出现晕时，易误认为卷层云。层云除了遮蔽日月的部分呈白色外，其他各部分均为灰白色或灰色，低层湿度大，能见度差。而卷层云通常呈白色或略带黄色，纤维结构较明显。

8. 高积云与层积云的区分

高积云呈灰色且部分云块较大时，易误认为层积云。高积云云块的视角多数小于 5°，云块边缘较光滑。而层积云云块的视角多数大于 5°，云块边缘松散。

我国沿海地区出现回流层积云时，易误认为高积云。层积云结构松散，云块之间的缝隙模糊，云底高一般在 2500 m 以下，甚至只有几百米，移动较明显。而高积云结构常较紧密，云块之间的缝隙清楚，云底高在 2500 m 以上，云的移向与地面风向常不一致。

9. 高层云与高积云、层积云的区分

高层云出现缝隙和未布满天空时，易误认为高积云或层积云。高层云无论其出现多么大的缝隙和云量多少，其云底均匀和云层成幕状的特征仍很明显。而高积云和层积云云底不均匀，没有幕状的特征。

10. 雨层云与高层云的区分

雨层云的降水强度较小或云层较薄时，易误认为高层云。雨层云云底模糊，天地线不清，无法分辨日月的位置。而高层云云底界线分明，一般能清楚地看出天地线，有时可隐约地分辨出日月的位置。

11. 雨层云与层积云的区分

雨层云下面有大量碎雨云时，易误认为层积云。通过碎雨云的缝隙看雨层云的云底，没有块状个体，云层颜色阴暗，看不出日月位置，且常降连续性雨或雪。而层积云云底呈块状结构，云层透光程度差别较大，薄的部分有时可看出日月的位置，常降间歇性雨或雪。

12. 碎雨云与碎层云的区分

在降水之前形成呈薄片状的碎雨云时，易误认为碎层云。碎雨云上面有降水云层，常在雨层云、高层云、积雨云或较厚的层积云形成之后出现。而碎层云上面没有降水云层，常在层云形成之初或消散时出现，有时则由雾抬升而成。

13. 碎雨云与层积云的区分

碎雨云聚合成层，云底呈波浪状时，易误认为层积云。碎雨云云块较破碎，形状多变，云底波浪状结构不规则。而层积云云块较完整，形状少变，云底波浪状结构较整齐。

14. 层云与高层云、雨层云的区分

层云布满天空且厚度较大时，易误认为高层云或雨层云。层云出现比较突然，出现之前通常没有中云和别的低云，云层各部分的明暗程度不一，有时可看出明显的移动，云下没有雨幡或雪幡，且低层湿度较大，能见度差。而高层云和雨层云多为系统发展的高云或中云演变而来,不会突然出现,云层各部分的明暗程度大体一致,移动不明显,云下常有雨幡或雪幡。

15. 碎层云与碎积云的区分

当碎层云的厚度较大时易误认为碎积云。但碎层云的颜色较深,云体没有凸起现象。而碎积云呈白色,与淡积云有联系,云体中部凸起。

16. 积云与层积云的区分

当积云聚集在天边云底重叠时,或者某一块积云在天顶时,易误认为层积云。但积云底部较平坦,顶部明显凸起,云体中部呈暗灰色,边缘呈白色。而层积云的云块多呈扁平状,中部与边缘的颜色差别不大。

17. 积雨云与雨层云的区分

积雨云布满天空,云底模糊且无雷暴、降水时,易误认为雨层云。积雨云的云层厚度差异很大,天空时明时暗,云底常呈暗黑色。而雨层云的云层厚度比较一致,天空亮度均一。

18. 积雨云与层积云的区分

积雨云波浪起伏,尚无雷暴和阵性降水时,易误认为层积云。积雨云的云底呈悬球状或滚轴状,云层很厚,颜色深黑,常有雨幡或雪幡。而层积云的云底块状明显,常呈波浪状,云层较薄,颜色多呈灰色或灰白色,偶尔有雨幡或雪幡。

2.4.3 云状的演变

云状的演变是常见的。云状的演变通常有两种含义,一种是云体自身发展的演变,如云的增厚、变薄、衍生扩展或蒸发消失等,另一种是随着天气系统的移动,不同种类的云依次经过测站上空,使得看起来像是云在发展变化,这是一种移动演变。了解了这两种演变规律,有助于我们对云状的正确判定。图 2.27 和图 2.28 分别表示了对流云和非对流云的一般演变规律。从图 2.27 可以看出,当低空有对流发生时,

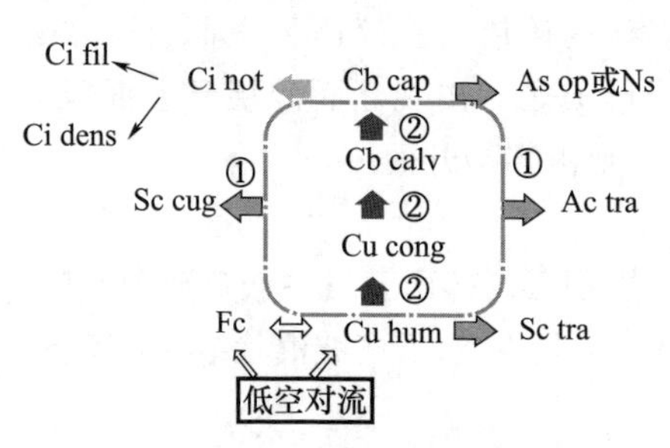

图 2.27 对流云演变规律

①对流减弱;②对流增强

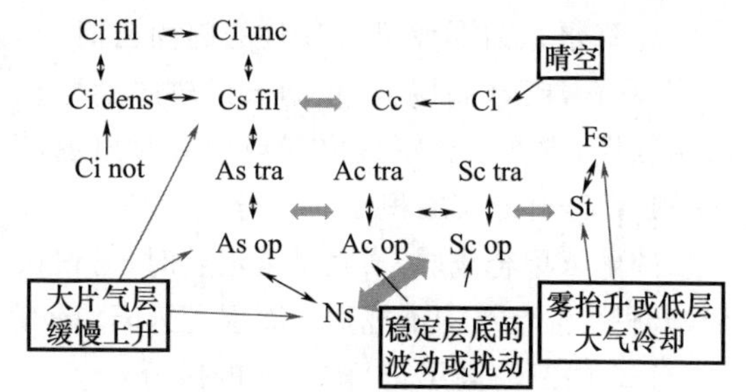

图 2.28 非对流云演变规律

(波动增强或减弱⟺)

易形成 Fc 或 Cu hum，对流进一步加强则形成 Cu cong、Cb calv 或 Cb cap，当对流发展遇到阻挡时，则易转化成 Sc tra 、Sc cug、Ac cug 或 As op 和 Ns，Cb cap 的云砧部分则蜕变为 Ci not、Ci dens 或 Cs fil 等。从图 2.28 可以看出，雾抬升或低层大气冷却易形成 Fs 或 St，进一步抬升后可形成 Sc，Sc tra、Ac tra、As tra 与 Sc op、Ac op、As op 之间可以相互转化，大片气层缓慢抬升可形成 Ns、As op、Cs fil 等层状云层，在层状云层上出现波动或扰动后，转化为 Sc op、Ac op、Cc 等波状云层。

2.4.4　云况编码与填图符号

天气学意义上的云的观测并不仅仅是观测天空有哪些种类的云，而是要根据天空云状、云量的演变情况确定出一组 C_L、C_M、C_H 码来表示天空云况现状与变化趋势。C_L、C_M、C_H 各用 0～9 数字编码来表示，每一个云况编码在天气图上的填图符号如表 2.4 所示。

表 2.4　云码填图符号

编码	C_L	C_M	C_H
0			
1			
2			
3			
4			
5			
6			
7			
8			
9			

2.4.5　云状自动判别

随着全天空可见光成像仪、全天空红外成像仪的研制和应用，利用获取的全天空图像进行云类型识别的研究工作也开展起来（孙学金 等，2008a，2008b，2008c），对于单一云类型天空的识别准确率可达到 80%左右。目前，地基云类型自动识别主要利用统计的纹理特征、光谱特征以及结构特征等进行云类型区分，已能较好地区分层状云、波状云、积状云、卷云、积卷混合云等天空类型（孙学金 等，2009a，2009b，2011；Liu lei et al，2011，2013）。随着人工智能在云图识别领域的应用，云状自动识别水平也会有所提高。

2.5 云底高的观测

云底高是指云层最低部分离观测点地面以上的高度。云底是由空气或霾引起的能见度减小过渡到由水滴或冰晶引起的能见度减小的最低区。由云下大气过渡到云内时,后向消光系数廓线具有明显的变化。由于云内和云下粒子性质的不同,在云下大气中,引起能见度减小的粒子具有波长选择性,而在云中,粒子却几乎没有波长选择性。这些特征是利用仪器识别云的重要理论基础。

云底并非一个清晰的平面,即使是同一层云的云底,也有一定的起伏,应以云层的最低部分进行云底高的测量。观测云底高时,应尽量采用仪器测量,没有仪器时,也可采用目力进行判定。云底遮蔽测站周围的山体或接触山顶时,称为云蔽山。蔽山的云层对飞行有重要影响。云底高的仪器测量,通常采用气球、云幕灯、激光雷达、毫米波云雷达、红外测云仪(Liu lei,2015)等进行,目前利用激光雷达进行云底高测量已成为主要手段,专用测量云底高的激光雷达通常称为激光云幂仪或激光云高仪。

2.5.1 云底高的器测

1. 激光雷达与毫米波云雷达

利用激光雷达或毫米波云雷达测量云底高时,从地面上发射一束激光(或毫米波),测量出激光(或毫米波)从发射至云的回波到达接收机的时间,即可测量出云至测点的斜距,然后利用三角关系计算出云底高,如图 2.29 所示。云底高的计算公式为:

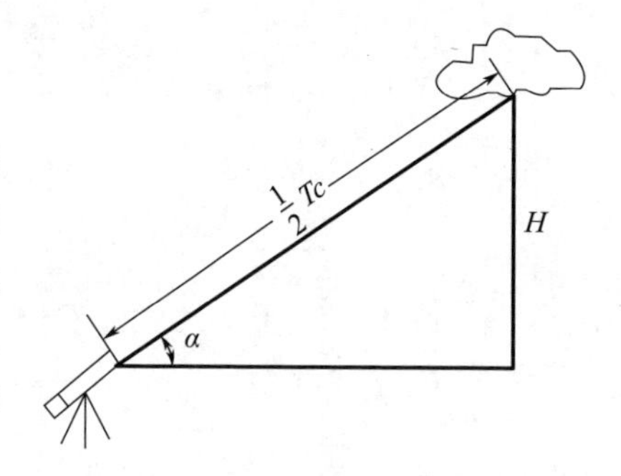

图 2.29 激光测云底高示意图

$$H=\frac{1}{2}T\cdot c\cdot \sin\alpha \tag{2.5.1}$$

式中 H 为云底高(m),c 为光速,为 3×10^8 m/s;T 为激光(或毫米波)发射至云的回波到达接收机的时间(s)。若雷达位于地面,那么,此垂直距离 H 就是云底高度。否则,应加上雷达所在位置距地面的高度。激光雷达与毫米波云雷达的组成结构与工作原理有关内容见第 16 章。

为了能连续地测量云底高,激光雷达或毫米波云雷达通常垂直固定指向天顶发射,这样就可得到观测地点上空云底高随时间的变化观测资料。云底高测量的准确性主要取决于如何确定何处是云底的回波信号。

激光脉冲发射到大气中遇到云层时,由于云粒子的散射作用会产生强烈的后向散射信号,从而使得回波信号增强,如图 2.30 所示,在 1～3 km,消光后向散射系数明显比其他高度的值大,但是何处是云层位置和云底,还需要采用一定的算法去进行确定,即所谓的云检测。云检测算法不同,确定的云底高度也有所差异,图 2.30 中给出了三种不同算法确定的云底高度是不一样的。若激光信号能穿透云层,则还可确定云顶高度,甚至第二层、每三层云底高度。

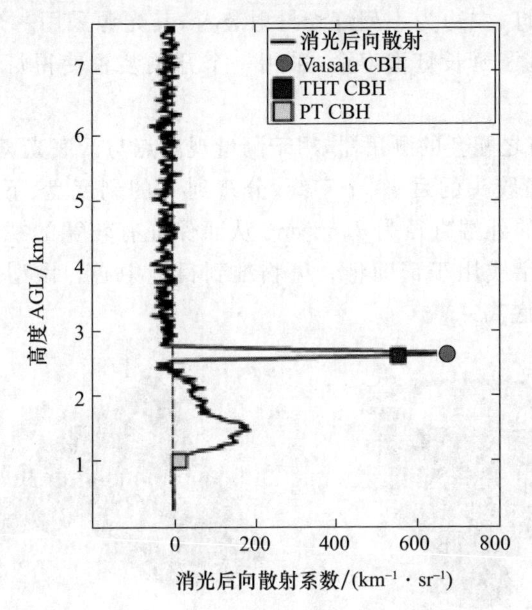

图 2.30　消光后向散射系数廓线

(Tricht et al. ,2014)

2. 气球

利用气球测量云底高,简单易行,一般用于测量高度较低且成层的云。将气球按照一定的升速充灌氢气后,释放上升,用肉眼或经纬仪进行观测,并用秒表测出气球从释放到入云(气球轮廓开始模糊)的时间,然后根据(2.5.2)式计算云底高。夜间为了便于跟踪气球,可在气球上挂一灯笼。

$$H=\frac{V \cdot T}{60} \tag{2.5.2}$$

式中,H 为云底高(m),V 为气球升速(m/min),T 为气球入云时间(s)

利用气球测定云底高时,要选择好气球的颜色和升速。通常云层呈白色或天空较亮时,应选用红色气球;云层呈灰色或天空较暗时,应选用黑色气球。测定云底高的气球升速,不能太快,通常以 100 m/min 或 200 m/min 为宜。气球充氢后,应尽快进行施放,放置时间不能超过 30 min,以免漏气影响气球升速。

当降中雨或大雨时,由于气球升速会受到较大影响,此时不宜采用气球来测定云底高。在气球上升过程中穿越厚度较薄或云量较少的云层时,应注意气球的再现,以便测定上层云的云底高。当云层底部的高度不一致时,应根据气球入云部位的高度,判定云层最低部分的高度。

3. 云幕灯

云幕灯是夜间测量云底高的一种比较有效的仪器。图 2.31 是 NOVATEL 公司生产的 400 型云幕灯,左边为小型灯光投射装置,其光源采用一个 6 V,100 W 的灯泡,寿命为 50 h。为了延长灯泡寿命,采用一个开关装置使得灯源打开持续时间只有 3 min。

图 2.31 右为与之配套的测角器,用于测量观测点与云底光斑之间的仰角。它由瓶状目筒、带有软橡胶头的目镜、十字线、分辨到 1°的刻度盘、下垂指针和固定螺帽等组成。瓶状目筒的外端直径为 7.62 cm,从而保证有较宽的视角以观测光斑和周围的黑暗天空。十字线用于帮助将光斑瞄准到目镜中心。该型云幕灯主要用于测量 900 m 以下的云底高。

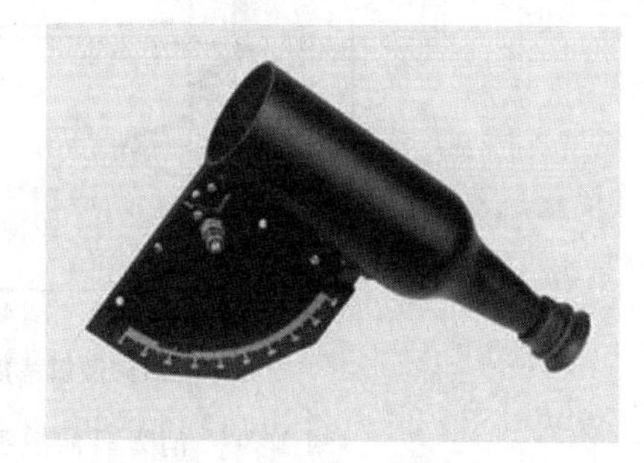

图 2.31　400 型云幕灯(左)与测角器(右)

利用云幕灯测量云底高时,通常将其安置在离观测点 300～500 m 的地方,接通电源,射出垂直光柱,在观测点顺光柱向上找到在云底形成的明亮的光斑,并用测角器测出光斑的仰角,如图 2.32 所示。云幕灯安装时,应保持灯面水平,使发射的光柱保持垂直。

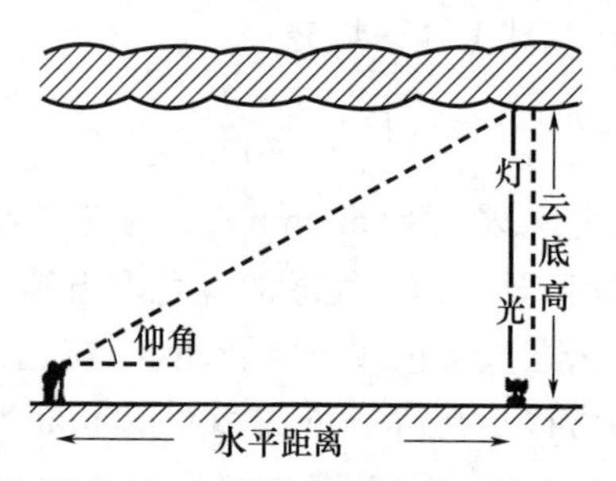

图 2.32　云幕灯测云底高示意图

测定仰角时,先拧松测角器上的固定螺帽,使指针能自由摆动,然后将测角器镜筒十字线中心对准云底光斑,待测角器上的指针自由下垂且停止摆动后,拧紧固定

螺帽,然后读出指针所指的仰角值。测量仰角时,通常应连续测定 3 次,取其平均值。云底高按公式(2.5.3)计算:

$$H = L \cdot \tan\alpha \tag{2.5.3}$$

式中,H 为云底高(m);L 为观测点距云幕灯的水平距离(m);α 为云底光斑的仰角(°)。

利用云幕灯测量时,只能测定其垂直上空云层的云底高,因此,应根据云的分布和移动情况,掌握好开灯时机。也可利用旋转的云幕灯,测定任意方向的云底高。

利用云幕灯测量时,如果云底较低,云底的光点不易发现。此时,应沿着光柱自下而上地寻找光点。当云中水滴(冰晶)的密度较小时,灯光射入云内会形成一段反射明显的圆筒形光柱。此时,应以该段光柱的底部(即云底边缘)为准读取仰角值。如果灯光穿越数层云,会同时出现几个光点,此时应分别测定各光点的仰角值,求出各层云的云底高。当读取的仰角值大于 80°时,测定的云底高误差较大,此时应结合目测或其他方法加以校正。

2.5.2 云底高的目测

目测云底高,应当在正确判定云状的基础上,根据云体结构、透光程度、颜色深浅、移动快慢、云块大小等情况,结合本地区云底高季节变化规律、经验、飞行员的报告等综合判定。

1. 利用较高的建筑物估计云底高

当云底接近或接触观测点附近的高目标物(如山峰、高建筑物和电视塔等)时,可以根据目标物的高度和云底距目标物的相对高度来推测云底高。如果云底遮盖了目标物上端,则可以根据未遮盖的部分为整个目标物的几分之几来推测云底高;如果云底未接触目标物,则应先估计云底距目标物顶端的垂直距离,然后加上目标物的高度,即为云底高。

2. 利用城市灯光估计云底高

在城市周围的台站,可利用城市灯光来估计云底高。原理与云幕灯测量云底高相同。首先要估计观测点距城市灯光集中区的距离,测量出城市灯光在云层上形成亮带的仰角值,然后利用公式(2.5.3)计算出云底高。

测量仰角时,可以用测角器,也可以用下述方法进行估计:手臂向前伸直,手指靠拢弯曲与手掌垂直,小指下缘对准地平线,视线通过某一手指的上沿对准亮带的下沿,看亮带下沿至地平线之间需要几个手指宽度刚好遮住,然后根据手指的数目,估计亮带的仰角值。通常,一个手指宽度视角为 1°~2°,三个手指宽度视角大约 5°,整个手掌的宽度视角大约 10°。

3. 利用飞行员报告的云高数据估计云底高

当飞机上升抵达云底,飞行员刚好看不清天地线时,高度表所指示的高度即是云底高。可参照正在飞行中的或飞机着陆后的飞行员报告来判定云底高。

通常，低云应使用飞机在距离机场 10 km 以内，且在观测前 15 min 内的观测结果；中、高云应使用飞机在距离机场 100 km 以内，且在观测前 1 h 内的观测结果。

4. 利用经验公式估算云底高

对于气团内形成的积云和积雨云，可采用(2.5.4)式来估算云底高。

$$H=\frac{t-t_d}{\gamma_d-\gamma_\tau}\approx 124(t-t_d) \tag{2.5.4}$$

式中，H 为云底高(m)，t 为气温(℃)，t_d为露点温度(℃)，γ_d 为干空气的绝热直减率，近似为 0.98 ℃/100 m，γ_τ 为露点温度在干绝热阶段的直减率，近似为 0.17 ℃/100 m。公式中的系数 124 是理论值，实际使用时根据当地历年形成 Cu、Cb 时的气温、露点温度和器测云底高的资料，经统计分析来确定。

5. 利用等腰直角三角形估计云底高

云底高在 500 m 以下，而且云向、云速与地面风向、风速大致相同时，可以利用等腰直角三角形估计云底高(参见图 2.33)。将测角器的镜筒对着云的来向，在仰角 45°处选一块云，并开动秒表，观察其移动，待云块移至天顶时，关住秒表，求出所用的时间，然后乘以地面风速，即可估计出该云块的云底高。

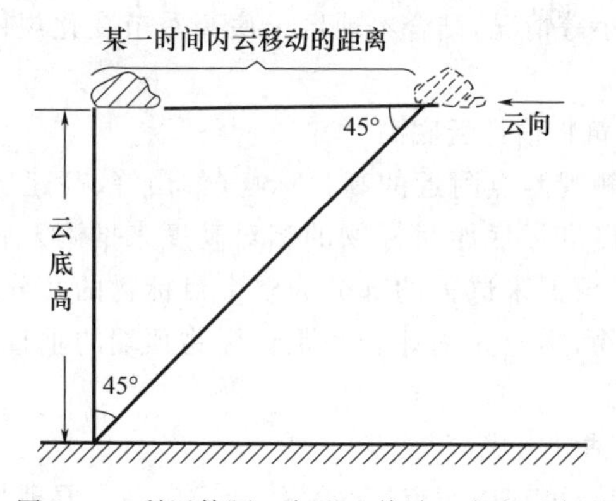

图 2.33 利用等腰三角形法估计云底高示意图

6. 利用经验估计云底高

利用经验估计云底高时，应了解各属类云在本地的常见高度范围，云底高随海拔高度、季节、昼夜等变化的规律，然后结合当时云体结构、透光程度、颜色深浅、移动快慢、云块大小等情况，经全面分析对比，作出综合判断。

随着纬度、地形的不同，同属类云在各地的常见高度有较大差异，因此应注意统计和了解云底高在当地的统计特征。表 2.5 给出了各属类云在我国的常见高度范围。

海拔高度、季节、昼夜等对云底高有明显影响。云的凝结高度是随海拔高度增加而降低的，一年中冬季低于夏季，一日中早晚低于中午前后。

表 2.5　各属类云在我国的常见云底高度范围表

云 属(类)	常见平均云底高度范围(m)	说明
积云	500～2500	沿海地区和雨后初晴的潮湿带，云底较低，有时在 500 m 以下；沙漠和干燥地区，有时高达 3000 m 左右
积雨云	300～2500	一般情况下与积云云底高相同。有时由于降水，云底比积云低
层积云	500～2500	当低层水汽充沛时，云底高可能在 500 m 以下；个别地区有时高达 3500 m 左右
层云	50～500	与低层湿度有密切关系。湿度增大，云底降低；湿度减小，云底升高
碎层云	50～500	与层云相同
雨层云	500～2500	刚从高层云蜕变而来的雨层云，云底一般较高
碎雨云	50～300	产生在高层云下的碎雨云，有时云底高可达 1000 m
高层云	2500～5000	刚由卷层云蜕变而来的高层云，有时高达 6000 m 左右
高积云	2500～6000	夏季，在我国南方，有时高达 8000 m 左右
卷云	7000～10000	一般夏季高，冬季低。夏季，我国南方地区有时高达 17000 m
卷层云	6000～9000	一般是夏季高，冬季低。冬季，我国北方地区有时低至 4000 m 左右
卷积云	6000～8000	有时与卷云高度相同

云体结构、云块大小、亮度、颜色、移动速度等与云底高有关，见表 2.6。

表 2.6　同一属类云云底高判断要点表

云的情况	云底高判断要点	说明
云体结构	细微部分很清楚，或松散，云块边缘毛糙，则云底较低；反之，云底较高	当能见度较差时，要防止因看不出云体的细微部分而将云底判断得过高；当能见度较好，特别是以天空为背景时，要防止将云底判断得过低
云的亮度或颜色	透光程度较小，或颜色较黑，则云底较低；反之，云底较高	在早晚光照较弱的情况下，对透光程度较小或颜色较黑的云，要防止判断得过低；在中午光照较强的情况下，对透光程度较大或颜色较白的云，要防止判断得过高
云的移动速度	在相同风速条件下，如果云层移动明显，则云底较低；移动不明显，则云底较高	以蓝天为背景的孤立分散的云，要防止因容易看出其移动情况而把云判断得过低；对密集的云块和均匀呈幕状的云，要防止因难以看出其移动情况而将云底判断得过高
云块大小	云块较大的，云底较低；云块较小的，云底较高	当云在天边时，要防止因距离较远，云块显得较小，而将云底判断得过高

云在发生、发展、演变过程中,它的高度也在不断变化,一般发展中的云比消散中的云要低。

云底高受近地面层湿度的影响,尤其是低云。通常近地面层湿度大,云底较低;反之,云底较高。

习　题

1. 云与雾有何区别?云的宏观特性和微观特性可用哪些参量表示?
2. 云有哪些分类方法?我国将云的种类是怎样划分的?
3. 积状云、波状云、层状云各具有什么特征?分别是怎样形成的?
4. 高云族、中云族、低云族的云各有什么共同特点?
5. 列表比较掩蔽全天的 Cb 与 Ns 的异同点。
6. 列表比较 Fs、Fn 和 Fc 的异同点。
7. 列表比较透光高积云、透光层积云与卷积云的异同点。
8. 哪些云会出现降水?哪些云会出现晕、华?
9. 云是如何演变的?绘制对流性云的演变图。
10. 云量的观测项目有哪些?视云量受哪些因素影响?
11. 云量器测有哪些方法?为什么器测云量与人工观测的云量会不一致?
12. 同一类云的云底高在不同地区和季节有何差异?
13. 天空亮度与哪些因素有关?
14. 大气下行红外辐射强度与哪些因素有关?
15. 分析激光雷达与气球法测量云底高结果不一致的原因。
16. 收集有关云的谚语,并阐述其合理性。
17. 查阅云类自动识别研究文献,了解云分类自动识别方法研究进展。
18. 查阅激光云高仪云底高确定算法,比较各类算法的优缺点。

参考文献

霍娟,吕达仁,2002. 全天空数字相机观测云量的初步研究[J]. 大气科学学报,25(2):242-246.

李浩,孙学金,陈峰,2010. 双波段大气向下红外辐射云遥感数值模拟[J]. 气象科技,38(2):222-225.

林晔,王庆安,顾松山,等,1993. 大气探测学教程[M]. 北京:气象出版社.

孙学金,刘剑,2008a. 基于 UIRFPA 的全天空红外测云系统[J]. 红外与激光工程(5):14-17.

孙学金,刘剑,赵世军,等,2008b. 非制冷红外焦平面阵列的辐射定标模型[J]. 解放军理工大学学报(自然科学版),9(4):5.

孙学金，孙晓刚，牛珍聪，等，2008c. 全天空云图获取的一种方式及算法实现[J]. 气象科学，28(3)：338-341.

孙学金，刘磊，2009a. 基于 LBP 算法的全天空红外图像的云分类研究[J]. 大气科学学报，20(2)：7.

孙学金，刘磊，2009b. 基于模糊纹理光谱的全天空红外图像云分类研究[J]. 应用气象学报，20(2)：157-163.

孙学金，陈峰，刘磊，等，2011. 纹理与阈值相结合的云识别方法[J]. 解放军理工大学学报(自然科学版)，12(4)：6.

孙学金，秦超，刘磊，等，2012. 中低云云底高地基遥感的初步研究[J]. 遥感学报，16(1)：166-173.

张霭琛，2000. 现代气象观测[M]. 北京：大学出版社 .

章文星，吕达仁，宣越健，等，2010. 利用扫描式红外亮温仪对天空云量的试验观测[J]. 气象学报，68(6)：808-821.

赵柏林，张霭琛，1987. 大气探测原理[M]. 北京：气象出版社 .

中国气象局，2004. 中国云图[M]. 北京：气象出版社 .

LIU LEI，SUN XUEJIN，CHEN FENG，2011. Cloud classification based on structure features of infrared images[J]. Journal of Atmospheric and Oceanic Technology，28(3)：410-417.

LIU LEI，SUN XUEJIN，GAO TAICHANG，2013. Comparison of cloud properties from ground-based infrared cloud measurement and visual observations[J]. Journal of Atmospheric and Oceanic Technology，30(6)：1171-1179.

LIU LEI，SUN XUEJIN，LIU XICHUAN，et al，2015. Comparison of cloud base height derived from a ground-based Infrared cloud measurement and two ceilometers[J]. Advances in Meteorology，ID853861：1-14.

TRICHT K VAN，GORODETSKAYA I V，LHERMITTE S，et al，2014. An improved algorithm for polar cloud-base detection by ceilometer over the ice sheets[J]. Atmospheric Measurement Techniques，7：1153-1167.

WMO，2008. Guide to meteorological instruments and methods of observation[Z]. Geneva：WMO.

WMO-No. 407，2017. Manual on the observation of clouds and other meteors-International cloud atlas[R]. Geneva：WMO.

第 2 章　云的观测
电子资源

第3章　能见度的观测

【学习指导】

1. 理解能见度、气象能见度、气象光学距离、跑道视程概念，能分析异同点；

2. 理解视亮度对比概念，熟悉柯什密得定律，能应用于能见度影响因子的分析；

3. 了解人眼视觉感阈、照度阈值影响因素，熟悉气象光学距离白天与夜间目测方法，并能解释观测规范要求；

4. 熟悉气象光学距离测量仪器及原理，会分析误差原因。

能见度概念在气象学中得到广泛应用，一方面它是表征气团特性的要素之一，以能见度表示的大气光学状态，可满足天气学和气候学的需要；另一方面，它是与特定判据或特殊应用相对应的一种业务性参量。在航空、航海及其他交通运输领域，它是关系到安全保障的重要气象要素之一。在环境监测领域，它是体现大气污染程度的重要特征量。

在气象领域，能见度的定义一方面应与气象因素以外的其他因素无关，作为表示大气光学状态的物理量；另一方面又要能与能见度的直觉概念相联系，其量值大小与物体在正常情况下的可见距离相当。早期气象上使用的能见度是从适合于观测员观测的角度定义的，但这样的能见度观测值受到许多物理和主观因素的影响，误差较大。虽然WMO的仪器和观测方法委员会(CIMO)于1957年就提出了“气象光学距离(meteorological optical range)”概念，但直到2014年，WMO才正式采用“气象光学距离”来阐述与能见度有关的物理量(WMO,2018)。

本章从能见度的概念入手，介绍了气象能见度与气象光学距离概念，推导了目标物视亮度方程，分析了能见度的影响因子，最后介绍了气象光学距离的人工观测和仪器测量方法。

3.1　概　述

3.1.1　能见度

日常意义上的能见度概念，是指目标物的能见距离，即观测目标物时，能从背景上分辨出目标物轮廓和形体的最大距离。纯大气分子影响时，最大能见度可达

277 km，而在雾和沙尘暴天气中的能见度可低达几十米，甚至只有几米。能见度是一个复杂的物理-心理现象，其大小不仅与当时的大气光学状况有关，还与观测者的视觉和对“可见”的理解水平有关，以及目标物和背景的光学特性有关。人对目标物的“能见”与“不能见”界限不太明晰，从外形轮廓清晰到模糊有一个过渡阶段，加上视觉的对比视感阈随照明条件和心理影响变化较大，因此，能见度的人工目测必然存在一定的主观性。

目标物的最大能见距离有两种定义法：一种是消失距离，它是指当观测者逐渐退离目标物，直至目标物从背景上可以辨别时的最大距离；另一种是发现距离，它是指当观测者从远处逐渐走近目标物，直至将目标物从背景上辨认出来时的最大距离。研究表明，目标物的消失距离比发现距离大，这是由于人在接近和远离目标物时的视感感觉能力差异所造成的。在日常生活中，常采用目标物的发现距离表示能见度大小，如汽车驾驶员在行驶过程中发现前面目标物或汽车的最大距离，飞机着陆时飞行员所能发现跑道上标志物的最大距离等。

按照观测者与目标物的相对位置，能见度分为水平能见度、垂直能见度和倾斜能见度。当观测者和目标物处于同一高度时，最大能见距离称作水平能见度，通常水平能见度是以地面附近为准。当观测者处于目标物垂直下方或上方时的最大能见距离称为垂直能见度。而当观测者处于目标物的倾斜上方或倾斜下方时，称为倾斜能见度。垂直能见度和倾斜能见度对地面向上观测云或其他空中目标物以及从空中向下观测目标物有影响。地面上观测垂直能见度，曾采用“好”“中”“差”“劣”四个等级来定性描述。目前 WMO(2018)按照(3.1.1)式来定义垂直能见度 V_V，即消光系数 σ_t 从地面垂直向上积分到等于 3 时所需的高度，相当于从地面发射的平行光束的光通量衰减到初始光通量的 0.05 时经过的垂直距离，这样定义的垂直能见度有利于利用激光雷达来进行测量。

$$\int_0^{V_V} \sigma_t(h)\,\mathrm{d}h = -\ln 0.05 \approx 3 \tag{3.1.1}$$

3.1.2 光度学参量

由于能见度观测是与人的视觉感应能力有关的，因此采用光度学的概念进行阐述，为了后文理解的方面，将有关光度学概念作一介绍。

光通量(luminous flux)是用来表示人眼所能感觉到的辐射功率，它等于单位时间内某一波段的辐射能量和该波段的人眼感光效率函数的乘积，如(3.1.2)式所示，常用符号 Φ 或 F 表示。由于人眼对不同波长光的感光效率不同，所以不同波长的辐射功率相等时，其光通量并不相等。光通量的单位为流明(lm)。

$$\Phi = K_m \int V(\lambda)\Phi_e(\lambda)\,\mathrm{d}\lambda \tag{3.1.2}$$

式中,K_m 为人眼的光谱最大感光效率,明视觉条件下为 683 lm/W,暗视觉条件下为 1754 lm/W。$\Phi_e(\lambda)$为光谱辐射通量密度。$V(\lambda)$为人眼的相对感光效率,用感光效率最大值进行归一化。图 3.1 给出了人眼的相对感光效率随不同波长(颜色)光的变化关系。在白天光照条件下,明视觉(图中实线)人眼的感光效率在波长为 555 nm 时达到最大值。在夜间暗光条件下,暗视觉(图中虚线)最大感光效率出现在 507 nm 波长处。

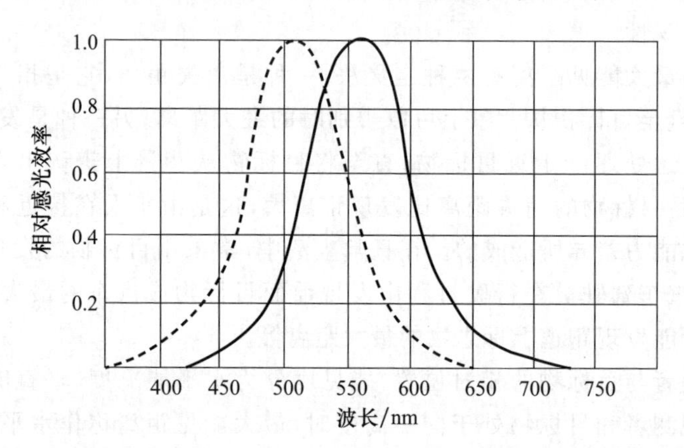

图 3.1　人眼对单色光的相对感光效率(实线表示明视觉,虚线表示暗视觉)

发光强度(Luminous intensity),简称光强,表示光源在某方向上单位立体角内发出的光通量,单位为坎德拉(cd),常用符号 I 表示。1 cd=1 lm/sr。坎德拉是国际单位制七个基本单位之一。发光强度为 1 cd 的光源,在给定方向上发出的 555 nm 单色辐射的辐射强度为$\frac{1}{683}$ W/sr。

光亮度(Luminance),简称亮度,表示通过垂直于选定方向上的单位面积、单位立体角内的光通量,单位为坎德拉/米^2(cd/m^2),常用符号 L 表示。光亮度一般随观察方向而变,若一辐射体的光亮度是与方向无关的常量,则其发光强度正比于面元法线和观测方向之间夹角的余弦,这样的辐射体称为朗伯辐射体或余弦辐射体。

光照度(illuminance),简称照度,表示单位受照面积上所接收到的光通量,单位为勒克斯(lx),1 lx=1 lm/m^2,常用符号 E 表示。

3.1.3　气象能见度

能见度是一个受主观与客观因素影响的量,并不仅仅受气象因素的决定,还受观测物体光学特性以及人眼的视觉水平等非气象因素的影响。因此,为了定义一个仅与气象因素有关的能见度,WMO 给出了一个在白天光照条件下的气象能见度定义,同时参照白天情况,对夜间气象能见度也进行了定义。气象能见度定义为在白天光照条件下或夜间光照条件提升到白天正常水平时,正常视力的观测者在相对于水平天空背景下看到和辨认出安置在地面附近的适当大小的黑色目标物的最大距离。同时规定正常视力的观测者的对比视感阈取值为0.02,后来为了与气象光学距离值相当,规定对比视感阈取值为0.05。这样定义的气象能见度值表示了大气的光学状态,又与人们直觉感知的目标物能见距离相当。

3.1.4 气象光学距离(MOR)

WMO的仪器和观测方法委员会(CIMO)于1957年提出了"气象光学距离(meteorological optical range)"概念。2014年,WMO建议采用这个物理参量,并以此术语为核心来阐述能见度的观测。MOR已由WMO正式确定为普通的和航空用的能见度的测量值,并得到国际电工委员会确认,可应用于大气光学和可见光信号的传输问题。

气象光学距离(MOR)是指由色温为2700 K的白炽灯发出的平行光束的光通量在大气中削弱至初始值的5%所通过的路径长度。该光通量采用国际照明委员会(ICI)规定的感光效率函数来确定。由于初始光通量是一个恒定值,因此其衰减至初始值的5%所需通过的路径长度就仅与大气光学状况有关,而与其他因素无关。取5%这个数是为了使得所定义的气象光学距离能与人眼目测的气象能见度值具有可比较性。

按照布格-朗伯(Bouguer-lambert)定律,平行光在大气中的衰减可用下式表示:

$$F = F_0 e^{-\int_0^L \sigma_t dl} \tag{3.1.3}$$

式中,F_0为光程$L=0$时的光通量F的值,即初始光通量。σ_t为消光系数,若光所经过路径上的消光系数处处相同,则

$$F=F_0 e^{-\sigma_t L} \tag{3.1.4}$$

此处消光系数是指色温为2700 K的白炽灯发出的平行光束通过单位距离后衰减的光通量所占入射光通量的比值,如(3.1.5)式所示,受大气中悬浮微粒和气体分子的散射与吸收的影响,单位为m^{-1}或km^{-1}。

$$\sigma_t=-\frac{dF}{F}\cdot\frac{1}{dl} \tag{3.1.5}$$

透射因子T为色温为2700 K的白炽灯发出的平行光束通过给定长度的光学路径后剩下的光通量占入射光通量的比值,如(3.1.6)式所示,其值大小与光通过的路径长度以及该路径上的大气吸收和散射有关,是一无量纲量。

$$T=\frac{F}{F_0} \tag{3.1.6}$$

用MOR表示气象光学距离,按照其定义,当$T=0.05$时,

$$\text{MOR}=-\frac{\ln 0.05}{\sigma_t}=\frac{3}{\sigma_t} \tag{3.1.7}$$

从(3.1.7)式可以看出,MOR唯一地由消光系数所决定,只要测量出消光系数,

即可求出 MOR,这给利用仪器测量或人工目测 MOR 值提供了理论基础。但这里有一个前提条件,即在 MOR 长度的路径上的消光系数需均匀,若不均匀,通过测量一点或一小段空气的消光系数计算出来的 MOR 值,与实际定义的 MOR 值之间并不严格等价,或者说这样的测量值存在误差。

3.2 柯什密得定律

为了建立人眼观测的目标物能见距离与大气透明度之间的关系,1924 年柯什密得(Koschmieder)建立了目标物与背景的视亮度对比随距离的变化规律,从而为能见度的目测提供了基本理论。下面从影响目标物视亮度的因子出发,来建立目标物与背景的视亮度对比方程,并分析影响能见距离的因子。

3.2.1 目标物视亮度

1. 物光衰减后的亮度

设目标物的固有亮度为 B_{t0},经过距离为 L 的空气层,由于吸收和散射衰减作用造成减弱后的视亮度为 B'_{tL}。按比尔(Beer)定律

$$B'_{tL} = B_{t0}\,\mathrm{e}^{-\int_0^L \sigma_t \mathrm{d}l} \tag{3.2.1}$$

式中,σ_t 为消光系数(m^{-1})。若设大气水平均一,则(3.2.1)式变换为:

$$B'_{tL} = B_{t0}\,\mathrm{e}^{-\sigma_t L} \tag{3.2.2}$$

2. 气幕光视亮度

如图 3.2 所示,在距观测者水平距离 l 处,取一块空气元,该元量体积为:

$$\mathrm{d}V = \mathrm{d}A \cdot \mathrm{d}l \tag{3.2.3}$$

式中,$\mathrm{d}A$ 为空气元的横截面积,$\mathrm{d}l$ 为空气元的长度。设 $\mathrm{d}\omega$ 为这空气元相对于观测者所张的立体角,于是:

$$\mathrm{d}V = l^2 \cdot \mathrm{d}\omega \cdot \mathrm{d}l \tag{3.2.4}$$

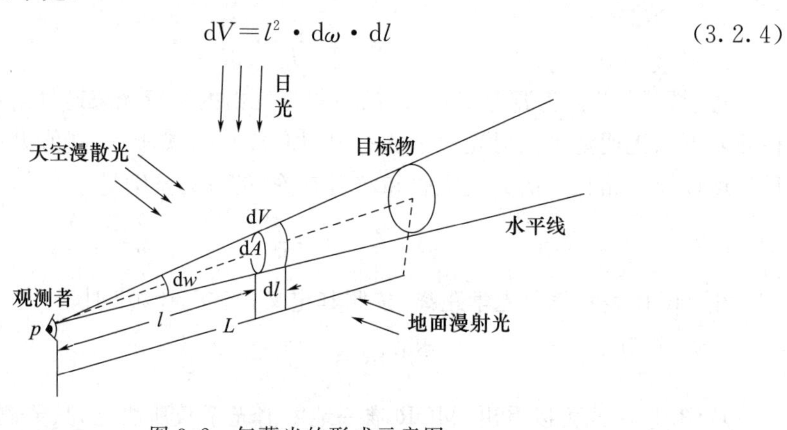

图 3.2 气幕光的形成示意图

设沿着目标物观测方向整个空气柱都有相同的照度，且入射到空气元上的光照度为 E，α^θ 为空气元在 θ 散射角方向的体积角散射系数，则空气元 $\mathrm{d}V$ 在观测者方向产生的散射光强为：

$$\mathrm{d}I=E\cdot\mathrm{d}A\cdot\mathrm{d}l\cdot\alpha^\theta \tag{3.2.5}$$

于是空气元 $\mathrm{d}V$ 在人目方向上的原始亮度为：

$$\mathrm{d}B''=\frac{\mathrm{d}I}{\mathrm{d}A}=E\cdot\mathrm{d}l\cdot\alpha^\theta \tag{3.2.6}$$

根据(3.2.2)式，这空气元的气幕光在通过长度为 l 的气层减弱后到达人眼的视亮度为：

$$\mathrm{d}B''_l=\mathrm{d}B''\mathrm{e}^{-\sigma_t l}=E\mathrm{d}l\alpha^\theta\cdot\mathrm{e}^{-\sigma_t l} \tag{3.2.7}$$

于是 L 长度的空气柱产生的气幕光视亮度为：

$$B''_L=\int_0^L\mathrm{d}B''_l=\frac{\alpha^\theta E}{\sigma_t}(1-\mathrm{e}^{-\sigma_t L}) \tag{3.2.8}$$

若空气柱足够长，并假定水平方向空气均匀，从0到∞积分则得到水平天空的视亮度 B_H 为：

$$B_H=\int_0^\infty\mathrm{d}B''_l=\frac{\alpha^\theta E}{\sigma_t} \tag{3.2.9}$$

将(3.2.9)式代入(3.2.8)式得：

$$B''_L=B_H(1-\mathrm{e}^{-\sigma_t L}) \tag{3.2.10}$$

从(3.2.10)式可以看出，气幕光视亮度随着水平空气柱长度的增加而增加，当空气柱为无穷长时，此时气幕光视亮度就等于水平天空的视亮度。

3. 目标物视亮度

目标物的视亮度是目标物固有亮度经空气柱衰减后的亮度与目标物至观测者之间的空气柱所产生的气幕光视亮度之和。由(3.2.2)和(3.2.10)式可得：

$$B_{tL}=B'_{tL}+B''_L=B_{t0}\mathrm{e}^{-\sigma_t L}+B_H(1-\mathrm{e}^{-\sigma_t L}) \tag{3.2.11}$$

(3.2.11)式为水平方向的目标物视亮度方程。需要注意的是，它是在大气水平均匀以及外界照度均匀假设下推导得到的。从(3.2.11)式可见：当 L 趋近于无穷远时，则 B_{tL} 趋近于 B_H，即当人远离目标物时，不论其固有亮度多大，它的视亮度会逐渐趋近于水平天空的亮度，最后这目标物消失于水平天空背景之中。而且空气愈浑浊，最后消失所需的距离愈短。

3.2.2 目标物和背景视亮度对比衰减规律

定义目标物和背景的亮度对比 C 为：

$$C=\frac{B_t-B_b}{B_t}\qquad 当\ B_t\geqslant B_b\ 时 \tag{3.2.12a}$$

$$C=\frac{B_b-B_t}{B_b}\qquad 当\ B_b>B_t\ 时 \tag{3.2.12b}$$

当亮度采用目标物和背景的固有亮度时,该亮度对比称为固有亮度对比 C_0。当亮度采用目标物和背景的视亮度时,该亮度对比称为视亮度对比 C_L。

若将水平天空作为背景,则无论观测者是处于目标物处还是远离目标物处,其观测的水平天空视亮度均相同,即 $B_{bL}=B_{b0}=B_H$。将(3.2.11)式代入(3.2.12b)式,得:

$$C_L=\frac{B_H-B_{t0}}{B_H}\mathrm{e}^{-\sigma_t L} \tag{3.2.13}$$

于是

$$C_L=C_0\mathrm{e}^{-\sigma_t L} \tag{3.2.14}$$

(3.2.14)式称作柯什密得(Koschmieder)定律,它表示了以水平天空为背景的目标物视亮度对比随距离衰减的规律,由于空气的物光减弱和气幕光增强的共同影响,目标物视亮度对比随着距离目标物越远而呈指数减小。它是能见度目测理论。

3.2.3 能见度影响因子

从(3.2.14)式可以看出,影响目标物能见距离的因子主要有:

1. 目标物和背景的固有亮度对比

目标物能见与否,不仅取决于本身亮度,更主要的取决于它同背景的亮度差异。暗物在亮的背景衬托下,清晰可见,反之亦然。表示这种差异的指标是亮度对比。

当 $B_{t0}=B_{b0}$ 时,$C_0=0$,表示目标物与背景之间无亮度差异,这时无论观测者如何靠近目标物均无法辨认目标物。当 $B_{t0}=0$,即目标物是黑体时,这时只要背景的亮度不等于零,亮度对比 C_0 最大且等于1,则很容易分辨出目标物。

目标物和背景的色彩不同也影响到能见与否,但色彩的感觉只有在足够的外界光亮度条件下才能产生。比如,在夜晚亮度很小的情况下,黑色的物体和蓝色的物体看上去像一个色调,难以分清。又如,在看远距离目标物时,往往仅能分辨其明暗,不易分辨出色彩。因此,亮度对比相对于色彩对比在目标物识别中显得更重要,是起决定作用的因素之一。

2. 观测者的视力—对比视感阈(白天)

白天观测目标物,当 $C_0=0$ 时,无法辨认目标物。当 C_0 逐渐增大,即亮度差异逐渐增大时,人眼也不是马上就能辨认出目标物来,需要增大到一定值时,才能辨认出目标物。人眼从背景中辨认出目标物所需的最小亮度对比值称作人眼的对比视感阈,用 ε 表示。当 $C_0>\varepsilon$ 时,目标物能见;当 $C_0<\varepsilon$ 时,目标物不能见;当 $C_0=\varepsilon$ 时,为目标物刚好能见。

人眼的对比视感阈 ε 值决定于三个因素:①生理因素,不同的人其 ε 值不同。据大量实验分析,正常光照条件下,ε 值从 0.0077 变化到 0.06,有的甚至达到 0.2。②视场内光亮度,光亮度不同,ε 值也不同。不同天空条件下,光亮度变化很大。表 3.1给出了各种天空条件下,近地平线处天空光亮度近似值。从表中可以看出,天空光亮度相差达 8 个数量级,因此,不同天空条件下的人眼对比视感阈是变化的。③目标物的视张角，视张角越小，ε 值越大。目标物视张角用(3.2.15)式定义。

$$\theta=3.4\times(a\times b)^{1/2}/L \tag{3.2.15}$$

式中，θ 为目标物视张角(arc-min)，a 为目标物高度(m)，b 为目标物宽度(m)，L 为目标物和观测者间水平距离(km)。

表 3.1　水平天空背景的光亮度值

天空条件	光亮度(cd/m²)
晴天	10^4
阴天	10^3
浓阴天	10^2
阴天，日落时	10
晴天，日落后一刻钟	1
晴天，日落后半小时	10^{-1}
晴夜，月光亮	10^{-2}
晴夜，无月光	10^{-3}
阴夜，无月光	10^{-4}

拜克维尔(Backwell)经过大量实验研究，给出了图 3.3 所示的人眼亮度对比视感阈随场光亮度和目标物视张角变化关系。从图中可以看出，场光亮度越低，目标物视张角越小，ε 值越大。对同一观测者，白天 ε 值变化不大，但到黄昏时，ε 值迅速增大。1924 年柯什密得(Koschmieder)提出将 0.02 作为正常视力的人在白昼野外观测比较大的物体(如视张角大于 0.5°)时的 ε 值，并被世界气象组织所采用。国际民航组织(ICAO)则推荐对比视感阈为 0.05，这样更能与飞行员所观测到的跑道标志物能见距离相一致。对比视感阈大，能见距离就会变小。

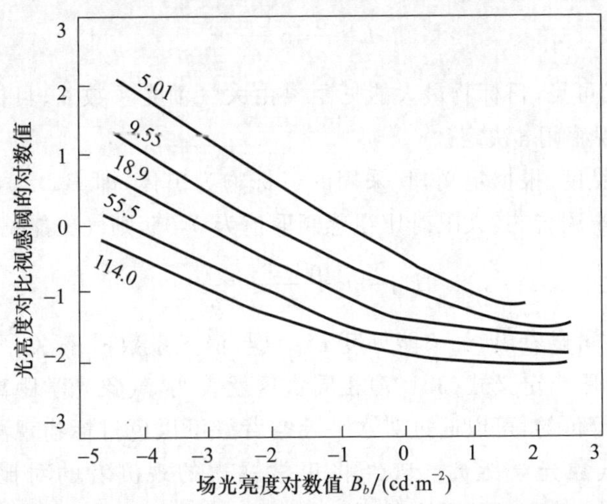

图 3.3　亮度对比视感阈随场亮度和目标物视张角的变化

[曲线上的数值为视张角(arc-min)]

3. 大气透明度

大气透明度由大气中的悬浮微粒与气体分子所决定,可用大气消光系数来度量。一方面,大气中悬浮微粒及气体分子通过散射、吸收等机制对光起衰减作用,导致目标物固有亮度减弱,这一现象称之为物光减弱。另一方面,空气元对场入射光的散射,使空气层本身有了亮度,从而使得空气层像一层亮纱附加在目标物上,使目标物亮度增强,这一现象称之为气幕光增强。大气透明度不同,物光减弱和气幕光增强的程度不同,从而导致观测到的目标物总视亮度不一样。同样,物光减弱和气幕光增强也对背景亮度产生影响,从而影响到目标物与背景的视亮度对比。

3.3 气象光学距离的目测

气象光学距离决定于大气消光系数,目标物(灯)能见距离也与大气透明度有关,那么如何从目标物(灯)能见距离来确定气象光学距离呢?这就需要分析目标物(灯)能见距离与气象光学距离之间的关系。下面分白天和夜间两种情况,分别讨论气象光学距离的目测方法。

3.3.1 气象光学距离的白天目测

3.3.1.1 气象光学距离与气象能见度的关系

当以水平天空为背景的目标物视亮度对比 C_L 衰减使得其刚好等于人眼对比视感阈 ε 时,相应的距离 L 就称为该目标物的最大能见距离,则由(3.2.14)式,可得:

$$L=\frac{1}{\sigma_t}\ln\frac{C_0}{\varepsilon} \tag{3.3.1}$$

由(3.3.1)式可见,目标物最大能见距离由大气消光系数 σ_t、目标物固有亮度对比 C_0、人眼对比视感阈 ε 决定。

对于气象能见度,根据定义,其采用的目标物为黑体,即 $B_{t0}=0$,相应地 $C_0=1$。对于正常视力的观测者,其人眼对比视感阈取值为 0.05,则气象能见度 L_M 为:

$$L_M=-\frac{\ln 0.05}{\sigma_t}=\frac{3}{\sigma_t} \tag{3.3.2}$$

从(3.3.2)式可以看出,气象能见度 L_M 只与消光系数 σ_t 有关,而与其他因子无关,且与气象光学距离定义式(3.1.7)相同。这就表明,气象光学距离与气象能见度在一定条件下是等价的,可以通过对水平天空背景下黑色目标物观测的最大能见距离,来目测估计气象光学距离。曾经将正常视力的观测者的对比视感阈规定为 0.02,由此可以看出此定义的最大能见距离要比(3.3.2)式定义大约 30%。从能见度观测实践来看,对比视感阈 0.05 对应于发现距离,而对比视感阈 0.02 则对应于消失距离。目前国际民航组织也采用 0.05 作为正常视力的人眼对比视感阈定义值。

3.3.1.2　气象光学距离的白天目测方法

为了准确地目测估计气象光学距离，通常应在观测点周围各方向选择距离不同的若干黑色目标物作为能见度目标物，测出其距离和方位，绘制出能见度目标物分布图，作为观测时的参考。由于测站周围各方向大气透明度有可能不一致，因此应对不同方位的目标物能见距离进行分别观测，并确定一个有效能见距离。

1. 能见度目标物要求

能见度目标物，应尽量选择以靠近地平线的天空为背景的固定的黑色或接近黑色的物体，颜色愈暗愈好，应尽量避免使用浅色、光亮耀眼的物体或以大地为背景的物体。当黑色物体难以选到时，可选用灰色物体。在沙漠、草原、海岛或其他地物稀少的地区，可人工设置目标物，材料因地制宜，可采用木板、土墙、水泥预制件等，向着观测点的一面涂以黑色。当物体的反射率小于 0.25 时，在阴天不会造成 3% 以上的测量误差。但在有阳光照耀时，就会对能见度观测产生较大的误差。

目标物的大小要适度，通常视（张）角应在 0.5°～5°，目标物的仰角不宜过高，一般小于 6°。某些山区站，由于条件限制，可放宽到小于 11°。

如果目标物的背景为地物，如山脉、森林等，则目标物与背景之间的距离至少应是目标物与观测点之间距离的一半以上。

2. 估测方法

某一方向上的气象光学距离可以利用该方向上的黑色目标物最大能见距离来估测。若某一距离的目标物刚好能见，则将该目标物的距离确定为该方向上的气象光学距离。若在该方向上能清晰地看到某一距离上的目标物，但无更远或看不到更远的目标物的轮廓，则可根据其颜色和较细小部分的清晰程度，参考下列经验进行估计判定：

（1）当目标物的颜色和较细小部分（例如远处房屋的窗框、村庄中的单个树木等）都能清楚分辨时，气象光学距离通常可估计为该目标物距离的 5 倍以上；

（2）当目标物的颜色和较细小部分隐约可辨时，气象光学距离通常可估计为该目标物距离的 2.5～5 倍；

（3）当目标物的颜色和较细小部分很难分辨时，气象光学距离通常可估计为大于该目标物距离，但不应该超过 2.5 倍。

使用上述方法时，判定的气象光学距离不能大于该方向上不能辨认的目标物距离。

当能见度目标物不是视角 0.5°～5°的黑色目标物时，可参照表 3.2、表 3.3 进行修正，将观测的目标物的能见距离除以表中的能见度系数，作为估计的气象光学距离。

表 3.2　不同目标和背景情况的能见度系数

目标	木建筑物(房屋板棚、木架)				红砖建筑物			白砖建筑物			针叶树				
背景	森林	地面	雪	有云天空	森林	草地	有云天空	森林	草地	有云天空	草地	沙地	地面	雪	有云天空
能见度系数	0.89	0.55	0.99	0.97	0.76	0.74	0.98	0.89	0.78	0.94	0.52	0.72	0.57	0.97	0.99

表 3.3　不同视角目标的能见度系数

视角(分)	20 以上	15	12	9	6	3	2
能见度系数	1.00	0.94	0.90	0.84	0.77	0.60	0.50

邻近海(大湖)岸或岛屿上的气象台站,其向海(湖)方向的气象光学距离,可根据天水线的清晰程度来判定。如果在一定高度的观测点上,刚好能看清天水线,则该方向的气象光学距离即等于天水线至观测点的距离(表 3.4);如果天水线很清晰,应该判定该方向的气象光学距离大于天水线至观测点的距离;如果天水线模糊或看不见,应该判定气象光学距离小于天水线至观测点的距离。

表 3.4　观测点高度与天水线至观测点距离之间的关系

观测点高度/m	1	2	3	4	5	6	7	8
天水线距离/m	3600	5000	6200	7100	8000	8700	9400	10100
观测点高度/m	9	10	15	20	30	50	70	100
天水线距离/m	10700	11300	13800	16000	19600	25200	29900	35700

备注:观测点高度,是指观测员的眼睛距海(湖)面的高度

3.3.1.3　气象光学距离白天观测准确性

影响气象光学距离白天估测准确性的主要因素是人眼对比视感阈,由于观测者的对比视感阈不可能完全与气象光学距离定义值所要求的 0.05 相一致,因而所观测的最大能见距离并不是所定义的气象光学距离。Middleton(1952)通过对 10 个经过训练的年轻气象观测员的 1000 次测试发现,其平均视感阈为 0.033,变化范围 0.01 到 0.2。Sheppard (1983)发现这些数据在对数坐标图上满足高斯分布特征,如果 Middleton (1952)的试验代表了正常观测情况的话,那么气象光学距离的白天观测值要比 MOR 定义值平均高约 14%,标准偏差为 20%。这一结果与 WMO 的第一次能见度测量比对试验结果相一致(WMO,1990),在比对试验中发现观测员估计的能见度要比 MOR 高约 15%,且其差值的四分位距约是 MOR 测量值的 30%,相当于高斯分布情况下标准偏差为 22%。

除了人眼对比视感阈因素外，所观测的目标物以及所在背景情况若不能满足定义所规定的条件，也会引起气象光学距离的估计误差。

3.3.2　气象光学距离的夜间目测

在夜间，由于背景照度低，人眼无法观测到远处的目标物，但并不意味着大气透明度不好，气象光学距离小。为了能获得夜间的气象光学距离，通常通过对灯光能见距离的观测来估计，因此，有必要探讨一下气象光学距离与灯光能见距离之间的关系。

3.3.2.1　气象光学距离与灯光能见距离的关系

人眼在夜间对灯光光源的识别是由于光源在眼睛上产生的照度超过了人眼的照度阈值。设点光源的光强为 I，与观测者距离为 L，则在观测者眼球上产生的照度可以用阿拉德(Allard)定律表示出：

$$E=\frac{I}{L^2}e^{-\sigma_t L} \tag{3.3.3}$$

随着点光源距离的增加，照度减少，当减小到刚好等于人眼的照度阈值时，则此时的点光源距离称为灯光能见距离，用符号 S 表示。人眼刚好看见点光源所需的最小照度称为照度阈值 E_t。于是由(3.3.3)式得：

$$E_t=\frac{I}{S^2}e^{-\sigma_t S} \tag{3.3.4}$$

从(3.3.4)式可以看出，灯光能见距离 S 是灯光强度、大气消光系数及照度阈值的复杂函数。将(3.3.4)式两边取对数后整理得：

$$\sigma_t=\frac{1}{S}(\ln I-\ln E_t-2\ln S) \tag{3.3.5}$$

将(3.3.5)式代入气象光学距离(3.1.7)式，就得到气象光学距离与灯光能见距离之间的关系式：

$$\mathrm{MOR}=\frac{3S}{\ln I-\ln E_t-2\ln S} \tag{3.3.6}$$

式中，S 为灯光能见距离(m)，I 为灯光强度(cd)，E_t 为照度阈值(lx)。

照度阈值与人眼的生理特性以及背景亮度有关。图3.4给出了Blackwell等人实验给出的照度阈值与背景亮度 B_b 之间的关系曲线。ICAO推荐采用如(3.3.7)式所示的照度阈值拟合关系式，其中背景亮度为测量的与太阳相对方向地平线或天空的亮度。

$$\lg E_t=-6.667+0.573\lg B_b+0.05\,(\lg B_b)^2 \tag{3.3.7}$$

E_t 随背景亮度变化很大，可从 10^{-9} lx变化到 5×10^{-5} lx，达4个数量级。WMO建议，在黄昏或拂晓，或存在人工光源时，E_t 取 $10^{-6.0}$ lx；在月夜，E_t 取 $10^{-6.7}$ lx；在完全暗夜或仅有星光时，E_t 取 $10^{-7.5}$ lx。一般在室外非完全黑暗条件下，平均取为

2×10^{-7} lx。E_t还与灯光色彩有关,黄光最大,红光最小,故常用红色灯光作为警示灯。

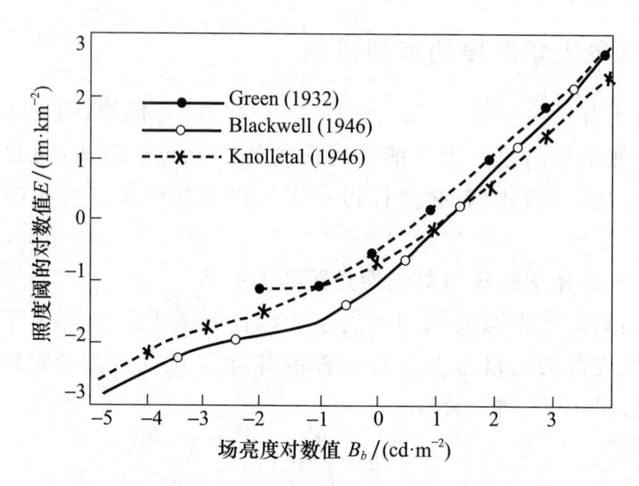

图 3.4 照度阈值随场亮度的变化关系(Middleton,1952)

利用(3.3.6)式可计算出不同照度阈值情况下的灯光能见距离与气象光学距离之间的对应关系,如表 3.5 和图 3.5 所示。可以看出,不同背景亮度情况下,相同的灯光能见距离所对应的气象光学距离差异很大,因此在夜间进行气象光学距离观测时,一定要注意背景亮度的变化,特别要注意观测点周围灯光的影响。

表 3.5 不同情况下 100 cd 的点光源的能见距离与气象光学距离之间的关系

MOR /m	100 cd 的点光源的能见距离/m		
	黄昏($E_t=10^{-6.0}$ lx)	月夜($E_t=10^{-6.7}$ lx)	暗夜($E_t=10^{-7.5}$ lx)
100	250	290	345
200	420	500	605
500	830	1030	1270
1000	1340	1720	2170
2000	2090	2780	3650
5000	3500	5000	6970
10000	4850	7400	10900
20000	6260	10300	16400
50000	7900	14500	25900

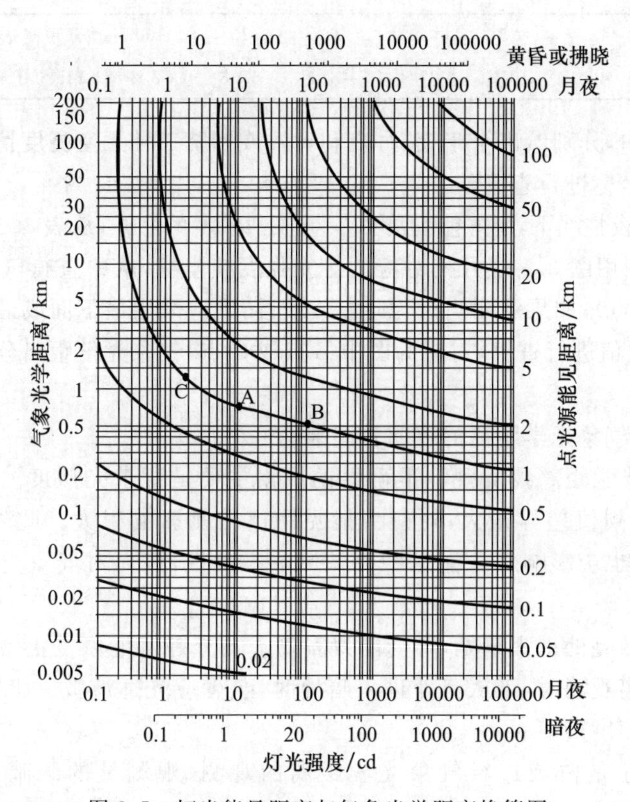

图 3.5　灯光能见距离与气象光学距离换算图

3.3.2.2　气象光学距离的夜间目测方法

气象光学距离的夜间观测通常采用观测灯光能见距离的方式进行，并根据观测时的月光状况以及灯光强度，采用不同照度阈值由(3.3.6)式计算出气象光学距离，或由事先制作的如图 3.5 所示的查算图进行查算得到。

为了方便气象光学距离的夜间观测，应在观测点周围安置或选择若干个点光源，测出其方位、距离和强度，制作成目标灯分布图。选择目标灯时，应选择位置和亮度稳定、单独的白炽灯，无聚光罩，并能清楚地辨认发光点。不宜选择成群的、难以辨认发光点的、位置不固定或时亮时暗的灯。在缺少白炽灯的情况下，也可适量选用其他颜色的灯作为辅助目标灯。

由于白炽灯通常用瓦表示其功率，而(3.3.6)式的灯光强度的单位为坎德拉，因此计算或查算前先要将灯光强度进行单位换算。表 3.6 给出了几种常见的白炽灯灯光瓦数与坎德拉值之间的换算值。需要注意的是，由于不同型号灯泡发光效率的差异，它们之间的对应关系也随灯泡型号的不同而有所差异。

表 3.6　灯光瓦数和发光强度换算表

灯光/W	15	25	40	60	75	100	150	200	300
灯光强度/cd	9.8	15.7	27.4	43.1	57.8	78.2	145.0	195.0	296.9

在图 3.5 中，分别给出了暗夜、月夜和黄昏或拂晓三种天空亮度情况，查算时，应按照相应的横坐标进行查算。

例如：在月夜情况下，刚好能看清 1000 m 处 15 W 的灯光，从表 3.6 中查得发光强度约为 10 cd，利用图 3.5 中月夜对应的灯光强度横坐标，从中查得气象光学距离为 800 m(图中 A 点)；如果观测当时为暗夜或黄昏，则应采用最下面或最上面的横坐标相应的 10 cd 数值进行查算，对应为图中 B 点或 C 点，气象光学距离分别为 500 m 和 1400 m。

3.3.2.3　气象光学距离的夜间目测准确性

影响气象光学距离夜间观测准确性的因素主要是背景光照度。背景光照度不同，人眼的照度阈值差异很大，对灯光能见距离估测影响很大。此外，光源强度变化、非点光源等也会影响灯光能见距离估测的准确性，进而对气象光学距离估测准确性产生影响。

由于眼睛从亮处进入暗处，感受能力需要十几分钟才能恢复正常，因此，夜间进行气象光学距离观测时，当从亮处进入暗处时，至少应先适应 5～15 min，使眼睛达到正常视觉的照度阈值。

不论夜间还是白天进行气象光学距离的观测，观测员的眼睛应该距地面约 1.5 m的高度，最好不要在机场控制台或其他高建筑屋上进行观测，也不应通过窗户玻璃或采用望远镜进行辅助观测。

第一次国际能见度测量比对试验结果表明，观测员暗夜估测的气象能见度值比仪器测量的 MOR 约高 30%，且它们之间差值的四分位距比白天稍大，为 MOR 测量值的 35%～40%。

3.4　气象光学距离的仪器测量与应用

根据 MOR 的定义，若要准确测量 MOR 值，则需将与人眼光度函数响应一致的接收器安置在一个可以移动的平台上，通过移动接收器，使得接收器接收的透射光通量减小为发射器发出的初始光通量的 5%，此时发射器和接收器分开的距离才为严格遵从 MOR 定义的值。实际业务工作中，很难进行这样的测量，所有其他的测量方法只能给出 MOR 的估计值。

目前测量 MOR 的仪器主要有：透射式能见度仪、散射式能见度仪、激光雷达能见度仪、摄像式能见度仪。其中透射式能见度仪、摄像式能见度仪、激光雷达能见度仪通过测量一段空气柱的消光系数来计算 MOR，而散射式能见度仪则通过测量一小块空气样本的散射系数，在忽略其吸收衰减作用或作一定修正情况下计算 MOR。

3.4.1　透射式能见度仪

透射式能见度仪有两种类型：

(a)双端式透射仪(图 3.6)。发射器和接收器分处于两个单元内且彼此之间的距离已知。

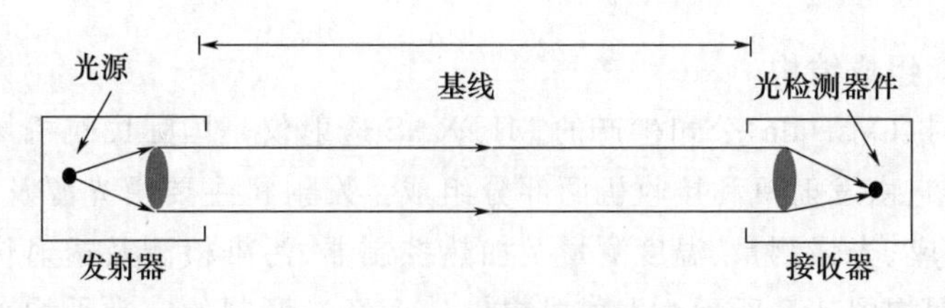

图 3.6　双端式透射仪

(b)单端式透射仪(图 3.7)。发射器和接收器在同一单元内，发射的光由相隔很远的镜面或后向反射器反射回接收器。

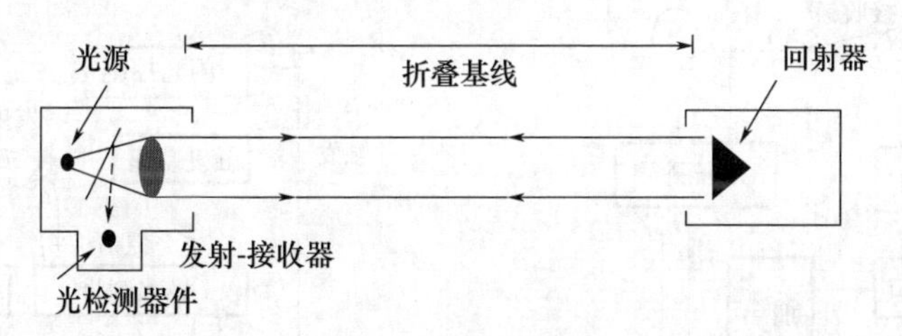

图 3.7　单端式透射仪

发射器和接收器之间光束经过的路径长度称作基线。双端式透射仪的基线就是发射器与接收器之间的几何距离，单端式透射仪的基线则是后向反射器与发射接收器之间几何距离的 2 倍。基线长短取决于所测 MOR 值的范围和准确度要求，基线一般为几米到 150 m(甚至 300 m)，通常 MOR 测量范围为基线长度的 1～25 倍。为了扩大透射式能见度仪的测量范围，保证测量精度，有时采用双基线，短基线适用于低能见度情况，长基线适用于高能见度情况。

3.4.1.1　测量原理

透射式能见度仪是通过测量有限距离的水平空气柱的透射因子来计算气象光学距离的，简称透射仪。由于透射仪是基于平行光束光通量的衰减来测量 MOR 的，因此其测量值最接近于 MOR 定义值。

若基线长为 L,透射因子为 T,则由(3.1.3)式得:

$$\sigma_t=-\frac{\ln T}{L} \tag{3.4.1}$$

将(3.4.1)式代入(3.1.5)式得:

$$\mathrm{MOR}=L\cdot\frac{\ln 0.05}{\ln T} \tag{3.4.2}$$

(3.4.2)式为透射仪探测方程。该公式成立的条件是在 MOR 距离内的消光系数应与透射仪基线长度内的消光系数相同,透射仪采用的光源与 MOR 定义的光源特性一致。

3.4.1.2 组成结构

芬兰维萨拉(Vaisala)公司生产的 MITRAS 透射仪是国际民航机场应用较多的一种透射仪。它由发射机和接收机两部分组成。发射机主要由光源及透镜、闪光控制器与触发基座、光强测量、温度测量及加热控制器、污染检测及透射仪处理器等组成,其原理框图如图 3.8 所示。发射机提供一个经过调制的定常平均功率的光通量源。除了氙灯光源、闪光控制器与触发基座外,接收机基本结构与发射机相似,其原理框图如图 3.9 所示。

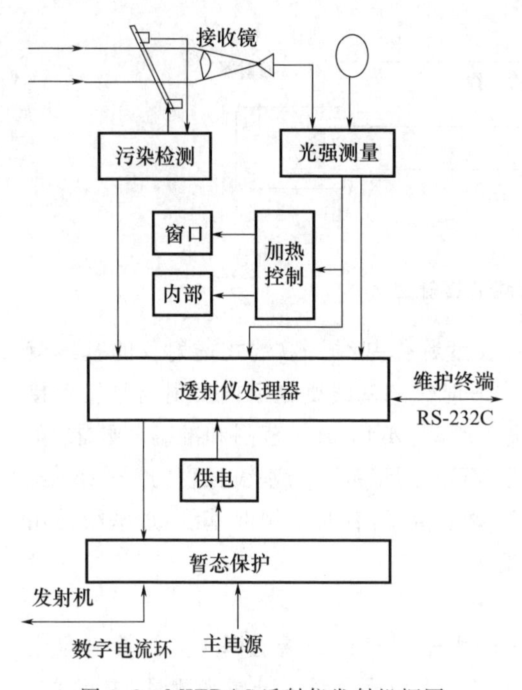

图 3.8 MITRAS 透射仪发射机框图

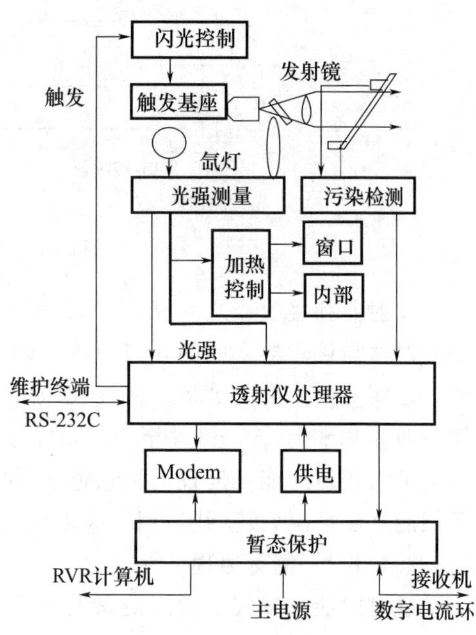

图 3.9 MITRAS 透射仪接收机框图

MITRAS透射仪光源采用脉冲氙灯，其光谱范围为0.3～1.1 μm，覆盖可见光波段，闪光持续时间1.5 ms，可连续工作5500 h。发射透镜直径50(或20) mm，发射光束发散角为0.50。闪光控制器为氙灯贮能电容器提供高压，并提供触发脉冲。氙灯光强与电容器电能成正比，可进行调整。光强测量器既用于发射机测量发射端光脉冲强度，又用于接收机测量接收端光脉冲强度。加热控制包括对光学部件和保护窗的加热控制，使光学部件维持在恒定温度，并防止窗表面出现结露或结霜。加热控制器根据测量的温度信号与设定温度的差值来确定是否加热及加热功率。

污染检测器由光发射器和光接收器组成，用于测量保护窗上的污染程度，以补偿因污染造成的透射因子衰减，其原理如图3.10所示。从处理器来的光信号(LIGHT)高电平有效时，灯泡D亮，光线透过棱镜 L_1 进入保护窗，经保护窗内部和外部多次反射到达棱镜 L_2，附着在保护窗上的尘埃使接收器PIN-PD V_4 接收到的光强减小，其输出经运放 A_4 转换为电压信号CLA。灯泡D的光强，作为未经衰减的参考值，由另一个PIN-PD V_3 接收，并经运放 A_3 转换为电压信号RLA。比较CLA与RLA，即可进行补偿。

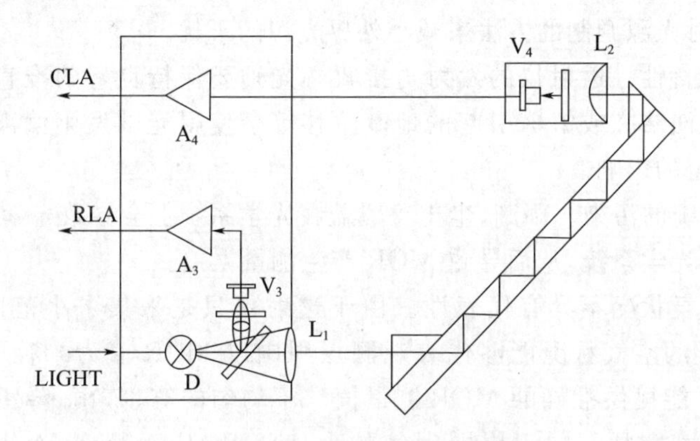

图3.10　污染检测器原理图

发射机和接收机的透射仪处理器不仅在硬件电路上相同，而且固化在EPROM内的程序也相同，由一块跨接片的通断来确定工作方式，跨接片断时为发射机工作方式，通时为接收机工作方式。透射仪处理器监控整个透射仪的工作，它控制发射与接收之间和发射机与室内计算机之间的数据交换。借助于远程调制器或本机维护终端键入命令，可使处理器工作于不同的模式并完成自检。

MITRAS透射仪有四种工作模式：测量模式、经济模式、污染补偿模式和深度污染补偿模式。测量模式时，透射仪每秒钟测量一次，每30 s(或60 s)计算一次透射因子的平均值。能见度好时，可运行于经济模式，此时透射仪采样间隔(氙灯闪烁间隔)根据能见度范围自动选择。如能见度≤2000 m，闪烁间隔取1 s；而能见度

>10000 m,闪烁间隔取 10 s。防护窗污染时,采用污染补偿模式运行,此时污染检测器每小时检测测量一次,60 次测量平均值作为补偿参数。在人工测试时,采用深度污染补偿模式运行,此时污染检测器每分钟进行一次污染测量,并以 1 h 的测量平均值作为补偿参数。

3.4.1.3 测量误差源

透射仪的测量准确性受到多种因素的制约,概括起来主要有以下几种。

(a)发射光通量的稳定性。发射光通量不稳定直接影响到透射因子测量的准确性。为了获得随时间具有较稳定的光通量,可采用具有较好光强稳定性的卤灯或氙气脉冲放电管,也可采用反馈系统进行光强补偿,此外还需要考虑温度变化所引起的光强波动。

(b)光源的光谱特性。根据 MOR 定义,光源最好采用与色温 2700 K 的白炽灯所发出的光谱特性一致。采用近红外单色光时,需要注意对透射因子进行波长修正,且修正因子与天气状况有关。

(c)外界光源的干扰。太阳光或其他光源对透射因子的测量影响较大,一方面要在主要光电装置上采取妥善的防光措施,特别要防止日出日落时太阳光的干扰,另一方面可采用对光源调制的方法来减小外界光源的干扰。

(d)光轴准直性。透射仪的发射与接收端光轴要保持良好的准直性,大风引起的支架颤动、地面结冻或解冻引起的地基位移等会使得光轴发生偏离,对测量结果准确性造成一定的影响。

(e)光学系统的污染。雨滴、尘土等覆盖在光学系统上会导致光学系统的透过率降低,甚至堵塞光学系统,从而导致 MOR 产生测量误差。

(f)局地大气状况不具有代表性。由于透射仪只是采集了小范围空气柱的大气样本,当取样的空气状况能够代表观测点周围以 MOR 值为半径的区域内的大气状况时,其才能提供准确的 MOR 测量值。不均匀的雾、阵雨、降雪、尘卷风等会导致局地的大气状况不同于周围大气的大气状况,从而导致 MOR 测量值产生偏差。

为了保证透射仪始终处于良好的工作状态,应定期对其进行正确校准和维护。

由于透射仪基线长度以及透射因子测量准确性的限制,透射仪只在一个有限的 MOR 测量范围内提供准确的值。

对式(3.4.2)两边取对数,再微分可得到 MOR 测量相对误差公式:

$$\frac{\mathrm{d(MOR)}}{\mathrm{MOR}}=\frac{\mathrm{d}L}{L}-\frac{\mathrm{d}T}{T\ln T} \tag{3.4.3}$$

根据(3.4.3)式,对于 75 m 的基线,当 MOR 为 20 km 时,0.01 的透射因子测量误差可引起 MOR 值 90%的相对误差,误差放大 88 倍。图 3.11 表示基线长为 75 m,透射因子测量误差为 0.01 时,MOR 相对误差随透射因子变化的曲线。

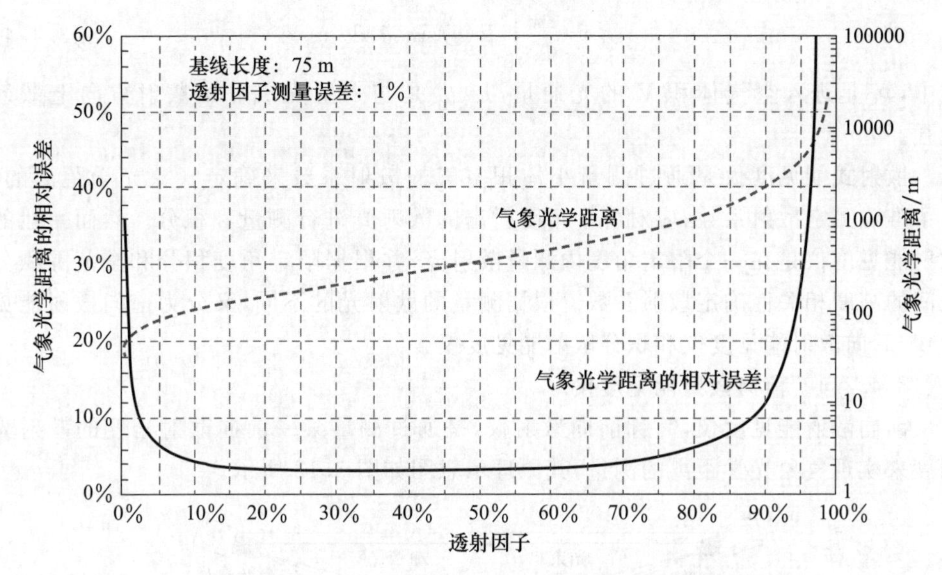

图 3.11　透射因子误差 1%引起的 MOR 相对误差

从图 3.11 中可以看到，在曲线的两端，MOR 相对误差呈指数增长，从而决定了 MOR 测量范围的上限和下限。对基线为 75 m 而言，若要求 MOR 相对误差小于 5%，则 MOR 测量范围在基线长度的 1.25～10.7 倍，即在 95～800 m。若要求 MOR 相对误差不超过 10%，则 MOR 测量范围应在基线长度的 0.87～27 倍，即在 65～2000 m。超过测量范围越多，误差增长越快且变得无法接受。对于大多数透射仪来说，如果考虑到仪器的漂移、光学组件积尘以及其他因素，透射因子的测量误差可降到 0.02～0.03，这时图中垂直轴给出的相对误差必须乘以同样的因子，即 2 倍或 3 倍。为了扩大透射仪测量范围，可采用双基线透射仪，即短基线(15 m)与长基线(150 m)相配合的方式进行测量。

WMO 于 1990 年组织了第一次能见度测量相互比对试验，结果表明，适当校准和维护良好的透射仪，当 MOR 高达 60 倍于基线长度时，MOR 标准偏差只有约 10%(WMO,1990)。

3.4.2　散射式能见度仪

光在大气中衰减是由空气分子、大气中的尘埃、烟雾和气溶胶粒子等的散射和吸收所引起的。研究表明，在工业区附近，由于污染物的出现，冰晶(冻雾)或尘埃可使吸收明显增强。然而，在自然雾和降水中，吸收通常可忽略，散射系数可视作与消光系数相同。因此，通过测量散射系数也可确定 MOR。

散射系数 σ_s 可通过对所有散射方向的散射光强的测量由(3.4.4)式计算得出：

$$\sigma_s = \frac{2\pi}{\Phi_V}\int_0^\pi I_s(\theta)\sin(\theta)\mathrm{d}\theta \qquad (3.4.4)$$

式中,Φ_V 是进入空气体积 V 的光通量,$I_s(\theta)$ 是与入射光成 θ 角散射方向上散射光强。

散射式能见度仪是通过测量小体积空气的散射系数来确定气象光学距离的。为了准确测定散射系数,应对各个角度射出的散射光进行测量和积分。然而一般的散射能见度仪是在一个限定角度内测量散射光,并根据限定角度积分和全范围积分之间的高度相关性确定散射系数。根据测量的散射光的不同,又分为前向散射能见度仪、后向散射能见度仪和积分散射能见度仪。

3.4.2.1 前向散射能见度仪

前向散射能见度仪,简称前向散射仪,是通过测量某一前向散射角度的散射光强度来实现气象光学距离的测量,其原理示意图如图 3.12 所示。

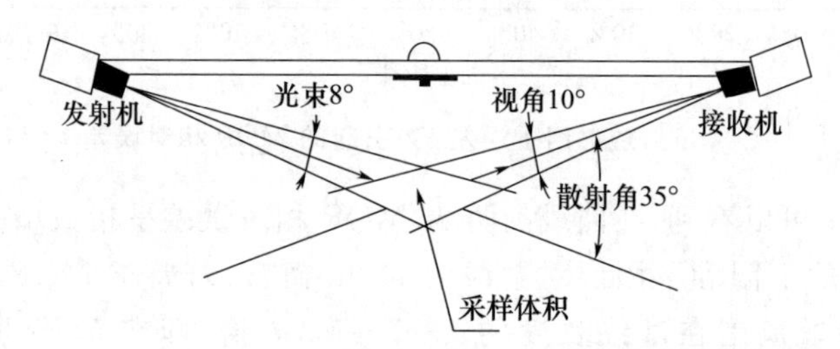

图 3.12 前向散射能见度仪测量原理示意图

图 3.13 所示为 CJY 型前向散射能见度仪实物图。发射机发射脉冲光,大气中各种粒子对该入射光的散射形成散射光,发射与接收视场相交的采样体积中的散射能量被接收机接收到,测量该散射能量便能计算确定气象光学距离。发射光束和接收光束之间的夹角称为散射角。散射角小于 90°时的散射称为前向散射。散射角大于 90°小于 180°的散射称为后向散射。对于前向散射仪来说,散射角一般选定在20°~50°的某一角度,大多数前向散射仪选择在 35°。这是因为在这一角度范围内,不同气溶胶粒子谱的散射系数与某一限定角度的散射光强之间具有较好的固定比例系数。

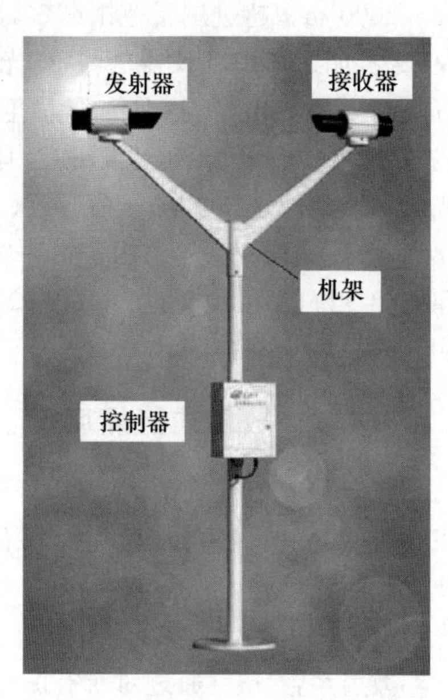

图 3.13 CJY 型前向散射能见度仪

此外,还有一种双光路前向散射仪,其原理如图 3.14 所示。它由两个发射头和两个接收头组成，可以同时测量直射透射光和前向散射光。双光路前向散射仪采用两种模式方式交替工作，其间的转换时间为 15 s，每 2 s 采集一组新的接收头数据。

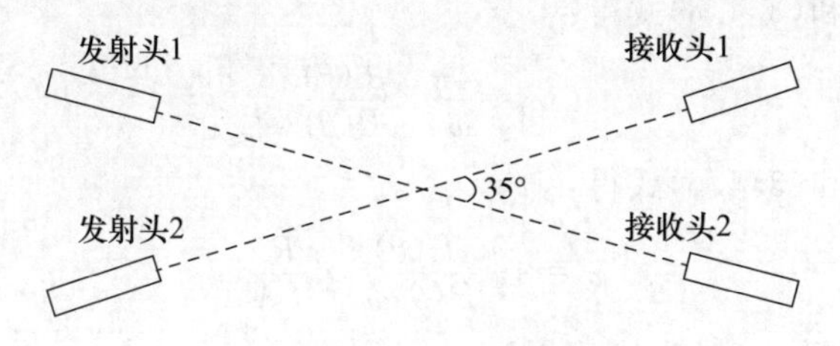

图 3.14　双光路前向散射仪测量原理示意图

在模式 1 下，发射头 1 工作，发射头 2 关闭，接收头 1 和接收头 2 同时测量前向散射和直射光；在模式 2 下，发射头 1 关闭，发射头 2 工作，接收头 2 和接收头 1 同时测量前向散射和直射光。双光路测量方式可以通过对直射光的测量可以部分地对发射头和接收头的污染进行补偿修正。双光路测量方式可以最大限度地减少以下三种主要因素对测量结果造成的影响：

(a)温度漂移或发射头寿命等原因造成的发射光源强度值变化；

(b)镜头污染所造成的误差积累；

(c)接收头的灵敏度受温差等影响而产生的变化。

双光路前散射仪具有一定的工作冗余度，其中一个发射头或接收头出现故障，还可以单光路前散仪相似的方式继续工作。

3.4.2.1.1　测量原理

假设一束强度为 I_0 的平行光束，照射到一个空气微元 dV 上，由散射函数定义，在距该空气微元 R 处的散射强度为：

$$dI_s(\theta)=\frac{I_0 dV}{R^2}\cdot\beta_s(\theta) \tag{3.4.5}$$

式中，$\beta_s(\theta)$ 是体积散射函数；θ 为散射角，是接收视场中心轴与发射光束中心轴之间的夹角；R 为采样距离，是发射光束中心轴和接收视场中心轴的交点距接收端的距离。

前向散射仪的发射光束和接收视场相交的空间体积，称为采样体积 V，如图 3.12所示。由于其空间尺度相对于采样距离 R 来说较小，因此可以认为采样体积 V 内所有空气微元 dV 均接收到同样强度入射光的照射，且散射角均为 θ，与接收端的距离均为 R，于是接收到该采样体积的总散射光强为：

$$I_s(\theta)=\frac{I_0 V}{R^2}\cdot\beta_s(\theta) \tag{3.4.6}$$

引入单散射反照率 ω_0 和散射相函数 $P(\theta)$ 两个散射参量：

$$\omega_0=\frac{\sigma_s}{\sigma_t} \tag{3.4.7}$$

$$P(\theta)=\frac{4\pi\times\beta_s(\theta)}{\sigma_s} \tag{3.4.8}$$

由(3.4.7)式和(3.4.8)式得：

$$\sigma_t=\frac{4\pi}{\omega_0}\times\frac{\beta_s(\theta)}{P(\theta)} \tag{3.4.9}$$

由(3.4.9)式和(3.4.6)式得：

$$\sigma_t=4\pi\frac{I_s(\theta)}{P(\theta)\omega_0}\times\frac{R^2}{I_0 V} \tag{3.4.10}$$

将(3.4.10)式代入(3.1.7)式，得：

$$\mathrm{MOR}=\left[\frac{3}{4\pi}\right]\times\left[P(\theta)\omega_0\right]\times\left[\frac{I_0 V}{R^2}\right]\times\left[\frac{1}{I_s(\theta)}\right] \tag{3.4.11}$$

式(3.4.11)即是前向散射仪探测方程。右侧第一个方括号内值是常数项，第二个方括号内值是和大气气溶胶有关的量，第三个方括号内值是和前向散射仪技术参数有关的量，第四个方括号内值是前向散射仪的测量光强值，它与 MOR 成反比。由于采样距离只有 1 m 左右，因此，方程中忽略了传输中的衰减作用(李浩 等，2009)。

气溶胶单散射反照率和相函数与气溶胶类型、谱分布以及散射角有关。对于雾和降水来说，在可见光波段吸收较弱，其单散射反照率近似等于 1。但对于黑碳或污染型气溶胶来说，可见光波段具有较强的吸收，单散射反照率小于 1。而相函数则随气溶胶类型、谱分布以及散射角变化较大，图 3.15 所示为不同雾滴谱下的相函数随散射角的变化曲线。从图中可以看出，在散射角 20°～50°内的某一角度的相函数几乎与雾滴谱分布无关。因此，前向散射仪的散射角均选择在 20°～50°范围内(李浩 等，2009；2013)。

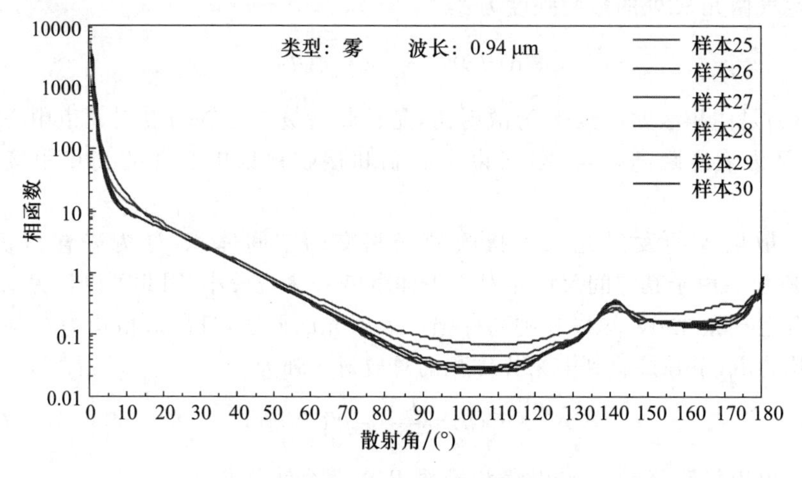

图 3.15　不同雾滴谱与气溶胶的相函数(彩图见书末)

通常将(3.4.11)的前三项作为一个校准参数 k，则(3.4.11)简化为：

$$MOR=\frac{k}{I_s(\theta)} \tag{3.4.12}$$

式中，校准参数 k 可通过对前向散射仪定标校准后确定。

3.4.2.1.2　测量误差源

前向散射能见度仪测量气象光学距离，是建立在以下三个假设基础上的：①大气是水平均匀分布的，即采样体积内的空气特性与周围大气是一样的；②大气消光均是由于散射效应引起的，即消光系数等于散射系数，吸收系数为零；③散射仪测量的散射光强正比于散射系数，并不随视程障碍现象而变化。实际上，这三个假设是很难完全满足的，任何一个假设的不满足均会导致 MOR 测量误差。概括起来，导致前向散射仪测量误差的因素可概述如下。

(a)气溶胶类型和谱分布的不确定性。不同类型气溶胶和谱分布导致散射相函数和单散射反照率不同，导致散射系数不等于吸收系数，从而使得事先确定的校准参数产生偏差，这是前向散射仪在不同天气条件下准确性差异以及污染天气下准确性变差的主要原因。

(b)发射光强的稳定性。前向散射仪大都采用红外发光二极管作为光源，其发射光强受温度变化影响较大，每升高 1 ℃，能量减少约 0.6%。如果不进行温度补偿，则每天 20 ℃左右的温差可造成 12%左右的测量误差。因此，需采用温度控制电路将发光二极管的环境温度变化进行控制。

(c)光源的光谱特性。根据 MOR 定义，光源最好采用与色温 2700 K 的白炽灯所发出的光谱特性一致。采用近红外单色光时，需要将散射系数进行波长修正，同时要考虑气溶胶在可见光与近红外波段吸收特性的差异。

(d)外界光源的干扰。白天的太阳光、夜间的外界光源产生的散射光进入到接收视场后会影响 MOR 测量的准确性，通常采用对发射光源调制的方法来减小外界光源散射光的干扰。

(e)采样体积与散射角的改变。发射光束发散角与接收视场角的变化会导致采样体积的变化，发射光束与接收视场中心轴方向的改变会导致散射角产生变化，从而导致校准参数的变化。

(f)光学系统的污染。雨滴、尘土等覆盖在光学系统上会导致光学系统的透过率降低，甚至堵塞光学系统，从而导致 MOR 测量误差。

(g)局地大气状况不具有代表性。前向散射仪的采样体积很小，不均匀的雾、阵雨、降雪、尘卷风等会导致局地的大气状况不同于周围的大气状况，从而导致 MOR 测量值产生偏差。可采用一段时间内大量样本平均的方法来改善测量值的代表性。一般每隔 2 s 采样 1 次，将 1 min 内的 30 个样本进行算术平均得到 1 min 的气象光学距离平均值。对于较长时间的平均，例如 10 min 平均值，可将 1 min 的气象光学距离平均值采用(3.4.13)式所示的调和平均方法进行滑动平均处理。

$$\overline{V}=\frac{N}{\sum_{n=1}^{N}\frac{1}{V_n}} \tag{3.4.13}$$

式中，V_n是 1 min 气象光学距离平均值，N 为参与平均的样本数。

(h)光电器件性能不稳定。散射光强需通过光电转换器件转换成光电流后进行测量，光电转换器件以及光电流测量器件特性的漂移也会引起测量误差。

前向散射仪应采取措施对上述影响因素进行良好的控制。第一次能见度测量国际比对试验结果表明(WMO,1990)，在 MOR 值较低时，前向散射仪测量结果的准确性不如透射仪，在 MOR 从 100 m 到 50 km 的范围内，标准偏差约为 10%，并在部分测量范围内表现出明显的系统偏差(莫月琴 等,2004)。

3.4.2.2 后向散射能见度仪

后向散射能见度仪，简称后向散射仪，是通过测量取样空气块的后向散射光强来确定气象光学距离的，其原理如图 3.16 所示。光发射器和散射光接收器并排安置在仪器内，发射器将一束光线聚集在前面一小块体积空气中，接收器接收采样空气块的后向散射光，通过后向散射回波信号强度计算气象光学距离。由于后向散射强度和散射系数之间的相关性不如前向散射仪稳定，误差较大，因而目前后向散射仪应用还不广泛。但是，由于其结构简单，可以安置在室内，打开窗户向外发射并接收其回波信号即可实现气象光学距离的测量，因而常常制成便携式使用。

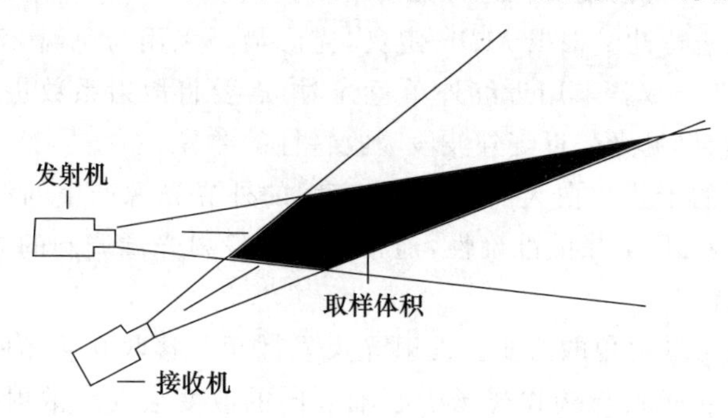

图 3.16　后向散射能见度仪测量原理示意图

美国 Qualimetrics 公司生产的一种 8344 型后向散射能见度仪，其原理框图如图 3.17所示。发射器采用的光源是波长约为 0.9 μm 的发光二极管(LED)，输出功率为 20 mW，光束发射角为 1.25°，调制频率为 1 kHz。发射器设置了控制单元以补偿各镜片组件上灰尘积聚的影响。通过光导器使发射器内的 PIN-PD 接收发射光，并经前置放大、同步解调、差动放大消除背景光干扰后，与基准电压相比较，得到代表污染状况的误差信号，送光源控制器去调整 LED 的电流。假设发射镜、接收透镜、光导器上的灰尘以相同比例积累，灰尘使光导器和接收透镜损失的光能量相等。为补偿接收透镜的光损失，控制单元驱动 LED 产生更强的光。对发射光进行采样并产生误差信号来调整 LED 发射光束的强度，不仅在一定程度上补偿了光学组件上灰尘积聚的影响，同时也消除了温度引起的电子线路漂移的影响。

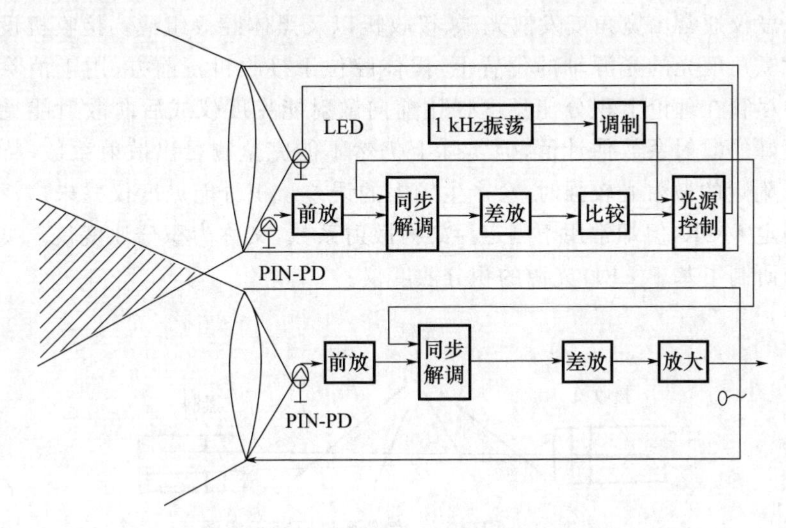

图 3.17　8344 型后向散射能见度仪结构框图

接收器的敏感区域与发射光束相平行，只有图中阴影部分的气溶胶后向散射的光才能经接收透镜被光敏元件 PIN-PD 所接收，并经前置放大、同步解调、差动放大和直流放大后输出 0～10 mA 电流，表示能见度的大小。接收器原理框图如图 3.18 所示，前置放大将 PIN-PD 输出的光电流变换成电压，之间采用电容耦合来消除稳定的背景光影响。由 CMOS 电路构成的单刀双掷开关 K 受调制器发出的同步信号控制，每当发射器被激励时，开关处于位置 1，电容 C_1 对有效后向散射信号 S 和杂散干扰光 N 进行采样和积分；在发射器停止工作时，开关处于位置 2，电容 C_2 仅对杂散干扰光 N 采样和积分。通过差动放大后输出(S+N)与 N 之差值，即发射光的后向散射信号 S，从而消除了各种干扰光的影响。直流放大器将差动放大输出的电压进一步放大，输出放大器将电压信号转换成便于传输的 0～10 mA 电流，负载电阻 $R_L \leqslant 400\ \Omega$。$R_1$、$R_2$ 分别为零点和满度调节电位器。

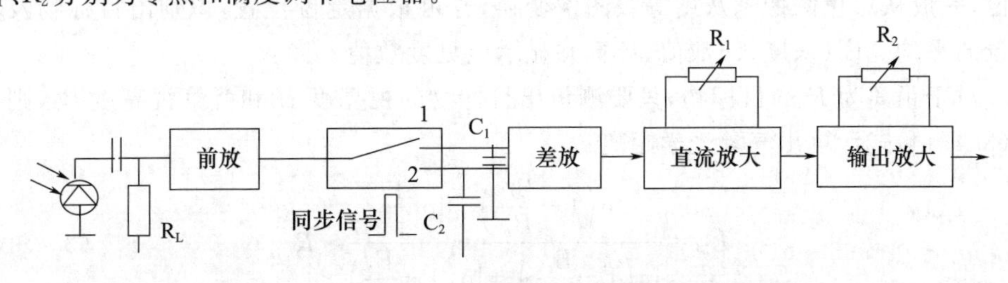

图 3.18　8344 型后向散射能见度仪接收器结构框图

3.4.2.3 积分能见度仪

积分能见度仪是以测量尽可能宽的散射角度内的散射光来测量气象光学距离的,如图 3.19 所示。理想的散射角测量范围应为 0°～180°,但实际上为 5°～175°。积分能见度仪通常由宽角度发散光源、接收机以及黑体腔等组成。接收机设置在垂直于发射宽角度光的光源轴的位置上,黑体腔位于接收机正前方,用于消除背景光的影响。尽管在理论上积分能见度仪比前向散射能见度仪或后向散射能见度仪能测量出更好的散射系数估计值,但实际上仍然不能完全测量出散射系数,特别是当散射角 0°附近的散射光较强时,会产生较大的误差。积分能见度仪并未广泛地用于业务上测定 MOR,但却常用于测定污染物散射系数,又称为积分浊度仪。吴玉迪等(2012)曾研制了基于 LED 光源的积分浊度仪。

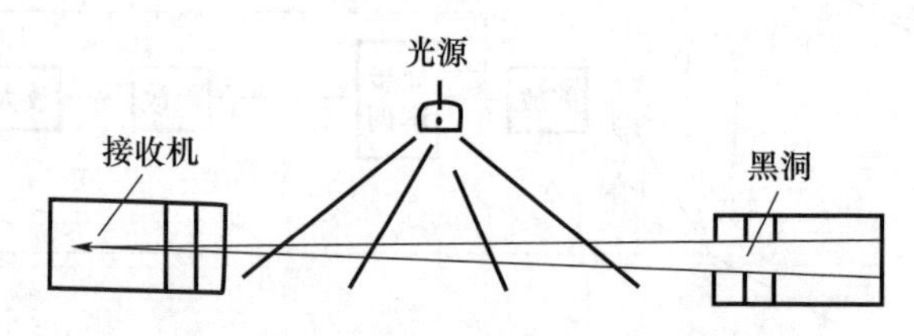

图 3.19　积分能见度仪测量原理示意图

3.4.3 摄像式能见度仪

摄像法能见度仪是基于柯什密得定律而建立起来的一种模仿人工目测能见度的仪器。随着 CCD 技术的发展,国内外研制出了 CCD 数字摄像能见度自动测量系统。该系统一般由 CCD 摄像头、图像采集卡及处理软件等组成。CCD 摄像头的主要部件为 CCD,它是实现光电转换及图像数字化的关键器件,其上由一些基本独立的光敏(或光电转化)单元以阵列的方式组成,这些光敏单元受光照时能产生电子,电子的数量与光照强度成比例,每个单元经过一定时间的感光和电荷积累,形成电荷像。电荷像在驱动时钟电路的驱动下,依次送到移位寄存器输出。图像采集卡用于将图像捕获送往计算机,通常采用 24 位真彩色、分辨率与 CCD 像素分辨率相一致的高速图像捕获卡。处理软件实现图像自动采集控制和目标物及背景位置的搜索定位,完成从彩色图像到灰度等级图像变换,并可根据定位位置,识别出目标物及其背景的平均亮度(灰度级)数值,计算并显示能见度数值。

对于距离为 R_t 的目标物,只要测量出目标物的视亮度 B_t 和背景视亮度 B_b,则可从(3.4.14)式计算出气象光学距离:

$$L_M=\frac{\ln\left(1-\frac{B_t^*}{B_b}\right)+\ln\frac{1}{\varepsilon}}{\ln\left(1-\frac{B_t^*}{B_b}\right)-\ln\left(1-\frac{B_t}{B_b}\right)}\cdot R_t \qquad (3.4.14)$$

式中，B_t^* 为目标物的固有亮度。若假设目标物为绝对黑体，则 $B_t^*=0$，并取 ε 值为 0.05，可得到

$$MOR=\frac{-3\cdot R_t}{\ln(1-B_t/B_b)} \tag{3.4.15}$$

式(3.4.15)是摄像法测量 MOR 的基本公式。由该式可知，在目标物为黑体的条件下，只要知道目标物与摄像机之间的距离 R_t，并测得目标物的视亮度 B_t 与天空背景的视亮度 B_b 比值，即可计算出气象光学距离 MOR。而(3.4.14)式也可以用于目标物为非黑体时计算气象光学距离。夜间则可用灯光来代替目标物。为了提高测量范围和准确性，可在不同距离处安置目标物或灯光。

谢兴生等(1999)研制了数字摄像能见度仪，王京丽等(2002)曾用摄像法能见度测量系统与激光雷达进行了对比观测试验。试验结果表明，它们两者之间的均方根偏差为 0.927 km，相关系数为 0.979。但是在 18 km 以后，两者的测量结果偏差有所增大，数字摄像法所测的能见度值有偏低的倾向。为了改善摄像系统暗电流和背景杂散光的影响，增大数字摄像能见度观测系统的测量范围，提高测量精度，吕伟涛等(2004)提出了双亮度差方法测量能见度的原理，即利用地平线附近两个不同距离的目标物和其对应水平天空背景亮度差的比值进行能见度的测量，实验结果表明，与其他能见度测量仪器以及目测的一致性相当好。

由于夜间光亮度的降低，无法采用不发光的目标物进行摄像法测量能见度，为此，王京丽等(2002)曾研究了利用光源作为目标物的能见度摄像测量技术，但这牵涉到白天和夜间的自动转换问题，在黄昏和黎明时测量误差明显增大，这为摄像法能见度测量技术的业务应用带来了一定困难。

3.4.4　跑道视程测量系统

在航空上，跑道视程(RVR)的好坏决定着飞机能否正常起飞或着陆，它是保障飞行安全的重要气象要素之一。由于 RVR 是重要的机场运行标准，国际民航组织(ICAO)对其观测和报告均有详细的规定。一般是在 MOR 小于 1500 m 时进行测量。

跑道视程(RVR)，是指在跑道中线上，航空器上的驾驶员能看到跑道面上的标志或跑道边界灯或中线灯的最远距离。进行跑道视程观测时，应当从驾驶员在航空器中的平均视线高度(一般为 5 m)来进行估计。跑道视程与大气消光系数、视觉照度阈值和跑道灯光光强等有关。当跑道视程小于飞机起飞或降落要求的数值时，应考虑将跑道灯光强度调高直至最强等级。

理想情况下，对跑道视程进行观测时，观测员应当在跑道起降地带的跑道中心线 5 m 的高度上对可见的跑道灯或跑道标志进行计数，借助预先准备好的转换曲线，转换成跑道视程。实际上，在飞机起降期间，观测员必须离开跑道，在靠近跑道的位置进行观测，这种观测员和飞行人员处在不同的观测位置的状况，带来了观测

的灯光强度和背景等存在差异,对此要进行修正。

RVR 测量系统通常包括 3 台能见度仪、背景亮度测量仪以及 RVR 计算机等。能见度仪可采用透射仪或前向散射仪,分别安置在跑道头两端和中部,如图 3.20 所示。通常每条跑道设置 1 台背景亮度计,安置在跑道中部。跑道灯光强度由控制塔控制,通常设置为跑道最强灯光的 100%、30%、10%。利用能见度仪测量的 MOR 值、跑道灯光强度和背景照度阈值可以计算确定跑道视程。ICAO 给出了一系列的计算方法和报告建议,其中采用的分段照度阈值如表 3.7 所示,其与 WMO 推荐的照度阈值有所不同,在进行跑道视程计算时需注意加以区分。

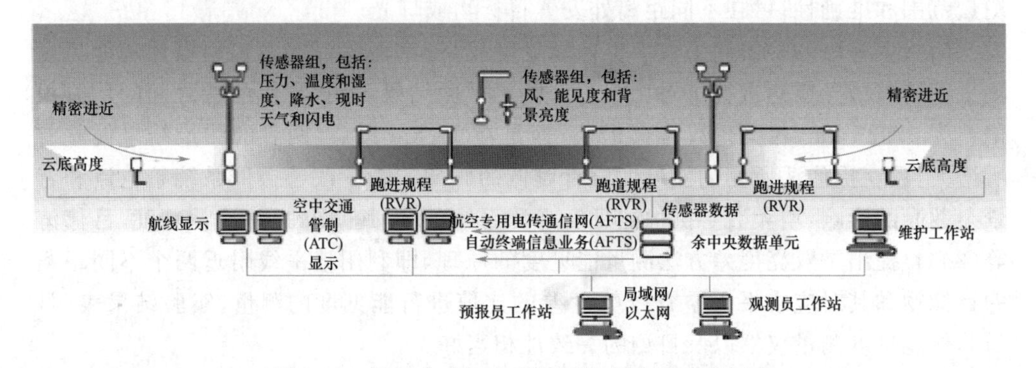

图 3.20 机场自动气象观测系统安装位置示意图

表 3.7 ICAO 规定的照度阈值

条件	照度阈值(lx)	背景亮度(cd/m²)
黑夜	8×10^{-7}	≤50
黄昏/黎明	10^{-5}	51~999
正常白天	10^{-4}	1000~12000
明天白天	10^{-3}	>12000

习 题

1. 比较下列各组名词术语的异同点。

1)能见度;气象能见度;气象光学距离(MOR);灯光能见距离;跑道视程(RVR)。

2)对比视感阈;照度阈值。

3)气幕光;视亮度。

4)透射因子;消光系数。

5)光亮度;光照度。

2. 写出下列定律的表示式，并解释其各参量和定律的含义。

1)柯什密得定律；

2)阿拉德定律；

3)布格-朗伯定律。

3. 若气象光学距离为 1 km，请问以天空为背景的灰色物体的能见距离是等于小于还是大于 1 km 呢？并请计算在暗夜、月夜和黄昏不同情况下，强度为 10 cd 的灯光能见距离。

4. 为了保持透射仪、前散仪测量准确性，在结构设计上需要采取什么措施？

5. 透射仪与前向散射仪各有何优缺点？在使用它们时，需要注意什么问题？

6."镜面污染"对透射仪和散射仪的测量结果有什么影响？怎样检测"镜面污染"及实施补偿？

7. 能见度仪所采用的波长若是单色红光，会对 MOR 测量结果有什么影响？

8. 为什么不同天气条件(雾、雨、雪、霾、烟、沙尘等)对前散仪的测量准确性会产生不同的影响？

9. 假设能见度仪测量的 1 min MOR 平均值分别为 3.2、3.1、3.1、2.9、3.3、3.2、2.8、2.3、1.8、1.3 km，请分别用算术平均法和调和平均法计算 10 min MOR 平均值，并说明它们之间有什么差别？这种差别有什么好处？

10. 若透射仪的基线长为 100 m，透射因子 T 测量值分别为 0.8 和 0.1，分别计算当时的 MOR 值，若 T 的测量误差均为 0.01，再计算 MOR 的测量相对误差。

参考文献

李浩，孙学金，2009. 前向散射能见度仪测量误差的理论分析[J]. 红外与激光工程，38(6)：1094-1098.

李浩，孙学金，单陈华，2013. 关于气象能见度理论与观测的讨论[J]. 解放军理工大学学报，14(3)：297-302.

吕伟涛，陶善昌，刘亦风，等，2004. 基于数字摄像技术测量气象能见度——双亮度差方法和试验研究[J]. 大气科学，28(4)：559-570.

莫月琴，刘钧，吕文华，等，2004. 前向散射型能见度仪原理样机的主要性能分析[J]. 大气科学学报，27(2)：230-237.

世界气象组织，1992. 气象仪器和观测方法指南[M]. 北京：气象出版社.

王京丽，程丛兰，徐晓峰，2002. 数字摄像法测量能见度仪器系统比对实验[J]. 气象科技，30(6)：353-357.

吴玉笛，刘建国，陆钒，等，2012. 基于 LED 光源的积分浊度仪的系统设计[J]. 大气与环境光学学报，7(5)：54-59.

谢兴生,陶善昌,周秀骥,1999. 数字摄像法测量气象能见度[J]. 科学通报,44(1):97-100.

WMO,2018. Guide to Instruments and Methods of observation,2018 edition[Z]. Geneva:WMO.

WMO,1990. The First WMO Intercomparison of visibility Measurement: Final Report Instrument and Observing Methods Report No. 41,WMO/TD. 401[R]. Geneva:WMO.

MIDDLETON W E K,1952. Vision through the atmosphere[M]. Toronto,University of Toronto Press.

SHEPPARD B E,1983. Adaption to MOR[M]. Preprints of the Fifth Symposium on Meteorological observations and instrumentation (Toronto,11-15,April 1983):226-269.

第3章　能见度的观测
电子资源

第4章 天气现象与地面状态的观测

【学习指导】

1. 熟悉天气现象与地面状态的分类和特征，能写出天气现象和地面状态记录符号，列出相似天气现象的区分点；

2. 理解天气现象自动识别原理，能针对某种或几种天气现象设计自动识别方案，树立创新意识；

3. 熟悉天气状况报告方法，理解现在天气电码含义。

天气现象是指发生在大气中或地球表面上的物理现象。主要包括降水现象、雾现象、吹雪现象、风沙现象、烟尘现象、风暴现象、地面凝（冻）结现象、雷电现象、光现象和地面状态等。各类天气现象记录符号见表4.1。降水、雾、吹雪、地面凝（冻）结现象均是由固态或液态水粒子组成，它们或悬浮在大气中，或从大气中降落到地面，或从地面被风吹到空中，或附着在其他物体上，又统称为水成物现象。雾现象、吹雪现象、风沙现象、烟尘现象会对能见度产生影响，又统称为视程障碍现象。不同的天气现象是不同天气系统、不同天气条件的表现。因此，天气现象的观测记录是研究天气状况的一种手段，是气象观测的重要内容。天气现象对工农业生产和人民生活有重要影响，正确观测天气现象的起止时间、强度变化、演变特点和发生地点，对气候分析和军事保障有着直接的作用（中国气象局，2003）。

在常规地面气象观测业务中，天气现象的观测主要依靠受过培训的观测员进行人工定性观测。20世纪60年代光电技术开始应用于天气现象的自动测量，利用降水粒子对激光、红外或可见光的散射、衰减特性对降水类型、降水强度和降水性质进行自动判别，并结合气温、风向、风速、能见度等其他要素进行综合识别。目前较为成熟的是各种降水现象、视程障碍现象、雷电现象、地面状态的自动识别。

本章主要介绍各类天气现象的特征，以便于正确地加以认识和识别，同时介绍天气现象的自动测量方法和典型代表仪器。

4.1 天气现象与地面状态种类

4.1.1 降水现象

降水现象，是指液态的、固态的或混合态的水成物从空中下落到地面上的现象。

主要区分为9类:雨、毛毛雨、雪、雨夹雪、米雪、霰、冰雹、冰粒和冰针。

4.1.1.1 雨

雨,是指由云中落下的水滴构成的降水。雨滴直径一般为0.5～6.0 mm,雨滴的密集度随降水的强度和性质的不同而有明显的变化;雨滴下降时清楚可见,落在水面上会激起圆形波纹和水花,落在干地(船甲板)上会留下湿斑。

表4.1 天气现象的种别和符号

类别	种别		符号	类别	种别		符号
降水现象	雨	间歇性	•	风暴现象	大风		⚑
		连续性			飑		∀
		阵性	▽̇		龙卷		)(
		过冷却性	∾		尘卷风		∈
	毛毛雨	间歇性	,	吹雪现象	低吹雪		✛
		连续性			高吹雪		✛
		过冷却性	∾	雷电现象	雷暴		ꓘ
	雪	间歇性	✳		闪电		<
		连续性		光现象	极光		♕
		阵性	▽̽		虹		⌒
	雨夹雪	间歇性	✳̣		晕	日晕	⊕
		连续性				月晕	⊖
		阵性	▽̽̇		华		⦶
	米雪		△̶		宝光		♀
	霰		✳̶		蜃楼		⋈
	冰雹		△	地面凝(冻)结现象	露		⌓
	冰粒		▲		霜		⊔
	冰针		↔		雾凇		V
雾现象	雾		≡		雨凇		∾
	轻雾		=	地面状态	积雪		⊠
风沙现象	扬沙		$		结冰		⊔̶
	沙尘暴		S̶				
烟尘现象	浮尘		S				
	霾		∞				
	烟幕		⌈				

按照降水性质,雨分为间歇性、连续性、阵性和过冷却性四种,其特点如表4.2所

示。按照降水强度，雨分为小雨、中雨、大雨、暴雨四级。降水强度＜2.5 mm/h 为小雨，降水强度介于 2.5～10.0 mm/h 为中雨，降水强度介于 10.0～50.0 mm/h 为大雨，降水强度≥50.0 mm/h 为暴雨。

表 4.2　降水性质的划分

性质	特点
间歇性	时降时止，或强度时大时小，但变化缓慢
连续性	降水强度变化不明显，且观测时和观测前一小时无停歇现象
阵性	开始和结束突然，且强度变化大而迅速
过冷却性	雨滴温度在 0 ℃以下，与地物相碰会立即冻结

此外，根据 24 h 的累计降雨量，还可以分为微量降雨(零星小雨)、小雨、中雨、大雨、暴雨、大暴雨、特大暴雨 7 个等级，如表 4.3 所示。

表 4.3　降雨等级划分(24 h 降雨量)　单位：mm

降雨等级	小雨	中雨	大雨	暴雨	大暴雨	特大暴雨
24 h 降雨量	＜10	10.0～24.9	25.0～49.9	50.0～99.9	100.0～249.9	≥200.0

4.1.1.2　毛毛雨

毛毛雨，是指由很小的水滴构成的稠密、细小而十分均匀的降水。毛毛雨的雨滴直径通常小于 0.5 mm。降落时呈飘浮状态，徐徐落下，迎面有潮湿感，落在水面上不会激起波纹和水花，落在干地上没有湿斑，只是缓慢润湿地面。

毛毛雨分为间歇性、连续性和过冷却性三种。毛毛雨的强度分为小、中、大三级，当降水强度＜0.1 mm/h 时，为小毛毛雨；当降水强度在 0.1～0.5 mm/h 时，为中毛毛雨；当降水强度≥0.5 mm/h 时，为大毛毛雨。此外，还可以根据毛毛雨影响有效能见度的程度进行区分。当有效能见度大于或等于 1000 m 时，为小毛毛雨；当有效能见度从 500 m 至小于 1000 m 时，为中毛毛雨；当有效能见度小于 500 m 时，为大毛毛雨。

4.1.1.3　雪

雪，是指由云中落下的分离或聚集的冰晶构成的降水。雪呈片状，多为六角形，白色，不透明。雪主要分为间歇性、连续性、阵性三种性质。

雪的强度也分为小、中、大三级，液态降水强度＜1 mm/h 时为小雪，当降水强度在 1.0～5.0 mm/h 时，为中雪；当降水强度≥5.0 mm/h 时，为大雪。此外，也可以根据雪影响有效能见度的程度进行区分的。能见度不低于 1000 m，为小雪，能见度介于 400 m 到 1000 m 之间为中雪，能见度低于 400 m 的为大雪。

4.1.1.4 雨夹雪

雨夹雪,是指雨和湿雪(毛毛雨和米雪)同时降落的降水。雨夹雪分为间歇性、连续性和阵性三种性质。

雨夹雪的强度也分为小、中、大三级,主要是根据雨夹雪影响有效能见度的程度进行区分的。与降雪一致,能见度不低于 1000 m,为小的雨夹雪,能见度介于 400 m 到 1000 m 之间为中的雨夹雪,能见度低于 400 m 的为大的雨夹雪。

4.1.1.5 霰

霰,是指由云中落下的白色不透明的圆锥形或球形的颗粒状固态降水,直径常为 2～5 mm,下降时常呈阵性,落在地面上常反跳,松脆易碎。

4.1.1.6 米雪

米雪,是指由云中落下的白色、不透明的非常小的粒状冰构成的降水。多呈粒状和杆状,直径常小于 1 mm,落在坚硬地面上不会反跳。

4.1.1.7 冰雹

冰雹,是指由云中落下的坚硬的球状、圆锥状或不规则状的固态降水。其大小差异很大,大的直径可达数十毫米,小的只有几毫米。落到坚硬的地面上一般会反跳,并可听到碰击声。以阵性降水的形式出现,常伴有雷暴。

雹核一般不透明,外包有由透明层与不透明层相间的冰层。小雹以霰为核心,包有薄冰层。

冰雹的强度区分标准与雨一致。

4.1.1.8 冰粒

冰粒,是指透明的丸状或不规则状的固态降水。质地较硬,落在坚硬的地面上一般会反跳,直径小于 5 mm,有时内部还有未冻结的水,如被碰碎,则仅剩下破碎的冰壳。

霰、冰粒的强度区分标准与雪一致。

4.1.1.9 冰针

冰针,是指从空中降落的由水汽凝华而成的微小冰晶体。呈针状、星状、片状和柱状,下降速度很慢,像是悬浮在空中,在阳光或灯光照射下闪烁发光。可降自云中,也可从无云的空中降落,多出现在高纬度或高原地区严冬季节。

各类降水的主要特征和出现天气条件总结在表 4.4 中。

表 4.4 各类降水的主要特征和出现天气条件

天气现象	直径(mm)	外形特征及着地特征	下降情况	常降自何种云	气层条件
毛毛雨	<0.5	干地面无湿斑,润物渐匀,水面无波纹	稠密漂浮,雨滴难辨	St、Sc	气层稳定

续表

天气现象	直径（mm）	外形特征及着地特征	下降情况	常降自何种云	气层条件
雨	≥0.5	干地面有湿斑，水面起波纹	雨滴可辨，下降如线，强度变化较缓	Ns、As、Sc、Ac	气层较稳定
阵雨	>0.5	同上，但雨滴往往较大	骤降骤停，强变化大，有时伴有雷暴	Cb、Cu、Sc	气层不稳定
雪	大小不一	白色不透明六角或片状结晶，固体降水	飘落，强度变化较缓	Ns、As、Ci	气层稳定
阵雪	同上	同上	飘落，强度变化较大，开始和停止都较突然	Cb、Ns、Ac	气层较不稳定
雨夹雪	同上	半融化的雪（湿雪），或雨和雪同时下降	同雨	Ns、As	气层稳定
阵性雨夹雪	同上	同上	强度变化大，开始和停止都较突然	Cb、Ns、As	气层较不稳定
米雪	<1	白色不透明，扁长小颗粒，固态降水，着地不反跳	均匀、缓慢、稀疏	St、≡	气层稳定
霰	2～5	白色不透明的圆锥或球形颗粒，固态降水，着硬地常反跳，松脆易碎	常呈阵性	Cb、Sc、Ns、As	气层较不稳定
冰雹	2～数十	坚硬的球状、锥状或不规则的固体降水，大的着地反跳，坚硬不易碎	阵性明显	Cb	气层不稳定
冰粒	1～5	透明丸状或不规则固态降水，有的内部还有未冻结的水，着地常反跳，有时打碎只剩冰壳	常呈间歇性，有时与雨伴见	Ns、As、Sc	气层较稳定

4.1.2　雾现象

雾现象，是指近地面大气中悬浮大量细小水滴或冰晶的现象，分为雾、轻雾和浅雾3类。

4.1.2.1　雾

雾，是指近地面大气中悬浮大量细小水滴或冰晶的现象，其厚度超过2 m（海上超过10 m），有效水平能见度小于1000 m。出现时，相对湿度常为100%或接近100%，天空常呈白色，受烟尘影响时呈黄色。

当观测点天顶附近天空可见时,称为天顶可辨雾。当观测点天顶附近天空不可见时,称为天顶不可辨雾。

4.1.2.2 轻雾

轻雾,是指常呈灰白色的稀薄雾幕,厚度超过 2 m(海上超过 10 m),有效水平能见度不小于 1000 m。出现时相对湿度较大,受烟影响时,天空呈灰色或土黄色。

4.1.2.3 浅雾

浅雾,是指呈散片或连绵不断状态分布的雾,厚度不超过 2 m(海上不超过 10 m)。在浅雾中观测时,水平能见度小于 1000 m,但由于其厚度不超过 2 m,因而不影响观测的有效能见度和垂直能见度。

4.1.3 风沙现象

4.1.3.1 扬沙

扬沙,是指较大风速或较强的扰动气流将大量的尘土、沙粒从地面吹起飞扬于空中的现象。出现时,阳光减弱,天空呈黄色,垂直能见度较差,有效水平能见度不小于 1000 m。

4.1.3.2 沙尘暴

沙尘暴,是指强大的阵风或强烈的扰动气流将大量的沙粒、尘土猛烈地卷入空中的现象。出现时,黄沙滚滚、遮天蔽日,天空呈土黄色,垂直能见度恶劣,有效水平能见度小于 1000 m。如果沙尘暴随冷锋或飑线出现时,往往可观测到上风方向的天空颜色显著变黄,继而地平线上出现沙浪,甚至可见沙暴堤。

沙尘暴的强度分为沙尘暴、强沙尘暴和特强沙尘暴三级,主要是根据观测时沙尘暴影响有效水平能见度的程度进行区分的。当有效水平能见度为不小于 500 m 至小于 1000 m 时,称为沙尘暴;当有效水平能见度为不小于 50 m 至小于 500 m 时,称为强沙尘暴;当有效水平能见度小于 50 m 时,称为特强沙尘暴。

4.1.4 烟尘现象

烟尘现象,是指大量细小的烟粒、盐粒和尘土等悬浮于空中的现象,分为烟、霾和浮尘 3 类。

4.1.4.1 烟

烟,是指大量的由燃烧而生成的烟存在空气中的现象。出现时天空呈灰色、褐色或黑色,太阳呈红色或淡红色,浓度大时可闻到烟的气味。严重时,可使有效水平能见度小于 1000 m。

4.1.4.2 霾

霾,是指大量的肉眼看不见的极细小的尘埃、烟粒、盐粒均匀地浮游在空中的现象。出现时,大气较浑浊,远山森林等深色物体呈浅蓝色,太阳、雪山等光亮物体呈淡黄色或橘黄色。严重时，可使有效水平能见度小于1000 m。

4.1.4.3　浮尘

浮尘，是指大量的尘土细粒较均匀地浮游在空中的现象。出现时，远处景物呈褐黄色，太阳呈苍白色或淡黄色。强烈的浮尘，可使有效水平能见度小于1000 m。

4.1.5　风暴现象

4.1.5.1　大风

大风，是指瞬时最大风速达到或超过17.2 m/s的风。

4.1.5.2　飑

飑，是指短时内风向突变、风速剧增的现象。其判定标准是：瞬时风速突然增加8 m/s以上且至少维持1 min，然后突然减小，而且在维持时间内平均风速不小于11 m/s。

4.1.5.3　龙卷

龙卷，是指出现在积雨云下部的漏斗状云及其伴随的小范围的强旋风。漏斗状云体，有时稍伸即隐或悬挂空中，有时能触及地(海)面。

4.1.5.4　尘卷风

尘卷风，是指从地面向上扩展的小范围的旋风。旋转运动的高度超过10 m，直径超过2 m。尘卷风出现时，将地面的尘沙和细小物体卷入空中，像急转的漏斗状柱子。多形成于干燥地区的春季、夏季午后。

4.1.6　吹雪现象

吹雪现象，是指强风将地面积雪吹起飞扬于空中的现象，分为低吹雪和高吹雪两类。

4.1.6.1　低吹雪

低吹雪，是指地面上的积雪被风吹起，高度不超过2 m的吹雪现象，出现时，水平能见度没有明显减小。

4.1.6.2　高吹雪

高吹雪，是指地面上的大量积雪被强风吹起，高度超过2 m的吹雪现象，出现时，水平能见度减小。

高吹雪强度通常分为轻、强两级，主要是根据观测时高吹雪影响有效能见度的程度区分的。当有效能见度为1000 m至小于10000 m时，称为轻高吹雪；当有效能见度小于1000 m时，称为强高吹雪或雪暴。

本节各类视程障碍现象的特征和主要区别点总结于表4.5中。

表 4.5　视程障碍现象的特征和区别

天气现象	特征或成因	影响能见度的程度(km)	颜色	形成天气条件	大致出现时间
雾	大量微小水滴浮游空中	<1.0	乳白色	相对湿度接近100%	晨间易见
轻雾	微小水滴或已湿的吸湿性质粒组成的稀薄雾幕	1.0～10.0	灰白色	相对湿度低于100%，空气稳定	早晚较多
吹雪	强风将地面积雪卷起	1.0～10.0	白色	风很大	本地或附近有大量积雪时
雪暴	大量的雪被强风卷着随风运行	<1.0	白色	风很大	本地或附近有大量积雪时
扬沙	本地或附近尘沙被风吹起	1.0～10.0	天空混浊、土黄色	风较大	冷空气过境或雷雨飑线影响时，北方春季易出现
沙尘暴	同上	<1.0	同上	风很大	同上
浮尘	远处尘沙经上层气流传播而来或扬沙、沙尘暴过后尚未下沉的细粒浮游在空中	<10.0	远物土黄色，太阳苍白或淡黄色	无风或风较小	冷空气过境前后
霾	大量极细微的尘粒，均匀浮游空中	<10.0	远处光亮物体微带黄色	气团稳定、较干燥	一天中任何时候均可出现
烟	城市、工厂或森林火灾等排出的大量烟粒弥漫空中，有烟味	<10.0	红色黑暗物体微带蓝色，远处来的烟幕呈黑、灰、褐色，日出、黄昏时太阳呈现红色	气团稳定，有逆温时易形成	早晚常见

4.1.7　雷电现象

雷电现象，是指积雨云云中、云间、云地之间放电产生的可见或可听现象，分为雷暴和闪电两类。

4.1.7.1　雷暴

雷暴，是指由闪光和雷声所表现的突然放电现象。既听见雷声又见闪光或只听见雷声，都判定为雷暴。

雷暴强度通常分为小和大两级，主要是根据观测时雷声的强弱、连续情形区分的。当雷声不连续、不响亮时，称为小雷暴；当雷声大而连续成串时，称为大雷暴。

大雷暴出现时常伴有大风、大阵雨、冰雹等天气现象，有时会出现气温、气压、风等气象要素的急剧变化。

4.1.7.2　**闪电**

闪电，是指积雨云云中、云际或云地间产生放电时伴随的闪光现象，但不听不见雷声。

4.1.8　光现象

光学现象由来自于太阳或月亮的光的反射、折射、衍射或干涉等所造成的发光现象。

4.1.8.1　**极光**

极光，是指在高纬度地区（中纬度地区也可偶见）晴夜见到的一种在大气高层辉煌闪烁的彩色光弧或光幕（图 4.1）。亮度一般像满月夜间的云。光弧常呈向上射出活动的光带，光带往往为白色稍带绿色或翠绿色，下边带淡红色；有时只有光带而无光弧；有时也呈振动很快的光带或光幕。

图 4.1　极光（彩图见书末）

4.1.8.2　**虹**

虹，又称彩虹，是指日、月光经云滴或雾滴发生折射和反射而形成的彩色大弧（图 4.2）。常出现于日、月的相反方向。在云、雾滴中光线发生一次内反射和两次折射所形成的虹，称为主虹。主虹外侧呈红色，内侧呈紫色，外侧角半径约为 42°。在主虹之外，有时可见另一同心大光弧，色带排列与主虹相反，其内侧角半径约为 50°，光彩也较暗淡，称为霓或副虹。它是光线在万、雾滴中发生两次内反射和两次折射而形成的。

图 4.2　虹(彩图见书末)

4.1.8.3　晕

晕,是指日、月光线通过云中冰晶发生折射或(和)反射而产生的位于日、月周围的光圈、光柱、光弧、光点的总称(图 4.3)。最常见的晕角半径为 22°,由光线通过六角柱冰晶产生折射而形成的。晕多出现在卷层云或卷云上,有时光圈不全。

图 4.3　晕(彩图见书末)

4.1.8.4　华

华，是指日、月光线通过云滴或小冰晶时，由衍射作用而形成的环绕日、月光轮外的彩色光象，通常出现于高积云上，有时也出现在卷积云、层积云上（图 4.4）。色彩内侧微蓝色、外侧红褐色，有时可能有好几重。

图 4.4　华（彩图见书末）

4.1.8.5　宝光

宝光，是指日（月）光从观测者后面投射到前方云幕或雾幕上，因受云、雾滴的衍射而产生的彩环（图 4.5）。观测者的头部或人影可见于彩环之中。彩环常呈外红内黄白色，有时也很鲜艳。

图 4.5　宝光（彩图见书末）

4.1.8.6 霞

霞,是指清晨或傍晚,在太阳附近或太阳相对一侧的天空或云层上出现的色彩现象(图 4.6)。它是由阳光透过气层时受空气分子及大气中的尘埃、水汽等的选择性散射,余下较长波长的日光所形成。因为波长较短的蓝紫光大多已被散射掉,所以霞光多数为红光。

图 4.6 霞(彩图见书末)

4.1.8.7 蜃楼

蜃楼,是指来自远处物体的光线,经过密度分布反常的空气层,发生显著折射(或同时有全反射)时,使远处景物发生位置、形状、大小的变化和晃动的奇异幻景(图 4.7)。比实物高的称上蜃,比实物低的称下蜃。

图 4.7 蜃楼(彩图见书末)

4.1.9 地面凝(冻)结现象

地面凝(冻)结现象,是指水汽(水滴)凝华(冻结)在地面或地面物体上的现象。

主要区分有露、霜、雾凇、雨凇等。地面冻结现象的种别，主要根据附着在地面或地面物体上的冻结物的形态进行判定。

4.1.9.1　露

露，是指水汽凝结在地面物体上的水珠。常出现在晴朗少风湿度大的夜间，出现时地表温度在 0 ℃以上。

4.1.9.2　霜

霜，是指水汽凝华在地面物体上的白色冰晶层。常出现在晴朗微风的夜间。以草、屋顶、露天的木板等表面最多。因温度降低到 0 ℃以下露冻结成冰珠，也应该判定为霜。

4.1.9.3　雾凇

雾凇，是指水汽凝华或雾滴冻结在地面物体上的呈针状和柱状的冰晶。雾凇出现在寒冷雾天。出现时，多附着在较细的枝状物体（如树枝、电线等）的迎风面上，表面疏松，起伏不平，受震易脱落。

4.1.9.4　雨凇

雨凇，是指过冷却雨或过冷却毛毛雨滴碰到地面物体后直接冻结而成的坚硬冰层，呈透明或毛玻璃状，外表光滑或略有隆起。

地面凝（冻）结现象特征及主要区别总结于表 4.6 中。

表 4.6　地面凝(冻)结现象特征及区别

天气现象	外形特征及凝结特征	成因	天气条件	容易附着的物体部位
露	水珠（不包括霜融化成的）	水汽遇冷却面凝结而成	晴朗少风湿度大的夜间地表温度 0 ℃以上	地面及近地面物体（如草叶上）
霜	白色松脆的冰晶或冰珠	水汽直接凝华而成或由露冻结而成	晴朗微风湿度大的夜间地表温度 0 ℃以下	同上
雾凇	乳白色的冰晶层或粒状冰层，较松脆，常呈毛茸茸针状或起伏不平的粒状	过冷却雾滴在物体迎风面冻结或严寒时空气中水汽凝结而成	气温较低（－3 ℃以下）有雾或湿度大时	物体的突出部分和迎风面上
雨凇	透明或毛玻璃状的冰层，坚硬光滑或略有隆突	过冷雨滴或毛毛雨滴在物体（低于 0 ℃）上冻结而成	气温稍低（0～3 ℃）有雨或毛毛雨时	水平面、垂直面上均可形成，但水平面和迎风面上增长快

4.1.10 地面状态

地面状态是指近期气候和天气事件所造成的各层土壤水分含量及状态,或地表层的水的或非水微粒含量及状态。主要分为两种类型、二十种状态,并以00～19进行编码,如表4.7所示。

积雪是指雪(包括霰、米雪、冰粒)覆盖地面达到观测站四周能见面积一半以上的现象。

结冰是指露天水面(包括蒸发器的水)冻结成冰的现象。

表4.7 地面状态分类及代码表

类型	代码	地面状态
I型(没有雪或冰覆盖)	00	地面干(没有裂缝并无沙尘掩盖的地面)
	01	地面微湿
	02	地面湿(地面洼处有积水)
	03	洪水
	04	地面冻结
	05	地面有雨凇
	06	干松沙尘掩盖地面,但未全部掩盖
	07	薄薄一层干松沙尘掩盖全部地面
	08	中等或厚的一层干松沙尘掩盖全部地面
	09	地面极干并有裂缝II型(有雪或冰覆盖)
II型(有雪或冰覆盖)	10	大部分地面被冰覆盖
	11	密实雪或湿雪(伴有或不伴有冰)覆盖不到地面一半
	12	密实雪或湿雪(伴有或不伴有冰)覆盖一半以上地面,但不完全覆盖
	13	均匀的密实雪层或湿雪层完全覆盖地面
	14	不均匀的密实雪层或湿雪层完全覆盖地面
	15	干松雪覆盖不到地面一半
	16	干松雪覆盖一半以上地面,但不完全覆盖
	17	均匀的干松雪层完全覆盖地面
	18	不均匀的干松雪层完全覆盖地面
	19	干松雪完全覆盖地面

4.2　天气现象的自动识别

4.2.1　降水现象的自动识别方法

降水现象的自动识别一般采用光学、声波、微波等多种探测技术，其中以光学原理为基础的降水类型识别技术研究得较为深入(Prodi et al.，2011)。如芬兰 Vaisala 公司生产的 FD12P、PWD12 和 PWD22 天气现象传感器，德国 Thies 公司生产的激光降水探测器，英国 BIRAL 公司生产的 HSS 能见度/天气现象仪，美国 OSI 公司生产的 WIVIS、OWI 系列天气现象识别仪等(Bellot et al.，2011)。外场测试表明，除了非常小的雪和毛毛雨以及湿雪或正在融化的雪与雨难以区分开外，大多数仪器降水的识别率超过 90%。降水粒子的大小、形状、降落速度和浓度导致了与光信号的强度和光信号的多样性或频率有关的特征，可通过分析降水下落时红外光束的脉动来判别降水类型(Jia et al.，2014)。基于光学原理进行降水类型识别的技术，主要有光强衰减多要素判断法、降水粒子光强闪烁法和降水粒子下落速度法等。

4.2.1.1　降水粒子下落速度法

自然界的降水是由一些大小不等的雨滴、雪花等所构成的，许多观测结果表明降水谱服从 Marshall-Palmer 分布，而在静止空气中的雨滴降落速度服从 Gunn-Kinzer 模型。降水粒子尺寸和降落速度存在着一定的对应关系。若降水精确符合 Marshall-Palmer 模型和 Gunn-Kinzer 模型，则可以根据降水粒子的直径和速度的对应关系，区分降水类型，如图 4.8 所示。

采用该方法的典型仪器有德国的 OTT PARSIVEL(particle size velocity)雨滴谱仪和我国的 DSG 系列降水现象仪。仪器主要包括发射端和接收端两部分，如图 4.9所示。激光器发射的水平激光光束波长为 650 nm，有效采样面积为 27 mm×180 mm，高度为 1 mm(Löffer-mang et al.，2000)。最高采样频率为 25 kHz，较高的采样频率对光源稳定性、信号处理速度等提出了较高的要求。当降水粒子在采样区下降的过程中，会导致接收光亮度的变化，较大的粒子光脉冲幅度大，持续时间短。较小的粒子光脉冲幅度小，持续时间长，通过测量采样区降水粒子产生的光脉冲幅度和通过时间来确定粒子的尺寸和速度，如图 4.10 所示。当以一定的时间间隔获取降水粒子的尺寸和速度信息后，通过时间积分可以得到粒子谱分布和降水强度，根据图 4.8 所示的判定矩阵可以识别降水类型。该仪器除了用于天气现象自动识别以外，还广泛用于云降水物理研究、天气雷达定量估计降水的地面校正、人工影响天气的效果检验等领域(吴宜 等，2021)。

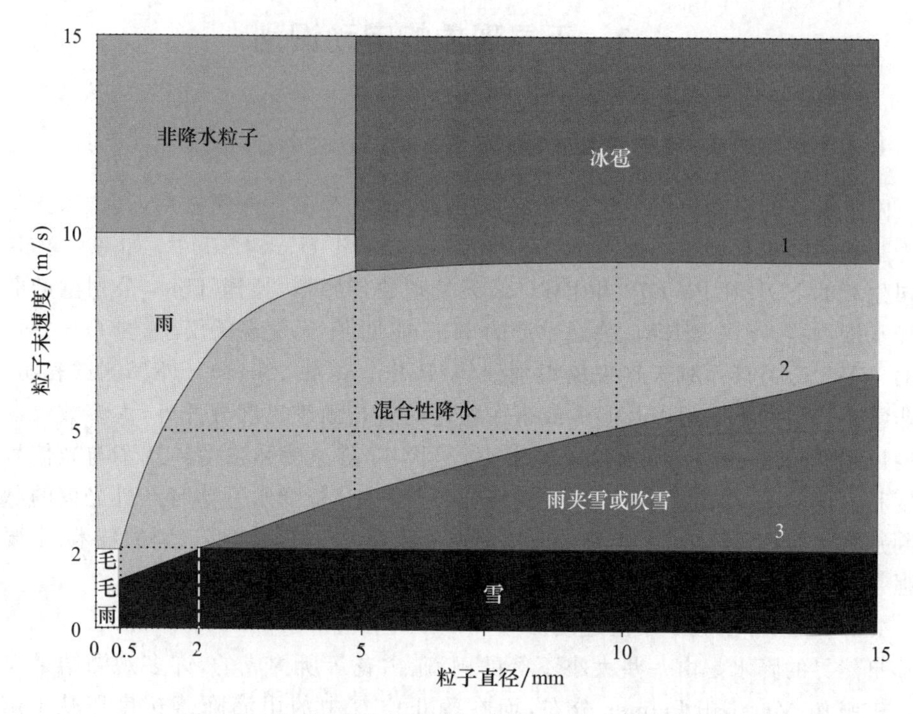

图 4.8　利用降水粒子速度和尺寸判断降水类型示意图

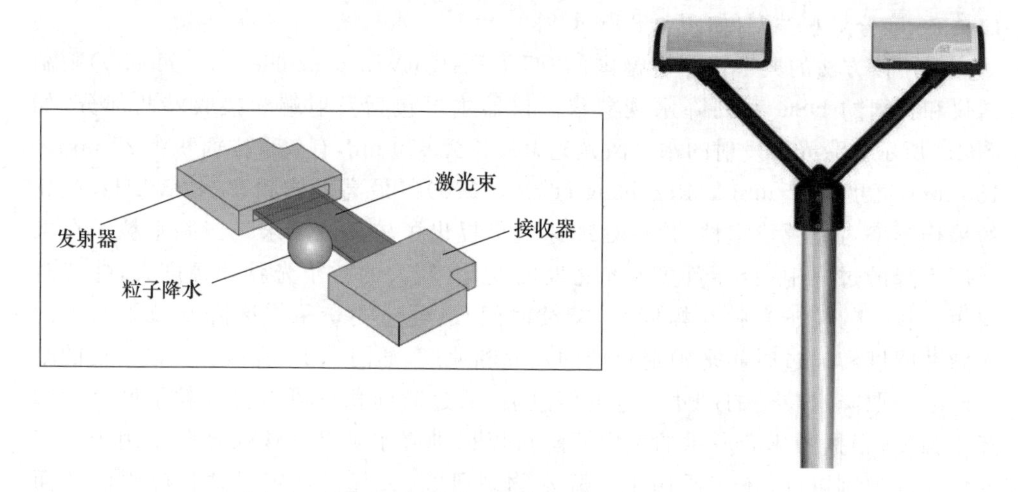

图 4.9　OTT PARSIVEL 雨滴谱仪结构(左)及外形(右)

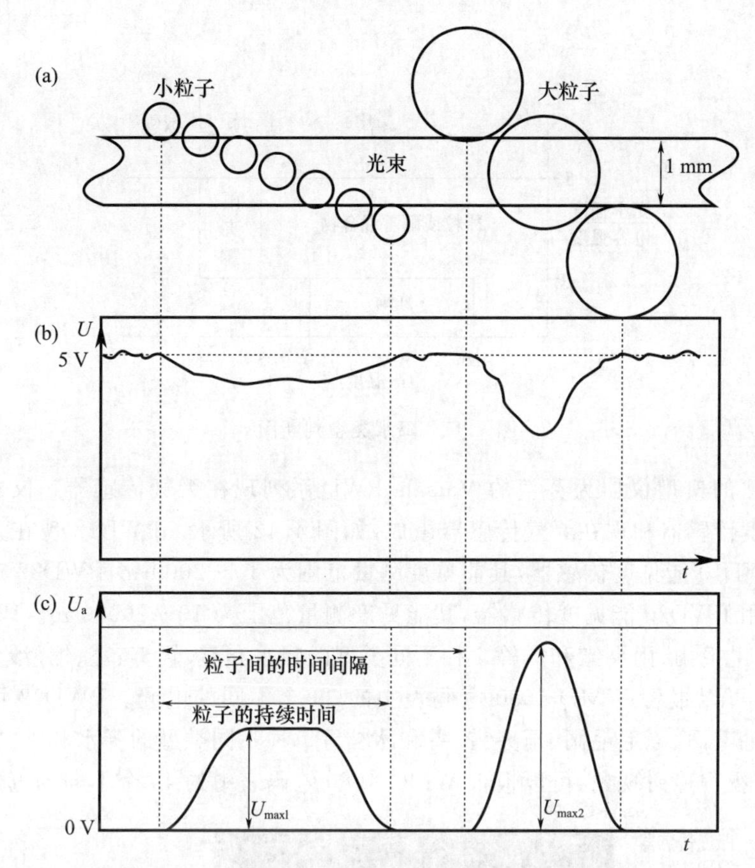

图 4.10　降水粒子尺度和速度的测量原理示意图

(a)降水粒子通过采样区;(b)原始输出信号;(c)DC 转换、放大、滤波后的信号

4.2.1.2　多要素综合判断法

由前向散射仪原理,接收端接收到的光强与测量区域的粒子多少和尺寸有关,这样,接收端接收到的散射光强可与降水量建立关系。若将前向散射仪接收端接收到的信号称为虚降水量。同时,用雨水检测器实际测量的降水量称为实降水量。由于液态降水的密度为 1 g/cm^3,而固态降水的密度范围在 0.01～0.9 g/cm^3。假设降水为典型的降雪,其密度约为 0.1 g/cm^3,则对同一容器来说 10 cm 厚的雪相当于 1 cm厚的液态水。经长期试验,利用同一时刻由前向散射仪接收到的散射光强与雨水检测器接收到的强度之比可以区分降水类型。

该方法采用前向散射仪和雨水检测器同时测量某一时刻的降水信号,利用二者之间的比例关系基本确定降水类型,并利用同时测量的温度信息提高判断的准确性。图 4.11 为降水类型判断图。温度传感器用来粗分降水类型(T>8 ℃不会降雪,T<−0 ℃不会下雨),提高判断准确度。

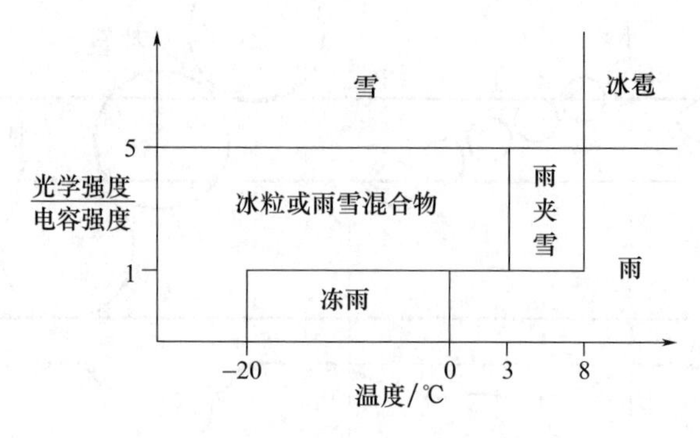

图 4.11　降水类型判断图

该方法的典型仪器为芬兰的 Vaisala PWD 系列现在天气传感器。仪器由前向散射能见度传感器和现在天气传感器组成，如图 4.12 所示。PWD12 现在天气探测器采用 PWD10 能见度传感器，其能见度测量范围为 10～2000 m，PWD22 现在天气探测器采用 PWD20 能见度传感器，其能见度测量范围为 10～20000 m。PWD12 可以识别雨、毛毛雨、雨夹雪和雪等 4 种不同类型的降水和雾、轻雾、霾、烟、沙尘等视程障碍现象，可以报告 WMO 4680 电码表中的 39 个不同的电码。PWD22 可以识别雨、冻雨、毛毛雨、冻毛毛雨、雨夹雪、雪和冰粒等 7 种不同类型的降水和雾、轻雾、霾、烟、沙尘等视程障碍现象，可以报告 WMO 4680 电码表中的 49 个不同的电码。

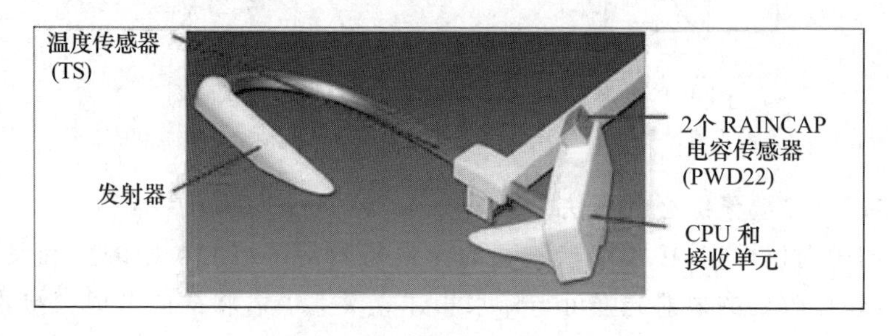

图 4.12　PWD22 现在天气探测器

4.2.1.3　降水粒子光强闪烁法

当光束在雨中传播时，不仅因吸收和散射现象而损耗其能量，而且还因介质的不规则性，使得光束波前发生畸变。在任一瞬间，各个雨滴在接收平面上形成各自的衍射图样。随着雨滴的下落运动，接收平面上的衍射图样也移动，这就使得探测器上的光强发生忽大忽小的起伏变化，产生光强闪烁。光强闪烁与降水强度、降水粒子直径有关。不同降水会产生不同的闪烁信号，对探测到的闪烁信号进行处理，即可获得降水类型。

图 4.13 为 1988 年 Wang(1988)发明的光学降水类型识别仪器测量的各种降

水下的瞬时功率谱。图中曲线编号 50、51、52 和 53 分别对应雨强 0.1 mm/h、1 mm/h、10 mm/h 和 100 mm/h；曲线 54 对应融化的降雪；55、56 和 57 分别对应大、中、小雪。从图中可以看出，接收到的信号频率在 1000 Hz 以上的是雨，雪的信号频率一般低于几百赫兹。将接收到的信号频率分为 25～250 Hz、250 Hz～1 kHz 以及 1～4 kHz 低、中、高三段，利用这些信号的组合就可以进行降水类型的判别。设计一系列带通滤波器，分别得出谱线的低频、中频和高频信号强度的均方根值，从中分别取出信号 S_L，S_M 和 S_H，利用 S_H 可判断有无降水；S_H/S_L 可判断是降雨还是降雪，比值大时为雨，比值小时为雪；S_H 或 S_M 可判断降雨强度，而 S_L 可判断降雪强度。

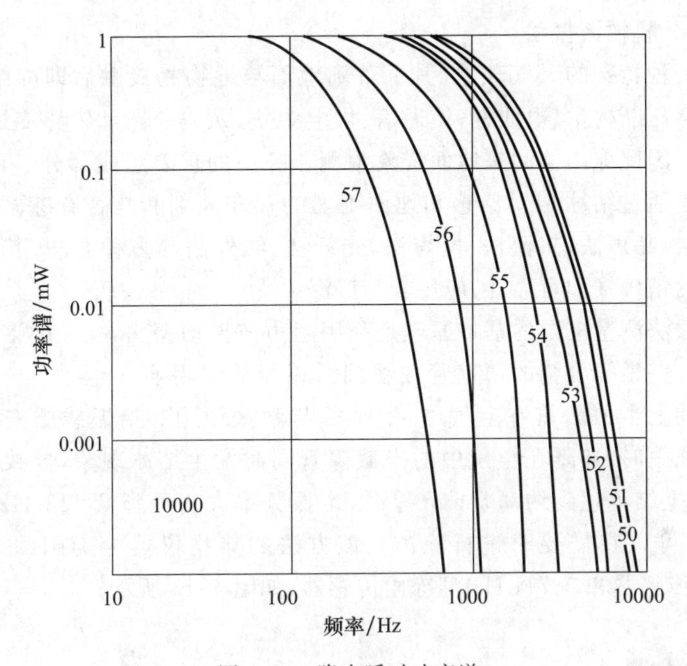

图 4.13　降水瞬时功率谱

该方法典型仪器为美国的 OSI WIVIS、OWI 系列天气现象传感器，如图 4.14 所示。仪器主要由发射端和接收放大端两部分组成。发射端由一个红外发光管加前端聚光透镜组成。接收端由汇聚透镜和光电转换器件组成。工作时，位于发射透镜焦点处的 LED 红外发光管发出光束被透镜准直，形成平行光束射向降水区，降水粒子的散射光由接收透镜聚焦在焦点处，经光电管的光电转换形成电流信号，再经放大、信号处理等提取出闪烁光强，进一步得到其带通内的功率，从而通过处理得到降水信息。

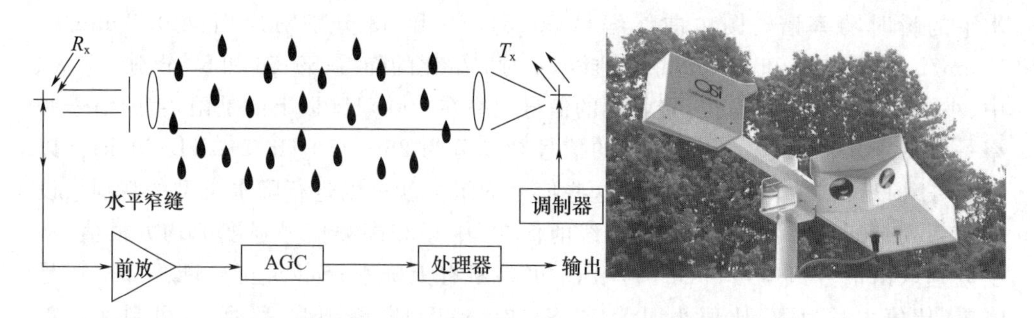

图 4.14　OWI-430 DSP-WIVIS 天气现象传感器

4.2.1.4　机械谐振法

冻雨是一种特殊的天气现象,其下落到地面与地物相接触后即冻结形成雨凇。严重的冻雨会压断树木、电线杆,使通信、供电中止,妨碍公路和铁路交通,威胁飞机的飞行安全。因此冻雨监测是地面气象观测业务中的重要组成部分。目前,对冻雨的探测主要是通过结冰传感器感知地面雨凇的存在来判断是否有冻雨发生。目前有机械谐振法、超声法、热流法、电容法、光纤法、红外法等多种方法,其中机械谐振法具有较高的精确性和可靠性,应用较为广泛。

机械谐振法测量冻雨的基本原理是利用超声波振动探头,探头的谐振频率与其质量成比例。一根镍合金的薄壁管在线圈激振器的作用下,产生约 40 kHz 的本振频率。镍管的上半截暴露在空气中,下半截与激振线图和拾振线圈安装在仪器盒中。当出现冻雨时,裸露在空气中的半截镍管同时发生结冰现象,导致本振频率发生变化,管壁上结冰达到约 0.5 mm 厚时,本振频率大约可降低 113 Hz。传感器内设有加热器,可以在需要时进行除冰。该方法的典型仪器为美国的 AWI Model 6495 型冻雨传感器和 0871LH1 型冻雨传感器,如图 4.15 所示。

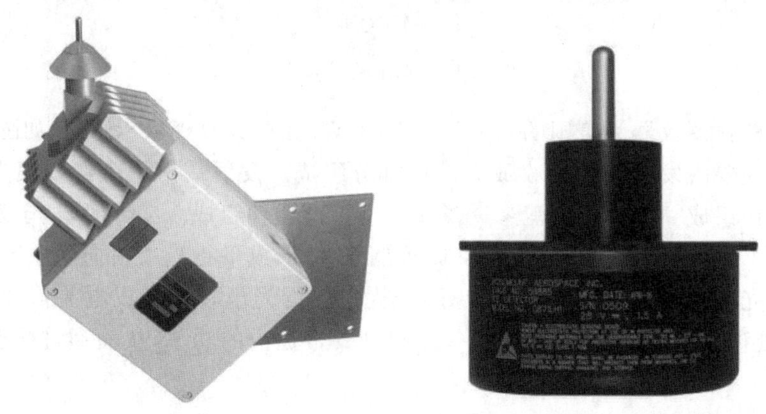

图 4.15　两种谐振式冻雨传感器(左图为 AWI Model 6495 型;右图为 0871LH1 型)

4.2.2　其他自动识别方法

由于天气现象往往涉及多种要素和现象，联合温度测量仪器、湿度测量仪器、地面风测量仪器、降水测量仪器、能见度测量仪器、雷电测量仪器等也都可以进行天气现象的自动识别。比如，降水测量仪器可以测量降水强度，区分降水类型；能见度测量仪器可以测量气象能见度，区分雾、轻雾、霾等现象；雷电测量仪器可以测量雷暴和闪电的位置、强度等信息。这些仪器在其他章节中有详细阐述，本节主要介绍一些非常规天气现象的自动测量方法。

利用摄像法对天气现象进行识别，数字相机直接摄取选定目标物的图像，然后将图像通过图像采集卡输入到计算机。计算机再对获取的图像进行分析处理，从而获取能见度的数值，然后结合温度、风等信息进一步识别沙尘、雾、霾等视程障碍类天气现象。

利用前向散射仪和后向散射仪可制作成雾识别器。光被雾中微滴散射产生高的强度信号和低强度的方差信号，结合风速、湿度、温度和露点等可对雾作出较好的判别(黄晓云 等，2018)。

漏斗云或龙卷的出现常可通过天气雷达来确定。现代多普勒天气雷达已成为识别中尺度气旋的十分有效的设备。

从风速的测量值的离散序列即可确定飑。若风速测量设备的输出值与风向传感器、温度或湿度传感器组合在一起，则就有可能识别出线飑。

雷暴主要通过使用闪电计数器来检测。利用一定时间间隔内的闪电次数，并与降水强度或风速联合应用，即可确定弱、中度和强雷暴。

4.2.2.1　基于视频图像的智能识别方法

中国气象局近年来推出了“天气现象视频智能观测仪”，如图 4.16 所示，由控制处理器、光电传输模块和多个视频采集器(如鱼眼摄像机、短焦摄像机、长焦摄像机等)组成，采用视频 AI 技术，运用高清视频摄像机采集大量气象图像素材，通过图像识别、深度学习、数据融合等算法，可实现对云(云量、云状、云高)、视程障碍现象(雾、轻雾、霾、沙尘暴、扬沙、浮尘)、凝结类天气现象(露、霜、雨凇、雾凇)、降水类天气现象(毛毛雨、雨、雨夹雪、雪、冰雹)、积雪、结冰、雪深、电线积冰等观测要素的自动观测和智能识别(中国气象局，2019)。

仿照人工观测，应用计算机视觉和深度学习技术，对视频采集器拍摄的天气现象实现自动观测识别是一条行之有效的途径，尤其是对于目前尚未实现器测的天气现象观测项目，更具有重要的发展意义。

4.2.2.2　基于多传感器的综合识别方法

目前美国布设的自动地面观测系统(Automated Surface Observing System, ASOS)中综合利用了 LEDWI 天气识别器、冻雨传感器、能见度仪、气温和露点传感器所输出的信息对现在天气(主要是降水和视程障碍现象)进行综合判定,如图 4.17 所示。表 4.8 给出了其对几种天气现象进行判别的算法。

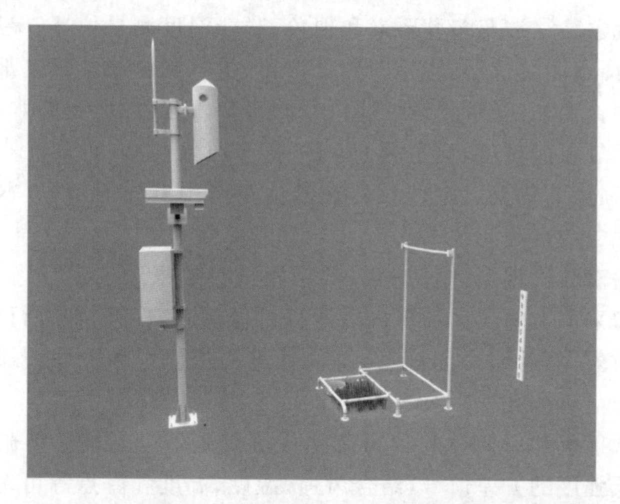

图 4.16　我国研制的 HY-WP1A 型天气现象视频智能观测仪

图 4.17　美国的自动地面观测系统(ASOS)

表 4.8　美国 ASOS 中现在天气现象判别算法

LEDWI 输出	冻雨识别	能见度(VIS)	温度露点差(DD)	温度(T)	ASOS 实时天气报告
P	Yes or No	NA	NA	T>38 °F	-RA
P	Yes	NA	NA	T=37 °F	UP
P	Yes	NA	NA	0 °F<T<36 °F	-FZRA

续表

LEDWI 输出	冻雨识别	能见度(VIS)	温度露点差(DD)	温度(T)	ASOS 实时天气报告
P	No	NA	NA	$0\ ^{\circ}\mathrm{F}<T<38\ ^{\circ}\mathrm{F}$	UP
P	Yes or No	NA	NA	$T<0\ ^{\circ}\mathrm{F}$	UP
R	Yes	NA	NA	$T>36\ ^{\circ}\mathrm{F}$	RA
R	Yes	NA	NA	$0\ ^{\circ}\mathrm{F}<T<36\ ^{\circ}\mathrm{F}$	FZRA
R	No	NA	NA	$T>33\ ^{\circ}\mathrm{F}$	RA
R	No	NA	NA	$0\ ^{\circ}\mathrm{F}<T<32\ ^{\circ}\mathrm{F}$	BLSN, UP, or No Entry
R	Yes or No	NA	NA	$T<0\ ^{\circ}\mathrm{F}$	No Entry
S	Yes or No	NA	NA	$T>38\ ^{\circ}\mathrm{F}$	No Entry
S	Yes or No	NA	NA	$T<38\ ^{\circ}\mathrm{F}$	SN
R, S, None	Yes or No	$5/8\ \mathrm{mile}<\mathrm{VIS}<7\ \mathrm{mile}$	$\mathrm{DD}<4\ ^{\circ}\mathrm{F}$	任一 T 值	BR
R, S, None	Yes or No	$5/8\ \mathrm{mile}<\mathrm{VIS}$	$\mathrm{DD}<4\ ^{\circ}\mathrm{F}$	$T>32\ ^{\circ}\mathrm{F}$	FG
R, S, None	Yes or No	$5/8\ \mathrm{mile}<\mathrm{VIS}$	$\mathrm{DD}<4\ ^{\circ}\mathrm{F}$	$T<32\ ^{\circ}\mathrm{F}$	FZFG
None	Yes or No	$\mathrm{VIS}<7\ \mathrm{mile}$	$\mathrm{DD}>4\ ^{\circ}\mathrm{F}$	NA	HZ

表中各符号的含义分别为：P 或 UP——光学无法识别的降水；None——LEDWI 没有探测到降水；R 或 RA——雨(-RA 小雨)；NA——在算法中未使用；S 或 SN——雪；FG——雾；FZRA——冻雨；-FZRA——小冻雨；FZFG——冻雾；BLSN——吹雪；HZ——霾；BR——轻雾

4.2.2.3　公众参与的社会化气象观测方法

除了气象行业以外，还有个人、社会机构或企业等开展的气象观测活动，一般称为社会化气象观测(刘西川 等，2018)。根据观测方式的不同，社会化气象观测主要分为以下四类：①气象志愿者或爱好者利用目测或辅助仪器开展观测，并通过互联网在线提交观测报告；②利用社交媒体或手机 APP 上传大气相关的照片，通过图像处理和大数据分析后得到天气状况，还可用于危险天气预警；③利用非专业的气象传感器、单要素或多要素业余气象站等仪器自动获取大气要素；④利用智能手机、智能穿戴设备等智能终端采集嵌入传感器数据，通过建立模型反演得到相关的气象要素。

与专业的大气探测手段相比，非专业探测手段无须额外专用仪器，具有硬件成本低、观测点众多、时空分辨率高、时空覆盖广等优点，可以弥补专业大气探测手段的不足,在气象业务、科研和公众服务等领域具有广阔的应用前景,有望在未来扮演一个非常重要的角色。

4.3 现在天气电码

为了能准确地反演测站的天气现象发生演变状况,在天气现象报告中利用现在天气电码来表示现在与过去天气状况。现在天气(present wether)是指观测时出现的天气现象;过去天气(past weather)是指观测前一小时发生但在观测时未发生的重大天气事件。现在天气电码的确定,是根据观测时、观测前一小时、过去一小时所发生的天气现象,综合分析生成一个能反映当时天气现象特征、强度、性质、发展趋势的有代表意义的天气电码。国际上用100个天气电码表示现在天气状况。WMO规定的WMO4677电码表和WMO4680电码表(见本章电子资源),分别适用于人工观测气象站和自动气象站。

在确定现在天气电码(人工观测气象站)时,当有数个电码可选取时,按下列原则从中选取一个电码:

(1)选用最大的电码,但17、18、19和20～49同时可选用时,优先选用17、18、19电码;04～10、28的电码中有数个同时可选时,选用一个观测时影响能见度最严重的天气现象对应的电码。

(2)过去一小时没有天气现象时,固定选00。

(3)只有当观测时测站有效能见度小于或者等于1000 m时,观测到"近处的雾"或者"散片的雾",才选用40或者41。

习　　题

1. 天气现象有哪几类几种?写出各种天气现象的记录符号。
2. 如何区分冰雹、霰和冰粒?
3. 如何区分毛毛雨和小雨?
4. 如何区分轻雾、霾、浮尘和烟?
5. 如何区分浮尘和扬沙?
6. 如何区分闪电和雷暴?
7. 如何区分飑和大风?
8. 查阅文献,了解降水现象的自动测量技术最新进展,写出调研报告。
9. 查阅文献,了解如何利用摄像法识别天气现象,写出调研报告。
10. 查阅文献,了解地面状态自动识别技术进展,写出调研报告。

参考文献

黄晓云，杨召琼，李翔，2018. 视程障碍现象自动判别分析与应用[J]. 气象水文海洋仪器，35(4)：37-40.

刘西川，高太长，贺彬晟，等，2018. 智能手机参与大气探测的研究进展与展望[J]. 地球科学进展，33(12)：13-26.

吴宜，刘西川，孙宇，等，2021. 雨滴谱式降水现象仪与人工观测结果的一致性分析．气象科技[J]. 49(1)：32-39.

中国气象局，2003. 地面气象观测规范[M]. 北京：气象出版社．

中国气象局，2017a. 地面气象观测规范．天气现象：GB/T 35224—2017[S].

中国气象局，2017b. 地面气象观测规范．地面状态：GB/T 35236—2017[S].

中国气象局，2019. 天气现象视频智能观测仪技术要求（气测函〔2019〕49 号）[Z].

BELLOT H，TROUVILLIEZ A，NAAIM-BOUVET，et al，2011. Present weather-sensor tests for measuring drifting snow[J]. Annals of Glaciology，52(58)：176-184.

JIA SHENGJIE，LÜDAREN，XUAN YUEJIAN，2014. An optical disdrometer for measuring present weather parameters[J]. Atmospheric and Oceanic Science Letters，7(6)：559-563.

LÖFFLER-MANG M，JOSS J，2000. An optical disdrometer for measuring size and velocity of hydrometers[J]. Journal of Atmospheric and Oceanic Technology，17(2)：130-139.

PRODI F，CARACCIOLO C，D'ADDERIO L P，et al，2011. Comparative investigation of Pludix disdrometer capability as Present Weather Sensor (PWS) during the Wasserkuppe campaign[J]. Atmospheric Research，99(1)：162-173.

WANG T I，1988. Optical Precipitation Detectien and Identification System Using Scintillation Detection[Z]. US Patent：4760272.

第 4 章　天气现象与地面状态的观测
电子资源

第5章　空气温度的测量

【学习指导】

1. 了解温度测量要求，掌握摄氏、华氏、绝对温标之间温度的换算方法；

2. 理解接触式测温原理，熟悉常规测温仪器种类、组成结构与测温原理；

3. 理解热滞系数、热滞误差概念，掌握热滞方程，会根据不同气温观测目的选择合适热滞系数的测温仪器；

4. 理解辐射误差概念，熟悉防辐射方法，会根据实际情况采取防辐射措施，树立辩证思维方法。

温度是表示物体冷热程度的物理量，它确定了两个物体之间热量的净流向。两个物体达到热平衡时，具有相同的温度。温度高的物体总是向温度低的物体传递热量。因此，了解空气温度、地面温度和水面温度的分布和变化规律，是研究大气中热量传输的需要，也是研究大气运动规律的需要。

空气温度，简称气温，表示了大气的热力状况，是描述某地区天气、气候特征的重要参数，对地面和高空温度场分布的分析，是天气分析与预报的重要工作。

气温与地面温度对人类活动有重要影响。高温会降低发动机的功率，造成发动机过热，不得不停车降温；地面温度过高，会影响到机械化车队的行动；机场跑道面的温度过高，会影响到飞机的起降安全。气温还直接影响到射击精度，是确定炮弹、火箭外弹道的参数之一。

在气象上，通常观测的温度参量包括空气温度、土壤温度和水面温度。空气温度包括近地面的气温和空中各高度的气温。土壤温度包括地表面的温度和不同深度处的土壤温度。水面温度主要指海面和江河湖面的温度。所有的气象台站均要观测近地面的气温；只有部分台站观测空中各高度的气温、水面温度或土壤温度。水面以下的温度，通常属于水文学或海洋学观测的内容。

无论是空气温度、地面温度还是水面温度，其测量原理基本相同，但由于被测介质不一样，测量方法有些不同。

本章首先介绍了温标的概念及温度的测量要求，气温的测量方法；接着介绍了玻璃液体温度表、金属电阻温度表、半导体热敏电阻温度表的基本结构、工作原理和误差来源及可采取的措施；最后，重点阐述了气温测量中的两个重要问题，即热滞效应及其对测温的影响，辐射误差及防辐射方法。

5.1　温标及测温要求

5.1.1　温标及换算关系

所谓温标，即温度测量的标尺。定量表示温度大小时，必须要确定一个温标。常用的温标有华氏温标、摄氏温标和热力学温标。确定一个温标，需要有两个要素：第一，必须有一系列的固定点将一定间隔的冷热程度分成若干度；第二，要有一种测温物质，并确定测温物质的某一性质和温度之间的关系（测温特性）。

热力学温标，又称绝对温标，规定了一个温度固定点，即水的三相点，规定其为 273.16 K；测温物质为理想气体；测温特性为理想气体的压力与温度之间的关系。规定理想气体在容积固定的条件下，容器内的气体压力每改变 1/273.16，相当于温度变化绝对温度 1 K。开尔文（K）是热力学温标定义的温度单位，也是国际单位制温度单位。

华氏温标由德国物理学家华伦海创立，规定水的冰点为 32 度，水的沸点为 212 度，两者之间等分为 180 等份，每等份为 1 度，由此规定的温度用华氏度（℉）为单位来表示。

摄氏温标由瑞典化学家摄尔休斯建立，规定在标准大气压下，水的冰点为 0 度，水的沸点为 100 度，两者之间等分为 100 等份，每等份为 1 度，由此规定的温度用摄氏度（℃）为单位来表示。

摄氏温标的 1 度与热力学温标的 1 度是相等的。但华氏温标与摄氏温标的 1 度是不等的。华氏温标、摄氏温标和热力学温标确定的温度之间的换算关系是：

$$t=T-273.15 \tag{5.1.1}$$

$$t=\frac{5}{9}(F-32) \tag{5.1.2}$$

其中，t 为摄氏温度（℃），T 为热力学温度（K），F 为华氏温度（℉）

虽然热力学温标是国际单位制温标，但各国还经常使用摄氏温标和华氏温标。日常生活中，我国多采用摄氏温标，欧美等国家则多采用华氏温标。

热力学温标采用理想气体作为测温物质，而绝对理想气体实际上是不存在的。因此，国际计量委员会引入国际实用温标作为温度测量的最高标准。国际实用温标从 1927 年第七届国际计量大会建立以来，已经进行了 5 次修订，目前采用的是 1990 年修订的国际实用温标，称之为 ITS-90。

国际实用温标由三部分组成。第一部分是规定一些基准温度点，通常采用一些物质的三相点、蒸发点、熔点或凝固点来规定。其中与大气测量有关的基准温度点主要有五个，即氩的三相点、汞的三相点、水的三相点、镓的熔点和铟的凝固点，另外还规定了一些二类参考点,如表 5.1 所示。第二部分是规定基准温度表及其与各基准点之间的转换关系式。在不同的温度区间,可选用不同的基准温度表,通常有铂丝电阻温度计、辐射温度计或铂铑/铂标准热电偶和光学高温计等。在气象测温范围内,采用的是满足规定特性的铂丝电阻温度表。第三部分是规定工作基准温度表与基准温度表之间的偏差函数。由于各国实际采用的工作基准温度表的特性并不完全满足基准温度表所规定的特性,国际计量委员会规定了作为工作基准温度表与基准温度表之间的偏差函数,利用这一偏差函数可对各国计量部门采用的工作基准温度表进行修正。中国计量科学研究院用一套包括实现温标固定点的装置和参考基准温度计组来复现国际实用温标,并以此作为我国温度量值的最高标准。

表 5.1　ITS-90 定义的部分温度参考点

<table>
<tr><th rowspan="2">固定温度点</th><th colspan="2">ITS-90 指示值</th><th colspan="2" rowspan="2">固定温度点</th><th colspan="2">ITS-90 指示值</th></tr>
<tr><th>T_{90}(K)</th><th>t_{90}(℃)</th><th>T_{90}(K)</th><th>t_{90}(℃)</th></tr>
<tr><td>氩三相点</td><td>83.8058</td><td>−189.3442</td><td rowspan="4">二类参考点</td><td>二氧化碳升华点</td><td>194.686</td><td>−78.464</td></tr>
<tr><td>汞三相点</td><td>234.3156</td><td>−38.8344</td><td>汞凝固点</td><td>234.296</td><td>−38.854</td></tr>
<tr><td>水三相点</td><td>273.16</td><td>0.01</td><td>二苯醚三相点</td><td>300.014</td><td>26.864</td></tr>
<tr><td>镓熔点</td><td>302.9146</td><td>29.7646</td><td>苯甲酸三相点</td><td>395.49</td><td>122.34</td></tr>
<tr><td>铟凝固点</td><td>429.7485</td><td>156.5985</td><td colspan="2"></td><td></td><td></td></tr>
</table>

5.1.2　温度测量要求

在大气中,特别是在近地面层中,气温随高度变化很大。为了使各个台站的气温测量结果具有可比性和一定的代表性,WMO 规定,所有气象台站测量的近地面层气温的高度应在 1.2 m 到 2 m 之间,中国气象局《地面气象观测规范》统一规定我国测量的高度为 1.5 m。对于空中其他高度的气温,则需指明其测量高度。

除特殊情况下需要测量温度的小尺度脉动外,一般所测量的气温均指 1 min 的气温平均值或相当于 1 min 的气温平均值。需要注意的是,气象上所指的某时刻气温,实际上是指该时刻前某一时段的平均值,而不是通常意义上的某一瞬时的实际气温。地面气温一般需连续测量,或者每隔一定时间间隔进行测量。人工观测通常每隔 6 h 测量一次,目前自动气象站已可实现每分钟更新一次。

除了连续测量气温外,通常还需要测量某一时段内的最高气温和最低气温,例如日最高气温、日最低气温。

WMO 规定,气温测量范围为 −80～60 ℃,分辨力要求为 0.1 ℃,传感器时间常数为 20 s,平均时间为 1 min,在 −40～40 ℃测量不确定度应不大于0.1 ℃,低于−40 ℃和高于 40 ℃时,不确定度应不大于 0.3 ℃。目前气温测量不确定度可达到 0.2 ℃。

土壤温度通常包括地表面(0 cm)温度、地表面最高温度和最低温度以及地面以下 5 cm、10 cm、15 cm、20 cm、40 cm、80 cm、160 cm、320 cm 深度的土壤温度。土壤温度测量的分辨力应达到 0.1 ℃;测量允许误差一般应不大于±0.5 ℃。

5.2　测温仪器

5.2.1　测温仪器分类

气温测量仪器有两大类型,如表 5.2 所示。一类为接触式测温仪器,常用的有玻璃液体温度表、金属电阻温度表、热敏电阻温度表、热电偶温度表和石英晶体温度表等。另一类为非接触式测温仪器,又称遥感式测温仪器,主要有微波辐射计、光学温度计、全辐射温度计、测温激光雷达、测温声雷达等。遥感式测温仪器又可分为两类,一类为主动式遥感测温仪器,如测温声雷达、测温激光雷达,由仪器主动向大气发射声波、光波,然后接收返回的声波和光波,从中反演出气温;另一类为被动式遥感测温仪器,利用大气本身发射的红外、微波等辐射来测量气温。

表 5.2　气象用测温仪器的一些主要型式和特性

<table>
<tr><th colspan="2">测温方式</th><th colspan="2">测温质或测温元件</th><th>仪器举例</th><th>测温特性</th><th>测温原理</th></tr>
<tr><td rowspan="7">接触式</td><td rowspan="3">涨缩式</td><td>气体</td><td>氢气或空气</td><td>气体温度表</td><td rowspan="3">体积或几何形变</td><td rowspan="3">热胀冷缩效应</td></tr>
<tr><td>液体</td><td>水银、酒精等</td><td>玻璃液体温度表</td></tr>
<tr><td>固体</td><td>双金属片</td><td>双金属片温度计</td></tr>
<tr><td>频率式</td><td colspan="2">石英晶体</td><td>石英晶体温度表</td><td>晶体振动频率</td><td>晶体振动效应</td></tr>
<tr><td rowspan="3">模拟式</td><td colspan="2">热电偶</td><td>热电偶温度表</td><td>两点间的电动势</td><td>热电温差效应</td></tr>
<tr><td colspan="2">金属电阻丝</td><td>铂电阻温度表</td><td>金属电阻</td><td rowspan="2">电阻温度效应</td></tr>
<tr><td colspan="2">半导体热敏电阻</td><td>半导体电阻温度表</td><td>半导体电阻</td></tr>
<tr><td rowspan="5">非接触式</td><td rowspan="3">被动式</td><td colspan="2" rowspan="5">不需要测温质</td><td>红外辐射计</td><td rowspan="3">物体的辐射特性</td><td rowspan="3">辐射效应</td></tr>
<tr><td>微波辐射计</td></tr>
<tr><td>光学温度计</td></tr>
<tr><td rowspan="2">主动式</td><td>测温激光雷达</td><td>物体辐射吸收能力</td><td>吸收效应</td></tr>
<tr><td>测温声雷达</td><td>声波传播速度</td><td>声学效应</td></tr>
</table>

接触式测温仪器均需要有测温质,即构成测温仪器感应部分的测温物质;同时测温质应具有随温度而变的物理属性,这一属性称为测温特性。当接触式测温仪器与被测物质接触时,由于热量的交换,测温质与被测物质的温度趋于一致,达到热平衡,由测温质的物理属性的变化就可测量出被测物质的温度。非接触式测温仪器不需要测温质,不与被测物质接触。

假设测温质的热容量为 C_1M_1，初始温度为 t_1，被测物质的热容量为 C_2M_2，实际温度为 t_2，测温仪器与被测物质接触后达到热平衡时的温度为 t，则被测物质的温度与平衡时的温度之差，与测温质和被测物质的热容量之间的关系为

$$t_2-t=\frac{C_1M_1}{C_2M_2}(t-t_1) \tag{5.2.1}$$

可见，测温质的热容量 C_1M_1 越小，被测物质的热容量 C_2M_2 越大，则达到热平衡后的温度 t 愈接近于被测物质的实际温度 t_2。由于空气的比热 C_2 是固定的，因此，为了使得温度测量准确，应让尽量多的空气与温度表接触进行热交换，即保证 M_2 足够大。

采用不同的测温质，就制成了不同类型的温度表。可以用氢气制成气体温度表，也可以用水银、酒精等液体物质制成玻璃液体温度表，还可以用金属电阻、热电偶、双金属片、石英晶体等固体物质制成固体温度表。

对于不同的测温质，可以采用不同的物理特性来确定其与温度之间的关系，例如，体积、长度、电阻或者频率等。选择测温特性时，应尽量避免其他因素，例如气压、湿度等对这一物理特性的影响，且这一特性与温度之间最好为线性关系。

气象业务中，曾经使用玻璃液体温度表作为测温主要仪器，并使用双金属片温度计连续记录气温的变化。随着自动测量技术的业务推广使用，玻璃液体温度表已作为气象台站的备用仪器，双金属片温度计已渐渐被淘汰，而采用铂电阻温度传感器进行气温的连续测量。高空气象探测中常用半导体热敏电阻进行温度的测量。

5.2.2 玻璃液体温度表

5.2.2.1 组成结构

玻璃液体温度表具有结构简单、可靠性高、稳定性好的特点，由玻璃球、毛细管、刻度尺和外套管等组成，如图 5.1 所示。玻璃球中一般充以水银或酒精作为测温质，毛细管一端有一开口与玻璃球相连，另一端密封，部分水银进入到毛细管中。毛细管后面衬有白瓷板，上面刻有温度标尺，并在毛细管外面套有较粗的玻璃管，用来保护毛细管(林晔 等，1993)。

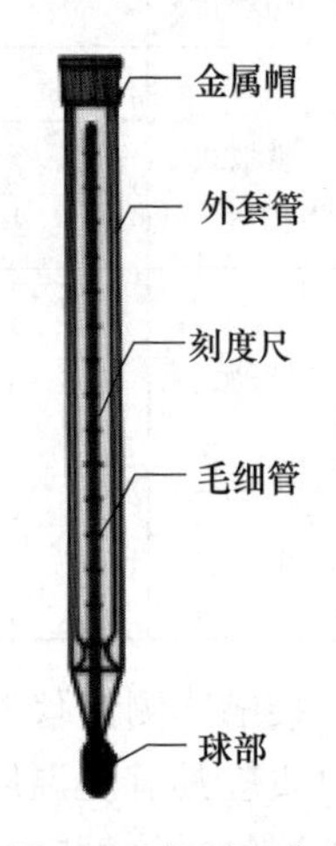

图 5.1 普通温度表

5.2.2.2 种类

1. 普通温度表

普通温度表主要用于测量瞬时气温，其水银柱长度随气温变化而升降，感应部分通常做成圆球形，刻度分划为 0.2 ℃，实际观测时读数可估计到 0.1 ℃。

2. 最高温度表

最高温度表主要用于测量某一时段中最高气温。它也用水银作为测温质，刻度

分划为 0.5 ℃,读数时也估计到 0.1 ℃。

与普通温度表不同的是,最高温度表在球部和毛细管连接处有一狭窄的通道。通常,这一窄道是通过在球部底壁正中熔接长的圆锥形玻璃针伸至毛细管口而形成的,如图 5.2 所示。

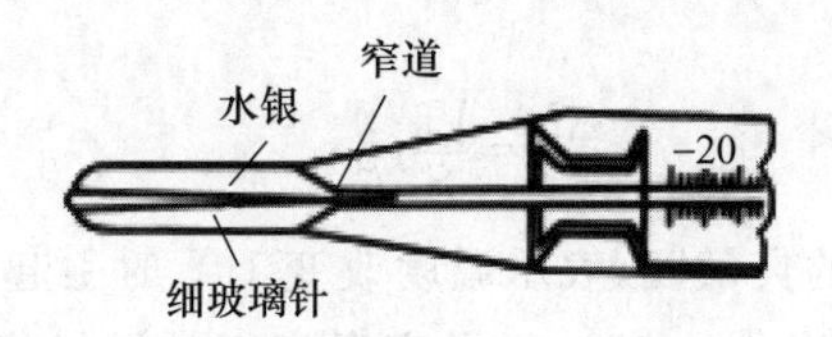

图 5.2　最高温度表的狭道结构

当温度上升时,水银膨胀,迫使水银挤过窄道进入毛细管;而当温度下降时,由于水银内聚力不足以克服窄道处的摩擦阻力,毛细管内的水银柱不能缩回到球部,最高温度的示值就被保留下来。测量时,最高温度表应横放,且球部略低。为了避免顶部气体压力迫使水银柱返回球部,最高温度表毛细管内液柱上部空间是真空的。

3. 最低温度表

最高温度表主要用于测量某一时段中最低气温。最低温度表一般采用酒精作为测温质。由于酒精的导热系数较小,为了增大与空气的接触表面积,球部通常做成叉状或圆柱状。刻度分划一般为 0.5 ℃,读数时估计到 0.1 ℃。

与普通温度表不同的是,最低温度表的毛细管酒精柱中安放了一个深色的、哑铃形的游标,如图 5.3 所示。测量时,最低温度表应水平横放。游标在液柱内可以移动,当温度降低时,酒精液面到达游标顶端,液膜的表面张力克服了游标与毛细管壁的摩擦力而将游标拉向球部方向;当温度升高时,酒精会通过游标与毛细管之间的狭缝逸出,而游标与毛细管之间的摩擦力又足以使它在原有位置不动。游标远离球部的一端就保持了一段时间内最低温度的示值。

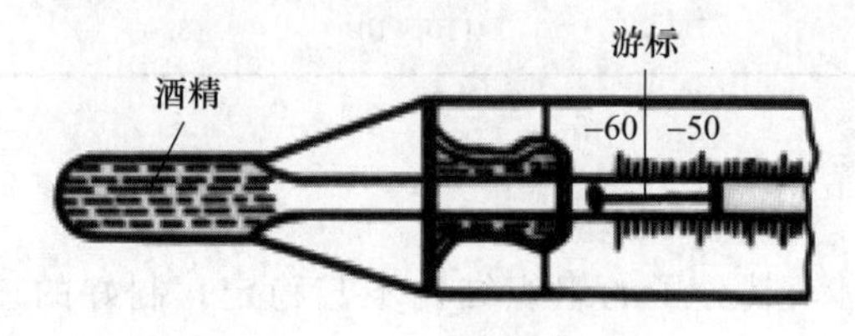

图 5.3　哑铃状游标

5.2.2.3　测温原理

玻璃液体温度表是利用物体的热胀冷缩原理进行温度测量的。当温度变化时,玻璃球中的液体体积会发生膨胀或收缩,使进入毛细管中的液柱长度发生变化,从刻度尺上就可指示出温度的变化。

假设温度为0 ℃时,玻璃球内和毛细管内液体的体积为V_0,当温度改变Δt℃时,毛细管内液柱的长度改变为ΔL,考虑到玻璃的热胀冷缩,则净体积改变为

$$V_0(\mu-\gamma)\Delta t = S \cdot \Delta L \tag{5.2.2}$$

式中,μ、γ分别为液体及玻璃的热膨胀系数,S为毛细管的截面积。将(5.2.2)式改写,得到:

$$\frac{\Delta L}{\Delta t} = \frac{V_0}{S}(\mu-\gamma) \tag{5.2.3}$$

$\Delta L/\Delta t$称为温度表的灵敏度,表示温度改变1 ℃时引起的液柱长度的变化。灵敏度大,则温度表的刻度分辨力高。要提高温度表的灵敏度,可增大测温液的体积或减小毛细管的直径。但是,增大测温液的体积,不易于与被测物质取得热平衡,造成较大的滞后误差,且容易使球部产生变形;而减小毛细管直径则会使毛细管不易加工均匀,造成液柱上升不均匀,影响测量准确性。因此,应取适当的灵敏度。

测温液和玻璃的热膨胀系数之差越大,则温度表的灵敏度也越大,因此,一般均选取热膨胀系数较大的液体作为测温液,而玻璃的热膨胀系数应尽量小。常用的测温液有水银和酒精。表5.3列出了这两种液体的一些物理性质。虽然水银的热膨胀系数没有酒精大,但水银的比热小、导热系数大,且水银的饱和蒸汽压小、对玻璃无湿润作用、易提纯,性能稳定,因此用作测温液要比酒精好。但是,水银的凝固点只有−38.862 ℃,在低温下会发生凝固,因此,气象上规定在−36 ℃以下时,应采用酒精温度表。

表5.3 水银、酒精的物理性质

液体	凝固点/℃	沸点/℃	18 ℃时的热膨胀系数/$℃^{-1}$	导热系数/(J/(cm·s·℃))	比热/(J/(g·℃))
水银	−38.862	356.9	182×10^{-6}	83.6×10^{-3}	0.1256
酒精	−117.5	78.5	110×10^{-5}	18.0×10^{-4}	2.51

5.2.2.4 误差源

1)零点永恒位移

由于玻璃是非晶体,其分子的组织结构不甚稳定。制好的玻璃温度表,其球部随时间会缩小,使其零点提高,这种现象称为零点的永恒位移。零点的提高在温度表制成后最初1~2年较快,以后逐渐减慢。用普通玻璃制造的温度表,零点提高相当严重,10~20年后可达1~2 ℃。因此,制造温度表均需用特种玻璃。我国目前采用的标准测温玻璃(成分配方如表5.4)制造的温度表,5年中零点的提高仅为0.05 ℃,以后提高很小。零点永恒位移造成的误差,可以通过定期检定的方法来发现和加以修正。

表5.4　标准测温玻璃成分配方表

成分	SiO_2	Na_2O_3	ZnO	CaO	Al_2O_3	B_2O_3
含量/(%)	67.5	14.0	7.0	7.0	2.5	2.0

2)球部暂时变形

当温度由低温升至高温，再降到低温时，由于玻璃加热后的剩余形变在冷却后不能立即消失，造成零点的暂时跌落，使得温度表示值偏低；反之，当温度由高温降到低温，再升到高温时，将造成零点的暂时上升，使得示值偏高。这种零点的暂时改变需经足够长的时间才会逐渐消失，示值才会恢复正常。其大小主要取决于温度变化的幅度、速率和玻璃的种类。

普通玻璃由0 ℃增温至100 ℃然后降温，零点跌落可达1 ℃；而标准玻璃只有0.1 ℃左右。一般零点的骤然变化，几小时后可减小一半，15～20 d后能完全消失，所以这种零点跌落现象是暂时的。这种现象在自然大气测量过程中，对测量结果影响较小；但温度表检定时常常要进行全量程测量，温度在几小时内改变几十度，应注意其对检定结果的影响。温度表经过重复热处理以后，可以人为地"老化"，零点的变化可以大为减小。

3)压力变化

由于温度表的玻璃属于弹性体，当外界压力改变时，其球部玻璃由于弹性将造成容积改变，从而引起测量误差。如果测量时的压力与检定时的压力相差较大，例如，在平原地区检定的温度表，用于高原地区时，就会带来误差，因此，温度表检定一定要在其使用当地的正常气压下进行。一般情况下，当检定时的气压与测量时的气压相差不大时，这种误差可以忽略。

4)刻度不准确

温度表制造时，通常取几个固定温度点作为基准，中间刻度是等距划分的。由于毛细管的内径不可能完全均匀，热胀系数也不是严格定常，所造成的标尺误差呈非均匀性。

标尺误差对某支温度表来说是恒定的，采用多点检定给出修正值即可加以修正。但标尺误差随刻度变化没有规律，在两个检定点之间并不完全呈线性变化，因此，修正值的线性内插处理往往会带来修正误差。

5)读数方法不正确

在读取温度表示值时，如果视线与温度表标尺不垂直，会产生视线误差。这种误差随不同的观测者而不同。

6)热滞效应

玻璃液体温度表在测量温度时必须通过热交换，使感温液与被测物体的温度达到平衡，才能得到被测物体的正确温度值。热量交换需要一定的时间，在达到温度平衡之前就进行观测,将产生滞后误差。在进行温度的动态测量时,温度表的示值将始终落后于被测温度的实际变化,当被测温度降低时温度表示值将偏高,当被测温度升高时则偏低。

7)酒精温度表产生误差的特殊原因

由于酒精对玻璃有润湿作用,温度降低时会在毛细管内壁上留下一层酒精膜,从而使酒精柱高度降低,造成示值偏低。

气温升高时,酒精的饱和蒸汽压增大,使其容易挥发,并在毛细管顶端凝聚,也造成示值偏低。

残留的酒精膜和蒸发的酒精,还容易造成酒精液柱中断,从而引起更大的测量误差。这些都是酒精温度表所特有的误差原因。

8)最高温度表产生误差的特殊原因

由于观测最高温度表的时间常常不是最高温度出现的时刻,自狭道处断开的水银柱在温度降低时就会缩短,从而造成示值偏低,这也是最高温度表所特有的误差,称为冷缩误差。冷缩误差的大小与断开的水银柱的长度有关,还取决于观测时的温度与实际最高温度之间的差值。

上述一些原因引起的误差,有的属于系统误差,有的属于随机误差。对于系统误差,可以通过检定获得器差,从而对测量结果加以修正。玻璃液体温度表经过器差修正后,其测量误差可以在±0.2 ℃以内。

5.2.3 金属电阻温度表

5.2.3.1 组成结构

常用的金属电阻温度表是铂电阻温度表,其主要由铂电阻敏感元件以及测量电路组成。铂电阻用于感应气温的变化,并转换为电阻值变化,通常制成薄膜状、丝状,外涂防潮、防腐蚀的保护层,气象用铂电阻还有镀铬的金属防辐射层。

铂电阻可采用二线制、三线制、四线制方式进行测量,气象上通常采用恒流源四线制法,如图 5.4 所示,由恒流源、放大器和 A/D 转换器等组成(张霭琛 等,2015)。在测温电阻两端分别引出两根线,即共引出四根线,其中两根线与恒流源相连,组成电流回路,另两根线与放大器相连,组成电压回路。电流回路中的电流是恒定的,当测温电阻的阻值随温度发生变化时,其两端的电压会发生相应的变化,此电压与温

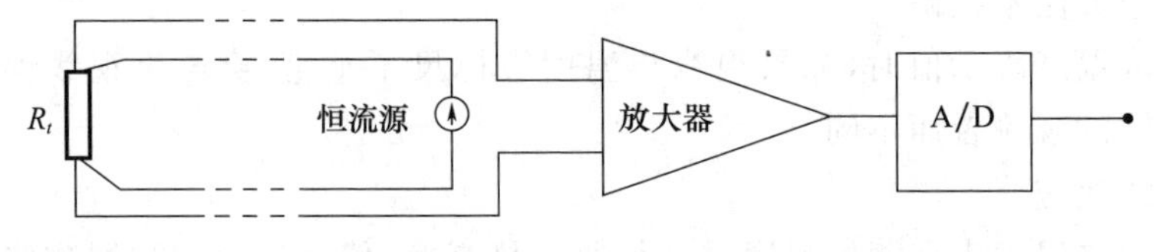

图 5.4 铂电阻恒流源数字测量电路框图

度之间具有很好的对应关系。放大器是输入阻抗极大的集成电路，因此电压回路中的电流极小，铂电阻两端的电压可以经过很长的引线传输而几乎没有损失，从而消除了引线电阻对电阻两端电压测量的影响，可实现远距离的遥测。放大器的输出经过 A/D 转换器即可转换为相应的数字信号。

5.2.3.2　测温原理

金属电阻温度表是利用金属电阻的阻值随温度变化的特性来进行温度测量的。金属电阻随温度 t 的变化有如下关系（WMO，2018）：

$$R_t = R_0(1+\alpha t+\beta t^2) \tag{5.2.4}$$

式中，R_0 为金属在 0 ℃时的电阻值，R_t 为 t ℃时的电阻值。α、β 分别为金属的一次和二次电阻温度系数。通常，β 很小，即可认为金属电阻值与温度之间呈线性关系。图 5.5表示了几种金属的电阻随温度变化的情况，可以看出，在气象测温范围内，线性关系最好的是铂和铜，镍和铁稍差些。

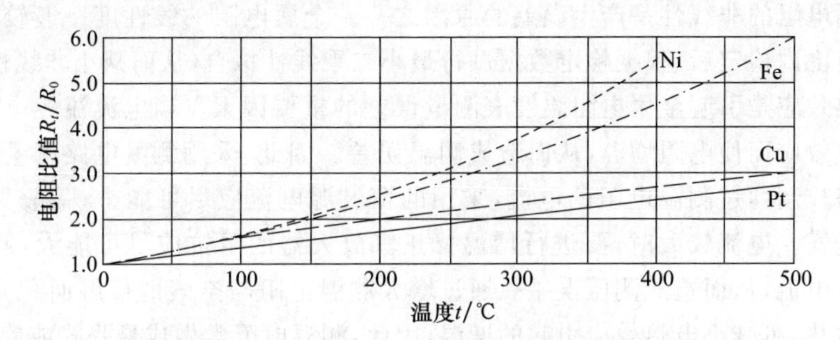

图 5.5　几种金属的电阻随温度变化的情况

金属电阻的灵敏度为：

$$\frac{\mathrm{d}R}{\mathrm{d}t} = R_0\alpha \tag{5.2.5}$$

由于 $R_0 = \rho_0 \dfrac{l}{S}$，则：

$$\frac{\mathrm{d}R}{\mathrm{d}t} = \frac{\rho_0 \alpha l}{S} \tag{5.2.6}$$

式中，ρ_0 为 0 ℃时的电阻率，l 为电阻丝长度，S 为电阻丝截面积。可见，电阻温度表的灵敏度与电阻温度系数和电阻率均成正比。为了得到较大的灵敏度，应选择温度系数和电阻率均较大的金属作为测温元件，并制作成细丝状。表 5.5 给出了几种金属的电阻率和温度系数，可见，铂和铁的电阻率较大，但铁易氧化生锈。铜的电阻率虽小，但其线性度和稳定性较好。综合而言，铂电阻温度表性能最好，不但已广泛应用于气温的自动测量中，还用作基准温度表。

表 5.5 几种金属的物理性质

	铂	镍	铁	钨	铜
电阻率/(Ω·m)	10	6.844	10	5.51	1.692
一次温度系数(10^{-3})	3.9	4.3	5.2	4.2	3.9

在各种自动气象站中主要采用的是Pt100铂电阻,其0 ℃电阻值为100 Ω,P_t100的线性度可达0.1%。在−50～+50 ℃测温范围内的平均灵敏度为0.39575 Ω/℃,分辨力为0.1 ℃,最大允许误差为±0.2 ℃。而标准铂电阻则常采用Pt25,其0 ℃电阻值为25 Ω,稳定性更好(WMO,2018)。

5.2.3.3 误差源

金属电阻温度表的误差主要来源于电阻敏感元件本身和测量电路两部分,主要取决于金属电阻温阻特性的稳定性,以及恒流源、放大器和A/D转换器的稳定性。

金属电阻的非线性是产生误差的原因之一。金属电阻的线性度一般较好,可在全量程范围内检定后,根据检定数据进行最小二乘线性拟合,从而减小非线性误差。

电热效应是引起金属电阻温度表测量误差的重要因素。当电流流经电阻时,会产生电热效应而使电阻增温,从而造成测温误差。因此,采用测量电路测量电阻时,必须严格控制通过测温电阻的电流,采用的恒流源电流应尽可能小,一般为几毫安到几十毫安。电流较大时,要进行增温修正。放大器的阻抗应尽可能大,避免在引线中产生电流,从而造成测压误差。通过增大测温电阻与空气的接触面积并对其进行通风散热,可减小电热效应引起的增温,因此,测温电阻常做成悬张式或旋丝状。

5.2.4 半导体热敏电阻温度表

5.2.4.1 组成结构

测温用半导体热敏电阻大多由金属氧化物的混合物,例如氧化镁、氧化铜、氧化钴和氧化铁的混合物,在800～900 ℃的高温下烧结而成。引出线可以在烧前嵌入,也可在元件两端涂上金属胶,加热到一定的温度,使元件上附着一层可供焊接的金属层。烧结后的元件经过适当的老化,使元件性能保持稳定。半导体热敏电阻元件通常做成珠状、片状和棒状,尺寸可以做得较小,如图5.6所示。

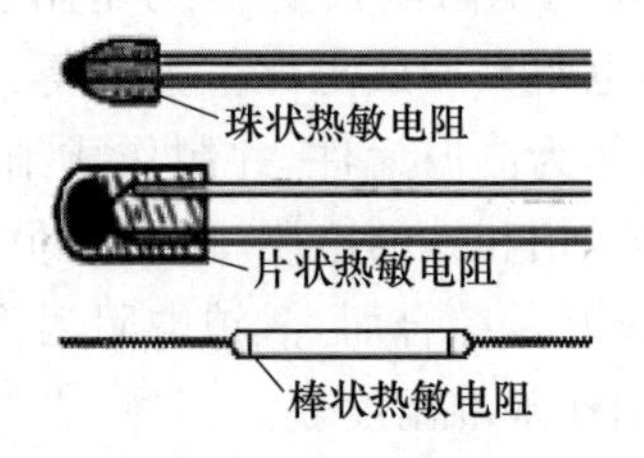

图5.6 半导体热敏电阻的三种结构

热敏电阻常用在探空仪上进行温度廓线的测量，其采集电路主要有两种：一是积分电路（单积分/双积分），将电阻量的变化转换为充放电时间长度的变化，再通过计算时间长度转为相应的数字量；二是 A/D 电路，将电阻量的变化转为电压分压量的变化，直接通过 A/D 芯片转为数字量。

5.2.4.2　测温原理

与金属电阻温度表测温原理相同，半导体热敏电阻温度表也是利用其阻值随温度变化的原理进行测温的。在气象测温范围内，半导体热敏电阻的电阻值 R_T 与温度 T 之间的关系为（WMO，2018）：

$$R_T = a e^{\frac{b}{T}} \tag{5.2.7}$$

式中，a、b 为由热敏电阻材料决定的常数。

半导体热敏电阻的温度系数 α_T 定义为温度改变 1 ℃所引起的电阻阻值的相对变化率，用公式表示为：

$$\alpha_T = \frac{1}{R_T}\frac{\mathrm{d}R_T}{\mathrm{d}T} = -\frac{b}{T^2} \tag{5.2.8}$$

与金属电阻不同，半导体热敏电阻是随温度的降低而增大的，其温度系数为负值，且随温度变化，温度越低，α_T 的绝对值越大。表 5.6 表明，温度从 40 ℃变化到 −60 ℃时，电阻温度系数增大 2.16 倍。而金属电阻的温度系数为常数，不随温度变化。在气象测温范围内，半导体热敏电阻的电阻值在 5～500 kΩ，变化达 100 倍，温度系数为 $-7\times10^{-2}\sim-1\times10^{-2}$ ℃$^{-1}$，其绝对值要比金属电阻的温度系数（10^{-3} 量级）约大 10 倍。半导体热敏电阻具有阻值大、温度系数大、响应快的特点，这是半导体热敏电阻制作温度表的有利因素，已广泛应用于探空仪上，用于探测温度廓线。

半导体热敏电阻的主要缺点是电阻值与温度呈非线性关系，稳定性比金属电阻差，互换性不好。但是，最近研制的半导体热敏电阻元件的稳定性已有了很大提高，有的已达到了年漂移量不超过 0.1 ℃的水平。

表 5.6　热敏电阻温度系数的相对变化

温度/℃	40	20	0	−20	−40	−60
$\alpha_T(T)/\alpha_T(40\ ℃)$	1.00	1.14	1.31	1.54	1.81	2.16

5.2.4.3　误差源

半导体热敏电阻的测温误差也来源于两部分，即传感器部分和测量电路部分。与金属电阻不同，热敏电阻的特性容易受外界影响而产生变化，主要表现在以下两方面：

一是半导体元件表面受潮后，相当于并联了一个与元件阻值相当的漏电电阻，因而产生较大的测温误差。因此，热敏电阻的表面必须涂覆较好的防潮材料。

二是半导体材料对可见光和红外线都有很强的吸收作用,热敏电阻在用于测量气温时还必须涂敷防辐射层。

由于热敏电阻的阻值在几十千欧,因此不到 10 Ω 的导线电阻随温度变化的影响完全可以忽略不计,但过热失控和线性化处理不当会导致测量误差。热敏电阻的电流加热增温更加显著,电流增温使元件阻值减小的同时,将进一步增大流经元件的电流,并同时加大增温效应,进一步减小阻值,形成正反馈,而导致过热失控。因此,热敏电阻的电桥供电电压一定要控制在很小的值,通常保持在零点几伏。另外,还应考虑采取增温订正。热敏电阻的非线性较严重,线性化处理对于热敏电阻非常重要。线性化既可采用硬件电路,也可采用软件方法。采用具有对数输出特性的多谐振荡器,可以直接将电阻转变为与温度相对应的频率信号,从而获得较好的线性输出。随着微处理技术的发展,已多采用定标方程进行非线性处理。

5.3 热滞效应

热滞效应是指温度表与被测介质接触进行热量交换最终达到热平衡需要一定时间的现象。热滞效应又称之为热惯性。因此,当温度表在尚未达到热平衡时就读取测量结果,则会产生测量误差,这种误差就称为热滞误差。

5.3.1 热滞方程

假设测温元件的温度为 t,被测介质,例如空气的温度为 θ,则在 $\mathrm{d}\tau$ 时间内温度表与被测介质交换的热量 $\mathrm{d}Q$ 为

$$\mathrm{d}Q=-hs(t-\theta)\mathrm{d}\tau \tag{5.3.1}$$

式中,s 为测温元件与介质交换热量的表面积;h 为测温元件的热交换系数。

测温元件与被测介质交换热量 $\mathrm{d}Q$ 后,温度变化 $\mathrm{d}t$,则

$$\mathrm{d}Q=cm\mathrm{d}t \tag{5.3.2}$$

式中,c 为测温元件的比热;m 为测温元件的质量。

由(5.3.1)、(5.3.2)式可得

$$\frac{\mathrm{d}t}{\mathrm{d}\tau}=-\frac{1}{\lambda}(t-\theta) \tag{5.3.3}$$

式中,$\lambda=\frac{mc}{hs}$,称为测温元件的热滞系数,单位为 s。

(5.3.3)式表示了测温元件与被测介质接触后温度示值随时间变化的规律,称之为热滞方程。从式中可见,测温元件与被测介质接触后,其温度示值随时间的变化速率与热滞系数 λ 成反比,与测温元件和被测介质温度差成正比。热滞系数越小,温度示值变化速率越大,说明温度表越能很快与被测介质达到热平衡的状态。因

此，热滞系数的大小反映了温度表响应外界温度变化的速度。

热滞系数的大小一方面与测温元件的质量、比热容和热交换的表面积有关，另一方面还与测温元件和被测介质之间的热交换系数有关。显然，为了获得小的热滞系数，应尽量减小测温元件的质量，并选用比热容小的测温元件，增大测温元件与被测介质的接触表面积，同时尽量增大热交换系数。一旦温度表制成后，热滞系数的大小则只取决于热交换系数的大小。

热交换系数与单位时间内与温度表交换热量的空气质量，即通风量有关。因此热滞系数也与通风量有关。实验结果表明，热滞系数与通风量之间的关系为

$$\lambda = K\,(\rho v)^{-n} \tag{5.3.4}$$

式中，n、K 为常数，ρ 为空气密度，它和通风速度 v 的乘积就称为通风量。

表5.7列举了几种温度表的 λ，K 和 n 值。从表中可以看出，普通温度表的热滞系数约在60 s，而电阻温度表为8 s，通风热电偶则只有1.8 s。因此，热电偶可以用来测量高频的温度脉动。

表5.7　常用温度表的热滞参数

类型	球部形状及大小	通风速度/(m/s)	λ/s	K	n
玻璃水银	球形1.12 cm直径	4.6	56	117	0.48
玻璃水银(湿球)	球形1.12 cm直径	4.6	52	89	0.36
玻璃水银	球形1.065 cm直径	4.6	50	98	0.43
玻璃酒精	球形1.44 cm直径	4.6	85	158	0.41
双金属片	螺旋形	4.6	21	56	0.64
电阻温度表(绕圈元件)	圆柱形3.5 cm长、3.8 cm直径	4.6	8	23	0.7
通风热电偶	四对电偶串接	10.7	1.8		
通风热电偶(湿球)	四对电偶串接	10.7	2.7		

近地面由于空气密度变化不大，因此热滞系数的大小主要与通风速度有关。通风速度越低，热滞系数越大。在高空中，随着高度的增加，空气密度减小，热滞系数也会增大。

5.3.2　热滞误差

5.3.2.1　介质温度恒定时的热滞误差

假设介质温度恒定为 θ，若将初始温度为 t_0 的温度表置入该介质中，则其示值随时间的变化关系可通过对式(5.3.3)积分，得

$$t-\theta=(t_0-\theta)\mathrm{e}^{-\frac{\tau}{\lambda}} \tag{5.3.5}$$

可见,温度表示值与介质温度之差,即热滞误差,是随时间呈指数减小的,当经过的时间等于热滞系数 λ 时,温度表示值与介质温度之差 $(t-\theta)$ 减少到初始温度差 $(t_0-\theta)$ 的 $\frac{1}{\mathrm{e}}$,即约 37%。如图 5.7 所示。因此,热滞系数可以理解为温度表示值与介质温度之差 $(t-\theta)$ 减少到初始温度差 $(t_0-\theta)$ 的 $\frac{1}{\mathrm{e}}$,即约 37%时,所需要经过的时间。

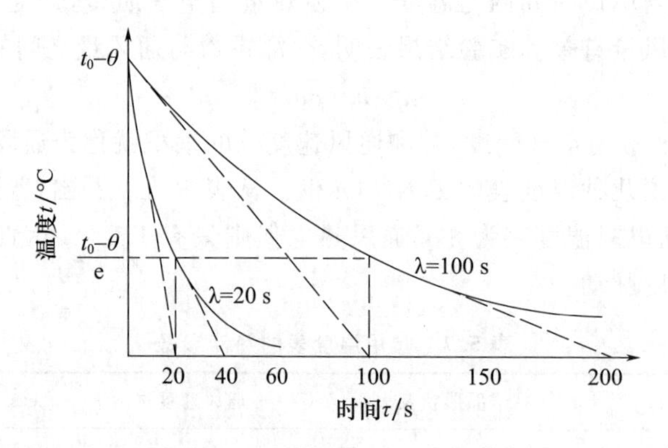

图 5.7　热滞系数不同的温度表对介质温度的感应速度

由(5.3.5)式又可得

$$\lg\frac{t-\theta}{t_0-\theta}=-\frac{1}{2.3}\frac{\tau}{\lambda} \tag{5.3.6}$$

可见,示值与介质的温差达到初始差值的 1/10 时,需要的时间为 2.3 倍的 λ;达到 1/100 时,需要的时间为 4.6 倍的 λ,只要时间 τ 足够长,示值与介质的温差 $(t-\theta)$ 就很小了。

5.3.2.2　介质温度呈线性变化时的热滞误差

假设介质温度随时间呈线性变化,即

$$\theta=\theta_0+\beta\tau \tag{5.3.7}$$

式中,β 为温度变化率,设为常数。将其代入式(5.3.3),并设当 $\tau=0$ 时,温度表的示值等于介质的温度。求解可得(5.3.8)式,其规律如图 5.8 所示。

$$t-\theta=-\beta\lambda(1-\mathrm{e}^{-\frac{\tau}{\lambda}}) \tag{5.3.8}$$

可见,当时间 τ 足够大时(一般取 $\tau\geqslant5\lambda$),热滞误差 $t-\theta\approx-\beta\lambda$,为一常数。热滞误差的大小只取决于 β 和 λ。如果实际气温每小时升温 3 ℃,即 $\beta=1/1200$ ℃/s,对一个热滞系数为 300 s 的温度表,滞差可达 0.25 ℃;当热滞系数为 60 s 时,滞差仅有 0.05 ℃。

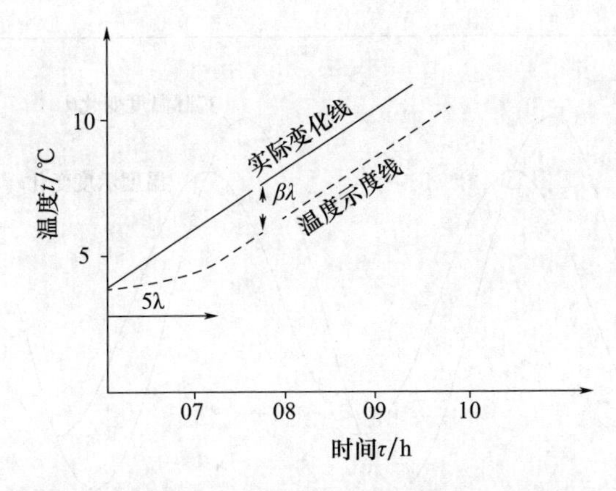

图 5.8　介质温度呈线性变化时温度表的示值变化

5.3.2.3　介质温度呈周期性变化时的热滞误差

设介质温度以周期 T、振幅 A_0 呈如(5.3.9)式所示的正弦变化，

$$\theta=\theta_0+A_0\sin\frac{2\pi\tau}{T} \tag{5.3.9}$$

将(5.3.9)式代入(5.3.3)式求解可得

$$t=\theta_0+C_1\mathrm{e}^{-\tau/\lambda}+\frac{A_0}{\sqrt{1+\frac{4\pi^2\lambda^2}{T^2}}}\sin\left(\frac{2\pi\tau}{T}-\arctan\frac{2\pi\lambda}{T}\right) \tag{5.3.10}$$

式中，常数 C_1 由初始条件确定。

当时间足够长时，即 $\tau\gg\lambda$，(5.3.10)式简化为

$$t=\theta_0+\frac{A_0}{\sqrt{1+\frac{4\pi^2\lambda^2}{T^2}}}\sin\left(\frac{2\pi\tau}{T}-\arctan\frac{2\pi\lambda}{T}\right) \tag{5.3.11}$$

其函数关系如图 5.9 所示。可见，当 $\tau\gg\lambda$ 时：

(1)温度表示值也呈周期为 T 的正弦变化；

(2)温度表示值的振幅 A 小于实际振幅 A_0，为

$$A=\frac{A_0}{\sqrt{1+\frac{4\pi^2\lambda^2}{T^2}}} \tag{5.3.12}$$

(3)温度表示值的正弦变化相位落后于实际温度变化，相移角为

$$\alpha=\arctan\left(\frac{2\pi\lambda}{T}\right) \tag{5.3.13}$$

表 5.8 列出不同 λ/T 时所对应的振幅衰减和相位落后值。可见，当热滞系数远小于温度变化的周期时，温度表的示值变化就接近于实际变化了，且相位落后也较小。

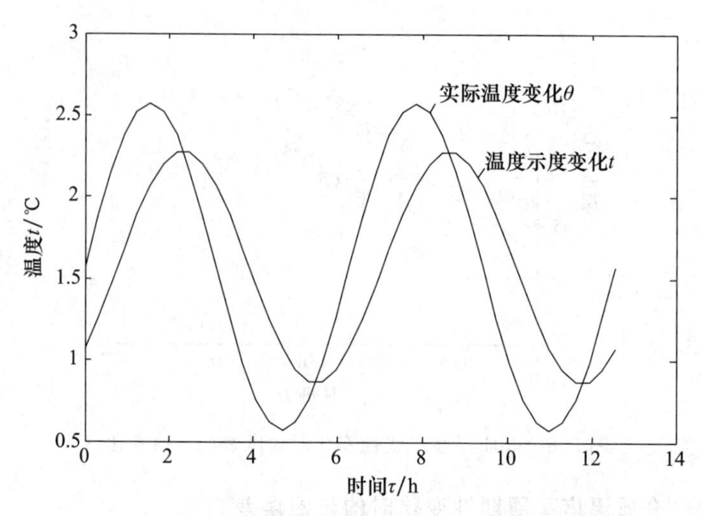

图 5.9 介质温度呈周期变化时温度表的示值变化

表 5.8 温度表热滞对温度周期性变化的影响

λ/T	5	2.5	1	0.5	0.25	0.1	0.05	0.025	0.018
A/A_0	0.032	0.064	0.157	0.303	0.537	0.846	0.954	0.988	0.994
$\alpha/(°)$	88.2	86.4	81.0	72.3	57.5	32.1	17.4	8.9	6.5

利用上述得到的规律,可以简单分析气温测量中对热滞系数大小的要求。若将气温的日变化看成是振幅为 5 ℃的周期性变化,为了保证观测的振幅误差小于 0.05 ℃,则从(5.3.14)式可以估计出温度表的热滞系数只需要小于 1959 s 即可。

$$\frac{4.95}{5.00}=\left(1+\frac{4\pi^2\lambda^2}{86400^2}\right)^{-\frac{1}{2}} \tag{5.3.14}$$

假如同时要求最高(和最低)温度出现的时刻相位落后所引起的误差不超过 5 min,则可从(5.3.15)式估计出温度表的热滞系数应保持在 300 s 以下。

$$\tan\left(360\cdot\frac{5}{1440}\right)=\frac{2\pi\lambda}{86400} \tag{5.3.15}$$

同样,对于 $\lambda=50$ s 的温度表来说,若实际气温变化周期 $T=100$ s,变化幅度为 1 ℃,则所测的温度变化幅度只有 0.3 ℃;但若 $T=2000$ s,则所测得的温度变化幅度为 0.95 ℃,与实际变化幅度就很接近。由表 5.8 可见,若想测量周期为 1 s 的气温微脉动变化,且要求振幅测量达到 95%以上的准确度,滞后角小于 20°,则温度表的热滞系数应小于 0.05 s。

由上述讨论可见,进行气温观测时,为了获得有代表性和准确性的资料,应规定温度表的热滞系数,以减小温度表的滞差。WMO 对地面气象观测的温度表的要求是,当通风速度为 5 m/s 时,热滞系数应在 30~60 s。这样的温度表对周期在半小时至一小时之间的温度变化来说，其热滞误差很小。百叶箱干湿表的时间常数约为 60 s，通风干湿表的时间常数约为 30 s。

由于热滞效应，仪器的测量数据并不能反映很高频率的温度起伏振动，即仪器具有自动平均能力。温度表的热滞系数越大，自动平均能力也越强。图 5.10 表示两种热滞系数不同的温度计记录的 15 min 时段的气温变化情况。图中细线为 $\lambda=10$ s 的温度计的记录，粗线为 $\lambda=240$ s 的温度计的记录。可见，对于周期为 40 s 的温度起伏变化，$\lambda=10$ s 的温度计基本上还可以反映出来，而 $\lambda=240$ s 的温度计，仅能反映出实际振幅的 30%，但是它们在这一时段(900 s)的平均值的差值却只有约 0.1 ℃。

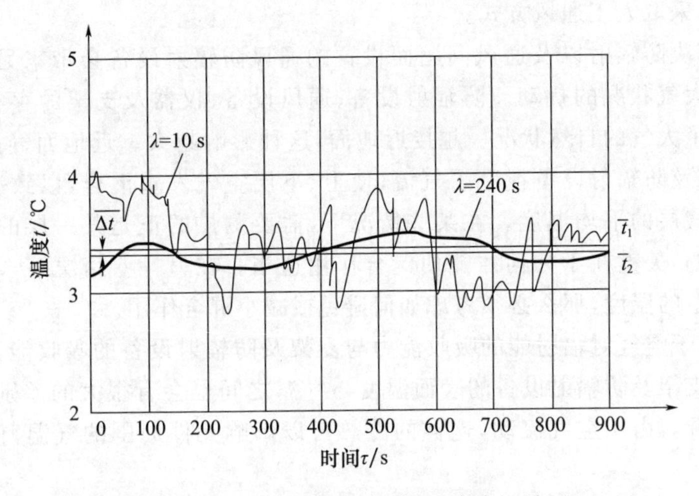

图 5.10　热滞系数不同的温度表记录

5.4　气温观测特点和防辐射方法

5.4.1　气温观测特点

气象上温度测量具有以下五个特点。

(1)气温的测量是动态的。气温是随时间不断变化的，在几秒钟内会连续变化 1～2 ℃。因此，测温仪器要不断地响应温度的变化。由于迅速的温度脉动变化对于一定的区域没有代表性，需要测量的是一段时间里的平均值。平均时段的长短与所要取得的资料的代表性程度有关。WMO 规定，天气气候学意义上的气温观测的平均时间为 1 min。

(2)太阳辐射对于温度的测量影响较大。测温元件对短波辐射的吸收能力要远远大于空气本身，如果直接将温度表安置于自然状况下，而不加任何遮蔽措施，太阳辐射将会使测温元件的温度高于空气温度,从而产生所谓的“辐射误差”。辐射误差往往可达相当大的数值,特别是在白天日照强烈时,辐射误差更大。这也是人们在太阳下感觉气温与天气预报的气温有较大差异的原因,因为人体对于太阳辐射的吸收能力要比空气强。无论在近地面层的气温测量中,还是在高空气温的测量中,必须采取防辐射措施来减小辐射误差,甚至还需要进行辐射误差订正。

(3)自然大气的运动是变化不定的,也就是说风速不是恒定的,这就影响到与测温仪器进行热交换的空气质量,从而使得热滞系数不可能维持不变。热滞系数不同,热滞误差也就不同,对测量结果的准确性也就有影响。因此,有时需要根据测温元件的特点,采取人工通风方式。

(4)为解决防辐射以及通风问题而设置的通风防辐射设备会带来另一个问题,就是对自然大气状况的扰动。防辐射设备、通风设备、仪器及支架的存在均在不同程度上破坏了大气的自然状况。越接近地面,这种影响越大。近地面气温随高度变化剧烈,支架及防辐射设备搅乱了气流,使上、下层空气发生混合,以致测定的气温是被混合的气层的平均温度。在某些情况下,需要测量的正是某一层的气温,显然混合是有利的,关键在于如何才能使混合作用适当。在另一些情况下,需要测量的是某一高度上的温度,那么必须考虑如何避免或减小混合作用。

此外,由于空气对辐射能的吸收能力与支架及防辐射设备的吸收能力有很大的差异,因此,支架及防辐射设备的表面温度与气温之间也会有很大的差别,形成人为的冷源或热源。由于空气流动,这样的冷热可以影响元件周围的气温,使之有异于自然气温。

在使用金属温度表或电测温度表时,金属部件或金属导线的导热也会对温度测量产生影响。

(5)地表温度观测的代表性。接近地表面的土壤及空气的温度梯度往往很大,如何使测温仪器的感应部分只与土壤表面进行热交换而不受表面以下土壤以及其上空气的影响,都是必须考虑的问题。消除辐射误差则不能用遮蔽阳光的方式。因为如果加以遮蔽,那么遮蔽处的热交换状况就与周围地表将有所不同;而不加遮蔽,使温度表直接暴露于阳光下,即使是一半埋入土中,也会有相当大的辐射误差。用接触式温度表测量地表面温度,难以获得有代表性的温度值。

尽管温度的观测存在不少问题,但只要根据温度观测的要求,采取适当的措施或选择适当的观测手段和方法,是可以获得所需要的温度信息的。

5.4.2 气温观测中的防辐射方法

由于太阳的直接辐射和地面反射的短波辐射的影响,测温元件的指示温度与实际气温存在差别,尤其是在白天强日照的情况下,将使元件的温度明显高于气温,导致较大的辐射误差。太阳辐射引起的误差是气温观测中的关键问题,减小辐射误差的方法主要有四种。

(1)采用防辐射设备,使太阳辐射和地表反射辐射不能直接照射到测温元件上。

(2)采用人工通风,促使测温元件与环境空气之间的热交换,减小测温元件与环境空气之间的温度差。人工通风法是减小辐射误差的有效方法。

(3)在感应元件表面喷涂上较高反射率的反射膜,增加测温元件的表面反射能力,使到达元件表面的短波辐射绝大部分被反射掉。

(4)采用极细的金属丝元件,减小测温元件的热容量,加快达到热平衡的速度。

其中,采用防辐射设备简单易行,使用最广泛;其次是人工通风法,常与防辐射设备一同采用。用于测量气温和湿度的阿斯曼通风干湿表即是采取人工通风与屏蔽相结合来减小辐射误差的。

5.4.3　防辐射设备

防辐射设备在设计时,应该至少满足三点要求:

(1)应尽可能设计成使其内部气温保持均匀,并与外部气温相等;

(2)应能完全遮蔽温度表,并能屏蔽辐射和防止降水的影响;

(3)如果采用自然通风,制作防辐射设备的材料应是绝热的;如果采用人工通风,也可采用高抛光的金属材料。

5.4.3.1　百叶箱

世界各国百叶箱的大小、安装高度以及型式结构各不相同。百叶箱的大小应尽量使其具有较小的热容量,又能保证仪器之间以及仪器与箱壁之间有足够的空间。百叶箱的形状有方形、球形、塔形、椭球形、盒状及大屋顶形等。箱内温度表的安装离地高度高的达2.20 m,低的为1.20 m。

我国气象台站使用的百叶箱如图5.11所示,箱的四壁由双层百叶片组成,叶片向内、向外倾斜各为45°。箱底由三块木板组成,中间一块稍高,以利通风;箱顶有两层,中间能流通空气,下面一层水平,上面一层稍向后倾斜,以利于雨水流走。整个箱体内外均涂以防水白漆,并经常保持清洁,使其具有良好的反射率。百叶箱有大、小两型:小型百叶箱其高、深、宽为537 mm×460 mm×290 mm,用于安放干湿球温度表和最高、最低温度表及毛发湿度表,或用于安置温湿传感器;大型百叶箱其高、深、宽为612 mm×460 mm×460 mm,曾用于安放双金属温度自记仪器和毛发湿度自记仪器(林晔 等,1993)。

图5.11　百叶箱

百叶箱安置在观测场南边(北半球),两箱相距4～5 m,箱门朝北,箱底离地高约1.35 m,箱内温湿度表球部和温湿度传感器的敏感元件及自记仪器感应部分的离地高度为1.5 m。

百叶箱通常只需要一个门,但在某些地区为了防止读数时太阳光线直射进百叶箱,则需要采取一些特殊的结构。如在赤道地区,百叶箱有两个门会更合适些,而在极地地区使得百叶箱能在支架上旋转则更好些。在寒冷地区,为了避免被积雪反射的太阳辐射影响,百叶箱的底部也需要采用双层结构,同时应设计得易于翻倒,以方便清除进入百叶箱中的积雪。

5.4.3.2 防辐射罩

防辐射罩是一种利用自然通风、结构简单的防辐射设备,如图 5.12 所示,适合于安置铂电阻和湿敏电容等体积较小的温湿传感器。大多数自动气象站均使用这种类型的防辐射罩。

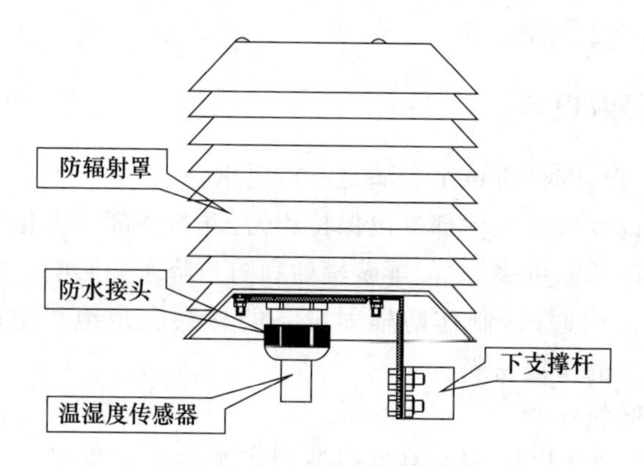

图 5.12 防辐射罩

防辐射罩常为圆柱形,周围叶片采用金属薄板或塑料板制成,呈向外倾斜形。金属板的外侧涂铬,使其具有良好的反射率,内侧涂黑,以便吸收照射到内层的辐射,不致反射到敏感元件上。通常在顶部和底部两块金属板之间还有两块透明的有机玻璃板,可隔绝金属板之间的热对流。温湿传感器通过底部的支架安置其中。由于采用单层叶片,因此当太阳高度角较低时,太阳辐射会直接照射到敏感元件上,引起较大的辐射误差。

目前的防辐射罩还存在一些缺点,例如采用的材料易于老化,在室外安置一定时间后表面的反射率降低;预留的温湿传感器接口不易于将感应部分安置到防辐射罩的中心,而偏向于一侧;支架与防辐射罩的底部之间未采取隔热措施等,因此应对防辐射罩的材料和结构进一步加以研究和规范。

5.4.3.3 人工通风的防辐射设备

阿斯曼通风干湿表采用的是人工通风的防辐射设备。阿斯曼通风干湿表中的两支温度表的球部处于双层防辐射套管的中心,套管外表面电镀上具有良好反射率的铬层。仪器上部是一个通风器,它以发条或微型电动机为动力,通风器扇叶旋转时将空气从温度表球部所处的套管吸入,经叉管和主管流至扇叶,然后排出仪器之外，如图 5.13 所示。

整个仪器的关键部件是双层防辐射套管。外套管表面保持了高的反射率，外套管与内套管之间、外套管与叉管之间均采取了隔热措施，以避免它们之间的热传导。吸进的空气从内套管两侧流过，并先与温度表球部接触，流经温度表球部的空气速度保持在 2～3 m/s。因此，阿斯曼通风干湿表及类似的铂电阻通风干湿表是目前公认的温湿度野外现场测量标准。

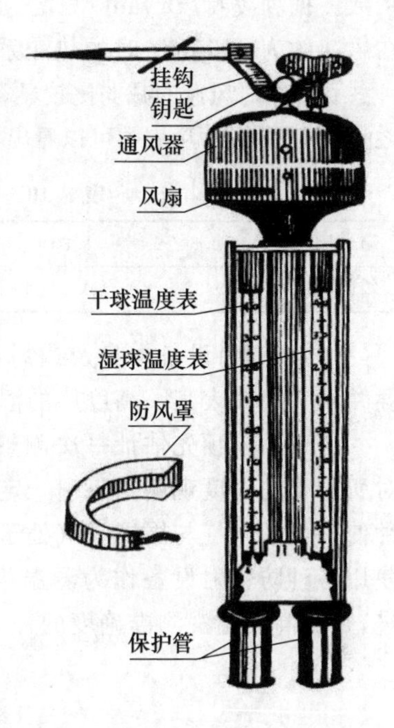

图 5.13　阿斯曼通风干湿表

5.4.3.4　防辐射设备对气温测量的影响

防辐射设备的存在将或多或少地影响自然状况，在影响所及的范围内，形成自己的小气候。与自然状况之间的差异随设备的大小、形状以及风速、日照等因子而变化。防辐射设备所引起的对气温测量的影响，主要来源于三个方面：

(1)由于设备外壁对太阳辐射仍然具有一定的吸收作用，特别是在涂料老化后，吸收作用迅速加大，使得设备内的气温分布不均匀，在白天一般要比环境空气的温度偏高。在强日照和静风情况下，尤其明显。根据番古森(fergusson)的研究，百叶箱内受太阳照射的一壁与不受照射的另一壁之间的温差在良好通风条件下，可达 0.3～0.6 ℃，在弱风下可达 1.0 ℃。

表 5.9 列举了一种称为斯蒂芬逊的百叶箱(419 mm×445 mm×292 mm)与准确度较高的通风干湿表在美国波士顿进行两年对比观测的结果，从表中可以看出午后 14 时出现的误差最大。

表 5.9　百叶箱内气温与通风干湿表气温示值的差值(℃)

时间	07:00	14:00	21:00
利用全部资料所得差值	+0.02	+0.20	−0.14
强日照条件下所得差值	+0.08	+0.40	−0.03

根据美国 NexSens 技术公司提供的资料，其生产的一种 41002 型防辐射罩，当在 1080 W/m^2 的辐射照射下时，如果风速为 3 m/s，辐射误差为 0.4 ℃；风速为 2 m/s 时，辐射误差为 0.7 ℃；风速为 1 m/s 时，辐射误差达到 1.5 ℃。可见，即使采用了防辐射设备，仍然会存在辐射误差。

(2)防辐射设备阻止了其内外空气的交换，使得内部的风速小于环境风速，内部气温的变化落后于外部环境气温。防辐射设备的存在相当于增加了温度表的热滞系数。据勃凌特(Bryant)测定,斯蒂芬逊百叶箱的热滞系数为 $8.2/\sqrt{v}$(单位:min),在风速约为 0.6 m/s 时的热滞系数为 10 min。

百叶箱对风速的减弱比较显著,表 5.10 中给出了某型百叶箱内通风速度与箱外风速之间的实测结果,从表中可以看出,箱内通风速度只达到箱外风速的 1/3。

表 5.10　百叶箱内外风速对比结果 (m/s)

箱外风速	0.8	1.26	1.67	2.13	2.26	3.22	4.21
箱内风速	0.38	0.47	0.51	0.66	0.79	1.08	1.43

(3)防辐射设备本身及通风器的搅动破坏了气温的垂直分布,使得所测得的气温并不完全代表某一高度层的温度。

由于不能预先估计每次测量过程中各个影响因素的作用大小,因此,不能每次对所进行的温度观测结果引入定量的订正。尽管如此,考虑到不可能设计制造出一种使得内部空气与周围空气处于物理性质完全一致的防辐射设备,目前还是广泛地使用各种防辐射设备作为测温中减少辐射误差的主要方法。防辐射设备性能的改进,是提高气温观测准确度的一个重要环节。

习　题

1. 什么是温标?绝对温标是怎样确定的?

2. ITS-90 实用温标是如何组成的?其中与大气温度测量有关的基准温度点主要有哪几个?

3. 简述气温测量的分辨力和准确度要求。

4. 根据玻璃液体温度表的测温方程说明提高其测温灵敏度的途径,并分析这些措施在提高其测温灵敏度的同时又会带来什么问题?在实际设计制造时如何取舍呢?

5. 试述玻璃液体温度表和铂电阻的测温原理并比较它们的特点。

6. 铂电阻为什么要采用四线制测量电路?说明测量电路的组成及其工作原理,并分析测温铂电阻四线制测量电路的最大误差来源及应对措施。

7. 半导体热敏电阻有什么特性?为什么常用于无线电探空仪上作为测温元件?

8. 为什么半导体热敏电阻在实际使用时需采取增温订正措施?

9. 热滞系数、热滞误差大小与哪些因素有关?应如何区别处理这些因素对气温测量的影响?

10. 为什么说仪器的热滞效应使其具有了自动平均能力?

11. 气温测量的辐射误差与哪些因素有关?如何采取措施减小辐射误差?

12. 风速对气温测量有影响吗?简述理由。

13. 冷锋过境,气温 6 h 内陡降 10 ℃,为了保证气温观测的滞后误差不大于

0.05 ℃，且最低温度出现时刻的观测误差不大于 1 min，则对测温仪的热滞系数的要求是多少？

14. 对某测温仪的阶跃响应的测试数据进行分析，发现测温仪示值与介质的温差达到介质阶跃值的 1/10 时需要的时间是 100 s，该测温仪是否能作为地面气温的测量仪器？

15. 查阅防辐射设备产品资料，综述防辐射设备的技术现状，给出防辐射设备的技术要求。

参考文献

林晔，王庆安，顾松山，等，1993. 大气探测学教程[M]. 北京：气象出版社.
张霭琛，等，2015. 现代气象观测(第 2 版)[M]. 北京：北京大学出版社.
WMO，2018. Guide to instruments and methods of observation，2018 edition[Z]. Geneva：WMO.

第 5 章　空气温度的测量
电子资源

第6章　空气湿度的测量

【学习指导】

1. 掌握不同湿度参量之间的换算方法，理解湿度测量难点，树立创新精神；

2. 理解热力学测湿原理，熟悉干湿表测湿公式，能解释规范规定的干湿表使用方法；

3. 理解吸湿法测湿原理，熟悉吸湿感应元件特点，能按照观测需求选择合适的测湿传感器；

4. 熟悉露点仪结构与工作原理，能提出露点仪改进方向，培养创新方法。

水是地球上最丰富的物质之一，仅仅地壳表面就大约有四分之三的面积为海洋所覆盖。水以气态、液态和固态三种形态在自然界普遍存在，这是我们所知道的地球上具有这种特性的唯一的一种物质。水与人类的生存和发展有着广泛而深刻的联系。正因为如此，湿度测量很早就成为人类研究的重要内容。

空气湿度是表示大气中水汽含量多少的物理量。这里的水汽含量，是指气态的水，而不是液态的水。

不含有水汽的空气称为干空气，含有水汽的空气称为湿空气。显然，湿空气由干空气和水汽组成。湿空气中水汽含量的多少，通常用混合比、比湿、绝对湿度、水汽压、相对湿度和露点温度等参量来表示。WMO 规定，对于相对湿度测量仪器，测量分辨力为 1%RH，传感器时间常数为 40 s，平均时间为 1 min，测量不确定度为 1% RH，目前可达到的测量不确定度为 3%RH(WMO，2018)。

本章首先介绍湿度参量及其相互之间的转换关系，然后分别介绍了热力学、吸湿法、凝结法测湿原理与仪器的组成结构、工作原理和主要误差来源及可采取的措施。

6.1　湿度参量及测湿方法

6.1.1　湿度参量

1. 混合比 r

混合比是指湿空气中水汽质量 m_v 与干空气质量 m_d 的比值，用 r 表示

$$r=\frac{m_v}{m_d} \tag{6.1.1}$$

2. 比湿 q

比湿是指湿空气中水汽质量 m_v 与湿空气总质量 m_v+m_d 的比值，用 q 表示

$$q=\frac{m_v}{m_v+m_d} \tag{6.1.2}$$

比湿和混合比均是质量的比值，由于直接测量湿空气中水汽和干空气质量比较困难，因此它们一般无法直接测量，均通过一定的公式从其他湿度参量换算得到。以上两个参量主要应用在理论分析中。

3. 绝对湿度 ρ_v

绝对湿度，又称水汽密度或水汽浓度，是指单位体积湿空气中所含的水汽质量，用 ρ_v 表示，单位为 g/m³

$$\rho_v=\frac{m_v}{V} \tag{6.1.3}$$

式中，V 为湿空气的体积。

4. 水汽压 e'

水汽压是指湿空气中水汽的分压强，用 e' 表示，单位为 hPa，过去常用 e 表示。如果湿空气的总压强为 p，混合比为 r，那么湿空气的水汽压为

$$e'=\frac{r}{0.62198+r}p=x_v p \tag{6.1.4}$$

式中，x_v 为湿空气中水汽的摩尔分数，即水汽的摩尔数与湿空气的摩尔数之比，其定义式为

$$x_v=\frac{n_v}{n_v+n_d} \tag{6.1.5}$$

式中，n_v 为水汽的摩尔数，等于水汽质量除以水汽的摩尔质量，$n_v=m_v/M_v$；n_d 为干空气的摩尔数，等于干空气质量除以干空气的摩尔质量，$n_d=m_d/M_d$。将其代入(6.1.5)式后就得到

$$x_v=\frac{r}{0.62198+r} \tag{6.1.6}$$

5. 相对湿度 U

相对湿度为最常用的湿度参量。温度为 T，气压为 p，水汽压为 e' 的湿空气的相对湿度，定义为水汽压 e' 与该温度、气压下的湿空气中相对于平水面的饱和水汽压 e'_w 之比的百分数，常用 U 表示。

$$U=100\left[\frac{e'}{e'_w}\right]_{p,T}\ \%\mathrm{RH} \tag{6.1.7}$$

相对湿度表示湿空气距离饱和的程度，当相对湿度为 100% 时，湿空气处于饱和

状态。在相对湿度的定义中,应注意以下三点。

(1)e'_w是湿空气的饱和水汽压,而不是纯水相的饱和水汽压。它们在数值上很接近,但概念上要区分开。

(2)e'_w是相对于平水面而言的饱和水汽压,而不是相对于平冰面的饱和水汽压。当温度低于 0 ℃时,也是相对于平水面,而不是相对于平冰面。

(3)e'_w是相对于某一气压和温度而言的,如果不指明气压和温度,知道了湿空气的相对湿度,只能知道湿空气距离饱和的程度,而不能确切地知道水汽含量的绝对多少。当气压小于纯水相的饱和水汽压时,这个定义是不成立的。

某一温度、气压下的湿空气饱和是指由干空气、水汽与平水面组成的三相处于中性平衡时的状态。此时的水汽压就称为湿空气相对于平水面的饱和水汽压;如果是与平冰面组成的三相处于中性平衡,就是相对于平冰面的饱和水汽压。湿空气的饱和水汽压与由水和水汽组成的纯水相中的饱和水汽压稍有差别,两者之间的关系为

$$e'_w(p,T)=f(p)\cdot e_w(T) \tag{6.1.8}$$

$$f(p)=1.0016+3.15\cdot 10^{-6}p-0.074p^{-1} \tag{6.1.9}$$

式中 $e'_w(p,T)$表示湿空气的饱和水汽压,$e_w(T)$表示纯水相的饱和水汽压,$f(p)$为气压的函数,在常压范围内,$f(p)$接近于 1。

在气象测量的温度、气压范围内,湿空气中的饱和水汽压与同温度的纯水相中的饱和水汽压一般相差在 0.5%以内。平常,就用纯水相的饱和水汽压代替湿空气中的饱和水汽压。

纯水相中的饱和水汽压的计算有多种近似公式。WMO 在 1966 年推荐了戈夫-格雷奇(Goff-Gratch)公式,后来于 1990 年推荐了(6.1.10)式和(6.1.11)式所示的计算公式,其中(6.1.10)式为纯水面的饱和水汽压,(6.1.11)式为纯冰面的饱和水汽压。

$$e_w(t)=6.112\exp[17.62t/(243.12+t)] \quad (-45\sim60\ ℃) \tag{6.1.10}$$

$$e_i(t)=6.112\exp[22.46t/(272.62+t)] \quad (-65\sim0\ ℃) \tag{6.1.11}$$

式中,t 为温度(℃)。

目前,我国在地面气象观测中均采用戈夫-格雷奇公式来计算空气温度为 T 时的饱和水汽压。需要注意的是饱和水汽压并不是湿度参量,它只是表示空气中能容纳水汽的能力。当一定气压、温度下空气中容纳的水汽所产生的压强超过饱和水汽压时,其中的水汽就会发生凝结形成液态水。

6. 露点温度 T_d 和霜点温度 T_f

温度为 T、气压为 p、混合比为 r 的湿空气等压降温至相对于平水面饱和时的温度定义为该湿空气的露点温度,用 T_d 表示。如果湿空气等压降温至相对于平冰面饱和,则此时的温度就定义为该湿空气的霜点温度,用 T_f 表示。

湿空气的露点温度、霜点温度与气温无关,只与湿空气中水汽含量有关,水汽含

量越多,露点温度、霜点温度越高,越接近于当时的气温。

根据湿空气的饱和水汽压的定义,对于气压为 p、混合比为 r 的湿空气,其露点温度和霜点温度分别满足下述公式:

$$e'_w(p,T_d)=f(p)\cdot e_w(T_d)=\frac{r\cdot p}{0.62198+r} \tag{6.1.12}$$

$$e'_i(p,T_f)=f(p)\cdot e_i(T_f)=\frac{r\cdot p}{0.62198+r} \tag{6.1.13}$$

在用(6.1.12)、(6.1.13)式求露点温度、霜点温度时,可采用(6.1.10)、(6.1.11)式进行求算。

6.1.2　湿度测量方法

各个湿度参量之间是可以相互换算的,只要测量任意一个参量,就可以求出其他几个参量值。不同湿度参量的测量,就形成了不同的测湿方法(王晓蕾,2013)。

1. 称量法

对于绝对湿度参量,可以采用称量法进行测量,即通过称量出一定体积湿空气中的水汽质量,然后计算出水汽密度。称量法将湿度测量转换为水汽质量和空气流量测量,而质量和流量的测量已达到较高的准确度,因此称量法湿度测量的准确度也相当高,误差不超过 0.2%,称量法湿度计常作为湿度的计量基准;但测试复杂、操作烦琐,测量时间长,无法应用于日常业务测量,本书不作介绍。

2. 热力学法

采用蒸发表面冷却降温的方法可以测量水汽压,这种湿度测量方法称为热力学法,又称为干湿表法。由于水蒸发吸热,通过测量干、湿球温度,计算求得水汽压和饱和水汽压,进而也可求出相对湿度。最常用的干湿表就是利用这种方法来测量水汽压的,其常温下的测量准确度较高,−10 ℃以下误差大。干、湿球温度表可以是各种测温元件。其测湿原理见本章第二节。

3. 吸湿法

采用吸湿性物质吸收水汽后的机械特性变化或电特性变化来测量相对湿度的方法,称为吸湿法,这是发展最迅速的一类测量方法。如人的头发、肠衣、碳膜、高分子湿敏电容、陶瓷湿敏电阻等均可用来制作各种吸湿性测湿仪器,但其易受污染而造成特性漂移。其测湿原理见本章第三节。

4. 凝结法

采用湿空气等压降温产生凝结的方法测量露点温度就是所谓的凝结法;但需进一步根据相应公式计算需要的湿度特征量。其测量准确度较高,可作为湿度标准器。目前主要有两种测量仪器,一种是冷镜式露点仪,另一种是氯化锂露点仪。其测湿原理见本章第四节。

5. 电磁辐射吸收测湿法

电磁辐射吸收测湿法，是利用水汽分子对特定波长的电磁辐射的吸收衰减作用来测定水汽含量的，常用的仪器有拉曼-α 湿度计、红外湿度计、微波湿度计、拉曼激光雷达等。其测量原理见本书第 16 章、第 17 章。

6.1.3 湿度测量难题

尽管目前已发明了多种湿度测量方法和仪器，但是到目前为止，湿度测量仍然存在着一些问题。

(1)测湿仪器难以在空气温度的全变化范围内，达到同样的测量准确度。空气温度可从 50 ℃变化到－50 ℃，在高空甚至低达－70 ℃，而水汽在空气中的含量受到温度的影响。在大气温度的极限变化范围内，饱和水汽压从 100 hPa 变化到 0.01 hPa，变化范围可达四个数量级以上。例如，50 ℃时的纯水平面饱和水汽压为 123.4 hPa；而－50 ℃时纯平冰面的饱和水汽压只有 0.02 hPa。在水汽饱和时，其对应的相对湿度均为 100%。显然，在－50 ℃的条件下对 0.02 hPa 的水汽压分辨出相对湿度 1%要比在 50 ℃条件下对 123.4 hPa 的水汽压分辨出相对湿度 1%困难得多。因此，任何比较经济、简单、适于野外测量的湿度测量仪器难以适应整个温度测量范围的要求。

(2)现有的湿敏元件在低温低湿条件下，性能变坏，响应迟缓，甚至“瘫痪”，并且由于湿度传感器直接与空气相接触，在感应大气中水汽的同时，也容易被空气中的杂质所污染，造成误差增大甚至损坏。

(3)湿度发生器以及基准湿度仪在低温下准确度不太够，使得零度以下湿度计量定标和校准困难，这也给制造全温度范围、高精度的测湿仪器带来了困难。

总之，低温条件下的湿度测量，至今仍是世界上大气探测的主要难题之一。

6.2 热力学测湿

热力学测湿是湿度测量中最常用，也是比较成熟、准确度比较高的一种方法。此法是利用两支结构和性能完全相同的温度表来测量湿度，其中一支球部包扎有湿润的纱布，称之为湿球温度表，另一支就称之为干球温度表。由此组成的湿度测量仪器称为干湿球湿度表，简称干湿表。阿斯曼通风干湿表中的温度表是水银温度表，现在常用的还有铂电阻通风干湿表。

6.2.1 干湿表种类

百叶箱自然通风干湿表是一种最常见、最简单的干湿表。两支结构和性能完全相同的温度表分别安置在百叶箱内固定的支架上，其中一支球部包有纱布，下端有一水杯，水杯中装有蒸馏水，纱布的下端浸在水杯中，依靠毛细作用，使纱布经常保持湿润。如图6.1所示。

我国设计制造的百叶箱人工通风干湿表，基本结构与百叶箱自然通风干湿表相同，只是对干球温度表和湿球温度表的球部均采取了强制通风结构，可在湿球附近维持3.5 m/s的固定风速，测量准确度较百叶箱自然通风干湿表高。如图6.2所示。

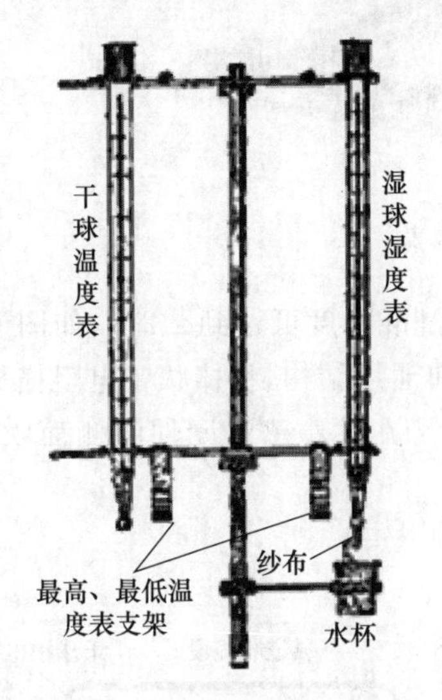

图6.1　百叶箱自然通风干湿表

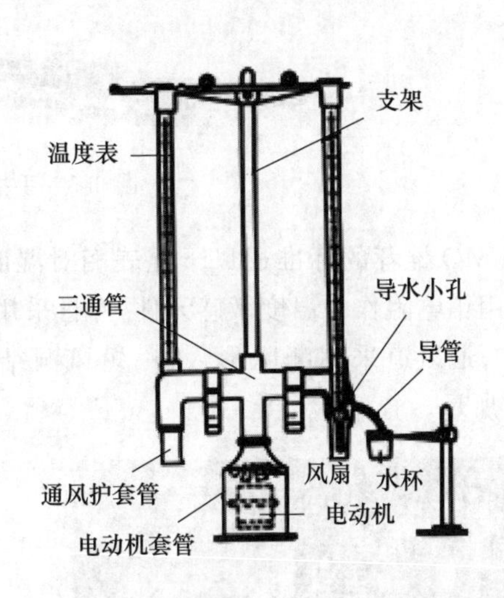

图6.2　百叶箱人工通风干湿表

如图6.3所示的阿斯曼通风干湿表是一种适宜于野外观测的干湿表，采用机械或电动方式通风，通风速度达到2.5 m/s，还配有防辐射装置，实际测量准确度较高。通风装置由通风器和三通管组成；当风扇转动时，空气经保护管的下部吸入，环绕着温度表的球部向上流动，经三通管从通风器的风扇窗口排出，如图6.4所示。

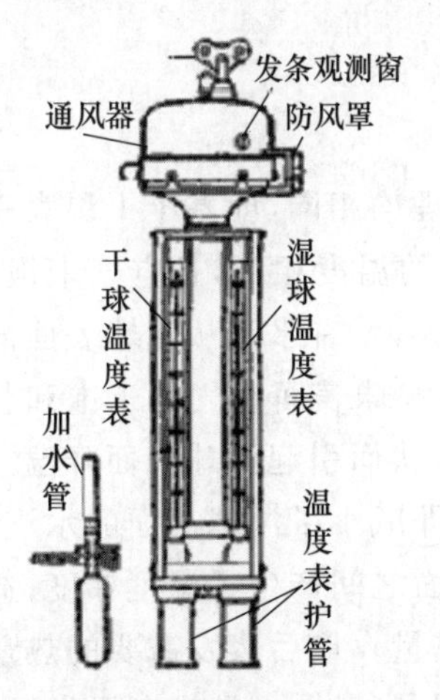

图6.3　阿斯曼通风干湿表

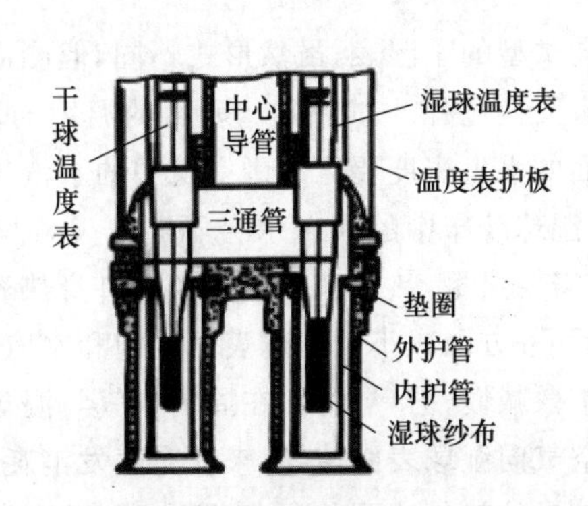

图6.4　干湿表护筒和通风道

手摇干湿表也是一种适合于野外观测的干湿表,通过人工摇动手把,使其旋转,在球部附近也可维持一定的通风速度,当旋转速度达到每分钟150周时,通风速度可达到2 m/s。如图6.5所示。

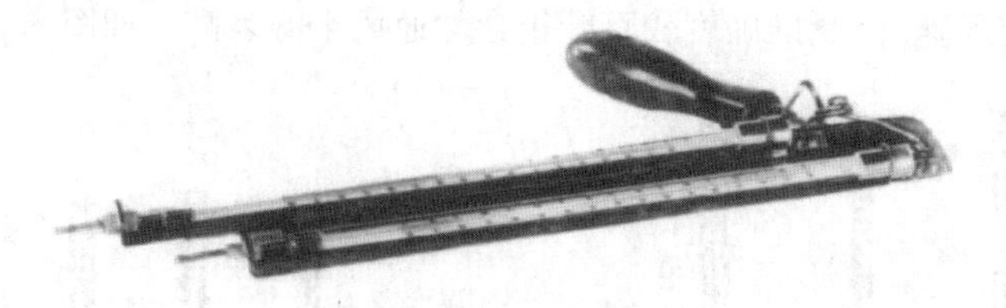

图6.5 手摇干湿表

WMO推荐的标准通风干湿表相对湿度测量准确度可达到±2%,如图6.6所示;采用铂电阻作为温度敏感元件,并且采用横向通风结构,将棒状铂电阻横放在通风道中;通风道采用喇叭形入口、短风洞结构,气流对着感温元件的侧面吹来,如图6.7所示。

图6.6 WMO标准通风干湿表

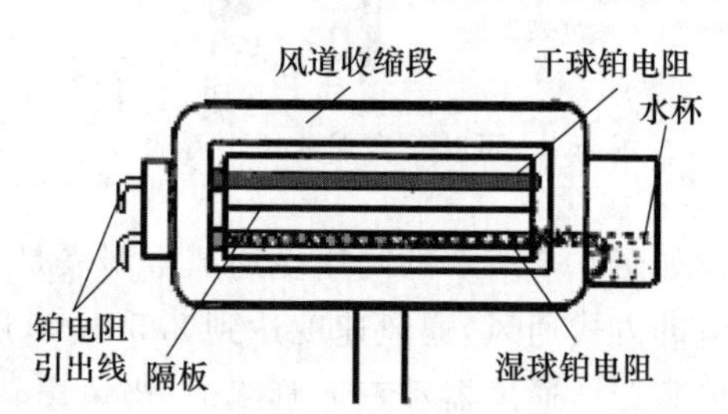

图6.7 WMO标准通风干湿表的传感器

6.2.2 干湿表测湿原理

不同类型的干湿表,虽然形式不同,但测湿原理均相同,即基于干湿表中湿球表面的热量交换过程。如果湿球表面的温度与空气的温度相等,且空气未饱和,此时湿球表面的水汽密度要比周围空气中的水汽密度大,就有水汽从湿球表面向周围空气扩散,湿球纱布中的液态水会不断蒸发,以保持湿球表面空气处于饱和状态。但是,蒸发需要热量,热量来自于温度表自身热容量,从而引起湿球表面降温。湿球表面降温后,一方面减小了湿球表面的饱和水汽压,即减小了湿球表面的水汽密度,使得水汽扩散减慢;另一方面,在周围空气与湿球表面之间产生了温度梯度,造成热量从周围空气向湿球表面传导,来补充蒸发消耗的热量。最后蒸发需要的热量与从周围空气传导的热量达到热平衡,湿球表面的降温也就停止。湿球表面降温的程度,与周围空气的湿度有关，若空气饱和，湿球表面就不会降温，湿球温度与干球温度相等。

假设湿球表面的饱和水汽压为 $e'_w(t_w)$，实际水汽压为 e'，根据道尔顿蒸发定律，湿球表面单位时间内蒸发的水量 M 与湿球表面附近的水汽压差 $e'_w(t_w)-e'$ 成正比，与当时的气压 p 成反比，与湿球球部表面积 S 成正比，可以表示为

$$M=\frac{CS(e'_w(t_w)-e')}{p} \tag{6.2.1}$$

式中，C 为空气与湿球之间的水分交换系数，主要取决于湿球附近的通风速度。湿球因表面蒸发水分所消耗的热量 Q_1 可以表示为

$$Q_1=ML=\frac{LCS(e'_w(t_w)-e')}{p} \tag{6.2.2}$$

式中，L 为蒸发潜热，单位为 J/kg。

根据牛顿热传导公式，从周围空气向湿球球部传递的热量 Q_2 为

$$Q_2=h_cS(t-t_w) \tag{6.2.3}$$

式中，h_c 为对流热交换系数，S 为热交换面积，即湿球球部表面积，t 为空气温度，即干球温度表所指示的温度，又称为干球温度，t_w 为湿球温度表所指示的温度，称为湿球温度。

由于水分不断蒸发，湿球表面就会不断降温，使 $(e'_w(t_w)-e')$ 逐渐减小，$(t-t_w)$ 逐渐增大。最后，当湿球温度不再下降，维持稳定时，表明湿球表面热传导得到的热量 Q_2 与因蒸发而消耗的热量 Q_1 达到平衡，有

$$\frac{LCS(e'_w(t_w)-e')}{p}=h_cS(t-t_w) \tag{6.2.4}$$

进一步整理后，得

$$e'=e'_w(t_w)-Ap(t-t_w) \tag{6.2.5}$$

式中，$A=\frac{h_c}{CL}$，称为干湿表系数，是影响湿度测量准确度的重要因子。

(6.2.5)式为干湿表测湿公式，表示了空气的水汽压与干湿球温度差以及气压之间的关系。可见，只要测出干球温度 t、湿球温度 t_w 和气压 p，并已知干湿表系数 A 值，就可以计算出水汽压。

6.2.3　干湿表系数

从干湿表系数的定义式中，可以看到，干湿表系数与对流热交换系数、水分交换系数和蒸发潜热有关，而这些物理量又都是随着各种情况而变化的。干湿表系数的影响因素主要有：

(1)湿球球部附近的气流速度。干湿表系数 A 值随气流速度的增加而减小，当风速达到2 m/s以上时，A 值逐渐趋向一个稳定的临界值，如图 6.8 所示。

(2)湿球球部的直径和形状。球部直径越小,A 值越小;球部形状不同,蒸发的表面积就不一样,A 值也不同。WMO 推荐的标准通风干湿表,采用表面积较小的铂电阻温度表,就是因为其易于取得湿热平衡。

(3)湿球表面是否结冰。湿球表面结冰,A 值减小,此时的蒸发潜热变成了升华潜热。因此,在观测过程中一定要注意湿球表面是否结冰。

(4)环境气压、气温以及湿度大小对 A 值有着虽弱但却复杂的关系。

(5)湿球球部纱布的包扎和清洁情况也影响 A 值大小。

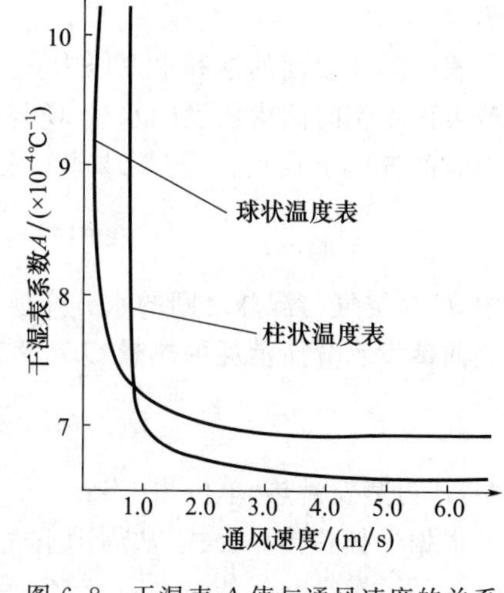

图 6.8　干湿表 A 值与通风速度的关系

总之,干湿表系数是否准确是干湿表测湿中的关键问题。长期以来,人们开展了大量的理论和实验研究。为了得到比较稳定的干湿表系数,对干湿表的结构进行了多次改进,WMO 推荐的标准通风干湿表,由于通风速度稳定,干湿表系数几乎保持不变,推荐值为 6.53×10^{-4}℃$^{-1}$(水面)、5.75×10^{-4}℃$^{-1}$(冰面)。

6.2.4　干湿表测湿误差

6.2.4.1　测湿误差特点

由相对湿度计算公式和干湿表测湿公式,可以得到干湿表测量相对湿度的计算公式:

$$\begin{aligned} U &= \frac{e'}{e'_w(p,t)}\times100\% \\ &= \frac{1}{e'_w(p,t)}\left[e'_w(p,t_w)-A\cdot p\cdot(t-t_w)\right]\times100\% \end{aligned} \tag{6.2.6}$$

根据误差传递公式,相对湿度测量误差 ΔU 为

$$\begin{aligned} \Delta U = \Big[& \frac{e'_w(t_w)}{e'_w(t)}\cdot\frac{B}{T_w{}^2}\cdot\Delta t_w-\frac{e'_w(t_w)}{e'_w(t)}\cdot\frac{B}{T^2}\cdot\Delta t- \\ & \frac{Ap}{e'_w(t)}\cdot\Delta(t-t_w)-\frac{A(t-t_w)}{e'_w(t)}\cdot\Delta p- \\ & \frac{p(t-t_w)}{e'_w(t)}\cdot\Delta A\Big]\times100\% \end{aligned} \tag{6.2.7}$$

式中,Δt、Δt_w、$\Delta(t-t_w)$、Δp、ΔA 分别表示干球温度、湿球温度、干湿球温度差、气压和干湿表系数的误差大小。右边第一项至第五项分别为这些误差因素引起的相应相对湿度

测量误差。假设温度表的测量误差为 0.1 ℃，即分别取 $\Delta t=\Delta t_w=0.1$ ℃，$\Delta(t-t_w)=0.2$ ℃，气压测量误差 Δp 为 1 hPa，取 $P=1000$ hPa，A 值为 7.947×10^{-4}℃$^{-1}$，则干球温度、湿球温度、干湿球温度差、气压和干湿表系数的误差各自引起的相对湿度误差大小的计算结果如表 6.1 所示。

表 6.1　不同情况下的相对湿度误差

变量		Δt	Δt_w	$\Delta(t-t_w)$	Δp	$\Delta A/A$	
U	t					1.5%	15%
75%	20	0.5	0.5	0.6	0	0.1	1.5
	0	0.7	0.6	2.2	0	0.2	2.4
	−10	0.9	0.7	5.1	0	0.2	2.9
25%	20	0.4	0.2	0.6	0	0.5	4.6
	0	0.6	0.2	2.2	0.1	0.7	7.4
	−10	0.8	0.2	5.1	0.1	0.9	10.0

从表 6.1 中可以看出：

(1)干湿球温度差与干湿表系数的误差是影响相对湿度准确性的主要因子；

(2)干湿表测温误差引起的测湿误差，随着气温的降低而增大，气温越低，引起的相对湿度误差越大。

在−10 ℃时，干湿球温度差引起的测湿误差达到 5.1%，较 20 ℃时测湿误差大得多。因此，在地面气象观测规范中，规定当气温低于−10 ℃时，停止使用干湿表测湿；干湿表读数要分辨到 0.1 ℃，以保证足够的准确度。

为什么在低温情况下，同样的干湿球温度测量误差会较高温下引起较大的相对湿度测量误差呢？图 6.9 表示了不同温度下，同样的相对湿度的变化所对应的干湿球温度差值的变化量。例如，气温为 0 ℃，相对湿度从 20%变化到 100%，相应的干湿球温度差的变化量为 4 ℃，而在−10 ℃时，干湿球温度差的变化量已不到 2 ℃；到−40 ℃时就已小到 0.25 ℃了。因此，在低温下，同样的干湿球温度差会引起相对湿度较大的变化，同样的干湿球温度测量误差也会引起较大的相对湿度测量误差。

(3)干湿表系数相对误差在±1.5%内时，所引起的测湿误差较小，但如果超过±15%，则引起的测湿误差就较大。A 值误差主要是由于通风速度的不稳定引起的。人工通风干湿表的通风风速比较稳定，干湿表系数相对误差 $\Delta A/A$ 一般小于±1.5%，测湿误差可控制在 1%以内。在自然通风情况下，干湿表系数相对误差 $\Delta A/A$平均为 15%，微风时可达 50%，致使相对湿度测量误差大于 5%。

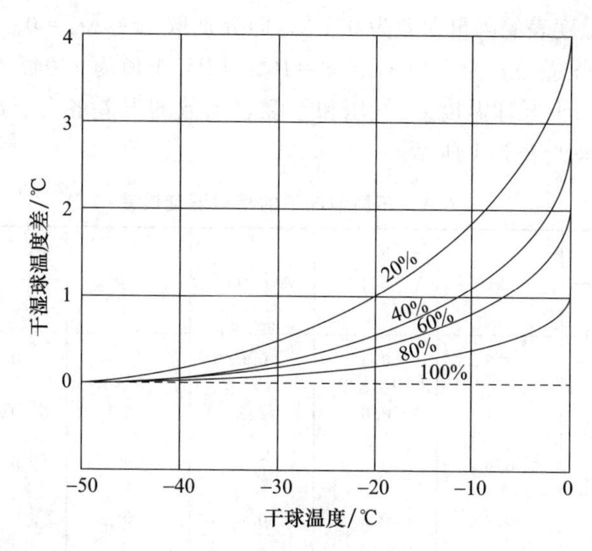

图 6.9　不同干球温度下相对湿度对应的干湿球温度差

表 6.2 给出了百叶箱内通风速度与相对湿度误差之间的关系，这个误差是与通风速度为 0.8 m/s 的情况进行比较的。可见，风速偏低时产生的正误差值要比风速较高时的负误差值大，且在低温低湿时更明显。我国气象台站以前计算湿度时是根据苏联的经验，按照百叶箱内平均风速固定为 0.8 m/s 的假定取干湿表系数的。但实际上箱内风速并不是固定的，而是随着箱外风速的变化而变化，使用固定的 A 值必然引起误差。进一步的研究表明，按照我国的实际风场情况，箱内的平均风速只有 0.4 m/s，后来就以此作为百叶箱自然通风干湿表湿球球部平均风速来计算相对湿度。

表 6.2　百叶箱通风速度改变引起相对湿度计算误差

百叶箱通风速度/(m/s)		1.2	1.0	0.8	0.6	0.4	0.2
干湿表系数 $A/(\times 10^{-4}℃^{-1})$		7.65	7.80	7.95	8.63	9.50	11.7
相对湿度/(%)	温度/℃	相对湿度误差/(%)					
70	0	−1	0	0	2	4	10
	20	0	0	0	1	2	5
50	0	−1	0	0	4	8	16
	20	0	0	0	2	4	9
30	0	−2	0	0	6	12	24
	20	−1	0	0	3	6	12

表 6.3 给出了不同类型的干湿表的干湿表系数，从中可以看到干湿表系数与通

风速度、球部形状和大小之间的关系。

表 6.3　不同类型干湿表的 A 值

干湿表类型	通风方式	通风速度/(m/s)	$A\times10^{-3}$/(℃$^{-1}$)	
			湿球未结冰	湿球结冰
HM5 型百叶箱通风干湿表	电动式	3.5	0.667	0.588
通风干湿表	电动或机械式	2.5	0.662	0.584
百叶箱干湿表	自然通风	0.8	0.7947	0.7947
百叶箱干湿表	自然通风	0.4	0.815(柱状表)	0.719(柱状表)
			0.857(球状表)	0.756(球状表)

6.2.4.2　测湿误差人为因素

1. 湿球纱布包扎不当

实际工作中，湿球纱布包扎不当常常造成纱布多层覆盖，或者湿球球部裸露。纱布多层覆盖不但使温度表的时间常数增加，而且因浸水过多，影响水分蒸发，使湿球温度偏高，相对湿度测量值偏大。湿球球部裸露或者纱布与球部不能紧贴，就不能使水汽蒸发消耗的全部热量来自温度表球部，也会造成湿球温度偏高，相对湿度测量值偏大。因此，纱布的正确包扎关系到湿球水分的正常蒸发，必须使用气象专用脱脂纱布和蒸馏水；纱布必须全部覆盖并紧贴温度表的感温部分，不得有气泡存在。

2. 湿球表面污染

污染可能来自于使用不纯净的水，也可能来自于包扎纱布过程中沾染的附着物和油脂，还有可能由于长期使用沾染了空气中的杂质等等。如果污染物是某种可溶于水的物质，那么湿球表面的水汽压就不是与纯水表面平衡的水汽压，而是与溶有污染物的溶液表面平衡的水汽压，这样也会造成湿球温度偏高，相对湿度测量值偏大。如果在纱布上沾有油污，在水表面形成一层油膜，会直接阻止水分的蒸发，造成相对湿度测量值大大偏高。因此，实际操作时应注意洗手和清洗剪刀、镊子等工具上的油脂和脏物。

3. 湿球加水不当

给湿球加水，如果操作不当也会产生误差。湿球加水的操作方法往往被人们所轻视，但由此造成的误差有时却很大。如果在加水时，使得通风干湿表的内护管上挂有水珠，会在内护管内形成“小气候”，改变了湿球周围的水汽场分布，使得干湿表的测量值并不是实际的湿度值。另外，如果加水时在护管口形成了水膜，会直接封闭通风道，造成空气交换不畅，对测量造成重要影响。加水方法，尤其是自动加水装置的设计，是改进干湿表测湿准确度的一个重要方面。

4. 观测时机不当

图 6.10 表示了通风干湿表从加水、通风一直到水被全部蒸发,干球温度和湿球温度的变化过程。从中可以看出,只有一段时间湿球温度是相对稳定的,也只有在这段时间进行数据录取,其测量结果才是正确的。通常,对于阿斯曼通风干湿表,一般应在湿球加水并通风后 3～4 min 读数。

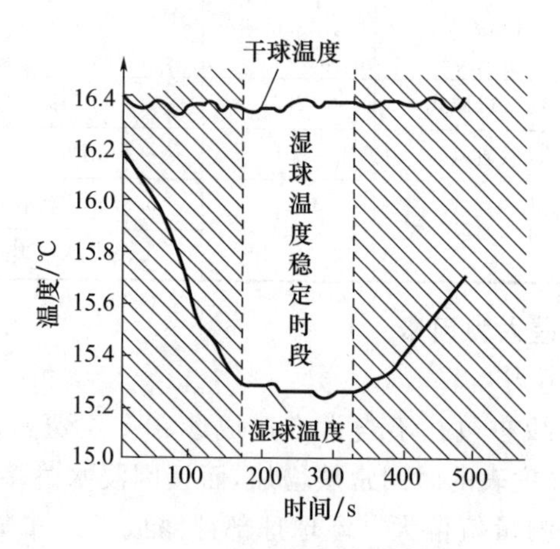

图 6.10　干球、湿球温度的典型变化

但是,达到湿球温度稳定所需要的时间与测量时的温度和相对湿度有很大关系,对于临时加水的通风干湿表,湿度低时,水分蒸发快,湿球温度达到稳定的时间短;湿度大时,达到稳定时间长。

5. 融冰时机选择不当

当气温低于 0 ℃后,湿球表面出现结冰。为了准确测量湿度,要对湿球表面的结冰进行融化,并使得只在湿球表面结成一薄层冰衣。如果融冰时机掌握不好,使得湿球表面还没有与周围空气取得热平衡就进行读数,会引起较大的湿球温度测量误差,因此一定要根据规范的操作要求,重视融冰的时机和方法。

从上述分析可以看到,引起干湿表测量误差的各种人为因素几乎都会造成湿球温度偏高,相对湿度测量值偏大。因此,在用干湿表测量湿度时,如发现湿度测量结果明显偏高,应首先检查操作方法是否正确,分析情况,查明原因。

6.3　吸湿法测湿

自然界有许多物体吸收水汽后,其物理特性会发生变化,利用这一特性,可制作成湿度测量仪器。最早用于测量湿度的物体是人体毛发,后来也采用动物肠膜制成的肠衣作为吸湿敏感元件。随着科学技术的发展,目前主要采用一些合成的化合物制作成吸湿敏感元件,这类湿度传感器,主要有两种类型:一种是高分子湿敏电容,另一种是高分子碳膜湿敏电阻。

6.3.1　毛发湿度表

6.3.1.1　组成结构

早在 1783 年,瑞士人德索修尔(H. B. deSaussure)就发现人体的头发长度会随着空气中水汽含量的多少而变化,当湿度增大时,毛发会伸长;当湿度减小时,毛发会缩短。于是就制成了第一支毛发湿度表,这也是第一支测量湿度的仪器。现代的毛发湿度表,经过多次改进,曾成为测量湿度的常用仪器。

毛发湿度表由毛发、刻度板、指针、支架等组成,如图 6.11 所示。一根长约 22 cm 的脱脂人发作为感应元件,毛发在重锤的作用下,始终处于拉紧状态。当空气湿度增大时,毛发因吸湿而伸长,固定在曲柄上的球状重锤便下移,带动指针轴和指针顺时针偏转,相对湿度示值增大;当空气湿度减小时,吸附在毛发上的水蒸发,毛发缩短,指针反时针偏转,相对湿度示值减小。

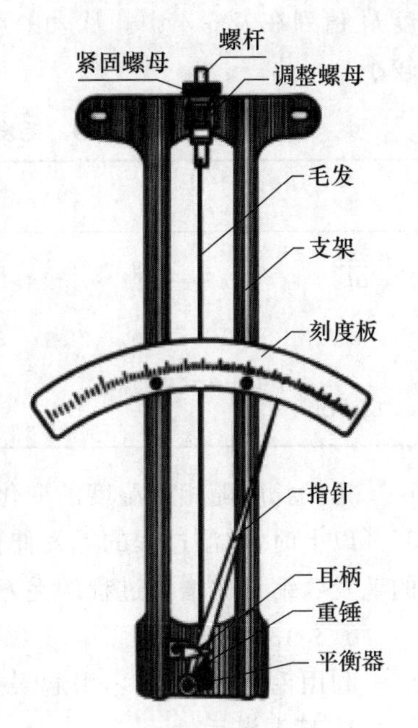

图 6.11　毛发湿度表的结构

6.3.1.2　测湿原理

毛发湿度表是利用毛发的长度随相对湿度变化的原理来进行测湿的。毛发表面布满了一些微孔,当空气的相对湿度增加时,水汽在微孔中凝结,形成凹水面,由于凹水面表面张力的作用,使得毛发伸长,当相对湿度减小时,微孔中的水分蒸发,凹水面收缩,毛发缩短。

普通毛发上面沾有油脂,对感湿性能影响很大,用于制作毛发湿度表的毛发,一般要进行脱脂和滚压处理。一般采用酒精脱脂,也可以采用高温处理的方法脱脂。滚压处理后的毛发截面变成椭圆形、使表面微孔增大增多,增加了感湿表面积,减小了毛发的滞后系数,同时还可以改善毛发长度与相对湿度之间的线性关系。

毛发的长度随相对湿度增加而增大。当相对湿度从 0%增加到 100%时,毛发的总伸长量为原有长度的 2.5%。毛发的相对伸长量随着相对湿度的增加而减小,也就是说毛发的长度与相对湿度之间为非线性关系。当相对湿度从 30%变到 40%时,毛发的相对伸长量改变了 10.9%,而当从 80%变到 90%时,只改变了 4.9%。盖·吕萨克根据实验数据曾建立了毛发相对伸长量与相对湿度之间的近似对数关系,称为盖·吕萨克定律:

$$\lg U' = 1.086\frac{\Delta L}{\Delta L_0} + 0.918 \qquad (6.3.1)$$

式中,U'为相对湿度;ΔL_0 为相对湿度从 0%变化到 100%时的毛发总伸长量;ΔL 为某一相对湿度下的毛发伸长量。$\Delta L/\Delta L_0$ 称为毛发的相对伸长量。

根据盖・吕萨克定律由毛发伸长量计算得出的相对湿度值 U'以及实际相对湿度 U 值列在表 6.4 中。从表中可见,盖・吕萨克定律在相对湿度 30%以上时误差较小。

表 6.4　毛发相对伸长量与相对湿度的关系(%)

U	0	10	20	30	40	50	60	70	80	90	100
$\frac{\Delta L}{\Delta L_0}$	0	20.9	38.8	52.8	63.7	72.2	79.2	85.2	90.5	95.4	1.0
U'		14.0	21.8	31.0	40.7	50.3	60.0	69.7	79.6	90.0	100.9
$U'-U$		4.0	1.8	1.0	0.7	0.3	0.0	−0.3	−0.4	0.0	0.9

毛发长度随相对湿度的变化,在增湿过程和减湿过程中是不同的。相对湿度在35%以上时,增湿过程的毛发伸长量比减湿过程的收缩量大;35%以下时,减湿过程的毛发收缩量比增湿过程的毛发伸长量大。

6.3.1.3　误差源

利用毛发测量湿度,引起误差的原因较多,主要来源于以下三方面。

1. 感湿滞后性

实验结果表明,毛发表的示度常常落后于湿度的实际变化。当相对湿度从 U_0变化到 U 时,毛发湿度表的示度随时间的变化率与温度表的感温特性一样,皆可以用一阶微分方程表示:

$$\frac{\mathrm{d}U}{\mathrm{d}t}=-\frac{1}{\lambda_h}(U-U_0) \tag{6.3.2}$$

式中,λ_h为毛发的滞后系数,但并不是常数,随温度、相对湿度和风速而变化。

表 6.5 表示了不同温度下毛发的滞后系数与 15 ℃时的滞后系数的比值。可以看出,气温越低,毛发的滞后系数越大,−20 ℃时的滞后系数要比 15 ℃时滞后系数大 13 倍以上;而到−40 ℃以下,毛发几乎失去了感湿能力。毛发湿度表一般用于气温在−10～−20 ℃时进行湿度测量。

表 6.5　毛发的滞后系数 λ 与温度的关系

t/℃	30	15	0	−10	−20	−30	−40	−50	−60
$\lambda_t/\lambda_{15\,℃}$	0.4	1.0	2.8	5.0	13.2	45	135	400	1500

表 6.6 表示了不同湿度下的滞后系数与相对湿度为 100%时滞后系数的比值。可见,毛发的滞后系数随相对湿度减小而增大。相对湿度在 30%时,毛发的滞后系

数已经是 100%时的 11.5 倍了,这说明低湿时毛发的感湿特性变差很多。

毛发的滞后系数还与风速有关,风速越大,滞后系数就越小。这种现象在高湿时表现得很明显。

表 6.6　毛发滞后系数与湿度的关系

U/%	10	20	30	40	50	60	70	80	90	100
$\lambda_{\mu}/\lambda_{100\%}$	57.0	22.0	11.5	7.3	5.0	3.7	2.8	2.0	1.4	1.0

WMO 建议,性能良好的毛发湿度表应能在气温 0～30 ℃,相对湿度为 20%～80%时,在 3 min 内指示出相对湿度阶跃变化的 90%,并达到 3%的相对不确定度。

2. 温度效应

温度变化对毛发测湿的影响来源于两方面,一是毛发的长度及滞后系数均会随温度变化,二是毛发通常被安装在金属框架上,金属框架的热胀系数与毛发不一样。

毛发的长度随温度的变化而伸长和缩短,如图 6.12 所示,在+1.5 ℃时最长。

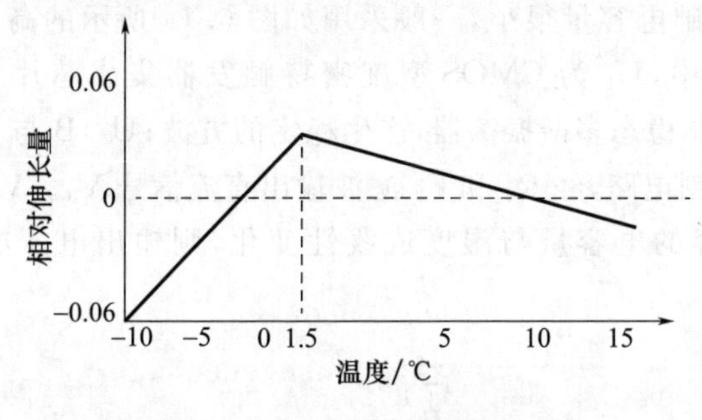

图 6.12　毛发的温度特性

3. 低湿瘫痪

当毛发湿度表在相对湿度低于 30%的环境中放置过久,湿度再回升时,毛发的滞后系数增大,感湿速度显著下降,称之为毛发的低湿瘫痪现象。如果毛发湿度表长期在低湿环境中使用,感湿速度显著下降会产生较大的测湿误差。此时,可将毛发湿度表放在饱和空气中活化,其感湿特性会逐渐复原。

6.3.2　高分子湿敏电容

芬兰 Vaisala 公司生产的 HUMICAP 湿度传感器是一种利用高分子聚合物作为感湿元件制成的薄膜湿敏电容。湿敏电容的尺寸可以做得很小,基本上不会改变被测环境,常温下响应速度快,是目前自动气象站和无线电探空仪上使用较多的一种测湿元件。

6.3.2.1　组成结构

HUMICAP 湿度传感器的结构非常精巧,如图 6.13 所示,由高分子聚合物膜、上电极、下电极和玻璃基板等组成。在一个坚固的玻璃衬片 a 上,制作有上下电极 d 和 b 以及高分子聚合物薄膜 c,聚合物层约 1 μm 厚。上电极是用真空蒸镀法制成,能良好渗透水汽;下电极用腐蚀法制成,电极材料是贵金属和碳,e 为引线。

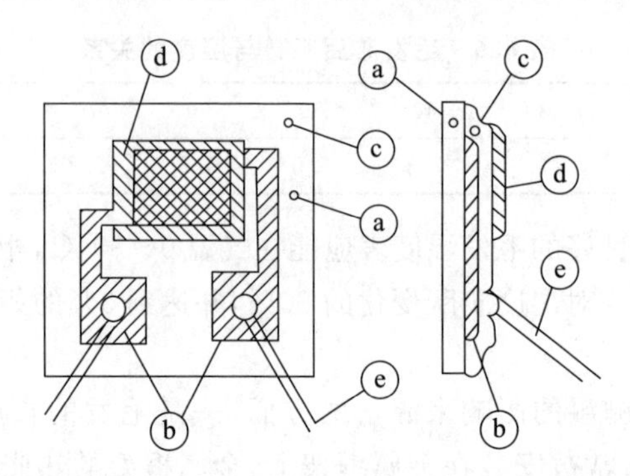

图 6.13　HUMICAP 传感器结构(左:俯视图;右:侧视图;图中标记见正文)

湿敏电容的基础电容量很小,一般采用如图 6.14 所示的高频振荡电路对湿敏电容进行测量。图中,U_1 为 CMOS 型施密特触发器集成芯片 MC4093,U_1:A 与 R_1、C_1 组成了一个非稳态多谐振荡器,产生稳定的方波;U_1:B 与 R_2、R^* 及湿敏电容器组成一个脉宽调制电路,经 R_3 和 C_2 滤波输出直流信号 V_0。V_0 与 $C_{s108}(R_2+R^*)$ 成正比,而湿敏电容的电容量与湿度成线性变化,则输出电压亦随着湿度而线性变化。

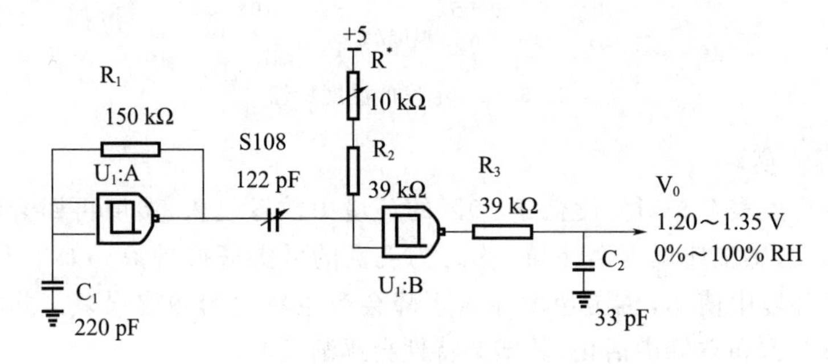

图 6.14　湿敏电容的高频振荡测量电路

6.3.2.2　测湿原理

高分子聚合物膜对水分子具有吸附和释放作用。在吸湿过程中,水分子与薄膜分子形成链,在聚合物“链”位置上占有的水分子的相对数目,与环境相对湿度有关。水分子被聚合物束缚后,由于水分子具有较大的偶极矩,从而改变了聚合物的介电特性,由上下两个电极和聚合物膜组成的电容就发生了改变。因此,湿敏电容是利用聚合物膜吸附和释放水分子而使电容发生变化的特性进行湿度测量的。

湿敏电容的电容值随相对湿度的变化关系如图 6.15 所示,具有下述三个特点。

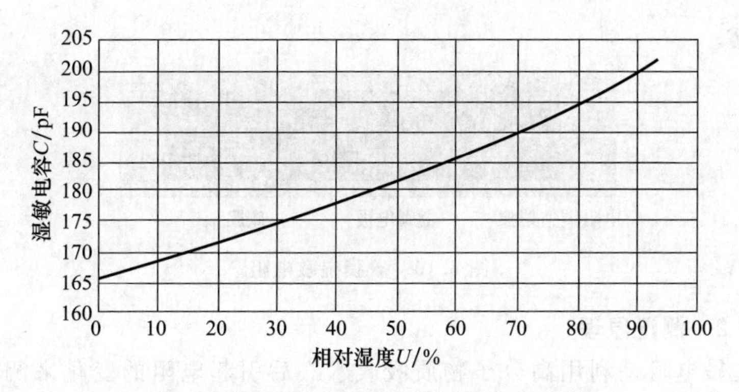

图 6.15　湿敏电容值随相对湿度的变化曲线

(1)湿敏电容值 C 与相对湿度 U 之间并不完全呈线性关系,而是一个复杂的函数关系(苏腾 等,2014)。图 6.15 中所示的曲线可以用下述方程近似描述。

$$C(\mathrm{pF})=C(55\%\mathrm{RH})(1.25\times10^{-7}U^3-1.36\times10^{-5}U^2+2.19\times10^{-3}U+9.0\times10^{-1})$$

(2)湿敏电容值的电容值不大,通常在几十到几百 pF,主要依赖于电极的大小和电极之间的距离。

(3)湿敏电容变化率小,相对湿度从 0 变化到 100%时,电容的变化只有 50 pF 左右,如果要使相对湿度测量分辨力达到 1%,则电容的测量分辨力就要达到 0.5 pF,这对测量电路提出了较高的要求。

6.3.2.3　误差源

1. 感湿滞后性

常温条件下,湿敏电容的动态响应较迅速,时间常数在 30 s 左右,因此,常温下滞后误差较小,为 1%～2%。但是在低温下,大气中的水汽密度很小,湿敏电容难以与空气湿度取得平衡,造成滞后误差明显增大,甚至大到 20%。因此,湿敏电容在低温时,测量性能下降明显。

2. 杂质污染

湿敏电容属于吸附元件,在测量过程中必然会受到空气中各种杂质的污染,从而引起其基点漂移,年漂移可达 1.0%RH,因此其检定周期较短,一般要求每半年检定一次。在污染严重的地区,基点漂移量甚至更大,而湿敏电容不能再生,只能将之报废。

6.3.3　碳膜湿敏电阻

6.3.3.1　组成结构

在有机玻璃的条形基片上,浸渍上一层羟乙基纤维素膜,膜内均匀地分布着碳黑粒子,成胶状体,在基片长边两侧溅射上银电极,就制成了碳膜湿敏元件,如

图 6.16所示。

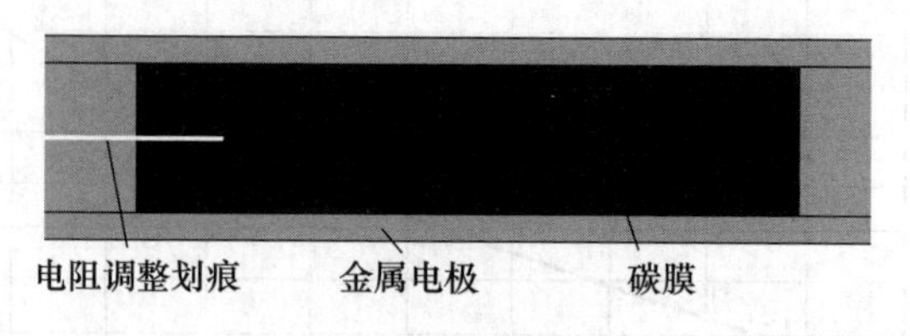

图 6.16　碳膜湿敏电阻

6.3.3.2　测湿原理

碳膜湿敏电阻是利用高分子物质吸收水汽后引起电阻的变化来测量湿度的。由于碳黑粒是导电的,纤维素是长链结构。湿度较低时,纤维素成卷曲状,碳粒子被压缩,粒子间接触的概率增大,电阻减小;湿度升高时,纤维素吸水而伸长,碳粒子的接触概率减小,电阻增大。

碳膜湿敏电阻随相对湿度之间的变化关系具有以下几个特点:

(1)灵敏度高,相对湿度为 10%～100%时,电阻变化可达 5 kΩ～1 MΩ 以上。

(2)响应迅速,时间常数仅有 0.2 s 左右。

(3)非线性较大,且具有明显的温度系数。图 6.17 表示了湿敏电阻在某一湿度下的阻值与相对湿度为 33%时阻值的比值随相对湿度的变化关系。从图中可见此关系不仅与温度有关,而且是非线性的(杨子宾 等,2010)。

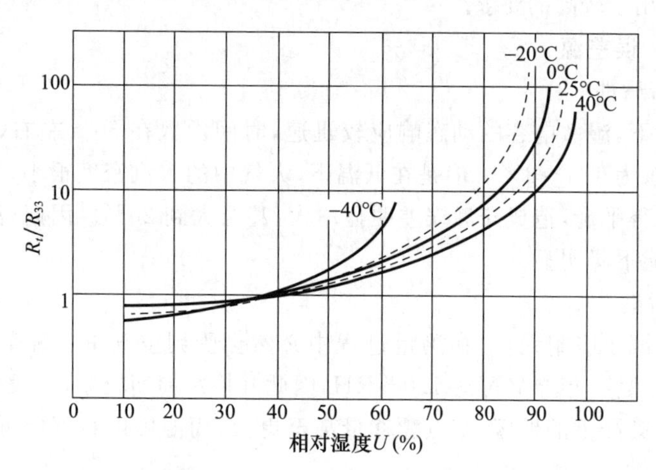

图 6.17　碳膜湿敏电阻 R_t/R_{33}～U%的检定曲线

(4)基点稳定性差,只能在一至两天内保持相对稳定。因此,碳膜湿敏元件一般应用在探空仪之类的一次性仪器上,并且在施放前必须进行基值测定,测定后要立即使用,超过两个小时不用就必须重新进行基值测定。

6.4　凝结法测湿

6.4.1　冷镜式露点仪

6.4.1.1　测量原理

在等压条件下，湿空气冷却达到平水面饱和时的温度，称为露点温度。此时湿空气达到饱和，水汽会凝结形成露滴。为了能对露滴进行检测，可对一镜面进行降温，这样就导致镜面附近的湿空气降温，当湿空气降温达到饱和时，就会在镜面上凝结形成露，并被检测出来，测量出刚形成露时的镜面温度，就可获得露点温度。这就是冷镜式露点仪测量露点的基本原理。

冷镜式露点仪是目前各种测湿仪器中唯一可以在气象上全温度测量范围内达到较高准确度的测湿仪器，在低温下，它也能达到相当高的准确度（王晓蕾 等，2014）。由于长期野外使用会导致镜面污染严重，造成露点温度测量不准，且价格较贵，露点仪一般作为湿度标准仪器使用，还没有应用到日常气象观测业务中。根据测量准确度不同，冷镜式露点仪有一等和二等湿度标准器，也有使用级观测仪器。

6.4.1.2　组成结构

冷镜式露点仪主要由感应器、热控制装置和凝结物检测装置三部分组成。

1. 感应器

感应器是一个高度抛光的薄金属镜面，常用银、铂等材料制成，反光能力强，导热率也很强；也有用玻璃等材料制成。样气流经镜面，冷却降温，形成露或霜，此时的镜面温度即为露点或霜点温度，通常采用铂电阻或热电偶温度传感器测量。

2. 热控制装置

热控制装置主要用来控制镜面冷却降温，使流经镜面的样气形成露或霜；也可以控制加热器，使镜面增温，清除露或霜。常用的是半导体热电式冷却器，通过改变其电源极性，冷却器就可以变成加热器。

3. 凝结物检测装置

凝结物检测方法主要有光电法、振动频率法、声表面波探测法、CCD 图像识别法等。

(1)光电法。主要利用镜面凝结物改变镜面对入射光的反射特性来检测有无露霜生成，如图 6.18 所示。当镜面无凝结物时，入射到镜面的光束几乎全部被反射到另一侧的光电感应器件上；若镜面上结有露或霜，露霜会影响镜面的反射特性，使光电感应器件接收的信号减弱；然后由镜面下方的温度传感器检测镜面温度，从而获得露(霜)点温度。实际使用时通常采用双光路法，通过两光电管输出电流的差异来判断是否出现凝结物。

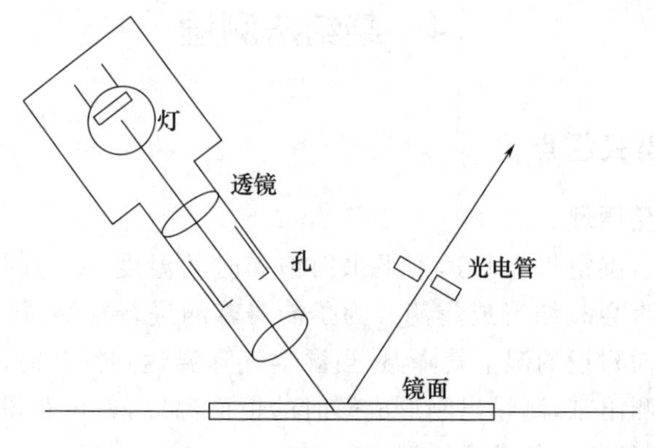

图 6.18　光电法检测原理图

(2)振动频率法。其原理是采用石英晶体振动频率的变化来检测凝结物的形成。石英振子的一个表面与被测空气接触,作为凝结面,另一表面与热电冷却、加热器接触作为冷却面,如图 6.19 所示。当凝结面因冷却出现凝结物时,由于质量效应,石英振子共振频率发生偏移,表明出现露,将此结露信号送到控制器,控制器会给冷却器一个控制信号,中止冷却,温度回升,经过反复的加热、冷却,达到一定的平衡状态。此时,石英振子的表面温度就是露点温度。

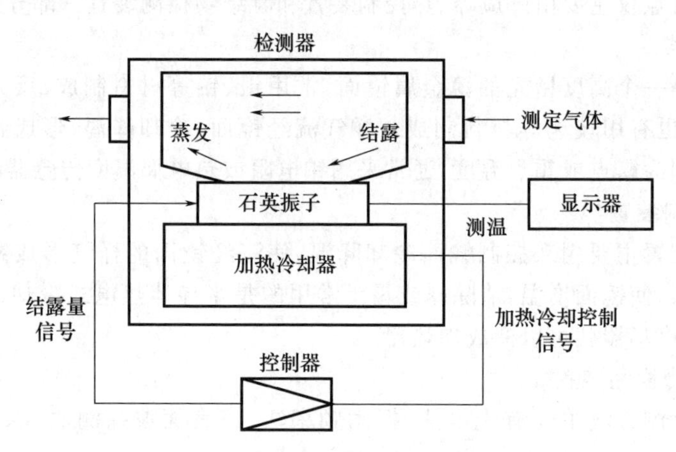

图 6.19　振动频率法检测原理图

(3)声表面波探测法。主要利用露霜对声表面波频率的改变来进行凝结物状态的检测。利用压电石英晶片可将电磁波转换为声波,并在作为凝结镜面的石英晶体表面传输。当镜面无凝结物时,接收到的声表面波频率变化不大;当有凝结物生成时,接收信号的频率会发生变化,通过对接收信号的判断从而快速准确地判定露或霜的状态,并用铂电阻测出此时的露点温度或霜点温度,如图 6.20 所示。

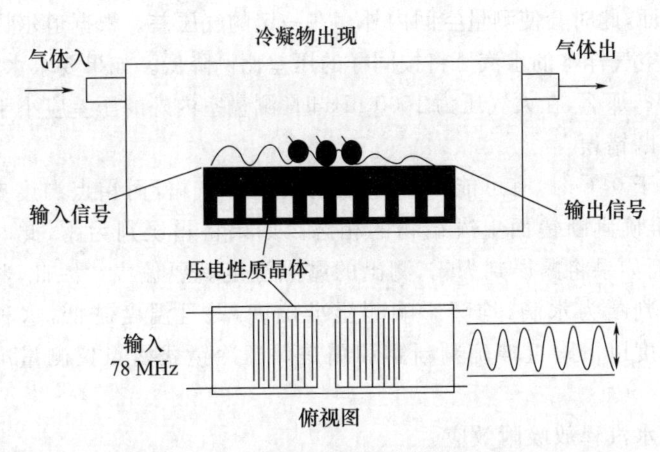

图 6.20　声表面波探测法检测原理图

(4)图像识别法。其原理是利用微型摄像机对凝结镜面进行高速拍照,获取露霜凝结的图像信息,通过图像识别算法进行凝结物生成的检测以及凝结物相态的识别,如图 6.21 所示(杨会兵 等,2020b;赵世军 等,2020)。

6.4.1.3　误差源

冷镜式露点仪的测量误差,主要来源于以下几个方面。

1)凯尔文效应

由于生成的露为球状,其表面的饱和水汽压要比平水面的饱和水汽压高,计算结果表明镜面的结露温度要低于真实的露点,误差可在 0.1 ℃以上。

2)拉乌尔效应

由于空气和镜面不干净,将有一定量的可溶物质溶入露滴中,形成盐溶液,而盐溶液的饱和水汽压低于同温度下纯水的饱和水汽压,因而会使测量值比真实露点偏高。实验结果表明,受镜面杂质的影响,镜面凝结过程和消散过程的时机均有提前,将增大露点仪的测量误差。因此,镜面自清洁技术成为露点仪可靠工作的关键(杨会兵 等,2020a)。

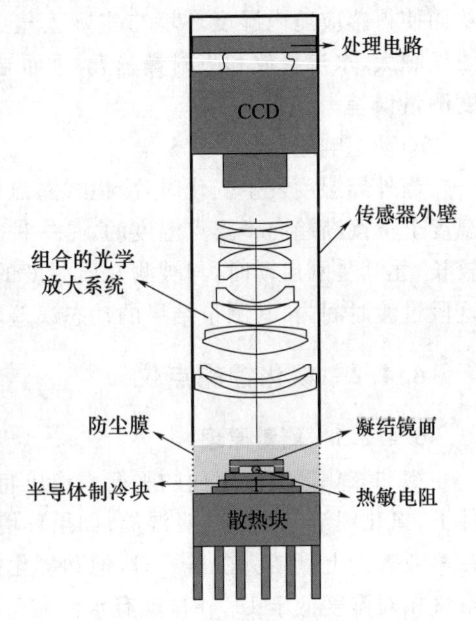

图 6.21　图像识别法检测原理图

3)压力效应

大多数露点仪均采用吸入式进行湿度的测量,即用气泵将被测气体吸入使其强制流过传感器镜面,此时会使测量空间内外存在一定的气压差。根据道尔顿分压定律,进入测量空间的空气样本的水汽压将按同样的压差比例降低。如果要求水汽压测量的准确度达到0.5%,那么,在大气压为1000 hPa时,测量室内外的压差应小于5 hPa。

4)相态判断错误

当露点低于0 ℃时,有可能形成露,也有可能形成霜,而霜点温度要比露点温度低,因此必须准确判断镜面上凝结物的相态。如果将霜误判为露,此时测出的露点温度要偏低;而如果将露误判为霜,测出的露点温度就要偏高。因此,将水滴判断为冰晶或将冰晶判断为水滴,均会影响测湿准确度,并且温度越低,这种测量误差越大。因此在零度以下附近准确判断露和霜是保证冷镜式露点仪测量准确度的重要基础。

5)涂层的水汽释放吸附效应

露点仪实际工作过程中,环境温度并不是恒定不变的,尤其要将其作为地面湿度观测仪器使用或在探空仪上使用时,环境温度甚至有−90~50 ℃的变化。实验结果表明:环境温度及其变化使得传感器感应舱内壁及镜面涂层会释放和吸附水汽,升温时会释放水汽,降温时会吸附水汽;温度变化越大,水汽释放和吸附量也越大,从而使得感应舱内湿度环境与实际大气的湿度环境不一样;相同温度变化下,水汽浓度越大,水汽释放和吸附量越大;进而导致被测气体的水汽浓度发生变化,造成湿度测量误差。

6)动态响应

当外界湿度发生变化时,冷镜式露点仪的示度是以阻尼振荡的方式在实际露点温度上下逐渐趋向于露点温度的,是一种二阶响应。这种二阶响应系统的稳定时间较长,尤其是刚启动时,与被测介质湿度的平衡时间一般需要10 min到20 min。在这段过渡时间内,其测量结果的动态误差较大,误差的大小和符号都在变化。

6.4.2 氯化锂露点仪

6.4.2.1 测量原理

饱和氯化锂溶液表面的平衡水汽压特别低。因此,在近地面空气湿度的典型条件下,氯化锂溶液是极端吸湿的;如果环境水汽压高于溶液的平衡水汽压,水汽将会在溶液表面上凝结。在0 ℃时,饱和氯化锂溶液平面上饱和水汽低于1 hPa,因此当空气相对湿度低于15%时,就有水汽在盐溶液表面凝结。

氯化锂露点仪利用了氯化锂盐溶液面上的饱和水汽压明显低于纯水面饱和水汽压以及两者之间具有稳定关系的原理进行湿度测量的。如图6.22所示,纯水面的饱和水汽压和氯化锂盐溶液面上的饱和水汽压均是温度t的单值函数,随温度增加而增大,且氯化锂盐溶液面上的饱和水汽压要始终比同温度下的纯水面的饱和水汽压小很多。

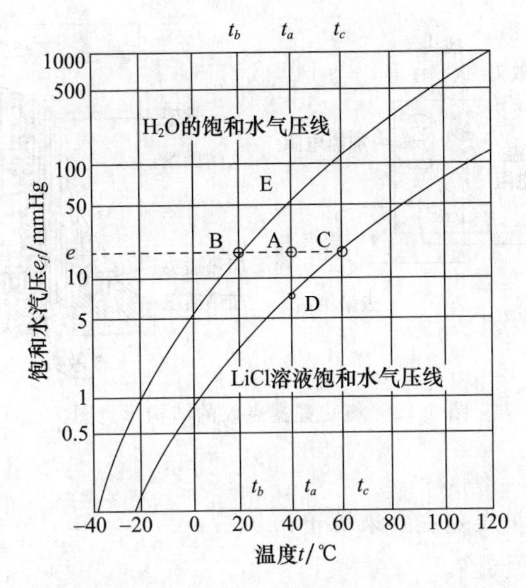

图 6.22　氯化锂溶液面上及纯水面上的饱和水汽压与温度的关系

假设氯化锂的水溶液暴露在气温为 t_a，水汽压为 e 的大气中，用图中 A 点来表示大气的实际状况，它是等 t_a 线与等 e 线的交点。该点对于同样温度的水面来说并没有达到饱和，而对于同样温度的氯化锂溶液来说已经是过饱和了。通过 A 点作水平线，也就是等 e 线，与两条饱和水汽压曲线分别交于 B 点和 C 点，此时温度 t_b 就是露点，温度 t_c 称为露池温度，与露点温度 t_b 是一一对应的。确定了露池温度 t_c，也就确定了露点温度 t_b。因此，如果通过加热的方法使氯化锂溶液温度上升到其饱和水汽压与大气中的水汽压一致时，即可达到平衡状态，所达到的温度就是平衡温度 t_c，也是露池温度 t_c。−12～25 ℃的露点温度范围对应 17～71 ℃的露池温度范围。

6.4.2.2　组成结构

图 6.23 是氯化锂露点仪结构示意图，其探头是涂有氯化锂的玻璃纤维，玻璃纤维上绕有平衡的两根金丝电极。接通电源，开始时，由于实际水汽压比氯化锂盐溶液的饱和水汽压大，玻璃纤维上的氯化锂就要吸收水汽，水汽吸收后，溶液的电导增大，电流加大，开始对氯化锂溶液加热，温度上升，其饱和水汽压也随之增大。这样又会从溶液中蒸发出水分，氯化锂溶液浓度逐渐增加，析出电阻率很高的盐结晶体，电导反而急剧下降，加热减慢，并自动停止。一旦停止加热，溶液温度下降，又要从空气中吸收水汽，溶液电导增大，电流增大，又会进一步对溶液加热，最后达到平衡状态。此时的平衡温度即露池温度 t_c，可以用热敏电阻或铂电阻温度传感器测量出来，并根据露池温度 t_c 和露点温度 t_b 的对应关系计算出露点温度。这就是氯化锂露点仪的工作原理。氯化锂露点仪具有较高的测量准确度和稳定性。

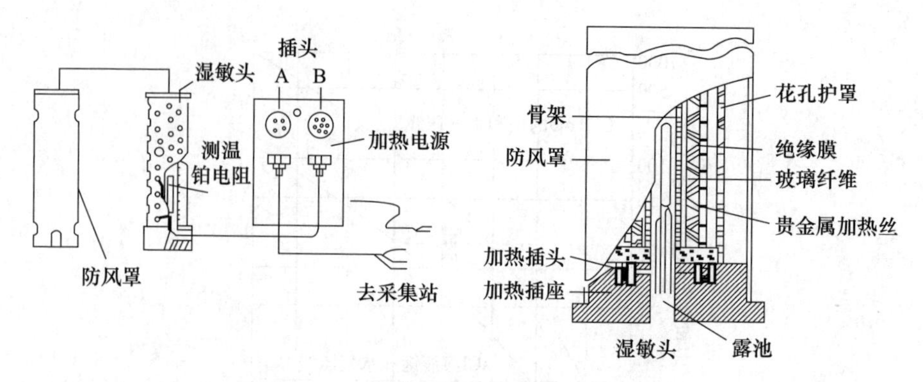

图 6.23　氯化锂露点仪的结构示意图

6.4.2.3　误差源

氯化锂露点仪测量误差主要来源于：

(1)露池温度测量误差。

(2)露池平衡温度的不稳定性。饱和氯化锂的平衡水汽压取决于水合物与水溶液的平衡状态。氯化锂水合物有四种，每种水合物的平衡温度会有所差异，而在某些临界温度下，可能会有两种水合物可与水溶液达到平衡。在相当于露点为－12～41 ℃的溶液温度范围内，通常出现单水合物。低于－12 ℃时，双水合物形成，而高于41 ℃时，无水氯化锂形成。接近转换点时，平衡温度不稳定，不确定性可达到1 ℃，由此可导致推算的露点值的不确定性为±3.5 K。通过加入少量的氯化钾(KCl)后，－12 ℃的露点下限可以延伸到－30 ℃，增大量程范围。溶液被污染后，这种不确定性将会增大，甚至无法使用。

(3)通风的变化会影响热交换机制，从而影响热平衡的稳定性，造成露点测量误差。

习　题

1. 简述水汽压、露点温度和相对湿度之间的关系。
2. 为什么大气湿度的测量至今仍是较为困难的问题？
3. 评述各种测湿方法，说明相应测湿仪器的被测量。
4. 试述干湿表测湿原理。
5. 在干湿表的技术发展过程中，出现了哪些类型的干湿表，它们的区别在哪里？
6. 请解释人为因素均会造成干湿表测湿偏大的理由。
7. 根据干湿表的测湿特点，请设计一套利用干湿表测湿的观测程序和方法。
8. 为什么毛发湿度表测湿存在较大的滞后误差？什么是毛发的瘫痪效应？毛发的滞后系数与哪些因素有关？

9. 查阅资料,说明湿敏电容的高分子聚合物薄膜可用哪些材料制作?

10. 为什么湿敏电容在使用一段时间后要重新检定甚至更换?

11. 为什么碳膜湿敏电阻在使用前需要进行性能检查?

12. 分别计算空气温度为 50 ℃和－50 ℃时的饱和水汽压,并计算相对湿度均为 50%时的实际水汽压,温度不同对湿度测量精度有何影响?

13. 从测量腔体、镜面状况及其判断、控温过程、露点温度和环境温度测量等全面分析可采取哪些措施提高冷镜式露点仪测量准确性?

14. 冷镜式露点仪为什么要降温? 而氯化锂露点仪为什么要加热?

15. 若相对湿度测量误差要求为±5%,计算温度为 15 ℃和－30 ℃时,相对湿度为 100%和 20%时所允许的露点温度测量误差,由此说明露点仪测湿的特点。

16. 假设干球和湿球温度表的测量误差为 0.1 ℃,气压测量误差为 1 hPa,A 值误差为 1.5%。计算:干球温度为 20 ℃,P=1000 hPa,A 值为 7.947×10^{-4} ℃$^{-1}$,相对湿度为 75%时,干湿表的相对湿度测量误差。

17. 查阅资料,说明目前湿度测量技术的新进展,写成读书报告。

参考文献

苏腾,王晓蕾,叶松,等,2014. 气象用湿敏电容传感器的稳定性测试与分析[J]. 中国测试,38(2):4.

孙学金,王昆鹏,卫克晶,等,2018. 基于双路声表面波器件补偿型的露点传感器[P].

王昆鹏,孙学金,李岩峰,等,2018. 基于声表面波敏感元件的露点传感器[P].

王晓蕾,2013. 湿度测量仪器的研究现状和技术特点分析[J]. 气象水文装备,24(5):1-5.

王晓蕾,苏腾,白晓刚,2014. GE 露点仪性能分析[J]. 气象科技,42(6):5.

杨会兵,王晓蕾,高澜,等,2020a. 镜面杂质与水汽吸放对露点仪影响的实验研究[J]. 测控技术,39(3):5.

杨会兵,王晓蕾,宋海润,2020b. 显微成像式露点型温湿度传感器静态测试与性能分析[J]. 中国测试,46(3):6.

杨子宾,王晓蕾,张伟星,等,2010. 基于径向基函数神经网络的湿度传感器特性曲线拟合[J]. 气象科技,38(2):4.

赵世军,王晓蕾,杨会兵,等,2020. 一体化的空气露点温度测量探头[P].

WMO,2018. Guide to Instruments and Methods of Observation,2018 edition[Z]. Geneva:WMO.

第 6 章　空气湿度的测量
电子资源

第7章　气压的测量

【学习指导】

1. 理解气压概念，掌握百帕与毫米汞柱单位之间气压值的换算；

2. 熟悉电子式、谐振式测压传感器种类、结构原理与特点，理解科学与技术的关系；

3. 了解力平衡式测压仪器种类、结构原理、特点及应用场景，理解水银气压表发明的重大科学价值，树立科学始于测量的科学思想；

4. 会计算海平面气压、场面气压、修正海平面气压，并应用于飞机高度表设定，学以致用。

大气压强，简称气压，是指单位面积上所承受的空气压力，数值上等于单位水平面积上延伸至大气顶的垂直空气柱重量。气象上常用百帕作为气压的单位，英文简写为 hPa。1 hPa＝100 Pa。气压的单位还曾用标准状态下水银柱高度 mmHg 表示，1 hPa＝0.750062(mmHg)。

气压场分析是气象科学的一项基本需求，对于天气分析和预报具有重要意义。气压也是航空气象保障的重要参数，气压测量的准确性对飞机起降安全具有重要影响。气压的测量要尽可能地准确且一致。目前世界气象组织对气压测量准确度的目标要求是 0.1 hPa，传感器时间常数为 2 s，输出平均时间为 1 min(WMO，2018)。

测量气压的方法有多种，有力平衡式、电子式、谐振式等。传统的水银气压表、空盒气压表采用力平衡式原理进行气压测量；现代的硅电容、硅压阻压力传感器采用电子方法进行测压，将气压的测量转换为电容、电阻等电学参量的测量。振筒气压仪、石英振梁气压仪采用的则是谐振式测压法，将气压的测量转换为频率的数字化测量。

气象上所测的气压为静压，因此，在进行气压测量时需要注意避免气流对气压测量的影响。气象台站除了要观测气压表所在高度上的本站气压(station pressure)外，还要根据有关要求计算海平面气压(sea-level pressure)，机场气象台站还要计算场面气压(QFE)、修正海平面气压(QNH)等。

本章主要介绍了电子式、谐振式、力平衡式测压仪(传感器)的结构原理、误差来源及订正方法等可采取的措施，以及海平面气压、场面气压、修正海平面气压计算方法。

7.1　电子式测压

7.1.1　硅压阻气压传感器

7.1.1.1　结构原理

硅压阻传感器在20世纪60年代初出现，随着半导体工业和集成电路的迅速发展，到20世纪70年代已在航空、宇航及其他领域得到了广泛应用；目前，其性能已更趋完善，应用范围也更为广泛。

硅压阻气压传感器基于单晶硅材料的压阻效应进行测压。半导体材料在应力作用下，禁带宽度将发生变化，从而引起载流子的浓度和迁移率变化，使材料的电阻率改变。

硅压阻气压传感器主要由外壳、硅杯、应变电阻和引线等组成。在膜片的两侧，一边抽成真空，一边与外界空气相通，分别称为低压腔和高压腔，如图7.1所示。其核心部件是一圆形的硅膜片，直径仅几毫米。通常制成四周带圆环的硅杯，如图7.2a所示。膜片上有四个用集成电路工艺制成的等值应变电阻，如图7.2b所示，接成电桥形式，如图7.2c所示。

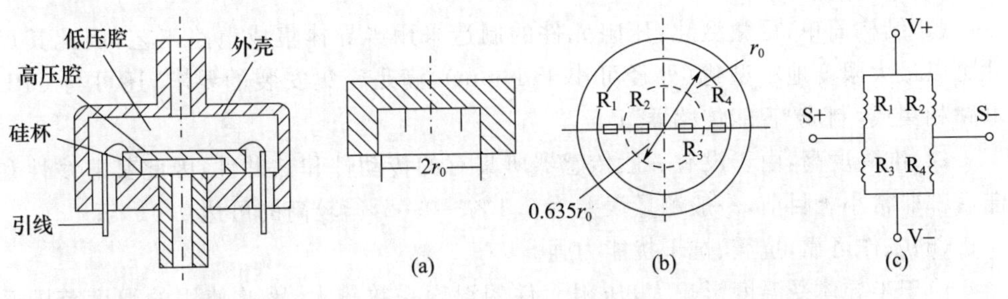

图7.1　硅压阻压力传感器结构

图7.2　硅环及桥路电阻布置图

若膜片两边存在压力差，四个电阻在应力的作用下，阻值发生变化，电桥失去平衡，输出相应的电压。经过放大，A/D转换和CPU处理后，利用电桥输出电压与膜片两边压力差的关系，即可测量出气压。

对于周边固定的圆膜片，在均匀分布的压力 P 作用下，将产生应变，其随径向距离的分布如图7.3所示。ε_t 表示切向应变，ε_r 表示径向应变。切向应变是拉应变，在 $r=r_0$，即在膜片的周边上 ε_t 为0，膜片中央切向应变最大。而对于径向应变，在距中心 $r_0/\sqrt{3}$ 处，ε_r 为零；在距中心小于 $r_0/\sqrt{3}$ 的距离上为拉伸应变，在距中心大于 $r_0/\sqrt{3}$ 的距离上为压缩应变。因此，应在距中心 $0.577r_0$ 半径的内外各扩散两个应变电阻，如图 7.2b 所示,并适当安排它们的位置使它们应变力的绝对值相等,符号相反,就可以得到最大的输出灵敏度和最理想的线性。

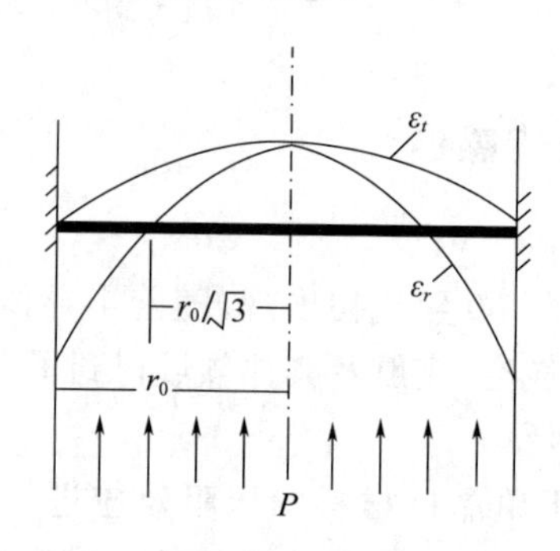

图 7.3 圆膜片应变分布曲线图

7.1.1.2 特点

硅压阻传感器具有以下显著的优点:

(1)灵敏度高:其灵敏度系数要比金属丝式应变片高 50～100 倍,因此其输出信号强,可达 100 mV 左右;

(2)频率响应高:敏感元件小而轻,刚度大,因此其响应速度快,频率响应可达几十千赫兹以上;

(3)结构简单,可微型化:压阻元件的制造采用半导体集成电路工艺,因此其尺寸可以最大限度地小型化(外径可小于 1 mm),满足密集安装的要求,还可与 CPU 电路相集成,制成“智能传感器”;

(4)准确度高:由于没有一般传感器所具有的传动件和黏贴件,因此其非线性和滞后都非常小。目前,一般测量误差为 0.1%～0.05%,较高的可达 0.01%;

(5)工作可靠,抗震、抗干扰能力强。

由于半导体受温度影响大,压阻元件的温度系数较大,因此使用的温度范围受到一定限制,通常用于 150 ℃以下。对于气象应用来说,温度影响较小,还可以采用硬件和软件的方法对温度影响加以补偿(王晓蕾 等,2013;杜利东 等,2016)。

目前我国研制出硅压阻气压传感器,并应用于自动气象站、无线电探空仪中(陈晓颖 等,2010;张伟星 等,2011)。

7.1.2 硅电容气压传感器

维萨拉公司于 1985 年研制出一种硅基微机械气压传感器 BAROCAP,这是一种结合单晶硅材料和电容测量两种先进技术于一体的新型气压传感器,已在气象以及工业测量等多个领域得到广泛应用。

7.1.2.1　结构原理

如图 7.4 所示，硅电容气压传感器由基极和硅膜组成，它们之间有一个低压小空腔（气压可低至 10^{-3} hPa），在硅膜和基极的内表面上涂上一层薄的金属层，构成电容的上、下两个电极。当环境气压增加或减少时，硅膜弯曲变化，引起传感器内部真空间隙距离的减小或增加，从而导致电容变化。通过测量电容的大小即可测量出环境气压大小。

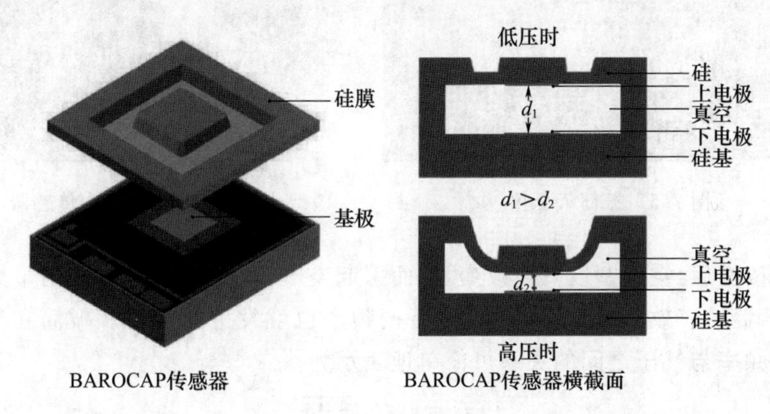

图 7.4　BAROCAP 传感器结构与工作原理示意图

7.1.2.2　特点

由于采用单晶硅材料，传感器具有很小的温度效应，且采用 MEMS 技术，传感器尺寸很小（约 1 μm），从而减小了由于传感器内部温度梯度变化引起的校准误差。此外，还具有较低的迟滞性、较好的可重复性、长期稳定性和较好测量精度等特点。

7.2　谐振式测压

7.2.1　振筒气压仪

7.2.1.1　结构原理

振筒气压仪是一种采用振筒压力传感器制成的测压仪器，如图 7.5 所示，从前面板的数字显示窗口能直接读取气压值，后面板的 RS-232 串行口可与计算机相连，实现气压测量的自动化和数字化。仪器分辨力为 0.01 hPa，测量最大允许误差为 ±0.4 hPa。振筒压力传感器如图 7.6 所示，左边的为振筒，右边的为带有测量电路的成品气压传感器。

根据弹性力学可得振筒的固有谐振频率 f 是振筒的等效刚度 σ_e 和等效质量 m_e 的函数

$$f=\frac{1}{2\pi}\sqrt{\frac{\sigma_e}{m_e}} \tag{7.2.1}$$

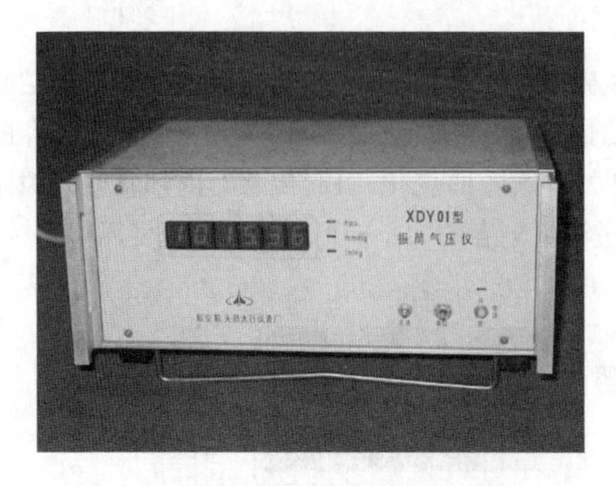

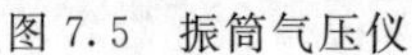
图 7.5 振筒气压仪

图 7.6 振筒压力传感器

气压改变后,空气密度发生改变,从而引起空气阻尼改变,这样作用于筒壁的应力改变,振筒的有效刚度改变,振筒的谐振频率也就发生改变了。振筒在气压为 p 时的谐振频率与气压之间的关系可简单地表示为

$$f_p = f_0\sqrt{1+\beta p} \tag{7.2.2}$$

式中,f_0为振筒内外压力差为零时的固有振动频率,只决定于振筒的尺寸和材料特性,β 为振筒的压力系数。

振筒压力传感器的内部结构如图 7.7 所示。其中 2 为振筒,其厚度只有约 0.08 mm,圆筒一端密闭,可以自由运动,另一端固定在基座上;在振筒的外侧再套上一个保护筒 1,振筒与保护筒间抽成真空,构成了真空参考腔 3,气压从进气嘴引入振筒内的工作腔 6,作用在振筒弹性体内壁上,使弹性体产生张力。保护筒还起到电磁屏蔽作用和机械支撑作用。5 是拾振陶瓷压电片,拾振压电片将拾取的振筒筒壁的应变信号通过正压电效应转换为电信号,并通过相移放大电路 A_1 放大后正反馈给激振压电陶瓷片,激振压电片通过逆压电效应产生压力应变,引起筒壁变形。激

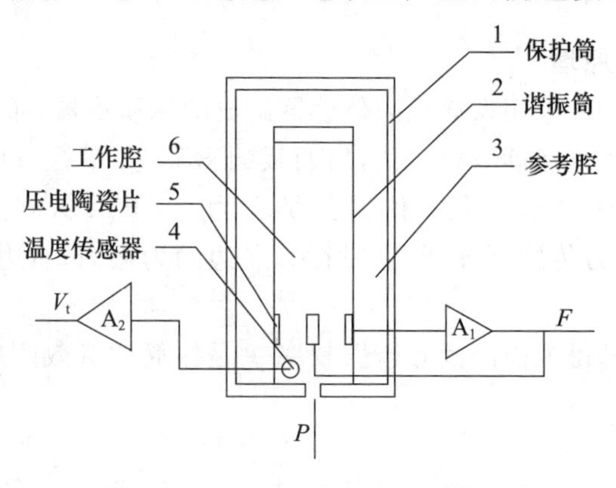

图 7.7 振筒压力传感器结构示意图

振压电片和拾振压电片均紧贴在筒壁上。当被放大的激励信号满足相位要求并足以克服振动阻尼力时，筒体便维持谐振状态。在振筒内壁上还贴有温度传感器，放大器 A_2 将温度传感器测得的振筒温度/电压信号 V_t 放大后，送到 A/D 芯片上，用于对压力传感器进行温度补偿。

振筒压力传感器是一种谐振式传感器，包括有两个重要环节：第一个环节是闭环自激环节，是构成谐振式传感器的条件；第二个环节是信号检测、输出环节，是实现被测量检测的手段。振筒是谐振子，工作时以其自身固有的振动模态持续振动，其振动特性直接影响着传感器的性能。压电陶瓷片是激振子和拾振子，是实现机电、电机转换的必要手段，为组成谐振式传感器闭环自激系统提供条件。相移放大器与激励、检测手段密不可分，用于调节信号的幅值和相位，使系统能稳定可靠地工作于闭环自激状态。检测输出装置用于检测周期信号的频率或周期、振幅值或振幅比、相位或相位差。补偿装置主要用于对谐振子的温度进行测量，再用气压与谐振子的周期和温度信号的定标方程实现温度误差的软件补偿。

在谐振式传感器中存在着两种振荡：一种是振子的机械振荡，另一种是检测电路的电振荡。振子自身具有一个固有的谐振频率，当激振子提供的激振力的振荡频率与振子的固有频率相等时，振子就会产生谐振，振幅最大，拾振子产生的电信号才能满足谐振电路的振荡条件，使电路也处于谐振状态。可见，电路的谐振频率必须等于振子的固有频率；否则，激振子将电路电能转换得到的激振力的振荡频率就会偏移振子的固有频率，振子就会渐渐停振。所以，谐振式传感器的机械振荡的频率和电振荡的频率是协调一致的，都统一在了振子的固有频率上。只要测量出电振荡的频率，就可以测量出振子的振荡频率。

7.2.1.2　误差源

振筒压力传感器的输出量是频率。当发生外界冲击、振动、加速运动和电源电压变化时，其输出频率的变化均很小，性能稳定，测量准确度高，被广泛应用于各种压力测量中，如飞机的高度表即采用振筒压力传感器。但温度和质量效应却会引起振筒固有谐振频率发生改变，从而使传感器产生测压误差。

1）温度效应

振筒谐振频率的改变，实际上是由于空气的密度发生改变后，引起了振筒的有效刚度发生变化而造成的。根据空气状态方程，在同样的气压下，空气的温度不同时，其密度也不同，即空气温度的改变也会引起振筒谐振频率的改变，从而造成气压测量误差。温度变化为 −50～50 ℃时，所引起的振筒固有频率的变化量约有 1%。因此，温度效应所引起的测压误差不能忽略，必须进行补偿。

软件补偿方法是在振筒气压传感器中增加一个温度传感器用以测量振筒温度，并在智能测量电路中嵌入定标方程。定标方程大多是在检定过程中，同时测量温度、气压和振筒谐振频率数据，通过回归拟合得到。（7.2.3）式是某个振筒气压传感器的定标方程。

$$p=a_1+a_2\tau+a_3\sqrt{\tau}+a_4\frac{1}{\tau^2}+a_5\frac{V}{\tau^3}+a_6\frac{1}{\tau^4}+a_7V+a_8V^4 \quad (7.2.3)$$

可以看出,气压 p 与振筒振荡周期 τ 和振筒温度电压值 V 之间是一个非线性的复杂关系。通过定标方程的计算,在检定的温度范围内,温度影响可基本忽略。

2)质量效应

振筒内部是与大气相通的,如果大气污染比较严重,特别是在盐分较大的海边,空气中的灰尘和盐分有可能在振筒的内壁上沉积,增加振筒质量,改变谐振频率;另外,空气中的水汽也有可能附着在振筒内壁上或凝结成水滴,同样也会增加振筒质量,改变振筒的谐振频率,造成测压误差。可在振筒进气口加装过滤丝网和干燥剂,减少水汽以及较大尘粒进入振筒内部,以减小测压误差。在湿度较大的地区使用振筒气压仪,要经常检查进气口处的干燥剂是否失效,如果失效,应及时复活或更换。

3)电路参数变化和干扰

仪器电路参数变化、故障以及电磁干扰等均会造成显示闪烁,示值不稳定,甚至出现短时间内示值增大或减小 1 hPa 以上的情况。若出现这种情况,可按清零键使仪器重新恢复正常;若不能恢复正常,应及时停止使用和送修。

7.2.2 石英振梁气压仪

7.2.2.1 结构原理

石英振梁气压仪是利用石英晶体振动梁的谐振频率随作用于其上的应力而变化的原理制成的测压仪。石英晶体振动梁传感器由石英晶体振动梁、隔离波纹管、平衡质量块、支撑结构梁和外壳等部分组成,内部有一个真空参考腔,如图 7.8 所示。

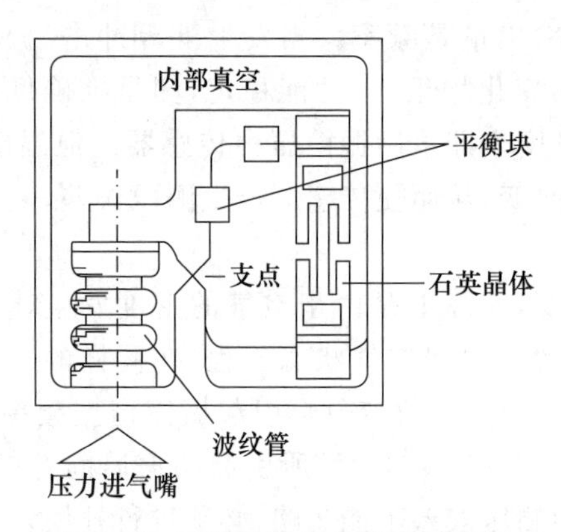

图 7.8 石英振梁压力传感器结构

气压作用在波纹管内腔的有效面积上,产生弹性力作用于杠杆,其力矩与石英晶体的应力力矩相平衡,引起石英晶体振动梁所受应力的变化,进而引起其谐振频率发生变化。其固有标称频率约为38 kHz,当受到满量程气压作用时,输出频率大约变化10%。通过电路测量出石英晶体振动梁的谐振频率就可以得到准确的被测气压值。

压力与传感器输出之间的关系可表示为传感器输出信号的频率或周期的函数,对于低频信号,测周法的测量精度较高,因此,被测压力 P 常用传感器输出信号周期 T 的函数表示。

石英振梁压力传感器结构上的全新设计,使其具有优良的测量性能和对环境因素的非敏感性。测量时,石英振梁完全不与被测压力接触,通过波纹管将压力传给敏感元件,有效地避免了被测气体对敏感元件的污染,可测量任何气体压力;平衡质量块用于平衡加速度的影响,使传感器对线性加速度和振动都不敏感,具有很高的测量准确度和稳定性,重复性好,迟滞性小。

7.2.2.2　误差源

由于热量的传递方式和传感器的自身能耗,任何类型的传感器要彻底摆脱温度的影响是不可能的。石英谐振器的谐振频率也受温度影响,其温度特性与杨氏模量的变化、热膨胀以及压电常数相关。这种温度导致的性能变化具有晶体特色,即是不变的、可重复、可测量的,则可以通过软件补偿加以修正。通常是在石英压力谐振器的同一块基片上再制作一个石英温度谐振器,并配有专门的电子振荡驱动电路。这样,石英压力传感器就有两路频率输出,一路反映压力变化(带有温度影响),另一路反映传感器的温度,两路信号包含了全部必要的信息,再通过调整与温度有关的标定方程中的系数来补偿温度造成的误差。

7.3　力平衡式测压

7.3.1　水银气压表

7.3.1.1　测压原理

由静力学方程可知,在大气处于静力平衡状态时,任一高度处的气压等于单位面积上从所在地点向上直至大气上界整个空气柱的重量。

水银气压表是利用一根管顶抽成真空的玻璃管内的水银柱的重力与大气压力相平衡的原理而制成的,如图7.9所示。

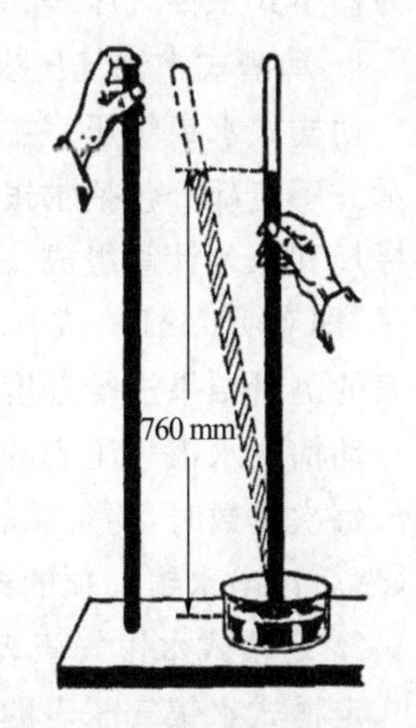

图7.9　水银气压表测压原理示意图

由于大气压力的作用,管内的水银柱将具有一定的高度,水银柱高度 h_{Hg} 与气压 p 之间的关系为

$$p=\rho_{Hg}(t)g_{\varphi,z}h_{Hg}(t,g_{\varphi,z}) \quad (7.3.1)$$

式中，$\rho_{Hg}(t)$为温度t(℃)时的水银密度，$g_{\varphi,z}$为测站纬度φ和海拔高度z处的重力加速度。可见，对于同一气压值，由于水银密度不同和测量地点的重力加速度不同，与之相平衡的水银柱的高度并不一样。为了保证水银气压表测量的水银柱高度能相互比较，国际上统一规定，在当地和当时温度下测出的水银柱高度均应换算成标准状态下的水银柱高度。

所谓标准状态，是温度为0 ℃，重力加速度为9.80665 m/s²。在温度为0 ℃时，纯水银的密度为$\rho_{Hg,0}=1.35951\times10^4\ kg/m^3$。因此，确定了标准状态后，水银柱的高度就可以作为气压的单位。标准状态下，单位面积上760 mm水银柱所产生的压强，规定为一个标准大气压，其数值为1013.25 hPa。因此，1 hPa=0.750062$(mmHg)_n$，1$(mmHg)_n$=1.333224 hPa，下标n表示标准状态。

在标准状态下，水银柱的高度与气压之间的关系为

$$p=\rho_{Hg}(0\ ℃)g_n h_{Hg}(0\ ℃,g_n) \quad (7.3.2)$$

由(7.3.1)和(7.3.2)式，可得(7.3.3)式

$$h_{Hg}(0\ ℃,g_n)=\frac{\rho_{Hg}(t)}{\rho_{Hg}(0\ ℃)}\cdot\frac{g_{\varphi,z}}{g_n}\cdot h_{Hg}(t,g_{\varphi,z}) \quad (7.3.3)$$

式中，$\frac{\rho_{Hg}(t)}{\rho_{Hg}(0\ ℃)}$称为温度订正因子，$\frac{g_{\varphi,z}}{g_n}$称为重力订正因子，其中包含了纬度和高度对重力加速度的影响。在实际大气状态下所测量的水银柱高度需利用(7.3.3)式经温度订正和重力订正后才能得到标准状态下的水银柱高度。

7.3.1.2 种类

利用上述原理可以制成实用的水银气压表。常用的有两种：一种是动槽式，又称为福丁式水银气压表；另一种是定槽式，又称为寇乌式水银气压表。

1. 动槽式水银气压表

动槽式水银气压表主要由感应部分、刻度部分和附属温度表等组成，如图7.10所示。感应部分包括水银、玻璃内管、水银槽和水银面调整螺旋。刻度部分由标尺、游标尺和象牙针等组成。利用游标尺，可以使得气压的读数分辨到标尺刻度的十分之一，即0.1 mmHg或0.1 hPa。附属温度表主要用于测定气压表的表温，以便对气压表的测量结果进行温度订正。

动槽式水银气压表的主要特点是标尺有一个固定的零点，即象牙针尖所处的位置。每次读数时，均须旋转水银面调整螺旋，将水银槽中的水银面调整到这个零点处，然后读出水银柱顶的刻度。

2. 定槽式水银气压表

定槽式水银气压表的组成与动槽式类似，但水银槽(图7.11)是一个截面积固定的铁槽，水银面高度不可调节，水银柱的基点随着气压的变化而变化。由于水银柱

的基点不断变化，为了准确测量出与大气压力相平衡的水银柱高度，采用了补偿标尺的方法。

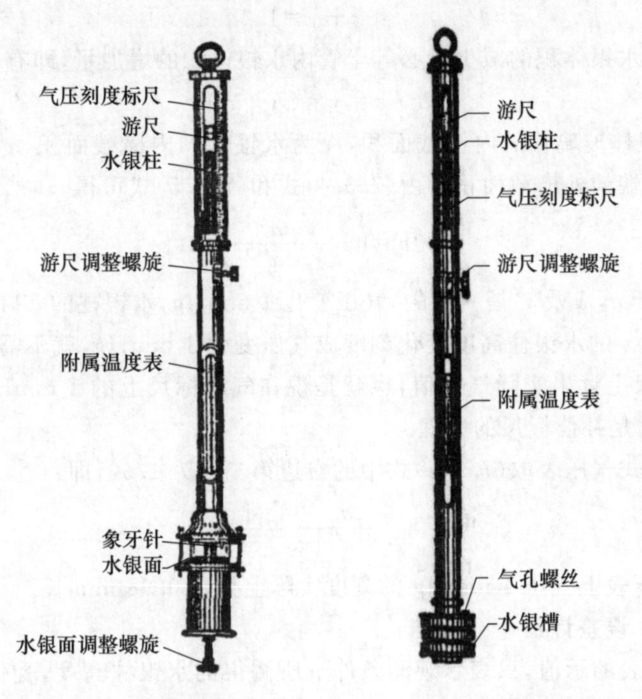

图 7.10　动槽式水银气压表　　图 7.11　定槽式水银气压

如图 7.12 所示，若气压增加，为了与外界的压力相平衡，水银柱在玻璃管内上升 x，必将引起水银槽内的水银面下降 y，则水银柱的基点就从 A 变化到 B。显然，为了测量出水银柱的高度，就必须不断移动标尺，使其零点与水银槽内的水银面对齐。实际上，定槽式水银气压表采用了一种补偿标尺的方法，可以不用移动标尺而直接准确测量水银柱高度。

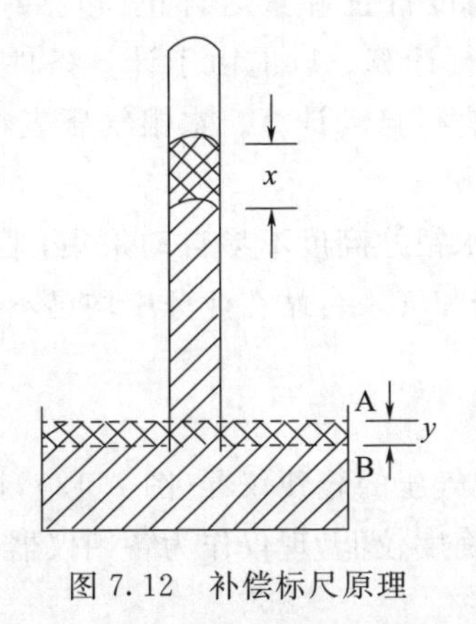

图 7.12　补偿标尺原理

假设气压升高 1 mmHg 时,玻璃管内的水银柱上升 x(单位:mm),而槽内的水银面同时下降 y(单位:mm),则有

$$x+y=1 \tag{7.3.4}$$

水银槽内水银体积的减少量必等于管内水银体积的增加量,即有

$$x\cdot a=y\cdot(A-a') \tag{7.3.5}$$

式中,a 为水银柱玻璃管的内横截面积,A 为水银槽的内横截面积,a'为插进水银槽中的玻璃管尾端的外横截面积。由(7.3.4)式和(7.3.5)式可得

$$x=1-\frac{a}{A-a'+a} \tag{7.3.6}$$

可见,由于 a,A 及 a'是一定的,气压变化 1 mmHg,水银柱的实际变化高度 x 是固定的。若将 x 的水银柱高度变化刻度成气压变化 1 mmHg,就不需要改变标尺零点,直接从标尺上读出实际气压值,也就是说在气压标尺上的 1 mmHg 实际上代表 x 的长度,这就是补偿标尺的原理。

国产定槽式气压表取(7.3.6)式中的右边第二项为 1/50,即:

$$\frac{a}{A-a'+a}=\frac{1}{50}$$

因此,气压表上气压 1 mmHg 的刻度实际上只是 0.98 mm 长。

7.3.1.3 误差订正

水银气压表的示值,只表示观测条件下所测得的水银柱高度,受仪器误差、温度和测点位置的影响,需要对示值进行器差、温度差和重力差订正,才能得到本站气压。

器差是由于制造条件的技术限制,以及制造材料的特性差异等造成的。温度变化不但会引起水银密度改变,还会使刻度标尺的长度随温度变化而伸缩。测站位置不同会造成测站当地的重力加速度与标准重力加速度不同。因此,水银气压表的示值,必须经过仪器误差订正后再订正到标准状态下的水银柱高度(h_0)。这种订正称为水银气压表的读数订正,主要包括器差订正、温度订正和重力订正。

器差通过检定获得。温度订正和重力订正(包括纬度重力订正和高度重力订正)均可通过一定的公式进行计算。以前由于计算条件的限制,常采用查表的方法进行,现在大都采用计算机进行自动计算。水银气压表在经过各种订正后的气压测量准确度一般应达到±0.3 hPa。

由于水银污染严重,且水银柱高度不易自动采集,难以实现自动化测量,在气象业务中已被淘汰。我国机场和气象台站在业务中均已不再使用水银气压表。

7.3.2 空盒气压表

空盒气压表是一种测定气压的轻便仪器(图 7.13),携带方便,操作简单,适合于野外条件下使用;但测压准确度较低,现仅作为备用仪器。

7.3.2.1　测压原理和结构

空盒气压表是以金属弹性膜盒作为感应元件，利用金属弹力和大气压力相平衡的原理来测定气压的。主要由金属弹性膜盒、调节放大机构、刻度盘和附温表等组成，如图 7.14 所示。金属弹性膜盒是由两片金属膜焊接成的扁圆形空盒，盒内抽成真空，或者残留少量气体。空盒底部固定，顶部可以自由移动，气压变化引起空盒变形，使膜盒顶端产生位移，直至膜片形变后产生的弹性应力和大气压力相平衡为止。因此，空盒形变位移的大小就与气压有关，而形变位移通过与之相连的指针指示。为了提高测压灵敏度，常常把几个空盒串接在一起组成空盒组。

图 7.13　空盒气压表

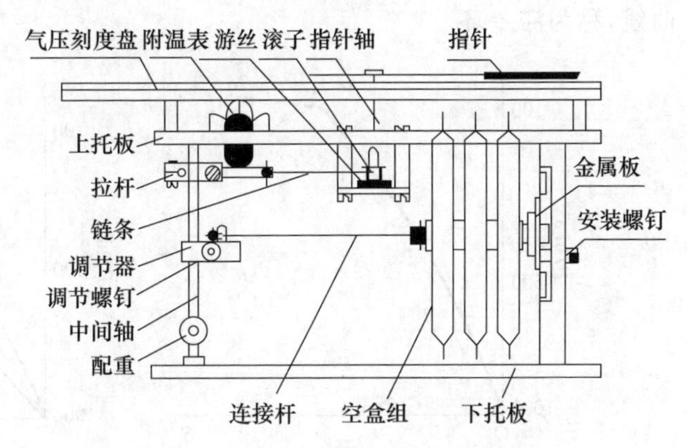

图 7.14　空盒气压表的内部结构

空盒的位移量通过机械传递方式进行放大指示，即为空盒气压表。目前已研制成功了将位移量转换为电容量进行测量的电容式空盒气压传感器，如图 7.15 所示，即将电容的一个极板与空盒的自由端相连，空盒形变就改变了电容极板之间的距离，从而改变电容值，将此电容连接到测量电路中，就可通过对电容的测量来指示出气压值。

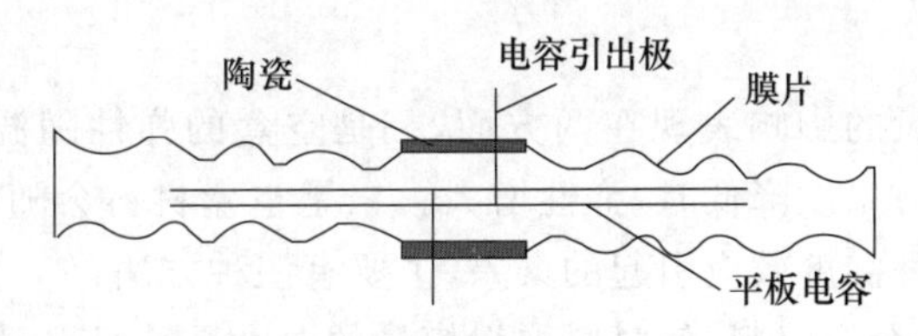

图 7.15　电容式膜盒

7.3.2.2　误差源

空盒的形变位移与气压的关系，主要决定于膜片的材料性能、波纹形状和波纹深度。因此，空盒的特性是影响空盒气压传感器性能的重要因子，也是引起误差的主要原因。

1)弹性后效

空盒随气压变化而发生形变,当气压稳定后,其形变仍将继续,这种弹性形变落后于弹性受压作用的现象,称为弹性后效。图 7.16 表明,当气压由 1000 hPa 降低到 100 hPa 时,空盒位移由 O 点变化到 N 点,如果气压维持在 100 hPa 不变,但空盒的形变并不停止,而是继续由 N 点变化到 M 点,造成测量误差。

空盒弹性后效所引起的一个显著现象是空盒的升压特性曲线和降压特性曲线不一致。图 7.17 表明,当气压由 1000 hPa 降至 100 hPa 时,检定曲线为 Oap;由 100 hPa回升到 1000 hPa 时,检定曲线为 pbO。升降检定线不一致构成的一个封闭曲线,称为滞差环。

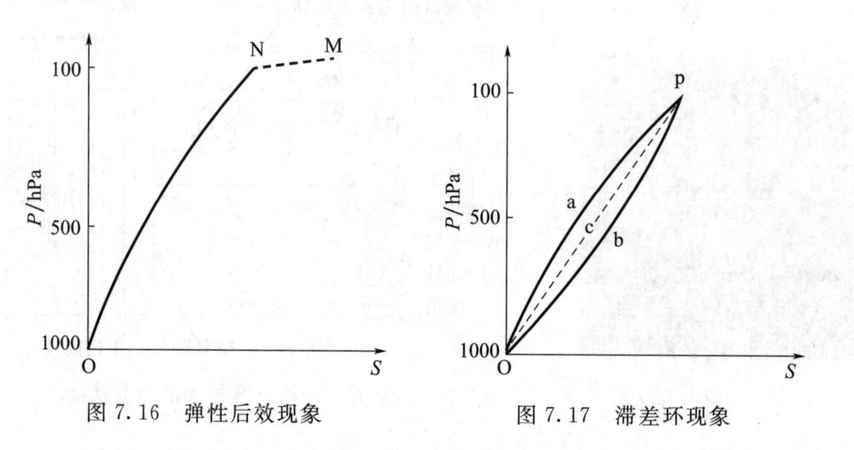

图 7.16　弹性后效现象　　图 7.17　滞差环现象

显然,当气压有大而急剧的变化时,例如出现强阵风时,气压会突然增大然后减小;或者遇到台风时,气压也会在短时间内出现较大的变化,如果气压回复到原来的状态,但由于空盒存在滞差环现象,其指示的气压值就与实际气压值存在偏差,即造成迟滞误差,也可称为滞差。在地面上测量气压时,很少遇到气压的这种急剧变化,滞差一般不会很大。

2)温度效应

温度效应对测量的影响表现在两方面,一是空盒的弹性随温度变化,当温度升高时,空盒弹性减小;温度降低时,弹性增大。二是空盒材料会随温度变化而热胀冷缩。消除或减少这种温度效应引起的误差,主要有三种方法:

(1)选用恒弹性合金材料,使材料弹性模量的温度系数很小,如采用镍铬钛合金。

(2)双金属片补偿法。双金属片安装在空盒底部的基座上,温度升高,空盒的弹力减弱,使空盒顶部自由端下降 $d\delta$;在底部的双金属片因温度升高而变形,使空盒底座提高 ds;当 $ds=d\delta$ 时,空盒的温度效应可得到补偿,如图 7.18 所示。根据理论分析,双金属片补偿法只能在一个气压点上实现温度误差的完全补偿;对其他气压点,只能部分补偿。

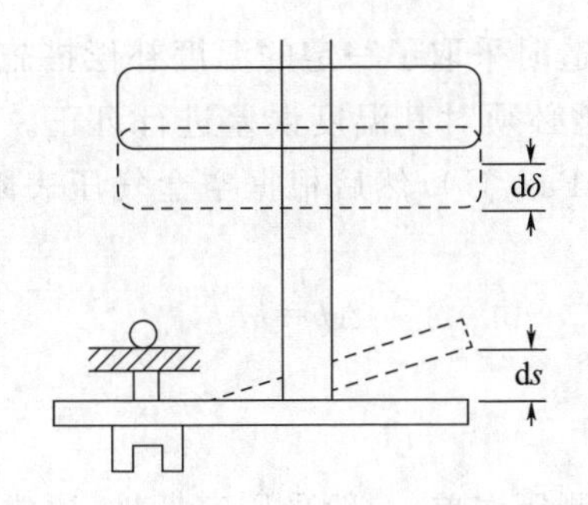

图7.18　双金属片温度补偿示意图

(3)残留气体补偿法。在制造空盒时,其内部不完全抽成真空,而是残留一定量的气体。温度升高,空盒的弹性应力减小,而盒内残余气体的压力却增大;当这两种变化相等时,空盒的温度效应可得到补偿。理论分析表明,残留气体补偿法只能在两个气压点上实现温度误差的完全补偿;而对其他气压点则只能部分补偿。

随着微处理技术的应用,温度效应的补偿除了可以从硬件上实现外,也可以从软件上实现。

除了上述弹性后效和温度效应引起的误差外,空盒材料的缓慢变化会造成空盒气压表的长期稳定性误差。这种影响只有定期地与标准气压表进行对比才能得出。为了保证空盒气压表测量的准确性,空盒气压表一般应一年检定一次以获得器差修正值、温度系数和补充修正值,每隔半年与标准气压表进行定期比对以获得新的补充修正值。

WMO规定,空盒气压表应满足下述要求,且经运输后,应仍能符合要求。

(1)必须有较好的温度补偿,当仪器的温度变化30 ℃时,读数的变化量不超过0.3 hPa,即温度系数应不大于0.01 hPa/℃。

(2)任何一点的标尺误差不应超过±0.3 hPa,而且在正常使用条件下,至少一年内仍然符合这个要求。

(3)迟滞误差必须很小,以保证在50 hPa气压变化前的读数与回到原值后的读数之间的差异不超过0.3 hPa。(现行的检定规程的合格标准远达不到上述要求)

7.3.2.3　误差订正

由于上述各种误差原因,空盒气压表的读数必须经过一定的订正后才能得到较准确的本站气压,包括刻度订正、温度订正和补充订正。

1)刻度订正

空盒气压表在制造过程中,由于部件不精细、装配不准确和刻度不均匀等原因引起的误差,称为刻度误差。订正气压读数的刻度误差,称为刻度订正。刻度误差可从仪器检定证中的刻度订正曲线上查取,随着气压的不同而不同。

2)温度订正

虽然空盒气压表在制造时采取了一定的温度补偿措施,但由于只能在个别气压点上实现完全补偿,因此还必须对其温度误差进行订正。订正时,先从仪器检定证中查出温度系数 α(单位:hPa/ ℃),然后根据空盒气压表附属温度表测量的温度值计算出温度订正值 Δp

$$\Delta p=\alpha t \tag{7.3.7}$$

式中,t 称为表温。

3)补充订正

空盒弹性后效引起的测压误差,一般采用定期地,通常是每隔半年,与标准水银气压表进行对比观测,来求出误差订正值,称为补充订正值。

空盒气压表在经过上述订正后,所得到的气压测量准确度一般可达到±0.5 hPa,性能较好的可达到±0.2 hPa。

7.3.3 气动活塞标准压力计

气动活塞压力计是基于气体压力与砝码重量相平衡的原理进行测压的。由于砝码质量的测量可以达到很高的准确度,而重力加速度也是可以准确计算或测量的,因此,用重力平衡法测量压力可以达到很高的准确度。一般用作一等、二等气压标准装置。测量范围为 14~1720 hPa,标称总不确定度为 0.0035%。

气动活塞压力计主要由活塞杆、砝码、真空罩、底座和压力控制器等组成;附属设备主要有真空计、真空泵和高压气瓶等。

气动活塞压力计配有标准砝码和配重砝码,其测量范围取决于配置砝码的数量和质量,可以在其测量范围内任意设置压力,由计算机自动计算出所需的标准砝码和配重砝码数。实际工作时,每检定校准一点都必须打开真空罩,重新配置砝码并抽真空,操作极为烦琐。

7.4 气压的计算

气压表所测气压只是所在高度的气压,即所谓的本站气压。气压是随高度变化的,高度不同,气压也就不同。WMO 规定,为了天气分析和预报的需要,必须把不同台站的本站气压订正到同一高度上。目前,对于地面气象观测台站来说,主要是统一换算到海平面高度上。通常海拔高度低于 1500 m 的气象台站应计算海平面气压,机场气象台站应计算场面气压、修正海平面气压等。

7.4.1 海平面气压

由本站气压通过一定的方法推算到海平面上的气压值,称为海平面气压。由本站气压推算海平面气压的过程,称为海平面气压计算。假设气压表所在高度至海平面之间有一段虚假的空气柱,如图7.19所示。

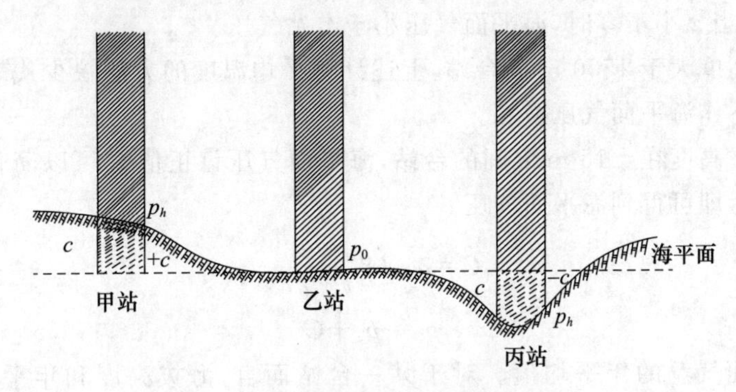

图7.19　海平面气压计算虚拟气柱图

忽略水汽,其平均温度为 t_m,由拉普拉斯压-高公式

$$\lg\frac{p_0}{p_z}=\frac{z}{18400\left(1+\frac{t_m}{273}\right)} \tag{7.4.1}$$

得

$$p_0=p_z\cdot 10^m \tag{7.4.2}$$

$$m=\frac{z}{18400\left(1+\frac{t_m}{273}\right)} \tag{7.4.3}$$

式中,p_0 为海平面气压,p_z 为本站气压,z 为气压表所处的海拔高度。

根据《地面气象观测规范》的规定,当台站海拔高度低于1500 m时,气柱的平均温度 t_m 用下述方法计算:

假设 t 为本时次观测时的气温,t_{12} 为前12 h的气温,当台站的海拔高度 $z>0$ 时,气柱顶部的温度用当前时次和前12 h的气温的平均值 t_z 确定

$$t_z=\frac{t+t_{12}}{2} \tag{7.4.4}$$

同时规定虚假气柱的温度随高度增加而减小,其平均温度递减率为 $\bar{\gamma}=0.5$ ℃/100 m。则气柱底部的温度 t_0 为

$$t_0=\frac{t+t_{12}}{2}+\bar{\gamma}z \tag{7.4.5}$$

气柱的平均温度 t_m 为

$$t_m=\frac{t_z+t_0}{2}=\frac{t+t_{12}}{2}+\frac{z}{400} \tag{7.4.6}$$

当台站高于海平面时,取 z 大于0;低于海平面时,取 z 小于0。

首先用(7.4.6)式计算出虚假气柱的平均温度 t_m,然后代入(7.4.3)式计算出中间变量 m,最后代入(7.4.2)式计算出海平面气压 p_0。当 z 大于零时,海平面气压大于本站气压;当 z 小于零时,海平面气压小于本站气压。

对海拔高度大于 1500 m 的台站,上述计算平均温度的方法缺少代表性,我国规定这些台站不作海平面气压换算。

对于海拔高度在±15 m之间的台站,海平面气压订正值 C 可以简化计算,本站气压经订正后即可得到海平面气压。

$$C=34.68\frac{z}{\bar{t}+273} \tag{7.4.7}$$

$$p_0=p_z+C \tag{7.4.8}$$

式中,$\bar{t}$ 为地面气温的年平均值。对于某一台站而言,海拔高度和年平均气温是定值,所以订正值 C 也为定值。

7.4.2 场面气压

航空上,为了保证飞行安全,需要根据本站气压推算出机场跑道面上空一定高度上的气压,作为飞行员在飞机降落过程中调整飞机上的气压高度表设定值的依据。国际民航组织规定,场面气压 QFE 是指机场标高(通常是飞机着陆地区最高点)处的气压。航空兵气象台站将机场跑道面上空 3 m 高度(相当于飞机座舱高度)上的气压规定为场面气压。在实际飞行保障中,要注意这一区别。利用场面气压作为高度表设定值时,高度表所指示的高度为相对于机场正式高度的相对高度。

场面气压可由本站气压 p_z 和场面气压的订正值 Δp_1 求代数和得到:

$$p_1=p_z+\Delta p_1 \tag{7.4.9}$$

若单位高度(m)的气压差值为 α,则场面气压的订正值 Δp_1 为

$$\Delta p_1=[z-(z'+3)]\alpha \tag{7.4.10}$$

式中,z 为台站气压表所处的海拔高度,z' 为机场标高。

7.4.3 修正海平面气压

修正海平面气压(QNH)是飞机停在机场时,高度表指示机场标高时所设定的气压值。利用 QFE 和国际标准大气模型规定的气压高度关系可计算出 QNH。

飞机高度表是按照国际标准大气模型(如图 7.20 所示)建立的气压高度关系来指示飞机高度的。国际标准大气模型规定平均海平面的温度和气压分别为 15 ℃和 1013.25 hPa,11 km 以下大气的温度递减率为 6.5 ℃/km,11 km 至 20 km 高度的温度为−56.5 ℃,气压-高度关系式为:

$$p_s=1013.25-(1-6.8756\times10^{-6}H_p)^{5.2559}\quad H_p<11\ \text{km} \tag{7.4.11a}$$

$$p_s = 226.32 e^{\frac{36089 - H_p}{20806}} \quad 11\text{km} \leqslant H_p \leqslant 20\ \text{km} \qquad (7.4.11b)$$

式中，p_s、H_p 的单位分别为 hPa 和 ft(1 ft＝0.3048 m)。

当飞机高度表的设定值为 1013.25 hPa 时，高度表所指示的高度为相对于平均海平面的高度。当飞机高度表的设定值为场面气压(QFE)时，高度表所指示的高度为相对于机场正式标高处的高度。当飞机高度表的设定值为修正海平面气压(QNH)时，高度表所指示的高度为机场海拔标高值。

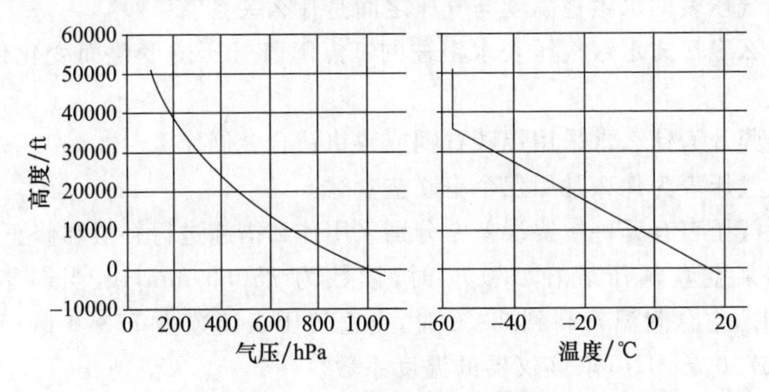

图 7.20　国际标准大气模型

计算 QNH 时，首先由场面气压 QFE 根据国际标准大气模型压高关系式计算出场面气压相当的高度 H_p，然后用 H_p 减去机场标高 H_r 得到 $\Delta H = H_p - H_r$，最后根据 ΔH 再利用国际标准大气模型压高关系式计算出其相当的气压值，该气压值即为 QNH。如图 7.21 所示，若 QFE＝969 hPa，其对应的气压高度为 375 m，机场标高为 272 m，两者之差为 103 m，由气压高度 103 m 求得对应的 QNH 为 1001 hPa。实际

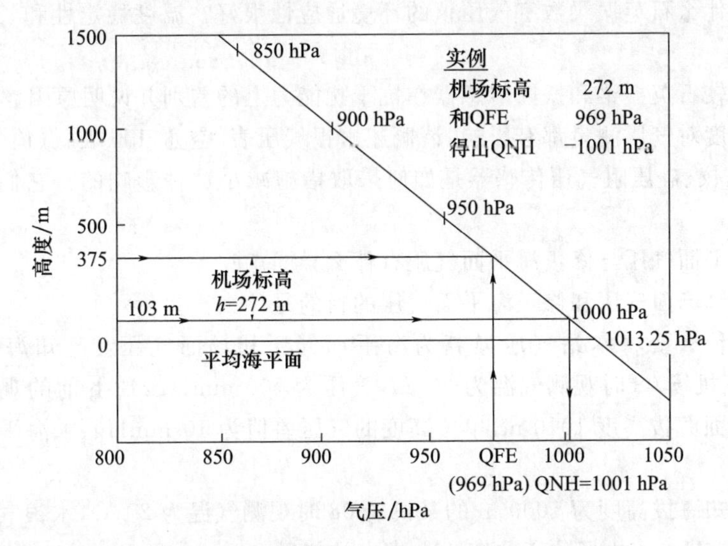

图 7.21　QNH 与 QFE 的关系

求算时,对于海拔高度低于 3000 m 的台站,可利用下述公式进行计算:

$$\mathrm{QNH} = A + B \times \mathrm{QFE} \tag{7.4.12}$$

式中,A、B 是与台站高度有关的系数,可以事先计算出来制作成表格供查取。

习　题

1. 水银气压表的水银柱高度与气压之间是什么关系?

2. 为什么定槽式水银气压表水银柱的基点随着气压的变化而变化仍能测量出气压值?

3. 空盒膜片为什么常采用锡磷青铜或镍铬钛合金制作?

4. 空盒气压表为什么常用三个串联空盒组?

5. 空盒气压表有哪些主要误差? 分别采用什么措施进行补偿和修正?

6. 已知某空盒气压表在 0.0 ℃时,读数为 750.0 mmHg,当时本站气压为 751.0 mmHg,空盒附温升高到 30 ℃时,空盒气压表读数为 753.0 mmHg,当时本站气压为 757.0 mmHg,求该仪器的温度系数。

7. 说明振筒气压仪和石英振梁数字气压仪的测压原理,谈谈对谐振测量的理解。

8. 为什么振筒气压仪常放置在室内? 所处环境为什么要求空气流通?

9. 为什么振筒气压仪需安置在无震动的平面上? 周围为什么不能有强磁场干扰? 环境温度为什么不能在短时间内发生剧烈变化?

10. 为什么振筒气压仪要在进气嘴上设置丝网和变色硅胶?

11. 为什么石英振梁数字气压仪的环境适应性很好? 温度稳定性和长期稳定性也很好?

12. 比较石英振梁和振筒传感器在抗干扰能力上的差别并说明原因。

13. 温度对气压测量都有影响,请概述水银气压表、空盒气压表、振筒气压仪、石英振梁气压仪、硅压阻气压传感器是如何采取措施减小这种影响的? 它们有什么共同规律吗?

14. 海平面气压与修正海平面气压有什么异同点?

15. 计算场面气压和修正海平面气压的目的是什么?

16. 为什么要将本站气压换算为海平面气压和场面气压? 已知海拔高度为 1000 m的某机场 08 时观测气温为 20 ℃,气压为 700 mmHg,12 h 前的观测气温为 24 ℃,跑道面海拔高度 1010 m,单位高度的气压差值为 10 mmHg,求海平面气压与场面气压。

17. 已知海拔高度为 1000 m 的某机场 08 时观测气温为 20 ℃,水银气压表的读数为 700 mmHg,该机场位于北纬 40°,求本站气压。

18. 若需在船上进行气压的测量，请从气压表的安装位置、观测方法等方面考虑需要注意哪些问题，以能保证气压测量的准确性。

19. 请设计一种避免气流对静压测量影响的装置，绘出结构示意图，并解释原理。

参考文献

陈晓颖，宋爱国，李建清，2010. 遗传算法在硅压阻气压传感器温度补偿算法中的应用[C] //2010 年航空试验测试技术学术交流会论文集.

杜利东，周晓宇，卫克晶，等，2016. 一种气压传感器新型标定补偿方法[J]. 强激光与粒子束，28(6)：5.

王晓蕾，马祥辉，杨长业，等，2013. 数字式气压传感器态性能测试与评估[J]. 解放军理工大学学报(自然科学版)，14(6)：5.

张伟星，陈晓颖，王晓蕾，等，2011. 电子探空仪气压传感器特性[J]. 解放军理工大学学报(自然科学版)，12(6)：696-701.

WMO，2018. Guide to instruments and methods of observation，2018 edition[Z]. Geneva：WMO.

第 7 章　气压的测量
电子资源

第8章　地面风的测量

【学习指导】

1. 了解风的观测要求，掌握平均风向、平均风速计算方法；

2. 熟悉风杯风向标式测风仪结构和工作原理，掌握距离常数、阻尼比概念，会分析测风误差原因；

3. 熟悉超声波、风压式测风仪结构和工作原理，树立创新意识；

4. 了解散热式、涡街式风速表测风原理。

风是指空气的运动，是由在空间和时间上随机变化的小尺度脉动叠加在大尺度有组织气流上的三维空间矢量。野外风称自然风，风洞及管道等内部的风称人造风，车辆等行驶而产生的风则是自然风与人造风的合成。

空气的水平运动和气压的分布有直接的关系，空气运动的结果会造成各地热量和水汽的交换，这个过程伴随着天气的变化，标志着某种天气过程的发生或演变，在天气预报中有重要作用。强烈的风，对生命财产安全、污染物扩散、飞机起飞着陆、武器射击的准确性等都有着直接影响。因此，风是需要观测的重要气象要素之一。

气象观测业务中主要观测水平风向风速。热力和地面摩擦等综合作用使得空气运动不只存在于水平方向上，但水平方向上的风速一般要比垂直方向上的大一个数量级以上。为了使得地面风观测的结果具有可比较性，WMO规定所有气象台站应观测离地面10 m高度处的风速风向，并且观测地点四周应开阔。只有消除了地面摩擦形成的乱流影响并排除了短期脉动的瞬时变化，才得到气象学上具有比较性意义的地面风资料。

由于大气的湍流特性，气流随时间和空间的变化剧烈。对一个固定地点，风具有明显的阵性。因此，风的观测应包括平均量和瞬时量。一定时段（一般取10 min或2 min）内的平均值代表比较稳定的主导方向的风；瞬时值（实际上为很短时段内的平均值）则反映大气的湍流特性。特殊的观测还包括风的阵性和风的三维分量的观测。

本章主要介绍旋转式测风仪的工作原理、结构特点和误差来源，并介绍超声式、压力式、散热式和涡街式测风原理。遥感测风方法在第16章中加以介绍。

8.1 概　述

8.1.1 风向风速单位

风向是指空气水平流动的来向。气象上风向常用十六个地理方位来表示，分别称为北风、东风、南风、西风等等，图 8.1 表示出了十六个地理方位的中文名称和英文简写，例如南东南风，简写为 SSE。

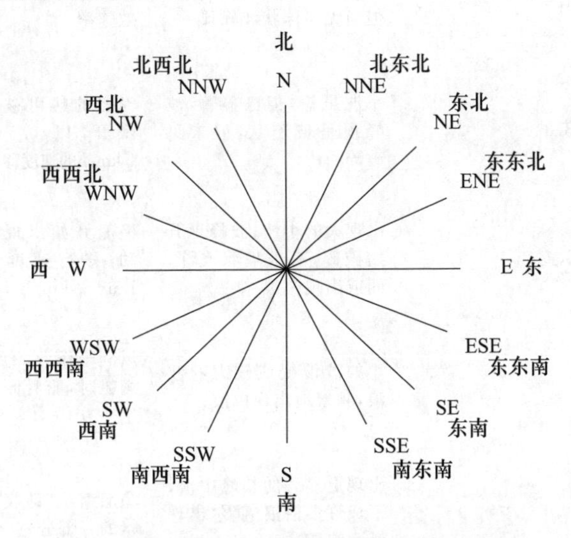

图 8.1　风向十六地理方位示意图

风向也可采用度数表示，以正北为基准，顺时针方向旋转的角度表示。当出现静风时，风向用"C"表示。随着自动测量技术的发展，特别是在高空风的测量中，风向一般均用度数来表示。

如果要将以十六方位表示的风向转换为度数，则以其对应的 22.5°区间的中间度数表示，例如北风对应的度数为 0°，北东北风对应的度数为 22.5°。如果要将以度数表示的风向转换为以十六方位表示，则应视其落在哪一个十六方位的度数区间内。例如风向为 46°，落在东北风对应的 33.76°～56.25°角度范围内，称其为东北风。

风速指单位时间内空气所经过的水平距离，以 m/s 为单位。风速有时也用海里/小时(n mile/h)或节(kt)为单位表示。1 节＝1 海里/小时，1 m/s＝1.944 n mile/h＝1.944 kt。

通常所说的风级，是根据蒲福风级表利用风对地面物体的作用情况来确定的，适合于目力观测风速。表 8.1 是蒲福风级及其与地面空旷地 10 m 高风速的换算表。即风力分为 12 级，均对应有一个中文名称。例如，中文名称大风，对应风级为 8 级，相当于在地面空旷地 10 m 高度上平均风速达到 19 m/s。一般 8 级以上的风力在陆地上少见。

表 8.1 蒲福风级及其与地面空旷地 10 m 高风速的换算表

风级	名称	平均风速范围(m/s)	相当的平均风速(m/s)	船上观测估计风力的征象	沿岸估计风力的征象	陆地估计风力的征象
0	静风	0.0~0.2	0	海面如镜	静	静,烟直上
1	软风	0.3~1.5	1	海面形成鱼鳞状的涟漪,但尚无飞沫状波峰顶	渔船刚好具有舵效速率	烟能表示风向,但风向标尚不能表示风向
2	轻风	1.6~3.3	2	小波虽短,但已显著,波峰顶呈玻璃状,但未见破碎	渔船的帆可被风张开,以 0.5~1 km/h的速度移行	人面感觉有风,树枝有微响,普通的风向标能随风转动
3	微风	3.4~5.4	4	出现大的小波;波峰顶开始破碎,有玻璃状飞沫;间或出现白浪	渔船开始出现簸动,移行速度有 1.5~2 km/h	树叶与细枝摇动不息,旌旗展开
4	和风	5.5~7.9	7	小的波浪变成较大的波浪,频繁地出现白浪	风利于作业,渔船满帆时,船身倾侧于一方	灰尘和碎纸扬起,小树枝摇动
5	清劲风	8.0~10.7	9	出现更显著的长峰中浪,形成许多白浪(偶尔出现激溅浪花)	渔船缩帆(即收起帆的一部分)	有叶的小树开始摇摆,内陆水面形成波浪
6	强风	10.8~13.8	12	开始形成大浪,白色的波峰飞沫到处可见(可能出现激溅浪花)	渔船主帆缩	大树枝摇动,电线呼呼有声,举伞困难
7	疾风	13.9~17.1	16	风浪涌起,风开始把破碎的白色飞沫吹成沿风向伸展的条纹	渔船不出港,在海上的渔船停航	全树摇动,迎风步行感到不便
8	大风	17.2~20.7	19	出现长峰大浪。波峰边缘破碎成浪花,飞沫被吹成沿风向伸展的明显条纹	近港渔船全都进港	树枝折断,行进受阻
9	烈风	20.8~24.4	23	形成大浪,沿风向形成浓密条纹,波浪波峰开始卷倒,激溅浪花影响能见度	—	发生轻微的建筑破坏(烟囱管和房顶盖瓦吹落)

续表

风级	名称	平均风速范围(m/s)	相当的平均风速(m/s)	船上观测估计风力的征象	沿岸估计风力的征象	陆地估计风力的征象
10	狂风	24.5～28.4	26	出现长卷峰非常大浪,其所引起的大片飞沫沿风向形成浓白条纹;整个海面呈白色,海面波涛汹涌;咆哮轰鸣;能见度受到影响	—	内陆少见,见时树木连根拔起,大量建筑物遭破坏
11	暴风	28.5～32.6	31	出现异常大的浪(小规模和中规模船舶间或隐没于波浪背后),海面被沿着风向的长长一片白色飞沫完全覆盖,波峰边缘全都被吹成泡沫,能见度受到影响	—	极少遇到,伴随着广泛的破坏
12	飓风	32.7及以上	>33	空气中充满飞沫和激溅浪花,浪花激溅使海面变成白色;能见度受到严重影响	—	—

8.1.2 平均风和风的阵性

由于大气的湍流特性,风具有明显的快速脉动特征。为了得到具有代表性的观测结果,气象上通常规定仅测量极坐标上表示的风向和风速平均值,即平均风向和平均风速。对于天气气候学的应用,平均风一般取10 min时段内的平均值。用于航空目的时,平均风一般取2 min时段内的平均值。

当风的变化比较剧烈时,许多方面需要应用风的阵性或风的瞬时变化资料。在常规观测中可观测瞬时值,通常以3 s平均值作为风的瞬时值,并增加阵风峰值、风速标准偏差、风向标准偏差等观测项目,以反映大气的湍流特性。

8.1.2.1 风向风速的算术平均

一段时间内风向和风速的算术平均值 $\overline{D}$ 和 $\overline{V}$:

$$\overline{D} = \frac{1}{n}\sum_{i=1}^{n} D_i \quad \overline{V} = \frac{1}{n}\sum_{i=1}^{n} V_i \tag{8.1.1}$$

式中,n 为瞬时观测值次数,D_i、V_i 分别为瞬时风向、风速值。

在求风向算术平均值时,需考虑风向过“零”问题。如果瞬时风向在正北方向(0°)来回摆动,就会导致数据的不连续,即风向观测值的差值很大,而实际差值却很小。若简单地求算术平均,计算结果将不符合实际情况,必须按下述方法进行“风向过零”处理。

(1)找出所有瞬时风向样本的最大值:$D_{max}=\max(D_i)$;

(2)计算 $D_{max}-D_i$,若差值大于 180°,则将风向加 360°:$D'_i=D_i+360°$;

(3)根据调整后的风向值,计算算术平均值:$\overline{D}=\frac{1}{n}\sum_{i=1}^{n}D_i'$;

(4)若计算的风向算术平均值 $\overline{D}$ 大于 360°,则最终的平均风向须减去 360°。

例如,观测得到三个瞬时风向值:$D_1=10°$,$D_2=350°$,$D_3=30°$,如果简单求算术平均值则为 130°,显然与实际风向情况相差太大。为了求得正确的平均风向,先找出最大值 $D_{max}=350°$,然后作判断 $D_{max}-D_i$ 是否大于 180°,D_1、D_3 符合此条件,需作“过零”处理,$D'_1=370°$,$D'_3=390°$。对 370°、350°、390°求平均值为 370°,由于 370°大于 360°,最终平均风向应为 370°−360°=10°。

8.1.2.2 风向风速的矢量平均

视风向风速为一个风矢量。设某时段有 n 次风向(D)、风速(V)的测量值。取 x 坐标向东,y 坐标向北,则矢量平均的求法如下。

(1)求分量

D_i、V_i 在 x、y 方向上的分量为

$$x_i=V_i\sin(180+D_i) \qquad y_i=V_i\cos(180+D_i) \tag{8.1.2}$$

(2)求分量平均

$$\overline{x}=\frac{1}{n}\sum_{i=1}^{n}x_i \qquad \overline{y}=\frac{1}{n}\sum_{i=1}^{n}y_i \tag{8.1.3}$$

(3)求平均分量的合成矢量

$$\overline{V}=\sqrt{\overline{x}^2+\overline{y}^2} \qquad \overline{\theta}=\arctan\frac{\overline{x}}{\overline{y}} \tag{8.1.4}$$

在对风速进行分解求取风速分量和合成平均风向时,要注意风向是正北沿顺时针方向旋转到风的来向的夹角。合成风向值 $\overline{D}$ 应根据 $\overline{x}$ 和 $\overline{y}$ 的正负按照下述公式进行转换。

$$\text{当 }\overline{y}>0\text{ 时}:\overline{D}=180°+\overline{\theta} \tag{8.1.5a}$$

$$\text{当 }\overline{y}<0,\overline{x}\geqslant 0\text{ 时}:\overline{D}=360°+\overline{\theta} \tag{8.1.5b}$$

$$\text{当 }\overline{y}<0,\overline{x}<0\text{ 时}:\overline{D}=\overline{\theta} \tag{8.1.5c}$$

$$\text{当 }\overline{y}=0,\overline{x}>0\text{ 时}:\overline{D}=270° \tag{8.1.5d}$$

$$\text{当 }\overline{y}=0,\overline{x}<0\text{ 时}:\overline{D}=90° \tag{8.1.5e}$$

$$\text{当 }\overline{y}=0,\overline{x}=0\text{ 时}:\overline{D}=C \tag{8.1.5f}$$

8.1.2.3 风向风速的滑动平均

滑动平均法也是一种算术平均,是一种连续求取平均值的方法。若有 n 个风速观测

值 $V_1, V_2, V_3, \cdots, V_n$，依次取 m 个作算术平均，则第 i 次和第 $i+1$ 次的滑动平均值为

$$\overline{V}_i = \frac{1}{m}(V_i + V_{i+1} + \cdots + V_{i+m-1}) \tag{8.1.6}$$

$$\overline{V}_{i+1} = \overline{V}_i + \frac{1}{m}(V_{i+m} - V_i) \tag{8.1.7}$$

同理，风向的滑动平均值为

$$\overline{D}_i = \frac{1}{m}(D_i + D_{i+1} + \cdots + D_{i+m-1}) \tag{8.1.8}$$

$$\overline{D}_{i+1} = \overline{D}_i + \frac{1}{m}(D_{i+m} - D_i) \tag{8.1.9}$$

滑动平均方法，特别适合于在高速采样过程中求取平均风向风速。在进行滑动平均时，也要注意“风向过零”的处理。

在用上述方法计算平均风向时，也不一定就完全符合实际情况。例如，若风向变化较大，假设采样取得的两个风向分别为 90°和 270°，则平均值为 180°或者 360°，既可以为南风也可以为北风；但是，实际大气运动情况并非如此，从 90°东风变化到 270°西风的过程中，要么从南风变化过来，要么从北风变化过来，而不可能突然从东风变化到西风，因此，只可能是一种情况，但仅根据计算结果却无法判断。

为了解决这个问题，有学者提出采取一定时段内最多风向代替平均风向的方法。研究表明，只要风速不是太小，且采样次数足够多，同样时段内的平均风向和最多风向差别不大，可以替代使用。

8.1.2.4　阵风参量

强湍流引起的风的急剧变化称风的阵性。气象上定义阵风为：“在规定的时间间隔内，风速对其平均值的持续时间不大于 2 min 的正或负的偏离”。随着科学技术的发展，对阵风的测量和应用显得越来越重要。例如，在外弹道射击试验中，需要研究风的脉动对弹着点散布的影响；在大气污染研究中，风的阵性参数对污染物的散布是重要的；当平均风速大于 8 m/s 时，对飞行影响较大，需要测定瞬时最大风速。

WMO 在《气象仪器和观测方法指南》中建议采用以下三个阵风参量（WMO，2018）。

（1）标准偏差（standard deviation）：用来表征风的脉动大小。

（2）阵风峰值（peak gust）：在规定的时间间隔内观测到的最大瞬时风速。在每小时的天气报告中，阵风峰值就作为前一整小时的风的极值。

（3）阵风持续时间（gust duration）：是对所观测的阵风峰值持续时间的一种量度，这个持续时间决定于测量系统的响应。慢响应系统抹去极值而测到了长而平滑的阵风；快响应系统观测到许多尖锐的峰，这就是阵风，只有很短的持续时间。

由于风的脉动很快，为了能准确测量风的脉动值，其测量仪器与平均风的测量仪器在性能上，尤其是动态响应特性上有不同的要求。本章主要介绍平均风的测量方法和仪器。

8.1.3 风的测量方法

风的测量有两种方式:一种是分别测量风向风速,另一种是分别测量风矢量的两个正交分量,然后再合成得到风向风速。

风向的测量一般采用风向标作为敏感器件。风速的测量则有多种方法,最常用的是旋转式风速表,目前已发展有超声波测风仪,此外还可以采用风压式、热丝式等测量方法。另外,还有利用激光、微波等的多普勒效应对风进行遥感测量的方法。表 8.2 概括了几类主要的测量风向风速的方法原理和特点。

表 8.2　风向风速测量方法一览表

测风方法		工作原理	特点	用途
旋转式	风向标	作用在尾翼的风压力矩使风向标平衡于风的来向	有转动部件	适合于天气观测
	风杯	凹凸面阻力系数差使风杯转动,转速与风速成比例	简便,量程大,有转动部件,有过速效应,非线性关系	适合于天气观测
	螺旋桨(带风向标)	作用在桨叶上的风压使其绕水平轴转动	有转动部件,线性好,风向标距离常数大	适合于天气观测,但不宜测量微风和变化不定的风
	螺旋桨(固定轴)	轴偏离风向时,响应近似余弦曲线	只能测风的分量,常用三轴式测风的空间矢量	轻质桨叶适合湍流探测
超声波		多采用脉冲式,飞越固定距离的时间与风速的关系	无转动部件,线性好,灵敏度高,响应快,绝对标定,常用三轴方式	适合于大气湍流探测
风压式(压板式、皮托管式)		利用风压原理,如压敏元件感应正交方向的气流动压	除压板式外,无转动部件,直接转换成电信号,常用双轴方式	皮托管式常应用于风洞标准风速测量
涡街式	涡流(带风向标)	利用“卡曼涡街效应”,即气流越过障碍物产生涡旋,其频率与风速成正比	响应受风向标阻尼比影响	不适合微风及变化不定的风
	涡流(固定轴)		无转动部件,坚固耐用,启动风速较大	有前途,可用于无人自动站
散热式(热线/热膜/热球)		电流加热细金属丝(膜)在空气中的散热速率随风而变化	响应快速,有极高的空间分辨率,量程较小,热线易受污染	适合于微风和大气湍流探测
激光多普勒		由气溶胶后向散射的多普勒频移确定风速	无活动部件,价格昂贵	用于风切变测量、污染研究
激光闪烁		气流引起大气折射率的不规则变化,使接收激光信号闪烁	无活动部件,价格昂贵	用于机场跑道上的横向测风

8.2　旋转式测风

8.2.1　风向的测量

8.2.1.1　风向标结构

测量风向的最常用仪器是风向标。图 8.2 是各种各样风向标的结构示意图。有单叶型、双叶型、流线型、菱形和飞机尾翼型等。

从图中可以看出，风向标是一个首尾不对称的平衡装置，一般由尾翼、指向杆、平衡锤及旋转主轴四部分组成。尾翼用来感应风力，在风力的作用下产生旋转力矩；平衡锤用来保证风向标的重心正好处在旋转轴的轴心上；指向杆所指示的方向，即为风的来向；旋转主轴是风向标的转动中心，并通过它带动传感元件，将风向标指示的方位角度值转换为可以传输、处理和显示的量。

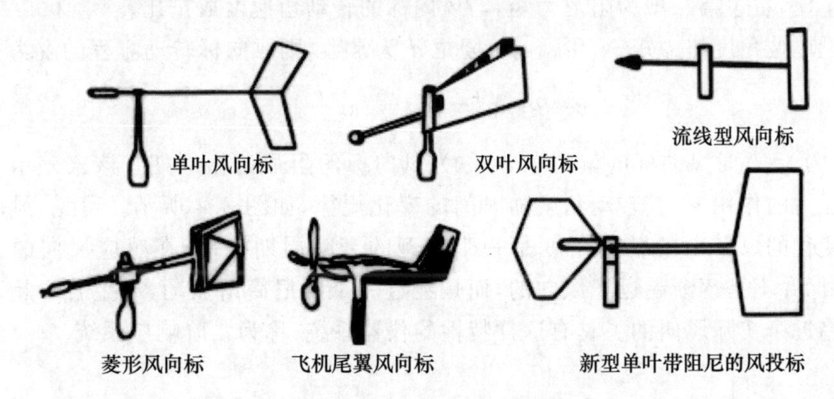

图 8.2　各种风向标

8.2.1.2　风向标感应原理

风向标是如何指示出风向的呢？这需要分析其受力情况，并列出其运动方程。如图 8.3 所示，假设风向标偏离风向的角度为 β，尾翼上受到的有效风力为 F_v，风力作用中心距旋转轴的力臂是 r_v。定义单位角度的风向偏差所产生的扭力矩为

$$N=r_vF_v/\beta \tag{8.2.1}$$

在风力的作用下，风向标的转动角速度为 $\frac{\mathrm{d}\beta}{\mathrm{d}t}$，由于空气对运动风向标产生的阻尼力矩为 $d\frac{\mathrm{d}\beta}{\mathrm{d}t}$，其中 d 称为风向标阻尼，定义为单位角速度产生的阻尼力矩。

于是，风向标的转动方程可写成

$$-J\frac{\mathrm{d}^2\beta}{\mathrm{d}t^2}=N\beta+d\frac{\mathrm{d}\beta}{\mathrm{d}t} \tag{8.2.2}$$

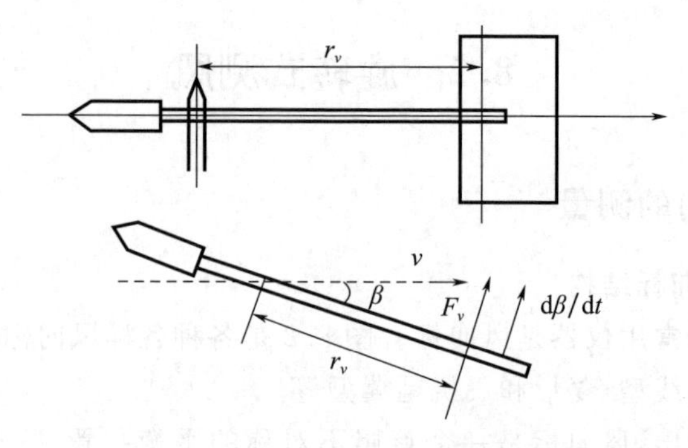

图 8.3　风向标偏离风向的受力情况

式中，$\frac{\mathrm{d}^2\beta}{\mathrm{d}t^2}$为风向标转动的角加速度，$J$ 为转动惯量。(8.2.2)式左边为惯性力矩，与风向标的转动角加速度成正比；右边第一项为风压力矩，与风向标偏离实际风向的角度成正比，右边第二项为阻尼力矩，与风向标的转动角速度成正比。

假设单位角度扭力矩 N 和风向标阻尼 d 为常数，则风向标转动方程的解为

$$\beta=\beta_0\exp\left(-\frac{d}{2J}t-2\pi\mathrm{i}\,\frac{t}{t_d}\right) \tag{8.2.3}$$

式中，β_0 为 $t=0$ 时风向标的偏离角，t_d 称为风向标的阻尼谐振周期。该式表示了风向标在风力的作用下，其转动角度随时间的变化规律，如图 8.4 所示。可见，风向标在阶跃变化的风场中的转动角度是一个典型的衰减周期振荡，在感应风向的过程中，风向标并不是逐渐趋近于风向的，而是经过一个阻尼简谐振动，产生若干超调量后逐渐趋近于实际风向的。具有这样特性的仪器系统，称为二阶响应系统。

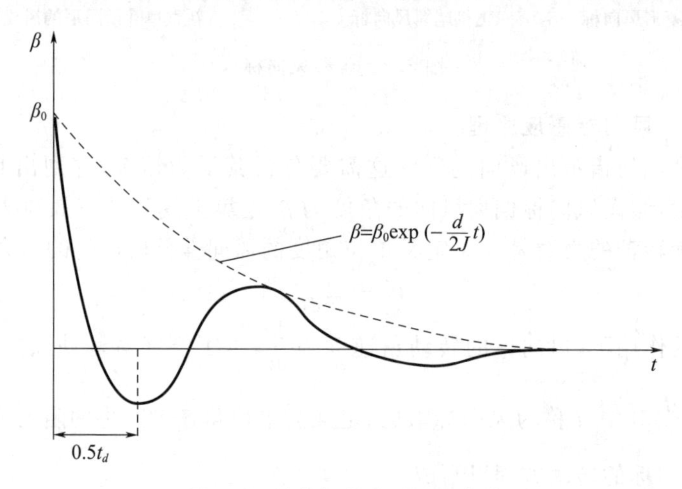

图 8.4　风向标的阶跃响应曲线

对于风向标的转动规律,可以这样来理解:风作用在风向标的尾翼上,产生风压力矩,使风向标旋转,旋转速度增大,风向标所受到的空气阻尼也增大;当风向标转动到与风向一致时,虽然风压力矩为零,但此时转动速度和加速度并不为零,于是风向标由于惯性偏离到实际风向另一侧,再一次受到相反的风压力矩的作用,使其回复到与风向一致的状态;经过多次振荡,风向标最后维持在与风向基本一致的振荡状态。

风向标的阻尼谐振周期 t_d 为:

$$t_d=\frac{2\pi}{\left[\frac{N}{J}-\left(\frac{d}{2J}\right)^2\right]^{1/2}} \tag{8.2.4}$$

如果令(8.2.4)式中分母值为零,风向标的阻尼谐振周期 t_d 趋向于无穷大,于是(8.2.3)式右边括号中的第二项为零,风向标就呈现为一个单纯的衰减运动,如图8.4中的虚线,其规律为

$$\beta=\beta_0\exp\left(-\frac{d}{2J}t\right) \tag{8.2.5}$$

此时,风向标的阻尼称为临界阻尼 d_0

$$d_0=2\sqrt{NJ} \tag{8.2.6}$$

风向标阻尼 d 与临界阻尼 d_0 的比值称为阻尼比 η

$$\eta=\frac{d}{d_0} \tag{8.2.7}$$

$\eta<1$ 时为欠阻尼过程,$\eta>1$ 时为过阻尼过程,$\eta=1$ 时为临界阻尼过程。

阻尼比是风向标的一个重要参数。阻尼比过大,风向标不能很快到达风向的平衡位置,响应太慢;而阻尼比过小,风向标会在风向平衡位置附近来回摆动,发生多次过振,不能很快取得平衡。WMO建议,风向标的阻尼比为0.3～0.7最好,此时风向标没有太大的过振,而响应速度又相当快。

8.2.1.3 风向标方位的测量

风向标将风向的变化转换为其旋转的角度,可采用机械、电、光电等多种方法转换成可以传输和处理的信号进行测量。机械方式较简单,风向标转轴直接带动风向指针在方位刻度盘上指示出方位值,轻便风向风速表即采用这种方式。目前光电式测量方式已成为主要测量方式。

目前风向标的角度主要采用光电方式进行转换测量,其角度信号发生装置是与风向标转轴同轴的格雷码盘。格雷码盘上有 n 个等分的同心圆,从最内第二圈开始二等分,第三圈四等分,依次作 2^3、2^4……等分,最外圈为 2^n 等分,对 n 圈的同一半径上的每一等份作编码处理。图8.5中涂黑的表示不透明,未涂黑处表示透明。每一个同心圆上放置一个红外发光管,n 个发光管排列在同一个半径上。在码盘下方放

置与红外光源一一对应的 n 个光电接收管,如图 8.5 所示。当光通过码盘的透明部分时,光电接收管接收到的信号为“1”;当光通过码盘的不透明部分时,光电接收管接收到的信号为“0”。因此角度的编码信号即转换为光、电编码信号。

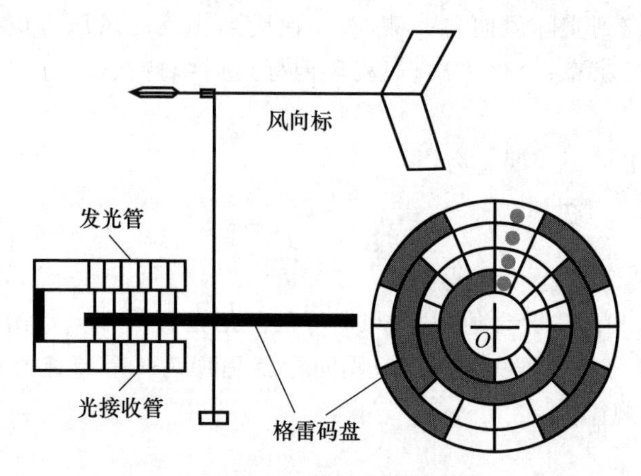

图 8.5 格雷码盘角度转换器

风向标转动时,带动格雷码盘转动,就形成 n 位格雷码信号,实现风向与 n 位格雷码的转换。每一个码表示一个风向,风向分辨力为 $360°/2^n$。若采用 7 位格雷码,则分辨力为:360°/128=2.8°。

格雷码盘是一种特殊的二进制编码发生器,其每个相邻码道只有一位码发生变化,可有效地避免两个码道不同步而产生的误码,四位二进制码与格雷码对照如表 8.3所示。二进制码与格雷码之间可以相互转换。

表 8.3 四位二进制码与格雷码对照表

十进制	二进制码	格雷码	十进制	二进制码	格雷码
0	0000	0000	8	1000	1100
1	0001	0001	9	1001	1101
2	0010	0011	10	1010	1111
3	0011	0010	11	1011	1110
4	0100	0110	12	1100	1010
5	0101	0111	13	1101	1011
6	0110	0101	14	1110	1001
7	0111	0100	15	1111	1000

8.2.1.4 风向测量误差源

风向标的风向测量误差通常由感应和转换两部分误差引起,主要有以下几个因素。

1. 启动误差

由于风向标存在轴承摩擦力矩等，在尾翼所受风压力矩大于风向标静摩擦力矩时，风向标才开始转动。也就是说，风向标的转动需要一定的启动风速。只有风速超过启动风速，风向标才能转动。风向标的启动风速越小越好，一般的风向标的启动风速应小于 0.5 m/s，较好的风向标启动风速可小于 0.3 m/s。

在“启动风速”以下，风向标不能转动，这时它的指向是随机的，风向测量误差不确定。对气象观测而言，在风向标的启动风速以下，即使风向有指示，也不应录取风向值，这时风向统一记录成静风“C”。

2. 零位(定向)误差

零位误差来源于两个方面：一是仪器本身的零位调整不准确；二是在安装时仪器定向不准。安装时，要将风向标正北方位与地理正北方位对准，由于风向标定向装置通常很短，因此无论采用北极星法还是采用平行线法来定向，均会存在定向误差。在实际安装时应注意尽可能减小定向误差并对定向误差加以测定。在实际测量时，定向误差是恒定不变的，应设法加以修正。

3. 转换误差

风向标角度转换器的误差取决于分辨力，例如，十六方位块转换器的分辨力为 22.5°，实际测量的分辨力误差就在 ±22.5° 内呈均匀分布。格雷码盘编码转换器虽然分辨力较高，但误差的分布规律是相同的。

4. 惯性误差

在变化风场中，风向标的响应特性属二阶测量系统，其指向可能落后于风向的实际值，也可能超前。

5. 动态偏角

实际测量时，风向标往往达不到动力平衡的要求，造成风向标即使在稳定的风场中也不能与风向取得一致，产生动态偏角。动态偏角的大小与风向标的设计或制造工艺有关；在使用中主要取决于风向标的机械变形程度。

8.2.2　风速的测量

旋转式风速表的感应部分有风杯型、风车型和螺旋桨型，如图 8.6 所示。风杯用于地面测风及近地面铁塔测风；风能发电常采用风车型；海滨及海面风速较大，对测风仪抗风强度要求较高，常采用螺旋桨型。本节以风杯式为例来介绍旋转式风速测量。

8.2.2.1　风杯结构

风杯风速表一般由 3 个半球形或圆锥形空杯组成，风杯安装在星形架的等长横臂上，杯的凹面或凸面沿圆周顺着同一方向，支架固定在旋转垂直轴上，如图 8.6a 所示。

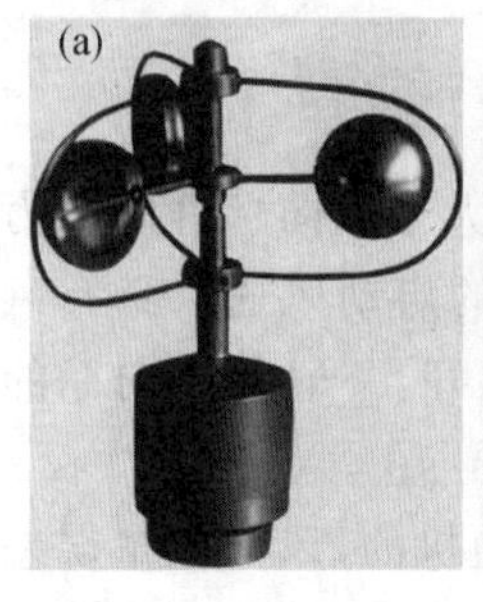

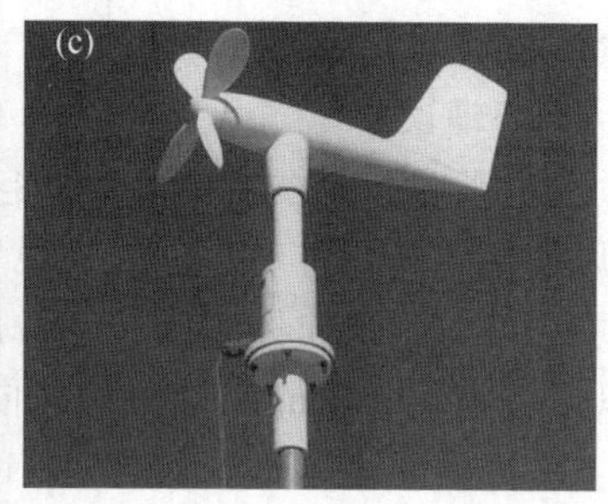

图 8.6 旋转式风速传感器

(a)风杯型;(b)风车型;(c)螺旋桨型

8.2.2.2 风杯感应原理

由于风杯凹面和凸面所受的风压力不相等,风杯受风压后,向着凸面的方向作顺时针旋转,并受到空气阻力的作用。转动速度越快,空气阻力越大。在一定的风速下,风杯所受的扭力矩一定,风杯转速达到一定值后,空气阻尼力矩与风压力矩平衡,转速不再增加。可见,风杯旋转的速度与风速之间保持一定的关系。理论推导表明,它们之间的关系为

$$V=K\omega R=2\pi RKN \tag{8.2.8}$$

式中,V 为风速,K 称为风杯系数,ω 为风杯转动的角速度,N 为单位时间内风杯的转数。因此,测定了 N,就可以测出风速 V。对于各种杯形的风速器,K 值在 2.2～3.0。

考虑到风杯转轴之间有摩擦,转换器也存在一定的阻力,因此,风杯在转动过程中还受到摩擦力矩的影响。实际上,只有风压扭力矩大于摩擦力矩时,风杯才能启动。使风杯刚好开始启动的风速称为启动风速。由于动摩擦力矩比静摩擦力矩小,因此在小风速时摩擦力矩造成的相对误差较大。

实际的风速和风杯转速之间的关系是通过风洞实验来确定的,一般的关系式如(8.2.9)式所示:

$$V=a+bN+cN^2 \tag{8.2.9}$$

式中,a 为由摩擦力矩所决定的常数,数值上等于启动风速值 V_0,通常为 0.5～1.2 m/s;b 为风速表系数,$b=2\pi RK$,它与风杯的结构和大小有关;c 是一个很小的系数,$c/b\approx10^{-4}$,但却表明了风速与风杯转速之间并不呈严格的线性关系。图 8.7 表示了风杯转速与风速之间的检定关系,在风速较大时,转速 N 与风速 V 能保持较好的线性关系;在风速接近于零时,曲线明显弯曲,曲线与纵坐标轴相交点的风速 V_{min},即为启动风速。

(8.2.8)式和(8.2.9)式不仅对风杯式旋转风速表适用,对其他类型的旋转式风速表也适用。

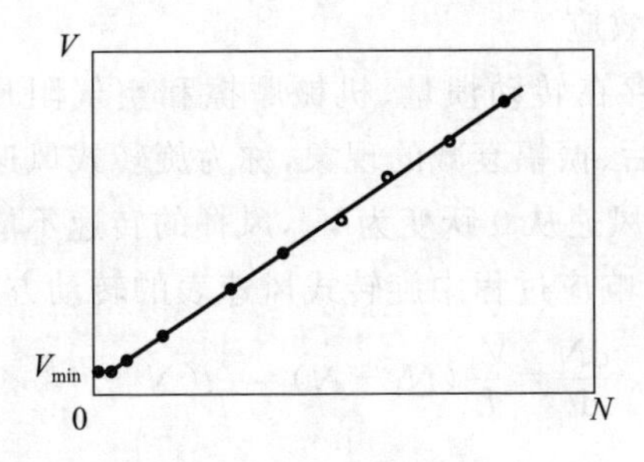

图 8.7　风杯风速仪的典型检定曲线

8.2.2.3　风杯转速的测量

风杯转速测量可采用多种方式，曾经采用电机式、磁感应式、磁电式进行测量，目前主要采用光电式进行测量。

风杯旋转轴上装有一圆盘，盘上有等距的孔。孔的上方置一红外发光管，正下方置一光电接收管，如图 8.8 所示。风杯带动圆盘旋转时，由于孔的不连续性，光电接收管的输入端即会形成光脉冲信号，经光电接收管接收放大后转换为电脉冲信号输出。每一个脉冲信号表示一定的风的行程。单位时间内的脉冲信号越多，风杯就转动得越快。通过对脉冲信号的计数，即可测量出风杯的转动速度。

如果圆盘为磁性圆盘，通过霍尔元件进行转换，也可以产生正比于风速的电脉冲信号，即构成了磁电式测量方式。如图 8.9 所示。

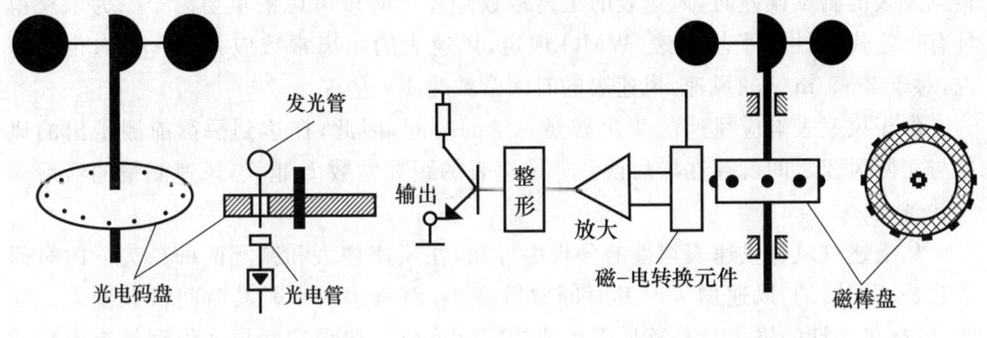

图 8.8　光电脉冲式风杯转换器　　　　图 8.9　风速磁电转换器

8.2.2.4　风速测量误差源

1. 启动误差

与风向标的启动情况一样，如果风力不能克服风杯转轴的静摩擦，风杯就不能转动。风杯的启动风速，即为风杯风速表测量的死区，或称阈值。一般情况下，风向和风速传感器的启动风速应一致。

2. 滞后误差和过高效应

旋转式风速表由于存在转动惯量、机械摩擦和空气阻尼等因素,其响应外界风速的变化也存在时间滞后、振幅衰减的现象,称为旋转式风速表的惯性。

假设在 t 时刻,外界风速从 0 跃变为 V_1,风杯的转速不能在瞬间跃变到 N_1,而是随时间有一个响应过程,响应过程中旋转式风速表的转动方程为

$$\frac{\mathrm{d}N}{\mathrm{d}t}=\frac{V_1}{L}(N_1-N)=\frac{1}{T}(N_1-N) \tag{8.2.10}$$

式中,L 称为风杯的距离常数;$T=\dfrac{L}{V_1}$,称为风杯的时间常数。代入初始条件 $N|_{t=0}=0$ 后,求得风杯转速的解为

$$N=N_1(1-\mathrm{e}^{-\frac{t}{T}}) \quad 或\ N=N_1(1-\mathrm{e}^{-\frac{V_1 t}{L}}) \tag{8.2.11}$$

当 $t=T$ 或 $V_1t=L$ 时,风杯的转速为 $N=N_1(1-\mathrm{e}^{-1})$。因此,风杯的距离常数 L 可定义为:风杯响应风速变化的 $(1-\mathrm{e}^{-1})$,即 63%时,气流流过的距离。而时间常数 T 则是指风杯响应风速变化的 63%所需要的时间。因为 $T=\dfrac{L}{V}$,所以风杯的时间常数随风速而变。这与第 5 章所讨论的温度表时间常数(热滞系数)有本质的差别:温度表的时间常数与环境温度无关,而风速表的时间常数却与外界风速成反比。因此,在给出风速表的时间常数时,应说明测试时的风速。

距离常数 L 是一个只与风杯本身物理性能有关的尺度常数,与风速大小无关。一般,距离常数越小的风速表,就越能较好地测出风速的高频脉动变化。在分析旋转风速表的测量误差时,风速表的距离常数是一个必须考虑的重要因子。为了获得具有一定代表性的平均风速,WMO 规定,风速表的距离常数应为 2~5 m;也就是说,对于 2~5 m/s 的风速,风速表的时间常数为 1 s 左右。

由于风速表响应风速的变化需要一定的时间,因此,在达到平衡前测量出的风速与实际风速之间就存在滞后误差。风速表的距离常数 L 越大,风速测量的滞后误差就越大。

从上述对风杯风速表惯性的分析中可知,在风速增大和减小两种趋势下的时间常数是不相同的,风速增大时其时间常数变小,而风速减小时其时间常数变大。因此,风杯风速计的输出总是落后于风速的实际变化。假设实际风速作理想矩形脉冲变化,风速在上半周期内维持恒定的 V_0,而在下半周期跃变到 V_1 并维持恒定,如图 8.10所示。当风速由低风速突升至高风速时,由于时间常数小,风杯的跟踪能力将优于风速由 V_0 降至 V_1 时。也就是说,当风速突降时,风杯的惯性影响比之风速突升时显得更为突出。这样,在一定时间内,风杯风速表指示的平均风速 $\overline{V}$ 将高于实际风速平均值 $(V_0+V_1)/2$,这种特性称作"过高效应"。"过高效应"造成风杯风速表的测量结果存在系统偏差,其大小取决于时间常数。

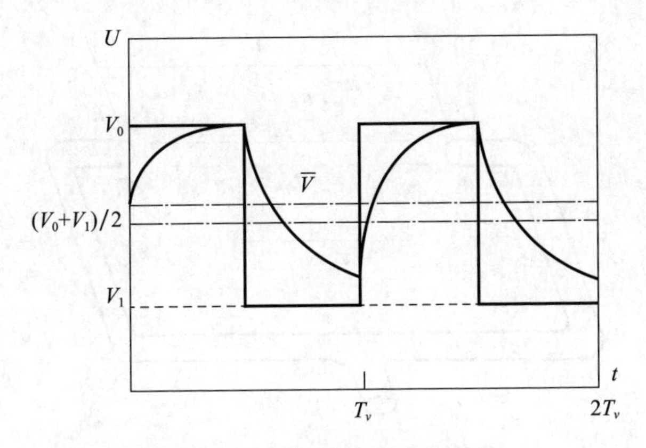

图 8.10　风杯风速表过高效应

3. 其他误差

由于长期野外使用，风杯变形、轴承及其润滑的改变引起转动摩擦的变化，空气密度的变化和大气湍流的存在，以及风杯安装不垂直等等，都会造成风杯转速与风速之间关系的变化，引起风速测量误差。

8.3　固态式测风

固态式测风是相对于旋转式测风而言的。固态式测风传感器没有旋转部件，从而使其更能适应沙尘、冰冻天气。超声波测风、压力式测风均可以制作成固态测风仪。

8.3.1　超声波测风仪

超声波测风仪是采用超声波在大气中的传播速度受到风速影响的原理来测量风速的。如果两组超声波发送器和接收器在一定的距离上成等距平行对向排列，如图 8.11 所示。图中 T_1、R_1 为一对，T_2、R_2 为一对。d 是两个相对的声换能器间的距离。T_1、T_2 为发射换能器，R_1、R_2 为接收换能器。受风速影响，同时发出的声波，其顺风和逆风接收的信号就会有时间差。

假设，t_l 和 t_2 分别为声波从 T_1 传播到 R_1、T_2 传播到 R_2 的时间，V_d 为风速沿该方向的分量，于是

$$(t_2-t_1)=\frac{d}{c-V_d}-\frac{d}{c+V_d}=\frac{2dV_d}{c^2-V_d^2} \tag{8.3.1}$$

整理后得到

$$V_d=\frac{c^2}{2d}A(t_2-t_1) \tag{8.3.2}$$

式中，c 为声速；A 为与风速 V_d 和声速有关的系数，$A=1-\frac{V_d^2}{c^2}$。

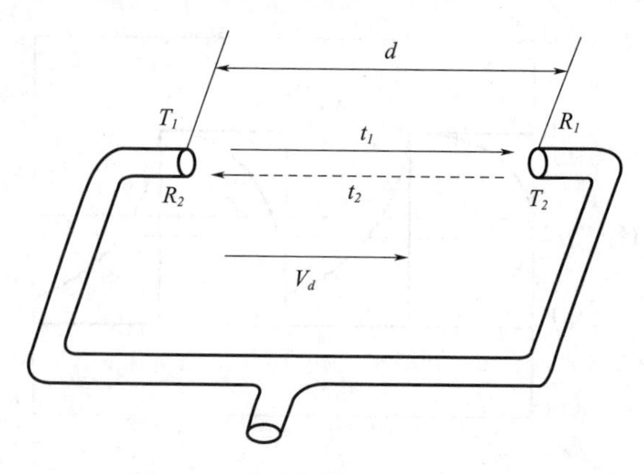

图 8.11 超声波测风原理示意图

如果风速远小于声速，A 值近似为 1。用(8.3.2)式计算风速时，V_d 值与测量时的声速有关，而声速又受温度、气压和湿度的影响，会造成风速测量误差。从(8.3.1)式还可以推导出

$$V_d = \frac{d}{2}\left(\frac{t_2 - t_1}{t_2 \cdot t_1}\right) \tag{8.3.3}$$

用此式计算风速，避免了声速对风速测量的影响，但时间测量误差对风速计算影响较大，特别是在低风速情况下，时间测量误差会导致风速出现较大误差。

用上述方法只能测量出沿声换能器方向的风速分量；若采用两组正交的声换能器分别测量两个方向的风速正交分量，合成后即可得到水平风速和风向。图 8.12 所示是二维、三维超声波测风仪(关晖 等，2014)。二维超声波测风仪可以测量水平正交方向的两个风速分量，并合成为水平风速和风向，三维超声波测风仪还可测量出垂直方向的风速分量。

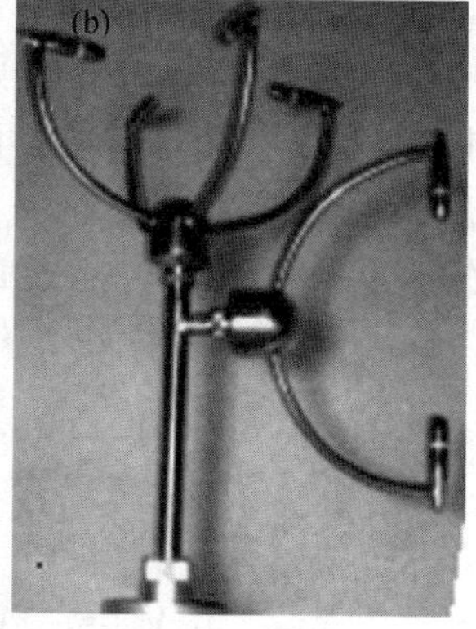

图 8.12 超声波测风仪

(a)二维；(b)三维

8.3.2　风压式测风仪

利用风的压力来测定风速的仪器有两种。一种为压板式，利用自然下垂的板在风压作用下的倾角大小来测定风速。我国 20 世纪 50 年代前后曾使用过这种压板式风速表。另一种为皮托管式，利用流体的全压力与静压力之差来测定风速。皮托管式风速表常用作风洞内空气流速测量的标准器，飞机上空气流速的测量也是采用皮托管作为敏感元件。目前基于风压式测风原理，已研制出实用型的固态测风仪。下面先介绍皮托管风速测量原理，然后介绍基于风压的固态测风仪。

图 8.13 中所示的双联皮托管的一根管子的管口迎着气流的来向，它感应气流的全压力为

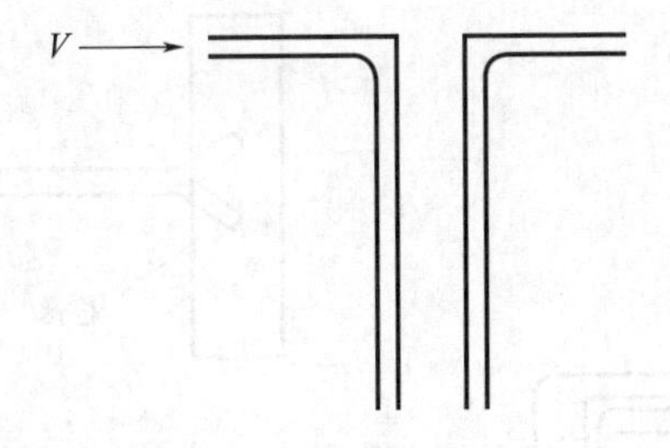

图 8.13　双联皮托管

$$P_a = P_c + \frac{1}{2}\rho V^2 \tag{8.3.4}$$

式中，P_a 为气流的全压力，P_c 为空气的静压力，ρ 为空气的密度，V 为风速。另一根管子背着气流的来向，它感应的压力 P_b，因为有抽吸作用，比静压力稍低

$$P_b = P_c - \frac{1}{2}c\rho V^2 \tag{8.3.5}$$

式中，c 为小于 1 的仪器常数。因此，两个管子所感应的压力差为

$$\Delta P = P_a - P_b = \frac{1}{2}\rho V^2(1+c) \tag{8.3.6}$$

整理后，就得到风速的计算公式

$$V = \left[\frac{2\Delta P}{\rho(1+c)}\right]^{\frac{1}{2}} \tag{8.3.7}$$

只要测量出 ΔP，即可求得风速 V。

图 8.14 是皮托管的内部结构，总压孔感应全压力，静压孔感应静压力，利用两者的压差 ΔP 来测量风速 V：

$$V = \left[\frac{2k_1\xi\Delta P}{\rho}\right]^{\frac{1}{2}} \tag{8.3.8}$$

式中，k_1 为微差压计的系数，微差压计用于测量差压 ΔP，是与皮托管配套的二次仪

器;ξ为皮托管系数,由检定证查取。

从皮托管流速测量方程及其误差传递方程可知,皮托管测速的相对误差与差压测量的相对误差的开方成正比,因此,在 5 m/s 以下小风速段皮托管的测速误差相对较大,不能满足风速量值传递的要求。把皮托管安装在风向标的头部,使其始终对准风向,即构成一种压管式达因风向风速计,如图 8.15 所示。

图 8.16 所示为利用风压原理设计的一款固态测风传感器,其外形为一圆柱体;内部分成四个腔,对称正交的孔分别与这四个腔相连,一组小孔与南北腔相通,另一组与东西腔相通,如图 8.17 所示。采用微差压传感器输出与相互正交的南—北和东—西方向的风速呈线性关系的 0～10 V 模拟电压信号,并通过计算得到风向风速值(卫克晶 等,2019)。

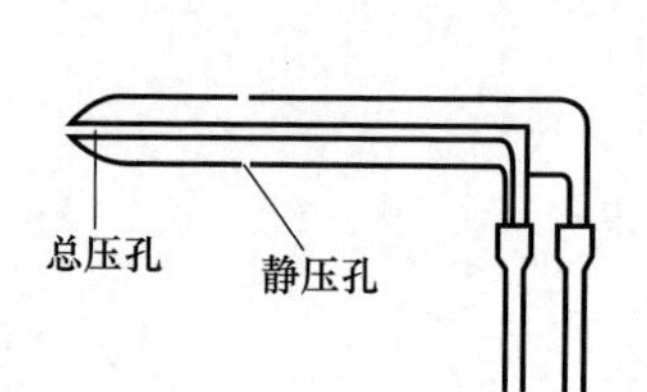

图 8.14　皮托管的内部结构

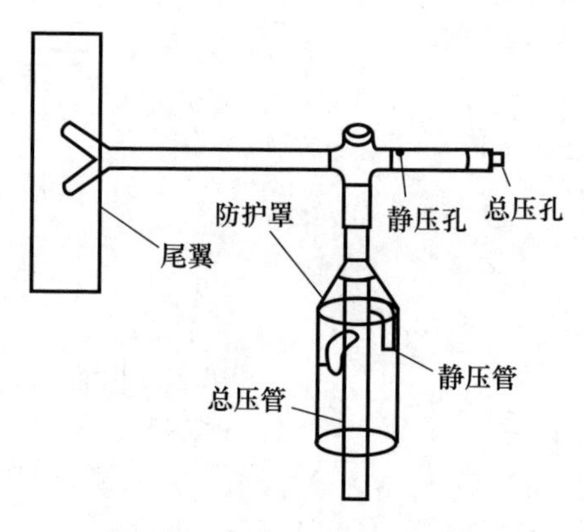

图 8.15　压管式达因风向风速计示意图

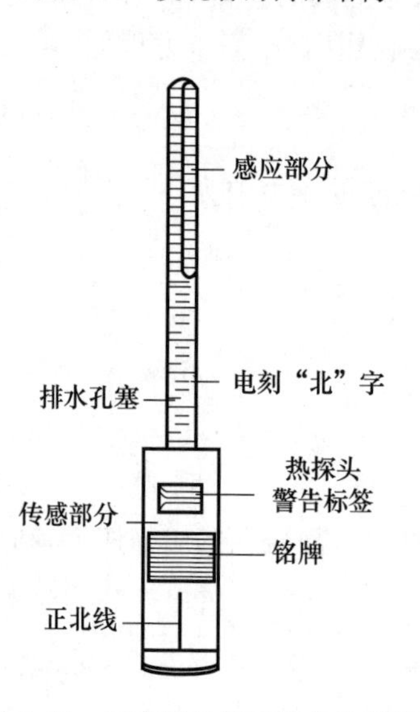

图 8.16　正交测风传感器的外形图

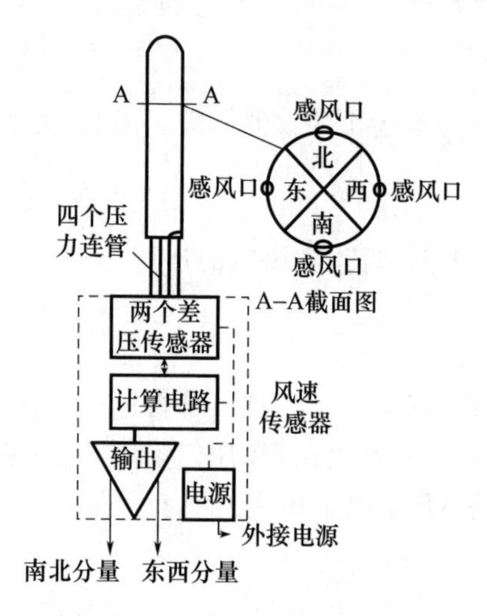

图 8.17　正交测风传感器组成

为适应各种气象条件，传感器设有加热装置用于蒸发感压孔周围积聚的水分，各种气候条件都不结冰。为了防止水进入导压管，在传感器加热部位设置了隔板，以尽可能地减少水的进入；同时，为进一步防止吸入的水造成损害，在传感器的底部为每根导压管设置了附加的排水腔。通过排水腔的放水塞可以释放掉积聚或吸入的水分。一般情况下，水分在传感器头部就被电加热装置直接汽化了，只有在极其特别的情况下才使用放水塞放水。

这种固态正交测风仪没有任何活动部件，风的测量取决于南北风压差与东西风压差的矢量和。N 腔（北）风压 P_N 和 S 腔（南）风压 P_S 的压力差 V_{CN-S} 与动压 P 和 $\cos 2\theta$ 的乘积成比例。θ 是合成风速（V_{CR}）与正北方向的夹角，也就是风向角。同样，E 腔（东）风压 P_E 和 W 腔（西）风压 P_W 的压力差 V_{CE-W} 与动压 P 和 $\sin 2\theta$ 的乘积成比例。

从相互正交的四个腔里引出的四种压力信号输入到两个差压传感器，就可得到与正交方向的风速成正比的两个线性电压输出，合成风速为

$$V_{CR}=[(V_{CN-S})^2+(V_{CE-W})^2]^{\frac{1}{2}}=k[(P_N-P_S)+(P_E-P_W)]^{\frac{1}{2}} \quad (8.3.9)$$

合成风向为

$$\theta=\arctan\left(\frac{V_{CE-W}}{V_{CN-S}}\right) \quad (8.3.10)$$

实际上，合成风向和合成风速与正交方向的两个差压传感器输出的电压信号之间的关系，是根据风洞实验数据回归拟合得到的。

美国 Rosemount 公司 20 世纪 80 年代末研制出了该型固态正交测风传感器。中国科学院电子学研究所通过八个方位的微差压测量也研制出新型固态测风传感器，提高了低风速、高风速情况下的测风精度，如图 8.18 所示（卫克晶 等，2019）。这种固态测风仪，由于无转动部件，无摩擦，仪器足以抵抗暴风，在各种恶劣气候条件下工作稳定可靠，成为 WMO 推荐的测风换代性新技术。

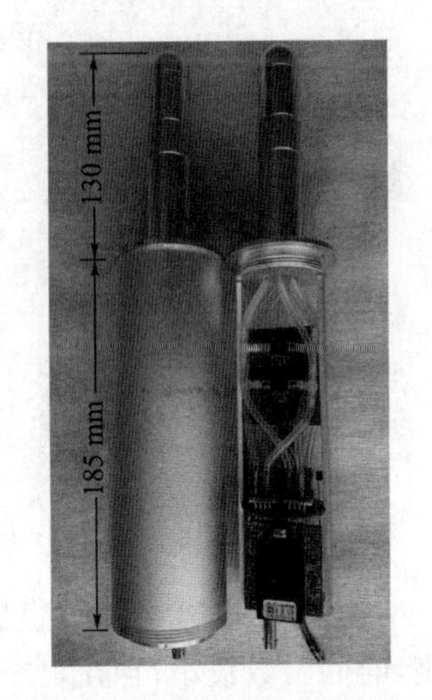

图 8.18　差压式固态测风仪

8.3.3　散热式风速表

一个被加热的物体，如金属丝、金属膜或金属球，其散热速率与周围空气的流速有关，据此原理可制成散热式风速表。例如热线、热球风速表。

设被电流 I 加热的金属丝（电阻为 R_t）产生的热量为 Q_1

$$Q_1=0.24I^2R_t \quad (8.3.11)$$

当该热线处于气流速度为 V 的流场中时,它散失的热量为 Q_2

$$Q_2=(A+B\sqrt{V})(t-\theta) \tag{8.3.12}$$

式中,A、B 为常数。其中,A 代表分子的散热作用;B 代表气流的作用。$(t-\theta)$为热线与气温的温差。

当达到热交换平衡时,由上两式可得:

$$0.24I^2Rt=(A+B\sqrt{V})(t-\theta) \tag{8.3.13}$$

即:

$$V=\left[\frac{\left(\frac{0.24I^2R_t}{t-\theta}-A\right)}{B}\right]^2 \tag{8.3.14}$$

由此式可见,若固定电流 I,便可以确定 V 与$(t-\theta)$的关系(恒流式);若保持$(t-\theta)$不变,便可以确定 V 与 I 的关系(恒温式)。

散热式风速传感器的主要器件是加热元件和测温元件。加热与测温分别由两个元件承担的称为旁热式;合为一体的称为直热式。一般选用恒流源加热,以提供恒定的加热功率。旁热式的温度敏感元件一般选用半导体热敏电阻,有两种形式,如图 8.19 所示。直热式采用一根直径仅 5~10 μm 的铂丝,长度约几毫米到 20 mm,由于有较大的电流流经铂丝,其温度比四周气温可高出 200~500 ℃;铂丝既可用来感应外界的风速,又可用来测量热线的温度,时间常数可小至 0.01 s。

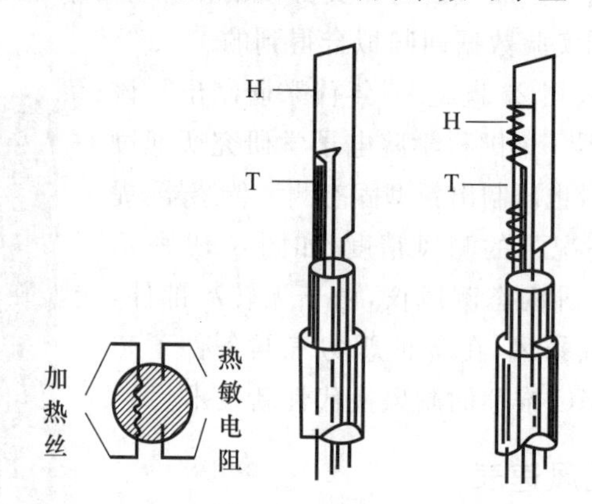

图 8.19 两种旁热式风速敏感元件

通常,散热式风速传感器采用尺寸很小的加热和热敏元件,因而响应频率相当高,时间常数较小;且在很小的空间内可以安装很多测量元件,空间分辨率很高,在大气探测中常用于小尺度的大气湍流探测。

但其灵敏度随风速的增大而明显减小,非线性误差增大,对于大于 10 m/s 以上风速的测量,准确度很低。因此,仅适宜于小风速的测量,尤其对测量 0.01~1 m/s 的微风最为有利。目前,散热式风速仪被用作风洞内 2 m/s 以下的风速标准器。

散热式风速传感器在测量时要求热线与气流来向垂直，即散热体的方向必须与气流的方向正交，否则由于对流热交换系数随热线与风向交角的不同而变化，从而使测量误差增大。一般，交角偏差应在 10°以内。另外，物体的热交换系数与通风量有关，即空气密度的变化直接影响风速的测量结果，若使用地点与检定地点的空气密度不同，应进行空气密度修正。

习　题

1.《地面气象观测规范》规定：气象学需要观测 10 min 平均风向风速，而航空学需要观测 2 min 的平均风向风速，这样规定的主要依据是什么？

2. 根据蒲福风级表，中文名称强风，对应为几级风？相当于在地面空旷地几米高度上？平均风速为多少？我国古代有类似描述吗？

3. 请绘出平均风向处理算法流程图。

4. 什么是风向标的阻尼比？阻尼比对风向标的动态响应特性有何影响？

5. 用风向标的阶跃响应曲线说明阻尼比为 0.3～0.7 时为最好。

6. 什么是旋转式风速表的“过高效应”？它是如何形成的？

7. 试述光电码盘式风向变换器的构造及工作原理。采用格雷码有何优点？为什么常采用七位格雷码盘而不采用更多位数的格雷码盘？

8. 风向标传感器的零位误差来源于哪几个方面？零位误差有规律吗？如何修正？

9. 请给出风压的表达式，进一步推导皮托管的风速测量方程，再由此比较皮托管在 5 m/s 及 30 m/s 时的测量误差大小。

10. 推导恒流式和恒温式散热风速传感器的测量方程。

11. 推导说明为什么散热式风速传感器的灵敏度随风速的增大而明显减小？非线性误差随风速的增大而增大？

12. 为什么散热式风速传感器在测量时要求其热线与气流来向垂直？

13. 散热式风速传感器在什么情况下需要进行空气密度修正？

14. 超声波测速仪可以用来测量温度吗？给出测量模型。

15. 分析影响超声波测风仪风向、风速测量准确性的因素？

16. 查阅文献，了解如何设计旋转式风速表以便保证其“距离常数”达到规定的值。

17. 查阅文献，以“当前测风新技术”为题写出读书报告。

参考文献

关晖,孙学金,熊英,等,2014. 超声波测速仪的计算流体力学数值模拟研究[J]. 应用数学和力学,35(12):10.

卫克晶,孙学金,杜利东,2019. 差压式测风微传感器敏感元件的设计[J]. 装备环境工程,16(6):4.

WMO,2018. Guide to instruments and methods of observation,2018 edition[Z]. Geneva:WMO.

第8章　地面风的测量

电子资源

第9章　降水量、积雪深度和蒸发量的测量

【学习指导】

1. 熟悉雨量器、翻斗式雨量计、称重式雨雪量计结构与工作原理、使用方法；
2. 熟悉雨滴谱仪测量原理和资料分析方法；
3. 了解积雪深度自动测量方法及存在问题；
4. 了解蒸发量自动测量方法及存在问题。

降水是指从云中降落或从大气沉降到地面的液态或固态的水，包括雨、雪、雨夹雪、冰雹、霰等。降水量是指降落在地面上的液态或固态降水，未经蒸发、渗透或流失而积聚在水平面上的水层深度，单位为mm，取一位小数(中国气象局，2017a)；固态降水应溶化为液态水后再行测量。降雪量也可用覆盖在平坦水平地表面上的雪深和雪压来表示(中国气象局，2017b)。降水的点测量结果是进行区域降水分析的基本数据源。降水测量与其他气象要素的测量相比有其特殊性。降水的时空分布很不均匀，因此需要比较密集的观测网来进行测量。降水过程十分复杂，既有大尺度天气背景下产生的，也有中小尺度天气背景下产生的，甚至还有个别云块降落的；而且降水有液态和固态之分。因此，降水测量仪器较为庞杂，在安装上也有特殊要求(Michaelides，2008)。

在自然界中，蒸发是海洋和陆地水分进入大气的唯一途径，是地球水文循环的主要环节之一。它对气象、水文、农业研究都具有重要意义。但自然条件下的蒸发是很复杂的，影响蒸发的因素很多，主要有大气及蒸发面的温度、湿度、风速及其垂直梯度，气压，以及蒸发面的性质等。因此，蒸发量的测量和研究是一个广泛而复杂的课题。

本章主要介绍降水量、积雪深度和蒸发量的测量方法，重点介绍雨量器、翻斗式雨量计、称重式雨雪量计、光强闪烁式雨强计、线阵式雨滴谱仪等降水传感器的结构原理，讨论了主要误差来源；还介绍了积雪深度的测量方法及相应的传感器和仪器，蒸发量的测量及几种蒸发器的结构原理。

9.1　降水量的测量

人类制造与使用仪器来测量降水的历史相当久远。南宋秦九韶《数书九章》(1247年)中就有“天池测雨”的记载，用天池盆来收集雨水，通过计算获得准确的地面降水量。

明永乐末年,朝廷备有全国统一的“雨量器”,供给地方州县使用,方便上报降水情况。正统七年(公元1442年)更出现了有标准的铜制雨量器。清朝的雨量器已接近现代,上面刻有标尺。1639年,意大利数学家凯斯脱利(Castelli)首先提出用玻璃制造圆筒形测雨器。1695年,英国物理学家罗伯特·胡克成功设计了翻斗式雨量计。1722年,被称为“英国气象学之父”的卢克·霍华德制造出与现在最相似的雨量计,用一个漏斗把雨水收集在一个玻璃量筒中,只需要观看量筒上的刻度,就可以得出雨量大小。

到目前为止,出现了种类繁多的降水测量仪器,根据测量原理,可以分为原位测量和遥感测量两类;根据探测范围,可分为点探测和面探测两种。点测量主要是利用承水式、非承水式等方法对观测点降水进行连续或间断的测量。点测量获取的降水资料时间分辨率高,是进行区域降水分析的基本数据源。面测量主要是利用电磁波与大气中的降水粒子的相互作用来测量较大范围内的降水分布情况,在天气监测、暴洪监测与预警等方面发挥了重要的作用。目前,我国气象台站常用的降水测量仪器有翻斗式雨量计、称重式雨雪量计。检测降水与区分降水类型的仪器不同于测量降水量的仪器,它们作为天气现象测量仪器,已在第4章中进行了介绍。微波主动、被动法和可见光/红外被动遥感法,在第16、17章中涉及。表9.1列出了降水测量方法、基本性能及典型仪器。

表9.1 降水测量方法与仪器

测量方法			测量原理	测量性能	典型仪器
原位探测(点探测)	承水式	承接总量法	测量降落到具有一定横截面的量筒的雨水总量	降水量	雨量器
		翻斗计数法	一对斗形容器内储一定水量后自行翻转,同时启动开关(干簧管)闭合,电路导通,发出一个脉冲信号,使记录器或计数器记录一次降雨量	降雨强度 降雨量 降雨时数	翻斗式雨量计
		称重计量法	测量一定口径容器采集的雨雪水重量及其变化,来测量降水强度、降水量等参数	降水强度 降水量 降水时数	称重式雨雪量计
	非承水式	光强闪烁法	利用雨滴在红外波段引起的光强闪烁特征来测量降雨强度	降水强度 降水量 降水时数	光强闪烁式雨强计
		线阵扫描法	利用一个或两个线阵相机对降水粒子进行高速扫描,通过线阵图像处理,得到降水粒子大小、形状、速度及谱分布	降水强度 降水量 降水时数 粒子尺度、形状、速度及谱分布	线阵式雨滴谱仪
		面阵成像法	利用面阵相机对降水进行直接成像,利用图像处理技术得到降水粒子的尺度、形状和速度,根据时间积分得到谱分布和降水强度等	降水强度 降水量 降水时数 粒子尺度、形状、速度及谱分布	面阵式雨滴谱仪

续表

测量方法		测量原理	测量性能	典型仪器
遥感探测（面探测）	主动遥感法	利用发射的电磁波被降水粒子散射的信号强度、相位、极化等信息遥感反演一定区域内的降水强度、降水类型和降水总量	降水强度 降水类型	天气雷达
	被动遥感法	被动接收微波波段的雨滴辐射或可见光/红外光波段的云顶辐射，通过建立亮温和降水概率、强度之间的关系，进而间接估算地表降水强度及其分布	降水强度 区域分布	微波辐射计

9.1.1　雨量器

雨量器(rain gauge)是一种利用已知横截面积的容器承接雨水的测量仪器，可以确定一天或一定时间段内的降水量。

9.1.1.1　结构与原理

雨量器的结构简单，包括两部分：雨量筒和雨量杯，如图 9.1 所示。雨量筒用来承接降水物，由金属圆筒（储水筒）、储水瓶和承接口组成。承接口有两种，一种是带漏斗的承雨口，另一种是不带漏斗的承雪口。漏斗为导水装置，使雨水流入储水瓶，并能减少水分蒸发。雨量杯用来量取降水量，其直径与雨量筒直径之间的关系是一定的。

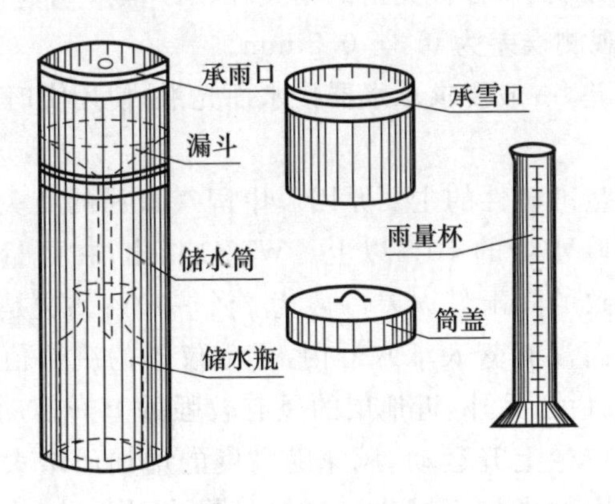

图 9.1　雨量器

假设承雨口（或承雪口）的半径为 R，雨量杯的半径为 r，那么降水量为 1 mm 时，在雨量杯中的降水的高度 h 可用下式计算：

$$h=\frac{R^2}{r^2} \tag{9.1.1}$$

我国现用的雨量筒的半径 R 为 10 cm,雨量杯的半径 r 为 2 cm。由此可知,筒内积水深度为 1 mm 时,量杯内水深应为 25 mm。因此,可将量杯上每 2.5 mm 刻制一条线代表降水量为 0.1 mm,这样可提高降水量测量的分辨力。

雨量器应安装在气象观测场内的固定架上,承水口保持水平,我国规定其离地高度为 70 cm;冬季积雪较深的地区,当雪深超过 30 cm 时,应距地面 1.0～1.2 m。周围应无其他高大物的影响。在无降水的天气条件下,应用筒盖盖住承水口。

雨量器测量降水完全是人工操作,而且必须在降水过后才能进行测量,无法实现气象观测的自动化和遥测化。

9.1.1.2 主要误差源

1)溅水误差

溅水误差由承水器向外溅水和地面向承水器溅水所造成的降水测量误差。因此,承水器应有一定的深度,其边沿都设计成刀刃状(刃口角度在 40°～45°),以避免落入承水器的水再溅出。另外,承水口高出地面一定的高度,周围地面种植草坪,可有效防止雨水回溅。

尽管在仪器设计和安装上采取了一系列措施,但遇到大到暴雨时,溅水误差仍是不可避免的,为 1%～2%。

2)蒸发误差

蒸发误差与降水强度、气象条件、台站地理位置及仪器的结构、材料等有关。微量降水的蒸发相对误差较大,极微量的降水可能只附着在承雨器上,还没有流入感应器就蒸发掉了。研究表明,各种类型的雨量器由于蒸发引起的平均误差是年降水量的 3%～6%,单次观测误差为 0.3～0.5 mm。

为了减小蒸发误差,一般要求承水器接水面光滑;使用实时自动测量系统。

3)风造成的误差

风是影响降水测量准确性的主要原因。中国气象局的有关资料表明,风造成的降水测量误差可在总降水量的 10%以上。WMO 指出,在雨量器承水口上方,由于系统的风场变化而导致的降雨量误差一般为 2%～10%。这是因为风速较大时,将有部分降水被风刮走而没有落入承水器内,导致仪器的测量值总是偏小,其大小与风速大小和降雨强度有关;另外,近地层的风有较强的上升运动,雨量仪器的阻挡也会使水平方向的气流产生上升运动,风速随高度的增加而增大,因此仪器收集的降雨量随着其承水口高度的增加而减小。试验结果也是如此,在平均情况下,若 2 m 高处测得的降雨量为 100 mm,在 5 m 高处的测量值为 97 mm,在 25 m 高处的测量值则仅有 87 mm 了。因此 WMO 建议,雨量器承水口高度应尽可能低一些,低到能有效防止地面溅水为度;安装场地应选择在气流呈水平流动的地方,避开倾斜地、风口和旋风地;离高大建筑物或树木等障碍物的距离应是障碍物高度的 2～4 倍。

为了减小风的影响,可以在雨量器周围架设防风圈或防风罩,如图 9.2 所示。

图 9.2　防风圈

把雨量器安装在一个大坑中，坑上放置防溅栅网，可以最大限度减少雨量器上方风场变形引起的测量误差，又称为坑式标准雨量器(图 9.3)。坑式标准雨量器安置在地面气象观测场内，坑口面积为 2000 mm×2000 mm，并配有大小为 122 mm×122 mm 的金属防溅网，能够承载观测者方便观测，坑底面积为 1700 mm×1700 mm，坑深 760 mm；坑壁用砖砌，保持平整。雨量器置于坑内，其承水口与防溅网上沿相齐(即与地表面相齐)，承水口中心与坑口中心重合。

图 9.3　沉降式(坑式)标准雨量器

由于克服了风引起的误差,因此能够有效减少或控制风对降水捕捉率的影响,其所收集的降水量比高于地面的雨量器要多。但由于坑内积水不易排出和观测不便,也无法解决吹雪问题,因此坑式标准雨量器大多作为对比标准雨量器,未应用于台站业务。

4)承水口的公差

变形引起的承水口截面积变小,将直接影响进水量的变化,使收集到的降水量减少。

5)沾水误差

承水器、漏斗及其他沾水部位都可能沾水,使得雨量测量值偏小。沾水量的大小与承水时间的长短、器壁的材质和光滑程度有关。一般,翻斗雨量传感器的沾水量可达2～3 ml。WMO指出沾水误差一般夏季为2%～15%,冬季为1%～8%。因此,雨量计的沾水部位一般应采用憎水材料,或在材料表面涂覆一层憎水物质。

6)安装和使用误差

仪器安装时,承水口必须与地面平行。否则,会使承水口在水平方向上的有效截面积减小。当雨滴垂直降落时,承接的雨水较少,测得值偏小。当雨滴倾斜降落时,承水口倾斜方向迎风时,测得值偏大;否则偏小。

此外,仪器使用方法不当或缺乏必要的维护使仪器带故障工作,也会产生较大的误差。如昆虫、落叶堵塞漏斗,蜘蛛网、灰尘堵挡镜头等,可能使示值或记录失真。

9.1.2 翻斗式雨量计

翻斗式雨量计(tipping bucket rain gauge)是一种利用能够承接一定降水量的翻斗承接雨水,并自动翻转的自动测量仪器,可以自动记录降雨强度和降雨量(水利部,2014)。我国常用型号为SL3-1型翻斗雨量计。

9.1.2.1 结构与原理

根据翻斗的数量,翻斗式雨量计主要分为单翻斗、双翻斗和三翻斗三种类型。目前用得较多的是三翻斗雨量计,主要由上漏斗、上翻斗、梯级控释注水漏斗、计量翻斗、计数翻斗、干簧管和磁钢等组成,如图9.4所示。

当有降雨时,承雨器里收集的降水通过漏斗进入上翻斗;当雨水累积到一定量时,由于水本身重力作用使翻斗翻转,水进入梯级控释注水漏斗。降水从梯级控释注水漏斗注入计量翻斗时,就把不同强度的自然降水,调节为比较均匀的大强度降水,以减少由于降水强度不同所造成的测量误差。当计量翻斗承受的降水量为0.1 mm时,计量翻斗把降水倾倒入计数翻斗,使计数翻斗翻转一次。在计数翻斗的不锈钢转轴上方装有一小型磁钢,靠近磁钢的支架上装有干簧管。干簧管是由一组导磁簧片组成的开关元件,封装在充有惰性气体的玻璃管中,会在磁钢作用下磁化而使簧片触点闭合。计数翻斗在翻转时,带动磁钢对干簧管扫描一次;干簧管因磁化而瞬时闭合一次。这样，降水量每达到 0.1 mm 时，就送出一个开关信号，将此开关信号进行累计计数就可测量降水强度和累积降水量。

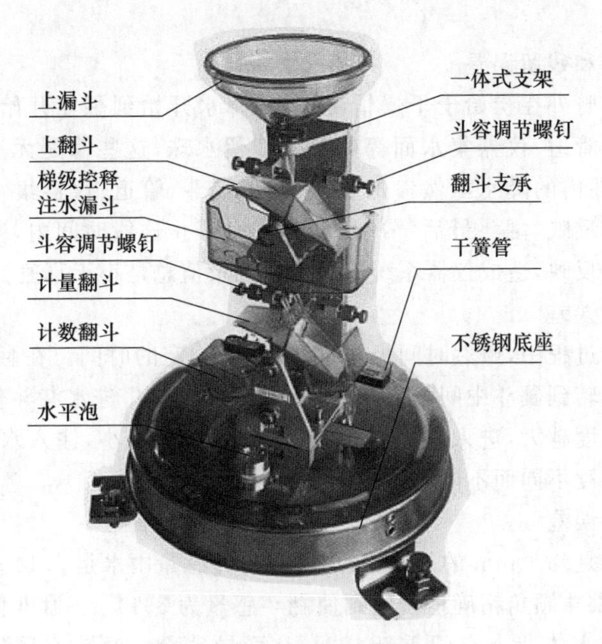

图 9.4　三翻斗雨量计

翻斗式雨量计的承水口内径、架设高度等与雨量器一致，降水强度的测量范围为 0～4 mm/min，测量分辨率为 0.1 mm，最大允许误差为±4%。

翻斗计量产生的误差为翻斗计量误差，其误差计算公式为：

$$E_b=\frac{\overline{V}_m-\overline{V}_a}{\overline{V}_a}\times 100\% \tag{9.1.2}$$

式中，E_b 为翻斗计量误差，$\overline{V}_m$ 为翻斗测量翻转水量（单位：ml），$\overline{V}_a$ 为翻斗实际翻转水量（单位：ml）。

斗容调节螺钉主要是用于调节计量翻斗所承载的水量，以减小测量误差。旋动斗容调节螺钉，将一个螺钉旋转一周，其差值改变量为 3%；如两个螺钉都往外或往里旋动一周，其差值改变量为 6%。如差值是－2%时，将其中的一个螺钉往外旋动 2/3 圈。如差值是＋6%时，将两个螺钉都往里旋动一圈。斗容调节螺钉的调整只能在检定实验室进行，调整后需要重新进行计量检定。

翻斗式雨量计一般只能测量液态降水量。为了能在寒冷季节特别是对于固态降水量进行自动测量，可以加装加热装置，将降落到承雨器里的降雪融化后再测量，但是，由于风和融雪的蒸发导致测量误差较大，加热式翻斗雨量计的测量效果并不好。

9.1.2.2 主要误差源

除了与9.1.1中雨量器具有相同的测量误差以外,翻斗式雨量计还存在以下误差。

1)翻斗起始和残留误差

仪器安装在野外在初始于干燥情况下,从降水开始到翻斗开始翻转之前,翻斗内的降水、漏斗、管道、仪器集水面等处都会残留水珠,这些都是无法计量的。当翻斗翻转之后,翻斗内的降水虽然参加了计量,但漏斗、管道、仪器集水面等处残留水珠仍然无法得到反映,翻斗最后一次反转到降水停止这段时间内,残留在翻斗内的水量也无法得到反映,造成仪器系统偏差。即测量值总是小于真值。

2)翻斗计量误差

翻斗在翻转过程中,虽然时间极短,但总需要一定的时间。在翻转的前半部分,即翻斗从开始翻转到翻斗中间隔板越过中心线的时间内,进水漏斗仍然向翻斗内注水。如果降雨强度越大,进入的水量也越大,降雨强度越小,注入水量也越少,就会产生随着降雨强度不同而不同的计量误差。

3)翻斗倾角误差

对于分辨率是0.1 mm的翻斗雨量计,其翻斗感量雨水是3.14 g,但由于在实际操作时,很难将翻斗倾角精确地调整到使翻斗感量为3.14 g。翻斗倾角微小的变化都会使斗室里的水体所占空间重新分配,从而导致翻斗每斗水质量发生变化。另外,翻斗倾角的大小会使翻斗翻转时间发生变化,从而在大雨强情况下,增大翻斗计量误差。因此,翻斗倾角的大小误差,既会影响每斗水的质量,又会影响翻斗的翻转时间。

4)仪器设备安装和维护不当产生的误差

如果翻斗螺母松动,翻斗测量的数值明显偏大,甚至超过4%的允许范围。由于转轴的摩擦,以及翻斗沾水或泥沙的影响都会阻碍翻斗翻动,造成数值偏小。这种误差是可以避免的,需要定期对设备进行维修。

9.1.3 称重式雨雪量计

称重式雨雪量计(weighing rain gauge)是一种能够利用灵敏的电子秤测量雨水重量及其随时间的变化的自动测量仪器,可以自动记录降雨强度和降雨量,加热装置可以将降雪融化为雪水,还可以测量固态降水。常用型号为T-200B和T-400型称重式雨雪量计

9.1.3.1 结构与原理

称重式雨雪量计主要由电子秤、漏斗、挡板和海绵组成,如图9.5所示。称重式雨雪量计利用电子秤称出容器内收集的液体或固体降水的重量,然后换算为降水量;挡板和海绵可以消除雨水从漏斗口落入容器时产生的动冲量。电子秤通常采用

压力传感器制作，常用的有半导体应变片，在降水重力作用下，应变片的电阻发生变化，通过转换电路，就可得到与降水量相应的电压输出。采用精密电子秤可以使测量分辨力达到0.01 g，可用于测量微量降水及降水强度的瞬时值。

电子秤可采用石英谐振式压力传感器，将降水量转换为谐振频率输出；或采用压电式压力传感器，将降水量直接转换为电压输出进行测量。

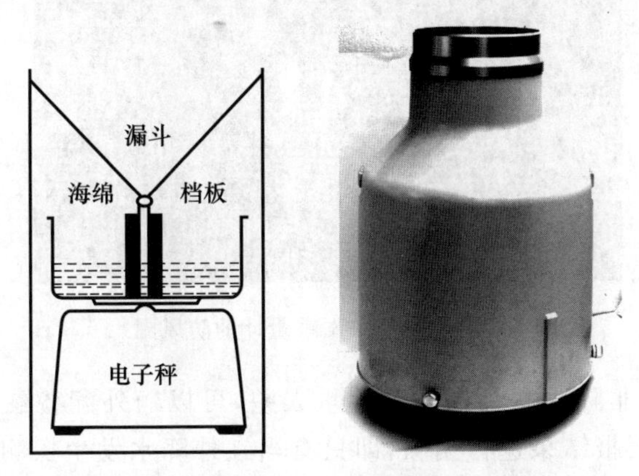

图9.5　称重式雨雪量计的内部及外部结构

称重式雨雪量计机械结构简单、工作可靠，测量准确度高，可以测量固态降水。但若没有雨雪自动排放机构，当降水量较大时，需人工排出容器内贮留的雨雪，才能继续测量，造成测量不连续。可以通过设定容器内降水重量达到一定阈值时自动启动电磁阀排除降水。

9.1.3.2　主要误差源

除了与9.1.1中雨量器具有相同的测量误差以外，称重式雨雪量计还存在以下误差源。

1)风的影响

由于电子秤极为敏感，即使微弱的风压也可能会导致电子秤的重量变化，为了消除风压可能造成的误差，在雨量筒外侧需加装防风圈，如图9.6所示。防风圈环绕在称重式雨雪量计的四周，一般由42个独立的75 mm×406 mm聚碳酸酯面板组成，用来使称重式雨雪量计入水口周围的风保持平静，增强捕获降水的效率。

2)称重误差

由于称重式雨雪量计采用高精度电子秤测量雨雪的重量，因此对设备基础的稳定性有着很高的要求。如底座的调平、底座的倾斜等对测量精度有着很大的影响。此外，周围环境，如靠近马路、车辆行驶引起的震动也会对测量精度带来很大的影响，使测量到的数据发生跳变；称重式雨雪量计由于测量的是称重桶的累计重量，当有灰尘、昆虫等其他物质落入桶内时,设备不能分辨重量变化的原因,也会对降水测量的精度产生影响,导致误差的产生。

图 9.6 称重式雨雪量计的防风圈

为了减小上述非降水因素导致的称重误差,可以额外配备红外降水发生探测器,对降水虚报或误报结果进行剔除,即只有当红外降水发生探测器探测到降水发生时,称重式雨雪量计才会记录有效数据。

9.1.4 光强闪烁式雨强计

光强闪烁式雨强计是一种利用雨滴在红外波段引起的光强闪烁特征来测量降雨强度的光学测量仪器。具体测量原理和仪器组成参见第 4 章中的降水粒子光强闪烁法。

目前常见的光强闪烁式雨强计为 ORG-815 型光学雨强计(optical rain gauge),如图 9.7 所示。该仪器能够测量降雨强度的范围为 0.1～ 500 mm/h,其分辨率为 0.001 mm,精度为 5%。受到测量原理的限制,当小雨滴较多时,ORG-815 型光学雨强计会高估雨强,而当大雨滴较多时,ORG-815 型光学雨强计会低估雨强,在高风速条件下这一偏差会更大。

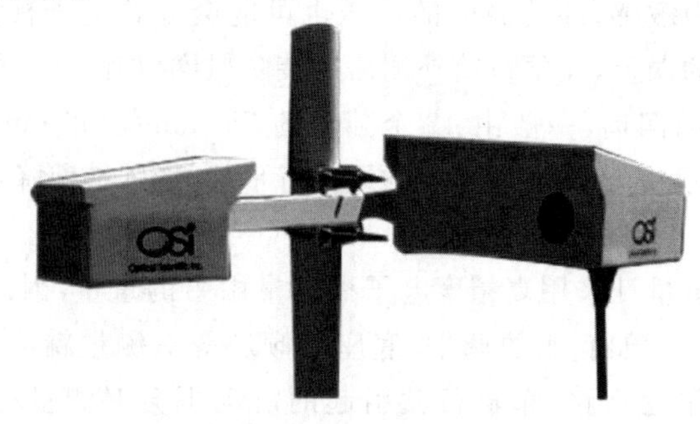

图 9.7 ORG-815 型光学雨强计

9.1.5　线阵式雨滴谱仪

线阵式雨滴谱仪是利用一个或两个线阵相机对降水粒子进行高速扫描的光学式雨滴谱仪，通过线阵图像处理，可以测量得到降水粒子大小、形状、速度及谱分布的。

目前典型的线阵式雨滴谱仪为二维视频雨滴谱仪（2D Video Disdrometer，简称2DVD），该仪器主要由光学单元和两个高速线阵相机组成，如图 9.8 所示（Kruger et al.，2002）。光学单元发射两束正交平行光束，上下光束间距为 6.2 mm，两束光在垂直方向上的重合部分为有效采样空间（100 mm×100 mm）。线阵相机的分辨率为 512 像素，采样频率为 51.3 kHz。2DVD 的优势在于当粒子穿过采样空间时，两个线阵相机分别记录下来粒子两侧的剖面宽度，通过拼合可以还原为三维形状，进而计算得到粒子体积、等效直径、轴比、谱分布等参数；根据粒子穿过上下两个光束的时间可以计算得到粒子的垂直速度。

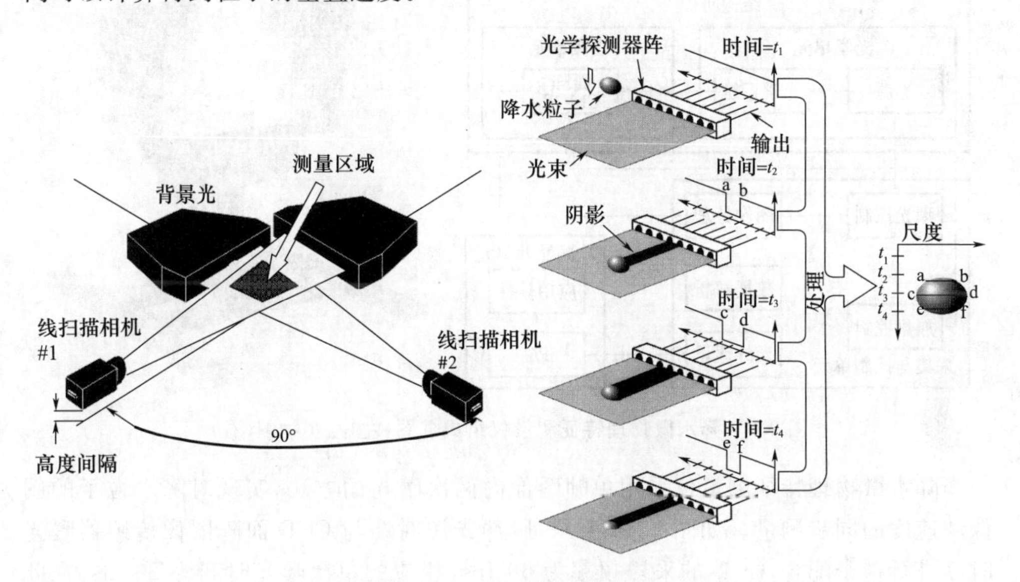

图 9.8　2DVD 线阵测量原理

目前 2DVD 广泛应用于国内外多个国家和地区，在降水粒子特征、测雨雷达标定、微波雨衰等方面的研究中发挥了重要的作用。但也存在一些问题，如受到 CCD 分辨率的限制，2DVD 无法测量直径小于 0.2 mm 的雨滴；粒子穿过上下两个光束的不匹配，会导致速度计算误差；当有水平风存在时，粒子穿过测量区域会发生水平位移，从而导致粒子图像的变形；且 2DVD 围栏的形状也会导致有风条件下小粒子的数量误差。

9.1.6 面阵式雨滴谱仪

面阵式雨滴谱仪是一种利用面阵相机对降水粒子进行二维成像的光学式雨滴谱仪,通过图像处理可以得到降水粒子的尺度、形状和速度,根据时间积分得到谱分布和降水强度等。

国防科技大学气象海洋学院研制的降水微物理特征测量仪(Precipitation Micro-physical Characteristics Sensor,简称 PMCS),由光学单元、成像单元、采集与控制单元和数据处理单元组成,如图 9.9 所示(刘西川 等,2017)。其中,光学单元为成像单元提供稳定而均匀的平行光;成像单元将接收到的光强信号转换为数字图像信号;采集与控制单元进行图像数据的实时采集、预处理与传输控制等;数据处理单元进行图像数据的进一步处理、降水信息的提取和存储等,通过终端计算机和应用软件来实现。

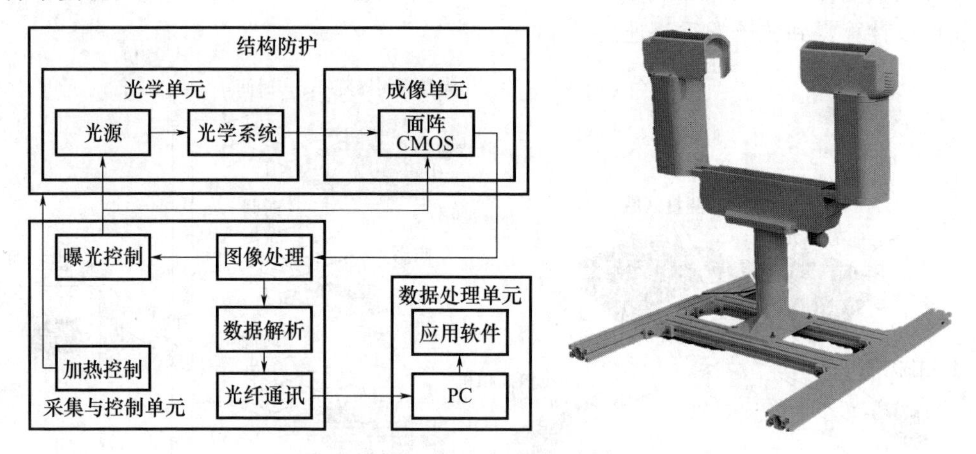

图 9.9 降水微物理特征测量仪组成框图(左)与实物图(右)

降水微物理特征测量仪采用单帧图像内两次曝光的方法,实现对降水粒子的图像和速度的同步测量。如图 9.10 所示,脉冲光源时序与 CCD 面阵图像传感器曝光时序进行精密配合,CCD 的采样频率为 50 fps,相应的单次曝光时间为 20 ms,在此时间段内脉冲光源连续进行 2 次曝光。在此成像时序控制下,当降水粒子穿过采样空间时,CCD 面阵图像传感器会在单帧图像内得到同一个粒子连续 2 次的曝光图像。在获取单帧双脉冲图像的基础上,对单个粒子图像进行处理可以得到降水粒子的尺度和形状;根据粒子先后 2 次曝光的位置和曝光间隔时间可以计算降水粒子的运动速度。根据时间积分得到降水粒子的尺度谱分布和速度谱分布,据此还可以进行降水强度、降水量的计算以及降水类型、降水性质的判断(Liu et al.,2014)。

降水微物理特征测量仪测量的雨滴形状如图 9.11 所示,由图可知,直径小于 1 mm的雨滴以圆形为主,直径在 1.0～3.0 mm 的雨滴逐渐变扁,与椭圆形相近,当直径大于 3.0 mm 时，雨滴呈现明显的顶部凸起，底部扁平的形状。

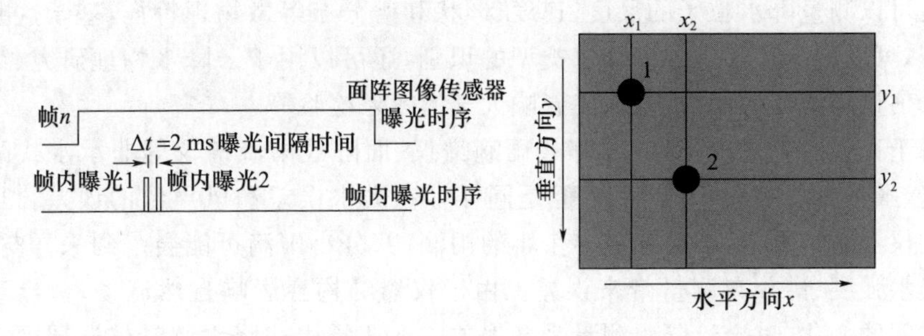

图 9.10　降水微物理特征测量仪的工作时序（左）和图像（右）

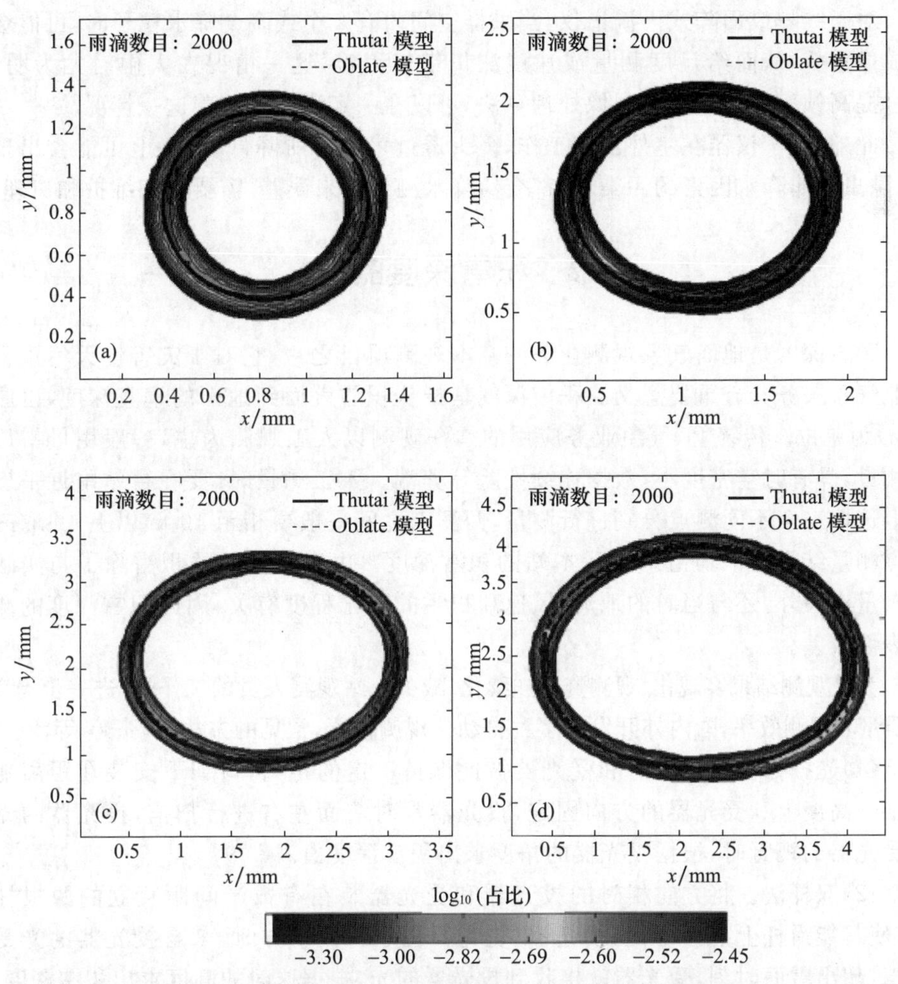

图 9.11　降水微物理特征测量仪测量的雨滴形状（彩图见书末）

雨滴直径：(a)0.8～1.0 mm；(b)1.4～1.6 mm；(c)2.4～2.6 mm；(d)3.4～3.6 mm

线阵式雨滴谱仪、面阵式雨滴谱仪除了可以测量降水量、降水强度以外,最大的优势是可以测量降水粒子的尺度、速度、形状和谱分布等微物理特征,基于这些微物理特征,可以用于天气现象中降水类型的识别,还可以用于云降水物理研究、天气雷达定量估计降水的地面校正、人工影响天气的效果检验等。

对于光强闪烁式雨强计、线阵式雨滴谱仪、面阵式雨滴谱仪等非承水式降水测量仪器,虽然无须容器承接雨水,但是同样存在溅水误差和风导致的误差。当雨滴溅落到仪器防护罩上,会破碎成多个小的雨滴,部分小雨滴可能会落到采样空间,从而给降水强度、谱分布测量带来误差。由于仪器结构会影响自然流场,会导致有效采样空间的变化,也会给降水测量带来误差。在非承水式降水测量仪器周围架设防风圈或防风罩,可以有效减小这些误差。

对于线阵或面阵式雨滴谱仪,当采样空间内有 2 个或多个降水粒子时,可能会出现成像重叠,从而给尺度测量或速度测量带来困难,这一情况在大雨时尤为明显。通过提高帧率或研究重叠图像处理算法,可以在一定程度上改善这一情况。

此外,光学仪器在室外长期工作,镜头透过率会有所降低,镜头上可能会出现沙尘、昆虫等非降水因素的污染,这都会给降水测量带来误差,需要定期维护和清理。

9.2 积雪深度的测量

积雪深度是地面气象观测业务的基本观测项目之一,它对于灾害性天气预警和专业气象服务具有重要意义。积雪深度是指从积雪表面到地面的垂直深度,以厘米(cm)为单位。传统上,气象业务应用的雪深观测以人工观测为主,一般用量雪尺直接测量,具有时空密度小,数据连续性差等弊端。人工测量时,要在台站附近平坦地面上选取三个不同测点分别进行测量,两测点之间一般要相距 10 m 以上,并取三个测点测量结果的平均值来表示本站的积雪深度。由于地面上的积雪除了与实际的降雪量有关外,还与当时的地形、风速和积雪的融化程度有关,因此积雪深度的测量代表性较差。

为使观测结果客观化、观测资料连续化,减少台站观测人员的工作量,进一步提高观测质量和观测效率,国内外开发了多种自动化观测仪器,常见的方法有(张婷 等,2019):

(1)光扫描法。投光器和受光器彼此保持一定的距离,口朝下安装在距离地面的某一高度上。受光器的方向固定,投光器常对雪面左右进行扫描,投光器的光进入受光器的视野时,根据投光器的角度求出积雪深度值。

(2)双杆法。将方向相对的投光器和受光器装在有数米间距直立的两根杆子上,使其能沿杆上下移动,当投光器、受光器位于雪面下方时,来自投光器的光受到阻挡,超出雪面时刻,受光器就接收到投光器的光,根据这时的高度求出积雪深度值。

(3)单杆法。垂直树立起一根杆子,将水平方向具有视野的投光器和受光器并列安装，使之能沿杆上下移动，当投光器、受光器位于雪面下方时，积雪反射投光器的光进入受光器，超出雪面时刻，光不能反射到受光器，根据此时的高度求出积雪深度值。

(4)超声波法。将超声波发生器和接收器垂直向下安装在地面上的某个高度。通过发生器将超声波脉冲发射给雪面，测出接收器接收到雪面反射脉冲的时间，求出积雪深度值。

(5)激光测距法。与超声波法类似，只不过射出的信号是激光脉冲或连续信号而不是超声波信号，根据接收器收到雪面反射的激光信号，求出积雪深度值。

(6)红外测距法。利用红外线传播不扩散的原理(穿过其他物质时折射率很小)，红外线发出去之后碰到雪面反射回来被接收器接收，根据红外线从发出，到反射的红外线被接收器接收的时间，求出积雪深度值。

以上方法中，前三种方法具有机械活动部件，在实际观测中易发生故障，需要经常维护，已基本被淘汰；后三种方法没有机械活动部件，是目前常用的方法，其中红外测距法成本低廉、容易研制，但精度低、测量距离短、方向性差；激光测距法测量精度高，但制作难度大，成本较高，测量效果易受镜头污染的影响；超声波法受天气情况影响较小、制作简单、成本低廉，被较多采用。下面主要介绍超声波雪深仪和激光雪深仪。

9.2.1 超声波雪深仪

利用超声波在声阻抗不同的两种物质界面上产生反射的性质测量界面距离的原理，可测量积雪深度。图9.12为超声波测量雪深的示意图，超声波发生器采用镍材料的磁致伸缩换能器，接收器采用PZT压电元件。

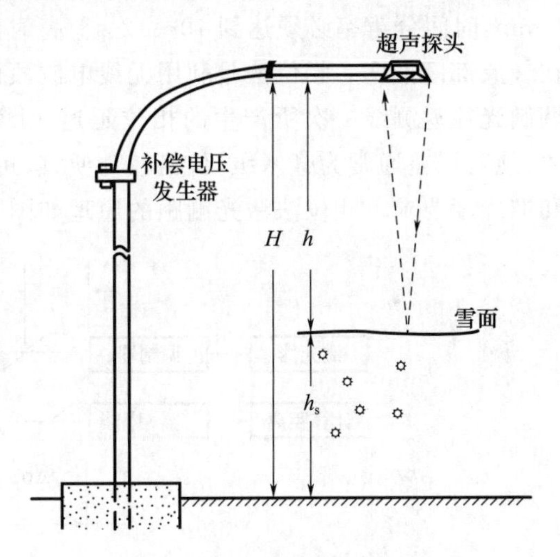

图9.12　超声波测量雪深示意图

由图9.12很容易看出，积雪深度h_s应为

$$h_s = H - h = H - \frac{1}{2}ct \qquad (9.2.1)$$

式中，H为超声波传感器的安装高度；c为声速；t为超声波往返高度h的时间。

时间t的测量通常用对一定频率(f)的时钟脉冲进行计数，其脉冲数应为

$$N = f \cdot t = \frac{2hf}{c} \qquad (9.2.2)$$

为了使脉冲数N直接表示h，则应使时钟脉冲频率$f = \frac{c}{2}$。考虑到声速受温度影响($c = 20.067\sqrt{T_v}$，T_v为虚温)，时钟脉冲频率应进行温度补偿，声速补偿电压发

生器就是将铂电阻随温度的变化转换成电压去控制计数脉冲频率随之变化。

雪深传感器是利用超声波进行测距的，由于不同环境温度下超声波的速度是不一样的，因此，需要测量雪深传感器所处位置空气温度来修正超声波的速度。通过增加温度测量对超声波速度进行校正，可以大大减少了超声波传感器自动测量雪深数据跳变次数，有利于提高超声波传感器测量稳定性。

美国地面自动观测系统(ASOS)对 SR50 型和 Judd 型两种超声雪深传感器的评估报告表明风、测量波束路径上的温度梯度、雪的结晶类型、雪面平整度、降雪过程、吹雪和飘雪等多种条件都会影响超声波脉冲的传播路径，造成接收的回波波形和振幅不恒定，积雪深度测量值离散较大。为了获得稳定的观测值，一般应取多次测量的平均值作为测量结果。

9.2.2 激光雪深仪

激光测距已广泛应用于工业非接触精密测距领域，采用激光测量距离一般有两种方式：脉冲法或相位法。其中，脉冲法是利用测量光脉冲从发出到返回所经历的时间，精确地测量距离就必须极其精确地测定传输时间。如果测量分辨率达到 1 mm，时间分辨率必须达到 10～12 s。高时间分辨率要求导致设备造价过高，难以在气象部门推广。相位法是利用无线电波段的频率，对激光束进行幅度调制并测定调制光往返测线一次所产生的相位延迟，计算调制光的波长，由延迟的相位得到距离，绝对误差通常为毫米级，价格较为便宜，可以满足气象部门对雪深观测的分辨率和准确度要求。相位法激光测距的原理如图 9.13 所示(王柏林 等，2013)。

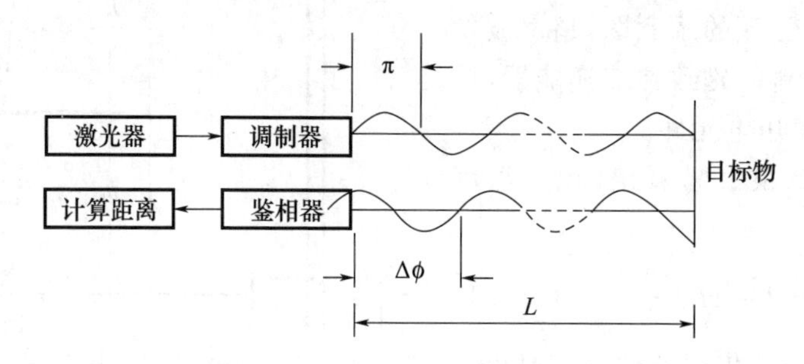

图 9.13　相位法激光测距原理

激光往返距离 L 产生的相位延迟为 ϕ，是所经历的 n 个完整的波的相位及不足一个波长的分量的相位 $\Delta\phi$ 的和，即：$\phi=2n\pi+\Delta\phi$。

距离 L 与相位延迟 ϕ 的关系为：

$$L=\frac{(c/2)\phi}{2\pi f} \tag{9.2.3}$$

式中：c 为光速(单位：m/s)；f 为调制激光的频率(单位：Hz)；ϕ 为激光发射和接收的

相位差(单位:rad)。

相位差采用差频测量方法,将调制激光信号和接收信号分别与中频本振信号进行差频混频后,得到两个相位差不变但频率较低的信号,使高精度相位差检测易于实现。混频后的信号通过数字鉴相器进行相位差检测,有利于简化电路,提高相位差检测的稳定性和精确度。相位差检测的原理如图 9.14 所示。在测量的最大雪深不超过 10 m 时,激光的调制频率 f 选择为 15 MHz,相位差 ϕ 的测量误差仅为 0.2°,分辨力达到 0.02°,相应的测距准确度为 5 mm,分辨力为 0.1 mm。

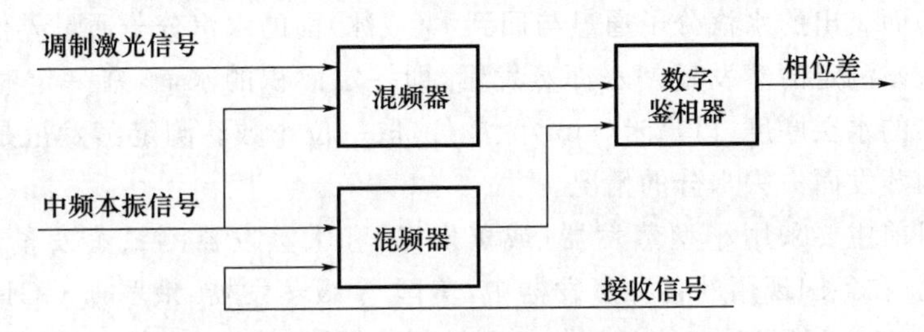

图 9.14　相位差检测示意图

激光测量雪深一般采用斜向安装,如图 9.15 所示,垂直倾角 α 的范围通常限制在 10° ~ 45°。由于激光束极窄,接收灵敏度和精度很高,斜向安装既能消除遮挡效应,又可以避免积雪表面对激光的过强反射,保证接收电路正常工作。采取倾斜安装的另一个好处是传感器可以直接安装在立柱上,不需要横臂。

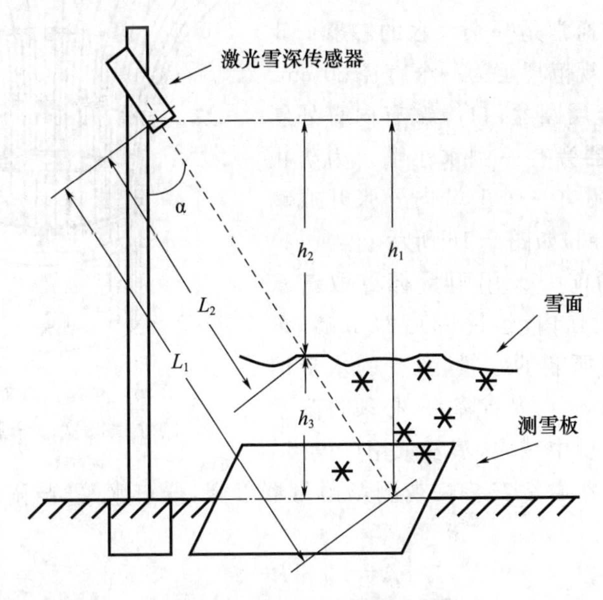

图 9.15　激光测量雪深示意图

9.3 蒸发量的测量

蒸发是指水汽从水面、冰面或其他含水物质表面逸出的过程。它属于水由液态或固态变为气态的相变物理过程。从分子运动论的观点来说,水或冰蒸发时,有些水分子因其动能大于其他水分子对它的吸引,就脱离水面或冰面,进入气相之中。水汽分子的不规则运动,也会使其中一部分撞到水(或冰)面,被水或冰所吸收。因此,蒸发量就是从水(或冰)面飞出的水汽分子通量与回到水(或冰)面的水汽分子通量差值。

气象台站测定的蒸发量是水面蒸发量,即一定面积的水面,在一定时间间隔内因蒸发失去的水层厚度,以毫米(mm)为单位,取一位小数。测定蒸发量是为了了解自然水体因蒸发而失去水分的情况。

我国目前主要采用小型蒸发器(或蒸发皿)和大蒸发器测量蒸发量(中国气象局,2017c)。在各国现用的各种蒸发器中,美国 A 级蒸发器、俄罗斯 GGI-3000 蒸发器及俄罗斯 20 m^2蒸发池已广泛用作标准站网蒸发器,并已在不同气候条件下,很宽的纬度和海拔高度范围内对它们的性能进行了研究。尽管此类资料决定于复杂的气候带,以及与决定蒸发的一些气象要素有关,但只要仔细遵从标准的结构并按说明进行安装,此类蒸发器的观测数据甚为稳定。

9.3.1 小型蒸发器

小型蒸发器通常是一个承水的容器。我国地面气象观测规范规定为一个直径 20 cm、高约 10 cm 的金属圆盆,口缘镶有内直外斜的刀刃形铜圈,器旁有一倒水小嘴。为防止鸟兽饮水,器口附有一个上端向外张开成喇叭状的金属丝网圈,如图 9.16 所示。

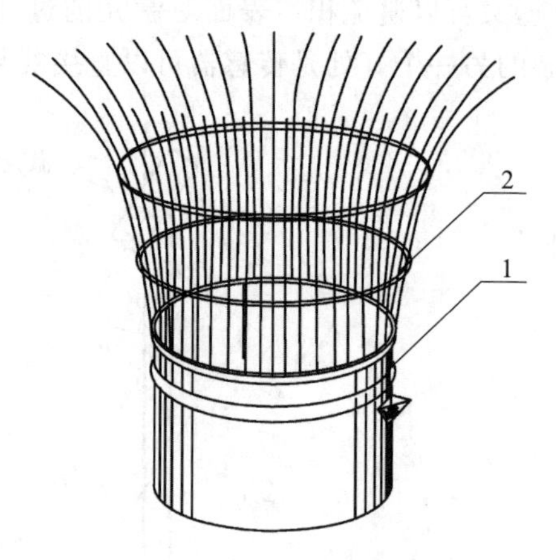

图 9.16 小型蒸发器的结构组成
(1 金属圆盆;2 金属丝钢圈)

一般在观测前一天用雨量杯量取清水 20 mm,倒入蒸发皿内,经过一天 24 h 后,再测量出蒸发器内所剩的水量,减少的水量即为蒸发量。如果 24 h 内有降水,必须将降水量从所测的蒸发量中减去,蒸发量用(9.3.1)式来计算。蒸发器通常安装在观测场雨量器近旁,器口水平,与雨量器同高,离地 70 cm。

$$A=H_0+R-H_1 \tag{9.3.1}$$

式中,A 为蒸发量,H_0为观测前一天加入蒸发皿的水量(一般称为原量),R 为一天的降水量,H_1为经过一天后蒸发器内剩余的水量。

9.3.2　大型蒸发器

大型蒸发器(又称为E601型蒸发器)主要由蒸发桶、水圈、溢流桶和测针四部分组成。蒸发桶是一个器口面积为3000 cm^2,有圆锥底的圆柱形桶。器口要求正圆,口缘呈刀刃形。桶底中心装有一直管,在直管中部有三根支撑与桶壁连接,以固定直管的位置并使之垂直。直管上端装有测针座。在桶壁上开有溢流孔,用胶管与溢流桶相连,以承接因降水从蒸发桶内溢出的水量。桶身的外露部分和桶的内侧涂上白漆,在蒸发桶外围装置水圈环套,都是用以减少太阳辐射及溅水对蒸发测量的影响。测针用于测量蒸发桶内水面高度。其结构如图9.17和图9.18所示。

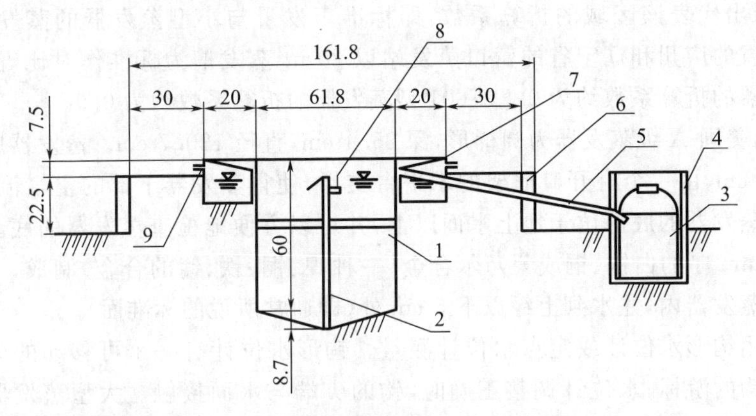

图9.17　大型蒸发器的剖面示意图(单位:cm)

(1蒸发桶;2直管;3溢流桶;4箱;5胶管;6土圈;7水圈;8水面指标针;9排水孔)

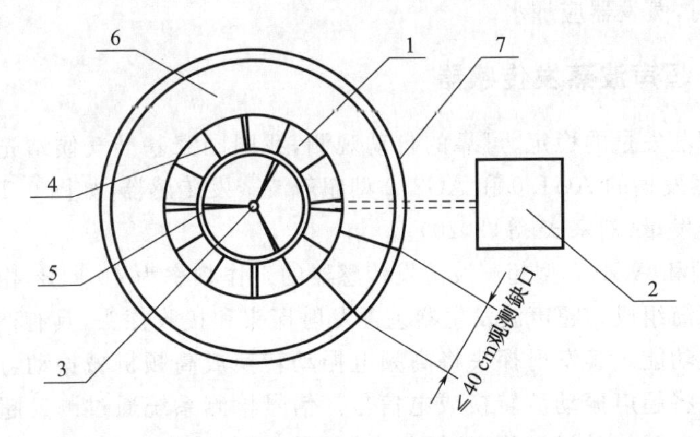

图9.18　大型蒸发器的俯视图

(1水圈;2溢流桶箱;3测针座;4撑挡;5直管支架;6土圈;7防坍设施)

利用大型蒸发器进行测量,一般每日20时观测并记录日蒸发量。观测时调整测针针尖与水面恰好相接,从游标尺上读出水面高度,读数精确到0.1 mm。

$$A = H_0 + R - H_1 - H' \tag{9.3.2}$$

式中,A为蒸发量,H_0为蒸发原量,即前一日20时水面高度,R为一天的降水量,H_1为经过一天后蒸发器内剩余的水量,H'为溢流量,单位均为mm。

采用蒸发器测定的蒸发量,不可能准确地代表自然水体的蒸发量。除了气象因子影响外,它还与蒸发器的几何尺寸及水层深度,蒸发器的安装方法和蒸发器的质料、颜色等有关。因此,蒸发器测得的蒸发量与自然水体的蒸发量有较大的差异。为了将蒸发器测得的蒸发量换算成自然水体的蒸发量,往往采用对比观测的方法。即以大型蒸发器(如口径为20 m^2或100 m^2)的蒸发量为标准,在其附近设置小型蒸发器,以求出代表该区域的折算系数,即标准蒸发量与小型蒸发器的蒸发量之比。如在广东省的广州和辽宁省的营口蒸发站以20 m^2蒸发槽为标准作对比观测,得出小型蒸发器的折算系数约为0.7,E601型蒸发器的折算系数约为0.9。

此外,美国A级蒸发器为圆桶形,深25.4 cm,直径120.7 cm。蒸发器底部高出地面3～5 cm,由一个有开口框架的木平台支撑,使得蒸发器下部的空气流通,在雨季可保持蒸发器的底部位于地上水面以上,并可以方便地检查蒸发器的底。蒸发器是用0.8 mm厚的白铁、铜或蒙乃尔合金(一种镍、铜、铁、锰的合金)制成,一般都不上漆。在蒸发器内,注水到上缘以下5 cm处(即通常所说的标准面)。

水面用钩形水位计或定点水位计测量。钩形水位计有一个可移动的刻度尺和配有一个钩的游标,水位计调整正确时,钩的尖端与水面接触。大型蒸发器内有一个直径为10 cm、深30 cm的静水管,在底部有一小孔可用来阻止器内可能有的水面波动,观测时起到支撑钩形水位计的作用。当水位计显示器内水面降到低于标准面2.5 cm以下时,蒸发器应加水。

9.3.3 超声波蒸发传感器

为了实现蒸发量的稳定、可靠的自动观测,我国国家基准气候站先后启用了基于E601B型蒸发桶的AG1.0和AG2.0型超声波蒸发传感器,如图9.19所示,用于测量水位和蒸发量(刘宗庆 等,2020)。

AG1.0型和AG2.0型超声波蒸发传感器的工作频率为40 kHz,由超声波发生器和不锈钢圆筒组成。超声波发生器包含发射探头和接收探头,具有产生超声波和自动接收回波功能。其发射探头将高频电振动转换成高频机械振动,产生超声波;同时接收探头将超声振动波转换成电信号。信号检测系统通过测量超声波发射和经水面反射后返回的时间间隔,根据超声测距原理可计算出发射点距水面的距离。通过分钟水位值的变化,可以自动判断是否降雨,降雨期间的蒸发量按0 mm处理,小时蒸发量由分钟水位变化值累加求得,日蒸发量由时蒸发量累加求得。

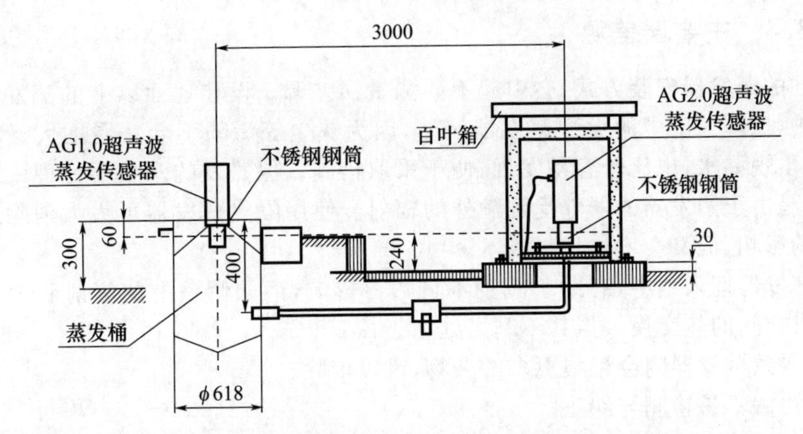

图 9.19　AG1.0 和 AG2.0 型超声波蒸发传感器安装示意图(单位:mm)

超声波传播速度与空气温度、湿度等参数有关。湿度对超声波传播速度影响相对较小,温度对超声波传播速度影响较大。温度每升高 1 ℃,传播速度增加 0.61 m/s。为了减少温度对超声波传播速度的影响,两种超声波蒸发传感器配置了 PT-100 温度校正部分,通过修正传播速度提高测量精度。

(1)AG1.0 型超声波蒸发传感器

AG1.0 型超声波蒸发传感器的主要组成部分有超声波传感器、不锈钢圆筒和三脚架。不锈钢圆筒和三脚架直接架设在 E601B 型蒸发桶内,超声波蒸发传感器安装在圆筒顶端,保持不锈钢圆筒最高水位刻度线稍高于蒸发器溢孔。根据超声波测距原理,对蒸发桶内水位高度变化进行连续测量,最终转换成电信号输出。

超声波蒸发传感器的测量精度受测量环境影响较大。AG1.0 型超声波蒸发传感器直接架设在蒸发器上方,水面湿度和空气温度波动较大,降低了测量精度。在强风雨等恶劣天气条件下水面容易发生波动,可能出现野值。同时,长时间阳光照射使超声波发生器的外壳容易变形,导致零位偏移。

(2)AG2.0 型超声波蒸发传感器

由于超声波蒸发传感器受水面波动、温度环境等因素的影响比较大,AG2.0 型超声波蒸发传感器改变原安装方式,传感器与 E601B 蒸发桶底部通过铝塑管相连,安装在蒸发桶外部,并固定在百叶箱内。传感器与蒸发器通过铝塑管相连,在压力平衡作用下,蒸发传感器不锈钢圆筒与蒸发器水面高度一致,超声波蒸发传感器测得结果即为蒸发器内水面高度。

AG2.0 型超声波蒸发传感器安装在百叶箱内,这样减少了温度和湿度对测量精度的影响,也可避免恶劣天气下液面波动出现野值。通过比较可以看出,由于应用环境的改善,AG2.0 型超声波蒸发传感器的测量精度得到较大提高。

9.3.4 主要误差源

不同的蒸发器安装方式,会引起不同测量误差源。设在地面以上的蒸发器易于安装维护,比埋入土中的大型蒸发器清洁,因为灰尘等污物不会从周围大量溅入或吹入;若出现漏水,也比较容易发现,便于采取措施。但蒸发的水量要比埋入土中的大,主要是由于蒸发器的器壁受到额外的辐射。使用隔热蒸发器可大大消除这种不利侧壁的影响,但又会增加材料成本。

把蒸发器埋入地中,有助于减少不良边界影响,诸如侧壁上的辐射和大气与蒸发器本身之间的热交换。但其不利之处在于:

(1)导致蒸发器内会聚集更多的杂物,难以消除;

(2)渗漏不易检测与纠正;

(3)邻近蒸发器的植被高度影响更大;

(4)在蒸发器与土壤之间存在明显的热交换,这取决于很多因素,其中包括土壤类型、含水量及植被覆盖情况。

此外,漂浮的蒸发器要比在岸上安置于地面以上或地平面上的蒸发器更接近于湖面的蒸发,尽管漂浮蒸发器的储热特性与湖泊不同。漂浮蒸发器也受它所在的特定湖泊的影响,它并不一定是湖面蒸发的良好指示器。观测上的困难是显然的,特别是溅落经常使得观测数据不可靠。安装和运行这样的蒸发器,费用也较昂贵。

在所有的安装方式中,最重要的一点是蒸发器桶体应由防腐蚀材料制成,其所有接口要做到使发生渗漏的可能性减至最小。大雨及强风可能使蒸发器内的水溅出,致使测量无效。

蒸发器内的水面高度很重要。如果蒸发器内的水太满,就可能有10%(或更多)降雨溅出,造成估计蒸发量过高。若蒸发器内的水面太低,由于边缘的过分荫蔽及屏障,可导致蒸发率降低(在温带地区,若水面高度在标准高度5 cm以下时,每降低1 cm将会导致蒸发率降低约2.5%)。如果水的深度非常浅,则由于增强了水表加热而使得蒸发率增大。最合理的措施是在每次读数时能自动调整水面,或者采取措施当水面达到上限标记时就取出水,而当水面达到下限标记时就添加水,使水面限制在允许的高度范围内。

习　题

1. 翻斗式雨量计可以采用哪些技术措施来减小测量误差,提高测量灵敏度?

2. 分析称重式雨雪量计的误差及减小误差的方法。

3. 线阵式雨滴谱仪和面阵式雨滴谱仪能够测量降水哪些参量,各自的优缺点有哪些?

4. 对于线阵式雨滴谱仪,已知一个直径为5 mm,速度为8 m/s的雨滴,如果要保证雨滴穿过采样空间时,线阵扫描的行数不低于10行,线阵扫描的频率应不低于多少帧/秒？

5. 对于面阵式雨滴谱仪，已知一个直径为5 mm，速度为8 m/s的雨滴，如果要保证雨滴穿过采样空间时成像不发生拖尾，即在曝光时间内粒子运动不超过0.1 mm，曝光时间应不超过多少秒？

6. 为什么积雪深度测量的代表性较差？

7. 超声波雪深仪的测量误差都有哪些？

8. 为什么采用蒸发器测定的蒸发量不能准确地代表自然水体的蒸发量？

9. 蒸发器的安装方式会导致怎样的测量误差？可采取什么措施？

参考文献

刘西川，高太长，胡云涛，等，2017. 基于单帧双脉冲成像的降水微物理特征测量仪[J]. 光学精密工程，25(4)：842-849.

刘宗庆，陈涛，郑亮，2020. 两种超声波蒸发传感器观测数据差异分析[J]. 计量与测试技术，47(5)：72-74.

水利部，2014. 降水量观测仪器 第2部分：翻斗式雨量传感器，GB/T 21978. 2-2014[S].

王柏林，花卫东，阳艳红，等，2013，基于相位法激光测距原理的雪深传感器研究与应用[J]. 气象科技，41(4)：597-602.

张婷，刘文忠，刘宇，等，2019. 超声波传感器自动测量雪深误差分析及改进[J]. 传感器与微系统，38(12)：140-142＋147.

中国气象局，2017a. 地面气象观测规范 降水量：GB/T 35228—2017 [S].

中国气象局，2017b. 地面气象观测规范 雪深与雪压：GB/T 35229—2017[S].

中国气象局，2017c. 地面气象观测规范 蒸发：GB/T 35230—2017[S].

HABIB E，KRAJEWSKI W F，KRUGER A，2001. Sampling errors of tipping bucket rain gauge measurements[J]. Journal of Hydrologic Engineering，6：159-166.

KRUGER A，KRAJEWSKI W F，2002. Two-dimensional video disdrometer：A description[J]. Journal of Atmospheric and Oceanic Technology，19(5)：602-617.

LIU X，GAO T，LIU L，2014. A video precipitation sensor for imaging and velocimetry of hydrometeors[J]. Atmos Meas Tech，7：2037-2046.

MICHAELIDES S，2008. Precipitation：Advances in Measurement，Estimation，and Prediction [M]. Berlin，German：Springer，4-96.

第9章 降水量、积雪深度和蒸发量的测量 电子资源

第10章　辐射及日照时数的观测

【学习指导】

1. 熟悉辐射观测量，能区分太阳辐射与地球辐射，直接辐射与散射辐射，总辐射、全辐射与净辐射，建立辐射平衡概念；

2. 理解辐射测量仪器原理与安装要求，会使用辐射测量仪器正确测量辐射量，树立精益求精科学精神；

3. 熟悉日照概念，了解日照时数观测仪器与方法。

太阳辐射是地球及大气最重要的能量来源，地球收到太阳辐射能的同时也不断地支出辐射能。到达和离开地球表面的各种辐射能是地气热量系统的重要部分，几乎所有的气象学问题都与辐射能收支有直接或间接的关系。日照与太阳可见光波段辐射相关，日照时数表示了地面上受太阳照射时间的长短，与日常生活和农林产业等密切相关。

本章在介绍太阳辐射、地球辐射、气象辐射量和日照时数概念基础上，分别了介绍了地面气象观测中常用的辐射和日照时数测量仪器及其原理与测量方法。

10.1　辐射测量概述

10.1.1　太阳辐射与地球辐射

按照辐射来源分类，辐射分为太阳辐射和地球辐射。

太阳辐射能量的99.9%集中在0.2～10 μm的波段，其中波长小于0.4 μm的称为紫外辐射，在0.4～0.76 μm的称为可见光辐射，大于0.76 μm的称为红外辐射。紫外辐射、可见光辐射和红外辐射的能量分别占太阳辐射总能量的7%、50%、43%。太阳辐射通过大气时，大气分子、气溶胶粒子和云等会产生散射和吸收作用，从而产生漫射现象，并使到达地面的太阳辐射能减弱。到达地面的波长在0.29～3 μm的太阳辐射，又称为短波辐射（也简称日射），约占太阳总能量的97%，目前气象站主要观测短波辐射。

地球辐射是地表、大气、气溶胶和云层所发射的辐射，波长范围为3～100 μm，又称为长波辐射，它在大气中传输时也会被削弱。地球温度平均约为300 K，地球辐射能量中 99%的波长大于 5 μm，最大辐射对应的波长约为 10 μm。

由于太阳辐射和地球辐射的光谱分布重叠很少，因此在辐射观测中，常对太阳辐射和地球辐射分别进行测量和计算。

在本章中，“辐射”一词既可以表示一种过程，也可以表示多种参量。如太阳辐射，既可以代表太阳能，也可以表示太阳曝辐量或太阳辐照度。

10.1.2　辐射量及单位

气象观测的辐射量有两类：表示瞬时辐射的辐照度和表示时间累积辐射的曝辐量。

辐照度是指在单位时间内，投射到单位面积上的辐射能，即观测到的瞬时辐射值，单位为瓦/米²（W/m^2），取整数。

曝辐量是指一段时间（如一天）内辐照度的总量或称累计量，单位兆焦耳/米²（MJ/m^2），取两位小数。

10.1.3　气象辐射观测量

气象上辐射观测量种类较多，为了便于理解和掌握辐射观测量的含义，按照辐射方向、辐射种类汇总于表 10.1 中。向下的辐射量后加↓表示，向上的辐射量后加↑表示，在不引起歧义的情况下符号↓和↑可以省略。表 10.1 中所定义的辐射量均表示辐照度。

表 10.1　气象辐射观测量一览表

<table>
<tr><th colspan="2" rowspan="2">辐射方向</th><th colspan="3">太阳辐射/（W/m^2）</th><th colspan="3">地球辐射/（W/m^2）</th><th rowspan="2">全辐射/（W/m^2）</th></tr>
<tr><th>直接日射</th><th>散射日射</th><th>总日射</th><th>反射日射</th><th>地面辐射</th><th>大气辐射</th></tr>
<tr><td colspan="2">法向辐射（测量面与辐射方向垂直）</td><td>S、S_0</td><td>×</td><td rowspan="2">$E_g^{\downarrow}$</td><td>×</td><td>×</td><td>×</td><td>×</td></tr>
<tr><td rowspan="3">半球向（测量面水平）</td><td>向下辐射</td><td>S_L</td><td>$E_d^{\downarrow}$</td><td>×</td><td>×</td><td>$E_L^{\downarrow}$</td><td>$E^{\downarrow}$</td></tr>
<tr><td>向上辐射</td><td>×</td><td>×</td><td>×</td><td>$E_r^{\uparrow}$</td><td>$E_L^{\uparrow}$</td><td>×</td><td>$E^{\uparrow}$</td></tr>
<tr><td>净辐射</td><td>×</td><td>×</td><td colspan="2">$E_g^* = E_g^{\downarrow} - E_r^{\uparrow}$</td><td colspan="2">$E_L^* = E_L^{\downarrow} - E_L^{\uparrow}$</td><td>$E^* = E^{\downarrow} - E^{\uparrow}$</td></tr>
</table>

1）直接辐射

记作 S，也称直接日射，是指垂直于太阳入射光的直射辐射，包括来自太阳面的直接辐射和太阳周围一个非常狭小的环形天空辐射（环日辐射）。环形天空的视张角一般为 5°。在日地平均距离处，地球大气外界垂直于太阳光束方向上接收到的太阳辐照度称为太阳常数（记作 S_0），世界气象组织推荐了最佳值 $S_0 = 1367 \pm 7\ W/m^2$。太阳常数也有周期性变化，变化范围为 1%～2%，这可能与太阳黑子的周期活动有关。

2)水平面太阳直接辐射

记作 S_L,是水平面上接收到的直接辐射,S_L 与 S 的关系为:

$$S_L = S \cdot \sin h_{\otimes} = S \cdot \cos Z \tag{10.1.1}$$

式中,$h_{\otimes}$ 为太阳高度角,$Z = 90° - h_{\otimes}$ 为太阳天顶角。

3)散射辐射

记作 $E_d^{\downarrow}$,也称散射日射,是指太阳辐射经过空气分子、云和各种微粒散射的,从半球天空 2π 立体角向下到达地面的那部分辐射。

4)总辐射

记作 $E_g^{\downarrow}$,也称总日射,是指水平面上接收到的天空 2π 立体角内太阳直接辐射和散射辐射之和。

$$E_g^{\downarrow} = S_L^{\downarrow} + E_d^{\downarrow} \tag{10.1.2}$$

当太阳被云遮蔽时,$E_g^{\downarrow} = E_d^{\downarrow}$,在夜间,$E_g^{\downarrow} = 0$。

5)反射辐射

记作 $E_r^{\uparrow}$,也称反射日射,是指总辐射到达地面后被下垫面向上反射的那部分短波辐射。反射辐射与总辐射的比值用反射比表示,表示下垫面的反射本领。

6)大气长波辐射

记作 $E_L^{\downarrow}$,简称大气辐射、大气逆辐射,是指大气以长波形式向下发射的辐射。

7)地面长波辐射

记作 $E_L^{\uparrow}$,简称地面辐射,是指地球表面以长波形式向上发射的辐射和地表反射的大气长波辐射之和。

8)全辐射

是指太阳辐射和地球辐射之和,波长范围为 0.29～100 μm,分为向下全辐射和向上全辐射,分别记作 $E^{\downarrow}$ 和 $E^{\uparrow}$。

$$E^{\downarrow} = E_L^{\downarrow} + E_g^{\downarrow} \tag{10.1.3}$$

$$E^{\uparrow} = E_L^{\uparrow} + E_r^{\uparrow} \tag{10.1.4}$$

9)净辐射

是指向下辐射与向上辐射之差,分为净短波辐射、净长波辐射和净全辐射,分别记作 E_g^*、E_L^* 和 E^*。净全辐射也称为辐射差额,是指太阳与大气向下的全辐射和地面向上的全辐射的差值。净全辐射是研究地球热量收支的主要资料,地表净全辐射为正表示地表增热,为负则表示地表损失热量。

$$E_g^* = E_g^{\downarrow} - E_r^{\uparrow} \tag{10.1.5}$$

$$E_L^* = E_L^{\downarrow} - E_L^{\uparrow} \tag{10.1.6}$$

$$E^* = E^{\downarrow} - E^{\uparrow} = E_g^* + E_L^* = E_g^{\downarrow} - E_r^{\uparrow} + E_L^{\downarrow} - E_L^{\uparrow} \tag{10.1.7}$$

我国气象辐射观测站分为三级,其中一级站观测总辐射、散射辐射、太阳直接辐射、反射辐射和净全辐射,二级站观测总辐射、净全辐射,三级站观测总辐射。各辐射要素应观测瞬时辐照度、累积曝辐量、最大辐照度及其出现时间。

除上述辐射量外，有些行业部门所感兴趣的可能不是水平面上的辐射，比如太阳能部门为了估算太阳能电池板的发电效能，关心的是斜面上的半球向辐射能；而建筑部门则关心不同朝向垂直面上的半球向辐射能。测量斜向辐射量时，需要将辐射仪安装在倾斜支架上。

此外，在大气成分观测站，还专门开展紫外辐射的测量。波长短于 0.4μm 的辐射为紫外辐射，分为 3 个亚区：

UV-A：0.315～0.400 μm

UV-B：0.280～0.315 μm

UV-C：0.100～0.280 μm

UV-A 对人类（生物）无明显影响，且地球表面的强度不随大气臭氧含量变化。UV-B 受大气臭氧含量影响较大，且对人类健康和环境具有影响，是人们十分关心的紫外辐射波段。由于大气层的完全吸收，在地面上观测不到 UV-C 波段的辐射。由于到达地面的紫外辐射能量很小，对紫外辐射的测量是困难的，目前多采用光电效应、电离效应或化学感光效应原理的测量仪器进行测量。

10.1.4　气象辐射传感器

辐射能的测量有多种方法，都是基于将辐射能转变为便于测量的能量形式再进行测量。按照测量原理，气象辐射传感器分为热电型和光电型，前者利用辐射的热电效应，后者利用辐射的光电效应。

（一）热电型辐射传感器

气象站广泛使用的辐射传感器多为热电型，利用传感器表面黑色涂层吸收入射的辐射能（吸收率可达 99%），将其转换为热能，进而利用温度上升引起传感器电参数的规律性变化测定辐射能。由于黑色涂层对各种波长具有基本一致的响应，因此在日射测量中热电型传感器一直居于主导地位。提高传感器对辐射的吸收能力、降低传感器的热惯性，是这类传感器的共同要求。根据测量的电参数不同，热电型辐射传感器又分为热电堆和热敏电阻两种类型。

（1）热电堆热电型辐射传感器

在两种导体（或半导体）组成的闭合回路中，如果两个对接点的温度不同，回路中就会产生电流，这就是热电偶，产生的电势称为温差电势。当材料选定后，热电势的大小就仅与两接点的温差有关。一般的金属材料每度温差产生的热电势从几微伏到几十微伏，半导体的要高一些。由于单个热电偶产生的热电势有限，为了提高灵敏度将多个热电偶串联起来构成热电堆。

按制作方式不同，热电堆分为蒸镀式、焊接式和电镀式三种。蒸镀式热电堆利用薄膜工艺蒸镀制成，工作端位于感应面的中心部位，呈悬空状，参考端（冷端）位于四周且与较冷的仪器腔体绝缘相接;焊接式热电堆则采用了焊接工艺,为了增大仪器的灵敏度由多个热电偶串联组成;电镀式热电堆(图 10.1)是最常用的制作工艺,辐射传感器由感应面与热电堆组成,感应面是涂有吸收率高、光谱响应好的无光黑漆的薄金属片,紧贴在感应面下的是热电堆,它与感应面保持绝缘,热电堆由康铜丝(一般镀铜)绕在绝缘骨架上形成几十对串联的热电偶。

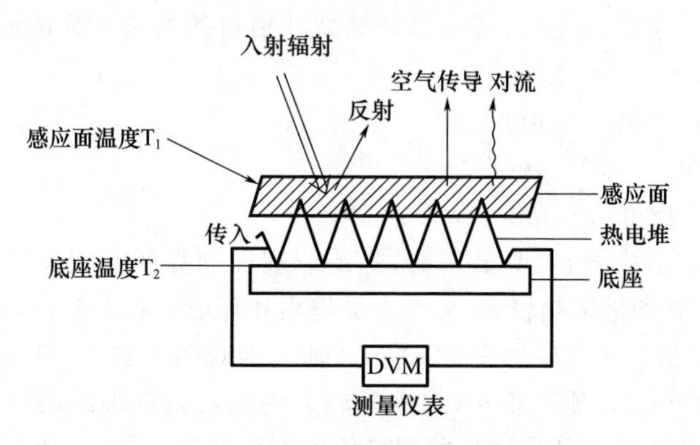

图 10.1　电镀式热电堆辐射传感器原理图

当辐射传感器对准辐射源,感应面黑体吸收辐射能增热时,下部的热电堆两端形成温差便产生电动势。辐照度越强,输出的电压也就越大,它们的关系基本是线性的。

$$V=K\times E \tag{10.1.8}$$

式中:E 为辐照度(W/m^2);V 为热电堆产生的电动势(μV);K 为仪器的灵敏度($\mu V/(W/m^2)$)。若已知 K,测量辐射表输出电压大小就可以确定辐照度,K 值是否稳定是衡量辐射表等级的重要指标。随着仪器温度的变化,热电堆仪器会出现灵敏度变化,有些仪器内部有内设温度补偿电路,以便保持恒定的响应。

热电堆辐射传感器在使用时,可以将两个热电堆传感器反向串联起来,形成补偿式热电堆。将其中一个用于接收辐射,另一个隐藏起来用于抵消由于环境温度变化引起的干扰热电势,从而提高测量准确度。在绝对腔体式辐射表中,普遍利用这种技术。

(2)热敏电阻热电型辐射传感器

热敏电阻传感器是利用导体或半导体的电阻随温度升高而显著变化的性质制成的传感器。常用的金属材料有铜和铂,其中铂已经成为测量温度的标准材料。由于在辐射测量中,总希望传感器自身的热容量尽可能小,随着光刻技术的发展,已经制成体积极其微小的薄膜铂电阻。半导体热敏电阻也制成了珠状热敏电阻,均可满足使用的要求。

(二)光电型辐射传感器

光电型辐射传感器是利用某些物体受辐射照射后,引起电学性质的改变,即发生光电效应而制作的元件。辐射的光电效应有不同的表现形式，因此光电型辐射传感器可根据其所利用的具体效应分为光伏、光电导和光电子发射三种类型。

光电效应比热电型器件的加热过程要快得多，因此响应时间很短是光电型辐射传感器的首要特点。另外，光电型辐射传感器是以光子为单位进行计数的，所以灵敏度高是这类传感器的又一特点。

光电型辐射传感器的最大缺陷是光谱响应随波长变化大，很难在较宽的波长范围内找到光谱响应较均一的光电器件，因此限制了其在气象观测中的应用。

10.1.5　气象辐射测量仪器

气象上测量辐射的仪器种类较多，按被测辐射量、仪器视场角、光谱响应范围和用途等可分成不同类型，见表10.2。同一个测量仪器，有时使用方法上做一些调整就可以测量多个辐射量。后面各节将介绍主要辐射量的常用测量方法。

表10.2　辐射测量仪器

仪器类型	测量参数	主要用途	视场角/sr
绝对直接日射表	直接太阳辐射	一级标准	5×10^{-3} （半角近似于2.5°）
直接日射表	直接太阳辐射	(a)校准用二级标准 (b)站网	$5\times10^{-3}\sim2.5\times10^{-2}$
分光直接日射表	宽谱带中的直接太阳辐射 （如带有OG_{530}，RG_{630}等滤光片）	站网	$5\times10^{-3}\sim2.5\times10^{-2}$
太阳光度表	窄谱带中的直接太阳辐射 （如在500±2.5 nm和在368±2.5 nm）	(a)标准 (b)站网	$1\times10^{-3}\sim1\times10^{-2}$ （全角近似于2.3°）
总辐射表	总辐射 天空辐射 反射太阳辐射	(a)工作标准 (b)站网	2π
分光总辐射表	宽带光谱范围内的辐射 （例如带有OG_{530}，RG_{630}等滤光片）	站网	2π
净总辐射表	净总辐射	(a)工作标准 (b)站网	4π
地球辐射表	向上长波辐射（下视） 向下长波辐射（上视）	站网	2π
全辐射表	全辐射	工作标准	2π
净全辐射表	净全辐射	站网	4π

为了测量不同波长的辐射，气象辐射测量仪器需要滤光罩，滤光罩的材质有多种。一般情况下，无色玻璃和石英玻璃罩只能透过短波辐射，可构成短波辐射表类；聚乙烯塑料薄膜既能透过长波辐射也能透过短波辐射，可构成全波辐射表类；用特殊材料经特殊工艺处理的滤光罩，可构成长波辐射表；用有色玻璃和石英玻璃构成的滤光罩，可构成分光辐射表类。

气象辐射测量仪器的结构很大程度上取决于辐射传感器的外形，包括平面型、腔体型和陷阱型。

大多数辐射测量传感器采用平面型，优点是制作简便。表面涂覆质地优良、性能完好的黑色涂料，可以近似认为接近朗伯体。但是实际上距朗伯体仍有一定的差距，对于测量精度要求高的标准辐射仪，平面型传感器就显得不足。此外，平面型传感器对辐射的吸收是一次性的，未被吸收的辐射就被反射了，测量性能受黑色涂层吸收率影响很大。腔体型辐射传感器的内表面均涂敷黑色涂料，使之成为被测辐射的吸收层。过去多采用无光黑漆作涂料，认为无光黑漆是漫反射，辐射能损失小。近年来，采用有光黑漆进行涂覆的试验表明效果更好。这是因为只要腔体设计得当，可以使有光黑漆达到多次反射和多次吸收的目的，满足亮度不随入射角改变的要求，而无光黑漆使漫反射更难控制。

上述两种辐射探测器的外形主要针对热电型辐射传感器，对于光电型辐射探测器而言，由于均有封装窗口使得距朗伯体就更远了。为了克服此弊端，陷阱型辐射传感器通常均将光电传感器置于封闭管状体的低端，其顶端安装有乳白玻璃、聚四氟乙烯等材料制作的散射体，以便使被测辐射先入射到散射体上，经散射后再向下射入光电传感器上。单个光电二极管的窗口反射率较高(约为 30%)，并且容易受到灰尘、湿度影响，不利于高精度测量辐射。常用的是经过特殊设计的陷阱辐射探测器，比如采用三个二极管设计的反射式陷阱辐射探测器，入射光在三个光电二极管的光敏面上，经历了多次反射后沿原路返回，使得总反射率大为降低，而且多次吸收也提高了光电转换效率和灵敏度。

10.2 太阳直接辐射的测量

10.2.1 直接辐射表基本原理

直接辐射表应具有能瞄准太阳的手动或自动跟踪装置，感应面必须垂直于入射太阳光，只允许测量日盘和周围很小区域的辐射(感应面视张角不大于 5°立体角)。直接辐射表由进光筒、感应件、跟踪架及附件组成。

(一)进光筒

进光筒是一个长约 30 cm 的准直金属圆筒(图 10.2)，内有多层自筒口向里内径逐渐减小的环形光环，使光筒能形成一定的口径对准太阳。为使感应面不受风的影响，同时减少管壁的反射，筒内有几层涂黑的光阑。为了保证筒内清洁，筒口装有石英玻璃片。进光筒前有一金属箍，用来安放各种滤光片。筒内装有干燥气体以防止产生水汽凝结物。为了对准太阳，进光筒前后两端分别固定两个圆环，筒口圆环上有一小孔，筒末端白色圆盘上有一黑点，小孔和黑点的连线与筒中轴线相平行。如果光线透过小孔落在黑点上，说明进光筒已对准太阳。

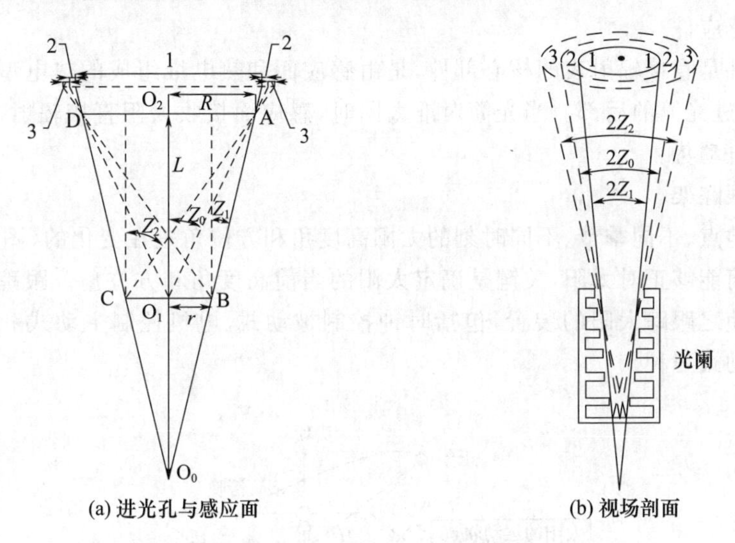

(a) 进光孔与感应面　　(b) 视场剖面

图10.2　直接辐射表的进光筒

太阳对地球的张角约为0.5°，要把这样小的立体角分离出来，必须把进光筒做得很长，这对瞄准和观测都很不方便，稍有偏差露光孔的边缘就会遮住一部分感应面，引起观测误差。太阳光通过云层时，由于云滴衍射产生的紧贴太阳外围的一圈彩色光环叫作华盖，其视张角一般不超过5°，具体值和大气浑浊度状况有关。因此，直接辐射测量的是来自太阳圆盘及周围约5°的立体角的环日天空的辐射，也就是说感应面接收的不仅是太阳圆面的直接辐射，还接收一部分窄的环日天空的散射。

如图10.2所示，AD为进光孔直径，BC为感应面直径，O_1O_2为进光孔到感应面的距离。为了使进光筒形成一定的视张角，感应面尺寸必然小于前视窗进光孔。半开敞角 Z_0、斜角 Z_1和极限角 Z_2定义如下：

$$Z_0=\arctan\left(\frac{R}{d}\right) \tag{10.2.1}$$

$$Z_1=\arctan\left(\frac{R-r}{d}\right) \tag{10.2.2}$$

$$Z_2=\arctan\left(\frac{R+r}{d}\right) \tag{10.2.3}$$

式中,R 为进光孔半径,r 为感应面半径,d 为进光孔到感应面的距离。从图中可以看出,位于标注 1 的区域的辐射能够全部投射到感应面上,位于标注 2 和标注 3 的区域的辐射只能投射到感应面一半面积上。可见标注 2、3 的区域接收更多的是环日辐射,而不是太阳圆盘辐射。一般情况下,环日辐射约占整个直接辐射的 2%～3%,但在大气浑浊的情况下可能增至 4%～6%。为了规范直接日射的观测,世界气象组织仪器与观测方法委员会建议日射表进光筒的半开敞角应为 2.5°,斜角应为 1°。

(二)感应件

感应件是直接辐射表的核心部件,是由感应面和热电堆组成的热电型辐射感应件,安装在进光筒的后部。当光筒对准太阳时,感应面接收太阳直接辐射,使热电堆产生温差电动势。

(二)跟踪架

不同地点、不同季节、不同时刻的太阳高度角和方位角是在变化的(图 10.3),为了使进光筒能够正对太阳,关键是确定太阳的当前高度角和方位角。跟踪架是支撑进光筒并使之跟踪太阳的装置,包括时钟控制被动式、电机控制主动式和全自动控制反馈主动式三种。

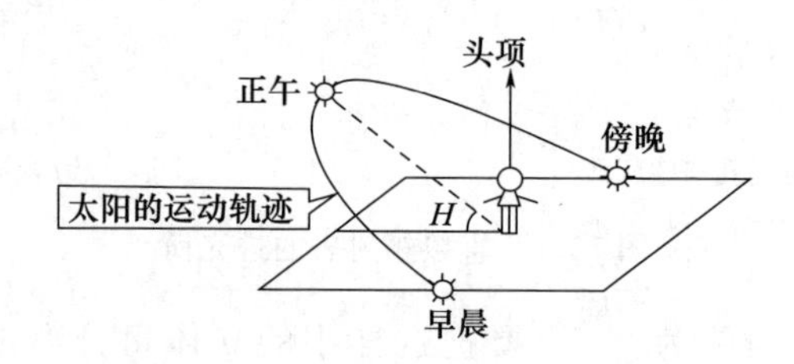

图 10.3 太阳运动轨迹示意图

1. 时钟控制被动式跟踪架

时钟控制被动式跟踪架实际上是一个石英钟,由信号发生器、电源、机架和钟机组成。信号发生器和电源在室内,信号发生器输出用导线接到室外的机架钟机上驱动钟机运转,钟机操纵输出轴带动进光筒跟踪太阳。这种跟踪架存在不足之处:要求每日人工调整赤纬,如果调节不及时,会影响跟踪效果;输出导线会每日自动缠绕一周,要求人工干预,若采用导电环的方法解决绕线问题,但由于导电环的电阻会随时间和污染而改变,进而增加了测量不确定度;太阳运行并非匀速的 1 周/24 h,再加上机械误差等因素,致使实际跟踪情况不能令人满意。这也正是使用这种跟踪架的直接辐射测量结果不准确的主要原因。

2. 电机控制主动式跟踪架

电机控制主动式跟踪架由单片机、电源、机架和直流电机组成。基于太阳运行轨迹的规律用程序计算太阳的当前高度角和方位角,由单片机程序控制机架上的直流电机驱动进光筒跟踪太阳,每日转动一圈。该跟踪架的主要缺点在于只能根据公式计算的结果去驱动电机带动进光筒跟踪太阳,但是否达到跟踪目的却无法检验。此外,由于机械加工不可能做到完美无缺,也会使机械运行的实际结果达不到设计要求。

3. 全自动控制反馈主动式跟踪架

全自动控制反馈主动式跟踪架(吕文华 等,2008)在电机控制主动跟踪架上加装了基于四象限光电反馈系统的太阳追踪器,如图10.4所示,A、B、C、D四个区域分别是四个光伏探测器。把太阳作为一个目标光源,太阳移动时光斑将在四个光伏探测器所构成的平面上移动,从而造成光照面积分布发生变化。通过四象限光电传感器实时检测太阳的当前高度角和方位角,一旦跟踪不准确,反馈系统将产生一个误差信号驱动跟踪装置修正到准确的跟踪位置。阴天时四象限光电传感器停止工作,仪器进入主动式跟踪模式。该跟踪架具有全自动、全天候、跟踪精度高、不绕线等特点,而且可带动多台直接辐射表以及散射辐射表的遮光板。

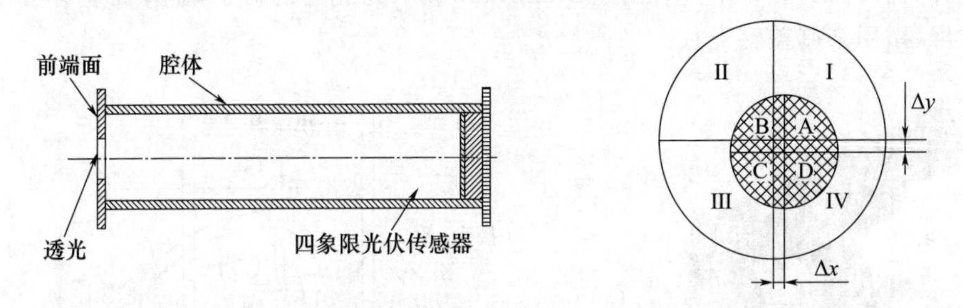

图10.4　四象限光电传感器构造与太阳追踪原理

目前国际上已较多地采用主动式和反馈主动式太阳跟踪架。太阳跟踪架安装的基本要求是牢固稳定,日落六分钟后跟踪架自动返回初始位置停止跟踪,日出前六分钟自动运行到合适位置开始新的跟踪过程。

10.2.2　埃斯川姆补偿式绝对日射表

埃斯川姆补偿式绝对日射表1893年设计,采用补偿法测定太阳直接辐射,现被用作二级标准仪器。所谓补偿法,就是用两面积相等吸收率完全相同的感应器,一个由被测辐射加热到平衡状态,另一个同时用电流加热到同一温度。两者吸收的热量 Q_1、Q_2 分别为:

$$Q_1=\delta\cdot S\cdot L\cdot b \tag{10.2.4}$$

式中,δ 为感应器的吸收率,S 为太阳直接辐射通量密度,L、b 为感应器片的长和宽。

$$Q_2=i^2\cdot r \tag{10.2.5}$$

式中,i 为流过感应器的电流,r 为感应器电阻。

调节加热电流使两个感应器的温度相等,则两者单位时间内得到的热量相同,即 $Q_1=Q_2$,则可算出待测辐照度:

$$S=\frac{r}{\delta \cdot L \cdot b}i^2=K \cdot i^2 \tag{10.2.6}$$

式中,K 为仪器常数,$K=\frac{r}{\delta \cdot L \cdot b}$,其所包含的物理因子均可以在实验室确定,且不随温度变化。

如图 10.5 所示,埃斯川姆补偿式绝对日射表的感应器是两块完全相同的锰钢片(图中的 1 和 2),规格为长 18 mm、宽 2 mm、厚 0.02 mm,涂有 0.01 mm 厚的铂黑或煤烟,背面用虫胶把康铜-铜热电堆的两端(图中 4 和 5)贴附其上,它与感应片能导热但不导电。热电堆的引出线通过图中 6 和 7 与高灵敏的电流表相接,可以测定两感应片的温差电流。感应片通过接头(图中 9、11 和 12)与加热电路连接,加热电流由毫安培计测得。整个感应部分装在一个固定的支架上的进光筒内。筒内装有 2～3 层光屏,圆筒前面有一个开有两条 5 mm×23 mm 露光槽的盖子,盖背面装有可以转动的屏幕,用来遮盖感光片。

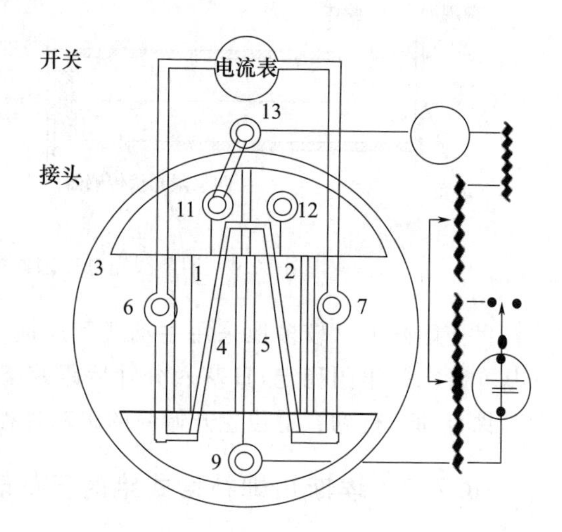

图 10.5　埃斯川姆补偿式绝对日射表(左:实物图;右:原理结构)

由于感应器是矩形锰铜片,露光槽也是长条形,因此仪器孔径角为两组值,即 Z_0(纵)=8.3°,Z_0(横)=2.0°,Z_1(纵)=1.4°,Z_1(横)=1.2°。为使该仪器与圆形孔径仪器相比较,可使用等效半张角概念,即矩形感应器的中心部分所接收到的辐射能与圆形感应器接收到的辐射能相等时后者应具有的孔径角,常取为 2.7°。

测量由十个以上循环构成,在每次循环期内左、右感应片交替被遮蔽或被太阳直接辐射照射。被遮蔽的感应片由电流加热,调节加热电流使热电堆回路中热电势变为零。在一组测量之前或之后,零点可以用两个片子同时被遮蔽或同时被照射来检查。由（10.2.6)式可知，太阳辐照度 S 可用(10.2.7)式计算：

$$S=K\cdot i_L\cdot i_R \tag{10.2.7}$$

式中，i_L 和 i_R 为左、右片分别被太阳直接辐射照射时测得的加热电流的平均值。

绝对日射表不需要依据其他仪器的示值来校准，按本身的输出值(电流)就能给出辐照度，因而是一种绝对仪器。该仪器使用久了，感应片上的煤烟层可能逐渐剥蚀使感应片表面积缩小，因此在使用之前应与一级标准仪器进行比对，以校准仪器常数。

10.2.3　相对日射表

相对日射表的感应部分是一块熏黑的薄银片，银片背后贴有热电偶堆。热电偶的工作端贴在银片背后，参考端贴在厚金属圆筒的一个铜环上。如图 10.6 所示，相对日射表的感应部分外遮有镀铬的防护罩。遮光筒的半开敞角为 10°，内有数层光阑。遮光筒前沿有一个小孔，对准太阳时，太阳的光点恰好落在后面屏幕的黑点上，热电偶堆的引线直接与灵敏检流计连接。

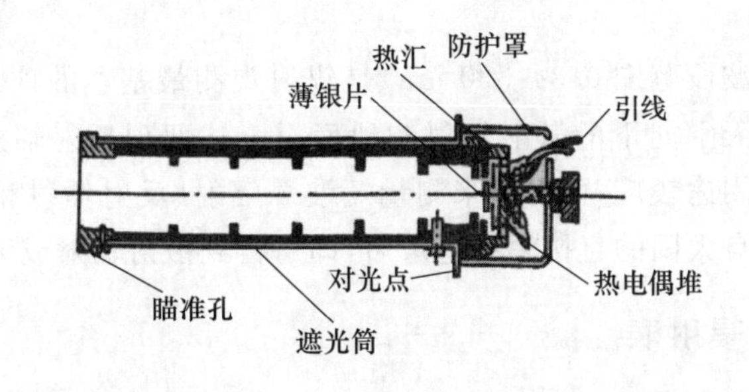

图 10.6　相对日射表

观测时先把引线与电流计接通，对准太阳光读出仪器遮蔽时的读数 N_0，再打开遮光筒的盖子，使太阳辐射落在感应面上读出电流读数 N，则太阳辐照度为：

$$S=K[(N+\Delta N)-(N_0+\Delta N_0)] \tag{10.2.8}$$

式中，ΔN 和 ΔN_0 分别为检流计在 N 和 N_0 刻度上的订正值，其中仪器常数 K 必须通过与绝对日射表的平行对比得到，因此，此类辐射表叫作相对日射表。

我国早期业务中使用 DFY-3 型相对日射表(图 10.7a)，实现了日射观测的自动化，其进光筒安装在赤道架上。赤道架由操纵盘、信号发生器和电源等组成，操纵盘内有减速器齿轮和电机等，这种装置能带动日射表进光筒准确地自动跟踪太阳。近年来相对日射表技术日趋成熟，出现了结构简洁、性能先进的新种类(图 10.7b)，并可与其他类型辐射仪结合起来使用。

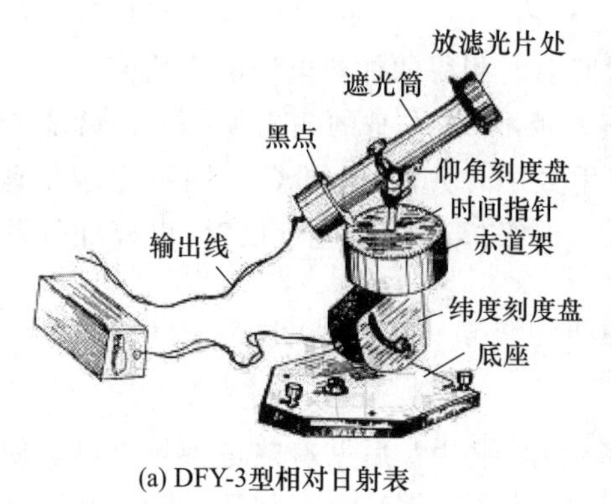

(a) DFY-3型相对日射表

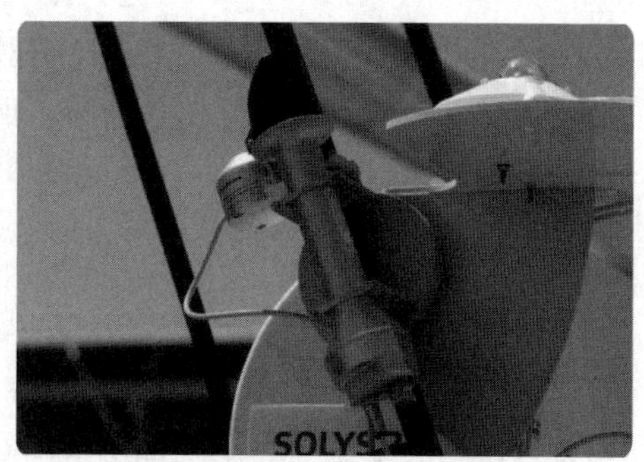

(b) 新型相对日射表 (Kipp & Zonen公司产品)

图 10.7　相对日射表

10.3　总辐射和散射辐射的测量

短波总辐射(波段范围 0.3～3.0 μm)是辐射观测最基本的项目,实际包括水平面上的太阳辐射、天空向下的散射辐射和地面对上述两项反射辐射。总辐射表(也称为天空辐射表)用途较广,可以用来测量短波总辐射、反射辐射和散射辐射。实际上,把总辐射中来自太阳的直接辐射遮蔽后,即可得到散射辐射或天空辐射。

10.3.1　总辐射表

(一)业务用总辐射表

总辐射表由感应件、玻璃罩和附件组成,如图 10.8 所示。感应件由感应面和热电堆组成,感应面通常为涂黑的方形或圆形,热电堆由康铜、康铜镀铜构成。

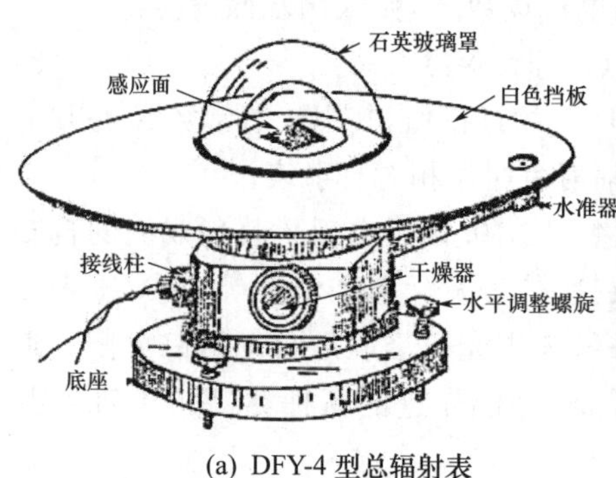

(a) DFY-4 型总辐射表

(b) 新型总辐射表 (Kipp & Zonen公司产品)

图 10.8　总辐射表

辐射测量中，取决于太阳高度角和方位角的传感器方向性响应，分别称为余弦响应和方位响应。理想情况下接收器的响应正比于太阳光束天顶角的余弦，而对所有的方位角保持定常。但由于探测器表面反射以及部件遮挡，光线入射角较大时会反射和遮挡掉一部分光线，使得辐照度不等于垂直入射时的法线辐照度与入射角余弦的乘积，因此，通常需要外加均匀漫射材料制成的余弦校正器减小余弦响应误差。总辐射表应满足余弦响应误差≤5%（太阳高度角 30°）、10%（太阳高度角 10°），仪器灵敏度 7～14 μV/(W·m^{-2})，响应时间≤60 s（响应稳态值 99%时）。

外层玻璃罩由半球形双层石英玻璃构成，既能防风，又能透过波长 0.3～3.0 μm 的短波辐射，其透过率为常数且接近 0.9。双层罩的作用是防止外层罩的红外辐射影响测量。附件包括机体、干燥器、白色挡板、底座、水准器和保护玻璃罩的金属盖等。干燥器内装硅胶干燥剂与玻璃罩相通，保持罩内空气干燥。白色挡板挡住太阳辐射对机体下部加热，也可防止仪器水平面以下辐射对感应面的影响。底座上设有安装仪器用的固定螺孔及调整感应面水平的三个调节螺旋。

（二）黑白片型总辐射表

黑白片型总辐射表的感应面为黑白相间的金属片构成相间的方格，并保持黑片和白片面积相等，如图 10.9 所示。利用黑、白片对热量吸收率的不同，测定其下端热电堆温差电动势，根据温差电动势与辐照度成正比的关系转换为辐照度。放下遮光板的支杆感应面所接收的是短波总辐射，立起遮光板则可以遮挡太阳直接辐射，因此黑白片型总辐射表也可以用于散射辐射的测量。

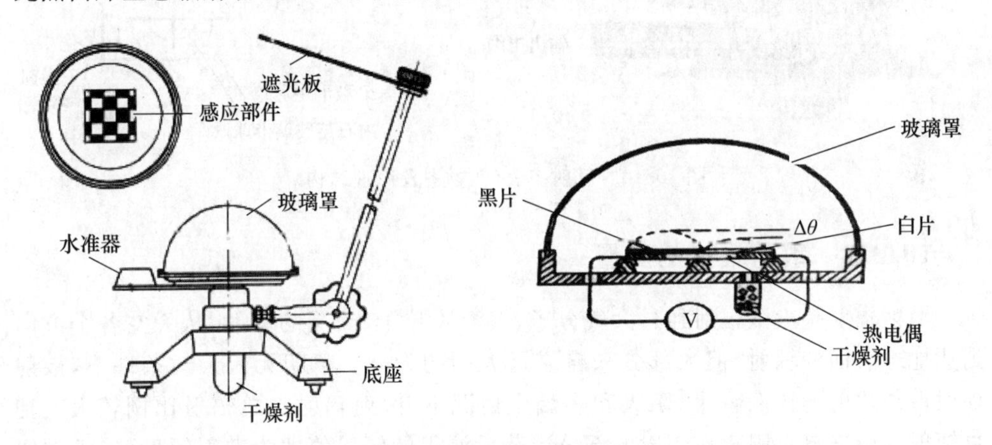

图 10.9　黑白片型总辐射表结构和原理（赵柏林 等，1987；张蔼琛，2000）

热电偶的工作端处于黑片的正下方，参考端则处于白片的下方，整个感应面密封在一个半球玻璃罩中，为了保持罩内空气的干燥，玻璃罩内存放有干燥剂。由于玻璃罩对冷、热接点的热辐射影响几乎相等，所以玻璃罩只有一层。

在稳定的情况下，黑片与白片吸收的辐射分别等于它们本身的净长波辐射、与

空气之间的热传导以及传递给底座的热量,因此,黑、白片的热平衡公式为:

$$E_g\delta_1 = 4\sigma T^3\delta'_1(T_1 - T) + h_1(T_1 - T) + \lambda_1(T_1 - T) \tag{10.3.1}$$

$$E_g\delta_2 = 4\sigma T^3\delta'_2(T_2 - T) + h_2(T_2 - T) + \lambda_2(T_2 - T) \tag{10.3.2}$$

式中,E_g 为总辐射,δ_1,δ_2 和 δ'_1,δ'_2 分别为黑片和白片对短波和长波辐射的吸收率,h_1和 h_2为空气的对流换热系数,λ_1 和 λ_2 为固体导热系数,T_1、T_2为黑片和白片的温度,T 为空气温度,σ 为玻尔兹曼常数。

设 $\delta'_1=\delta'_2$,$h_1=h_2$,$\lambda_1=\lambda_2$,合并(10.3.1)和(10.3.2)式可得:

$$E_g = \frac{4\sigma T^3\delta' + h + \lambda}{\delta_1 - \delta_2}(T_1 - T_2) = KN \tag{10.3.3}$$

式中,N 为电表的读数,K 为仪器常数。

(三)反射辐射的测量

有的总辐射表带有翻转装置,使感应器翻转朝下垂直指向地面,即可测量地表的短波反射辐射,进而还可得出地表反射率。这种翻转式总辐射表只能测瞬时量,为了能连续记录地表反射率,使用两个总辐射表制成图 10.10 型式,称为反射率表。

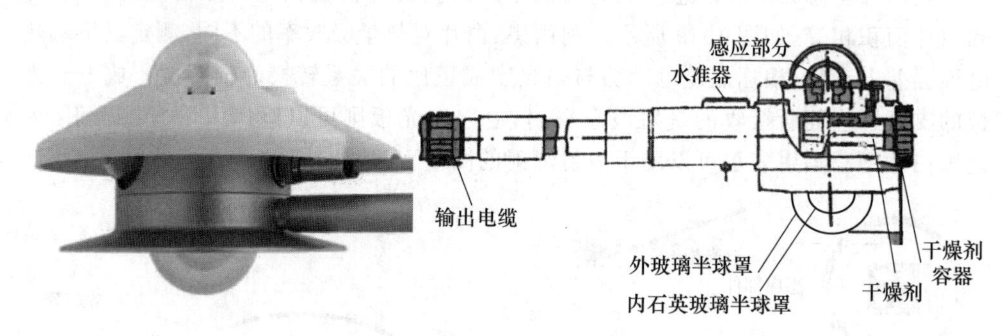

图 10.10　反射率表(实物图及原理结构)

10.3.2　散射辐射的测量

散射辐射是太阳辐射经过大气分子、气溶胶粒子、云层的散射,从天空各个方向到达地球表面的辐射,但大部分来自靠近太阳的天空。晴朗无云天气条件下,散射辐射占总辐射的比例较小,阴天和多烟尘情况下,散射辐射占总辐射比例较大。把总辐射表中来自太阳直接辐射的部分遮蔽后测得的辐射值即为散射辐射(或天空辐射),因此,用总辐射表配上合适的遮光部件即可测量散射辐射。

(一)遮光环

使用遮光环的散射辐射表如图 10.11 所示,遮光环的作用是保证从日出到日落期间能连续遮住太阳的直接辐射,总辐射表感应面黑体正好位于遮光环中心。

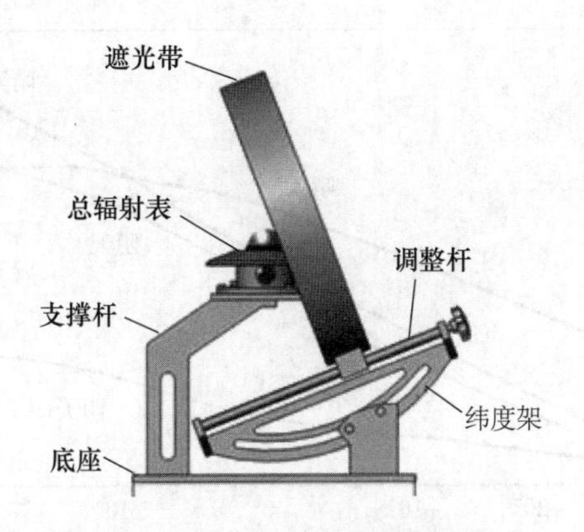

图 10.11　使用遮光环的散射辐射表

遮光环由遮光环圈、标尺、丝杆调整螺旋、支架和底座等组成。我国使用的遮光环圈宽度为 65 mm，直径为 400 mm，标尺上刻有纬度和赤纬刻度。遮光环圈能沿着金属杆滑动，杆子倾角等于当地纬度，这样滑杆与地球的极轴平行，环圈平面与滑竿垂直。标尺与支架固定在底盘上，应根据架设地点的纬度而固定。通过调节赤纬度，使遮光环圈正好平行正对当天太阳的运行轨迹。

需要注意的是，遮光环在遮住太阳直接辐射的同时，也遮住了整个环带相应的那一部分天空辐射，使得散射辐射测量值偏小，因此，观测值必须乘以一个大于 1 的修正因子。在全天空散射各向相同的假设下，可以建立遮日环校正值算法。

设对于$\frac{b}{r}<0.2$的遮日环（b 和 r 分别为遮日环的宽度和半径），一天内被遮去的散射辐照度 E_v 为：

$$E_v = \frac{b}{r}\cos^3\delta\int_{t_r}^{t_s} L(t)\sin h_{\otimes}\,\mathrm{d}t \tag{10.3.4}$$

式中，$\frac{b}{r}$一般设计在 0.09～0.35，δ 为太阳赤纬，t 为太阳时角，t_r、t_s 分别为地平线上日出和日没的时角，且 $t_r=-t_s$，$\cos t_r=-\tan\varphi\cdot\tan\delta$，$\varphi$ 为地理纬度，$L(t)$是天空辐射率，$h_{\otimes}$为太阳高度角。

借助于某些关于天空辐射的假定，可得出修正因子 $f=1/[1-(E_v/E)]$，E 是全天空散射辐射。对$\frac{b}{r}=0.169$ 的遮光圈，由计算和经验确定的修正因子如图 10.12 所示。由于天空散射辐射的分布远非各向同性（碧空情况下也是如此，多云天空更是如此），所以均一性假设下的公式修正仍会有相当大的误差。一般对理论计算值还要进行附加订正，主要考虑天空云量情况，按表 10.3 适当加以订正。

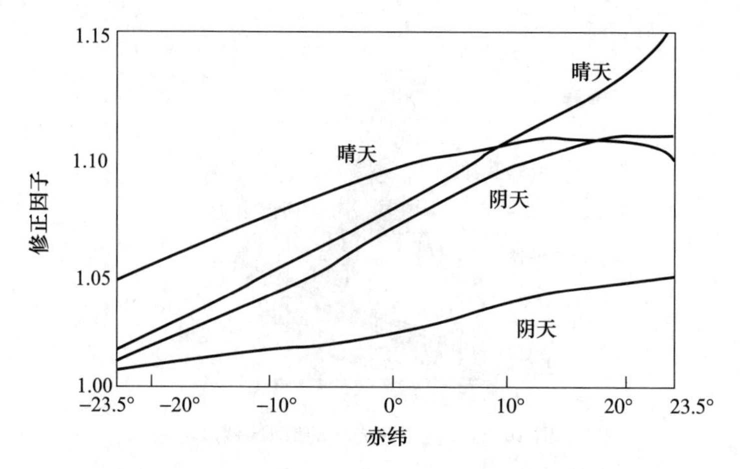

图 10.12 修正因子变化曲线的一个实例

(图中最上与最下两条曲线为经验曲线,中间两条曲线为计算曲线)

表 10.3 附加订正值的取值

总云量(成)	订正值
0～3	+8%
4～7	+6%
8～10	+4%

(二)遮光片(球)

如上所述,遮光环毕竟遮去了一大部分不应该遮去的天空,尽管可以用计算公式进行弥补,但气候因子和天空状况却是多变的,所测量结果的不确定度仍然很大。在测量要求高的场合采用遮光片(球)遮挡太阳直接辐射(图 10.13),遮光片(球)还可用于遮光环散射辐射仪比对观测以确定后者的修正因子。

一般遮光片(球)半径 30 mm 左右,臂长 700 mm 左右。与直接日射表自动跟踪太阳的赤道架装置类似,用电机配上减速装置驱动遮光片(球)等自动模拟太阳运动。太阳高度角:

$$\sin h_{\Theta}=\sin\varphi\sin\delta+\cos\varphi\cos\delta\cos\omega \quad (10.3.5)$$

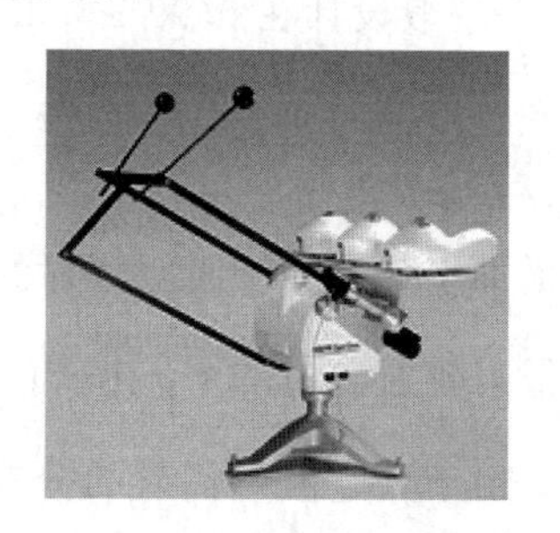

图 10.13 带太阳跟踪器的遮光球散射辐射表(Kipp & Zonen 产品)

太阳赤纬 δ 在一年中任何连续 12 h 内最大变化小于0.2°,所以每个白天 12 h 内 δ 取一适当值,引起的最大误差 $\Delta\delta_{\max}=\pm0.1$。这时每

天调节一次相应的 δ 值，则太阳高度角 h 就仅取决于太阳时角 $\omega(t)$，时角变化可利用电子钟或机械钟的控制步进电机来实现。

10.4　净全辐射和长波辐射的测量

10.4.1　净全辐射表

根据安装方式的不同，全辐射表（波长范围为 0.3～100 μm）可以用来测量向上或向下的辐射通量分量，成对使用时即可测量两者之间的差值，即净全辐射。净全辐射也可以使用两面都有感应面的净全辐射表进行测量。

净全辐射表采用朝上和朝下的两块相同的黑色感应面（中间夹着隔热材料），用热电堆等测出两感应面的温差即可换算出净辐射。一般在一个平板骨架上绕上热电堆后，冷、热接点的上下覆上金属或胶木片，再涂上黑色材料即成感应元件。黑色吸收材料一般用金属蒸发的黑色沉积物或光学黑漆。这两种材料吸收率均匀，吸收率与入射辐射的方向无关。

设 $E^{\downarrow}$、$E^{\uparrow}$ 为上、下感应面吸收的半球空间辐射；T_u、T_d 为平衡时上、下感应面温度；T_e 为环境温度，A 为感应片吸收率，D 为平板厚度，λ 为平板导热率，K_C 为对流交换系数，E^* 为净辐射，则对上、下感应面分别有：

$$AE^{\downarrow}=\varepsilon\sigma T_u^4+K_c(T_u-T_e)+\frac{\lambda}{D}(T_u-T_d) \tag{10.4.1}$$

$$AE^{\uparrow}=\varepsilon\sigma T_d^4+K_c(T_d-T_e)-\frac{\lambda}{D}(T_u-T_d) \tag{10.4.2}$$

所以

$$E^*=E^{\downarrow}-E^{\uparrow}=\left[\varepsilon\sigma(T_u^4-T_d^4)+K_c(T_u-T_d)+\frac{2\lambda}{D}(T_u-T_d)\right]/A \tag{10.4.3}$$

又 $T_u^4-T_d^4=4T_u^3(T_u-T_d)$，所以

$$E^*=\left(4\varepsilon\sigma T_u^3+K_c+\frac{2\lambda}{D}\right)(T_u-T_d)/A \tag{10.4.4}$$

设 α 为热电偶常数，N 为热电堆的对数，U 为热电堆输出的热电势，则：

$$E^*=\frac{\left(4\pi\varepsilon T_u^3+K_c+\frac{2\lambda}{D}\right)}{A}\cdot\frac{U}{\alpha N}=G\cdot U \tag{10.4.5}$$

式中，$G=\dfrac{\left(4\varepsilon\sigma T_u^3+K_c+\frac{2\lambda}{D}\right)}{A}\cdot\dfrac{1}{\alpha N}$，为检定常数，辐射项较其他项小一个数量级。对流和热传导项是主要的，尤其是对流项。

为了减少自然对流对净辐射测量准确度的影响，采用能透过短、长波辐射的聚

乙烯膜防风罩将上、下感应面保护起来，薄膜罩呈半球形，内充氮气或干空气以保持完好的半球形状，图 10.14 是 Middleton 型净辐射表感应器的外形。

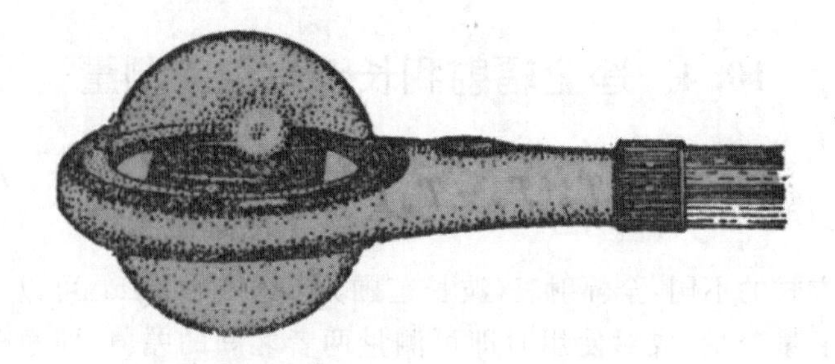

图 10.14 Middleton 型净全辐射表

图 10.15 是我国气象站使用的净全辐射表，其感应件也是由涂黑的感应面与热电堆组成，上、下感应面均能吸收波长 0.3～100 μm 的全波段辐射，附件有表杆、干燥器、上下水准器、接线和橡皮球等。干燥器(内装硅胶)装在表杆内，与感应件相通，用橡皮球打气，通过干燥器使上、下薄膜罩充成半球形，并提供干燥气体，排除罩内潮气。

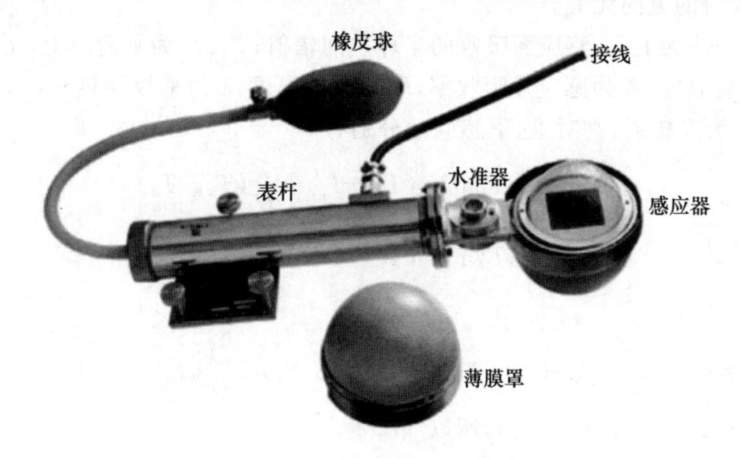

图 10.15 业务用净全辐射表

净全辐射表面临的主要问题是没有任何吸收体能够在 0.3～100 μm 宽的波长范围内具有完全均一的灵敏度特性，导致其测量准确度低于总辐射。目前，净全辐射表有长波段和全波段两个灵敏度，白天(净全辐射为正)采用全波段灵敏度，夜间(净全辐射为负)采用长波段灵敏度。

10.4.2 长波辐射表

长波辐射可以用全辐射减去总辐射得到，但更准确的测量是使用长波辐射表。如图 10.16 所示，长波辐射表的构造和外观与总辐射表基本相同，不同的是长波辐射表玻璃罩必须由熔融硅材料干涉膜制作而成，玻璃罩内镀上硅单晶，保证了对长波段有恒定的透明度，而对 3 μm 以下的短波辐射不透明。

图 10.16　长波辐射表(Kipp & Zonen 产品)

与短波辐射测量不同，由于表体本身和半球罩也向外发出长波辐射，这就对长波辐射测量造成影响。仪器所测量的值满足：

$$E_L^* = E_{L-\mathrm{in}} - E_{L-\mathrm{out}} \tag{10.4.6}$$

式中，E_L^* 为测量的净长波辐射，$E_{L-\mathrm{in}}$为感应面接收到的大气长波辐射，$E_{L-\mathrm{out}}$为感应面本身向外发射的长波辐射。

E_L^* 由热电堆输出计算得到，$E_L{}^* = V/K$，V 为热电堆输出电压微伏值，K 为长波辐射表的灵敏度。$E_{L-\mathrm{out}} = \sigma T_b^4$，$\sigma$ 为玻尔兹曼常数，T_b为仪器腔体温度，由安装在腔体内的热敏电阻测量。因此

$$E_{L-\mathrm{in}} = V/K + \sigma T_b^4 \tag{10.4.7}$$

由于白天太阳辐射较强，使得长波半球罩的温度明显高于腔体温度，因此，感应面从半球罩得到附加热辐射，形成仪器数据系统偏高。为此，同时增加一个热敏电阻测量半球罩温度，用来进一步修正误差：

$$E_{L-\mathrm{in}} = V/K + \varepsilon\sigma T_b^4 + k\varepsilon\sigma(T_b^4 - T_a^4) \tag{10.4.8}$$

式中，ε 为接收面的发射率，k 为经验系数，T_a为半球罩温度。

为了克服太阳辐射对罩的加热作用，仪器应设置通风，使用小的跟踪光盘遮挡直射的太阳光线。观测表明，若总辐射表观测总辐射和反射辐射，用两台长波辐射表分别观测向下和向上长波辐射，则根据 $E^* = E_g{}^{\downarrow} - E_r{}^{\uparrow} + E_L{}^{\downarrow} - E_L{}^{\uparrow}$，计算的净全辐射准确度较高。

10.5　辐射测量仪器的安装

10.5.1　场地要求

辐射观测点应避开有地方性雾、烟尘等大气污染严重的地方，且视野开阔，尽可能不存在障碍物，特别是全年在日出至日落方位角范围内应无障碍物。如果存在障

碍物,仪器则应安放在障碍物形成的高度角<5°的地方,使障碍物的影响降至最低。

对于总辐射、直接辐射、散射辐射和大气长波辐射等仪器的观测点可以选择在地面或楼顶平台,要求仪器上方不能有任何障碍物影响。

对于反射辐射、净全辐射、地球长波辐射等仪器的观测点必须在地面,且所选地点应尽能够代表当地下垫面的自然状况,三倍仪器安装高度的半径范围内下垫面具有较好的均匀性。净辐射或反射辐射观测时,还应观测辐射作用层状态,以便于了解地表下垫面对净辐射或反射辐射观测值的影响。辐射作用层是对向下辐射起反射作用的地表下垫面,观测时间为每天地方平均太阳时 09 时左右,观测地点为净全辐射表支架下的观测场地面,记录作用层情况包括青草、枯草、裸露黏土、裸露沙土、裸露硬(石子)土、裸露黄(红)土,以及作用层状况包括干燥、潮湿、积水、泛碱(盐碱)、新雪、陈雪、融化雪、结冰。此外,高山站的反射辐射测量仪器,需要加装特殊的防辐射罩,以防止地平线以下 5°内的太阳对反射辐射表的直接照射。

10.5.2 仪器架设

气象辐射自动观测仪由若干辐射表(传感器)和采集器组成,各辐射表的输出与采集器的信号输入端相连。采集器通常每 10 s 采集一次辐射表输出值,每分钟采样 6 个数据加以平均后输出一个辐照度值,即辐照度瞬时观测值。采集器每分钟输出一个分钟观测值,并以此为基础得到辐照度的正点观测值和所需要的各种曝辐射量。

各类辐射表安装在专用的台架、支柱或平台上,台架或支柱离地面或楼顶平台约 1.5 m,要求结构牢固,即使受到严重冲击振动(如大风等)也不改变仪器的水平状态。台柱的颜色通常漆成灰色或黑色,以尽量减少太阳辐射的反射。全部辐射表也可安装在一个或几个台架上,相互间隔一定距离,高的仪器安装在北面,低的在南边,安装位置可参照图 10.17。

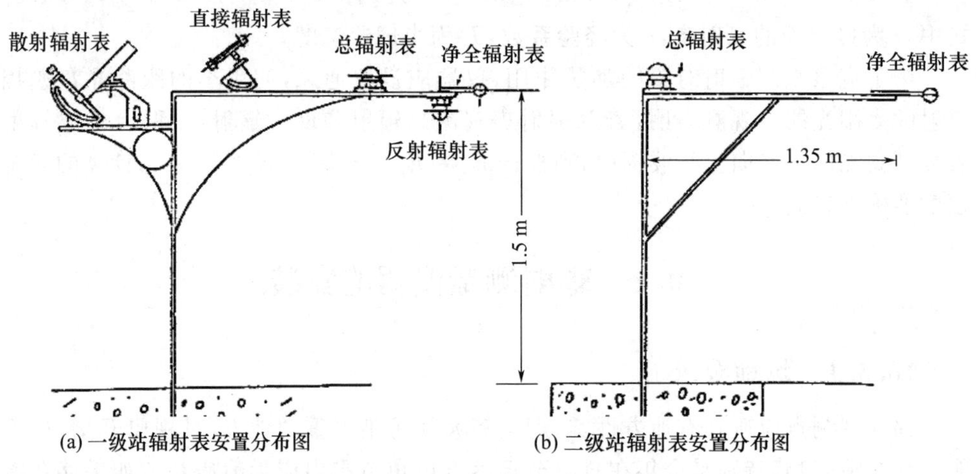

图 10.17 辐射表安装图(注:净全辐射表在最南端)

净辐射表和反射辐射表的安装高度要因地制宜。若安装高度为 3 m，测得辐射中 90％来自直径为 18 m 的圆形区，95％来自直径为 27 m 的圆形区，99％来自直径为60 m的圆形区。可见，安装高度过低，测量的代表性较差，还会受到自身阴影的影响。安装高度过高，由于存在未被测到的辐射通量扩散的影响，结果的代表性也不好。

10.6　日照时数的观测

10.6.1　日照与日照时数

日照是与太阳圆面相对于背景漫射天空的亮度密切相关的概念，易于由人眼观测的并在受照射物背面出现阴影等有关的现象，日照对于了解太阳直射辐射变化、监测天气气候、农业生产、太阳能开发、建筑规划与设计等都有重要意义。

日照的有无和多少不能仅凭人的感觉判断，应该用标准的气象仪器通过感光记录来确定，WMO 将 120 W/m^{2}作为太阳直接辐照的阈值以辨别日照。日照时数（又叫实照时数）定义为在给定的一段时间内太阳直接辐照度达到或超过 120 W/m^2 的那段时间的总和，以小时为单位，取一位小数。可照时数（又叫天文可照时数）是指在无任何遮蔽的条件下，太阳中心从某地东方地平线到进入西方地平线，其光线照射到地面所经历的时间。日照百分率是指日照时数占可照时数的百分率，取整数值。四季中每天太阳轨迹和晨、昏地方时如图 10.18 所示，可照时数可在天文年历中查出，也可按(10.6.1)式计算：

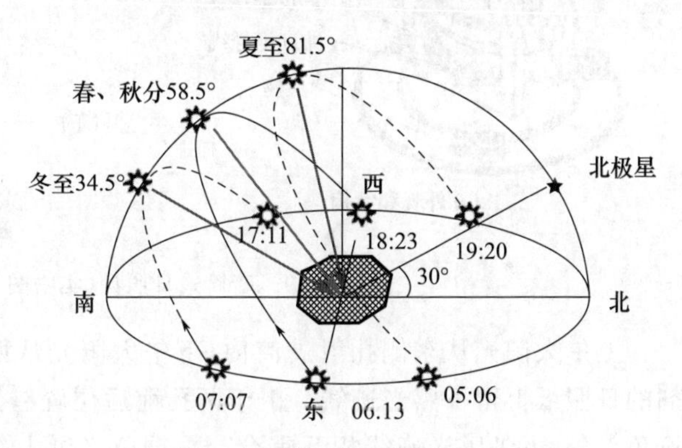

图 10.18　北纬 30°太阳轨迹与地方时

$$T=\frac{2}{15}\arccos(-\tan\varphi\cdot\tan\delta) \tag{10.6.1}$$

日照与太阳可见光波段辐射相关密切，日照时数的测量也基于太阳辐射的热效应，因此，日照计的安装要求与辐射能测量仪器基本一致。在不同时期曾出现过多种类型的日照计，本节介绍几种典型的日照时数测量方法，包括人工观测、自动遥测、标准日照仪器和新型日照传感器。

10.6.2 烧痕法日照计

10.6.2.1 暗筒式日照计

我国绝大多数台站曾使用暗筒式日照计,由金属圆筒、隔光板、纬度盘和支架底座等构成,如图10.19所示。金属圆筒的底端密闭,筒口带盖,筒身上部有一块隔光板,隔光板两侧边缘的同一垂直面上各有一圆锥形进光小孔,光线烧灼日照纸。筒内附有一弹性压纸夹,用以固定日照纸。圆筒下有固定螺钉,松开后圆筒可以绕支架轴旋转,支架下部有纬度刻度盘与刻度线。

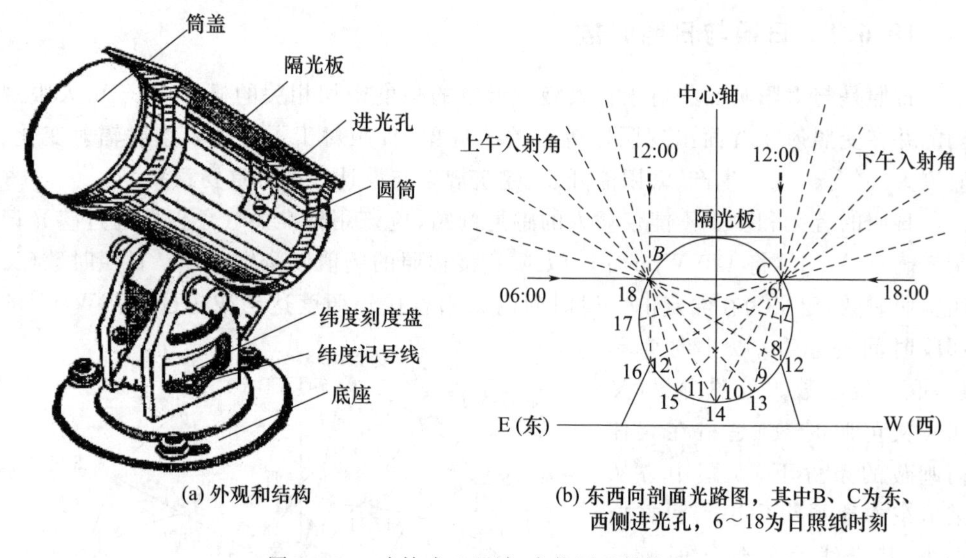

图10.19 暗筒式日照计(实物图及结构图)

上午太阳光从东侧孔射进筒内,下午太阳光从西侧孔射进筒内,使涂有感光药剂的日照纸上留下感光迹线。由于两孔前后位置错开(与圆心的夹角为120°),从而避免上午、下午感光迹线相互重合。根据感光纸上每天的两道光迹线的长短,即可计算日照时数。由于太阳直射点在一年中南北移动,使得一年中感光迹线有时偏上有时偏下。夏半年(春分—秋分)时,北半球太阳偏北,感光迹线偏下,呈凹形;冬半年(秋分—春分)时,北半球太阳偏南,感光迹线偏上,呈凸形;在春分和秋分时,太阳直射赤道,感光迹线为直线(王琳莉,2007)。

暗筒式日照计的底座要保持水平,筒口对准地理北,支架上的纬度记号线对准纬度盘上当地纬度值。日照纸的涂药质量直接关系到日照记录的准确性,药剂的存放、配置,日照纸的涂刷等都应特别小心。感光药液是将感光药剂柠檬酸铁铵与水按照3∶10的比例配制成溶液,将显影药剂赤血盐与水按1∶10的比例配成溶液,均用瓶装好放置在暗处。使用时在暗处取等量溶液混合后,用棉花均匀地涂在日照纸上。

10.6.2.2　聚焦式日照计

我国高纬度地区曾使用聚焦式日照计，由固定在弧形支架两端的实心玻璃球（直径 94～96 mm）、金属槽（安装自记纸）、纬度刻度尺（在弧形支架上）和底座构成，如图 10.20 所示。

实心玻璃球（折射率约为 1.5）可看成双凸透镜起聚光作用，焦距大约是在球表面。焦点距离处有一固定的球盘面，盘内金属槽里装自记纸。当日光通过玻璃球因折射而聚焦，在自记纸上产生焦痕。随着太阳移动，焦点在自记纸上留下连续的焦痕线条，由焦痕计算出日照时数。

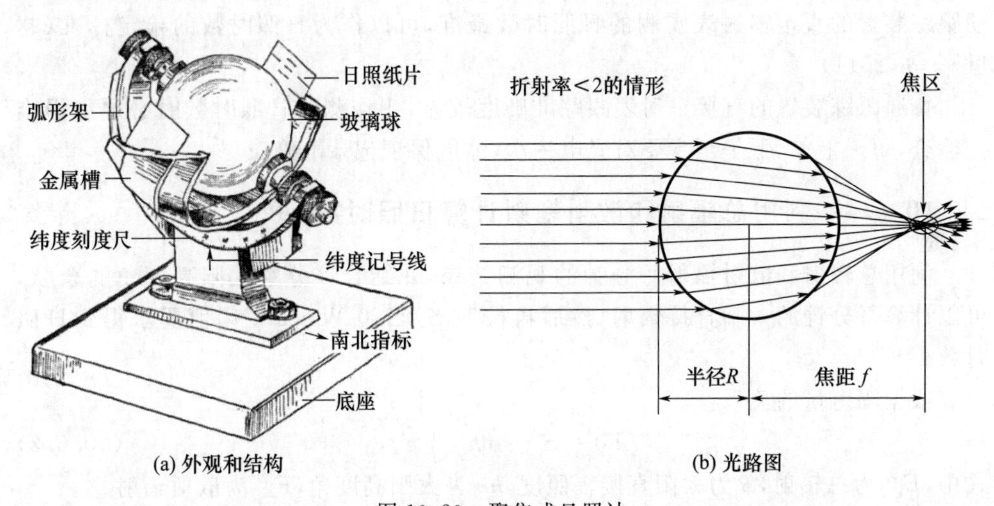

图 10.20　聚焦式日照计

地球公转使每天同一时间的太阳高度角不相同，玻璃球的焦点位置也在移动，因此在仪器的球面盘上刻有三条槽，如图 10.21 所示。下面一道插夏季（4 月 16 日—8 月 31 日）用的长弧形纸片，中间一道插春、秋季（3 月 1 日—4 月 15 日，9 月 1 日　10 月 15 日）用的直形纸片，上面一道插冬季（10 月 16 日—次年 2 月底）用的短弧形纸片。放纸时，12 时的时间线应与槽内中线对齐。

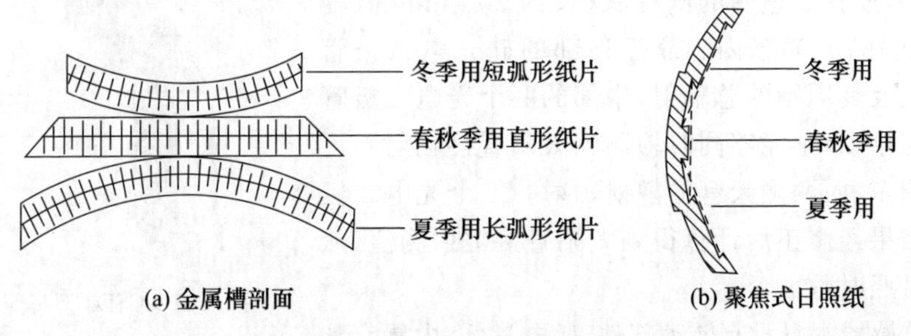

图 10.21　金属槽和日照纸

聚焦式日照计的底座要保持水平,弧形支架上刻有小箭头的指标对准当地纬度。应当经常保持玻璃球的清洁,如积有灰尘可用软布擦净,但不能用粗布擦拭,以免磨损玻璃球。如玻璃球上蒙有霜或雾凇等冻结物时,应在日出前用软布蘸酒精擦除。有降水时应加上防雨罩,降水稀疏且有日照时应及时取掉。

10.6.3 直接辐射表测日照

直接辐射表每日自动跟踪太阳输出的信号,自动测量系统把 $S \geqslant 120\ \mathrm{W \cdot m^{-2}}$ 的时间累加起来,作为每小时和每天的日照时数。

利用直接辐射表测量日照时数与仪器的跟踪装置是否准确关系很大。用全自动跟踪装置的直接辐射表观测的日照时数最准,可以作为日照时数的检定标准(赵世军 等,2011)。

普通跟踪装置的直接辐射表跟踪准确度较差,用作测量日照时数时必须加强维护检查,每天上午、下午至少要对光电一次,才能保证记录准确。

10.6.4 利用总辐射和散射辐射计算日照时数

利用总辐射和散射辐射每分钟的观测结果,并结合该分钟太阳高度角的余弦,可以计算每分钟的太阳直接辐射,然后再按照 $S \geqslant 120\ \mathrm{W \cdot m^{-2}}$ 阈值要求得到日照时数。

根据辐射量的关系:

$$E_g^{\downarrow} = S \cdot \sin h_{\otimes} + E_d^{\downarrow} \tag{10.6.2}$$

式中,$E_g^{\downarrow}$ 为总辐射,S 为太阳直接辐照度,$h_{\otimes}$ 为太阳高度角,$E_d^{\downarrow}$ 为散射辐射。

将上式改写为:

$$S = (E_g^{\downarrow} - E_d^{\downarrow}) / \sin h_{\otimes} \tag{10.6.3}$$

Kipp & Zonen 公司 CSD3 型日照时数传感器就是采用总辐射表和散射辐射表测量日照时数的传感器,如图 10.22 所示。该传感器核心部件为三个光谱特性(光谱范围为 0.4～1.1 μm)和角度特性一致的硅光电二极管,放置于透明的圆柱状(长约 200 mm、直径约 60 mm)的玻璃罩内。靠近顶部的硅光电二极管测量太阳及其周围的总辐射,中部的两个光电二极管采用特殊排列(不能够同时检测到太阳直接辐射),可分别检测东、西两侧天穹的散射辐射。三个光电二极管测量结果经修正后计算得到太阳直接辐射测值,从而得到日照时数。

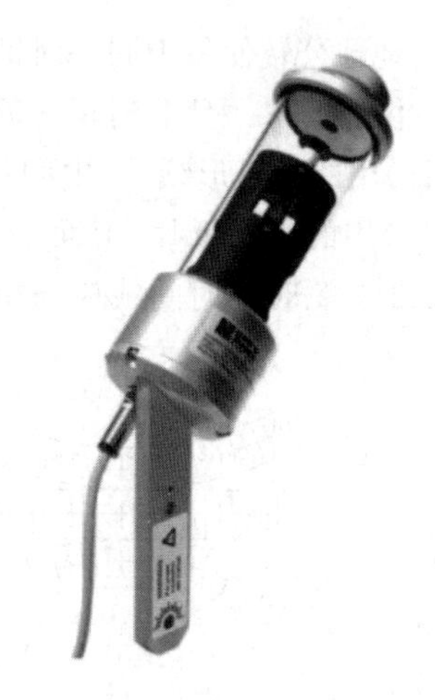

图 10.22 CSD3 型日照时数传感器(Kipp & Zonen 公司产品)

该传感器本身没有转动部件,耗电量低,内置有加热器可以防止雨雪、霜降等的影响，也可以根据实际需要选择内部温度调节装置。月日照小时数测量精度>90%，在日照时数观测业务中得到应用。

习　题

1. 为什么太阳辐射与地球辐射可分别进行测量？

2. 全辐射与总辐射各是什么含义？净辐射又是什么含义？

3. 辐照度与曝辐量之间是什么关系？

4. 热电型与光电型辐射传感器各有何优缺点？

5. 列表比较辐射测量要素。

6. 为什么直接辐射表的视场角要大于太阳圆盘视场角？

7. 相对日射表和绝对日射表各是如何测量直接辐射的？

8. 遮光环的附加订正值与云量有什么关系？并简述其原因；简述遮光环和遮光片(球)在散射辐射测量中的作用，并分析两者的异同。

9. 从仪器结构和测量原理角度，分析短波辐射和长波辐射测量仪器的异同处。

10. 针对不同的辐射测量仪，分析安装场地下垫面要求以及下垫面对辐射测量的影响。

11. 结合暗筒式日照计的结构及其光路，分析如果安装不水平会对观测结果有何影响？

12. 聚焦式日照计玻璃球的折射率是多少？如果球体聚光材质的折射率大于 2，还能够测量日照时数吗？聚焦式日照计为什么曾在高纬地区得到应用？

13. 分析总辐射表和散射辐射表测日照时数的原理，并简述该类仪器的优点。

14. 辐射能和日照时数有什么关系？观测辐射能和日照时数有何实际意义？

15. 若台站纬度为北纬 40°，请计算 12 月 22 日、6 月 21 日的可照时数以及正午时太阳天顶角。

参考文献

崔讲学，2011. 地面气象观测[M]. 北京：气象出版社.

林晔，王庆安，顾松山，等，1993. 大气探测学教程[M]. 北京：气象出版社.

吕文华，贺晓雷，于贺军，等，2008. 全自动太阳跟踪器的研制和应用[J]. 光学精密工程，16(12)：2544-2548.

王炳忠，莫月琴，杨云，2008. 现代气象辐射测量技术[M]. 北京：气象出版社.

王琳莉，2007. 用感光迹线检查暗筒式日照计构造和安装误差[J]. 气象科技，35(1)：126-129.

王强，2012. 综合气象观测[M]. 北京：气象出版社.

张蔼琛,2000. 现代气象观测[M]. 北京:北京大学出版社.

赵柏林,张霭琛,1987. 大气探测原理[M]. 北京:气象出版社.

赵世军,刘西川,高太长,等,2011. 直接辐射式日照计业务应用关键技术分析[J]. 大气与环境光学学报,6(6):457-462.

第10章　辐射及日照时数的观测 电子资源

第11章 大气电的探测

【学习指导】

1. 理解大气电场与雷电产生机制，熟悉云闪、地闪电磁辐射特性；

2. 理解磁测向法、到达时间差法、干涉法雷电定位原理及误差原因，了解雷电定位系统发展进展，建立雷电科学探究兴趣；

3. 理解地面和空中大气电场探测仪的异同点，能解释大气电场变化原因。

雷电(闪电)是发生在大气中的瞬时高电压、大电流放电现象。雷电和大气扰动电场密切相关，当出现雷暴等不稳定天气时就会产生扰动天气电场，发生放电现象。雷电主要发生在云与云之间、云与地之间或云体内各部位之间，此外，雪暴、尘暴内部也会发生放电现象，但强度较弱，一般只对无线电通信等造成局地干扰。雷电是一种危险的天气现象，每年均会因雷电造成人员伤亡、森林火灾、输电线路事故、飞机雷击等，随着电子设备的大量应用，因雷击造成的电子设备毁坏或失效事件屡屡发生。通过对雷电发生时产生的声、光、电磁信号的测量，可以对雷电的空间位置进行定位，对放电参数进行研究，并进而对雷电活动进行监测和预报，减少雷电造成的损失。雷电往往和暴雨、飓风、冰雹等强对流天气有很强的相关性，监测雷电活动的范围和频度也是监测和预报上述灾害性天气的手段之一。

目前，雷电探测主要以地基探测为主，并已发展了卫星遥感探测。本章主要介绍地基雷电定位探测原理、技术和方法，并对雷电发生的物理过程和发射的电磁辐射进行介绍，以便对雷电定位探测技术有深人的理解，最后介绍大气电场测量原理和技术。

11.1 大气电物理

11.1.1 雷电现象

云中电荷聚集使得电场强度超过一定限度时，就会产生放电和雷声。雷电放电现象主要有云内放电(IC)、云际放电(CC)和云地放电(CG)三种，前两种统称为云闪，第三种称为地闪。此外，还有云与空气之间的放电(CA)，如图11.1所示。自然界中大部分雷电为云闪，地闪占雷电总数的1/3～1/6(温带地区的比值高于热带地区)。

云闪通常先于云地闪发生,云闪能反映云中的强对流状况,对航空、航天有直接影响。地闪对人类活动和生命安全威胁最大,研究也比较成熟。由云中曲折行进到达地面的雷电往往是由同一条通道,彼此间隔约百分之几秒的多次相继放电组成。整个雷电过程的每一次放电称为闪击,一次闪击包含先导和回击两个过程,先导是为雷电放电建立电离通道的准备过程,分为梯级先导和直窜先导两种。如图 11.2 所示,雷电初起时,在积雨云底部的强电场作用下,当负电荷中心的电场高达 10^6 V/m 左右时,云雾大气就会发生电击穿,云底部的负电荷迅速向下运动,沿途不断与空气分子碰撞,产生电子和正离子并逐渐往下方延伸。激烈的雪崩反应使空气分子电离加剧,形成一条发光的离子通道,通道内的峰值温度最高可达 30000 K。雷电电流总是沿着电阻最小的途径运动,因而出现各种枝状分叉,这时的过程成为梯级先导。当梯级先导通道的前端接近地面时,地面电场很强,特别是高出地面的物体更早地感应出大量的正电荷,正负电荷相互吸引引发地面产生回击。地面电荷迅速沿着梯级先导的通道直通云中负电荷区,使负电荷被中和,这个过程称回击,它是雷电过程的主放电。回击电流很大,形成很明亮的光柱,其冲击波产生雷声。如果一次回击后,负电荷区的电荷没有被消耗完,还要继续发生以上过程,但强度越来越弱,直至云中的电荷消耗尽,雷电放电才告终止。

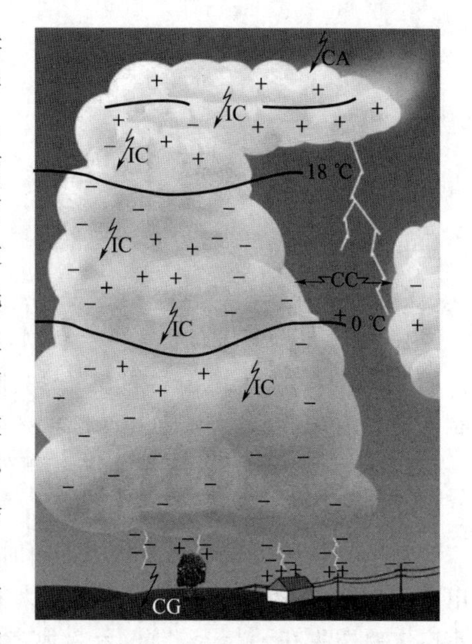

图 11.1 雷电类型示意图

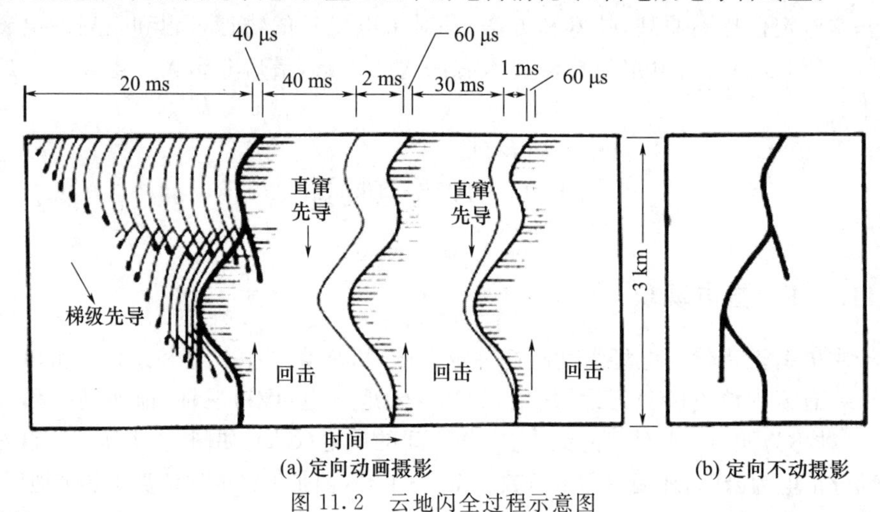

图 11.2 云地闪全过程示意图

梯级先导是像阶梯一样逐级伸向地面的暗淡光柱，它的直径约5 m，每级长约50 m，先导约以10^7 m/s的速度通过这一段路程，然后间歇30～100 μs再继续向前延伸，整个梯级先导以约1.5×10^5 m/s的平均速度迅速向地面伸展。梯级先导为回击建立了电离通道，当先导距地面5～50 m时，地面上某点将产生沿电离通道向上行进的回击过程。回击的发光度比先导强得多，肉眼所见的闪光即为回击，速度约为5×10^7 m/s，持续约40 μs。通过的电流约10^4 A，偶尔可达10^5 A，回击通道直径平均仅数厘米。在梯级先导和第一次回击通过之后，可能有百分之几秒的时间间歇，随后是第二次先导和回击。第二次以后的各次先导，通常由云至地直窜而下，称为直窜先导。由于它没有梯级，所以运动速度大约比梯级先导高10倍。

雷电通常用极性、闪击数和雷电电流等参量来表示其特征。雷电极性是根据从云到地面下降的电荷的正负来区分的。当从云下降到地面的电荷为负电荷时，称为负极性雷电，反之为正极性雷电。全球约90%或者更多的云地闪是负极性雷电，正极性雷电通常只在冬季出现。雷电电流通常是指回击电流峰值，一般可达到几十千安。从电力、建筑等部门的防雷保护设计来说，雷电电流是雷电放电的一个最重要的参数，并由此可以推断有关电荷、能量、电矩等参数。雷电电流一般在10 μs左右达到峰值(10～100 kA)，在峰值电流之前电流上升率达最大值(约10 kA/μs)。云地电位差一般为10^7～10^8 V，一次输送约20 C电荷，所以一次雷电的能量为$2\times(10^8\sim10^9)$ J。这样强大的雷电电流在数厘米直径的通道内瞬间通过产生了激震波，在传播一定距离之后退化为声波(即雷声)。由于声音在空气中的传播会随着距离而衰减和畸变，一般传播距离不会超过30 km，所以，基于雷声进行雷电定位的范围不大。雷暴强度可用给定区域内雷电发生率、平均闪击数、平均强度和负正极性雷电比等参量来描述。地球上平均每秒钟有100次雷电，每个雷电的强度可以高达10亿V。一个中尺度雷暴的功率高达10^8 W，相当于一个小型核电站的输出功率。

根据闪电的不同形态和特征，还可将闪电分为线状闪电、带状闪电、火箭状闪电、片状闪电、热闪电和珠状闪电等不同类型。①最常见的是线状闪电，它最主要的特征是细亮的发光光柱。如光柱平直而不分叉，像树干一样，则称为枝状闪电。如光柱蜿蜒曲折而又分叉，则称为叉状闪电。②带状闪电是一种宽约十几米，看上去呈带状的云地闪电，它是由于线状闪电的通道受强风影响而移动，致使闪电中的各次闪击的空间位置在水平方向上分开而呈带状。③火箭状闪电是一种长路径的空气放电，肉眼可直接观测到放电像箭似地沿闪电通道缓缓移动，整个放电的持续时间约1 s。④片状闪电是一种使一片云或几块云发亮的闪电。⑤热闪电是指远得听不到雷声只看到闪光的闪电，有时又称为远闪。片状闪电与热闪电常常较难以区分。⑥珠状闪电是指那种闪电通道看起来好像断裂成许多小段那样的闪电，每段长约数十米，远看好像一串佛珠悬挂在天空。

11.1.2 雷电电磁辐射

雷电电磁辐射的频谱范围极宽,可由几赫兹的低频跨越到几十千兆赫兹,其中以 VLF/LF(低于 1 MHz)辐射为最强。云地闪主要产生低频/甚低频电磁辐射脉冲,云闪主要产生甚高频电磁辐射脉冲。

雷电不同频段电磁波的特性由放电源的特性和大气中的传播特性两个因子决定,通常用瞬变电磁场的波形或振幅谱来表征,如图 11.3 所示。在雷电初始击穿和通道建立过程中主要辐射 VHF(30～300 MHz),在电离后的通道中产生强电流时主要辐射 LF 和 VLF 脉冲。雷电产生的电磁辐射是雷电探测的重要信息,一次雷电过程在几十千米的近程范围内引起的波形,在不同频段有典型的形状。

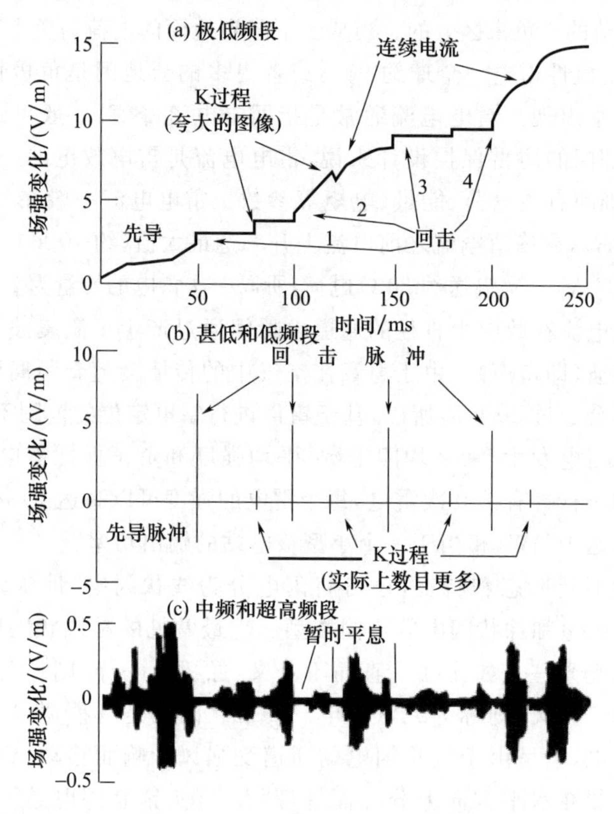

图 11.3 不同频段雷电电磁辐射

雷电电磁辐射的主要特点为(《中国大百科全书》总编委会,2009):①如图 11.3a 所示,在极低频段有一系列的阶跃,分别对应于回击和 K 过程,K 过程是雷电先导行进过程中遇到异性电荷集中区时产生的反冲电流过程,类似于回击但强度大约弱一个数量级。阶跃之间的缓变部分对应于雷电通道中回击后恢复性的连续电流,持续几十毫秒，电流强度为几百安。②如图 11.3b 所示，在甚低频和低频段，表现为先导对应的密集脉冲以及与回击和 K 过程对应的强分裂脉冲。③如图 11.3c 所示，在中频、高频、甚高频和超高频段，表现为密集脉冲串，只在回击和 K 过程之后略有间隙。④雷电电磁场的平均功率谱，其峰值出现于 5～10 kHz，更高频段的谱功率大致和频率成反比，频率越高，谱功率越小，如图 11.4 所示。

LF/VLF 以地波方式传播，可以传播到较远的距离，一般为 1000 千米以内，特别是 VLF 借助于电离层的反射可以传播数千千米，如图 11.4 所示。来源相同的雷电信号其不同频段随距离传播时，强度、波形和频谱的变化各异。对低频以下频段来说，地面和电离层起着波导作用，所以雷电信号在长距离传播中保留着甚低频和极低频两种分量，两者之间还产生时差。远距离雷电信号中的高频成分，主要通过电离层对电波的一次或多次反射进行传播。雷电电磁辐射中 VHF 以上的成分主要为视线传播，只有近距离雷电才含有甚高频以上的频谱成分。因此，可以在不同的距离上利用不同频段的电磁辐射对其进行探测。

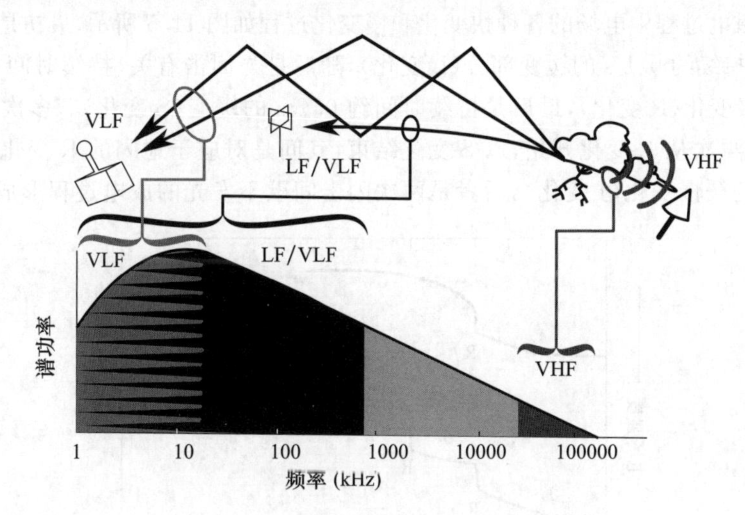

图 11.4　雷电电磁辐射功率及传播方式

11.1.3　大气电场

大气电场是由于大气和地面带有不同符号的电荷而形成的，是空中所有带电物在地面产生电场的矢量和，是存在于大气中而与带电物质产生电力相互作用的物理场。雷电的发生总是与大气电场密切相关，晴天时地面的大气电场强度一般为每米几百伏，而当雷电发生时可以达到每米几千伏甚至更高。大气电场强度是非常重要的雷电参数，监测地面电场强度及其变化对雷电的预警有着重要的作用。

晴天无云天气的大气电场称为晴天电场，在地表和电离层两个良导电面之间形成。在平坦地表上空晴天电场十分稳定,方向由大气指向地球,水平方向的电场可略去不计。晴天电场以地表为最大(20～300 V/m,平均约 120 V/m),随高度按指数律迅速减小,在 10 km 高度上强度约是地面的 3%。对大多数陆地测站而言,电场日变化和地方时有密切关系,通常地方时 04—06 时和 12—16 时出现极小值,07—10 时和 19—21 时出现极大值,振幅约达平均值的 50%,这种变化与近地面层气溶胶粒子的日变化密切相关。在工业区,由于存在高浓度的气溶胶,电场强度会增至每米几百伏。

当出现雷暴天气时大气电场就不同了。通常雷雨云上部是约 24 C 的正电荷区,下部 0 ℃等温线上方区域是约 −20 C 的负电荷区,在云底部紧贴融化层的位置有一个小的正电荷区约 4 C。雷雨云下方的地面场强受云下部的负电荷中心感应作用,场强方向指向上,与晴天电场反向,一般称为扰动天气电场,其数值和方向均有明显的不规则变化,可达 2～10 kV/m(正或负)。云团带电量越大、高度越低,则地面电场强度越大,该点附近发生雷电的可能性也越大。

一次雷电过程中电场的各种快变化和慢变化过程如图 11.5 所示,最初是与先导放电有关的、持续约 0.1 s 的缓变部分(L 变化),随后是与回击有关、持续时间小于 1 ms 的快速梯级变化(R 变化),最后是持续时间约 0.1 s 的缓变(S 变化)。多次闪击的电场变化,都再次从 L 变化开始,以 S 变化结束,其间是对应于地闪的 R 变化和两次 R 变化之间的缓慢变化(J 变化),后者是两次闪击间歇不发光的放电过程形成的。

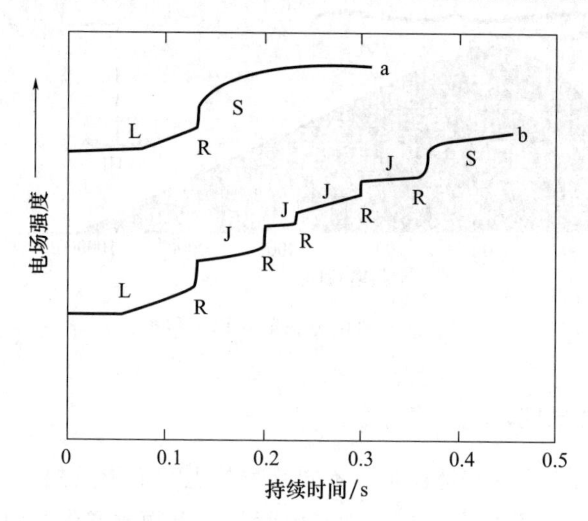

图 11.5　雷电电场的变化

(曲线 a 为一次闪击过程,曲线 b 为多次闪击过程)

当测站离雷电的距离远大于积雨云中荷电中心的高度,而电离层对雷电电磁脉冲又可忽略不计的情况下,大气电场的数学分析可以简化,地闪和云闪引起的地面垂直方向的大气电场 $E(t)$ 可近似表示为三项之和，即：

$$E(t)=E_s(t)+E_i(t)+E_r(t) \tag{11.1.1}$$

式中，$E_s(t)$ 为静电场分量，$E_i(t)$ 为感应场分量，$E_r(t)$ 为辐射场分量，在高斯单位制中，可以分别表示为：

$$\begin{cases} E_s(t)=\dfrac{1}{4\pi\varepsilon_0}\dfrac{1}{R^3}M(t-R/c) \\ E_i(t)=\dfrac{1}{4\pi\varepsilon_0}\dfrac{1}{cR^2}\dfrac{\mathrm{d}M(t-R/c)}{\mathrm{d}t} \\ E_r(t)=\dfrac{1}{4\pi\varepsilon_0}\dfrac{1}{c^2R}\dfrac{\mathrm{d}^2M(t-R/c)}{\mathrm{d}^2t} \end{cases} \tag{11.1.2}$$

式中，ε_0 为真空中的介电常数，R 为测站距离雷电的距离，c 为光速，t 为雷电产生的时间，$M(t-R/c)$ 为雷电电矩随时间的变化。

雷电在距离 R 处产生的电场包含静电场、感应场和辐射场三种成分：静电场分量正比于放电电矩，与 R^3 成反比；电磁感应分量取决于放电电流，与 R^2 成反比；电磁辐射场分量取决于放电时电荷运动的加速度，与 R 成反比。因此，对近处放电静电场作用大，对很远的放电辐射场作用大。探测近距离雷电时，多利用其静电场分量，例如各种大气电场仪。探测远距离雷电时，多利用电场辐射分量进行探测，例如各种雷电定位仪。

大气磁场不存在静磁场分量，且其方向垂直于大气电场方向。雷电引起的水平大气磁场随时间的变化 $H(t)$ 可表示为：

$$H(t)=H_i(t)+H_r(t) \tag{11.1.3}$$

式中，$H_i(t)$ 为感应场分量，$H_r(t)$ 为辐射场分量，与电场类似，分别表示为：

$$\begin{cases} H_i(t)=\dfrac{1}{4\pi\varepsilon_0}\dfrac{1}{R^2}\dfrac{\mathrm{d}M(t-R/c)}{\mathrm{d}t} \\ H_r(t)=\dfrac{1}{4\pi\varepsilon_0}\dfrac{1}{c^2R}\dfrac{\mathrm{d}^2M(t-R/c)}{\mathrm{d}^2t} \end{cases} \tag{11.1.4}$$

11.2 雷电定位

利用雷电产生的电磁辐射对雷电源位置进行定位主要有三种方法：磁测向法(MDF)、到达时间差法(ATD)、干涉法(IF)，另外，结合磁测向法与到达时间差法的优点，还发展了时差测向混合定位法(IPACT)。所获得的雷电定位信息类型与探测的电磁辐射的频率有关。若探测的电磁辐射信号波长相对于雷电通道长度来说较小，如探测的是波长为 10 m 至 1 m 的甚高频(VHF，$f=30\sim300$ MHz 信号，则原理上可获得整个雷电通道的二维或三维成像。若探测的电磁辐射信号波长比雷电通道长度长或与其特征长度相当，如探测的是波长为 100 km 至 10 km 的甚低频

(VLF,f=3～30 kHz),或是波长为10 km至1 km的低频(LF,f=30～300 kHz)信号,则只能获得每个雷电通道的一个或几个位置信息。一次云地闪回击的定位可解释为是地面闪击点位置的近似值。最佳的VHF电磁通道成像方法以及最佳的VLF和LF地面闪击点定位技术的定位准确性(定位误差或不确定度)是100 m量级。而运行在窄频带(通常是5 kH至10 kHz)的长距离VLF系统可探测几千千米距离远的雷电,其对单个雷电的定位不确定度为10 km或更大。

目前,世界各地建立了多种雷电定位系统,采用的雷电电磁辐射频段不同,定位方法也有所差异,典型的有VHF雷电通道成像系统(LMA)、美国VLF/LF精密雷电定位系统(USPLN)、英国气象局的到达时间差分长距离雷电定位系统(VLF LLS)等(WMO,2018)。中国气象局也建立有国家雷电定位系统,由300多个雷电定位站组成。

11.2.1 磁测向法(MDF)

11.2.1.1 原理

在地闪回击(主放电)的瞬间,靠近地面的通道垂直于地面,这段时间的电场是垂直的,而磁场是接近水平并垂直于传播方向。如果能探测这段时间的电磁辐射,那么就可以利用磁测向法确定雷电信号的方位。磁测向法(MDF,magnetic field direction finding)利用南北向和东西向的两个垂直放置且严格正交的环形天线进行探测,如图11.6a所示,根据法拉第定律,环线天线输出的电压与磁场矢量和环形天线平面的法向矢量之间的角度余弦成正比,通过测量正交的南北和东西向两环形天线上的电压,即可确定雷电方向。若测量的南北分量为B_{ns}和东西分量为B_{ew},则雷击的来波方向角θ为:

$$\theta=\arctan\left(\frac{B_{ns}}{B_{ew}}\right) \tag{11.2.1}$$

雷击的磁场强度为:

$$H=K\sqrt{B_{ew}^{2}+B_{ns}^{2}} \tag{11.2.2}$$

式中,K为仪器常数,可通过标定得到。

由于不能预先知道是正地闪还是负地闪,因此,在通过正交磁场测量来确定闪击方向存在180°的模糊问题。为此,可通过水平平板电场天线测量出的垂直电场分量和极性来解决这一问题(陈渭民,2006)。

11.2.1.2 磁测向雷电定位系统

图11.6b是一个典型的磁测向仪结构示意图,在天线下部有一铝制安装托盘,托盘上有四根立柱支撑,磁场天线就绕在立柱外部和上下板之间,分为东西向磁场天线(EW)、南北向磁场天线(NS)二组,两个环的形状和材料完全相同。在磁场天线上部安装有电场天线和GPS天线。

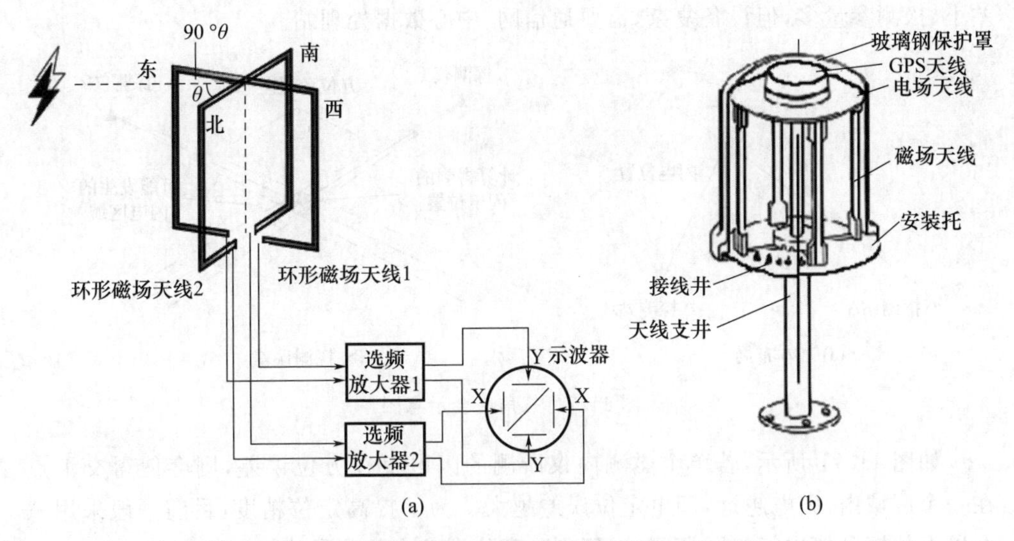

图 11.6　磁测向仪组成(a)和天线结构(b)示意图

利用单站磁测向仪只能得到雷电的方位，而不能得到雷电的距离，也就无法确定具体位置。单个定向天线为了确定雷电与测站的距离，大致有三种方案：①由于不同频率电磁波在大气中的衰减不同，测量几个不同频率（一般在甚低频段）的雷电信号的振幅，由它们之间的比值来定距。②由于雷电波形中的甚低频（3～30 kHz）和极低频（0.3～3 kHz）两种成分在大气中的传播速度不同，极低频成分的传播速度低于甚低频成分，离雷电源越远两种成分到达的时差越大，测量这个时差就可以定距离。③利用雷电辐射中某频率成分（极低频段）的电场和磁场分量在传播过程中受电离层和地磁场的不同影响，例如随着距离增加相位差逐步增大，测量这种相位差即可定距。这几种方案都是利用电磁波传播中不同频率成分所受影响不同来测定距离的，由于传播中所涉及的因子比较复杂，比如由于电离层昼夜高度的差异和地表性质的差异等因素直接影响电波的传播特性，采用电离层模型校正后的定位误差也有 30%左右，所以应用并不广泛。

为了克服雷电单站定位的缺点，可使用两个磁测向仪对同一个雷电来测量确定雷电位置。分开放置一定距离的两个定向天线分别测得雷电的方位，其雷电方向线的交点就是雷击地点（雷电落地点）。磁测向雷电定位系统由两个或两个以上的磁方向雷电探测仪组成，如图 11.7a 所示。雷电回击发生时向周围空间辐射很强的电磁波，分设在各地的磁方向雷电探测仪根据接收到的雷电电磁信号，实时测出雷电到达各站的时间、方向、极性、强度、回击数等多项雷电参数。采用通信线路实时将各站所测数据发往中心数据处理站进行方向交汇定位处理，计算出雷电的位置、强度等，并将这些结果实时发给各用户示终端显示。可见，多站雷电定位系统定位误差小、探测参量多,但设备复杂,需要通信网、中心数据处理站。

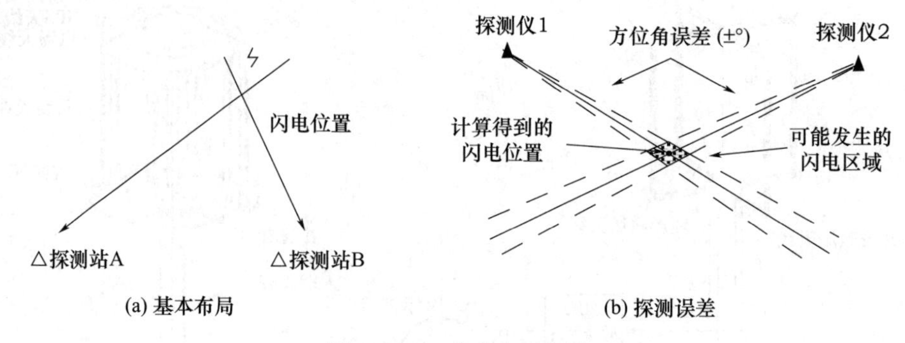

图 11.7　三角交会示意图

如图 11.7b 所示,若单个磁测向仪所测的闪电存在方位误差,则会使得交汇点在一个区域内,闪电越远,闪电定位误差越大。为了提高定位精度,目前一般采用三个以上的探测仪进行组网探测,以便剔除定位误差大的测量值。

用于闪电探测的磁测向仪(DF)可分为两种:窄带(可调)DF 和门控宽带 DF。自 20 世纪 20 年代以来窄带 DF 已被用于探测较远距离的闪电。它们通常在较窄的频带工作,其中心频率位于 5 kHz 至 10 kHz 之间,该频率的电磁辐射在地球电离层波导中传播时衰减较小,获得的闪电信号能量则相对较高。在 20 世纪 40 年代发明天气雷达之前,闪电定位系统是确定和定位中远距离雷暴的主要手段。

窄带 DF 的主要缺点是对于距离小于 200 km 的闪电,存在高达 10°量级的方位极化误差。为了解决这一问题,在 20 世纪 70 年代初期开发了门控宽带 DF。利用门控宽带 DF 可以对闪电回击发生开始的几微秒内的近地面大约几百米长度的垂直通道辐射的初始峰值磁场进行采样测量,利用磁场峰值信号可以减小定向精度。由于初始回击通道往往是直线和垂直的,因此,磁场基本上是水平的,从而减小非水平磁场的影响。此外,由于电离层反射信号需要在采样后经过较长时间才能到达,因此,门控宽带 DF 能有效地区分和消除电离层反射信号,从而提高测向精度。门控宽带 DF 的带宽通常为几千赫兹至 500 kHz,方位角误差可小于 1°(WMO,2018)。

11.2.1.3　探测误差源

磁测向法产生闪电定位误差的原因是多样的,归纳起来主要有以下几类。

(1)仪器误差

由于磁测向仪自身原因产生的误差,如南北方向、东西方向的天线不可能做的严格一致、垂直,因此应仔细地安装和调整设备,可尽量减小仪器误差,以使误差的标准差小于 1°。

(2)极化引起的误差

这类误差是由于磁场天线探测到非垂直通道产生的磁场分量引起的误差,电离层反射的分量也会导致此类误差。对于距离200 km以内的闪电来说,有时方位误差可达到10°量级。

(3)当地原因引起的误差

当地误差主要是由于邻近地下埋有导体(如铁管或电缆的金属屏蔽),这些导体是直接电接地的,闪电电场通过这些导体时会激发磁场,从而产生干扰。通过排除此种原因,或者使天线不与地面直接接触,至少离开地面几米,就可以避免该类误差。应将天线尽可能地安装在平顶建筑物上面或比较空旷的地区,在天线四周30 m以内的水平线以上无遮挡物,在30 m以外的15°仰角以上无较大遮挡物。天线应尽量远离工频设备(如变电站、马达等)和产生甚低频段(1～500 kHz)干扰的设备(如电火花等)。天线支柱及接收机处应有接地点,接地电阻要求小于5 Ω。如定位仪放在楼顶上,可用地网方式。布站前要对设站位置进行电磁环境本底信号测量,连续性的干扰场强应低于100 mV/m,如不可能,应尽量选择电磁干扰信号最小的地点设站。

(4)地形的误差

地形的误差是指测站周围的丘陵地形引起的一类误差。应该通过选择站址以尽量减小此种误差,然后再加以订正。一个定向观测站在投入使用时必须确定此种误差的订正值,并依据不断积累的经验随时修订。通过对偶尔获得的无线电发射机的观察,可以了解到某些特别方向上的误差情况。通过把观测的方位与站网中其他站提供的位置做比较,可以找出这种误差。订正值随到达方向有很大变化,一个新站可能要花费6个月或更多时间才会在其周围出现足够多的雷暴以得到订正值,这样新站才会变得完全有效。要对所有站持续不断地考察方位和位置的关系,从而对附近其他活动引起的误差变动进行修正。利用那些地理位置上孤立的、从天气报告网和卫星图片上观察得到的雷电位置进行日常性的比较,可进行较好地修正。但需要收集足够的数据,能比较好地确信两个系统报告的是同一雷电。

11.2.2　到达时间差法(ATD)

11.2.2.1　原理

到达时间差法(ATD,Arrival Time Difference)是利用雷电信号到达不同测站的时间差来进行雷电定位的,简称为时差法,如图11.8所示。假定有三个测站A、B、C,当同一个雷电发生时,每个测站准确地记录了雷电辐射电磁波到达本站的绝对时间(TOA),由于电磁波传播速度不变,通过测量雷电辐射到达两个探测站的时间差就可以确定雷电辐射源与两探测站的距离差。由于到两定点距离之差为常数的动点轨迹是双曲线,则对A、B两个测站来说,雷电发生地点是以两探测站为焦点的一条双曲线。B、C两个测站也可以确定一条双曲线,这两条双曲线的交点就是雷击点F。三站以上定位时由于多种因素的作用,多站确定的多条球面双曲线不可能相交于同一点,可采用最小二乘法进行优化计算雷击点最有可能发生的地方。

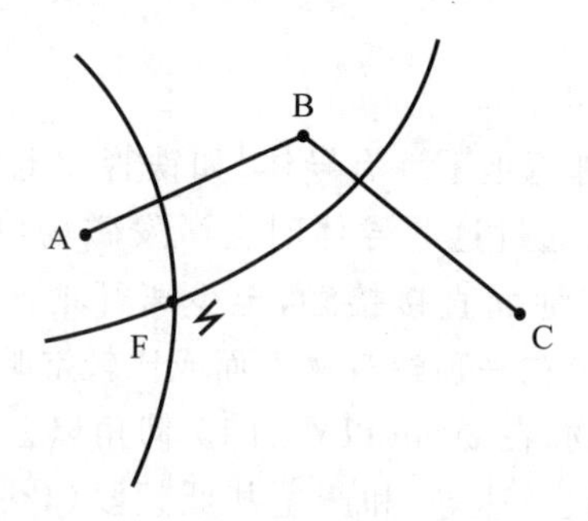

图 11.8　雷电探测时差法原理图

时差法定位的核心问题是如何鉴别地闪回击形成的电磁脉冲信号,确定波形峰点,并以此作为特征点确定雷电到来的时间。地闪回击波形如图 11.9 所示。由波形前沿、后沿等组成,一般波形前沿持续时间≤18 μs,波形后沿持续时间≥10 μs,此外还在波形上叠加有多峰干扰、反极干扰、尖峰干扰等波形。多峰干扰≤125%主峰,反极干扰≤115%主峰,尖峰干扰≤25%主峰。

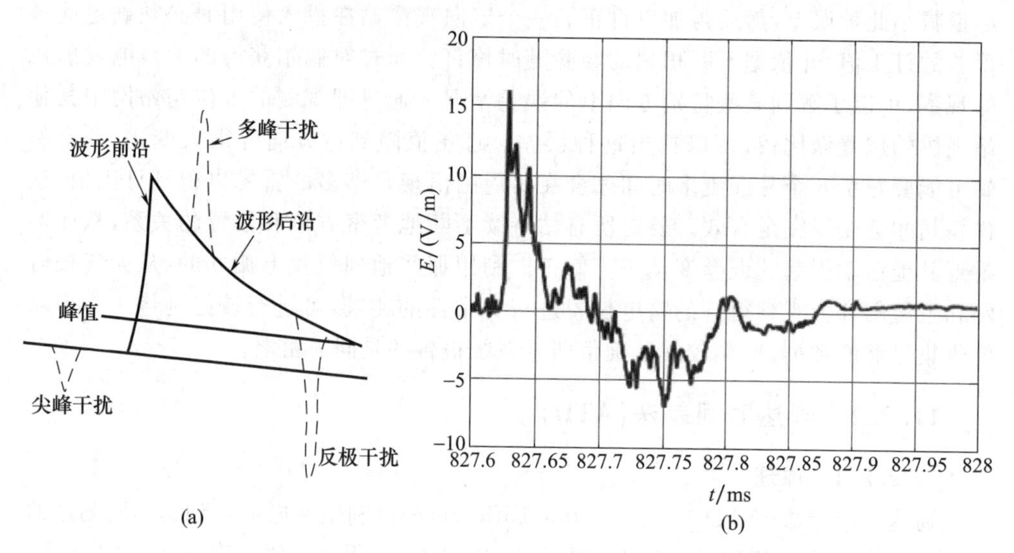

图 11.9　地闪回击电场脉冲概念模型波形示意图(a)和实际波形图(b)

11.2.2.2　ATD 雷电定位系统

ATD 雷电定位系统一般由四至十多个单站定位仪、通信网和中心数据处理设备组成,如图 11.10 所示。单站定位仪布成基线为几十到几百千米的网阵,探测站网阵的布置对雷电定位的准确度有影响。

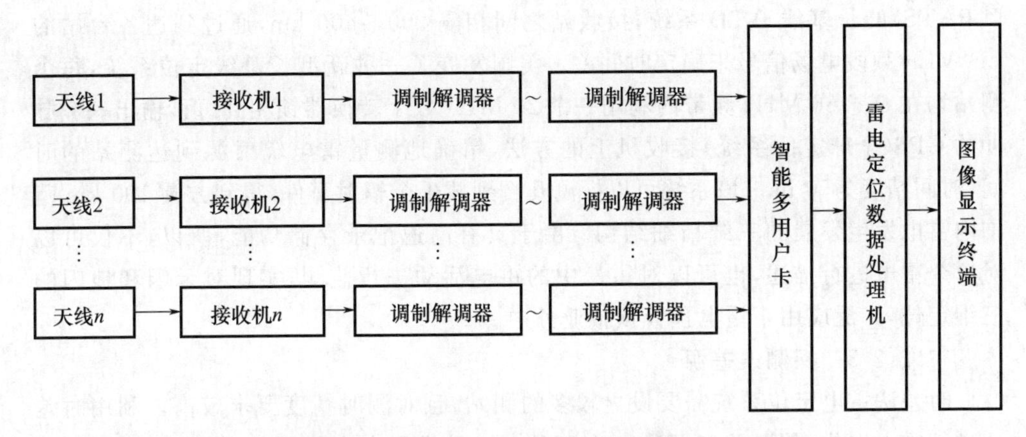

图 11.10　时差法多站雷电定位系统组成

一旦各观测站天线接收到雷击电磁脉冲，接收机就会实时地向中心站提供时差加方向综合定位所需的雷电原始数据，中心站定位处理机对各探测站的雷电数据进行计算，得到雷电每一个回击发生的时间、位置、极性、方位角、场强、回击次数、雷电流等参数，探测回击的时间分辨率达 1 ms。数据处理机主要由多路智能接口和 PC 机组成，配以专用的通信、定位和控制软件。智能接口对传输到的各路雷击信息先进行缓存，再由数据处理机进行排队、分类、定位计算、误差校正、归档等工作，并实时地向显示终端送出每一雷击参数的处理结果。数据处理机还可以随时监视接收机的工作状态，进行数据查询，打印控制和参数设置等工作，并实施必要的指令控制。

ATD 雷电定位系统可分为三种类型：甚短基线（几十到几百米）、短基线（几十千米）、长基线（数百到数千千米）。甚短和短基线系统通常在 VHF（频率 30 MHz 至 300 MHz）上运行，而长基线系统通常在 VLF 和 LF（频率 3 kHz 至 300 kHz）上运行。雷电产生的 VHF 辐射与空气击穿过程相关联，而 VLF 信号是由高导电性的闪电通道中的电流产生的。甚短基线系统可以提供闪电通道的图像、研究放电的时空演变。长基线系统通常用于确定地面闪击点、主要垂直通道中的云闪事件或是闪击的平均位置。

甚短基线 ATD 系统由两个或多个 VHF 到达时间接收机组成。这种系统的两个接收机之间的间距较短，单个闪电 VHF 脉冲到达这些接收机的时间差小于相邻 VHF 脉冲之间的时间间隔（几微秒到几百微秒）。

短基线 ATD 系统通常是 5～15 个台站组成的网络，它们利用 VHF 到达时间信息进行闪电通道的三维（3D）成像，又称为闪电成像阵列（LMA），已成为闪电研究和业务应用中的重要工具。

长基线 ATD 系统一般采用 VLF/LF 进行定位，接收站之间的距离相隔数百千米至数千千米。20 世纪 80 年代曾开发出了一种被称为闪电定位和跟踪系统

(LPATS)的长基线 ATD 系统,接收站之间相隔 200～400 km,通过到达各台站的 LF/VLF 频段电场信号来确定时间差。美国发展了一种新型长基线定位系统,每个测站均在 60～66 MHz 频带内利用一个 20 MHz 数字转换器锁相到每秒输出一个脉冲的 GPS(全球定位系统)接收机上的方法,精确地测量雷电辐射源到达测站的时间,时间精度为50 ns。该系统可以探测几百到几千个辐射事件,得到方圆 100 km 范围内雷电发生发展的三维精细结构。由于具有高速记录存储功能,所以,不仅可以对单个雷电进行描述,也可以对雷暴中的雷电活动进行监测,实现对云闪和地闪的三维定位,广泛应用于雷电预警预报业务中。

11.2.2.3 探测误差源

时差法雷电定位系统需要设立较多的测站,且对测时精度要求较高。利用时差法进行雷电定位,其误差来源主要有两种。一种是雷电定位仪的时间测量误差,测量误差来源于所测雷电波到达不同站点时间差 Δt 的精度,Δt 精度越高定位误差越小。时间差 Δt 以定位仪 GPS 测时的精度为基础,目前测时精度可达到 0.1 μs。电磁波传播理论的研究表明,长波在地表传播受地形影响会发生波形畸变引起测时误差。根据统计结果,每 100 km 引起的测时误差约为 1 μs,一般情况下探测站的有效探测距离在 300 km 以内,最大测时误差不超过 3 μs,具体值和当地环境有关。可见,GPS 所记录雷电波到达时间与雷电波沿直线传播到达时间之间还存在一个时间差 $\Delta t'$,因此所测得的 Δt 的误差为 GPS 测时误差与 $\Delta t'$之和。

第二种是测站布局引起的误差。图 11.11 是理论模拟计算的某雷电探测网络的定位误差分布,可见在探测站中间的区域雷电定位的精度高,而距离探测站远处雷电定位的精度低。进一步研究还表明,在相同距离的情况下,定位精度高低又与探测站站点布设位置有关,合理地布设站点位置可以提高雷电定位的精度。图 11.12 是分别采用三角形、矩形、菱形和矩形及其中心四种典型形状布站的定位的误差分布(杨波 等,2006)。

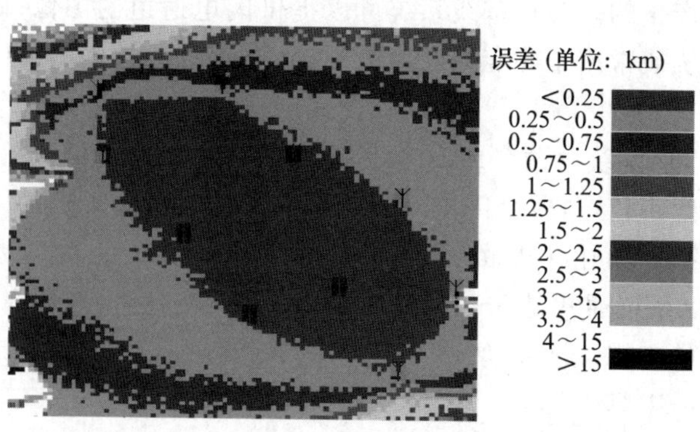

图 11.11 雷电定位网误差评估(Y为测站)(彩图见书末)

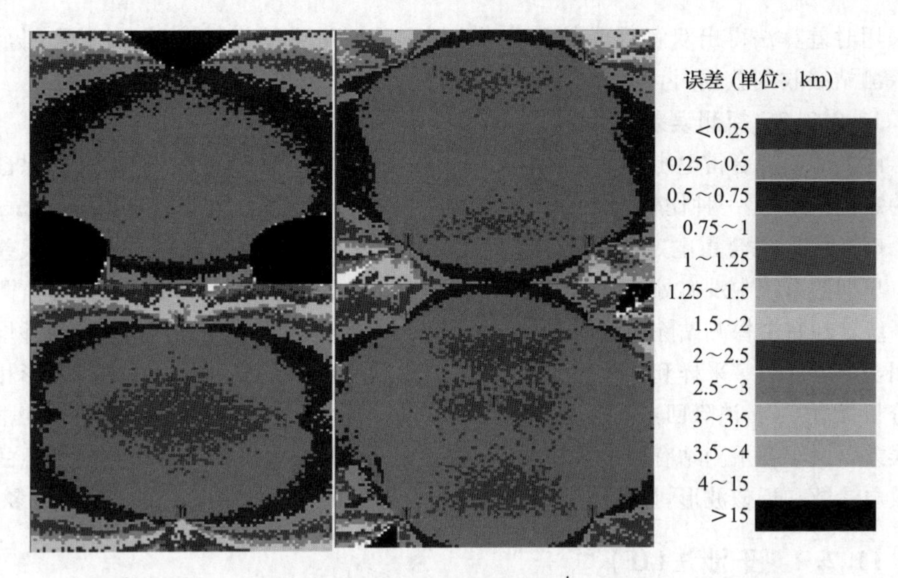

图 11.12　不同布站形状对探测精度的影响(Y为测站)(彩图见书末)

11.2.3　时差测向混合定位法(IMPACT)

11.2.3.1　原理

鉴于磁测向雷电定位系统定位误差较大，时差系统至少需要三个探测站才能定位，可以把二者联合起来形成时差测向混合雷电定位系统(IMPACT，improved accuracy from combined technology)，如图 11.13 所示。每个探测站既探测回击发生的方位角，又探测回击辐射的电磁脉冲波形峰点到达的准确时间。

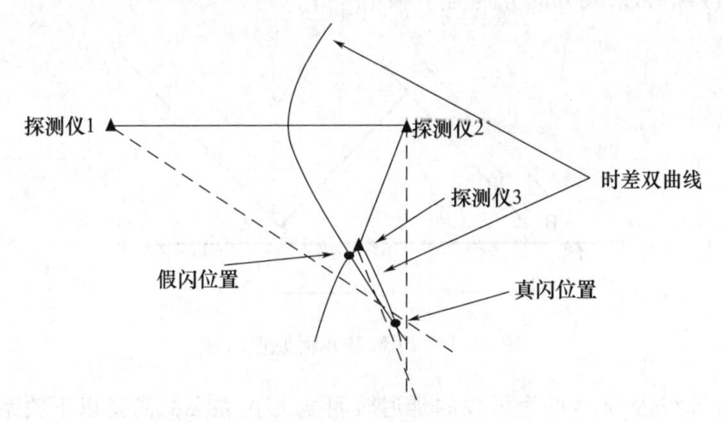

图 11.13　时差测向混合雷电定位

当有两个探测站接收到数据时，采用一条时差双曲线和两个测向量的混合算法计算位置；当有三个探测站接收到数据时，在非双解区域采用时差算法，在双解区域先采用时差算法得出双解后再利用测向数据剔除双解中的假解;当有四个及四个以上探测站接收到数据时,采用时差最小二乘算法定位计算。

11.2.3.2 探测误差源

时差测向混合雷电定位系统既能保证测站较少的探测网有定位结果,又能保证较高的定位精度,是一种比较实用的雷电监测定位系统,定位精度在几百米到2~3 km。

时差测向混合雷电定位系统误差的主要原因是各站接收回击电波的传播误差所致。早期的系统中没有处理电波传播的数据,为此发展了多参量高准确度雷击监测定位系统。在每个探测站除测量回击的方位角、回击波形峰点到达的绝对时间,另外增加了回击波形的数字采样和处理部分,并将回击波形的特征点送往中心站进行波形相关性分析,以便尽量消除回击波形受传播路径、环境干扰等因素的影响,从而减小回击定位误差。由于各探测站有回击数字波形,通过 Maxwell 方程组很容易得到回击源的其他放电参数和近似波形,显然该系统获得的定位参量比一般的雷电监测定位系统多。

11.2.4 干涉法(IF)

11.2.4.1 原理

干涉法辐射源定位基本原理是相位法测角,即测量电波到达不同天线的相位差进而确定电波的来波方向。VHF 干涉仪定位技术避开了雷电辐射波形空间相关性差的难点,适合开展区域雷电放电机理研究,也可供导弹、卫星、火箭发射基地的空间雷电预警。

最简单的干涉仪系统由相互间隔一定距离(相隔大约 1 m)的两个天线组成,如图 11.14 所示。图中 A、B 是两个接收天线,它们之间的距离 d 称为基线长度,VHF 辐射信号的频率和来波方向分别为 f 和 θ。

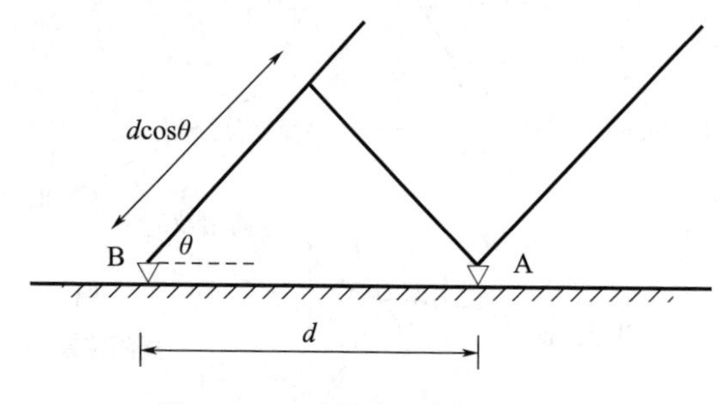

图 11.14 干涉法几何原理示意

辐射信号到达 A、B 两个天线的延迟时间 τ、相位差 $\Delta\phi$,满足以下关系:

$$\begin{cases}\tau = d \cdot \cos\theta / c \\ \Delta\phi = 2\pi f \cdot \tau\end{cases} \tag{11.2.1}$$

每个天线都连接一台接收机,这两个接收机的信号送到同一个相位检测器中,检测出代表两个天线信号相位差的一个电压。对接收的两路时域信号进行快速傅里叶变换,即可得到两个天线接收到辐射信号之间的相位差谱,从而求出来波方向 θ。

采用两个相互垂直的正交基线,经过球面三角运算即可得到相应辐射源的方位角和仰角。干涉法辐射源定位网一般由基线距离彼此为 20～100 km 的三个探测站和一个中心数据处理站组成,可确定出 VHF 辐射源的空间位置。

11.2.4.2　VHF 宽带干涉仪和窄带干涉仪

宽带干涉仪系统以很高的采样率记录来自天线的宽带辐射信号,对这些信号作快速傅里叶变换后可得到一系列不同频率的窄带信号,相当于具有多个不同长度基线的窄带干涉仪系统。宽带干涉仪系统在工作频段较窄的情况下可以实现较精确的辐射源定位,且能够探测到雷电通道的分叉现象,即能观测到同时到达的不同方位的辐射源,这是宽带干涉仪的一个明显优势。但是,宽带干涉仪频段很宽,很难保证在整个频段内都做到有效定位。另外,在较宽的工作频段内各种干扰源的存在,也是宽带干涉系统不能得到较好定位结果的一个原因。

窄带干涉仪的基线长度对相位接收信号影响较大,需要精确测量基线长度。而 VHF 宽带干涉仪对基线精度要求较低,这也是宽带干涉仪系统的一个优点。窄带干涉仪技术对孤立脉冲和连续脉冲均能很好定位,但多个辐射源同时发生时不能很好定位。宽带干涉仪系统在多个辐射源同时发生时能够对部分辐射源进行定位,但测量精度相对较低。

11.2.5　雷电定位系统性能及其评估

雷电定位系统性能可从以下方面进行评估(WMO,2018):

(a) CG 闪电探测效率;

(b) CG 回击探测效率;

(c)云闪探测效率;

(d)错误分类事件百分比(如将云闪放电归类为正地闪或负地闪类型);

(e)定位准确性(或定位误差);

(f)峰值电流估算误差。

通常现代的 VLF、MF 闪电定位系统可记录并可定位某一地区内任何极性的云地闪击和云闪,也可测量每种放电的强度(峰值电流)。

探测效率通常是指系统探测到的发生全部事件的比例,通常以百分比表示,在理想情况下等于 100%。因为 CG 闪击涉及一种独特的可观测特征,即可到达地面的发光通道,所以其发生事件的总数可以测定,这样 CG 闪击的探测效率也是可以容易地确定的,但云闪的探测效率概念却是难以确定的。事实上,云放电过程(其中一些知之甚少)发生在不同的空间和时间尺度上,而且没有表现出独特的、很容易观测到的特征,因此,云闪发生事件的总数一般是未知的。

CG 闪电探测效率是闪电定位系统用于确定地面闪电密度的最重要的性能特征。一次闪电是指在探测过程中至少探测到一次闪击,但是如何将多次闪击归为单个闪电仍然是个问题。

位置误差是实际位置与系统报告位置之间的距离。一般来讲,位置误差包括随机和系统误差。在某些情况下,系统误差是可以修正的。

峰值电流估算误差是实际峰值电流值与系统报告电流值之间的差异,通常用实际峰值电流百分比来表示。峰值电流可利用经验的或模式的电场强度-电流转换关系式进行估算,对于 CG 闪击,这些转换关系式较为合理,但对于云闪,这种转换关系却不太合理。

为了评估上述这些性能特性,需要独立的地面真值资料。利用安装有电流测量设备位置已知的高塔或闪电触发设施触发的放电,可评估定位准确性以及峰值电流估算误差。根据高速的光学成像系统可对探测效率和错误分类事件的百分比进行评估。另外,也可根据雷击对各种物体(建筑物、树木等)造成的损害来评估位置误差,但由于时间信息准确性不够,因而这种评估方法的可靠性还不确定。到目前为止,对闪电地面真值资料的研究仍然较少,特别是对于负地闪、正地闪以及云闪等的第一次闪击过程的研究。

应用于雷暴单体跟踪的雷电定位系统,雷暴跟踪能力要比探测单次闪电能力更为重要。这类系统的性能通常是根据雷达或红外卫星云图来测试的,根据探测到的闪电位置与较高雷达反射率区域或云顶温度较低区域之间的一致性作为系统评价指标。若用于早期预警,则系统探测第一次闪电的能力是最重要的性能特性。

目前尚不清楚如何定义 VHF 闪电通道成像系统的性能特征。然而,VHF 闪电通道成像系统可作为一种非常有价值的工具,以研究详细的闪电形态和演变(特别是云内部),而且也常常用于测试其他类型的闪电定位系统。

11.3 地面和空中电场的测量

大气电场仪可以测量晴天和雷暴天气条件下大气电场强度和极性,同时探测雷电(云闪和云地闪)放电引起大气电场变化。通过多个地面电场仪组网,可以监测整个雷暴云的初生、成熟和消散过程,在局地区域实现雷电预警。

11.3.1 地面大气电场仪

测量近地面大气电场主要采用场磨电场仪。场磨电场仪利用置于电场中的导体上产生感应电荷的原理来测量大气电场,由感应探头和数据处理仪两部分组成,其感应探头组成结构图 11.15 所示,感应探头由定片(即感应片又称定子)、动片(即接地屏蔽片又称转子)、马达、前置放大器和同步信号发生器等部分组成。

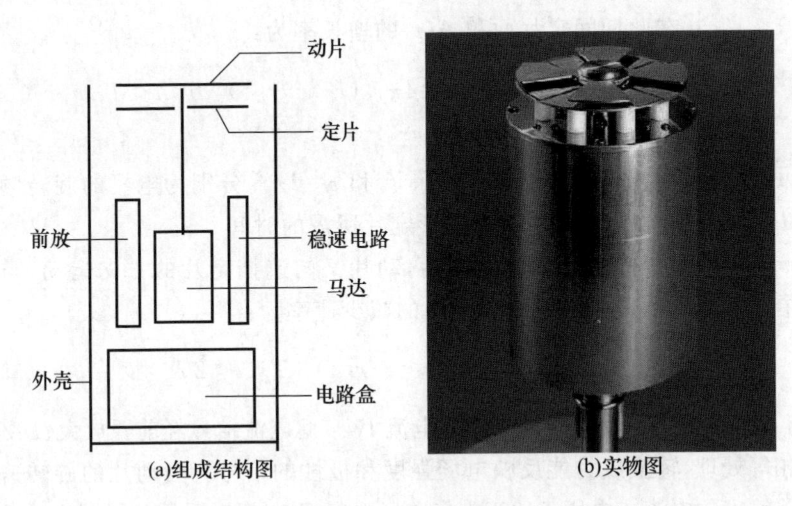

图 11.15　场磨电场仪组成结构图(a)与实物图(b)

定片和动片是有几个等分叶片的扇形(通常为 4 扇)金属面板。定片用来感应电场信号,并与机架绝缘。动片位于定片上方,由电机带动动片旋转,动片转动时定片交替地暴露在大气电场中或被动片屏蔽,产生感应的交变信号,如图 11.16 所示。

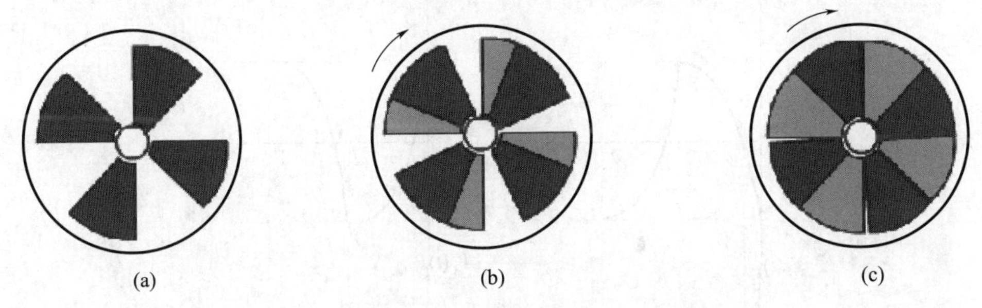

图 11.16　场磨电场仪动片和定片的位置关系
深灰色代表动片(接地屏蔽片),浅灰色代表定片(感应片)

当动片旋转时,定片交替地暴露在大气电场 E 中或被接地屏蔽片所遮挡,遮挡时感应电荷为零,如此循环便产生交变输出信号。定片上的感应电荷 $Q(t)$ 的大小与外界电场强度 E 成正比,与定片暴露面积 $A(t)$ 成正比:

$$Q(t)=-\varepsilon\cdot E\cdot A(t) \tag{11.3.1}$$

式中,ε 为自由空间介电常数,近似真空下的 $\varepsilon=8.85\times10^{-12}$ F/m;$A(t)$ 为定片暴露表面积。

由于动片的旋转,$A(t)$ 随时间而变化。设动片运动从动片和定片重叠这一瞬间 $(t=0)$ 开始,即屏蔽片完全遮挡住感应片(图 11.16a)。在 $0<t<T=\tau/8$ 时间内,动片朝定片的空隔处运动(图 11.16b),使定片的整个表面积 $\pi(r_2{}^2-r_1{}^2)/2$ 逐渐暴露

出来(图 11.16c),在此期间定片面积 $A(t)$ 的增长率为:

$$\frac{\mathrm{d}A(t)}{\mathrm{d}t}=\frac{\pi({r_2}^2-{r_1}^2)}{2\left(\frac{\tau}{8}\right)}=4\pi f_0({r_2}^2-{r_1}^2),\ 0<t<T \tag{11.3.2a}$$

式中,r_1,r_2 分别为定片、动片的内外半径,f_0 和 $\tau=1/f_0$ 分别为电机的旋转频率和旋转周期,T 为动片遮挡或暴露出一个扇形定片所需的时间。

当 $t=T$ 时,定片暴露出最大面积后,动片又向遮挡定片的方向运动,与上述过程相反,在 $T\sim 2T$ 期间内定片面积 $A(t)$ 的减少速率为:

$$\frac{\mathrm{d}A(t)}{\mathrm{d}t}=-4\pi f_0({r_2}^2-{r_1}^2),\ T<t<2T \tag{11.3.2b}$$

电荷 $Q(t)$ 随时间的变化量即为感应电流 $I(t)$,此电流信号经前置放大、I/V 转换及滤波、移相等处理,转换成为能反映电场强度和极性的信号。当动片的旋转速度一定时,探测器输出的电流或电压正比于大气电场强度 E。另外,采用相敏同步检波器来鉴别电场的极性(图 11.17),同步检波的参考相位脉冲由与动片的形状相似并与其同步运行的小叶片和槽形光耦合器件产生的。当电场仪的动片旋转时,光敏管接收来自发光二极管被小叶片隔断或通过而形成的断续光束信号,从而输出相应的脉冲信号。

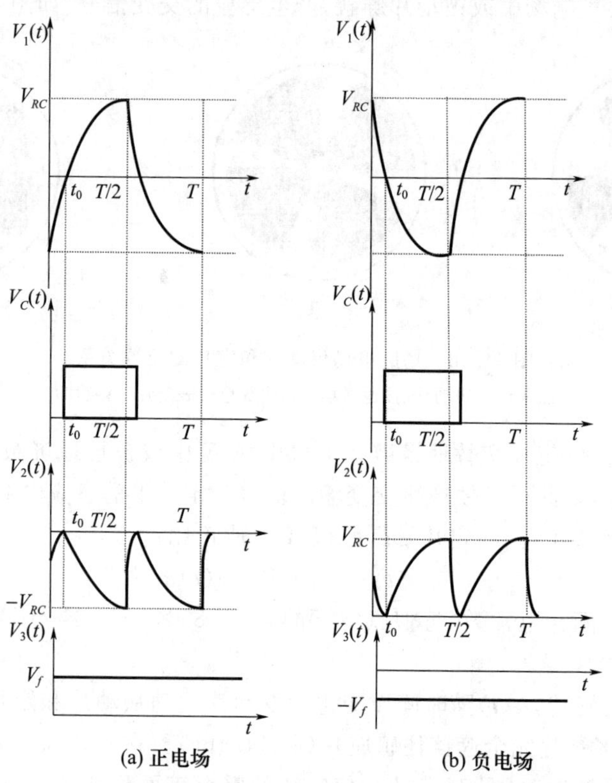

图 11.17 电场仪电场极性检测波形

为了防止雨雪、冰雹的干扰，各叶片应有足够的强度，并且它们之间的间隙也要足够大。感应片由有机玻璃柱支撑，每个支柱上装有防水罩。信号电缆从下面的引线孔引出，在孔上装有用橡胶垫压紧的密封接头，电路板装在密封的金属盒内以防止受潮。感应头的外壳用铝铸成，各叶片镀铬以防生锈。电场仪感应探头的安装方式有正置式和倒置式两种，采用倒置结构(图11.18)可以有效地防止雨水和灰尘进入，从而延长轴承的使用时间(王强，2012)。

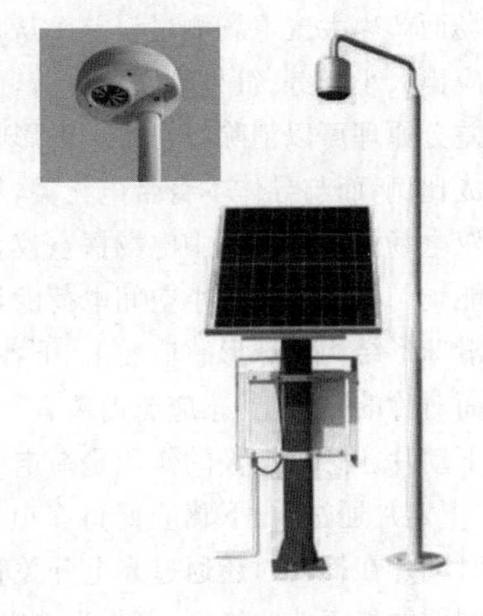

图11.18　大气电场仪及其倒置探头

为了减少场地误差，需将电场仪安置在地势稍高的开阔平坦地面上，并确保电场仪可靠接地。雷电发生时，近距离处主要是静电场分量，即空中所有电荷在地面产生电场的矢量叠加，随着雷电距离的增加，静电场强度迅速减小，因此，大气电场仪主要测量的是20 km左右范围内的空中电荷总效应。

11.3.2　大气电场探空仪

当云中发生电荷分离时，地面电场将发生相应的变化，其强度与云中电荷的积累量和分布有关，但地面电场只能大致地反映出空中电荷的总体变化趋势。空中电场的波动幅度明显大于地面电场，空中电场的部分波动在地面没有反映甚至呈相反变化。随着航空航天的发展和人工引雷电技术的进步，为了了解空间电荷对地面电场的屏蔽作用，跃过空间电荷屏蔽层到雷暴云附近测量云底或云中的空中电场强度越来越重要(周璧华 等，2010)。

与地面大气电场的测量不同，空中电场测量存在许多困难，仪器和运载平台的进入会使电场发生畸变，云中强对流和乱流有可能造成仪器损坏，云中水汽电荷的充放电和气温变化产生测量噪声，装置上电荷沉积会影响自然大气场强。此外，空中电场的测量还必须利用某种形式的运载工具，常用气球、飞机、火箭等，也有用飞机、火箭抛伞投掷来测量的。由于气球对自然电场的影响比较小且成本低，所以空中电场测量仪一般用气球携带，这就要求测量仪结构坚固、体积小、质量轻、耗电省。

空中电场测量方法主要有电晕探针法和场磨法(肖正华 等，1995)。电晕探针式电场仪基于处在电场中一定长度的尖端电极，附近电场会产生强烈畸变而导致雪崩式电离过程，尖端放电电流与电场强度存在对应关系。电晕探针的测量值易受风、温度、气压、湿度和云滴等环境因素影响，以及探针的朝向、长度、尖端几何形状等因素影响，从而使测量结果有很大弥散性，且对小电场反应不灵敏。

大气电场探空仪大都基于场磨法。由于空中大气电场测量装置无法接地，使处在空中电场中的仪器因空间电荷或摩擦带电的影响,本身带有一定的极化电荷,形成附加电场而产生大气电场测量误差。从物理学可知,处于均匀电场中的导体,在其对称点会感应出大小相等、符号相反的电荷,而本身带电产生的电荷其大小相等符号也相同,利用差分原理可以消除自身带电的影响。差分电路的特点是输出信号与两个输入信号之差成比例,而与导体本身带电无关,从而得到空间的真正电场。根据这个原理,可以采用双电场仪来制成空中电场探空仪,即场磨电场探空仪,如图 11.19所示。为了得到尽可能均匀的曲率以减小空间电荷的释放,电场探空仪感应舱采用直径约 20 cm 的表面光滑球形结构。球形感应舱上、下各开一个感应窗口,两个电场仪安置在一个相对于水平面对称的导体上,感应舱内装有上感应电极(上定片)和上动片、下感应电极(下定片)和下动片。感应电极的作用是在空中电场中感应电荷,电机带动上、下动片同时旋转,上、下定片通过上、下感应窗口在电场中交替地被屏蔽和暴露,各自感应出交变信号。同时动片在旋转时还通过光电开关管的槽口,产生用于解调的同步信号。两个半球形探测器的外壳彼此绝缘,可作为将空中测量结果传输到地面接收机的发射天线。

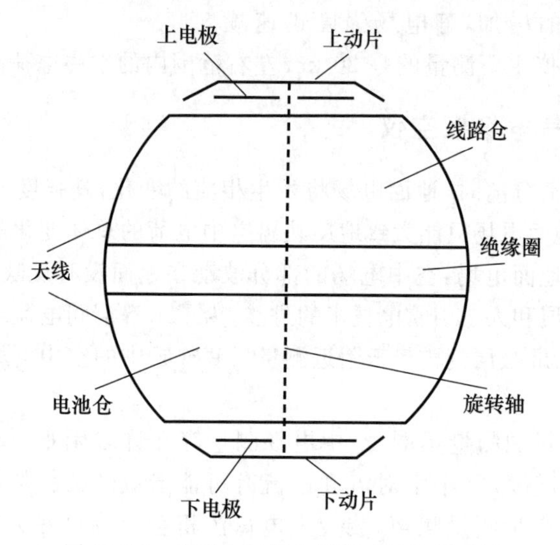

图 11.19 场磨电场探空仪组成结构示意图

上述场磨电场探空仪只可以测量空中电场的垂直分量,采用双球场磨电场探空仪可以同时测量空中电场的垂直和水平分量。如图 11.20 所示。该仪器采用两个直径约 15 cm 的铜球或铝球作为传感器,两球固定在一根长 2 m 的玻璃纤维管水平绝缘轴上。在强大气电场中,两金属球分别感应大小相等、极性相反的电荷,其幅度与平行于两球旋转所形成平面的大气电场分量成正比。水平绝缘轴的一端装有马达另一端有转动轴承,在马达带动下水平轴能沿着它的轴线旋转(自旋频率约2.5 Hz)。另外,水平绝缘轴又能绕着它的垂直轴线缓慢转动(转动频率约 0.125 Hz)。测量电路和电池装在铜球内,可以避免尖端突出而产生电晕放电。铜球内还装有重力和地磁场传感器,可以确定电场传感器在空间的方向,从而就能测定空中电场的三维分量。有试验表明,云中电场的垂直分量通常总是大于水平分量,但当电场探空仪接近云的边缘时则主要以水平电场为主。

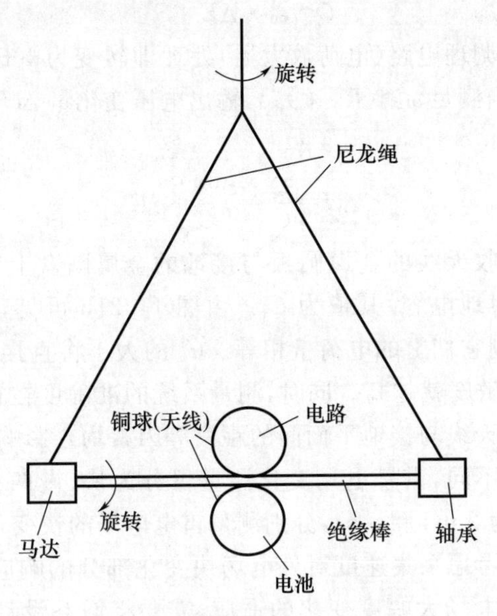

图 11.20　双球场磨电场探空仪组成结构示意图

11.3.3　雷电电场变化测量仪

大气电场仪的频率响应为几十赫兹,采样频率为 1～10 Hz,可检测雷电活动特征,但无法分辨亚微秒量级的雷电放电精细变化特征,而雷电电场变化测量仪可以测量雷电垂直电场的一系列快、慢变化波形,该测量仪的感应器有平板型、球形和鞭状等。由于在地面主要测量大气电场的垂直分量变化,所以一般采用与电场垂直的金属圆板作为天线,其结构如图 11.21a 所示(周璧华 等,2012)。

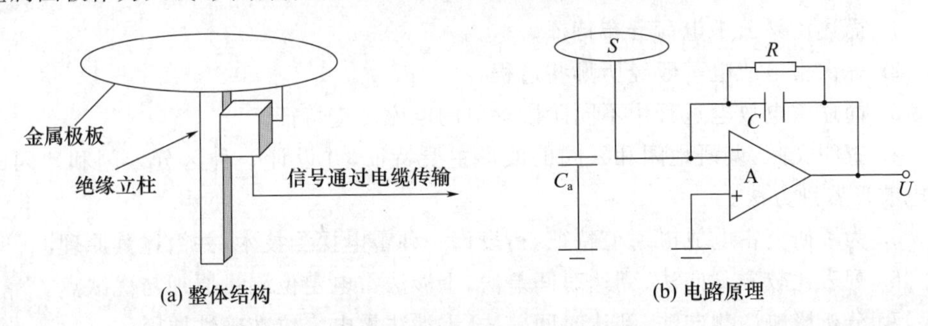

图 11.21　雷电电场变化测量仪

如图 11.21b 所示，将面积为 S 的圆形平板天线(直径一般为 30 cm 左右)接入负反馈放大电路中，反馈部分采用 RC 电路。设空气的介电常数为 ε_0，大气电场变化为 ΔE，由高斯定律可知圆盘表面感应产生的电荷量 Q 为：

$$Q=\varepsilon_0 \cdot \Delta E \cdot S \tag{11.3.3}$$

将此感应信号经调理电路(电荷放大器)处理即转变为电压信号，对电压信号中的频率分量 ω 而言，当满足 $\omega \geqslant (R \cdot C)^{-1}$，输出电压变化量 ΔU 与外界电场强度变化量 ΔE 满足下式：

$$\Delta U=\frac{Q}{C}=\frac{\varepsilon_0 \cdot S}{C}\Delta E \tag{11.3.4}$$

作为雷电电场接收天线的金属圆板与接地的金属圆盒上表面构成了平行板电容器，即平板天线的对地电容，其值为 C_a。由图 11.21b 可见，C_a 与 RC 电路中的 C 是串联关系，任意时刻它们上的电荷量相等。C_a 的大小将直接影响测量系统的灵敏度，C_a/C 越大系统灵敏度就越高。同时，测量系统的准确度在很大程度上取决于 C_a 的稳定性，空气湿度、天线与接地平面间的距离等因素均会影响 C_a 值。

根据时间常数的不同，雷暴电场变化测量仪分为快、慢两种(也称为快天线、慢天线，时间常数一般为 2 ms 和 5 s)，分别测量雷电电场的快变化和慢变化。其中，电场快变化测量仪主要考虑采集速度对外电场快变化部分的响应，而电场慢变化测量仪则主要考虑对低频电场大幅度变化的适应，需要将增益设计成宽量程。快、慢电场变化测量仪的主要区别取决于 RC 参数的选择，提高 C 值可以增加系统的时间常数，但 C 值增加会降低系统的灵敏度。

随着高速大容量芯片不断涌现及其功能的不断提升，通过一台仪器同时测量雷电电场快变化和慢变化已有可能，按电场快变化测量仪的要求确定 C 值，然后根据测量结果反演可得出包括电场慢变化特性在内的被测电场全部时域特性。

习　题

1. 简述雷暴云中电荷分布特征。
2. 一次雷电放电一般经历哪些过程？
3. 简述雷电放电过程中不同阶段辐射的电磁波谱特征。
4. 查阅文献，调研地闪和云闪的波形主要特征，并设计一种区分云闪和地闪的雷电波形鉴别方法。
5. 为了研究雷电放电通道特征，请设计一种雷电探测技术，并简述其原理。
6. 列表比较磁测向法、到达时间差法、干涉法雷电定位测量原理与优缺点。
7. 分析影响磁测向法、到达时间差法、干涉法雷电定位准确性原因。
8. 比较低频/甚低频和甚高频雷电定位的优缺点。

9. 比较说明地面大气电场和空中大气电场探测的异同点。

10. 应从哪些方面对雷电定位系统性能进行评价？

11. 简述场磨电场仪工作原理。

12. 简述场磨式电场探空仪与地面电场仪的异同点。

13. 从测量功能和原理等角度，比较大气电场仪和电场变化测量仪异同点。

14. 简述影响地面大气电场强度测量准确性的因素，并简述可采取的措施。

15. 简述磁测向法雷电定位仪判别雷电极性和大气电场仪判别电场极性的方法。

16. 结合绪论内容，分析本章介绍的雷电定位探测、大气电场测量分别属于哪类大气探测技术？

参考文献

陈渭民，2006. 雷电学原理[M]. 北京：气象出版社.

王强，2012. 综合气象观测[M]. 北京：气象出版社.

肖正华，张义军，1995. 空中电场探测的现状[J]. 高原气象，14(2)：250-256.

杨波，邱实，宁军，等，2006. 闪电定位误差及探测效率评估[J]. 解放军理工大学学报（自然科学版），7(5)：506-510.

《中国大百科全书》总编委会，2009. 中国大百科全书（第 2 版）[M]. 北京：中国大百科全书出版社.

周璧华，郭建明，邱实，等，2012. 雷电电场变化测量仪研究[J]. 地球物理学报，55(4)：1114-1120.

周璧华，姜慧，刘海波，等，2010. 地面与空中大气电场的对应关系研究[J]. 电波科学学报，25(1)：20-26.

WMO，2018. Guide to Instruments and Methods of Observation，2018 edition[Z]. Geneva：WMO.

第 11 章　大气电的探测
电子资源

第12章　自动气象观测系统

【学习指导】

1. 了解自动气象观测系统种类、组成与功能，能按照观测需求选购一套合适的自动气象观测系统，学以致用；

2. 熟悉自动气象观测系统软件功能，能操作使用业务软件；

3. 了解自动气象观测系统使用管理要求，能判别观测数据是否异常。

自动气象观测系统(AWOS)是一种能自动观测并传输气象观测数据的仪器系统，可以完全或部分代替人工观测，又称为自动气象站(AWS)、自动地面观测系统(ASOS)。利用自动气象观测系统可以提高地面气象观测的时空密度和可靠性，提高观测站网的均一性，满足新的观测需要和要求，减少人为误差、降低成本等。

本章主要介绍自动气象观测系统种类、基本组成、结构和使用时注意的问题等。

12.1　概　述

随着技术的发展和业务观测需求的不断发展，形成了多种类型的自动气象观测系统。

按照气象要素自动测量种类和多少，自动气象观测系统可分为简单型、基本型、扩展型、综合型。①简单型自动气象观测系统只测量1个或少数几个气象要素，如降水量或(和)气温，用于气候或实时观测。②基本型自动气象观测系统通常测量气温、相对湿度、气压、风向、风速、降水量等基本气象要素。③扩展型自动气象观测系统在基本型自动气象观测系统基础上，增加太阳辐射、日照时数、土壤温度、蒸发量等自动测量功能。④综合型自动气象观测系统是在基本型或扩展型自动气象观测系统基础上增加传统人工观测要素的自动化测量功能，如能见度、云底高、云量和现在天气等的自动测量。

按照传感器信号采集加工的方式，自动气象观测系统可分为中心式、总线式。中心式自动气象观测系统利用中央处理器将各传感器输出的模拟、数字、脉冲、频率等信号进行采集处理加工成气象数据；总线式自动气象观测系统采用智能传感器，各个智能传感器内置嵌入式处理系统对传感器信号进行采集处理加工，直接输出气象变量，中央处理器通过总线方式收集各传感器的输出数据(孙学金 等，2015)。由于气象传感器种类、数量的增加，目前已发展出一种混合式的自动气象观测系统，由多个中心式的自动采集处理单元构成总线式的自动气象观测系统，每个中心式的自动采集处理单元可以自动采集处理多个模拟式或数字式传感器的输出信号，并处理输出气象变量。

按照提供资料的方式，自动气象观测系统可分为实时型和非实时型。实时型自动气象观测系统用于在规定的时间实时地向用户提供气象观测资料，如用于道路、机场等危险天气状况的监测，以及为天气分析和预报提供气象资料。非实时型自动气象观测系统用于积累观测点的气象资料，主要用于气候分析，观测的资料存储在存储设备中。随着通信技术的发展，非实时自动气象观测系统已很少使用。

按照与用户终端之间的联系方式，自动气象观测系统分为有线遥测型和无线遥测型。有线遥测型自动气象观测系统的中央处理器与用户终端之间采用有线电缆方式进行数据传输，无线遥测型自动气象观测系统的中央处理器与用户终端之间采用无线通信方式进行数据传输，如采用卫星通信方式。有线遥测型自动气象观测系统常用作气象台站人工观测的辅助工具，对于一些尚不能进行自动观测或自动观测费用较高的项目，可以通过人工观测的方法将观测结果输入到其数据处理终端中，与自动观测的项目一并进行数据处理。无线遥测型自动气象观测系统常用于海岛、沙漠、高山等人员难以到达的地区，既可以用来提供实时气象观测资料，也可以用来积累气候观测资料。

按照气象传感器集成度，自动气象观测系统可分为集成式和分立式。集成式自动气象观测系统将传感器与采集处理电路集成在一起，或将多个传感器集成在一起。这种集成式自动气象观测系统可以制作成一体式设备，成本低且易于安装使用，但由于难以对传感器独立校准，其不确定度和长期稳定性难以估计，尚不能满足气象业务要求，但在许多其他领域得到应用，如风能、太阳能领域(周树道 等，2015)。目前业务用自动气象观测系统大部分采用分立式设计，每个传感器可以独立校准，对不确定度和长期稳定性要求高。

世界各国根据国情和技术水平发展了多种自动气象观测系统，大部分的自动气象观测系统可完成气温、湿度、气压、风向、风速和降水的自动测量，有一部分自动气象观测系统还可完成能见度、云底高、天气现象、地表温度、辐射和日照等的自动测量。表12.1、表12.2分别列出了美国自动地面观测系统(ASOS，1998)和中国DZZ6型自动气象观测系统的主要技术参数。美国自动地面观测系统除表中给出的观测要素外，还对天空状况、天气现象、雷电方位等进行自动观测，能满足机场气象保障需求。

表 12.1 美国自动地面观测系统(ASOS)主要技术参数(NOAA et al.,1998)

测量要素	测量范围	RMSE	最大误差	分辨力	传感器类型
气温	−80℉～−58℉ −58℉～+122℉ +122℉～+130℉	3.6℉ 1.8℉ 3.6℉	±3.6℉ ±1.8℉ ±3.6℉	0.1℉	铂电阻
露点温度	−80℉～−0.4℉ −0.4℉～+32℉ +32℉～+86℉	3.1℉～7.9℉ 2.0℉～7.9℉ 1.1℉～4.7℉	4.5℉～13.9℉ 3.4℉～13.9℉ 2.0℉～7.9℉	0.1℉	冷镜式露点
气压	16.9～31.5 inHg		±0.02 inHg	0.003 inHg(测量) 0.005 inHg(报告)	电容式
风速	0～120 kn		±2 kn 或±5%(取大值)	1 kn	光电式风杯 起动风速 2 kn
风向	0～359°		±5° (风速≥5 kn)	最近度数	光电式风向标 起动风速 2 kn
降水量	0～10.00 in/h		±0.02 in/h 或 小时总量的 4%	0.01 in	加热翻斗计
云底高	0～12000 ft			50 ft	激光云幂仪
能见度	0～2 1/2 mile 3～10 mile		±1 mile ±2 mile	±1/4 mile ±1 mile	前向散射仪

注:1 in=25.4 mm;1 kn=1 n mile/h=0.514444 m/s;1 ft=12 in=0.3048 m;1 mile=5280 ft=1609.344 m。

表 12.2 中国 DZZ6 型自动气象站主要技术参数(中国气象局综合观测司,2019)

测量要素	测量范围	分辨力	最大允许误差	传感器类型
气压	500～1100 hPa	0.1 hPa	±0.3 hPa	硅电容
气温	−50～50 ℃	0.1 ℃	±0.2 ℃	铂电阻
相对湿度	5%～100%RH	1%	±3%(≤80%) ±5%(>80%)	湿敏电容
风向	0～360°	3°	±5°	格雷码 风向标
风速	0～60 m/s	0.1 m/s	±(0.3+0.03 V)m/s 起动风速≤0.3 m/s	光电式 风杯
降水量	0.1 mm 翻斗 (雨强 0～4 mm/min)	0.1 mm	±0.4 mm (≤10 mm) ±4%(>10 mm)	双翻斗式
	称重 (容量 0～400 mm)	0.1 mm	±0.4 mm (≤10 mm) ±4%(>10 mm)	称重式
地表温度	−50～80 ℃	0.1 ℃	±0.2 ℃(−50～50 ℃) ±0.5 ℃(50～80 ℃)	铂电阻
浅层地温	−40～60 ℃	0.1 ℃	±0.3 ℃	铂电阻

续表

测量要素	测量范围	分辨力	最大允许误差	传感器类型
深层地温	−30～40 ℃	0.1 ℃	±0.3 ℃	铂电阻
蒸发量	0～100 mm	0.1 mm	±0.2 mm(≤10 mm) ±2%(>10 mm)	超声波测距

12.2　自动气象观测系统硬件

12.2.1　硬件组成与结构

自动气象观测系统通常由硬件和软件两部分组成。硬件包括气象传感器、数据采集处理单元、用户数据终端和外部设备等。气象传感器通常环绕着气象支柱四周或分布在观测场内安装，通过屏蔽电缆、光纤或无线方式，连接到数据采集单元；数据采集处理单元对从传感器采集数据，转换成计算机可处理的数据，并利用微处理器的处理系统，根据特定的算法，对数据进行适当的处理，临时存储处理后，把气象信息传送到用户，有时也可将采集与处理功能分开成独立的两部分；用户数据终端通常为个人计算机，用于显示和存储气象数据。外部设备包括为自动气象观测系统各个部分供电的电源、用于监测自动气象观测系统关键部分状况的内置式测试设备以及打印设备等。自动气象观测系统组成结构如图 12.1 所示。图 12.2 所示为维萨拉 AviMet 型自动气象观测系统，主要用于机场。

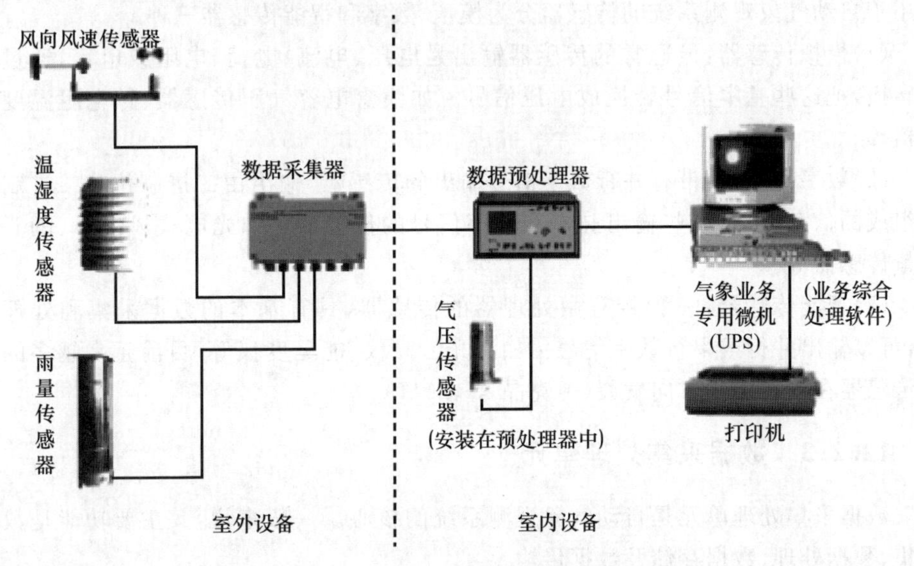

图 12.1　自动气象观测系统组成结构示意图

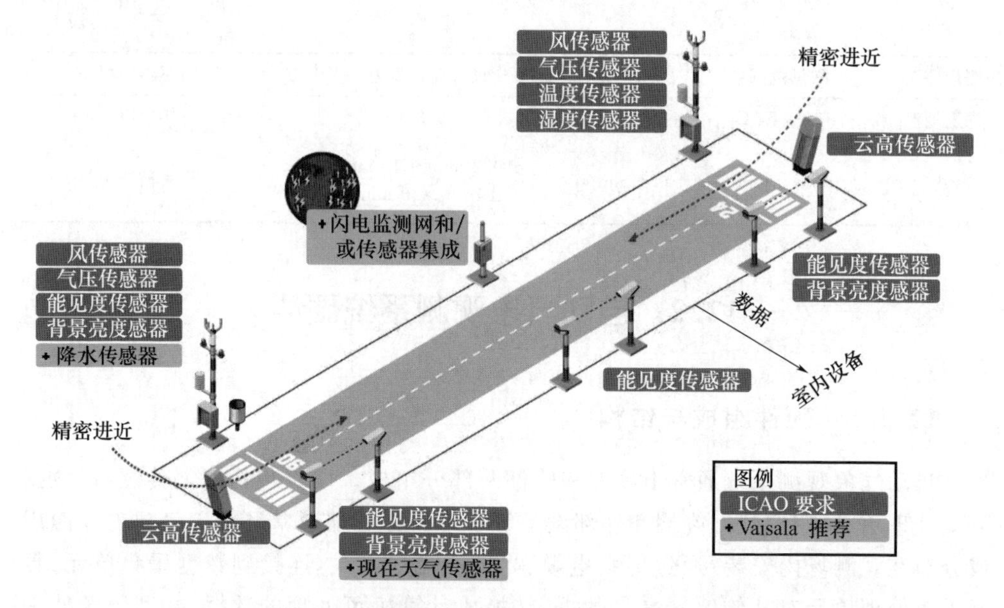

图 12.2 维萨拉 AviMet 型自动气象观测系统

12.2.2 气象传感器

自动气象观测系统传感器的要求与常规使用的传感器差别不大。它们必须是坚固的,在对所测变量的采样过程中没有实质性的偏差和不确定度,总的来说,所有能采用电信号输出的传感器都适用于自动气象观测系统。根据输出信号的特点,可应用于自动气象观测系统的传感器分为模拟、数字和智能传感器三种。

(1)模拟传感器:最通常的传感器输出是电压、电流、电荷、电阻或电容,通过信号转换,把这些基本信号转换成电压信号。如膜盒电容气压传感器、铂电阻温度传感器等。

(2)数字传感器:带有并行数字信号输出的传感器,输出由二进制位或二进制位组组成的信息,以及那些输出脉冲和频率信号的传感器。如光电式风向标、翻斗式雨量传感器等。

(3)智能传感器:一种带有微处理器的传感器,具有基本的数据采集和处理功能,可以输出并行或串行数字信号。如激光云高仪、能见度仪等,目前越来越多的气象传感器在向智能化方向发展(卫克晶 等,2017)。

12.2.3 数据采集处理单元

数据采集处理单元是自动气象观测系统的核心。一般来说,其主要功能是数据采集、数据处理、数据存储及数据传输。

数据采集处理单元应尽可能地安装在靠近传感器的不受天气影响的防护箱内，或安置在当地的室内。如果这种设备是安装在传感器附近，则可以减少须传送的数据量，使数据能够以适当的形式直接与标准通信通道相连。在这种情况下，数据采集处理单元易受电源故障和室外工作环境的影响。如果数据采集处理单元安装在室内，一般可与市电连接，并在正常的办公室环境中工作。这种安置方式的结果是增加了信号电缆数目、长度和相应的信号调节器。目前大多数的自动气象观测系统数据采集处理单元均采用前一种安置方式。

根据使用要求，数据采集处理单元的不同功能也可以由不同部件完成，各个部件有各自的微处理器和相关软件，安装在同一站的不同地方，通过成熟的数据传输连接和规程相互通信。这些部件既可以只包括一个传感器，如激光云高仪这样的智能传感器，也可以包括数个相似的传感器，如几个温度表，还可以使用数个不同的传感器，如温度和湿度传感器。综合型自动气象观测系统通常由一个主采集器与几个分采集器组成。分采集器的功能根据需要采集的要素类型和数量而定。

12.2.3.1 数据采集

一般来说，数据采集硬件包括如下(WMO,2018)。

(1)信号加工硬件。用于防止外部有害干扰源影响传感器原始信号，调整信号以合适于进一步的处理。

(2)数据采集电子部件。配有数字和模拟输入通道和端口、扫描和数据转换设备，以便将信号输送至中央处理系统的内存中。

12.2.3.1.1 信号加工方法

信号加工是数据采集过程中的一个关键功能，一般将数个信号加工功能都集成在一个可以插拔的模块上，并安装在传感器电缆的端接板上。不同类型的传感器使用不同的信号加工技术。信号加工从以下几个方面入手。

1)传感器电缆

从传感器进入数据采集系统的电信号中包含无用的噪声，其对自动气象观测系统是否产生影响，取决于信噪比和特定的使用情况。由于数字信号具有离散性和高电平，因而受噪声影响的程度相对较小。相反，模拟信号容易受相对低的电平干扰的影响。噪声产生方式主要有两种：电容耦合和电感耦合。减少电容耦合误差的一种方法是使用屏蔽电缆，就是在信号电缆和外界干扰源之间设置导电物质(地电位)。使用一对相互缠绕的电线也是减少电磁耦合的一种有效办法。

2)电涌保护

自动气象观测系统可能导入意外的高电压，为了避免损坏设备，必须采取保护措施。电磁场、静电，尤其是闪电都能感应出高电压。

3)双向发射机

为了维持最大的信噪比，比较理想的方法是将靠近传感器的低电平信号进行前置放大,以保持最大的信噪比。对此类信号进行加工的一种方式是采用双向发射机。这些发射机不仅对输入信号进行放大,而且对信号进行隔离,并把信号转换成高强度的电流(一般是 4 mA 到 20 mA),电流信号传输的最大距离为 1500 m 左右。

4)数字隔离器

为了获取数字输入信号,同时中断信号源与测量设备之间由电流所产生的联系,采取数字隔离器技术。通过隔离输入信号,将其变换为标准电平,从而为数据采集设备读取提供方便。

5)模拟隔离

模拟隔离模块用于保护仪器设备,不受高压接触,接地线断开及分离大公共信号。目前,主要采用电容式耦合或“浮动耦合”模拟隔离器、光学耦合模拟隔离器和变压器耦合模拟隔离器,其中变压器耦器具有高隔离、高准确度特性。

6)低通滤波器

低通滤波器的作用是把所需的信号从无用的信号中分离出来。无用的信号有噪声、交流电线交频拾波、无线电或电视台的干扰和大于 1/2 采样频率的信号频率。低通滤波器用于控制意外的误差源,滤除所需信号以外的频谱段。

7)放大器

模拟传感器的信号振幅可以在一个很宽的范围内变动。要使模拟—数字转换器表现出良好的运行性能,就需要高电平的信号输入。放大器既可用来把低电平的信号放大到所需的振幅,也可用于把所有传感器的电压输出标准化为公共电压值,例如,0～5 V 直流电压。

8)电阻转换器

专门用于把电阻(铂电阻温度表)转换成线性的电压信号输出,并提供必要输出电流的模块。线性转换有可能造成测量的不准确。

12.2.3.1.2　数据采集方法

数据采集功能是指对传感器或传感器加工模块按预定速率进行的扫描,并将信号转换成计算机可读信号。

为了能接入类型不同的气象传感器,数据采集硬件带有类型不同的输入/输出通道,适应传感器或信号加工模块可能具有的电输出特性。每类数据采集硬件所带的通道数目和类型取决于传感器的输出特性和不同的应用目的。主要有模拟输入、并行数字输入/输出、脉冲和频率、串行数字端口四种类型的通道。

1)模拟输入

模拟通道数通常在 4～32 个。大多数经常使用的传感器,如温度、气压、湿度,通过传感器加工模块直接或间接地发送电压信号,因此,模拟输入通道特别重要。

数据采集的任务是通道扫描和把模拟信号转换成数字信号。扫描器仅仅是一排开关，它使许多模拟输入通道由同一个 A/D 转换器处理。用软件控制这些开关，可以选择某一个时间启用某一通道进行数据处理。A/D 转换器把原始的模拟信号转换成计算机可读的数据（数字格式，二进制码）。A/D 转换器的分辨率是用二进制位表示的。12 位 A/D 转换器的分辨率大约为全量程的 0.025%，14 位的分辨率为全量程的 0.006%，16 位的分辨率为全量程的 0.0015%。

2）并行数字输入/输出

独立通道总数通常以 16 位二进制码按 8 个一组来分组，并具有扩展能力，它们用于各二进制或状态感应，或者用于有并行数字输出的传感器的输入（例如，带格雷码输出的风向标）。

3）脉冲和频率

一般限于 2～4 个通道数，典型的此类传感器是风速和雨量器。此类传感器利用高速或低速计数器在存储器中累计脉冲数。能记录脉冲数或转换器开关状态的系统称为信号记录器。

4）串行数字端口

独立的异步串行输入/输出（I/O）通道用于智能传感器的数据通信。这些端口用于常规的设备之间的短距离数据传输（RS232，几米）和长距离数据传输（RS422/485，几千米）。不同的传感器或测量系统可以利用同一条线路和输入端口进行数据传输，在传输时，对每个传感器的地址以编码方法进行顺序编码。

芬兰 Vaisala 公司的 QLI50 数据采集器，就是一个以 80c51 单片机为核心的现场数据采集转换部件，具有 10 路差分/20 路单端模拟输入端口，模数转换分辨率为 16 bit，转换精度为±0.1%（全量程范围），其电压信号的测量电路如图 12.3 所示。另有 2 路频率计数器，8 路双向数字 I/O，一个 8 位数字 I/O 口，专门设计作为风向格雷码检测之用。可测量模拟、数字、频率、周期、电流、电压信号，对于多种量程、多

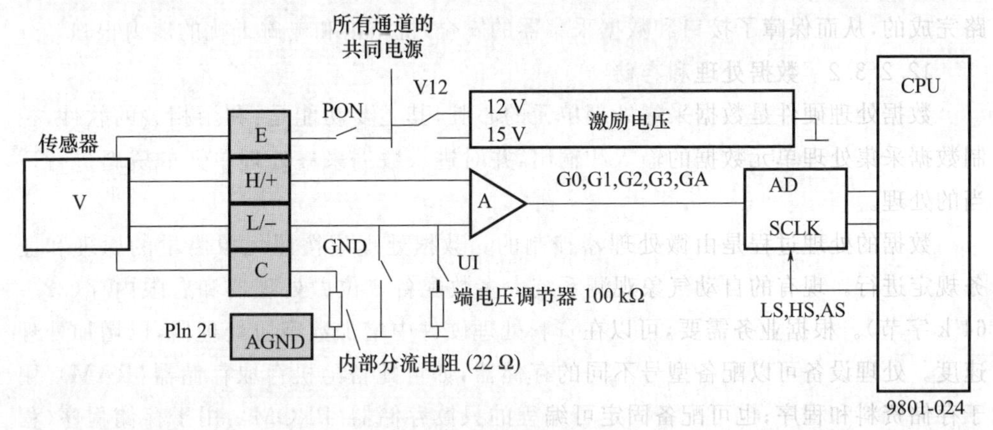

图 12.3　电压信号的测量电路

种信号电平都能兼容,有极广的适应性,适合多类气象传感器。

A/D 转换器带有数字滤波和数字增益控制,增益分别为 0.1、1、10、100 四档,对测量信号,系统每 32 s 进行一次零位检测和满度检测,完成自动校准操作,确保测量的高精度和长期稳定性。其独特之处在于可以用软件将输入设置成带上拉、下拉等多种电路形式,因此测量信号范围很宽,而且输入端瞬间可承受较大功率,保障了测量电路的安全。

作为铂电阻测量的接口,除了有一个高精度的恒流电流源(1.2 mA,最大 1.4 mA)外,还可以选择四线制、三线制或二线制测量方式,如图 12.4 所示。所有可选择的操作和设置,都是通过 QLI50 内部 EEPROM 中的程序来实现的,大大方便了工作方式的选择和传感器的选配。

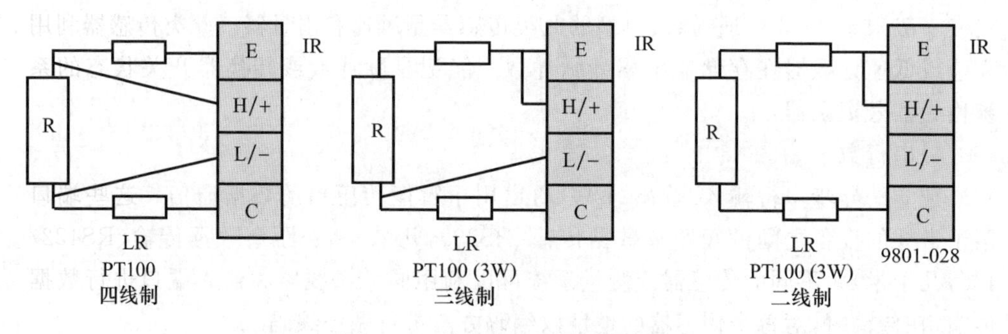

图 12.4　铂电阻的三种测量方式

QLI50 的电源处理是非常独特的。外部直流电源经过隔离变换后产生内部各组供电+18 V、+12/15 V、±7 V、±5 V;同时产生一组悬浮+7 V 电源。该组电源与内部供电隔离,同时也与外部供电隔离,作为通信接口 RS-485 和 RS-232C 的专用电源。两组通信接口与单片机测量控制系统进行的数据交换是由双向光电隔离电路完成的,从而保障了接口和数据采集器的安全,抗雷击和电磁干扰的能力很强。

12.2.3.2　数据处理和存储

数据处理硬件是数据采集处理单元的心脏,其主要功能是:利用相关的软件,控制数据采集处理单元数据的输入和输出,并对进入数据采集处理单元的资料进行适当的处理。

数据的处理过程是由微处理器控制的。数据处理应按照气象测量的原理和业务规定进行。现有的自动气象观测系统大多数配备 8 位微处理器和有限内存(32～64 k 字节)。根据业务需要,可以在资料处理硬件中增加数字协处理器,以增加处理速度。处理设备可以配备型号不同的存储器,如可配备随机存取存储器(RAM),用于存储资料和程序;也可配备固定可编程的只读存储器(PROM),用于存储程序(程序由 PROM 程序员输入),还可配备不固定可擦写存储器(EEPROM),大都用于存储可以用软件直接修改的常数。RAM存储器需配有备份电池，以避免电源故障造成数据丢失。在不配备数据传输设备的非实时站，数据可以存储在外接存储器中，如存储卡。

12.2.3.3　数据传输

与外界的数据传输主要是指与当地的观测员或维护人员的传输，或者是与中央网络处理系统的传输，甚至是与气象信息用户的传输。通常采用通用串行和并行输入/输出口与数据采集处理单元接口。数据传输方式主要有：专用线路数据通信的环路，电话线配置调制解调器(MODEM)、电话交换网、高频、甚高频或超高频无线电通信。

12.2.4　外部设备

外部设备包括电源、实时时钟、内置测试设备、当地显示终端等。

1. 电源

自动气象观测系统的设计和具有的能力很大程度上取决于它的供电方式，其供电电源应具有高稳定性和在无干扰条件下供电。自动气象观测系统可采用市电进行供电，但为了保证在市电出现故障时能正常运行，可采用12 V的直流电源供电，利用市电对12 V电池充电，从而可进行自动电源备份。在没有市电的边远地区使用的自动气象观测系统，除了使用电池供电外，还可采用柴油发电机、风力或水力发电机、太阳能电池板等辅助供电方式。设计电源时，应考虑到云高测量传感器、能见度测量传感器等大功率供电的需要，同时还要考虑到带有加热器和通风设备之类的传感器额外供电需要。

2. 实时时钟

微处理器中必不可缺部分是一个24 h实时时钟，由电池对它供电，用以保证即使在停电的情况下也能准确走时。由于自动气象观测系统的时钟准确度还不是很高，因此应定期调整时钟，也可利用一些设备使时钟与无线电广播基准信号同步。

3. 内置测试设备

自动气象观测系统的核心部分的一些单元的误操作和故障会使主要的输出信号降级或无法使用。设计设备状况自动监测电路，是连续地控制设备运行性能的一种有效办法。电源故障监测器是在出现电源故障后重新启动微处理器，继续发挥自动气象观测系统功能的一种设备；看门狗计时器用于监测微处理器是否良好运行；测试电路用于监测自动气象观测系统某些部分的运行状况，如电池电压和充电器运行状况、通风器(温度和湿度罩)、A/D转换器、加热器等。可以在当地自动显示状态信息，或把状态信息送到数据采集处理单元，用于质量控制和维护。

4. 局地显示终端

为了将观测资料人工输入自动气象观测系统或对观测资料进行显示和编辑，可采用多种型式的显示终端：带键盘的简单数字发光二极管显示器；带键盘的显示屏；个人计算机。维护时，还可使用专用的手提终端。

12.3 自动气象观测系统软件

12.3.1 软件组成

自动气象观测系统软件包括应用软件和系统软件。应用软件与用户的技术规格制订的资料处理算法有关,而系统软件与微处理器的配置有内在联系,包括开发和运行应用软件的所有软件。

系统软件是厂家根据用户的要求开发出来的,并存放在数据处理单元的存储器内。用户只能执行预先设定的命令,因而在发生故障和需进行修改时需要依靠厂家。

12.3.2 应用软件

应用软件需要完成以下功能的一部分或全部:初始化、对传感器输出进行采样、把传感器输出信号转换成气象数据、线性化、平均、人工输入观测数据、质量控制、数据处理、编发和检验、数据存储、数据传输和显示。这些功能需要顺序完成。质量控制分不同的层次进行:在采样之后立即进行,或在气象变量计算出来后进行,或在人工输入和编发报告之后进行。没有数据质量控制和报文内容检验的自动气象观测系统也能运行,但数据的可信度将会降低。虽然线性化功能可能会组合在传感器或信号加工模块中,但是,必须在计算平均值之前完成(WMO,2018)。

12.3.2.1 初始化

初始化是准备存储器、设置业务参数、启动应用软件的过程。为了能够正常运行,应用软件首先必须输入大量的专业参数,例如,与气象站有关的参数(区站号、海拔高度、经度和纬度)、日期和时间、传感器在数据采集部分的物理位置、传感器加工模块的型号和特点、传感器输出信号转换成气象变量的转换常数和线性化常数、用于质量控制的变化绝对量和变化率、数据缓冲文件的位置等。用户可以通过终端交互式菜单,在当地输入或修改部分或所有参数,或远距离遥控初始化。除了完全初始化以外,有些情况下只需要部分初始化。在实时时钟设置、维护校准或电源故障引起的临时性运行中断后,部分初始化能自动地恢复正常的运行,不丢失任何存储资料。

12.3.2.2 采样和过滤

采样是指以适当的时间间隔获取某变量测量值序列的过程。气象传感器信号数字化处理过程中出现的问题是:传感器输出信号的采样频率应该取多少才合适?确定采样频率的基本原则是所选采样序列要能足够代表被测大气变量的显著变化。通常的做法是,在传感器时间常数过程内至少采样一次。然而,很多传感器显示频率很高,因此,必须通过选取合适时间常数的传感器,或通过在信号加工模块中使用过滤和平滑技术的办法，完成合适的过滤和平滑。

考虑到传感器需要有互换性，资料需要有均一性，采样应满足下述要求：

1. 用于计算平均值的样本的采样过程中，应使用相同的采样时间间隔。这些采样时间间隔应该满足下列条件之一：

(1)不得超过传感器的时间常数；

(2)不得超过快速响应传感器线性化输出之后的模拟低通滤波器的时间常数；

(3)采样数足够大，使得样本平均以后的不确定度减少到可以接受的程度，例如，小于平均所要求的准确度。

2. 用于估计变化极值的样本的采样频率至少是上面(1)或(2)中所规定的指标的四倍。

通常气温、气压传感器的时间常数为 20 s 左右，湿度传感器的时间常数为 40 s 左右，它们的采样速率采用每分钟 6 次即可满足上述要求，而风速传感器的时间常数在风速为 5 m/s 时为 1 s，风向传感器的时间常数也是 1 s，它们的采样速率需要达到每秒 1 次以上才能满足平均值计算要求。从理论上说，为了求取阵风值，应该 0.25 s 采样一次，但目前在自动气象观测系统中大多数还是 1 s 采样一次，然后求取 3 s 的滑动平均值作为阵风瞬时值。

12.3.2.3　原始数据的转换

传感器原始数据的转换是指传感器或信号加工模块的电信号输出转换成气象单位量的过程。转换过程要使用校准过程中导出的常数和关系式。

由于有些传感器具有固有的非线性，即它们的输出并不与所测的大气变量成比例(如电阻温度表)，而有些传感器会受与之呈非线性关系的外部变量的影响(如某些气压和湿度传感器会受温度的影响)，还有些传感器，尽管它们自身是线性的，或经过电路的线性处理后是线性的，但所测得的变量并不与有关的大气变量呈线性关系(例如，转动的光束云高仪带有光探测器和轴角编码器，所提供的后向散射光强度是角度的函数，与高度不是线性关系)。因此，有必要在转换算法中对非线性进行修正。当必须计算某段时间内的平均值时，线性化就显得特别重要。当整个平均过程中传感器信号不是个常量时，采用“先平均后线性”与采用“先线性化后平均”的顺序所产生的结果是有差别的。正确的平均过程应该是对线性的变量进行平均。

12.3.2.4　瞬时气象值计算

由于大气的自然变率尺度小，也由于电子设备把噪声带入了测量过程，更由于使用了短时间常数的传感器，使得平均过程成为减小编报资料不确定度一个最理想的过程。

对平均算法的标准化，通常应按下述方法进行。

(1)气压、气温、空气相对湿度、海洋表面温度和能见度须以传感器输出线性化值的 1 min 至 10 min 的平均编报。

(2)除了阵风以外,风须以传感器输出线性化值的 2 min 或 10 min 的平均编报。

这些平均值在大多数业务应用中被看作是气象变量"瞬时"值,不应与传感器原始采样值的瞬时值相混淆,或与某些应用领域所需的更长一段时间内的平均值相混淆。就具体应用而言,1 min 平均可以看成是大多数气象变量最合适的瞬时值。风是个例外情况。考虑到从不同时间常数的测量系统中所获得的阵风峰值是有差异的,风测量系统应采用 3 s 的平均值作为阵风峰值,因此对传感器的输出采样后,应每秒钟至少计算 1 次至 4 次 3 s 滑动平均。

12.3.2.5 人工输入观测资料

由于某些气象要素未实现自动测量,因而在一些气象台站,还需要观测员进行人工观测,为此可采用交互式终端程序,允许观测员输入和编辑目测资料或主观观测资料。这类资料通常包括云、现在和过去天气现象、地面状况和其他特殊现象。

12.3.2.6 数据处理

除了直接从适当转换后的采样值中获取的瞬时气象数据外,还需要计算业务上使用的其他导出气象变量和统计量。它们中大多数是在所存储的瞬时值的基础上计算的,也有一些是通过更高频率的采样过程中获得的,例如,阵风的计算。数据处理包括:从原始相对湿度或露点测量值中计算湿度值,把本站气压换算到海平面上,一个或多个时段内的极值资料(如温度)、专门时段(从分钟到日)内的总量(如雨量)、不同时段内的平均值(气候资料)以及累计量(如日照)。考虑到自动气象观测系统业务实时性的需要,这些变量和统计量一般由自动气象观测系统本身完成。

为了使得计算结果统一,避免计算的错误,所有数据处理算法必须按照规定的方法进行。

12.3.2.7 报文编码

按照气象业务的要求,观测数据应进行报文编码传输。根据报文的类型以及所编码的要素,报告可自动或半自动地生成。当所有被编码的数据自动测量时,可进行全自动编报;若需要观测员进行人工干预,输入目测或主观观测项目,如现在和过去天气现象、地面状况以及云状,则可进行半自动编报。观测数据既可以在自动气象观测系统本站实现报文编码,也可以传送到中央网络处理系统进行报文编码。

12.3.2.8 质量控制

自动气象观测系统应通过使用适当的硬件和软件程序自动地把不准确观测资料数和缺测次数减小到最小量,只有每项观测值都是从相对大量经过质量控制的数据样本中计算出来时,才可能达到这样的目的,此时,有较大误差的样本可以被隔离出来和剔除,使得计算不受这些样本的影响而继续进行。

对自动气象观测系统的资料可采用下述实时质量控制技术。

1. 传感器内部检测

根据气象极值和变化率,可对每个传感器采样样本中异常值和异常变化率进行检测，在进行这种检测时，应考虑到传感器和信号修正响应函数。

(1)异常值：对测量值在变化极限范围内所进行的粗略检测。这些极限值与气象变量或现象的特性有关，但也取决于所选传感器及数据采集硬件的测量范围。这种极限值是地理区域、一年中所处的季节和时间的函数。

(2)异常变化率：对事先确定可能接受的水平上发生的异常变化率所进行的检测。检测效果的好坏依赖于资料在时间上的一致性或持续性，并最佳地应用到高时间分辨力(高采样率)的资料上，同时，相邻样本之间的相关水平随着采样率的增加而提高。采用这种方法检测的难点是，在考虑了所用传感器的响应特性以后，如何确定大气变量变化得到底有多快。此外，还可以比较两个连续报告的资料，进行时间一致性检验。

2. 传感器间的检验

利用气象要素之间的相互关系，可对某个变量与其他变量之间进行内部一致性检验。例如，露点温度不能超过周围的气温；没有云或云已经漂过天顶出现降水是不可能的；当风速不为零而风向没有变化时，极可能风向传感器出现故障；平均风速为零而风向变化不为零，则风速传感器可能出现故障。

3. 人工输入的观测值

当人工观测值输入自动气象观测系统以后，使得传感器内部和传感器之间的检验内容更加丰富。例如，现在天气与能见度；现在天气与云量；现在天气与空气温度；现在天气与露点温度；云高与云状；海面状况与风速之间均有内在的联系，从而为检验提供了方便。

4. 硬件检验

在运行过程中，自动气象观测系统的性能会因硬件元器件的老化、放置在未测试过的环境中、不适当的维护、仪器故障等等原因而降低。因此，可利用自动气象观测系统的内置测试设备，对自动气象观测系统自动地进行周期性的自检，把检验结果进行存储，并提供给合适人员。存储的信息可用于区分测量值是正常、有误差还是可疑的。

5. 报文检验

对于配备报文编码软件和通过全球通信系统传输报告的自动气象观测系统，可通过对报文进行检验，了解自动气象观测系统的状况以及报文编码软件在字符、数字、格式等方面是否符合有关规定。

12.3.2.9　数据存储

经过处理过的数据和人工输入数据，包括质量控制情况信息必须存储在自动气象观测系统中一段时间，按规定的时间间隔，把观测数据从自动气象观测系统主存向其他类型的存储设备传送。数据库结构及存储器容量应能满足实时更新和数据存储的需要。

12.3.2.10　数据传输

根据不同的业务要求和不同的数据传输设备，自动气象观测系统与当地用户或中央网络处理系统之间的数据传输可以使用不同的方式：

(1)响应外部命令方式。这是最普遍使用的一种基本方式。这种方式允许外部对自动气象观测系统进行更多的控制，如初始化，实时时钟的设置和重置，终止使用有问题的传感器，可选数据库的传送等。在收到和传输外部命令的控制任务之后，根据指令要求，将由一个任务调度程序启动适当的作业或子程序；

(2)在自动气象观测系统时间表控制下的定时传输；

(3)当超过某个气象阈值时的加密传输。

数据传输时应按照传输协议进行，为了保证传输的正确性，应采用传输误差检验码，如奇偶校验位及循环冗余码。

12.3.2.11　维护和校准

应用软件中应设计专用子程序，用于进行现场维护和校准，以便进行下述工作：运行交互式程序以测试专用传感器；更换传感器或部件后自动气象观测系统的重新配置；系统参数的重新设置；通信测试；输入新的常数等。一般来说，维护和校准是在脱机操作方式下进行的，会临时性地中断自动气象观测系统的正常运行。

12.4　自动气象观测系统的应用与维护

12.4.1　选址要求

自动气象观测系统的选址工作是一项较难的工作，总的原则是，自动气象观测系统提供的测量值须对周围的地域具有并能长期保持的代表性，所代表区域的大小取决于其气象应用的领域。对常规气象站的选址要求也适用于自动气象观测系统。

自动气象观测系统的选址还需要考虑到供电、通信方式、防雷、防洪、防盗、防破坏等安全措施以及恶劣天气条件下的正常工作，此外，还应考虑运行费用，在运行费用与技术要求方面要进行权衡。

12.4.2　组网观测

一台自动气象观测系统通常是某个气象站网的组成部分，并通过不同的通信手段，把处理好的数据和报告传送到中央网络处理系统。中央网络处理系统的功能和技术要求规格应该由自动气象观测系统设计者、通信专家、软件专家和资料用户共同确定。由于中央网络处理系统具有较强的计算能力和较大的存储能力，因而应规划好中央网络处理系统与自动气象观测系统的功能，计算量较多的数学处理，如气压的处理和气象电报的编码，则可由原先由自动气象观测系统完成的功能转移到中央网络处理系统中进行。

12.4.2.1　观测系统网组成

自动气象观测系统网由多台自动气象观测系统、中央网络处理系统、通信系统等组成。中央网络处理系统可以是功能较强的个人微机或工作站，运行在实时多任务和多用户工作环境中；通信系统可利用现有的通信系统，或建立某些局域网。

中央网络处理系统主要功能是数据收集和处理，内容包括：对从自动气象观测系统网中传来的报文进行译码；对自动气象观测系统进行遥控和管理；网络监测和资料质量控制；对数据进行进一步处理，以满足用户需求；把数据存入数据库；数据显示；把资料传给内部或外部的用户，如全球通信系统上的数据传输。

12.4.2.2　网络数据的质量管理

为了确保网络的数据质量，应建立准实时测量监测系统，定期地对所发送的量值比照同一测量地点的分析场进行检测。

自动气象观测系统的自动质量控制机制存在着局限性，即使使用最高水平的控制方法，有些误差还是不能检测出来，如传感器和部件的基点长期漂移，此外自动气象观测系统资料在传输过程中又增加了传输误差，因此，应在中央网络处理系统中增加一个附加的质量控制程序，以便实现下述质量控制：

(1)按照传输协议和循环冗余码对资料传输误差进行检测；

(2)对规定的编报信息的内容和格式进行校验；

(3)对自动气象观测系统管理文件标志为有误差的资料进行剔除或处理。

采用交互式的显示方式可以对数据进行补充质量控制。通过对一个或多个气象站上的一个或多个变量的时间序列的显示，可以直观地检测全自动质量控制算法难以发现的短期和长期的异常情况。

定期比照分析数值场，可对量值进行空间和时间一致性检验。由于气压的波动幅度较小或具有湍流性质，同时，也由于把所有的观测数据归一化到共同的基准上，可以确信无疑地消除当地所处的地理位置影响，因此，气压成为这类质量控制的首选变量。

12.4.3　维护

自动气象观测系统站网正常运行，维护是非常必要的。任何复杂的系统都需要维护。对于自动气象观测系统，维护可分为部件故障的矫正性维护、预防性维护和适应性维护等三类。当硬部件出现故障或计算机程序因设计失误而失效时，需要进行矫正性维护。对于机械部件等，需要进行清洗和润滑等预防性维护。而为了适应技术的飞速变化和备件供应缺少等问题，则需要对原系统进行适应性维护，例如用新的部件代替原有部件、把程序和操作系统从一种处理器移植到另一种处理器、连接到新的通信系统等。随着自动气象观测系统的电子部件的可靠性不断提高，维护和校准传感器的需求可能会成为对自动气象观测系统进行维护的一个主控因素。

自动气象观测系统的模块结构允许进行现场维护,或在区域和国家中心进行维护。

1. 现场维护

现场维护时,观测员一般只进行简单的预防性维护,而现场的矫正性维护须由区域或国家中心的专门技术人员来做。定期把自动气象观测系统自检和诊断的信息传输出来,对确保出现故障后能做出快速反应也是现场维护的一个方面。不宜在现场修理自动气象观测系统的传感器或其他部件。

2. 区域中心维护

区域中心负责对那些需要检测和排除小故障的传感器和部件进行更换和维修,或者到现场进行维护,定期对边远地区的自动气象观测系统进行巡查等。区域中心的技术人员必须有具有自动气象观测系统硬件运行方面的知识,且受过运行软件维护程序的培训。这样的区域中心应当配备合适的测试设备及足量的备份传感器和部件,以保证这一地区自动气象观测系统的维护工作。

3. 国家中心维护

国家中心负责检测和排除传感器、部件和数据传输通道中出现的复杂故障。国家中心须配备检测和修理自动气象观测系统各个部件的必要设备,这些检测和维护工作必须在国家中心完成。任何环节出现的毛病应该反映到设计者和供应商那里,由后者负责改正设计错误。

由于软件在自动气象观测系统及中央网络处理系统中起着非常重要的作用,国家中心需要有熟练掌握自动气象观测系统和中央网络处理系统软件知识的技术人员,也应拥有必要的软件开发和测试设备。此外,国家中心应该完成所有与适应性维护有关的任务。

12.4.4 校准

传感器,特别是带电子输出的自动气象观测系统的传感器,会随时间出现准确度漂移,因此需要进行周期性的检查和校准。原则上,校准周期是根据厂家提供的漂移规格和所需的准确度要求来确定的。由于信号加工模块、数据采集和传输设备也都是组成整个测量链的环节,它们的稳定性和修正业务也须进行控制或周期性校准。校准一般应包括下述3个环节:

1. 初始校准:在自动气象观测系统订货和安装以前进行。主要是验证厂家所提供的技术指标,测试自动气象观测系统的总体性能,验证仪器的运输过程有没有对仪器的测量特性造成影响。

2. 现场校准:利用移动标准在气象站上对自动气象观测系统的传感器进行周期性的相互比对。在现场比对期间,移动标准应安装在与传感器相同的环境条件中。移动标准具有与自动气象观测系统测量系统相似的过滤特性,最好带有数字式读数器。为了防止移动标准在运输过程中可能出现的准确度变化，也可以使用两套同类标准。为了能够测定小的漂移，移动标准的准确度必须远高于自动气象观测系统的传感器。由于信号修正模块和数据采集设备（如A/D转换器）也会出现性能漂移，须使用合适的电气标准源和万用表，确定仪器异常情况。

在现场检查前后，移动标准和标准信号源应与实验室中的工作标准进行比对。当测出准确度有偏差时，应由维护部门进行处理。

3. 实验室校准：在现场检查中发现准确度的偏差已经超出了规定范围的仪器，和经过维护部门维护过的仪器，均须送到实验室进行校准后才能重新使用。传感器的校准是在一个能控制的环境（环境箱）中，借助合适的工作标准进行的。这些工作标准要定期与二级标准进行比对和校准。

也应注意对组成测量和遥测系统的不同部分进行校准，特别是信号修正模块的校准。这涉及合适的电压、电流、电容和电阻标准，传输测试设备，高准确度的数字式万用表。在校准过程中需要高准确度的仪器和数据采集系统。

每当某个传感器或模块在现场维护中安装或更换到某个自动气象观测系统上时，应重新计算出新的校准常数，并输入自动气象观测系统。

校准实验室中使用的二级标准，必须按照比对时间表与本国及世界气象组织的国际或区域一级标准定时进行比对。

习　题

1. 自动气象观测系统硬件由哪几部分组成？各自具有哪些功能？

2. 自动气象观测系统软件由哪几部分组成？各自具有哪些功能？

3. 气象传感器按照输出方式可分为哪些类型？

4. 请设计一个自动气象观测系统实时质量控制算法，描述可从哪些方面进行质量控制。

5. 传感器的采样频率与哪些因素有关？观测数据为什么要进行平均处理？

6. 对非线性传感器输出数据“先线性化后平均”和“先平均后线性”处理有何不同？举例验证你的结论。

7. 请设计一个自动气象观测系统应用软件，绘出应用软件组成框图，并简要描述各模块功能。

8. 请设计一个全国自动气象观测系统网，绘出组成框图，并简要描述各部分应具有的功能。

9. 按照维护内容，自动气象观测系统维护分为哪些类型？按照维护级别，自动气象观测系统分为哪些类型？

10. 自动气象观测系统的校准分为哪几个层次？各自的工作要求是什么？

11. 若你需要开展相关大气科学观测实验研究,你应该从哪些方面考虑去选购一套合适的自动气象站?又如何安装架设和使用以便保证获取的数据的准确性、代表性?

12. 若你是自动气象站生产厂家的开发人员,应从哪些方面考虑设计一个自动气象站?

13. 若是自动气象站生产厂家负责生产的人员,你应从哪些方面来保证自动气象站的产品质量?

14. 若你是省(区、市)气象局负责观测业务的人员,应从哪些方面管理所属自动气象站?

参考文献

孙学金,卫克晶,杨长业,等,2015. 一种开放式气象数据采集装置[P].

卫克晶,孙学金,杨长业,等,2017. 一种智能气象传感器[P].

中国气象局综合观测司,2019. DZZ6 型自动气象站维修手册[M]. 北京:气象出版社.

周树道,孙学金,王敏,等,2015. 便携式地面气象自动观测一体化设备[P].

NOAA,DOD,FAA,et al,1998. Automated Surface Observing system User's Guide[Z]. NOAA, DOD,FAA.

WMO,2018. Guide to Instruments and Methods of Observation,2018 edition[Z]. Geneva:WMO.

第 12 章　自动气象观测系统 电子资源

第13章 大气成分的探测

【学习指导】

1. 了解大气成分变化与气候变暖、环境污染的关系，增强职业责任感，树立科技报国、人类命运共同体理念；

2. 了解气溶胶观测科学意义和应用需求，熟悉气溶胶观测内容、观测仪器及观测方法，能对气溶胶数浓度、粒径谱、质量浓度、光学厚度、散射系数、吸收系数等概念和观测结果进行解释；

3. 了解臭氧浓度观测研究发展历史、大气中臭氧分布变化特点，熟悉地面与空中臭氧浓度、臭氧柱总量观测仪器与方法，能对不同单位的臭氧浓度进行换算；

4. 了解温室气体、反应性气体来源与危害、测量技术，体会科学技术进步对大气化学研究的推动作用。

地球大气是由多种气体及气溶胶组成的多相体系，大气中气体成分、气体浓度、气溶胶含量的变化对于气候、环境和人类健康影响很大。

大气是一个内部不断运动变化，且与海洋、陆地与生物发生相互作用的复杂化学系统，它的成分自从46亿年前地球形成时就一直不断变化至今。工业革命以来，随着人类不断向大气中引入新的物种，使全球大气环境，特别是大气成分与以前相比发生了许多新的变化，人类活动已严重影响了大气成分的构成，进而引起了天气和气候变化。二氧化碳浓度在持续增加，其引发的全球变暖已成为不争的事实。20世纪70年代南极上空形成的臭氧洞已被证实是由于工业生产的氟利昂(CFCs)排放到大气引起的后果之一。平流层臭氧耗损直接导致到达地球表面紫外辐射的增加，对地球生物和人类健康构成威胁。对流层大气中人为化学活性物质的大量排放，如化石燃料和生物质燃烧排放的SO_2、NO_x、CO和种类繁多的碳氢化合物，它们的综合影响导致了对流层臭氧浓度的增加，从而使对流层的氧化能力提高，造成生物圈生产力和人类健康水平的下降。工业排放、燃煤和汽车尾气引起的城市或区域大气污染、酸雨和光化学烟雾、大气烟霾、棕色云图和沙尘暴致使大气辐射平衡发生变化、云和降水的分布发生变化、气候灾害频繁发生。由人类活动所造成的大气成分变化已直接对人体健康构成了危害，影响了人类生存环境，并在一定气象条件下诱发了环境气象灾害，从而对社会经济的各个方面都产生重大影响(王强，2012)。

由于大气环境在不长时间内发生巨变，使科学家们再也不能将大气视为一个惰性流体而单纯考虑它的物理过程,必须同时密切关注大气成分的变化,因此大气成分的观测成为大气探测的必不可少的内容之一。1989年,WMO批准了建立全球大气监测(GAW)计划,目的是加强并协调全球大气成分的观测。

本章主要介绍大气气溶胶、臭氧及温室气体、反应性气体的地基测量仪器、原理与方法。

13.1 概 述

13.1.1 大气成分观测发展概况

现代大气成分的观测和研究是从1929年对大气臭氧的观测和平流层臭氧光化学理论的研究开始的。到20世纪40年代,由于物理学,特别是分子光谱学理论的发展以及光学测量和光谱分析技术的飞跃进步,使人们获得了许多前所未有的太阳光谱的精细结构。从这些太阳光谱图中,不断揭示出新的大气成分,使人们逐步认识到大气是一个非常复杂、不稳定的多相化学体系。大气中存在着十分复杂的物质循环过程,这些过程既包括宏观的物理变化,也包括微观的化学变化。要进一步认识大气就不能不对大气化学过程进行相应的研究。这一认识促使大气化学,其中包括大气成分观测在内得到了飞速发展。

长期以来,大气化学研究主要是围绕着一些紧迫的环境问题而在不同的学科领域里进行的。由于对平流层臭氧减少的担心,开展了对平流层臭氧的系统观测和对臭氧光化学平衡理论的深入探讨以及对人类活动产生的一些化合物的光化学反应的研究;由于空气污染的威胁而对污染化学、城市光化学烟雾、酸雨形成过程等的研究;由于对二氧化碳增加将引起全球气候变暖的担心而对二氧化碳等“温室气体”的变化原因及未来变化趋势的探讨等等。所有这些研究都无一例外需要有相应的大气成分观测数据。毫无疑问,对这些问题的观测和研究大大丰富了我们的大气化学知识,使人们对地球大气的认知逐步深化,为大气化学的进一步系统综合研究打下了基础。20世纪80年代以后,国际大气科学界就开始酝酿制定全球大气化学研究计划,将整个地球大气以及与之有关的地表生物圈和海洋作为一个整体加以研究,并于1989年演变成了全球大气监测计划(GAW)。大气成分的观测不仅针对大气中的微观化学过程,还需要联系全球尺度的大气运动,大气与地表生物圈(包括人类自身)和海洋的相互作用的观测和研究(王强,2012)。

尽管大气成分观测有了很大的发展,由于大气成分浓度差异极其悬殊,大到占全球大气约78%的氮气,小到仅有10^{-15}量级的大气痕量成分,因此,需要使用完全不同的分析测量技术。常规化学分析技术只能研究大气主要成分,而对痕量成分的测量则必须利用现代物理、化学分析技术,如核技术、色谱技术、质谱技术、激光技术等。此外，为了获得准确的资料，必须有一整套的质量保证和质量控制技术措施。因此，围绕大气成分观测有许多研究工作需要开展。

国际上的大气成分观测主要是在WMO的全球大气监测计划(GAW)的组织协调下进行。目前，WMO/GAW已经成为全球最大、功能最全的国际性大气成分观测网络，可对具有重要气候、环境、生态意义的大气成分及其物理和化学特性进行长期、系统和准确的综合观测。截至2017年，GAW计划的观测网络已建立有31个全球大气本底观测站、400多个区域大气本底观测站以及100多个自愿参与站，开展了温室气体、臭氧、气溶胶、反应性气体、总大气沉降、紫外辐射共六组变量的长期监测，涉及的大气成分要素及其特性达200多种。全球本底站主要承担全球气候变化有关的大气成分的长期监测。区域本底站主要承担与区域气候有关的大气成分的长期监测。其中，美国夏威夷Mauna Loa全球大气本底站自1957年开始观测，是GAW观测站网最具典型的大气本底站之一。我国瓦里关大气本底站是GAW的全球本底站之一，于1994年正式挂牌成立，也是目前欧亚大陆腹地唯一的大陆型全球本底站。在GAW计划下，建立了全球大气成分的科技支撑体系，设立了温室气体、气溶胶、反应性气体等观测项目科学指导委员会；先后在日本(温室气体、反应性气体)、意大利(气溶胶)、加拿大(臭氧和UV)、美国(降水化学)、俄罗斯(辐射)建立了5个世界资料中心；在美国、加拿大、日本、德国、瑞士等国联合成立了4个全球观测质量保证/科学活动中心(QA/SAC)，若干个世界标定中心(WCC)，标准物制备-维护-传递中心等，推动观测质量保证和资料、技术共享，提高网络化观测及各类数据的国际可比性(WMO/GAW,2014)。

中国气象局、中国科学院及环境保护、林业等部门均先后开展了相关大气成分的观测。中国气象局大气成分观测业务始于20世纪80年代，主要围绕对全球气候及区域气候变化有重要影响的温室气体、气溶胶、反应性气体、臭氧总量、辐射和降水化学等重要成分及其变化进行长期监测。截至2022年，我国建立有1个全球大气本底站、6个区域大气本底站，并计划在“十四五”期间新增8个区域大气本底站。

13.1.2　大气成分观测内容

GAW推荐的大气成分主要观测内容(WMO/GAW,2001)有：

(a)臭氧：臭氧柱总量，平流层及对流层上层的臭氧垂直廓线；

(b)温室气体(GHGs)：二氧化碳(CO_2)、甲烷(CH_4)、氧化亚氮(N_2O)、卤代化合物和六氟化硫(SF_6)以及氧氮比(O_2/N_2)；

(c)反应性气体：地面和对流层臭氧(O_3)、一氧化碳(CO)、氮氧化物(NO_x)、二氧化硫(SO_2)、挥发性有机物(VOCs)以及分子氢(H_2)；

(d)大气总沉降：湿沉降的pH值、电导率以及可溶性无机离子；

(e)紫外辐射;

(f)气溶胶:物理、光学和化学特性以及总积分柱特性及廓线,如细模分级、粗模分级及其主要化学成分的质量浓度,数浓度、粒径分布以及各种过饱和度的云凝结核数浓度,各种波长光的吸收系数、散射系数、光学厚度。

13.2 大气气溶胶的测量

大气气溶胶是指悬浮在大气中固态和(或)液态微粒共同组成的多相体系,其中的固态或液态微粒称为气溶胶粒子。大气气溶胶的测量主要是对其中的气溶胶粒子的测量,下文所称的气溶胶的测量一般是指对气溶胶粒子的测量。大气气溶胶粒子粒径通常为0.01～100 μm,主要种类可分为沙尘、碳(无机碳和有机碳)、硫酸盐、硝酸盐、铵盐和海盐六大类七种。根据粒径大小,气溶胶可分为爱根核(直径小于0.05 μm)、大核(直径大于0.05 μm,小于2 μm)和巨核(直径大于2 μm)。此外,根据气溶胶对环境和人类健康影响情况,又可分为总悬浮颗粒物(TSP),绝大多数粒径在100 μm以下;可吸入颗粒物,亦称飘尘,空气动力学直径小于或等于10 μm的粒子;降尘,空气动力学直径大于10 μm的粒子;细颗粒物,空气动力学直径小于或等于2.5 μm的粒子;粗粒子,空气动力学直径在2.5～10 μm的粒子;亚微米颗物,又称超细粒子,粒径在0.1 μm以下的粒子。气溶胶观测内容主要有气溶胶质量浓度、数浓度、粒径分布、化学成分,以及吸收系数、散射系数、光学厚度等。目前全球气溶胶观测站的数据汇集到位于挪威空气研究中心(NILU)的世界气溶胶中心(WDCA),并在科学界共享。

13.2.1 气溶胶采样

气溶胶采样是开展气溶胶观测的重要工作,理想的采样系统应能将采样的气溶胶从降水中区分开来,能以最小的扩散和惯性损失提供有代表性的环境气溶胶样本,能以低相对湿度(<40%)提供气溶胶粒子,并最小地避免挥发性颗粒物的蒸发。这就涉及不同大小粒子的分离和进入、采样介质与方法、采样设置、流速测量与采样频率等问题。常用的采样装置包括室外气溶胶的进口、平滑的采样管、干燥样气流的气溶胶调节器以及将气溶胶分配给不同测量仪器的气流分离器等。图13.1a所示为一种具有加热功能的全空气采样装置结构示意图,其可以在空气中含有雾滴或云滴的情况下进行气溶胶采样,其中的雾滴或云滴进入采样管内后被加热蒸发,因此测量的是所有活化与未活化的气溶胶粒子。图13.1b是一种具有等速分流功能的采样装置,经分流后主管周围的各采样管中的流量相同,且保持层流状态,这样便于多个仪器同时对采样的气溶胶进行分析测量。气溶胶采样口应安装在离实验室楼顶2 m以上的高度,采样管应采用垂直安置的方式将气溶胶直接输送到分析仪器,

避免采样管的弯曲和水平安置。

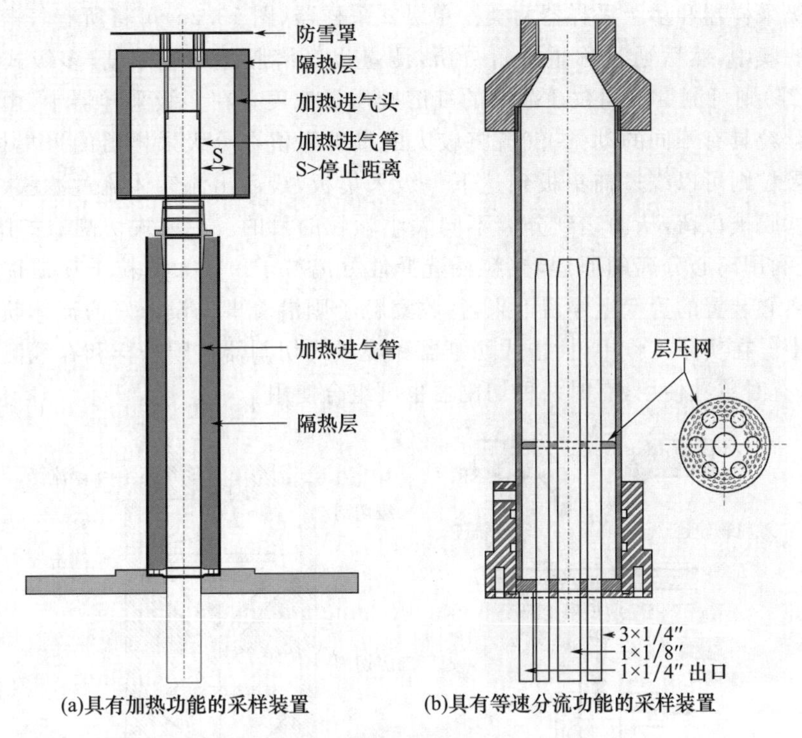

图 13.1 气溶胶采样装置结构示意图

气溶胶的采样方法主要有膜采样和在线采样两种。膜采样是利用动力作用将环境大气引入采样系统，将其中的大气颗粒物截留到采样膜上，以达到收集大气颗粒物的目的。采样膜有石英膜、玻璃纤维膜等不同材质的滤膜。膜采样是收集大气颗粒物既简单又经济的方法。该方法成本低，操作简单，比较容易满足在不同采样点同时采集的需要，但是膜采样时间分辨率较低，一般为 24 h 或 12 h，使得气溶胶特性研究受到一定的限制。

在线采样法是利用动力作用，将环境大气直接引入在线测量仪器中，达到直接对大气气溶胶特性进行测量的目的。与膜采样法相比，在线采样需要配备相应的在线测量仪器来实现，成本相对较高，但可以获得高时间分辨率的气溶胶特性，对研究气溶胶特性变化很有帮助。

不论是膜采样还是在线采样，在采样期间，如果采样系统前没有安装粒径切割装置，则收集到的大气颗粒物粒径组成未知。若在采样系统前安装了粒径切割装置，则收集到的即为已知粒径范围的颗粒物。

粒径切割装置一般分为撞击式和旋风式两种。撞击式是基于惯性撞击的原理实现对粒子的分离。当含有气溶胶粒子的气体在采样装置的负压作用下进入采样装置,在惯性作用下粒子沿着原始轨迹运动,撞到收集器上而被截留。这种切割装置有单级采样器和多级采样器两类。单级式采样器(图 13.2a)可将所有气溶胶粒子收集到滤膜中,然后通过称重进行分析,测量出气溶胶总质量浓度;多级式采样器(图 13.2b)则可测量不同粒径范围的气溶胶质量浓度。在多级采样器中,由于不同大小的颗粒具有不同的动量,气流将较大的颗粒阻留在分级采样器的采集板上,而较小的颗粒则可以绕过捕集板到达下一级采集板,最后出流气体流过滤膜,较小的粒子在滤膜被截留,从而达到分离不同大小颗粒的目的。旋风式切割器如图 13.2c 所示,是利用离心分离的原理,按粒径选择性分离粒子。较大的粒子在惯性作用下撞击到离心装置的管壁上停留下来,待收集粒子则沿着事先设计好的流体轨迹保留在气路中。在实际工作中,撞击式切割器和旋风式切割器在膜采样和在线测量中均有应用,有时单独使用,有时两种切割器也可组合使用。

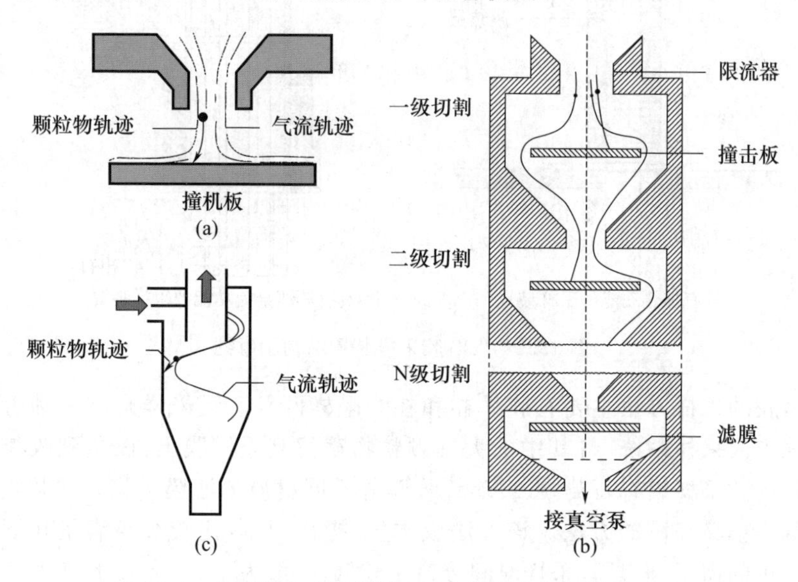

图 13.2　单级撞击式切割器(a)、多级撞击式切割器(b)和旋风式切割器(c)工作原理

利用撞击式切割装置分离出来的粒子大小用空气动力学直径来表示。空气动力学直径是指单位密度(1 g/cm^3)的球形粒子,在静止空气中作低雷诺数运动时,与实际粒子具有相同最终沉降速度时的直径。

13.2.2　气溶胶浓度的测量

气溶胶浓度的测量包括质量浓度和数浓度的测量。气溶胶质量浓度是指单位体积空气中颗粒物的总质量,常用单位为微克/立方米(μg/m^3),气溶胶质量浓度变化达 15 个数量级。气溶胶数浓度是指单位体积空气中颗粒物的个数,常用单位为个/cm^3，气溶胶数浓度变化达 14 个数量级。除了测量气溶胶总质量浓度和总数浓度外，通常还需测量一定粒径大小的分级气溶胶质量浓度和数浓度，如粒径 10 μm 以下的气溶胶质量浓度 PM_{10}，粒径 2.5 μm 以下的气溶胶质量浓度 $PM_{2.5}$。

13.2.2.1　气溶胶质量浓度的测量

气溶胶质量浓度一般采用称重法和在线测量法进行测量。称重法是利用微量天平称量采样前和采样后滤膜的质量，再除以采样体积，计算得到采样时段气溶胶的质量浓度。称重法获得的质量浓度时间分辨率一般为 12～24 h。该方法时效性差，无法监测到气溶胶质量浓度的快速变化特征，但是由于这种称重方法成本低，对采样人员的要求不高，仪器维护简单，对了解采样点长期质量浓度变化规律依然具有重要的意义（张养梅 等，2020）。

与称重法相比，在线测量则具有时间分辨率高，时效性强，可以捕捉到大气气溶胶质量浓度的迅速变化等特点，因而被广泛应用。目前，常见大气气溶胶质量浓度在线测量方法有锥管微量振荡天平法（tapered element oscillating microbalance，TEOM）、β 射线衰减法和激光散射单粒子法。其中 TEOM 和 β 射线衰减法是我国空气质量标准中 PM_{10}、$PM_{2.5}$ 质量浓度测量推荐的标准方法（中国气象局，2019）。

1）锥管微量振荡天平法（TEOM）

TEOM 是利用弹性振荡系统（由空心锥管和采样膜构成）振荡频率和系统质量存在定量关系的原理连续测量大气气溶胶质量浓度的。

TEOM 由空心锥形玻璃管（简称空心锥管）、驱动放大电路和频率计数电路等构成，如图 13.3a 所示。滤膜固定在空心锥管的顶部，锥管的底部固定在底座上，如图 13.3b 所示。工作时，底座和锥管的底部不振荡，空心锥管和滤膜在驱动电路的驱动下以固有频率振动，空气通过滤膜从振荡管中流过，空气中的颗粒物积累在滤膜上，改变了振荡系统的质量，从而使整个系统的固有频率发生变化。通过频率计数电路对采样前后锥管频率的测量，就可以计算出累积的颗粒质量的增量。

锥管振荡频率 f 为：

$$f=\sqrt{\frac{K}{m}} \tag{13.2.1}$$

式中，K 为弹性系数，是一个常量，可以利用已知质量的物体进行校准确定，m 为锥管振荡系统（含滤膜及其上气溶胶）的质量，随着滤膜上气溶胶颗粒物质量的增加而增加。于是在一定时间内气溶胶质量增加量（Δm）与频率之间的关系为：

$$\Delta m=K\cdot\left(\frac{1}{f_1^2}-\frac{1}{f_0^2}\right) \tag{13.2.2}$$

式中，f_0 为初始频率，f_1 为最终频率。测量出一定采样流量和采样时间内的滤膜上气溶胶质量增量以及样气流量，就可以计算出气溶胶质量浓度。

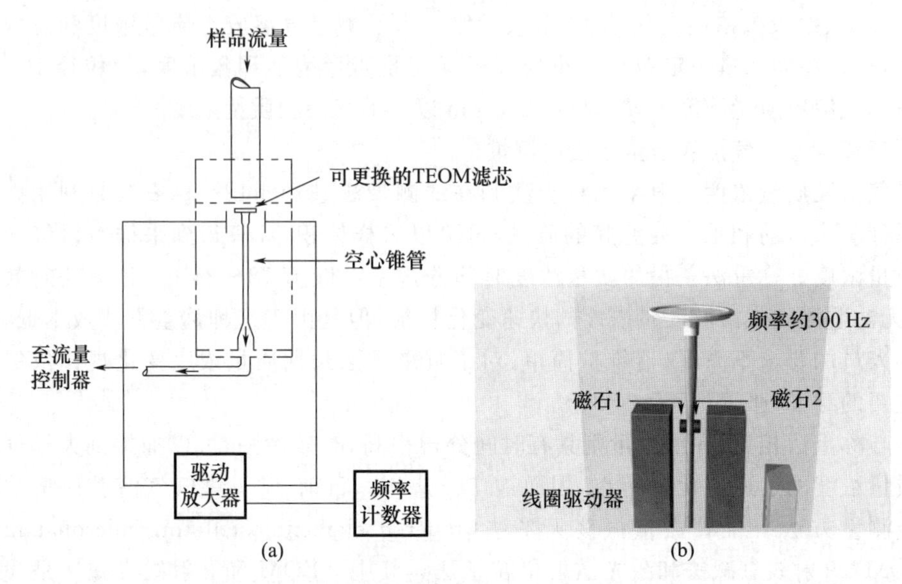

图 13.3　TEOM 组成结构(a)和外观示意(b)图

TEOM 在实际测量时受温度和湿度的影响比较大。为了减小湿度的影响,在设计上对进样管采用加热的方法让水汽蒸发来解决水汽在滤膜上凝结的问题,但加热的同时也导致了气溶胶中一些易挥发性成分(包括有机物和硝酸盐)向气态转化,导致颗粒态气溶胶损失,从而造成气溶胶质量浓度被低估。在实际观测过程中,一些 TEOM 的监测数据使用固定的校正系数 1.3 来校正因挥发而损失掉的颗粒物质量。为了进一步提高测量准确性,美国赛默飞世尔科技(Thermo Fisher Scientific)公司开发了膜动态测量系统(filter dynamics measurement system,FDMS),可以较好地测量含有半挥发性或挥发性成分的气溶胶质量浓度。一些研究表明,没有安装 FDMS 系统的 TEOM 监测仪的测量值较 β 射线监测仪的测量值偏低 15%左右。安装了 FDMS 系统的 TEOM 监测仪可以实现颗粒物中半挥发性物质的质量补偿。TEOM 1405-F 型环境粒子监测仪采用锥管微量振荡天平技术和膜动态测量系统进行气溶胶质量浓度的监测,通过选择不同的采样管,可进行 PM_{10}、$PM_{2.5}$、PM_1 和 TSP 质量浓度的测量,质量浓度测量范围为 $0\sim10^6$ $\mu g/m^3$。

2)β 射线衰减法

β 射线衰减法是通过测量碳-14 β 射线照射探测器抽气前后滤纸的射线通量变化进行气溶胶质量浓度测量的。由于气溶胶颗粒物的吸收和散射会导致 β 射线的衰减,通过 β 射线的衰减量与截留在滤膜上颗粒物质量增加量的关系计算颗粒物的质量浓度。计算公式如(13.2.3)所示。这种测量方法,人工维护量较小,但对仪器标校的要求很高。大气中除了存在黑碳类气溶胶外,有机物、硫酸盐、硝酸盐等无机气溶胶对β射线造成的散射效应，是该方法对大气颗粒物质量浓度测量偏差的主要原因。

$$C=-\frac{S}{\mu Ft}\ln\frac{I_1}{I_2} \tag{13.2.3}$$

式中，C为质量浓度(μg/m^3)；S为滤膜捕集气体截面积(cm^2)；μ为质量吸收截面(cm^2/μg)；F为换算成标准状态下的采样流量(l/min)；t为采样时间(min)；I_1为通过沉积着颗粒物的滤膜的射线强度(μSv)，I_2为通过空白滤膜的射线强度(μSv)。

美国赛默飞世尔科技公司的5028i型颗粒物连续监测仪(图13.4)采用碳-14作为β射线放射源，粒子采样区位于碳-14放射源与β射线检测器之间，当环境中的颗粒物在滤膜纸带上积聚时，通过测量碳-14的β射线强度对PM_{10}、$PM_{2.5}$质量浓度进行连续测量，质量浓度测量范围为0～10^4 μg/m^3。

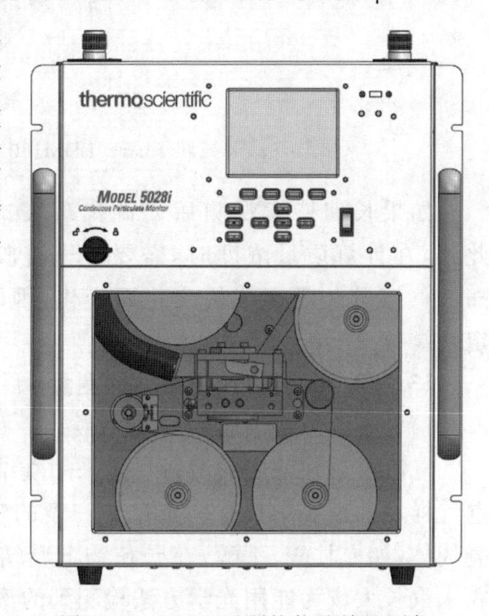

图13.4　5028i型颗粒物连续监测仪

3)激光散射法

激光散射法是利用米散射理论通过测量单粒子散射光信号进行测量的。激光照射在气溶胶上发生散射，根据检测器接收到散射光脉冲信号的数量和强弱，计算气溶胶粒子的数量和粒径大小，进而计算出PM_{10}、$PM_{2.5}$质量浓度。质量浓度计算方法为：

$$M=\sum_{i-1}^{n}\frac{1}{6}\pi\overline{D}_i^3\overline{\rho}_i N_i \tag{13.2.4}$$

式中，M为质量浓度；n为颗粒物粒径的总级数；i为颗粒物粒径级数，$\overline{D}_i$为第i级粒径范围内球形粒子的平均直径，$\overline{\rho}_i$为第i级粒径范围内粒子的平均密度。

实际粒子的直径D_a与空气动力学等效直径D_p之间的关系为：

$$D_a=D_p\left(\frac{\rho_p}{\rho_0}\right)^{1/2} \tag{13.2.5}$$

式中，ρ_p为粒子的密度，$\rho_0=1$ g/cm^3。

为了提高测量精度，德国GRIMM气溶胶技术公司的EDM180型环境沙尘监测仪采用测量一定角度范围内的散射光强度技术来避免散射光强随角度快速变化引起的误差。如图13.5所示，在与激光光路成90°方向，安置了一面反射镜，其将粒子约120°角度范围内的散射光反射聚焦在探测器上。EDM180的粒径测量范围为

0.25～32 μm,共有 31 个通道,粒子数浓度测量范围为 0～300 万个/l,质量浓度测量范围为 0～10000 μg/m³(PM_{10}),0～ 6000 μg/m³($PM_{2.5}$)。

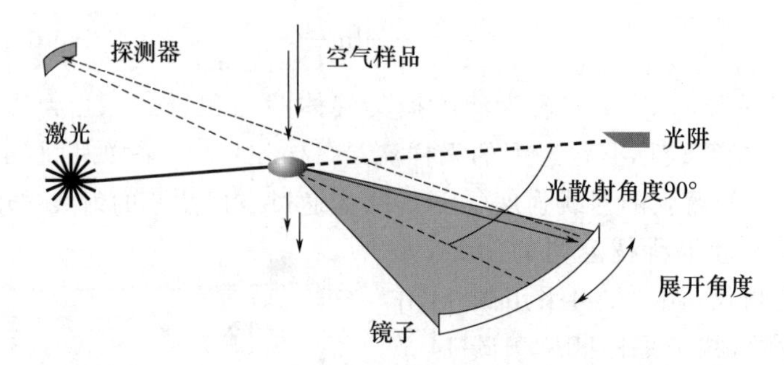

图 13.5　EDM180 散射光强测量原理图

如果长期持续观测后光源出现衰减,就会造成其测量值偏低的情况发生。此外,在计算质量浓度时,需要对气溶胶的密度进行假设,但是气溶胶的密度会随着气溶胶化学组成的变化而变化,因此,其最终的计算结果也存在一定的不确定性。

13.2.2.2　气溶胶数浓度的测量

1)气溶胶总数浓度的测量

气溶胶总数浓度的测量一般采用凝结粒子计数法。其工作原理是:将被测定的空气样本抽进一个具有一定过饱和度的实验空间,在过饱和空气中,水汽或其他可凝气体(如二甘醇、丁醇)在颗粒物上凝结,使得原先光学方法检测不到的小粒子吸收水汽长大成为能用光学方法检测到的液滴,这样通过对液滴的计数即可测量出气溶胶数浓度。

根据实验空间产生过饱和空气方法的不同,凝结粒子计数器(CPC)可分为绝热膨胀型、扩散型两类。绝热膨胀型计数器的实验空间中产生的过饱和度很高,可达300%～400%,在这样的过饱和条件下几乎所有气溶胶粒子均能吸收水汽长大成雾滴,所以测量的是气溶胶粒子总数浓度。过饱和度过大会使水汽产生同质核化形成液滴,冷凝室中会有新生粒子产生,使得数浓度测量不准,因此,一般控制过饱和度在 150%左右。扩散型计数器实验空间产生的过饱和度较低,相当于实际大气中可能存在的过饱和度(<1%),这时仅有部分爱根核粒子被活化,并吸收水汽长大成雾滴,活化的粒子称作云凝结核(CCN)。云凝结核数浓度与过饱和度大小有关,随过饱和度(%SS)增大而增加,如图 13.6 所示。根据工作液体的不同,凝结粒子计数器(CPC)又可分为水基型和醇基型两类。水基型 CPC 以蒸馏水作为工作物质,醇基型 CPC 以二甘醇(DEG)、丁醇等作为工作物质。

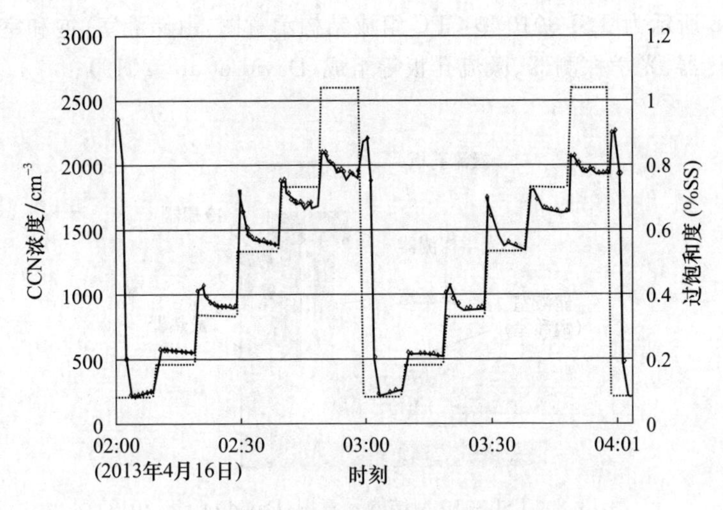

图 13.6　CCN 数浓度与过饱和度关系

（实线表示 CCN 数浓度，虚线表示过饱和度）

描述 CPC 性能的主要参数有检测效率函数、最小检测粒子直径、响应时间、最大检测粒子数浓度等。检测效率是指能检测的粒子数浓度与实际数浓度之比，其随粒子大小而变化。通常以检测效率为 50％的粒子直径定义为最小检测粒子直径。以检测效率达到 95％所需要的时间定义为响应时间。图 13.7 所示为 3776 型 CPC 在 50 cm^3/min 流量情况下的检测效率曲线，从图中可以看出，检测效率为 50％的粒子直径为 2.4 nm，即最小检测粒子直径为 2.4 nm，检测效率曲线在直径 2～3 nm 范围内随粒子尺度变化较陡且线性较好，该型 CPC 的响应时间小于 0.8 s。

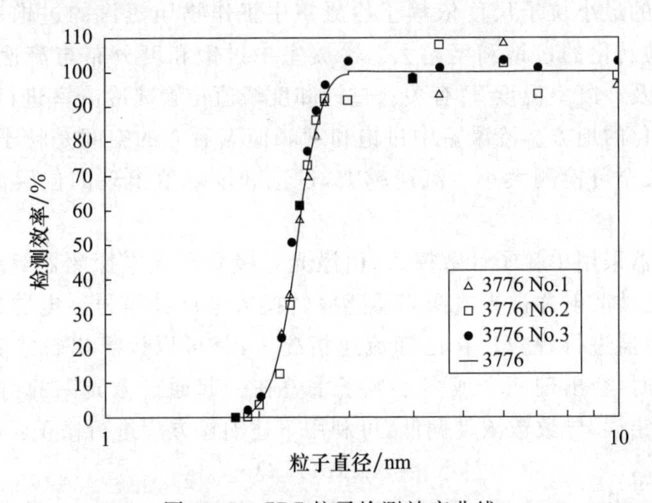

图 13.7　CPC 粒子检测效率曲线

图 13.8 所示为 TSI 3010 型 CPC 组成结构示意图,由储液室(饱和室)、冷凝室、冷却器、散热器、光学探测器、微流孔板等组成(David et al.,2019)。

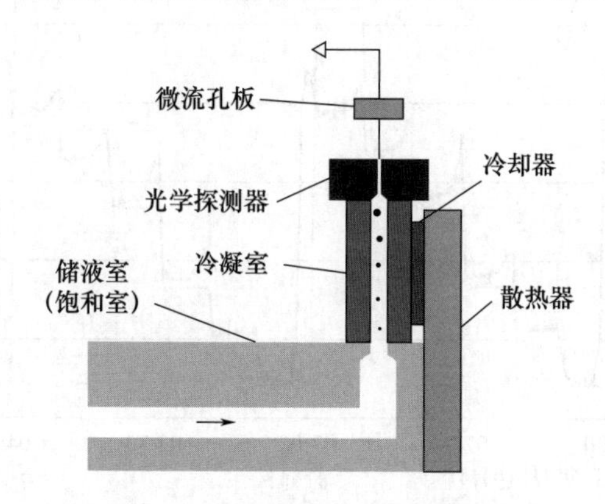

图 13.8　TSI 3010 型结构示意图(David et al.,2019)

储液室中的工作液体(丁醇)蒸发使得流经的空气始终处于饱和状态,储液室又起到饱和室作用。热电制冷器位于冷凝室与散热器中间,并给冷凝室降温。散热器紧贴热电制冷器的热端,并将热量传递给饱和室,这样热电制冷器同时给冷凝室降温又给饱和室增温。饱和室的工作温度 T_s 稍高于环境温度。冷凝室温度 T_c 与饱和室温度 T_s 并不独立控制,它们之差 ΔT 保持一定的常数。通过特殊的热设计,使 T_s 保持在合适的温度范围内,以便丁醇蒸汽在较宽的工作条件下能使样气处于饱和状态。光学探测器也与散热器保持接触,以便对光学探头进行加热,从而避免丁醇气体在镜头上凝结。微流孔板使得样气保持层流状态。

能够活化的最小粒子尺度依赖于冷凝室中工作物质蒸汽的过饱和度。粒子越小,需要的气粒转化的过饱和度越大。冷凝室中过饱和度分布与流速、饱和气体的热力学特性以及冷凝室温度 T_c 有关。过饱和度峰值位置离冷凝室进口有一定距离,该处是粒子活化的地方。冷凝室中过饱和度峰值点后方的空间是粒子增长区,在此区域,粒子增长至可检测大小。流速越大,过饱和度峰值出现的位置离冷凝室入口越远。

光学探测器采用单粒子计数模式,由激光二极管与光电探测器组成。当粒子穿过激光束时,光被散射并被光电探测器感应转换成电脉冲信号。电脉冲信号经调理后,由数字计数器进行计数。在已知流速情况下,就可以计算出粒子数浓度。在粒子数浓度较高时,会出现两个或多个粒子重叠在一起通过激光束的情况,这时就会产生粒子计数错误,导致数浓度偏低,可利用下述泊松方程进行修正:

$$N_a = N_i \exp(N_a Q \cdot t) \tag{13.2.6}$$

式中,N_a 为实际数浓度(个/cm^3),N_i 是测量的数浓度(个/cm^3),Q 是流量(cm^3/s),t 是每个粒子停留在观测体积中的时间(s),通常为微秒量级,指数中的 N_a 可用 N_i

近似。

2)气溶胶粒径分布的测量

气溶胶粒径分布需要采用粒径切割装置对不同粒径段的粒子进行测量。粒径分布测量方法主要有光学法、空气动力学法、电迁移法等。

(1)光学法

光学法是利用粒子光散射强度进行粒径分布测量的。颗粒物通过激光束时,其散射光被光接收器接收并转换成电脉冲信号,通过计数电脉冲频率获得颗粒物数浓度,测量散射光脉冲强度得到颗粒物粒径,对不同粒径的颗粒物数浓度进行处理得到粒径分布。颗粒物粒径越小,电脉冲信号强度越小,反之,颗粒物粒径越大,电脉冲信号强度越大。电脉冲信号强度除与颗粒物粒径有关外,还与其折射率、形状因子有关,因此对应关系不一定是一一对应的。受限于颗粒物散射信号大小的影响,利用此方法检测的颗粒物粒径下限一般在 0.2 μm 左右,基于此原理的仪器粒径检测范围多为 0.3～10 μm。常将此方法与凝结粒子计数法配合使用,测量细粒子粒径分布或扩大粒径测量范围。

(2)空气动力学法

空气动力学法是利用具有相同空气动力学直径的粒子其运动特性一致的原理,通过测量在加速气流中的飞行时间进行粒径分布测量的。不同形状、密度和粒径大小的颗粒物,在空气动力学直径相同情况下,其实际的运动特性表现一致。空气动力学直径相同,但密度不同的粒子的实际直径是不同的。

TSI 3321 型空气动力学粒径谱仪(APS)就是利用这个原理进行气溶胶粒径分布测量的,其空气动力学粒径测量范围为 0.5～20 μm,52 个通道,最大粒子检测数浓度为 10^4 个/cm^3,最小粒子检测数浓度为 0.001 个/cm^3,组成结构原理如图 13.9 所示。为了分离不同空气动力学粒径的颗粒物,首先利用鞘气对采样的气溶胶颗粒物气流进行加速,加速后,气溶胶的运动速度增大,其中粒径不同的粒子因为惯性不同,产生的加速度也不同。颗粒物越大,惯性越大,加速越慢,这样在一定长度的检测器中的运动时间便越长,然后对流出检测器喷嘴的颗粒物进行计数测量。在检测区域内设置两个部分重叠的激光束,单个粒子通过激光束时产生一个双峰信号,如图 13.10 所示。双峰信号之间的飞行时间与粒子的空气动力学粒径之间具有单调关系,如图 13.11 的实线所示,图中虚线表示不同粒径粒子的相对散射光强,从图中可以看出散射光强与粒径之间不完全是一一对应关系。以 4 ns 的时间分辨率精密测量出飞行时间,就可以确定粒子的空气动力学粒径。为了减小米散射光强振荡对散射光强测量的影响以及改进粒子检测效率,在检测区域内设置了一个与激光束光轴成 90°方向的椭圆形反光镜,如图 13.9 所示,将散射光聚焦到雪崩光电探测器(APD)上,并转换为电脉冲信号进行检测。

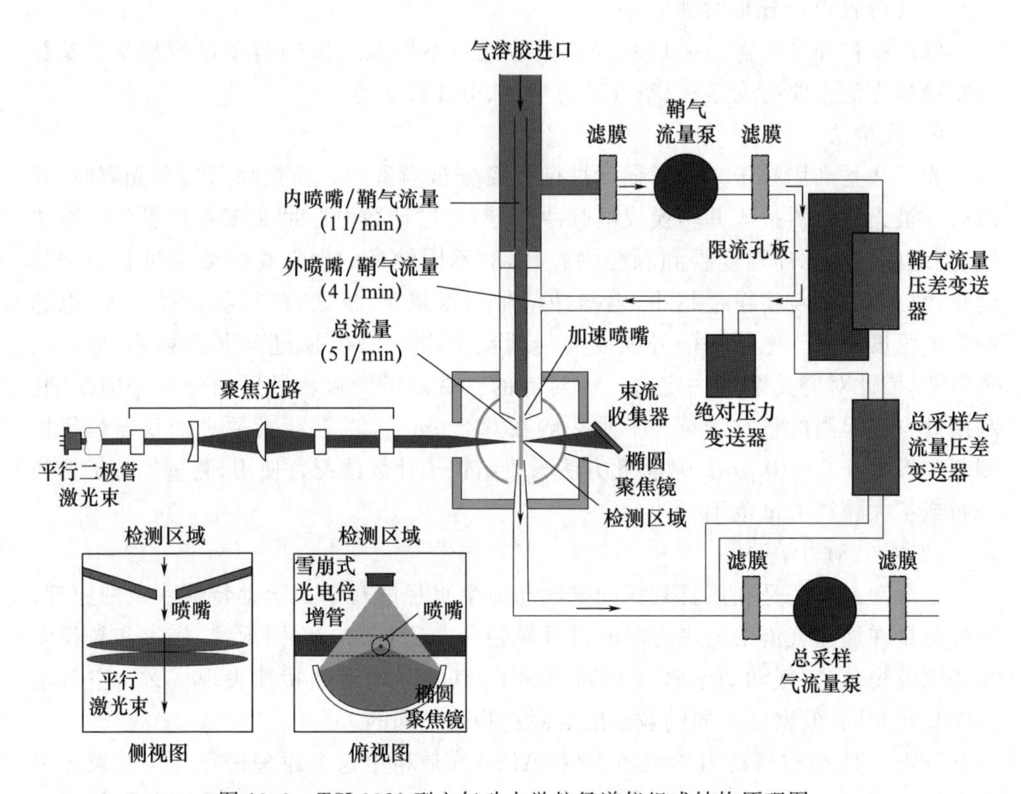

图 13.9　TSI 3321 型空气动力学粒径谱仪组成结构原理图

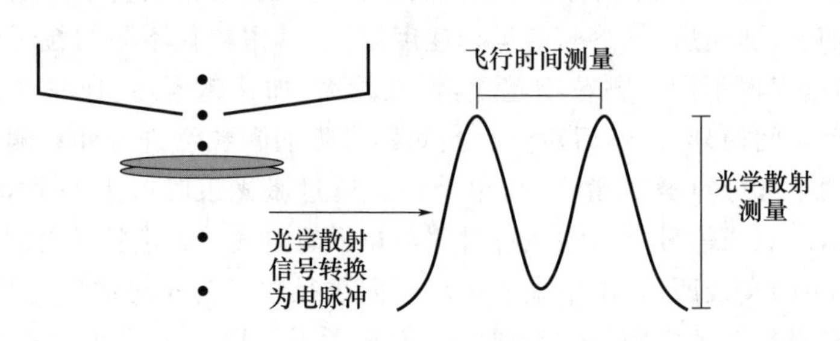

图 13.10　飞行时间测量示意图

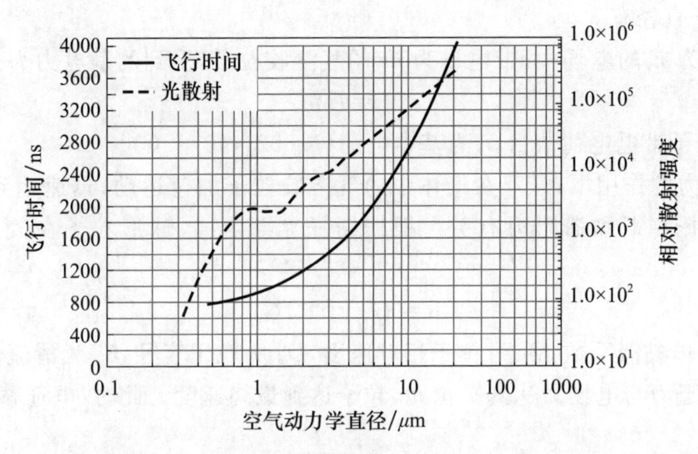

图 13.11　飞行时间与空气动力学直径之间的关系

当粒子直径小于检测下限时，大于检测阈值的信号表示为单峰信号，无法确定粒子直径（图 13.12a）；在粒径检测范围内的粒子产生的大于检测阈值的信号表现为双峰信号（图 13.12b），双峰之间经历的飞行时间与粒径大小有关；当多个粒子同时在检测区域内时，会产生三峰或更多峰的信号（图 13.12c）；若粒子直径较大，则大于检测阈值的信号持续时间超过了计时器最大计时范围，也只能检测出单峰信号（图 13.12d）。

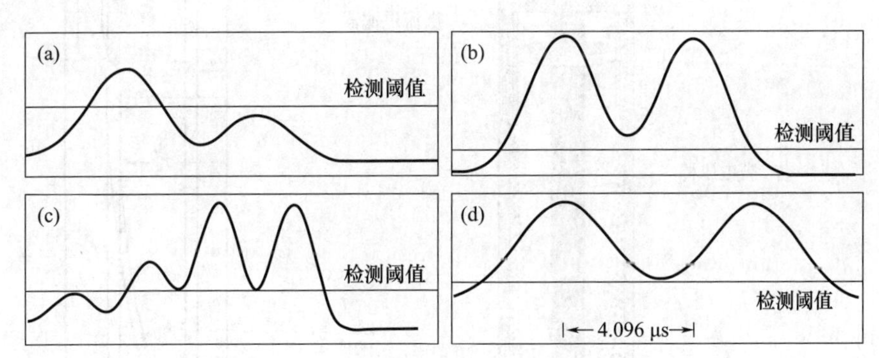

图 13.12　不同情况下的飞行时间曲线

（3）电迁移法

电迁移法是利用带电粒子在一定强度的电场中的电迁移率与粒径大小有关的原理对粒子进行粒径筛分和谱分布测量的。电迁移率 Z_p 是指带电粒子在单位电场中移动的速度，如式（13.2.7）所示。

$$Z_p=\frac{V}{E} \tag{13.2.7}$$

式中，E 为电场强度，V 为粒子电迁移速度。电迁移率表示了粒子在电场中迁移的能力,其与粒子直径有关。

在场强为 E 的电场中,带电量为 ne 的气溶胶粒子,受到的静电力为

$$F=Ene \tag{13.2.8}$$

式中,n 为粒子带电电荷数目,e 为基本电荷(1.602×10^{-19} C)。

在静电力的作用下,悬浮在气体中的气溶胶粒子加速运动,迅速达到最终速度,其大小与斯托克斯黏滞阻力有关。根据斯托克斯定律,球形粒子在气体中的阻力 R 为:

$$R=3\pi\eta V_r D_p/C_s \tag{13.2.9}$$

式中,η 为气体黏滞系数,V_r 为粒子相对速度,D_p 为粒子直径,C_s 为滑流修正系数。

当黏滞阻力与电场力达到平衡时,粒子达到最终速度。此时,电迁移率

$$Z_p=\frac{neC_s}{3\pi\eta D_p} \tag{13.2.10}$$

从(13.2.10)式可见,粒子电迁移率与粒子的直径成反比。

图 13.13 给出了一种基于电迁移法原理进行粒径筛分的差分电迁移分析仪(DMA)结构原理图。DMA 主要部件由两个同心圆筒组成,内外圆筒之间施以电压,在其间形成电场,一般外圆柱体接地,内圆柱体(收集柱)上施加电压,电压变化

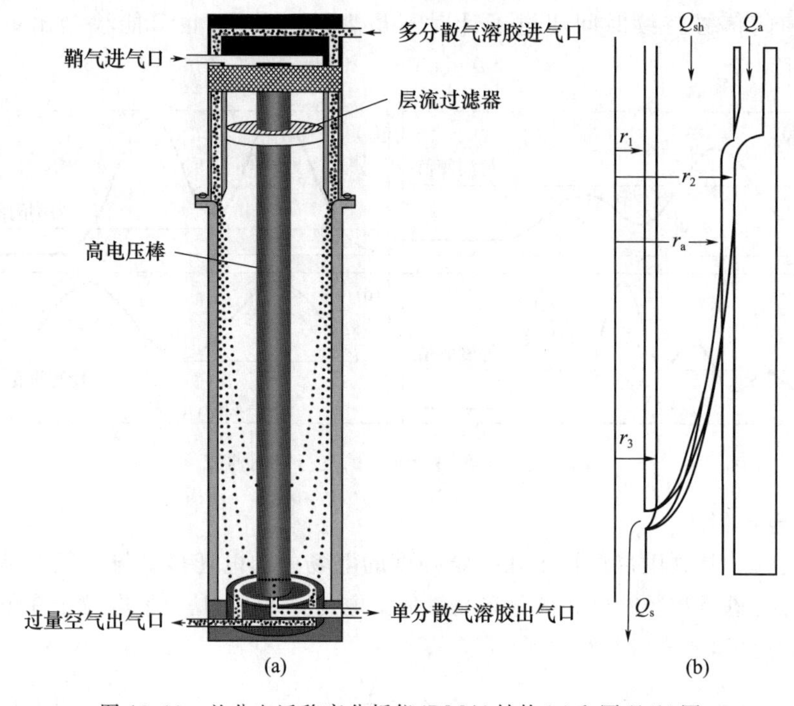

图 13.13　差分电迁移率分析仪(DMA)结构(a)和原理(b)图

范围为 10000 V 至 5 V。气溶胶粒子从外圆柱体壁上的缝中流入分析仪，并在施加电场的作用下偏向内圆柱体运动，干燥洁净的保护气（鞘气）在环形空间以层流方式从上而下流动，并带动气溶胶粒子向下流动。当收集柱施加一定的电压时，带电气溶胶粒子在电场中偏转，偏转的程度与粒子大小有关。改变施加电压大小，就改变了从采样缝中流出的粒子的直径，从而可以对不同粒径的粒子进行筛分。

设内圆柱体（收集柱）半径为 r_1，外圆柱体内半径为 r_2，如图 13.13b 所示，则 DMA 内部电场强度为：

$$E(r)=\frac{V}{r\ln\frac{r_2}{r_1}}=E_1\frac{r_1}{r} \tag{13.2.11}$$

式中，r 表示径向距离，V 表示施加电压值，E_1 为收集柱表面电场强度。粒子在电场作用下，具有电迁移率为 Z_p 的粒子在径向的迁移速率为：

$$\frac{\mathrm{d}r}{\mathrm{d}t}=Z_pE(r)=Z_pE_1\frac{r_1}{r} \tag{13.2.12}$$

假设气流严格地沿轴向方向，于是随时间变化的粒子径向位置为：

$$r^2(t)=r_{\text{in}}{}^2(t)+2Z_pE_1r_1t \tag{13.2.13}$$

式中，r_{in} 设为粒子在分析器柱入口处的径向位置。设 DMA 腔体长度为 L，粒子在 DMA 内部从 r_2 迁移到 r_1 所需要的驻留时间为：

$$t_f=\frac{r_2^2(t)-r_1^2(t)}{2Z_pE_1r_1}=\frac{\pi(r_2^2(t)-r_1^2(t))L}{Q_{\text{a}}+Q_{\text{sh}}} \tag{13.2.14}$$

式中，Q_{a} 为气溶胶气流流量，Q_{sh} 为鞘气流量。于是，利用（13.2.10）式和（13.2.11）式，从 DMA 出口筛分出的颗粒物粒径为：

$$D_p=\frac{2neCVL}{3\eta(Q_{\text{a}}+Q_{\text{sh}})\ln(\frac{r_2}{r_1})} \tag{13.2.15}$$

式中，C 为仪器常数。从（13.2.15）式可以看出，通过调节电压 V 的大小，就从筛分口筛分出不同粒径的粒子。

由于气溶胶在 DMA 分析器入口处和出口处的位置不同，如图 13.13b 中的气溶胶入口处的 r_2 与 r_{a}、出口处的 r_1 与 r_3，从而导致气溶胶在分析器内部的驻留时间有一定差异，使得从筛分口筛分的粒径具有一定的范围。

美国 TSI 公司的扫描电迁移粒径谱仪（SMPS）是目前常用的亚微米颗粒物粒径分布测量仪器，主要由五部分组成：气溶胶撞击器、气溶胶中和器、差分电迁移分析仪（DMA）、凝结粒子计数器以及软件系统。3936 型 SMPS 组成结构如图 13.14a 所示，图 13.14b 表示了一种新的 DMA 气路结构。气溶胶撞击器、气溶胶中和器、微分电迁移分析仪组成气溶胶静电分级器。气溶胶撞击器利用惯性作用移除仪器测量范围以外的大粒径颗粒物，从而避免单个粒子因带有多个电荷所引起的粒径反演误差;气溶胶中和器产生高浓度的正负离子,使通过的气溶胶荷电,并达到已知的稳态电荷分布,一般采用 Kr^{85} 放射源对气溶胶粒子进行荷电;差分电迁移分析仪(DMA)则根据电迁移率大小,将多分散粒径的气溶胶粒子筛分出单分散粒径分级的粒子。

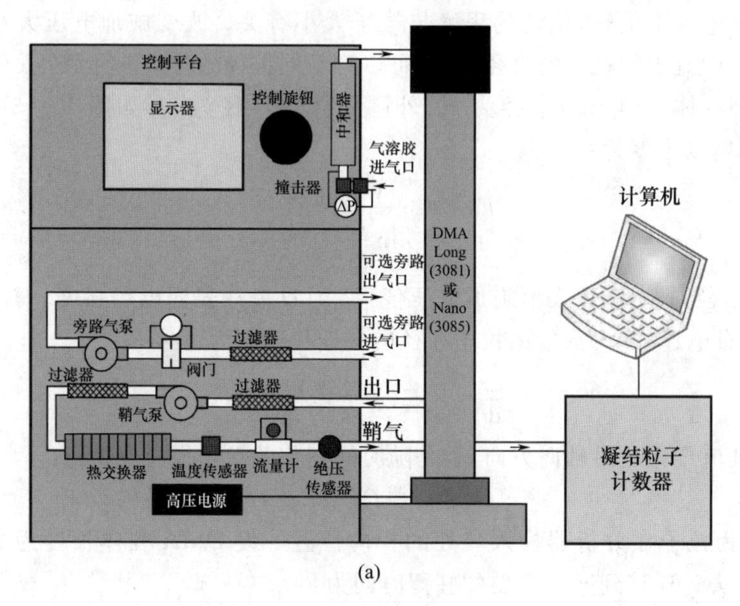

(a)

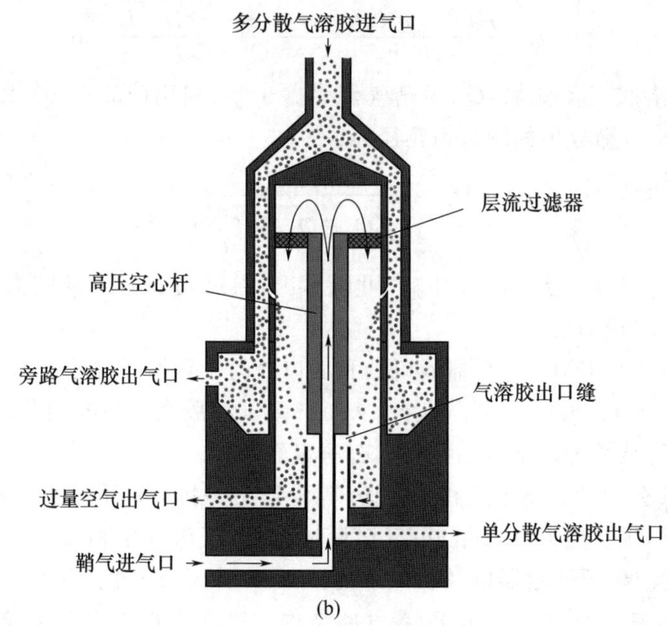

(b)

图 13.14　3936 型 SMPS 组成结构(a)及 DMA 气路结构图(b)

在某一电压下，只有电迁移率值在很窄范围的颗粒物能够从DMA流出，筛选出的粒子粒径为电迁移等效直径。在实际测量中，采用快速改变电极电压的方法(扫描)，实现对实际大气中不同粒径粒子的分离。凝结粒子计数器测量从DMA流出的每个单分散粒径分级中的粒子数目。软件系统用来对整个测量过程进行控制、数据采集和处理(Wang，1990)。

扫描电迁移粒径谱仪(SMPS)可根据用户需求采用不同配置，实现不同粒径范围、不同粒径分辨率的粒径分布测量，数浓度测量范围为$1\sim10^7/cm^3$。DMA型号有3081A、3082、3083、3085A和3086型等，粒径测量范围为1 nm～1 μm，测量通道数超过200个。3083型分级范围为10～800 nm，3086型分级范围为1～50 nm。CPC型号有3750、3752、3756、3757、3789型等，分别采用水、二甘醇、丁醇作为工作物质使粒子长大成液滴，再利用光学探测器对粒子进行探测计数。气溶胶中和器也有多个型号。

SMPS粒径谱测量的准确性受到多种因素的影响，主要有DMA的结构、流速和电压的准确性，粒子电荷分布，CPC检测效率，粒子传输时间和传输效率等因素。由于DMA是根据粒子的电迁移率特性进行粒子筛分的，因此，带有多个电荷的大粒子、小粒子在分离管中的扩散效应以及微纳粒子聚集体的电迁移率的变化均会造成粒径筛分误差。当粒子带有多个电荷时，会导致粒子错分到较小粒径通道，而对于直径100 nm的小粒子，由于布朗运动，使得其到达筛分口的粒子数减少。研究表明，对于5 nm的粒子，以0.3 l/min的流速通过21/4 ft[①]长管子时，只有62%的粒子数能够通过，这种由于扩散效应造成的粒子数减少现象随粒子直径增大而减小。此外，由于基于电迁移率粒子筛分原理是基于球形粒子假设的，因此当微纳粒子组成聚集体时，其是非球形的，此时电迁移率也不同于球形粒子。

13.2.3　气溶胶化学成分的测量

气溶胶化学成分一般分为无机组分和有机组成两类，其中无机组分包括水溶性组，如硫酸盐、硝酸盐和铵盐等，以及不溶水性组分，如地壳物质和痕量元素等；而有机组分包括脂溶性和水溶性有机物。气溶胶化学成分的测量主要包括离子、矿物性沙尘、含碳物质、痕量元素的测量等。气溶胶化学成分的测量方法有两种：一种是采样测量，使用过滤膜采集环境气溶胶样品，然后在实验室进行分析，另一种是在线测量，直接利用分析仪器对气溶胶进行成分分析。对气溶胶化学成分进行采样测量时，其中的半挥发性物质会对测量结果产生干扰作用，一方面在采样时样品中气相可凝物的凝结产生正干扰现象，另一方面采样后过滤膜中的半挥发性物质的挥发产生负干扰现象(张养梅 等，2020)。常用的气溶胶化学成分分析技术如表13.1所示。

---

① 1 ft=0.3048 m(准确值)

表 13.1 气溶胶化学成分分析技术一览表

分析技术	缩写	测量要素
热-光分析技术	TOA	有机碳、元素碳
X 射线荧光技术	XRF	元素
原子吸收光谱技术	AAS	元素
质谱技术	MS	元素、离子
电感耦合等离子质谱技术	ICPMS	元素
质子激发 X 射线荧光技术	PIXE	元素
气相色谱-质谱技术	GC-MS	有机物
中子活化分析技术	NAA	元素
透射电镜技术	TEM	元素、形貌
离子色谱技术	IC	无机物
红外、紫外光谱技术	IRS,UVS	化合物

13.2.3.1 离子浓度的测量

气溶胶中分析的离子种类包括 ${SO_4}^{2-}$、${NO_3}^-$、Cl^-、F^-、Br^- 等阴离子和 K^+、Na^+、Ca^{2+}、Mg^{2+}、NH_4^+ 等阳离子。

目前，常用的气溶胶离子测量技术为离子色谱技术(IC)。此外，原子吸收光谱技术(AAS)、X 射线荧光分析技术(XE)、电感耦合等离子体质谱技术(ICPMS)、质子激发 X 射线荧光技术(PIXE)、中子活化分析技术(NAA)等均可用于分析气溶胶中离子成分。

水溶性离子成分的在线测量仪器主要有离子色谱在线监测系统(URG 9000)、在线气体组分及气溶胶监测系统(MARGA)、空气固体颗粒物取样系统(PILS-IC)及在线气体与气溶胶成分监测仪(IGAC)等。这些仪器都由样品在线收集系统和离子检测系统组成，时间分辨率为 1 h。其中，URG 9000 气体采样装置利用湿式平行板扩散溶蚀器和气体选择透过性膜技术，保证空气中气态污染物的完全吸收；IGAC 采用新型气溶胶处理器(SCI)，通过两个阶段捕集气溶胶方式增加采集效率和样品的精准度；MARGA 采用旋转式液体气蚀器(WRD)定量吸收水溶性气体，气溶胶通过蒸汽喷射气溶胶收集器(SJAC)捕获。离子检测系统均采用离子色谱检测水溶性阴阳离子成分浓度。对 URG 在线测量的 SO_4^{2-}、NO_3^-、NH_4^+ 和 Cl^- 浓度与同步采集的 $PM_{2.5}$ 过滤膜样品进行对比发现，URG 测量的 SO_4^{2-}、NO_3^-、NH_4^+ 和 Cl^- 浓度普遍低于滤膜采样实验室分析测量的浓度，这些差别与大气污染水平、气溶胶收集效率、滤膜的吸收性、气体干扰以及挥发性物质损失等均有关(张养梅 等，2020)。

13.2.3.2 矿物性沙尘粒子元素含量的测量

干旱和半干旱地区土壤、路面沙尘是矿物性沙尘粒子的主要来源。矿物性沙尘粒子属于粗模态粒子，直径大于 10 μm 的粒子在重力作用下迅速下降，而较小的粒子则可以传输很远距离。许多证据表明，矿物性粒子可传输大半个地球，例如戈壁（Gobi）沙漠和撒哈拉沙漠粒子能穿过太平洋和大西洋。在这些源区的下风方向，矿物性粒子可以成为某些季节粗模态，甚至细模态气溶胶质量浓度的主要贡献者，通过对太阳辐射的散射和吸收，对大气能量收支产生明显影响。

Al、Si、Fe、Ti、Sc、Na、Mg、K、Ca 是地壳矿物性沙尘的主要元素，PIXE、NAA、XRF、AAS 以及 ICPMS 技术均可用于对地壳元素进行分析。

13.2.3.3　碳组分的测量

气溶胶中的碳组分主要有碳酸盐碳（CC）、有机碳（OC）和元素碳（EC）。碳酸盐碳（CC）是指气溶胶中以碳酸盐或碳酸氢盐形式存在的碳。有机碳（OC）是指气溶胶粒子中烃、烃的衍生物、多功能团的烃衍生物和高分子化合物等有机物中的碳组分。元素碳是高聚合的、黑色的，在 400 ℃以下很难被氧化，在常温下表现出惰性、憎水性，不溶于任何溶剂的大气含碳组分。元素碳又称为黑碳（BC）、煤烟（SOOT）、难熔碳等。这些术语与测量方法有关，光吸收法测得的吸光性含碳组分常称为黑碳或等价黑碳（EBC），热分解法可以分别测量出元素碳（EC）和有机碳（OC）。在气溶胶碳物质观测中，总碳（TC）是指气溶胶粒子中有机碳和元素碳的总和。

含碳物质以多种形式和种类存在。在大多数的陆地和某些海洋区域，含碳气溶胶对细模态气溶胶质量的贡献至少与硫酸盐气溶胶同等重要。元素碳和碳酸盐性质稳定，而有机碳的物理与化学稳定性则变化较大。元素碳是生物质燃料以及化石燃料不完全燃烧的产物。碳酸盐存在于地壳和海水中。有机碳主要来自于人为与生物源。

碳组分的测量常用热光分析法，其是基于气溶胶粒子中碳组分的物理化学特性的差异和热解过程中光学特性的变化，将升温热解和光学分割结合起来测量滤膜样品中有机碳和元素碳含量的方法，既可以测量出气溶胶中的元素碳，也可以测量出其中的有机碳。DRI-2015 型热光碳分析仪（图 13.15）、Sunset 在线碳分析仪均是采用热光分析方法来测量 EC 和 OC 的。热光碳分析仪一般由氧化炉、还原炉、火焰离子检测器、激光探测器和主机等部分组成。其工作原理是：首先将采集在石英膜上的气溶胶样品在含有氦气的非氧化环境中逐级升温，致使其中较易挥发的 OC 从膜中挥发出来，并在 MnO_2 氧化炉中氧化成 CO_2，其中难挥发的部分有机物质被碳化，转化成光学裂解碳（OPC）；此后样品又在含有氧气的氦气混合环境中继续加热，致使其中的 EC 被氧化生成 CO_2。这两个步骤中所产生的 CO_2 均通过还原炉内经镍催化剂催化还原为 CH_4，最后通过火焰离子检测器（FID）检测出 CH_4 浓度后，再转换成样品中的碳物质含量。整个过程中都有一束激光束照在石英膜上，这样在 OC 碳化时该激光的透射光的强度会逐渐减弱，而在无氧环境切换成有氧环境加温时，随着 OPC 和 EC 的氧化分解，透射激光光强会逐渐增强。当透射光的强度恢复到初始强度时,这一时刻就定义为OC/EC分割点,即该时刻之前检测到的碳含量就定义为起始时的OC,如果有无机碳酸盐(CC)存在时,则是OC+CC,而其后检测到的碳含量则对应于起始EC。

DRI-2015型热光碳分析仪采用逐级加温的方法进行检测,在无氧环境时,分别在120 ℃、250 ℃、450 ℃和550 ℃温度下加热,得到OC1、OC2、OC3、OC4含量,而在含氧环境时,分别于550 ℃、700 ℃和800 ℃温度下加热,得到EC1、EC2、EC3含量,于是OC= OC1+OC2+OC3+OC4-PC,EC=EC1+EC2+EC3-PC,总碳TC=OC+EC。

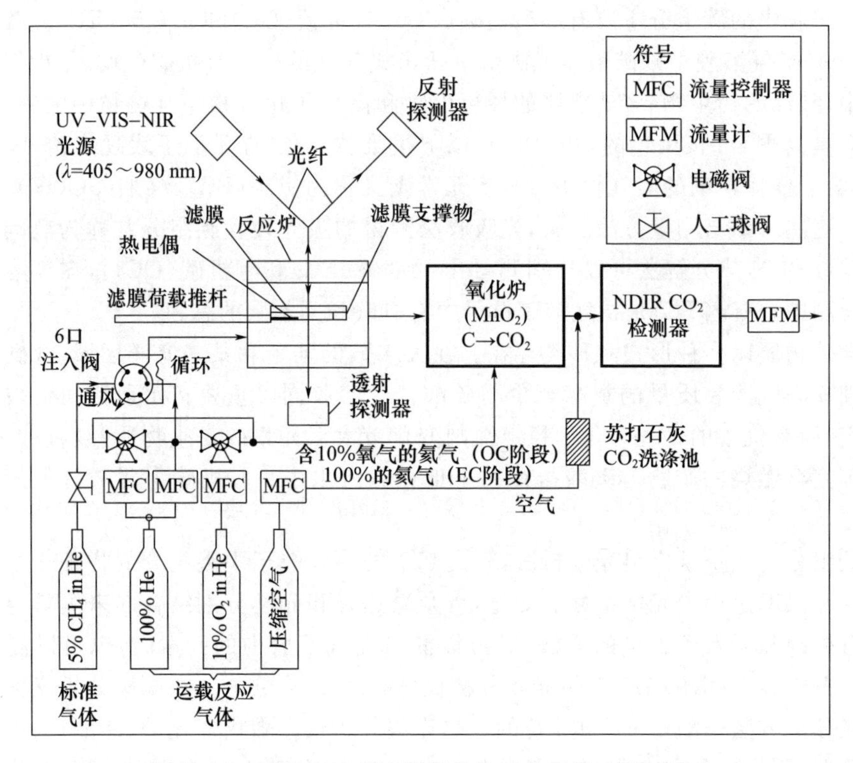

图13.15 DRI-2015型多波段热光碳分析仪工作原理图

13.2.3.4 痕量成分的测量

气溶胶痕量成分是气溶胶源与传输过程的重要指示物。一些成分还会对人类健康产生影响。痕量成分包括元素与分子形式两类。气溶胶痕量成分的分析成本较高,并不是每一个GAW测站均进行痕量成分的测量。

气溶胶质谱仪是开展气溶胶中痕量成分观测的重要手段,其不仅可以提供分钟级甚至秒级高时间分辨率的观测数据,同时还可以提供大气气溶胶化学成分质量浓度和粒径分布的特性,使其在大气科学研究领域备受青睐。目前国际上得到认可的在线气溶胶质谱仪器主要有美国 Aerodyne 公司生产的气溶胶质谱仪(AMS)和 TSI 公司生产的单颗粒气溶胶飞行时间质谱仪(ATOFMS)。这些仪器从设计上均整合了空气动力学透镜聚焦进样、粒径分离系统和质谱仪来实现对大气气溶胶质量浓度和粒径分布的同步测量。

AMS 使用热解吸和电子碰撞电离(EI)方法在线测量大气气溶胶中非难熔融性化学组分，主要包括有机物、硫酸盐、硝酸盐、氯化物等，AMS 不能用于检测如重金属、元素碳等的难熔融物质，AMS 的主要粒径检测范围是 30～1000 nm。飞行时间质谱仪采用飞行时间质谱(time of flight-mass spectrometry，TOF-MS)技术，使用 266 nm 紫外脉冲激光气化/电离颗粒物，同时获得正负离子谱图，可气化/电离所有物质(包括金属元素)，可检测 3.0 μm 范围内的颗粒物。

ATOFMS 在设计上使用了双激光测径系统和双极飞行时间质量分析器，来实现对气溶胶颗粒空气动力学直径和化学组成的同时检测。该仪器主要由颗粒采样区、颗粒粒径检测区和飞行时间质谱区三部分组成(图 13.16)。在颗粒采样区，气溶胶颗粒首先通过气溶胶动力学透镜进入仪器，其主要作用是调整气溶胶颗粒的运动轨迹使之形成一束笔直的粒子束，从而能够更加精确地测量气溶胶颗粒的粒径和化学组分信息。在颗粒粒径检测区中，ATOFMS 是通过平行放置的两束 532 nm 激光来进行检测。当气溶胶颗粒碰到测径激光时，激光会被散射，散射光由光电倍增管

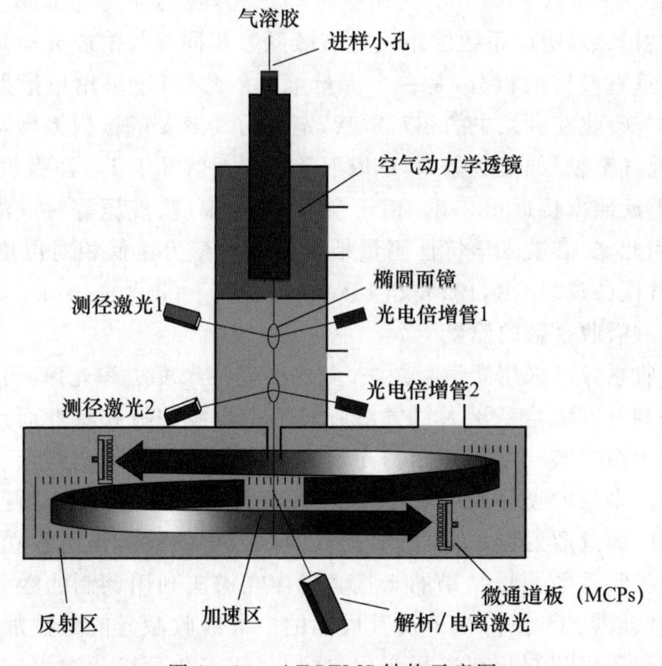

图 13.16　ATOFMS 结构示意图

转化为电信号,从而记录气溶胶颗粒与激光相遇的时刻。由于已知两束激光之间的距离,气溶胶颗粒的速度就等于距离除以两束激光检测到颗粒的时间差,从而建立起气溶胶颗粒粒径与速度的一一对应关系。在飞行时间质谱区,一束强紫外的电离激光(266 nm)发射并击中气溶胶颗粒,电离激光的能量被气溶胶颗粒吸收,从而将气溶胶颗粒的化学成蒸发并形成离子,随后离子的数量和质荷比能够被飞行时间质谱仪检测,确定出气溶胶化学成分。

AMS获取的是时间分辨率内采集到的所有气溶胶的平均水平,对表征环境大气整体特征具有一定的代表性。而ATOFMS获取的是单个粒子的粒径和化学组分信息,在研究单个粒子的特性方面具有一定的优势。这些气溶胶成分在线测量技术的应用在研究大气气溶胶成分组成、气溶胶生成和演变过程以及来源等方面都发挥着重要的作用。

13.2.4 气溶胶光学特性的测量

大气气溶胶通过散射和吸收作用影响光在大气中的传输,引起光的衰减及大气能见度的变化。气溶胶吸收系数、散射系数、衰减系数以及光学厚度、相函数等光学特性参量的测量是当前大气物理与大气环境研究领域中重要的内容。

气溶胶衰减系数是指单位体积中所有气溶胶粒子衰减截面的和,单位是 m^2/m^3(即 m^{-1})、km^{-1}或 Mm^{-1}($1\ Mm^{-1}=10^{-6}m^{-1}$)。气溶胶衰减系数是散射系数与吸收系数的和。散射系数、吸收系数的单位与衰减系数相同。气溶胶光学厚度是指气溶胶衰减系数沿垂直气柱的积分,是一个无量纲量。此外,还采用单散射反照率来表示气溶胶散射与吸收在衰减中的相对贡献,定义为气溶胶的散射系数与衰减系数的比值,弱吸收性气溶胶,如硫酸盐,其单散射反照率近似等于1。强吸收性气溶胶,如黑碳,其单散射反照率接近于0.3。由于空气湿度、温度、气压等对气溶胶光学特性参数有影响,因此,气溶胶光学特性测量结果均应换算为在低相对湿度(小于40%)和标准温度、气压(273.15 K,1013.25 hPa)下的值。

13.2.4.1 吸收系数的测量

气溶胶吸收系数可采用光学衰减法、多角度吸收光度法和光声光谱法等方法进行测量。这些测量方法均基于大气气溶胶对特定光源的吸收特性而设计的。气溶胶吸收系数主要由黑碳气溶胶贡献。光学衰减法是通过测量透射光衰减程度来确定吸收系数的。多角度吸收光度法,对气溶胶光学衰减测量方法进行了改进,利用多个检测器同时测量透射光和散射光,把气溶胶粒子的散射作用独立出来,并消除了散射作用对吸收系数测量结果的干扰。光声光谱法利用调制的激光照射一定体积空气中的气溶胶粒子,使得粒子及其周围的空气吸收激光能量被加热,从而使得采样空间内的气压以调制频率进行变化,这种气压变化可以通过麦克风检测出来,从而可对悬浮在空气中的粒子吸收系数进行测量,避免了光学衰减法测量中粒子与滤膜之间的相互作用所带来的误差。

美国 Magee 科技公司的 AE33 型黑碳仪采用光学衰减法对气溶胶吸收系数进行测量，可同时测量 370、470、520、590、660、880 nm 和 950 nm 七波段的光衰减，得到不同波段的气溶胶吸收系数，并采用 880 nm 波段的光衰减测量结果计算等效黑碳质量浓度。利用不同波段测量的气溶胶吸收系数，可以区分不同性质的气溶胶，如黑碳和土壤，机动车排放的等效黑碳（BCTF）和木材燃烧的等效黑碳（BCWB），以更加深入地了解不同来源对黑碳的贡献。

AE33 型黑碳仪的工作原理：在抽气泵的驱动下，环境空气以恒定流速连续地通过滤膜带的采样区，气溶胶颗粒被收集在该部分滤膜上（采样点）。每隔一个时间周期，仪器开关测量各波段光源一次，分别测量透过滤纸的气溶胶采样区和空的参考区的光强，如图 13.17 所示。

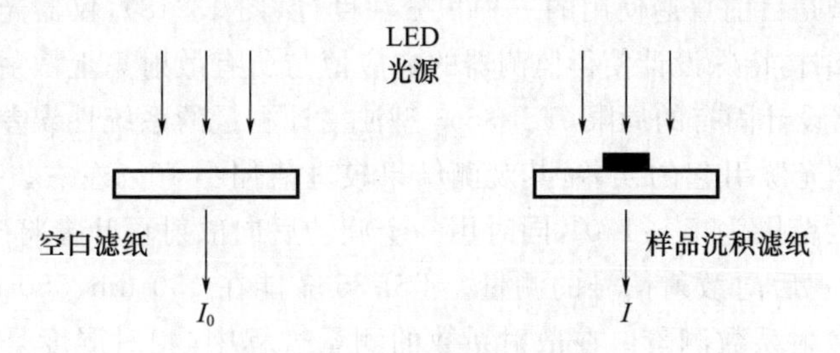

图 13.17　黑碳仪测量原理图

根据测量的光强信号，按(13.2.16)式计算每个测量周期内的光衰减量 ATN。

$$\mathrm{ATN}=100\times\ln\left(\frac{I_0}{I}\right) \tag{13.2.16}$$

式中，I_0 为透过空白滤膜的光强，I 为透过气溶胶样品滤膜的光强。

在滤膜上的气溶胶累积量适中时，光衰减量 ATN 与测量的气溶胶衰减系数 β_{ATN}之间的关系为：

$$\beta_{\mathrm{ATN}}=\frac{1}{100}\frac{S}{Q}\frac{\Delta\mathrm{ATN}}{\Delta t} \tag{13.2.17}$$

式中，Q 为采样流量，Δt 为采样测量时间间隔，S 为气溶胶在石英滤膜上的沉积面积。

于是气溶胶吸收系数可采用如下公式进行计算：

$$\sigma_{\mathrm{ab}}=\frac{\beta_{\mathrm{ATN}}}{C_0} \tag{13.2.18}$$

式中，$C_0=3.5$，是一个由 GAW 世界气溶胶物理校准中心（WCCAP）给出的推荐值，其对于 450 nm 至 700 nm 波长来说不确定度近似为 25%。

利用黑碳仪，还可以计算相邻两次测量时间内的平均等效黑碳气溶胶质量浓

度 ρ_{EBC}：

$$\rho_{EBC}=\frac{\beta_{ATN}}{SIGMA} \tag{13.2.19}$$

式中，SIGAM 为指定的衰减值。在 AE31 型黑碳仪中，660 nm 波长 SIGAM＝22.2 m^2/g，并利用此值计算 EBC 质量浓度。

13.2.4.2 散射系数的测量

大气气溶胶散射系数是反映大气中颗粒物对光的散射而引起的辐射能量减弱的一种量度，是气候变化和大气环境研究中涉及的重要参数。积分浊度法是测量大气气溶胶散射系数的一种有效方法。该方法是以比尔-朗伯定律为基本原理，利用特殊的仪器结构和光学照明设计进行大气气溶胶散射系数的观测。Ecotech M9003、Aurora1000 以及 TSI-3563 型积分浊度计就是基于这种原理设计的大气气溶胶散射系数的测量仪器。TSI-3563 型是目前普遍使用的一种积分浊度计(图 13.18)，仪器光源满足朗伯光源的特性，仪器结构特殊设计使得监测器的响应值与所有散射角上散射光的积分值成正比。由于仪器设计固有的局限，TSI-3563 型浊度计测量的系统性误差主要包括角度截断和非朗伯体光源引起的误差，其观测结果较真值偏小 10%左右。TSI-3563 型浊度计总测量角度范围为 7°～170°，同时用一个旋转后向散射百叶窗将 7°～90°的散射光遮挡，可以实现后向散射信号的测量。TSI-3563 能在 450 nm、550 nm、700 nm 三个波长下进行散射系数测量。在散射系数的测量过程中，相对湿度是导致散射系数测量不确定性的主要因素。当环境中相对湿度较高时，大气气溶胶吸湿增长，粒径增大，散射作用增强，因此，保证样品气体干燥对散射系数的测量而言是非常必要的。由于实际大气气溶胶的吸湿增长特性受相对湿度、化学组分、粒径大小和混合状态等因素的影响，基于气溶胶吸湿增长和散射特性的关系，利用两台并行浊度计分别测量干、湿气溶胶的散射系数，结合气溶胶粒径谱仪等观测仪器，可以开展气溶胶吸湿增长散射特性的研究。部分实验表明，当环境相对湿度由 40%增加到 85%时，气溶胶的散射系数和后向散射系数会分别增加 58%和 25%。

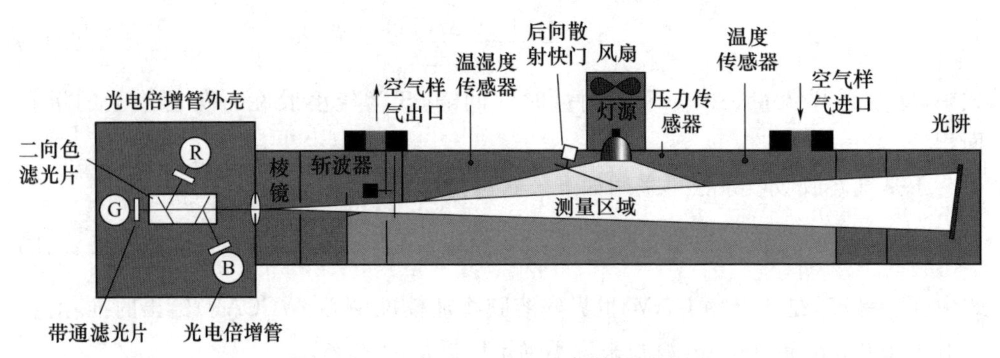

图 13.18　TSI-3563 型浊度仪结构示意图

13.2.4.3　气溶胶光学厚度的测量

气溶胶光学厚度(aerosol optical depth,AOD)是描述大气气溶胶对太阳辐射减弱程度的一种度量,气溶胶光学厚度随观测波长不同,一般用 555 nm 波段的气溶胶光学厚度来表示。气溶胶光学厚度既是大气浑浊度的指标之一,同时也是在气候变化研究中被广泛使用的参数。太阳光度计(CE318)是测量气溶胶光学厚度的一种较为常用的仪器。主要原理是利用光度计自动追踪太阳,并进行太阳直接辐射、太阳等高度角天空扫描、太阳主平面扫描等测量,通过算法反演获得气溶胶光学厚度参数。

早在 20 世纪 20 年代,林克和埃斯屈朗就提出了利用地基测量的可见光波段的透射直接太阳光谱强度确定气溶胶光学厚度的遥感方法。在可见光波段,大气光学厚度主要与气溶胶消光、臭氧吸收、二氧化氮吸收和分子瑞利散射有关,到达地面的单色直接太阳辐射强度为:

$$I(\lambda)=\left(\frac{r_0}{r}\right)^2 I_{\otimes}(\lambda)\exp[-m\tau(\lambda)] \tag{13.2.20}$$

式中,τ 为大气总光学厚度,$I_{\otimes}(\lambda)$为大气顶的单色直接太阳辐射强度,m 为大气质量数,r、r_0 分别为日地实际距离以及日地平均距离。对式(13.2.20)两边取自然对数,并整理得:

$$\ln\frac{I(\lambda)}{I_{\otimes}(\lambda)}=2\ln\left(\frac{r_0}{r}\right)-m\tau(\lambda) \tag{13.2.21}$$

大气总的光学厚度可表示为:

$$\tau=\tau_A+\tau_R+\tau_{O_3}+\tau_{NO_2} \tag{13.2.22}$$

式中,τ_A 为气溶胶光学厚度,τ_{O_3} 为臭氧吸收光学厚度、τ_{NO_2} 为二氧化氮吸收光学厚度,τ_R 为分子瑞利散射光学厚度。于是利用式(13.2.21)和(13.2.22)就可导出气溶胶光学厚度(AOD):

$$\tau_A(\lambda)=\frac{1}{m}\ln\left[\frac{I_{\otimes}(\lambda)}{I(\lambda)}\left(\frac{r_0}{r}\right)^2\right]-[\tau_R(\lambda)+\tau_{O_3}(\lambda)+\tau_{NO_2}(\lambda)] \tag{13.2.23}$$

可见光波段臭氧吸收、二氧化氮吸收和分子瑞利散射光学厚度通常可采用以下参数化方法计算:

$$\tau_{NO_2}(\lambda)=k_2(\lambda)C(NO_2) \tag{13.2.24}$$

$$\tau_{O_3}(\lambda)=k_3(\lambda)C(O_3) \tag{13.2.25}$$

$$\tau_R(\lambda)=(a+bH)\lambda^{-(c+d\lambda+e/\lambda)}\frac{P}{P_s} \tag{13.2.26}$$

式中,k_2、k_3 分别是 NO_2 和 O_3 的吸收系数,不同波长的吸收系数是不一样的,CE318 太阳光度计各波段臭氧吸收系数 k_3 如表 13.2 所示。(13.2.26)中瑞利散射的经验系数 $a=0.00864$,$b=6.5\times10^{-6}$,$c=3.916$,$d=0.074$,$e=0.050$;H 是太阳光度计安置的海拔高度(km),P 是太阳光度计观测点的气压(hPa),$P_s=1013.25$ hPa,NO_2 浓度近

似值为 $C(NO_2)=4\times10^{-15}\ cm^{-2}$,臭氧柱含量可根据实测确定,单位为 atm-cm。

表 13.2 CE318 太阳光度计主要性能参数及相应各波段的臭氧吸收系数

波段	1	2	3	4	5	6	7	8	9
中心波长/nm	1640	1020	936	870	670	500	440	380	340
波段宽度/nm	10	10	10	10	10	10	10	10	10
k_3/atm-cm^{-1}	0	4.91×10^{-5}	4.93×10^{-4}	0.00133	0.0445	0.0315	0.0026	—	0.0307

目前,全球已建立了太阳光度计气溶胶观测网 AERONET,可以实时获取各地的 AOD 值,并利用其对卫星遥感反演 AOD 资料进行验证。

利用 CE318 进行地基遥感反演 AOD 过程中,误差主要有仪器自身误差、仪器标定误差和反演计算误差三种。仪器自身误差来自温度效应误差、仪器视角场误差及光电参数测量灵敏度误差。仪器标定误差中标准光源在各个波段仍然存在 2%~3%的综合不确定性,Langley 法和对比定标也存在不同程度的不确定性。对 CE318 进行 Langley 法标定时,应在大气光学质量为 2.0~6.0 的上午时段进行。此外,利用仪器观测数据进行反演计算的误差源很多,在保证仪器设备运行正常的情况下,依然至少涉及 7 个误差来源,根据误差传递的原则,任何一个参数的较小误差综合起来,终将造成 AOD 反演结果较大的误差和不确定性。因此,对计算参数精度的把握和数学方法的科学应用是必须要重视的。

13.3 臭氧的测量

13.3.1 臭氧测量内容与发展概况

臭氧(O_3)是大气中重要的微量气体,是氧气的一种不稳定的蓝色同素异形体,并且是一种强烈的氧化剂。大气中的臭氧主要集中在平流层,峰值浓度位于 17~25 km高度。臭氧是大气中光化学反应的产物,氧气在太阳紫外辐射的作用下生成臭氧。

臭氧对气候、环境和人类健康有重要影响。臭氧是第三大温室气体,是调节地球表面得到的净辐射的重要因素,对大气辐射能量平衡有重要作用。平流层臭氧几乎吸收了 300 nm 以下的太阳紫外辐射,保护了地球生态系统免受过量太阳紫外辐射之照射。平流层臭氧的减少,会导致地表植物减少,从而减少碳向生物圈的转化。臭氧也是活性气体,与很多其他微量气体发生光化学反应,加重大气污染,影响人类健康。而许多大气污染气体又是臭氧产生的前体物,导致地面臭氧浓度增高。

大气臭氧的测量是大气成分观测中较早系统开展的一项观测和研究内容。1924 年英国牛津大学的 G. B. M Dobson 发明了后来以他名字命名的 Dobson 分光光度计(WMO/TD,2008),开始了臭氧总量的观测,并在 20 世纪 20 年代逐渐在欧洲建立了一些观测站点。第二次世界大战期间,臭氧的观测和研究工作受到影响,直到 1957 年国际地球物理年开始,臭氧总量的观测得到了很大重视,全球增加了许多站点,尤其是极地地区。许多著名的臭氧总量观测站点,比如英国南极的 Halley Bay 站、美国的 McMurdo 站、日本的 Soywa 站,是从那个时候开始连续进行臭氧总量的观测。通过大量观测,发现了南极上空的臭氧洞。苏联发展了滤光片式的 M-83 仪器,布设了很多站点。但较准确的地基臭氧总量观测仪器主要是 Dobson 和后来发展的 Brewer 分光光度计。针对这两种仪器,世界气象组织有着严格的标准和标准传递体系,其中 Dobson 仪器一级标准设在美国夏威夷 Mauna Loa 站(第 3 号和 75 号 Dobson 仪器)。Brewer 仪器的标准是设在加拿大气象局的 3 台 Brewer 仪器组成的臭氧总量标准。1990 年欧盟在西班牙组建了 3 台利用 Brewer MKIII 型双光栅光谱仪组成的定标系统。

1934 年,Gotz 等建立了 Umkehr 臭氧垂直分布观测方法,此后开展了一系列的地基臭氧垂直分布 Umkehr 观测,并成为全球大气监测计划中的重要观测方法。1969 年,Komhyr 发明了基于电化学反应原理的臭氧探空仪,使得臭氧垂直分布观测技术得到了发展。

1978 年 11 月美国航天局在云雨-7 号卫星携带 TOMS(total ozone mapping spectrometer)光谱仪开始了全球臭氧总量的卫星遥感监测。此后,在平流层气溶胶和气体实验(stratosphere aerosol and gas experiment,SAGE)卫星上,利用掩星临边扫描技术实现了臭氧垂直分布的卫星遥感。随着探测准确度的提高和反演算法的发展,卫星在监测大气臭氧总量和垂直廓线分布中起着越来越重要的作用。1995 年欧空局发射的全球臭氧监测实验(global ozone monitoring experiment,GOME)卫星,以及 2014 年 7 月美国发射的 Aura 卫星中的臭氧监测仪器(ozone monitoring instrument,OMI),均可用于全球臭氧监测。

目前,臭氧的观测内容主要有:

1)地面臭氧(surface ozone)浓度

地球上某一个特定点的地面以上数米(3～10 m)内臭氧的浓度。地面臭氧的浓度通常以分压、摩尔分数为单位来表示。

2)臭氧柱总量(total column ozone)X

地面上垂直大气柱中所包含的臭氧的总量。臭氧柱总量常用 DU 单位表示。1 DU是指在标准温度、气压(273.15 K、1013.25 hPa,STP)时 10^{-5} m 厚度的纯臭氧。臭氧柱总量随纬度有明显的变化,如图 13.19 所示,通常在 250～500 DU。

臭氧柱总量有时采用毫大气厘米(matm-cm)或单位面积分子数量表示。毫大气厘米表示在标准大气状况下臭氧总量等于 10^{-3} cm 纯臭氧的厚度。1 DU=1 matm-cm,1 DU 相当于底部面积为 1 cm^2 的空气柱中大约含有 2.6868×10^{16} 个臭氧分子。

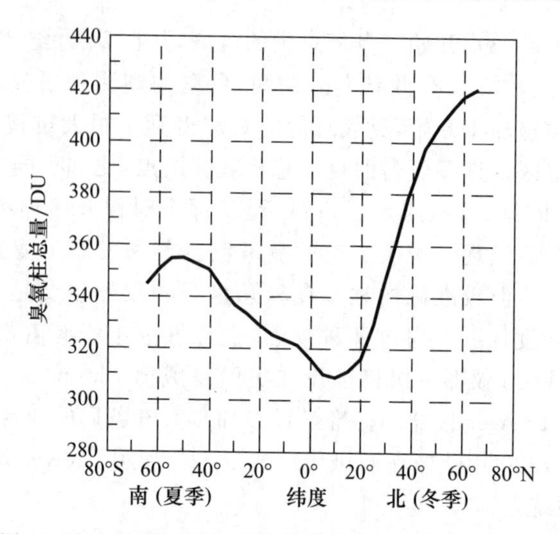

图 13.19 由 TOMS 数据推导的臭氧柱总量随纬度变化

3)臭氧垂直分布(the vertical distribution of ozone)

臭氧浓度随高度或环境气压变化的函数。在大气层某一高度或气压下,臭氧含量通常以分压、混合比或局地浓度、摩尔分数为单位来表示。从地面到大气层顶对臭氧浓度进行积分就得出臭氧柱总量,如式(13.3.1)所示。

$$X=\int_{0}^{\infty}\rho_{O_3}(z)\mathrm{d}z \tag{13.3.1}$$

式中,X 为臭氧柱总量,$\rho_{O_3}(z)$为臭氧浓度垂直分布。

13.3.2 地面臭氧浓度的测量

地面臭氧浓度主要采用紫外光度法进行测量。此外,还可采用化学荧光法、电化学法等进行测量。由于紫外光度法具有较高的臭氧浓度测量准确度和精确度,较低的检测灵敏度,较好的时间分辨率,并易于操作,因此,被 WMO 推荐为地面臭氧 GAW 测站的日常业务测量方法。下面主要从紫外光度法臭氧测量原理、测量仪器等方面进行介绍。

13.3.2.1 测量原理

由于大气中除了二氧化硫气体外,只有臭氧对 253.7 nm 紫外辐射具有强烈吸收,因此,通过测量臭氧对该波长很窄波段内(0.5～1 nm)的 UV 吸收光度即可测量臭氧浓度。紫外光度法测量臭氧浓度是基于比尔-朗伯定律进行测量的:

$$I=I_0\exp(-\sigma CL) \tag{13.3.2}$$

式中,I、I_0分别为空气样气中含有、无臭氧时的紫外辐射强度;σ 是臭氧在 253.7 nm 的吸收截面(cm^2);C 是吸收池中臭氧浓度(分子数 cm^{-3});L 是光在臭氧吸收池中的光路长度(cm)。因此,只要测量出空气样气中含有和无臭氧时的紫外辐射强度,即可计算出臭氧浓度。臭氧在 253.7 nm 的吸收截面是随温度、气压变化的。在标准大气条件下($T_{std}=273.15$ K,$P_{std}=1013.25$ hPa),臭氧在 253.7 nm 的吸收截面 σ 为 1.1476×10^{-17}(cm^2/分子)。若用摩尔分数 ppm 表示臭氧浓度,则应将臭氧在 253.7 nm 处标准大气条件下吸收截面换算为以 cm^{-1} 为单位的吸收系数 α_x,换算关系为:

$$\alpha_x=\sigma\frac{N_A}{R}\frac{P_{std}}{T_{std}}\times10^{-6}=308.33\ \text{cm}^{-1} \tag{13.3.3}$$

式中,$\sigma=1.1476\times10^{-17}$ (cm^2/分子),$T_{std}=273.15$ K,$P_{std}=101325$ Pa,$N_A=6.022142\times10^{23}$分子 mol^{-1},$R=8.314472$ J/(mol·K)。

13.3.2.2　紫外臭氧分析仪

49iQ 型臭氧分析仪采用双吸收池结构,如图 13.20 所示,主要由水银蒸气灯、吸收池、臭氧刷、光电探测器、抽气泵、电磁阀等组成。水银蒸气灯用于产生稳定强度的 253.7 nm 紫外线,吸收池用于保留采样空气或参考气,紫外线通过吸收池产生衰减,臭氧刷采用二氧化锰将空气中臭氧催化转为氧气,并保持其他痕量气体维持原样,从而使空气变成不含臭氧的参考气。光电探测器用于探测紫外光强。空气通过采样头进入仪器内部,并分成两路。一路气体经过臭氧刷变成不含臭氧的参考气,并进入参考气电磁阀,用于测

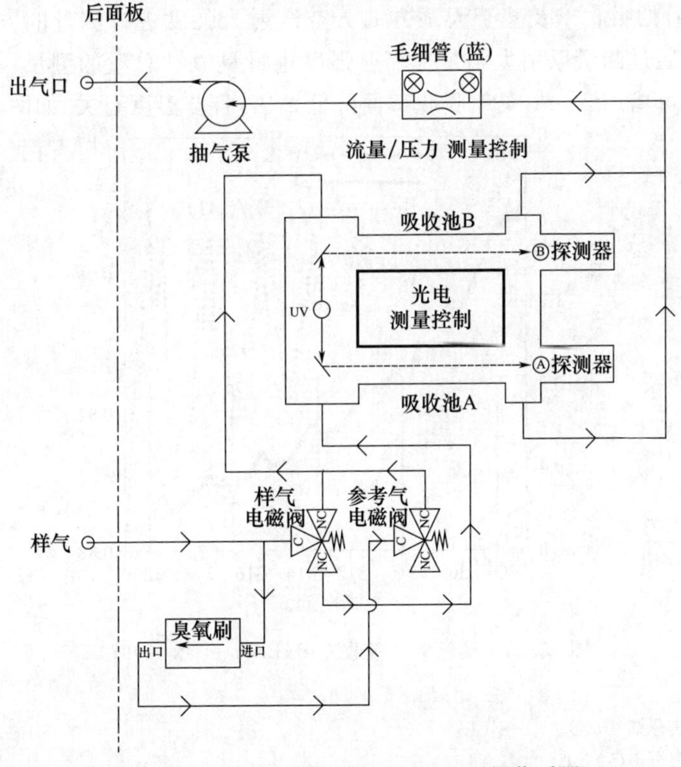

图 13.20　49iQ 工作原理图(引自 49iQ 操作手册)

量 I_0;原始含有臭氧的空气(样气)直接进入样气电磁阀,用于测量 I。电磁阀每 10 s 将样气与参考气在 A 和 B 池之间切换。当 A 池中为样气时,B 池中为参考气,反之,当 A 池中为参考气时,B 池中为样气。每个池中的 UV 光强分别由探测器 A 和 B 进行测量。当电磁阀在样气与参考气之间切换时,停止测量光强几秒,以便冲洗池中气体。仪器分别计算每一个池中臭氧浓度,并将 AB 两池所测的平均浓度作为测量值输出。由于可同时对样气和参考气进行测量,从而使得响应时间只有 20 s,且提高了紫外光强测量准确性。49iQ 型臭氧分析仪臭氧浓度测量范围为 0.5 ppb① 至 200 ppm②。

影响紫外臭氧分析仪臭氧浓度测量准确性的因素主要有:采用的检测光的波长偏离 253.7 nm;光束不平行,光路长度测量不准;样气的温度、气压测量不准,导致臭氧吸收系数偏离标准值;臭氧刷未能完全将空气中的臭氧转化为氧气,致使参考气中混有臭氧;样气或参考气未完全布满吸收池,或有漏气等。

13.3.3 臭氧柱总量的测量

13.3.3.1 测量原理

在地面上,臭氧柱总量的测量主要基于臭氧对太阳(月光)300～340 nm 波段的紫外辐射的吸收原理进行测量,也有基于臭氧对可见光的吸收带(440～750 nm),对红外辐射(9.6 μm)的吸收以及基于天顶方向天空散射光强度进行测量的方法。在卫星平台上,主要通过测量反射太阳紫外辐射强度进行臭氧柱总量的测量。在紫外光谱范围内,波长每增加 5 nm,臭氧吸收截面降低 2 倍,且与温度有关,如图 13.21 所示。

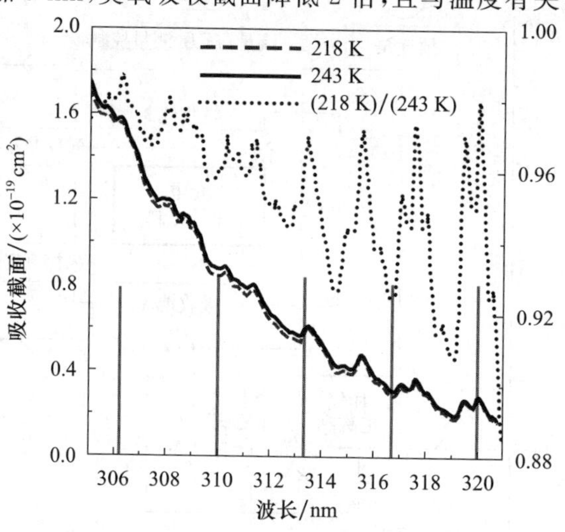

图 13.21 臭氧紫外吸收光谱(Brion et al.,1997)

① ppb:10 亿分率(10^{-9});

② ppm:百万分率(10^{-6})。

利用实测的一对波长紫外波段的透射直接太阳辐射强度进行臭氧柱总量的地基遥感方法最初由 Dobson 于 1957 年提出。在紫外波段，臭氧对直射太阳吸收较强，而其他气体成分的吸收较弱，可忽略。

考虑到大气衰减作用，到达地面的单色紫外太阳辐射强度为(图 13.22)：

$$I_\lambda = I_{0\lambda}\exp[-\alpha_\lambda \mu X - \beta_\lambda m(P/P_0) - \delta_\lambda \sec\theta] \tag{13.3.4}$$

式中，$I_{0\lambda}$ 为大气顶波长 λ 处的单色太阳辐射强度，X 为垂直气柱臭氧总量，α_λ 为波长 λ 处的臭氧吸收系数，β_λ 为波长 λ 处的瑞利散射光学厚度，δ_λ 为波长 λ 处的气溶胶散射光学厚度，μ 为太阳辐射穿过臭氧层的实际路径与垂直路径之比，m 为考虑了路径折射与地球曲率因素后的太阳辐射穿过大气层的实际路径与垂直路径之比，又称大气质量数，θ 为太阳天顶角，P 为观测站点气压，P_0 为平均海平面气压。

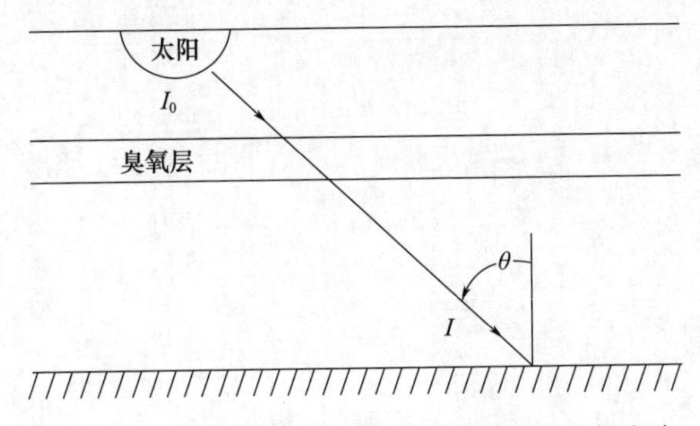

图 13.22　地基光度计测量直接太阳光束的几何光路

在臭氧吸收带中选择一对波长 λ、λ'，其中 $\lambda<\lambda'$，在这两个波段中，除臭氧吸收不同外，大气中其他气体吸收系数差异可忽略，则利用两个波段的(13.3.4)式可得臭氧总量计算公式：

$$X=\frac{N-(\beta-\beta')m(P/P_0)-(\delta-\delta')\sec\theta}{(\alpha-\alpha')\mu} \tag{13.3.5}$$

式中：

$$N=\ln\frac{I_{\lambda'}}{I_{0\lambda'}}-\ln\frac{I_\lambda}{I_{0\lambda}} \tag{13.3.6}$$

由于气溶胶散射系数是随波长变化的，且难以实际给出，因此为了减小这种影响，在 Dobson 仪器中采用了双波长对来进行臭氧总量的反演。常用的波长对是 A 对(305.55 nm，325.4 nm)和 D 对(313.6 nm，339.8 nm)。由于两对的波长差近似相等，在假设气溶胶散射系数近似随波长线性变化情况下，$[(\delta-\delta')_1-(\delta-\delta')_2]$近似为 0。于是，由(13.3.5)式得到双波长对时的臭氧柱总量计算公式为：

$$X=\frac{(N_1-N_2)-[(\beta-\beta')_1-(\beta-\beta')_2]\frac{mP}{P_0}}{[(\alpha-\alpha')_1-(\alpha-\alpha')_2]\mu} \tag{13.3.7}$$

式中,下标 1,2 代表两个不同的波长对。

μ 值计算公式为:

$$\mu=\frac{R+h}{\sqrt{(R+h)^2-(R+r)^2\sin^2\theta}} \tag{13.3.8}$$

式中:R 为平均地球半径(6371.229 km);h 为测站海拔高度;r 为测站处臭氧层海拔高度。不同纬度的臭氧层平均海拔高度如表 13.3 所示。

表 13.3 不同纬度的臭氧层平均海拔高度

测站纬度/(°)	臭氧层平均海拔高度/km
±0	26
±10	25
±20	24
±30	23
±40	22
±50	21
±60	20
±70	19
±80	18
±90	17

大气质量数 m 可采用下述拟合公式计算:

$$m=\sec\theta-0.0018167(\sec\theta-1)-0.002875(\sec\theta-1)^2-0.0008083(\sec\theta-1)^3 \tag{13.3.9}$$

13.3.3.2 测量仪器

1)Dobson(陶普生)分光光度计

G. M. B. Dobson 在 1931 年制成了测量紫外辐射(300～340 nm)的分光光度计(图 13.23a),其采用棱镜式分光技术实现不同波段的分光测量。Dobson 分光光度计的光路结构如图 13.23b 所示。太阳光从仪器顶部窗口进入仪器内部,然后经过一个直角棱镜反射进入光谱仪的狭缝 S_1。透镜将光变成平行光,棱镜将光分解成不同光谱颜色的光,反射镜则将光反射进棱镜和透镜,使得其在仪器焦平面上形成光谱。透镜、棱镜、反射镜等组成光谱仪。所需要的波长的光由安装在仪器焦平面上的狭缝 S_2、S_3、S_4 分离出来。

利用 Dobson 分光光度计进行臭氧测量,需要人工操作,测量要求高。Dobson 分光光度计被认为是测量臭氧的标准仪器,其他类型的仪器都必须定期用它校准。

Dobson 分光光度计波长对有四对:A 对(305.5 nm、325.4 nm),B 对(308.8 nm、

329.1 nm)，C 对(311.4 nm、332.4 nm)和 D 对(313.6 nm、339.8 nm)。常采用 A、D 两对波长联合测量大气臭氧，从而消除气溶胶粒子散射的影响，也可用 C、D 两对波长联合测量大气臭氧总量。由于 B 对波长受其他污染物影响较大，不用于臭氧测量。

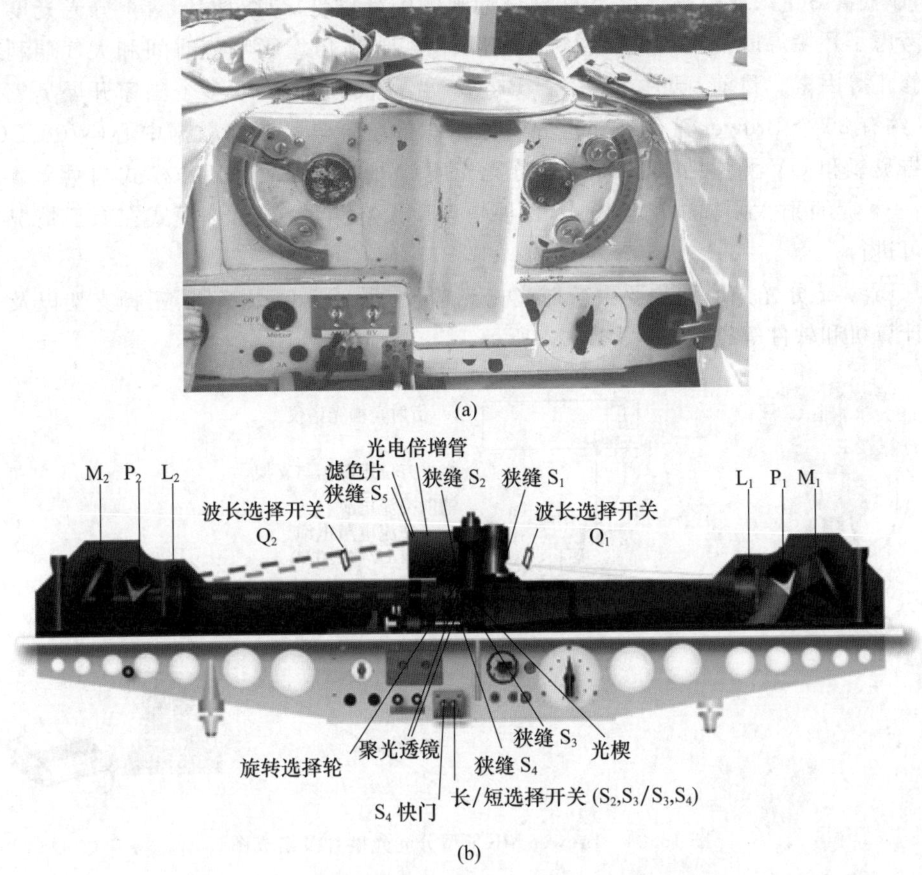

图 13.23　Dobson 分光光度计(a)及其光学结构图(b)

2)Brewer 分光光度计

Brewer 分光光度计由荷兰 Kipp & Zonen 公司生产，用于测量太阳光谱中的紫外辐射和臭氧总量。Brewer 分光光度计主要有 3 个型号：MK Ⅱ、MK Ⅲ和 MK Ⅳ。MK Ⅱ紫外光谱测量范围为 290 nm 至 325 nm。MK Ⅲ是 MK Ⅱ的改进型，采用衍射光栅技术进行光谱测量，可以较好地避免杂散光的干扰，提高紫外光强测量的准确性，紫外光谱测量范围为 286.5 nm 至 363 nm。MK Ⅳ型紫外光谱测量范围与 MK Ⅲ型相同，三种类型仪器均可测量 UVB 六个中心波长(303.2 nm、306.3 nm、310.0 nm、313.5 nm、316.8 nm、320.1 nm)的辐照度，光谱分辨率为0.6 nm。MK Ⅳ型增加了可见光波段(431.4 nm、437.3 nm、442.8 nm、448.1 nm 和 453.2 nm)的辐照度测量,光谱分辨率为 0.9 nm,可用于二氧化氮柱总量的反演。与 Dobson 臭氧分光光度计相比,Brewer 分光光度计可进行自动测量,并且可以同时利用 306.3 nm、316.8 nm、320.1 nm 波段来测量大气中 SO_2 浓度,并用于 SO_2 对臭氧测量影响的订正,以提高 SO_2 浓度较高情况下臭氧总量观测的准确性。此外,Brewer 分光光度计还考虑了环境温度变化对仪器影响的温度补偿、光电倍增管响应时间和大气瑞利散射修正等因素。目前,已有 200 多台 Brewer 光谱仪分布在 40 多个国家开展臭氧观测,约有 80 个 Brewer 工作站向世界气象组织的全球臭氧观测数据中心(WOUDC)报告臭氧和 UV 测量结果。Brewer 分光光度计可以采用两种工作模式测量臭氧总量:一种是直射太阳辐射测量模式,一种是天顶天空测量模式,该模式在有云情况下也可进行。

Brewer 分光光度计主要由衍射光栅光谱仪、水平方位跟踪器、三脚支架以及个人计算机和软件等组成,如图 13.24 所示。

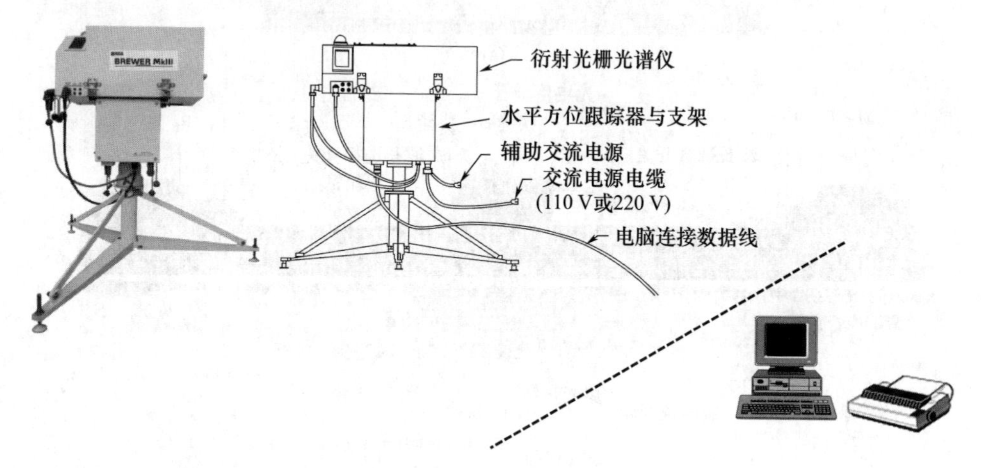

图 13.24　Brewer MKⅢ型分光光度计及组成图

3)M-83 滤光片臭氧仪

苏联研制的 M-83(M-124)臭氧仪采用滤光片分光技术实现不同波段的分光强度测量。M-83 滤光片臭氧仪共有 8 个通道。第 1 通道(0.298 μm)在哈特莱带的边缘,臭氧有较强的吸收;第 2 通道(0.326 μm)在哈根斯带,臭氧有较弱的吸收,臭氧吸收量在第 1 通道比在第 2 通道大几十倍之多。第 3～8 通道(0.344～0.627 μm)用以测量大气透明度,以订正大气臭氧测量中分子散射和大颗粒散射作用。

13.3.4　臭氧垂直分布的测量

1934 年,Gotz 和 Dobson 等提出了利用地面测量的太阳紫外辐射进行臭氧垂直分布的 Umkehr(逆转)测量方法,其后经过不断改进,形成了目前的臭氧垂直分布测量的重要方法，目前已建立有基于 Dobson 分光光度计和 Brewer 分光光度计的 Umkehr 臭氧垂直分布测量站。20 世纪 60 年代，各种臭氧探空仪研制成功，并应用于臭氧垂直分布的探测，成为臭氧垂直分布测量的重要方法。除此之外，利用激光雷达、卫星遥感进行臭氧垂直分布测量具有时空分辨率高的优点。

13.3.4.1　探空仪法

臭氧探空仪是一种轻小型球载仪器，用于对 30～35 km 高度以下大气臭氧垂直分布进行探测。主要有三种类型的臭氧探空仪：Brewer-Mast(BM)型、KC 型和电化学浓度池(ECC)型。尽管这三种探空仪采用电化学原理进行臭氧测量，但每种探空仪均具有其独特的设计和特点(WMO/GAW-No. 201，2014)。

1)Brewer-Mast(BM)型臭氧探空仪

Brewer-Mast 型臭氧探空仪是一种最早但仍在使用的臭氧探空仪，是由 Brewer and Milford 于 1960 年开发的 Oxford-Kew 型臭氧探空仪演变而来。该型探空仪臭氧传感器为一个电化学池，如图 13.25 所示，由碘化钾溶液以及浸入其中的铂阴极和银阳极组成。在两个电极之间加入 0.41 V 的电压，这样在没有自由碘存在的情况下，两电极之间就不会产生电流。

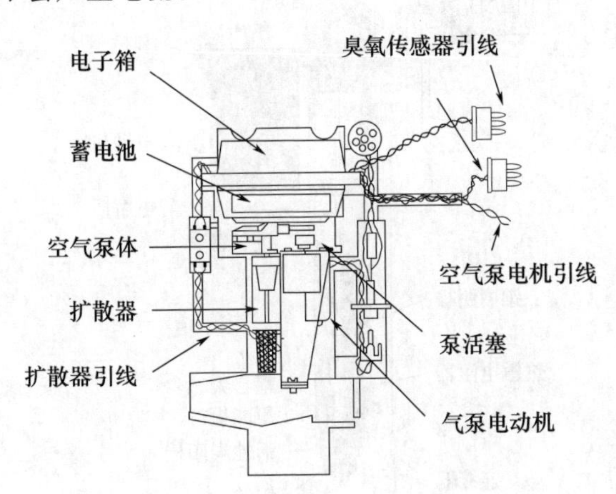

图 13.25　Brewer-Mast 型臭氧探空仪

工作时，空气中的臭氧被泵入电化学池中，与溶液中碘离子产生氧化还原反应生成自由碘分子，在铂阴极表面，碘分子吸收 2 个电子转换成碘离子，而在银阳极表面，2 个银原子离子化后释放出 2 个电子，生成不溶性碘化银，其中的化学反应式如(13.3.10)—(13.3.12)式所示。这样，进入臭氧传感器的每个臭氧分子在外部电路中产生 2 个电子的电流。

$$2KI+O_3+H_2O \rightarrow I_2+O_2+2KOH \tag{13.3.10}$$

$$I_2+2e^- \xrightarrow{Pt} 2I^- \tag{13.3.11}$$

$$2Ag + 2I^- \rightarrow 2AgI + 2e \tag{13.3.12}$$

2)KC 型臭氧探空仪

KC 型臭氧探空仪由日本气象厅气象研究院研制(Kobayashi et al.,1966),最新的 KC 型探空仪为 KC-96 型。KC 型臭氧探空仪臭氧传感器为碳碘电化学池,如图 13.26所示,由碘化钾溶液、阴极铂网和活性碳阳极组成,铂网构成的阴极以及活性碳构成的阳极浸入在中性碘化钾溶液中。空气中臭氧在溶液中产生氧化还原反应,生成自由碘分子。在铂阴极,碘分子吸收 2 个电子转换成碘离子,同时在活性炭阳极与氢氧离子反应释放出 2 个电子(13.3.13 式)。这样一个臭氧分子在外部电路中产生 2 个电子的电流。

气体采样泵由不锈钢活塞和有机玻璃气缸组成,电化学池也是由有机玻璃制成。采样泵气流速度由控制器控制,保持在 400 cm^3/min。探空仪安装在聚苯乙烯泡沫塑料盒中。

$$C + 2OH^- \rightarrow CO + H_2O + 2e \tag{13.3.13}$$

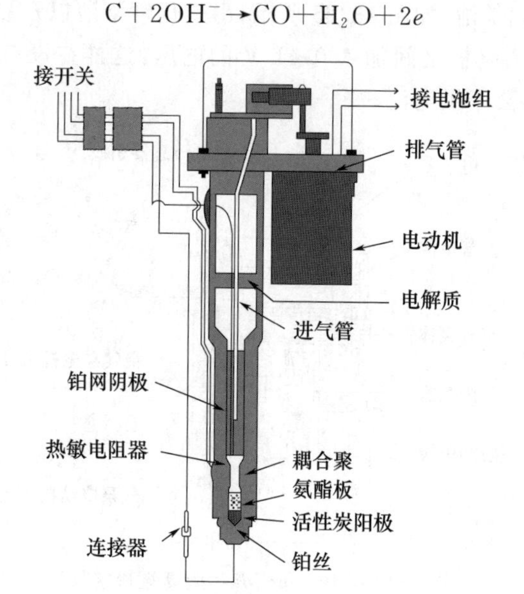

图 13.26　KC-96 型臭氧探空仪

3)ECC 型臭氧探空仪

电化学浓度池(ECC)型臭氧探空仪是目前应用最广泛的一种臭氧探空仪。世界范围的 WMO/GAW 臭氧探测网中有超过 80%的台站使用 ECC 型探空仪。该型探空仪臭氧传感器是由 2 个半电池组成的电化学池,半电池分别由特氟隆制作的阴极室和阳极室组成。2 个半电池中均含有细网铂电极,并浸入在不同浓度的碘化钾溶液中(图 13.27)。阴阳极室之间由离子桥连接,以便形成离子通道,并能阻止阴阳极室中电解质之间的混合,从而保持各室的溶液浓度。

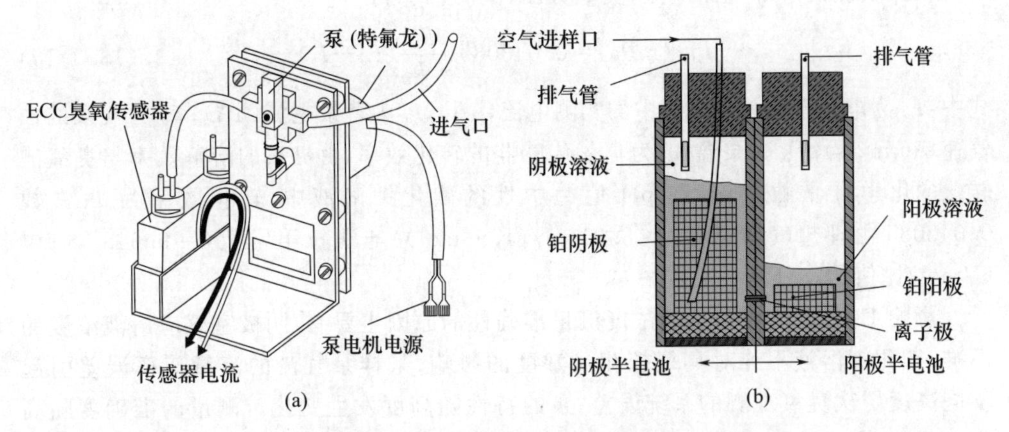

图 13.27　ECC 探空仪(a)及臭氧传感器(b)结构图

ECC 型臭氧传感器不需要外加电源，这是与 Brewer-Mast 型电化学臭氧传感器区别之处。ECC 传感器通过阴阳极室中碘化钾溶液浓度的差异(0.03～0.06 mol/l 和 约 8.0 mol/l (KI 饱和溶液))产生电磁力。由特氟隆制成的化学惰性气体采样泵，将环境空气抽入低浓度碘化钾阴极池感应溶液中，并通过氧化还原反应造成池中自由碘分子的增加(13.3.10 式)。在铂阴极表面碘分子通过吸收 2 个电子转化为碘离子(13.3.11 式)。同时，由于不断地将空气抽入池中形成的气泡的搅动，碘离子与阳极表面接触，碘离子又释放出 2 个电子变成碘分子(13.3.14 式)。这样一个臭氧分子在化学池外部电路中产生 2 个电子流动。外部电路中的电流大小 I_M(μA)与阴极室中碘化钾溶液吸收的臭氧速率有关。

$$2I^- \xrightarrow{Pt} I_2 + 2e \tag{13.3.14}$$

实验表明，阴极池中的感应液浓度变化可使臭氧-碘转化的化学计量数从 1 增加至 1.05--1.2。为了保持溶液中性且不冻结，溶液中分别加入了磷酸盐和溴化钾。研究表明，化学计量数的增加并不是碘化钾浓度改变引起的，而是其中磷酸盐缓冲剂引起的。表 13.4 中给出了低浓度池中溶液成分配比，其中磷酸氢钠是作为缓冲剂用于中和溶液酸碱度的，溴化钾提高了溶液凝固点。

表 13.4　ECC 型臭氧传感器阴极室感应液化学组成　(单位:g/l)

感应液类型(SST)	KI	P_H-缓冲液		KBr
		$NaH_2PO_4 \cdot H_2O$	$Na_2HPO_4 \cdot 12H_2O$	
SST1.0:1.0%KI & 全缓冲液	10	1.250	5.0	25
SST0.5:0.5%KI & 半缓冲液	5	0.625	2.5	12.5
SST2.0:2.0%KI & 无缓冲液	20	0	0	0
SST0.1:1.0%KI &1/10 缓冲液	10	0.1250	0.5	25

根据实测的外部电路电流,臭氧分压计算公式为:

$$P_{O_3}(\mathrm{mPa})=0.043085\frac{T_p}{\eta_c \Phi_p}(I_m-I_b) \tag{13.3.15}$$

式中:I_m 为电化学池外部电路中的实测电流(μA);I_b 为背景电流(μA);Φ_p 为气泵的抽气速率($\mathrm{cm^3/s}$);T_p 为泵温;η_c 为臭氧传感器的转化效率,由臭氧的溶解效率与臭氧碘转化的化学计量数决定,在 pH 值为中性的碘化钾溶液中,转化效率为 1;常数 0.043085 由理想气体常数(=8.314 J/(K·mol))与法拉第常数(=9.6487×10^4 C/mol)比值的二分之一决定。

影响 ECC 型传感器臭氧浓度测量准确性的原因主要有:阴极室感应溶液浓度的不准;碘化钾溶液不纯对臭氧探测灵敏度的影响;采样泵气流的流量速率误差引起不同高度层次臭氧观测的系统误差;泵的特性随高度发生变化。测量的准确度随高度变化,是高度的函数。一般情况下,对流层中的误差为±10%,平流层 10 hPa 高度以下的误差为±5%。在 10 hPa 高度以上,由于采样泵效率和它产生气流流量速率的不确定性,在 5 hPa 的高度误差增加到±15%。

13.3.4.2 Umkehr(逆转)法

Umkehr 臭氧廓线观测是全球大气监测计划中的重要观测方法。该方法是 Gotz 等(1934)于 1934 年首次提出,后来又不断改进(Dutsch,1959)。由于从 Umkehr 测量数据反演臭氧廓线需要实际大气辐射特性信息,因此,一旦这些信息发生变化,算法也需要改变。目前,全球 Umkehr 测量数据需上报给位于加拿大气象局的世界臭氧数据中心(WOUDC),一旦新的算法开发出来,则 WOUDC 重新对 Umkehr 测量数据进行再分析处理。

如果在晴天的上午或下午半日中,利用 Dobson 分光光度计测量一对波长[如 C 对(3114 Å、3324 Å)]的天顶方向天空紫外辐射,得到仪器观测的 N 值(定义如(13.3.16)式所示)随天顶角的变化曲线,如图 13.28 所示。这一 N 值将会在接近日出后或日落前出现最大值,这种 N 曲线上的 Umkehr(转折)现象称为 Umkehr 现象,其与分子散射、臭氧吸收以及臭氧垂直分布有关。N 值随天顶角变化的曲线称为 Umkehr 曲线。

$$N=100[\log_{10}(I_\lambda/I_{0\lambda})-\log_{10}(I_{\lambda'}/I_{0\lambda'})] \tag{13.3.16}$$

式中,I_λ,$I_{\lambda'}$ 分别为长波长与短波长的地面测量的天顶方向天空紫外辐射强度,$I_{0\lambda}$,$I_{0\lambda'}$ 分别为长波长与短波长的大气顶的紫外辐射强度。

图 13.28a 为 Dobson 光度计 C 对波长的 Umkehr 曲线,从图中可以看出约在太阳天顶角 86.5°时 N 值最大。图 13.28b 所示为 Dobson 光度计 A、C、D 对波长归一化的 Umkehr 曲线,将所有太阳天顶角 N 观测值减去最小天顶角 N 观测值所得的结果作为归一化的 N 值。归一化的 N 值不含大气顶辐射强度以及仪器参数变化的影响,这样有利于准确反演臭氧廓线。

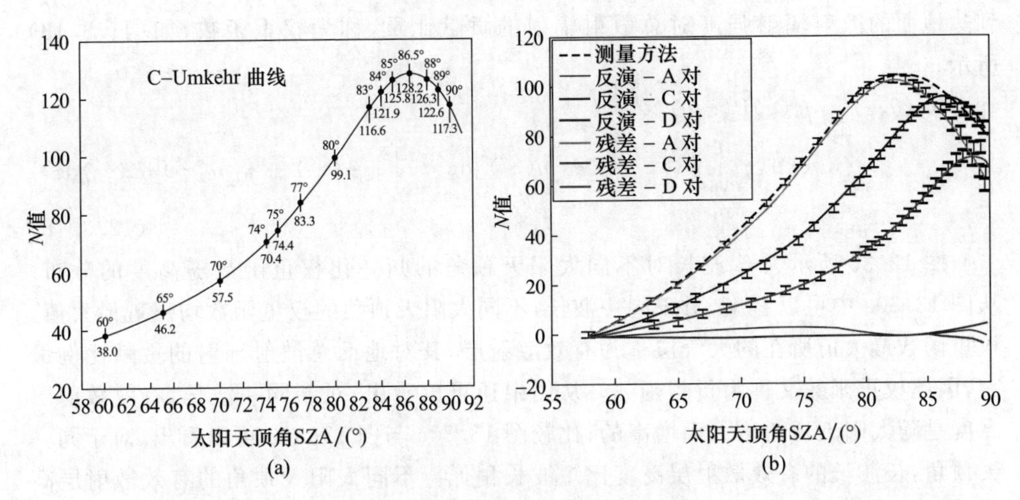

图 13.28　C 对波长 Umkehr 曲线(a)，太阳天顶角归一化后的 A 对、C 对、D 对波长 Umkehr 曲线(b)(彩图见书末)

当太阳紫外辐射通过大气层然后散射到地面的过程中，由于臭氧的吸收和分子散射作用，天顶方向到达地面的辐射是不同高度散射辐射的总和，如图 13.29 所示。

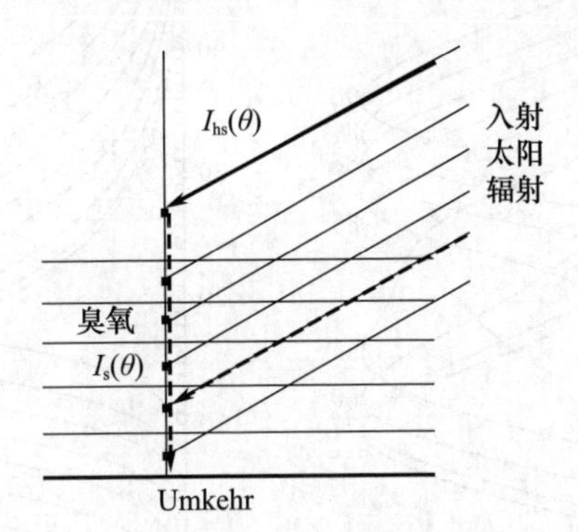

图 13.29　天顶方向天空向下散射辐射几何示意图

若只考虑一次散射，则地面上接收到的某一波长天顶方向天空散射辐射强度为：

$$I_\lambda(\theta) = I_{0\lambda}\int_0^\infty \beta_s(z)P(z,\theta)\mathrm{d}z \times \exp\left\{-\int_0^z [\beta_t(z') + \sigma_{O_3} n(z')]\mathrm{d}z' - \int_z^\infty [\beta_t(z') + \sigma_{O_3} n(z')]L(z')\mathrm{d}z'\right\} \tag{13.3.17}$$

式中，$I_{0\lambda}$ 为大气顶的太阳紫外辐射强度，$P(z,\theta)$ 和 $\beta_s(z)$ 为大气散射相函数和体散射系数，$\beta_t(z')$ 为除臭氧外的大气的体衰减系数，σ_{O_3} 和 $n(z')$ 为臭氧吸收截面和臭氧浓度，$L(z')$ 为考虑太阳辐射几何路径的修正因子。式中的被积函数反映了不同高度到达地面的散射辐射强度对总散射辐射的贡献比重,称为权重函数,如(13.3.18)所示。

$$K_\lambda(\theta,z)=\beta_s(z)\mathrm{P}(z,\theta)\times \exp\left\{-\int_0^z[\beta_t(z')+\sigma_{O_3}n(z')]\mathrm{d}z'-\int_z^\infty[\beta_t(z')+\sigma_{O_3}n(z')]L(z')\mathrm{d}z'\right\} \tag{13.3.18}$$

图 13.30 所示为 C 波长对不同太阳天顶角的归一化权重函数随高度的分布。从图 13.30a 中可以看出,对于同一波长,不同太阳天顶角的权重函数均出现最大值。权重函数最大值所在的大气层称为有效散射层,其对地面总散射辐射的贡献比例最大,因此权重函数又称为贡献函数。从图中还可以看出:对于同一波长,有效散射层高度是随太阳天顶角增大而增高的;比较图 13.30a 与图 13.30b 可以看出,对于同一天顶角,长波长的有效散射层高度比短波长稍低。不同太阳天顶角的有效散射层高度较均匀分布在 10～40 km 范围内,这正是臭氧层所在的高度范围,从而为利用 Umkehr 测量数据进行臭氧垂直分布反演提供了理论基础。

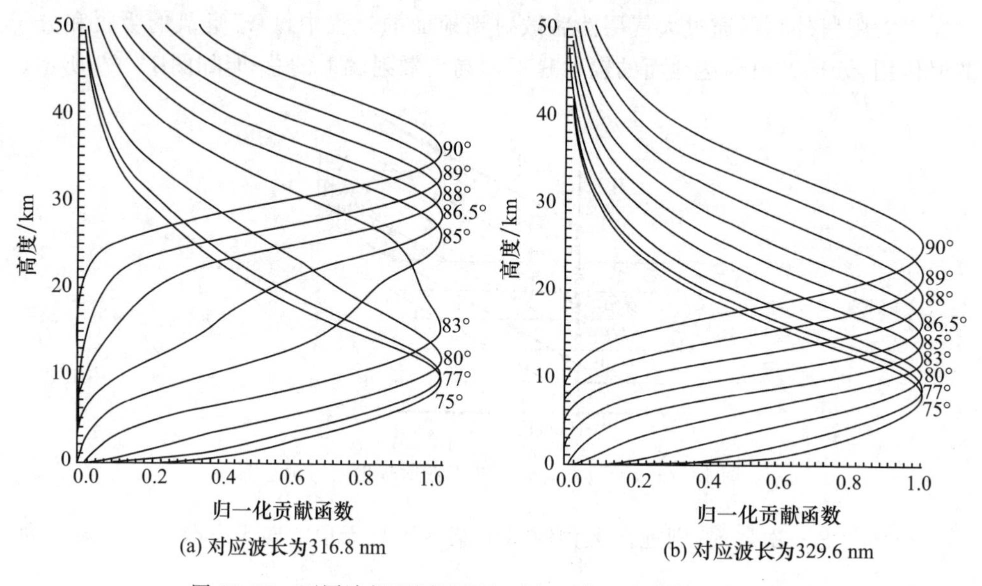

图 13.30 不同波长不同天顶角时归一化一次散射贡献函数(权重函数)随高度的变化

有效散射层高度在臭氧最大层之下时,由于在臭氧层的吸收路径长度随太阳天顶角增大而增加,且短波长的臭氧吸收系数比长波长强,所以在太阳天顶角 80°以下时,短波长的天顶方向天空总散射辐射强度随着太阳天顶角增大而减小的速度要比长波长的快,如图 13.31 所示。当短波长的有效散射层高度位于臭氧最大层之上时,即大约太阳天顶角大于 80°时,天顶方向天空总散射辐射强度开始比长波长下降得缓慢。由于减小速度比长波长慢，而长波长的有效散射层高度仍在臭氧最大层之下，这就导致了 N 值随太阳天顶角增大由小到大转变为由大到小的变化，出现了 N 值的逆转。当较长波长的有效散射层高度也位于臭氧最大层之上时，即天顶角在 87°和 90°之间时，N 值曲线在较高的太阳天顶角会出现第二个转折点。

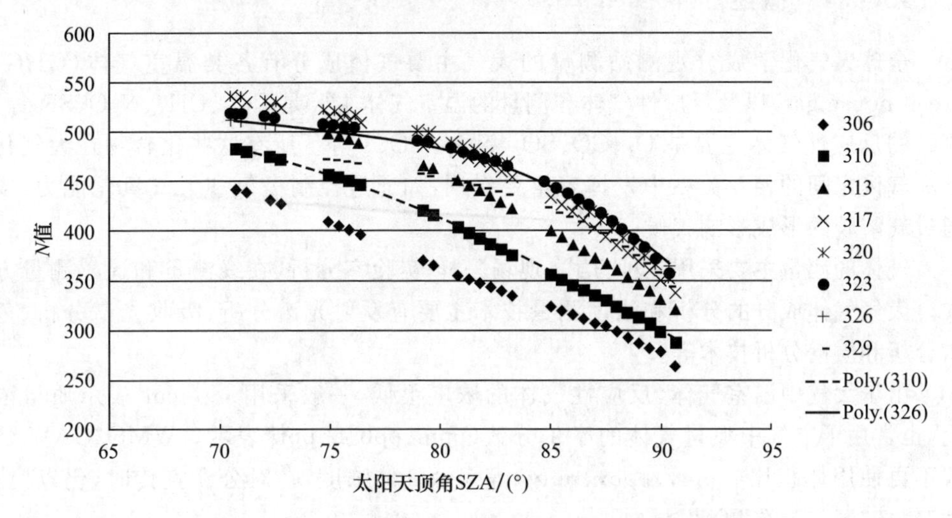

图 13.31　不同波长的天顶方向天空散射辐射测量值

标准化的 Umkehr 臭氧观测，主要是利用 Dobson 分光光度计的 C 对波长在晴天上午或下午对天顶方向天空进行的一系列测量。测量一般在太阳升起前几分钟到太阳高度角不小于 20°为止，或在下午太阳高度角不小于 20°开始到太阳落山后为止。通常在太阳天顶角(SZA)为 60°、65°、70°、74°、75°、77°、80°、83°、84°、85°、86.5°、88°、89°、90°时进行。若同时采用 A、C、D 波长对的 N_A、N_C 和 N_D 观测值进行臭氧廓线反演，则可以缩短观测时间，只需要在太阳天顶角为 80°、83°、85°、86.5°、88°和 89°进行观测，这样的观测又称为“短 Umkehr 观测”(Deluisi et al.,1985)。利用 Umkehr 观测数据以及同时实测的臭氧柱总量、先验的标准大气臭氧廓线信息，就可对臭氧垂直分布进行反演。这种臭氧廓线观测方法称为 Umkehr 观测方法。从 Umkehr 测量值反演臭氧垂直分布目前主要采用最优估计法。为了能够反演臭氧垂直分布，需要知道观测时的臭氧柱总量，因此，必须在观测期间进行几次臭氧柱总量的测量，其中一次需要在 $\mu \approx 3.0$ 时进行臭氧总量观测。利用 Brewer 分光光度计的天顶方向天空辐射测量值也可进行 Umkehr 臭氧垂直分布反演。

在 Umkehr 观测期间，在太阳升起或落山的近半小时到 1 h 内，天顶方向天空应是无云天空。由于在极地或高纬地区夏季，太阳不会落入地平线以下，因此，无法在这些地区夏季进行 Umkehr 观测。

13.4 温室气体与反应性气体的测量

13.4.1 概述

全球大气化学成分观测站测量的大气主要气体成分有各类温室气体(GHG, green house gas)以及反应性气体。测量的温室气体主要是CO_2、CH_4、N_2O、SF_6等,测量的反应性气体主要是O_3、CO、SO_2、NO_x、VOCs等。所有这些化合物在大气化学和气候之间的相互关系中发挥着重要作用,如通过控制臭氧和大气氧化能力,或通过气溶胶的形成影响气候。

气体的测量主要采用三种方式:现场采样-实验室分析、在线测量和遥感测量方式。大气气体成分的分析和浓度测量技术主要有发射光谱分析、吸收光谱分析、色谱分析和质谱分析技术等。

由于大气中温室气体、反应性气体的浓度很低,一般采用$\mu g/cm^3$表示质量浓度,也常用干空气中痕量气体的摩尔分数(ppm、ppb或ppt)表示。WMO/GAW建议不再使用体积比(ppmv、ppbv、pptv)等表示气体浓度,在对公众宣传时,仍以"浓度"代替"摩尔分数"的表述。

1 ppm=1 μmol/mol=1摩尔干空气中含有10^{-6}摩尔的痕量物质;

1 ppb=1 nmol/mol=1摩尔干空气中含有10^{-9}摩尔的痕量物质;

1 ppt=1 pmol/mol=1摩尔干空气中含有10^{-12}摩尔的痕量物质。

13.4.2 气体成分测量方式

1. 现场采样-实验室分析

现场采样-实验室分析方法,可以利用硬质玻璃瓶、不锈钢罐、复合膜气袋等为容器,采集大气中的痕量气体,运输到实验室进行分析。硬质玻璃瓶、不锈钢罐、复合膜气袋采样方式分为两种:一种是已被抽真空的容器直接打开阀门,环境空气可以直接进入采样器,然后关闭阀门,这时采样容器内外气压是一致的,又称为被动式采样;另一种与采样泵配合采样,当采样容器阀门打开后,先用欲采样的环境空气多次冲洗采样容器,然后关闭一侧阀门,加压达到要求(一般加压10%左右)后,再关闭另一侧阀门,又称为主动式采样。

气体的现场采样除了要求采样容器本身的质材性能稳定、表面清洁度外,还需要注意保持采样器的气密性,采样装备的稳定性,采样和运输过程保持温室气体原有的化学成分和浓度,避免采样时受到任何污染,特别要注意尽可能缩短采样到分析的时间间隔。另外,还要遵循严格的采样器清洁程序,采样瓶、采样罐、采样袋的处理等程序。

2. 在线测量

在线测量是对大气中气体进行实时、连续的观测方式。测量时，环境空气通过进样管路，除去颗粒物和水汽后进入仪器分析系统，获取连续的观测数据。在线测量方式测量频率高，数据结果具有高准确性、高精密度。但是技术上比现场采样-实验室分析方法难度大得多。特别要注意科学的标定过程，以确保观测结果的准确性。

3. 遥感测量

痕量气体的遥感测量主要采用卫星进行遥感，利用被测气体在红外波段有很强的吸收光谱特性，由安装在卫星上的红外光谱仪探测从地面到卫星之间的辐射光谱。卫星遥感可提供的气体产品包括 CO、CO_2、CH_4 等柱浓度以及垂直廓线。通过卫星遥感产品，可以了解地球大气大范围的温室气体分布信息，为改进大气化学模式、气候预测服务。

13.4.3 气体分析技术

随着科学技术的发展，目前出现了多种气体分析技术，气体浓度可测到 ppb 级，甚至 ppt 级。常用于大气痕量气体测量的技术有发射光谱分析技术、吸收光谱分析技术、色谱分析技术、质谱分析技术等。同一种分析技术可以对不同气体进行分析，同一种气体也可以采用不同分析技术进行分析和浓度测量。下面简要介绍几种痕量气体分析技术。

13.4.3.1 发射光谱分析技术

发射光谱分析技术是通过测量化学反应发光、原子分子荧光等产生的特征频率的光强来确定特定气体浓度的。如测量 NO_x 浓度的化学发光技术、测量 SO_2 浓度的紫外荧光技术都属于发射光谱分析技术。

(1)化学发光技术

NO 与 O_3 的化学反应式为：

$$NO + O_3 \rightarrow NO_2 + O_2 + h\upsilon \tag{13.4.1}$$

42iQ 型 NO_x 分析仪有两个测量模态：NO 测量模态和 NO_x 测量模态。在 NO_x 测量模态，将空气中的 NO_2 利用加热至 325 ℃的钼转化炉还原转化成 NO，然后通过测量 NO 总量来测量 NO_x 含量，并进而计算 NO_2 含量。42iQ 型 NO_x 分析仪工作流程如图 13.32 所示。环境空气通过采样头抽入分析仪，流过毛细管后进入测量模态控制电磁阀。电磁阀控制采样空气直接进入反应室(NO 测量模态)或通过 NO_2-NO 钼转化炉(NO_x 测量模态)进入反应室。用于化学发光反应的臭氧由臭氧发生器产生。在反应室中，臭氧与采样空气中的 NO 发生化学反应生成了激发态的 NO_2 分子，其衰减到低能态时会释放出特征频率的红外光。位于热电制冷器中的光电倍增管(PMT)测量出发光强度。

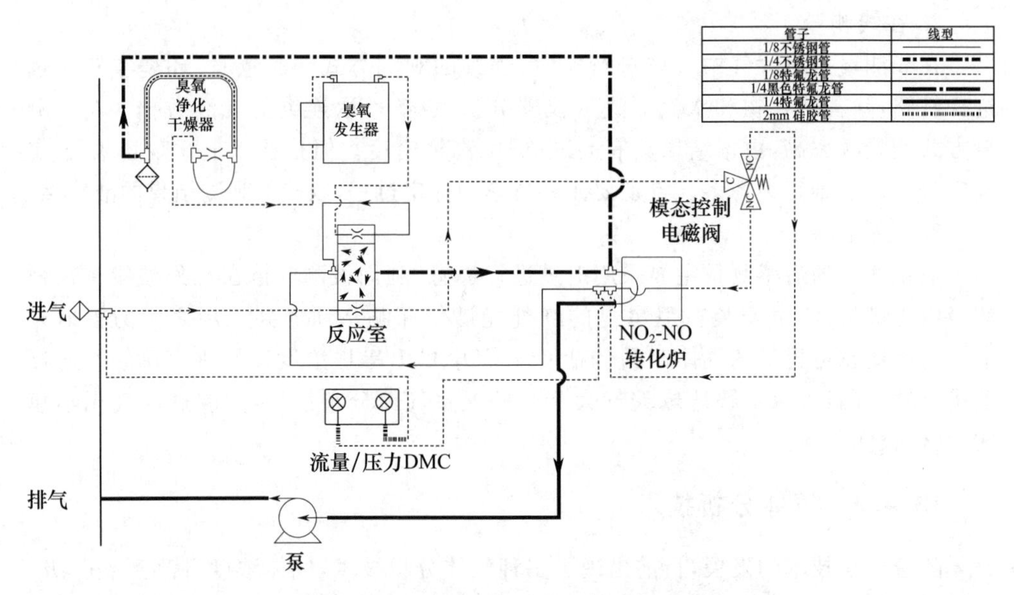

图 13.32　42iQ 型 NO_x 分析仪工作流程图

(2)脉冲荧光技术

43iQ 型 SO_2 分析仪利用强脉冲的紫外光(波长 190～230 nm)照射大气样品,使得二氧化硫分子瞬间激发,而后通过测量二氧化硫分子发出的荧光强度来确定样品中二氧化硫含量。

13.4.3.2　吸收光谱分析技术

吸收光谱分析技术是利用不同气体分子的吸收光谱差异原理实现特定气体浓度的测量,如测量 O_3 的紫外光度法、测量 CO 的气体滤光相关技术、测量 CO_2 的光腔衰荡光谱分析技术等都属于吸收光谱分析技术。

(1)紫外光度技术

49iQ 型 O_3 分析仪采用紫外光度技术测量 O_3 浓度,具体原理见 13.3.2 节。

(2)气体滤光相关技术(gas filter correlation,GFC)

48iQ 型 CO 分析仪是基于 CO 吸收 4.6 μm 红外辐射的原理,采用气体滤光相关技术进行 CO 浓度测量的,浓度测量上限为 10000 ppm,最低检测限为 0.04 ppm。气体滤光相关技术是一种特殊的红外吸收光谱测量技术,它利用所需测量的气体作为滤光器,将光源中与被测气体吸收线对应的光吸收掉,形成一个不含被测气体吸收线波长的参比光源。如图 13.33 所示,宽带红外光源发出的光,先经过一个旋转的分别充满 CO 和 N_2 的气体滤光相关轮,交替形成参比光束和测量光束,然后经过一个窄带干涉滤光器,进入测量光池。在光池中,参比光束与测量光束交替地照射测量池内的样品气体,为增加光程,光束在池内多次反射。在测量池光路的另一端,一个红外检测器检测参比光束和测量光束透出的光强。由于样品气体中的一氧化碳气体分子只对测量光束具有吸收作用，对参比光束无吸收作用，而其他气体对参比光束和测量光束产生同等的吸收作用，因此通过比较参比光束和测量光束的衰减强度，即可获得一氧化碳测量信号。

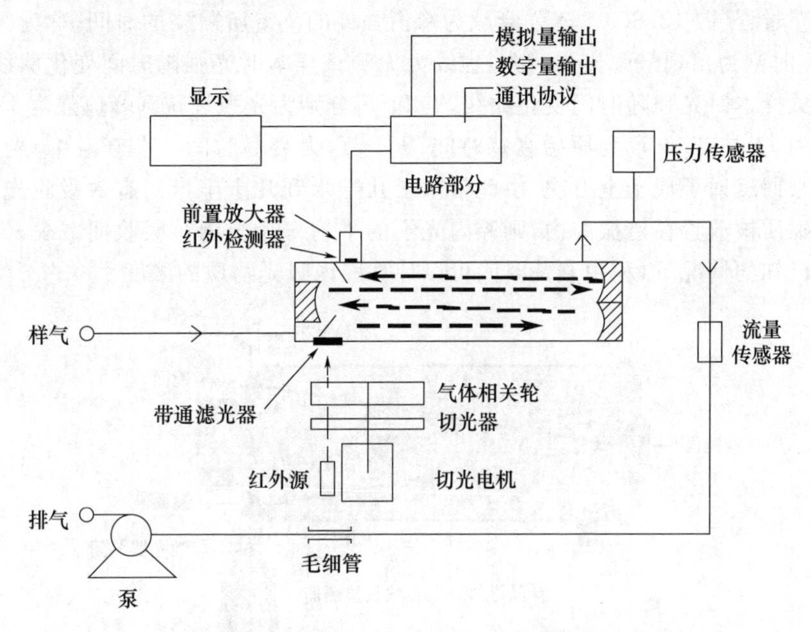

图 13.33　48iQ 型一氧化碳分析仪测量原理图

Thermo Fisher 科技公司的 46i 型 N_2O 分析仪也采用气体滤光相关技术对 N_2O 浓度进行测量，最低检测限为 0.02 ppm，最大测量范围为 50 ppm。

(3)光腔衰荡光谱技术(CRDS)

光腔衰荡光谱(CRDS)技术是一种高灵敏度的吸收光谱检测技术。因其先进的技术优势，已成为分析各种微量或痕量物质强有力的工具。

CRDS 技术是通过测量光在衰荡腔中的衰荡时间来进行吸收物质浓度测量的，该时间仅与衰荡腔反射镜的反射率和衰荡腔内介质的吸收有关，而与入射光强的大小无关，如(13.4.2)式所示。因此，测量结果不受脉冲激光光强涨落的影响，具有灵敏度高、信噪比高、抗干扰能力强等优点。

$$\tau=\frac{L}{c(\alpha CL+\ln R)} \tag{13.4.2}$$

式中，L 为衰荡腔长度，R 为反射镜的反射率，α 为所测气体的吸收系数，C 为所测气体的浓度，c 为仪器常数。

光腔衰荡光谱检测仪由激光器、衰荡腔和光检测器等组成，如图 13.34 所示。衰荡腔由两面或多面高反射率反射镜构成。PULSAR-a 温室气体分析仪使用三镜腔，以支持连续行波光波。与支持驻波的双镜腔相比,这可以带来优异的信噪比。当激光打开时,脉冲激光沿着光轴注入腔内,激光脉冲在腔镜之间来回反射而形成振荡,腔内光强会因相长干涉迅速增强。之后激光被迅速切断,光电探测器通过检测其中一个反射镜逸出的少量光强,产生与腔内光强成正比的信号,记录腔内激光脉冲的指数衰减过程(图 13.35)。光强衰减为峰值强度的 1/e 所需要的时间,称为"衰荡时间"。T_0时刻为出现最强光强时刻,虚线为无测试样本时光强随时间变化曲线,实线为有测试样本时光强随时间变化曲线,T_2和 T_1分别为光强衰减到峰值强度 1/e 所需要的时间,于是 T_2-T_0为原始衰荡时间,T_1-T_0为衰荡时间。在衰减中,光在反射镜间被来回反射了成千上万次,由此带来了几千米到几十千米的有效吸收光程。如果吸光物质被放置在谐振腔内,则腔内光子的平均寿命会因被吸收而减少。在腔镜反射率已知的情况下,利用衰荡时间可以计算腔内吸光物质的浓度。

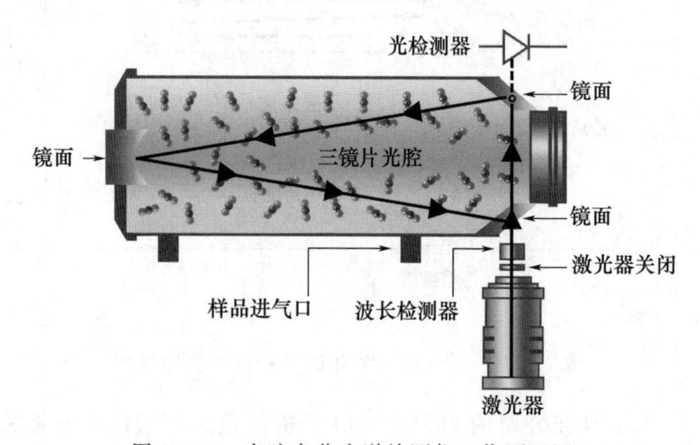

图 13.34　光腔衰荡光谱检测仪工作原理图

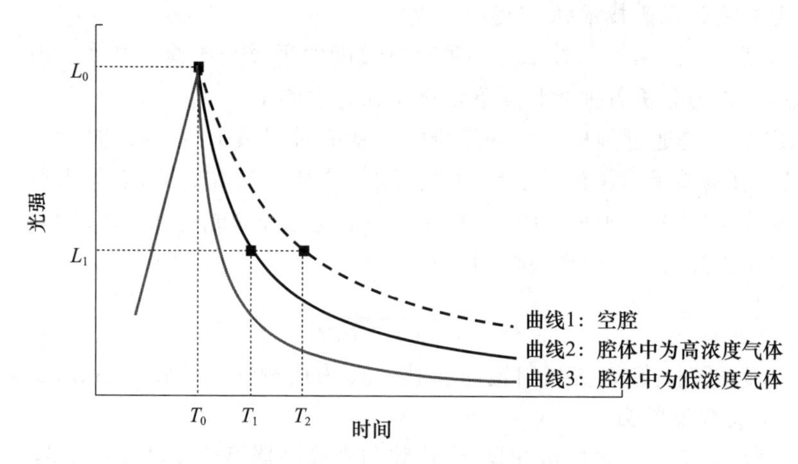

图 13.35　光腔衰荡光强信号随时间的变化

光腔衰荡光谱技术相较于其他吸收光谱技术有两个主要的优点：一是不会受到激光强度波动的影响。在大多数吸收测量中，光源光强必须假定是稳定，不会因有无样品而改变。任何光源光强的漂移都会在测量中引入误差。但在光腔衰荡光谱技术中，衰荡时间并不取决于激光的强度，于是激光强度的波动不影响浓度的准确测量。因其不依赖于激光强度，使得光腔衰荡光谱不需要采用外部标准进行校准或对照。二是由于具有非常长的吸收长度，灵敏度非常高，可以达到ppb级别，甚至有些气体浓度测量灵敏度可以达到ppt级别。在吸收测量中，最小可探测吸收正比于样品的吸收长度。由于光在反射镜之间被来回反射了很多次，使得它有非常长的吸收长度，因而对于浓度很低的气体也可进行测量。例如，激光脉冲来回通过一个1 m的光腔500次，就会带来1000 m的有效吸收长度。

13.4.3.3　色谱(GC)分析技术

色谱分析技术是利用混合物中各个组分在互不相溶的两相(固定相、流动相)之间的分配差异特性，将混合气体中各组分进行物理分离，然后采用不同的检测器对被测组分浓度进行检测的。采用气体作为流动相的气相色谱仪，只能对具有足够挥发性和热稳定性的被检气体进行检测。

Thermo Fisher科技公司的6000型气相色谱仪(图13.36)可对挥发性有机物进行定性和定量测量，测量种类有总烃化合物(THC)、非甲烷烃(NMHC)、苯系物(aromatic groups)、臭氧前体物(PAMS)以及甲醇、丙酮等。

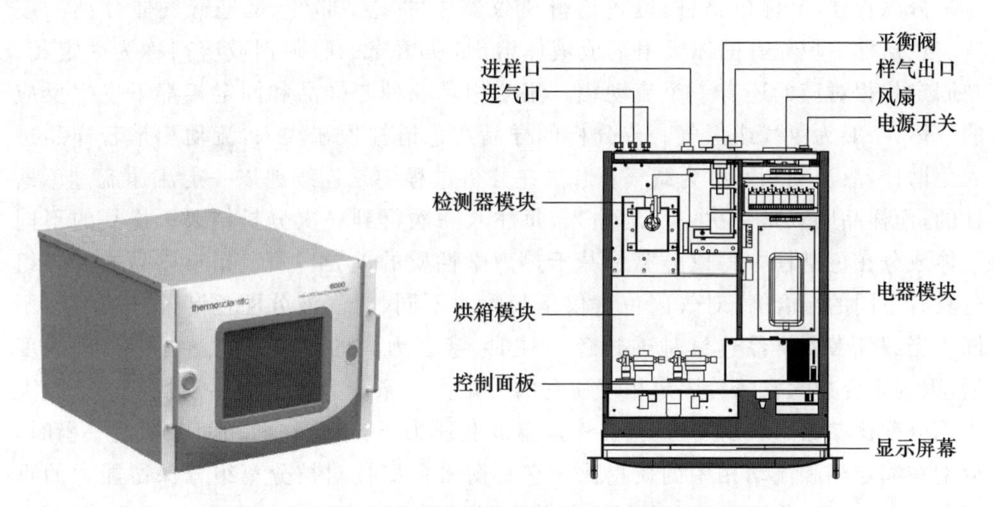

图13.36　6000型气相色谱仪外观(左)及组成结构图(右)

气体样品由采样泵抽进样气管并导入仪器内，利用置于烘箱内的分离管柱通过载流气体的推动将样品中的有机物分离；分离后的有机物依序进入火焰离子化检测器(FID)，在氢火焰中被电离成碳阳离子和电子，其产生的微电流，经由信号放大器输出,利用图谱分析软件计算出各组分的浓度值。图 13.37 所示为多组分色谱图。图中各信号峰(peak)的滞留时间(retention time,RT)用于识别化合物种类,而峰面积(peak area,PA)则用于计算化合物的浓度。

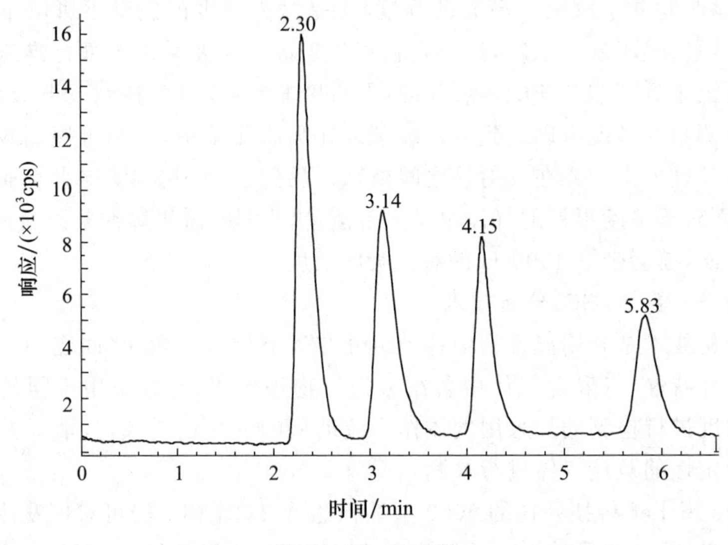

图 13.37 色谱图

分离管柱,又称色谱柱,是色谱分析仪器中的重要部件,是进行气体分离的装置。色谱柱中填充有固体吸附剂或液体溶剂,所填充的吸附剂或溶剂称为固定相。与固定相相对应的还有一个流动相。流动相是一种与样品和固定相都不发生反应的气体,一般为氮气或氢气。待分析的样品在色谱柱顶端注入,流动相带着样品进入色谱柱,故流动相又称为载气。载气在分析过程中是连续地以一定流速流过色谱柱的,而样品则只是一次一次地注入,每注入一次得到一次分析结果。样品的不同气体成分在色谱柱中得以分离是基于热力学性质的差异。固定相与样品中的各组分具有不同的亲合力,对气固色谱仪是吸附力不同,对气液分配色谱仪是溶解度不同。当载气带着样品连续地通过色谱柱时,亲合力大的组分在色谱柱中移动速度慢,因为亲合力大意味着固定相拉住它的力量大。亲合力小的则移动快。亲合力大小用分配比参数来表示,其是指在一定温度和压力下,组分在两相间分配达平衡时,分配在固定相和流动相中的质量比。它是衡量色谱柱对被分离组分保留能力的重要参数。分配比决定于组分及固定相热力学性质,它不仅随柱温、柱压变化而变化,而且还与流动相及固定相的体积有关。

应以依照检测环境气体组成的需求选择不同的色谱柱。色谱柱有三类,分别为毛细空管(石英管、不锈钢管)、填充分离管柱、毛细分离管柱(石英管、不锈钢管)。当样品通过毛细空管时,样品并不会被明显的分离,样品通过载流气体送到检测器可测到样品内碳氢化合物的总量。当样品通过填充分离管柱时，则只会让甲烷通过而吸附其他化合物，当到达检测器进行检测时，就只会得到甲烷气体的测值。当样品通过毛细分离管时，每一种化合物与毛细分离管固定相之间作用力不同，因此会在管柱内进行分离，如图13.38所示，A、B、C三种组分在经过色谱柱后被分离开来，然后依序到检测器内进行测量。

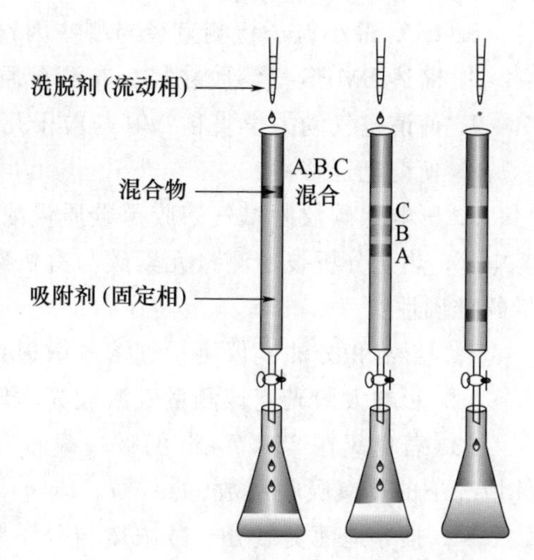

图13.38　色谱柱分离示意图

检测器是用于检测从色谱柱中分离出来的混合物各组分的装置。常见的检测器有火焰离子检测器(FID)、电子捕获检测器(ECD)等。利用火焰离子检测器可检测CO_2、CH_4的浓度。检测CO_2浓度时，首先由气相色谱仪将CO_2与空气样品内的其他气体组分分离，然后利用H_2作为催化剂将CO_2还原成CH_4，最后利用火焰离子检测器检测由CO_2还原的CH_4浓度。样品的色谱峰响应值可与已知CO_2摩尔分数的标准气体的色谱峰响应值进行对比，从而计算样品中的CO_2的摩尔分数。电子捕获检测器是一种非破坏性检测器，直接测量色谱柱流出物的某些属性(例如UV吸收)，从而有利于更多的分析物回收。气相色谱技术样品的测量频率一般为几分钟。

13.4.3.4　质谱(MS)分析技术

质谱分析技术是通过对被测样品离子的质荷比的测定来对样本的元素成分进行测量的。被分析的样品首先进行离子化，然后利用不同离子在电场或磁场的运动行为的不同，把离子按质荷比(m/q)分开而得到质谱，通过分析样品的质谱和相关信息，可以得到样品化学组成的定性定量结果。质谱分析技术可用于确定样本的元素成分、分子的质量，并用于阐明分子的化学结构。适用于对温室气体中碳、氧、氢、硫等的同位素含量进行分析。质谱分析技术可用作气相色谱法的检测器法，构成色谱-质谱联用分析仪。

习　题

1. 大气成分观测内容有哪些？为什么要观测这些内容？
2. 气溶胶采样装置设计需要达到什么要求？
3. 粒径切割技术有哪几种？比较各自优缺点？
4. CPC中的饱和室与冷凝室各自的功能是什么？

5. CPC 最小粒子检测直径与哪些因素有关?

6. 简述 SMPS 气溶胶粒径分布测量原理,并分析影响测量准确性的因素。

7. 何谓空气动力学直径?其与粒子几何直径有何关系?

8. 何谓电迁移率?

9. 影响黑碳仪测量气溶胶黑碳质量浓度准确性的因素有哪些?

10. 热光分析技术测量元素碳与有机碳的原理是什么?哪些因素影响元素碳测量的准确性?

11. 影响积分浊度仪测量气溶胶散射系数准确性的因素有哪些?

12. 影响太阳光度计测量气溶胶光学厚度准确性的因素有哪些?

13. 若臭氧在 253.7 nm 的吸收截面为 1.1476×10^{-17}(cm^2/分子),计算标准大气情况下的臭氧吸收系数(cm^{-1})。

14. 推导地面臭氧分子数浓度与分压单位之间的换算关系。

15. 计算 1 DU 臭氧柱总量中臭氧分子数含量。

16. 影响紫外吸收臭氧分析仪测量臭氧浓度准确性的因素有哪些?可采取哪些措施提高测量准确性?

17. 简述利用太阳分光光度计测量臭氧柱总量原理。

18. 列表比较 ECC 型、BM 型、KC 型臭氧探空仪臭氧传感器异同点。

19. 简述 Dobson 分光光度计法采取了哪些措施提高臭氧柱总量测量的准确性?

20. 简述 Umkehr 现象和特点。

21. 简述逆转法反演臭氧垂直分布的原理。

22. 简述比尔朗伯定律,并举例说明其在大气成分测量中的应用。

23. 简述气体浓度吸收光谱技术与发射光谱技术原理。

24. 简述色谱与质谱气体分析技术原理和优缺点。

25. 查阅世界气象组织网站,了解 GAW 观测计划的目标、组织和内容。

26. 查阅文献,简述国际上对温室气体排放限制的有关协议要求。

27. 查阅文献,简述国际上气溶胶观测与研究发展概况。

28. 查阅文献,简述气溶胶对气候变化的影响机制。

29. 查阅文献,了解地面臭氧浓度增加、平流层臭氧浓度减小的危害。

30. 查阅文献,概述温室气体(CO_2、CH_4)常用测量仪器的测量原理。

31. 查阅文献,概述反应性气体(CO、NO_x)常用测量仪器的测量原理。

参考文献

王强,2012. 综合气象观测[M]. 北京:气象出版社.

张养梅,孙俊英,沈小静,等,2020. 大气气溶胶监测与分析方法概述[J]. 三峡生态环境监测, 5

(3):1-10.

中国气象局,2019. 气溶胶 PM_{10}、$PM_{2.5}$质量浓度观测规范—贝塔射线法，QX/T 476—2019[S].

BRION T,CHAKIR A,COQUART B,et al,1997. High-Resolution Measurements of the Absorption Cross-sections for O_3 and NO_2,Chemical Processes in Atmospheric Oxidation[M]. Springer Verlag,157-161.

DAVID PICARD, MICHEL ATTOUI, KARINE SELLEGRI, 2019. B3010: A boosted TSI 3010 condensation particle counter for airborne studies[J]. Atmos Meas Tech,12:2531-2543.

DELUISI J J, MATEER C L, BHARTIA P K, 1985. On the correspondence between standard Umkehr,short Umkehr,and solar backscattered ultraviolet vertical ozone profiles[J]. J Geophys Res,90: 3845-3849.

DUTSCH H U,1959. Vertical ozone distribution from Umkehr observations[J]. Arch Meteorl Geophys Bioklimatol,Ser. A,11:240-251.

GOTZ F W P,MEETHAM A R,DOBSON G M B,1934. The vertical distribution of ozone in the atmosphere[J]. Proc R Soc,145:416-443.

VLADIMIR SAVASTIOUK,2006. Improvements to the Direct-sun Ozone Observations Taken with the Brewer Spectrophotometer[M]. York University,Toronto,Ontario

WANG SHI CHEN,RICHARD C F,1990. Scanning Electrical Mobility Spectrometer[J]. Aerosol Science and Technology,13(2):230-240.

WMO/GAW No. 143,2001. Global atmosphere watch measurements guide[R]. Geneva:WMO.

WMO/GAW No. 201,2014. Quality assurance and quality control for ozonesonde measurements in GAW[R]. Geneva:WMO.

WMO/TD-No. 1469,2008. Operations handbook—Ozone observations with a Dobson spectrophotometer[R]. Geneva:WMO.

第13章　大气成分的探测
电子资源

第14章　高空风探测

【学习指导】

1. 了解高空风探测方法和要求，了解气象气球种类和特点，熟悉气球升速特点和确定方法；

2. 掌握气球示踪测风原理，会计算站心坐标系、地心坐标系中的计算层风风速和风向。

3. 了解光学经纬仪、无线电经纬仪、测风雷达、无线电导航系统气球空间位置定位原理和位置参数；

4. 熟悉不同测风系统测得的计算层风误差原因和分析方法，能分析提高测风精度的措施方法。

高空风探测是高空气象探测的重要内容之一。大气运动是三维的，但由于大尺度大气运动的垂直速度较小，因此，在常规高空气象探测业务中，高空风探测主要是指对地面上空各高度的空气水平运动速度和方向的探测。空气垂直运动的探测主要在大气科学研究中开展。

高空风资料是开展天气分析和预报、气候研究的重要基础，也是开展环境污染预报、航空飞行、火箭发射、空投空降、炮兵射击等保障的重要资料。

风向是指气流的来向，以度(°)为单位，以相对于正北顺时针方向增大的角度表示，风向90°表示气流由东方吹来，风向0°或360°表示气流由北方吹来。但在北极或南极圈1°以内，风向方位的0°是与格林尼治0°经线一致的。在无线电测风报告中，高度均是以位势高度表示的，而不是几何高度。

高空风主要采用原位测量法、示踪物法和遥感法进行探测。①原位测量法是利用安装在各类观测平台(如气象塔、飞机、气球、飞艇等)上的测风仪器，对所在高度的空中风进行的探测。②示踪物法是通过跟踪随气流移动的物体运动的轨迹进行空中风测量的方法，常用的示踪物有气球、云块等，目前气象观测业务中主要采用气球作为示踪物进行高空风探测，利用连续多次的气象卫星云图也已实现了跟踪云块运动的云迹风获取。③遥感法主要是利用大气中运动的空气分子、气溶胶粒子、云滴雨滴等质点与微波、声波、光波相互作用的多普勒频移效应，来遥感反演风向、风速。

本章主要介绍以气球为示踪物的高空风探测方法，原位测风仪器已在第8章进行了介绍，部分遥感测风方法在第16章、第17章介绍。

14.1 气象气球

气象气球是用橡胶或聚酯薄膜材料制成球皮，充以比空气密度小的氢气或氦气，搭载探空仪等设备在升空过程中进行高空探测的一种无动力升空平台。它具有成本低、使用灵活便捷、数据获取快速有效、分辨率高、探测实施不受地域和气候因素影响等优点，在民用和军事上有着广泛的用途和应用前景。一般采用氢气充灌气球，在舰船上、火箭发射场等安全性要求高的场合，通常使用氦气。氢气容易获取，可现场制取(如：硅碱法制氢、水电解制氢等)，与空气中的氧气混合后容易引起爆炸，因此，充灌氢气时应注意安全。氦气比较安全，但浮力较小，不能现场制取，成本也较高。

14.1.1　气象气球类型

气象气球的外形、升速(平移或降落)、荷重、可达高度以及颜色等是多种多样的。根据球皮的特性，气象气球可分为膨胀型和非膨胀型两种。根据探测功能，可分为探空气球、测风气球、云幕气球、系留气球等，其外形如图14.1所示。使用膨胀型气球，可实现大气的垂直探测；使用非膨胀型气球，可进行大气的水平探测或驻留探测。常规气象业务中，主要使用膨胀型气球。

(a) 探空气球

(b) 测风气球

(c) 系留气球

图14.1　气象气球

14.1.1.1　膨胀型气球

膨胀型气球的球皮是由伸缩性较大的橡胶制成。气球充气后，球内外压力差很小，气球可随气压的降低而自由膨胀，气球可一直上升到破裂为止，一般用于大气的垂直探测。为了保持球皮的伸缩性，橡胶内要适当加入耐寒、耐臭氧、耐光老化的助剂，此外，为防氢气爆炸，还要加入防静电的物质。

膨胀型气球通常分为携带仪器的探空气球，不携带仪器的测风气球和测量云底高的云幕气球。探空气球可携带各型无线电探空仪，载荷重量一般小于2 kg，以400 m/min左右的升速上升到最大35 km的高度(约5 hPa气压高度)，获取高空大气垂直廓线。测风气球作为探测高空风时的示踪物,目前常用 30 g 气球(指球皮质量),升速固定为 200 m/min。云幕气球用于测定云底高度,目前常用的为 10 g 气球,升速固定为 100 m/min,利用气球升空后入云时间计算云底高度。我国生产的橡胶气球规格如表 14.1 所示。

表 14.1 气象业务使用的气球规格和用途

规格/g	质量/g	长度/mm	柄宽/mm	柄长/mm	用途
10	10±4	180±30	≤37	≥40	测云
30	30±5	340±40	≤52	≥60	测风或测云
50	50±5	450±50	≤60	≥60	测风
100	100±15	600±60	≤70	≥80	测风
200	200±30	950±100	≤100	≥100	测风
300	300±30	1300±100	≤100	≥100	探空
400	400±40	1380±100	≤100	≥100	探空
500	500±50	1800±100	≤100	≥100	探空
600	600±50	2100±120	≤100	≥100	探空
750	750±50	2300±200	≤100	≥110	探空
950	950±70	2500±200	≤100	≥110	探空
1200	1200±100	2850±200	≤130	≥110	探空

10 g、30 g 气球的球皮,有红、白、黑等不同颜色,施放时需根据不同的天空状况(如:云况)选择适当颜色,以加大气球与天空背景的对比度,以便目测跟踪,如表 14.2 所示。而探空气球均为白色,主要采用无线电方式跟踪。

表 14.2 天气条件与气球颜色选择

气球类型	天空背景状况	气球颜色
测风气球	云层呈白色、透光程度较好,天空比较明亮	红色
	碧空、少云,垂直能见度良好,天空呈蔚蓝色	白色
	云层呈灰色、透光程度较差,天空阴暗	黑色
探空气球	各种天空背景	白色

现有探空技术体制采用气球单程升空方式,升空到气球爆炸后,探空截止。为了实现对特定时间和区域的加密探测,提升高空气象探测水平,2018 年以来,我国开始发展往返式智能探空系统,如图 14.2 所示。该系统采用携带气球和平移气球(又称平漂气球)结合的应用方式。平移气球在上升阶段结束后不爆炸掉落,而是保持垂直高度上的小范围波动进入平移阶段,平移(约 5 h)结束后气球与探空仪分离,探空仪携带降落伞低速降落进行下降阶段探测,可通过一次气球施放实现“上升—平

移—下降”三阶段探测，获得 6 h 以上的探空数据。这将使目前业务每天间隔 12 h 的两次探空资料，变为每天间隔 6 h 左右的 4 次探空资料，同时还可获取 2 次 4 h 以上的平流层连续探测资料，显著提升了探测效益。往返式智能探空系统通过套球系统或串球系统实现（曹晓钟，2021）。

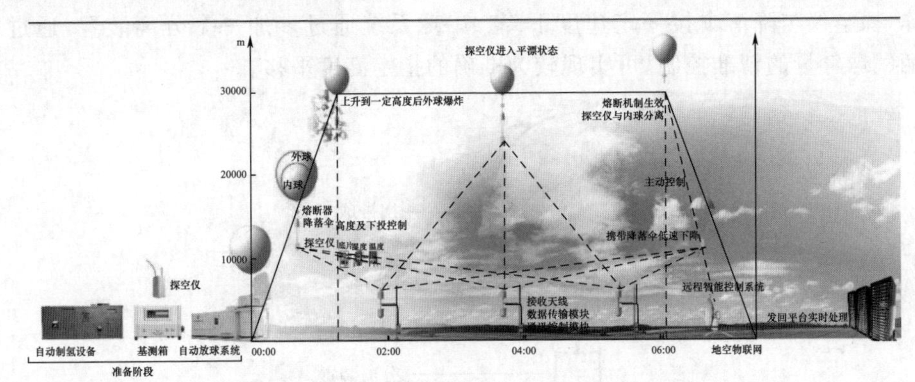

图 14.2　往返式智能探空系统工作示意图

套球系统装置由两个橡胶气球（外球、内球）、熔断器、降落伞和探空仪等组成，如图 14.3 所示。携带球提供上升段动力，到达预定高度后外球（携带球）爆炸，内球（平移球）携带探空仪保持动态平衡，在预定高度上保持平移状态持续工作一段时间；然后熔断器工作，与内球分离，探空仪和降落伞按一定速度下降探测。施放前，需要先将两只乳胶气球嵌套；为内球灌充一定量的氢气，扎紧；再向外球灌充适量氢气，产生足够的浮力。

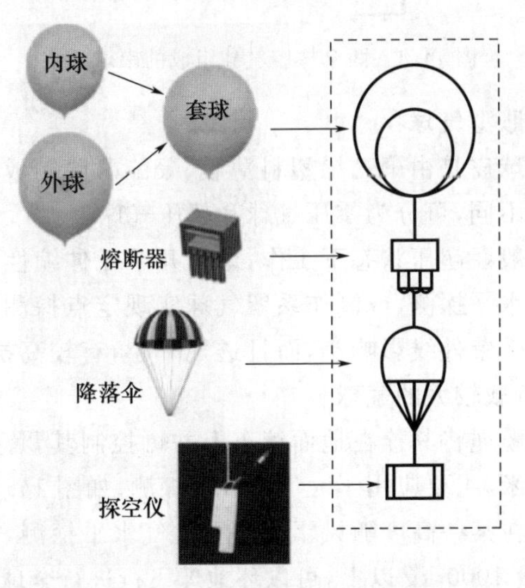

图 14.3　双层橡胶气球组成的套球系统

串球系统装置由气球(包括双柄气球)、分离装置、降落伞和探空仪等组成,如图 14.4所示。携带球提供上升段动力,到达预定高度后分离装置工作,切断绳子,使动力携带球与平移球分离;平移球携带探空仪保持动态平衡,在预定高度上保持平移状态到指定时间;然后分离装置工作,平移球与探空仪分离,平移球继续上升直到爆炸,探空仪与降落伞按一定速度下降。串球系统通过多加一个分离装置,通过对双柄气球气量的精准控制,可实现较为准确的指定高度平移。

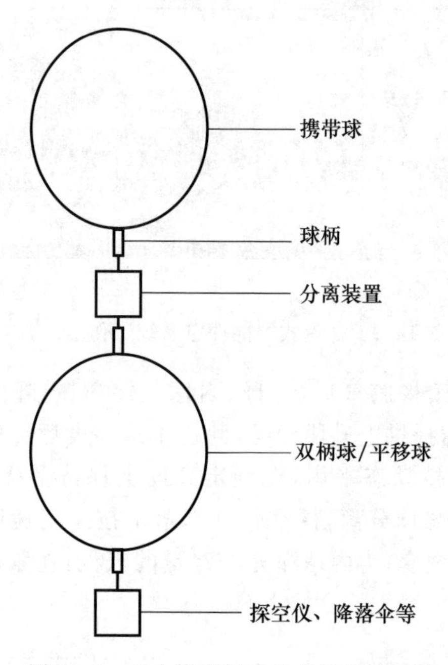

图 14.4　两个橡胶气球组成的串球系统

14.1.1.2　非膨胀型气球

非膨胀型气球的球皮是由聚乙烯塑料薄膜、聚酯薄膜制成。按照气球本身是否密闭及其内部压力的不同,可分为零压气球和超压气球。

非膨胀型气球一般在超压状态下工作,球皮几乎无伸缩性,可保持一定形状,用于制作平移气球实现水平探测,或制作系留气球实现定点探测等。聚乙烯薄膜的性能优于橡胶,耐低温,受紫外线影响小,而且透气率小,有较高抗拉强度,因此可以用来制造使用期较长、负载较大的气球。

系留气球是使用缆绳将其拴在地面绞车上并可控制其飘浮在大气中一定高度,升空高度最高为几千米,主要应用于大气边界层探测,如图 14.1c 所示。

平移气球能驻留在某一高度随风飘移进行大气水平探测,最大的平移气球有数十万立方米,载荷重量 1000 kg 以上,可以环地球飞行进行全球探测。

洛宾气球是随火箭升空弹出后向下降落时进行探测的气球。

飞艇是一种轻于空气，由动力推进并可操纵的航空器。与其他航空器相比，具有滞空时间长、载重量大、污染小、使用维护成本低、起降场地要求低等优势，根据需求可飞行在不同的高度。平流层飞艇是一种飞行在平流层底部弱风区（17～25 km 高度）范围内的一类大型浮空器，能够利用动力、飞行控制、遥控等系统进行机动和动点观测。平流层飞艇可以作为一种新型的信息中转平台，在通信、实时监视、反恐、防御、气象探测等军事和民用领域有巨大的应用前景。相对于卫星平台，平流层飞艇在部署升空时并不需要专门的发射工具，且飞艇具有可重新部署和运行成本低等优点。

14.1.2　气象气球性质

目前气象探测业务中，最常用的是膨胀型气球。膨胀型气球具有透气性能、膨胀性能和弹性性能等性质。

膨胀型气球的漏气率为 2‰/h～5‰/h，当温度降低时，漏气率按指数减小，当气球体积增大时，漏气率增大。

球皮爆裂时的直径与球皮未充气时的直径之比称为膨胀率，膨胀型气球的膨胀率最大为 6.5～8.5，平均为 7.0 左右。

由于球皮的弹性，气球内外压力差不等于零，压差为 ΔP。由芬兰 Vaisala 公司实验得出如(14.1.1)式所示的关系为：

$$\Delta P=\frac{2d_0}{r_0}f(e) \tag{14.1.1}$$

式中，$f(e)=\frac{a}{e^3}\exp\left[b(e-1)-\frac{c}{e-1}\right]$，$d_0$ 为球皮厚度，r_0 为球皮未充气的厚度，$f(e)$ 是膨胀率 e 的函数，a、b、c 对于同一材料是常数。e 和 $f(e)$ 的关系曲线如图 14.5 所示，当 $e=1.2$ 时，即刚开始充气，$f(e)$ 达到最大值；随着充气量的增加，当 $e=3.8$ 时，$f(e)$ 达到最小值；之后略有增加。一般而言，球内外压力差为 6～20 hPa。

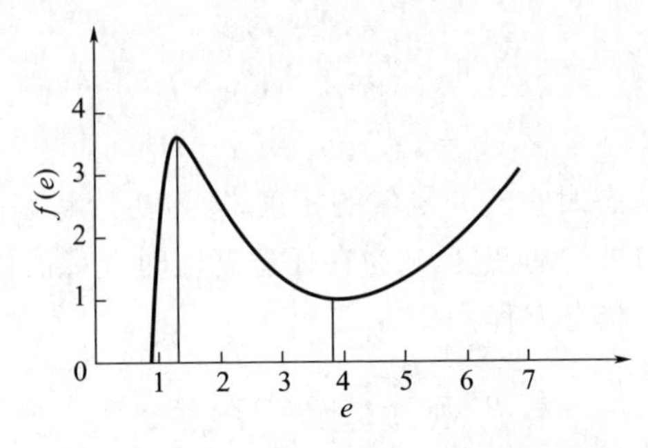

图 14.5　膨胀率与球内外压力差的关系

14.1.3　气球升速

气球在大气中飘浮可以是以一定的速度上升或驻留在空中某一高度（等密度

面)平移、也可以是以一定的速度降落。本章讨论的是以一定升速上升的气球,主要是探空气球、测风气球和云幂气球作为示踪物的探测方式。气球的升速会影响完成整个探测的时间周期,对气球的升速有限定,尤其是在经纬仪测风方式下,由于经纬仪只能观测气球的仰角、方位角等参数,还需要借助事先确定的升速来计算气球的高度,才能确定气球位置。因此,气球升速的讨论就显得尤为重要。下面仅从气球在垂直方向的受力分析出发,讨论气球在垂直方向上的运动过程,更完整的运动过程讨论,见14.2.1节。

14.1.3.1 气球理论升速

设V为圆形气球的体积,ρ_H为球内充灌氢气的密度,B为球皮及附加物(如:扎紧球嘴的绳线、夜间探测时球下挂载的灯笼等)的重量,ρ为空气密度,g为重力加速度。则浮力F和氢气重力f分别为:

$$F=\rho gV \tag{14.1.2}$$

$$f=\rho_H gV \tag{14.1.3}$$

气球静止时所受的合力称为净举力,其表达式为:

$$A=(\rho-\rho_H)Vg-B \tag{14.1.4}$$

由此可见,气球所受的净举力与充入球皮的氢气量、空气密度有关,与球皮和附加物的重量之和有关。

若假设:

(1)气球在上升过程中,球内外的温度、气压始终保持一致;

(2)气球内氢气质量保持不变(无外泄);

(3)气球在上升过程中始终保持正圆形。

另外,球皮及附加物的重量在气球上升过程中保持不变,并忽略g随高度的变化,则在初始状态(地面施放时)的净举力A_0与气球上升到任意高度时的净举力A_n分别表示为:

$$A_0=(\rho_0-\rho_{H0})V_0 g-B \tag{14.1.5}$$

$$A_n=(\rho_n-\rho_{Hn})V_n g-B \tag{14.1.6}$$

式中,ρ_0、ρ_{H0}为在初始状态时空气和氢气的密度;V_0为初始状态时气球的体积;ρ_n、ρ_{Hn}为在任意高度时空气和氢气的密度,V_n为在任意高度时气球的体积。

根据空气和氢气的状态方程:

$$\rho=\frac{P}{R_a T},\quad \rho_H=\frac{P}{R_H T} \tag{14.1.7}$$

由气球在上升过程中球内外的压力和温度是一致的,有:

$$\frac{\rho}{\rho_H}=\frac{R_H}{R_a}=\text{常数} \tag{14.1.8}$$

因R_a、R_H为常数,有:

$$\frac{\rho_n}{\rho_{Hn}}=\frac{\rho_0}{\rho_{H0}} \tag{14.1.9}$$

根据球内外氢气质量不发生变化，并忽略 g 随高度的变化，则有：

$$\rho_{Hn}V_n g=\rho_{H0}V_0 g=常数 \tag{14.1.10}$$

$$\frac{\rho_{Hn}}{\rho_{H0}}=\frac{V_0}{V_n} \tag{14.1.11}$$

因此：

$$\rho_{H0}V_0=\rho_{Hn}V_n \tag{14.1.12}$$

$$\rho_0 V_0=\rho_n V_n \tag{14.1.13}$$

则：

$$A_0=A_n \tag{14.1.14}$$

由此可见：在假设条件下，气球上升过程中净举力保持不变。

气球施放后，在净举力的作用下，开始上升，根据空气动力学原理，气球将受到一个与运动方向相反的空气阻力。

设气球在垂直方向上空气与气球的相对运动速度为 W，当空气无垂直运动时 W 即为气球升速。由实验可得，在 2 m/s$<W<$100 m/s 时，空气阻力 R 可表示为：

$$R=k\rho D^2W^2 \tag{14.1.15}$$

式中，ρ 为空气密度；D 为气球直径；k 为空气阻力系数，是雷诺数 Re 的函数：

$$Re=\frac{\rho WD}{\eta} \tag{14.1.16}$$

式中，η 是空气的黏性系数。

k 与 Re 的关系如图 14.6 所示。由图可见：在 Re 值较高区间时，k 值基本不变，可视为常数。当 Re 处于区间$[1\times10^5, 3\times10^5]$时，$k$ 随 Re 增大而减小，该区间称为临界区间。对于云幂气球而言，Re 值处于临界区间之外，k 可视为常数。对于测风气球和探空气球来说，Re 值处于临界区间以内，k 不是常数。

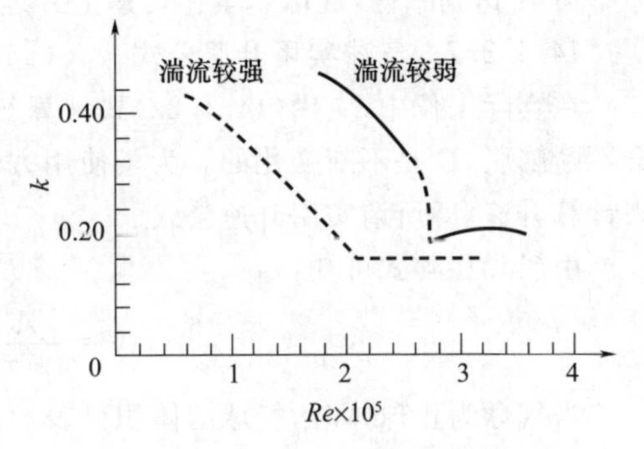

图 14.6　阻力系数与雷诺数的关系

气球在净举力 A 和环境空气对它的阻力 R 的共同作用下的垂直运动方程为：

$$m\frac{\mathrm{d}W}{\mathrm{d}t}=A-R \tag{14.1.17}$$

式中，m 为气球系统的总质量，W 为气球升速。

设 z 为气球高度,因 $\frac{dW}{dt}=\frac{dW}{dz}\cdot\frac{dz}{dt}=W\frac{dW}{dz}=\frac{1}{2}\frac{dW^2}{dz}$,将(14.1.15)式代入(14.1.17)式,经整理后得:

$$\frac{dW^2}{dz}+\frac{2k\rho D^2}{m}W^2-\frac{2A}{m}=0 \tag{14.1.18}$$

该方程为 W^2 的一阶齐次线性常微分方程。如果取一薄层大气,k、D、ρ 变化很小,可视为常数。取初始条件:$z=0$ 时,$W=0$,解(14.1.18)式,可得到:

$$W^2=\frac{A}{k\rho D^2}\left[1-\exp\left(-\frac{2k\rho D^2}{m}z\right)\right] \tag{14.1.19}$$

式中,$\exp\left(-\frac{2k\rho D^2}{m}z\right)$是一暂态项。当 $z\to\infty$时,有:

$$W_\infty=\frac{1}{\sqrt{k\rho}}\frac{\sqrt{A}}{D} \tag{14.1.20}$$

式(14.1.20)称为气球的理论升速公式。实际上,$W\to W_\infty$ 的速度很快。如果取:

$$\left[1-\exp\left(-\frac{2k\rho D^2}{m}z\right)\right]^{\frac{1}{2}}=0.99 \tag{14.1.21}$$

对测风气球,气球施放后一米多就可达到极限升速的99%,即:

$$W=\frac{1}{\sqrt{k\rho}}\frac{\sqrt{A}}{D} \tag{14.1.22}$$

由于空气阻力与 W^2 成正比,气球施放后短时加速上升,阻力迅速增大,很快与净举力 A 达到平衡,气球基本作匀速上升运动。

14.1.3.2 气球实用升速公式

在实际工作中,应用(14.1.22)式计算气球的升速很不方便,因为上升中的气球会不断膨胀,D 是不断变化的。为了使用方便,通常采用附加物的重量 B、净举力 A 来计算升速,即所谓实用升速公式。

由(14.1.4)式可知:

$$V=\frac{A+B}{(\rho-\rho_H)g} \tag{14.1.23}$$

当气球为正球体时,气球的体积可表示为:

$$V=\frac{1}{6}\pi D^3 \tag{14.1.24}$$

令:$\rho-\rho_H=\rho\left(1-\frac{R_a}{R_H}\right)=n\rho$,由于气体常数=普适常数/摩尔质量,故 $n=0.931$。根据(14.1.23)和(14.1.24)式可得:

$$D=\sqrt[3]{\frac{6(A+B)}{\pi g n\rho}} \tag{14.1.25}$$

将式(14.1.25)代入式(14.1.22)得：

$$W=b\rho^{-\frac{1}{6}}\frac{\sqrt{A}}{\sqrt[3]{A+B}} \tag{14.1.26}$$

这便是气球的实用升速公式。式中，$b=\frac{1}{\sqrt{k}}\sqrt[3]{\frac{n\pi g}{6}}$。

由(14.1.26)式可见，气球的升速主要受净举力 A、球皮和附加物重量 B 和空气密度 ρ 的影响。因此：

(1)要增加气球的升速 W，必须增大净举力 A 或减小球皮和附加物重量 B；

(2)A、B 不变时，气球升速会受到空气密度(主要是气温和气压)的影响，空气密度减小，升速增大；

(3)上述公式的推导，都是以正圆球体为前提的，若气球形状改变，升速是不同的。

由于球皮和附加物重量可近似看作随高度不变，空气密度 ρ 虽然随高度升高而减小，但这种影响在较低层大气中对气球升速的影响不大(按照负 1/6 次幂变化)。所以，气球升速主要受净举力 A 的影响。在前面已讨论过，净举力 A 随高度升高而不发生变化，因此，便可以认为气球随高度升高升速不会变化。

14.1.3.3　净举力的求取

在高空气象探测工作中要求气球按统一规定的升速上升：云幕气球的升速为 100 m/min，测风气球的升速为 200 m/min，探空气球的升速为 400 m/min。相应的球皮和附加物的重量也是事先确定的。为使气球具有规定升速，则根据气球的实用升速公式(14.1.26)，按当时的空气密度充灌氢气，使气球具有相应的净举力。

取标准状态空气密度 $\rho_0=1.225\ \mathrm{kg/m^3}$($P=1013.25$ hPa，$t=15$ ℃时)，定义标准密度升速 W_0 为：

$$W_0=b\rho_0^{-\frac{1}{6}}\ \frac{\sqrt{A}}{\sqrt[3]{A+B}}=b_1\ \frac{\sqrt{A}}{\sqrt[3]{A+B}} \tag{14.1.27}$$

式中，$b_1=b\rho_0^{-\frac{1}{6}}$。$W_0$ 的单位为 m/min，A，B 单位为 g，由此可得：

$$W_0=W\left(\frac{\rho}{\rho_0}\right)^{\frac{1}{6}} \tag{14.1.28}$$

由实验可得 b_1-A 的关系如表 14.3 所示：

表 14.3　b_1-A 之间的关系

A/g	≤140	150	160	170	180	190	200	210	220	230	≥240
$b_1/(\mathrm{m\cdot min^{-1}\cdot g^{-\frac{1}{6}}})$	82.0	82.5	83.6	84.9	87.0	89.6	92.2	94.9	95.4	95.9	96.2

实际工作中,由于计算比较麻烦,所以用(14.1.28)式制成标准密度升速值表,用(14.1.27)式制成净举力查算表,制表时给定一组 A 值,从表 14.3 中分别查出 b_1,作一组关于 W_0-B 的变化曲线,如图 14.7 所示;在曲线图上,根据 W_0 和 B 内插出 A 值。

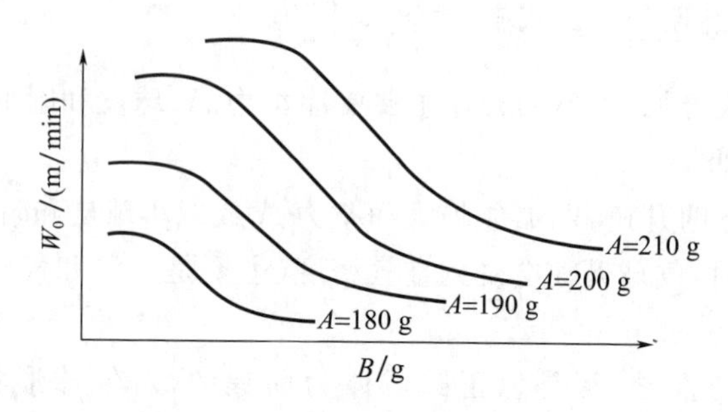

图 14.7　W_0-B 的变化曲线

查算时,先根据气球的升速和当时的气压和气温,从标准密度升速值表中查出标准密度升速值;然后再依据标准密度升速值和球皮及附加物重量,从净举力查算表中查出净举力。一般采用平衡器或浮力天平等对测风气球和云幂气球进行充灌。

14.1.3.4　气球升速误差及影响因素

气球的实际升速与理论计算值常存在偏差,这是因气球升速公式中的假设条件不能完全符合实际情况的结果。

图 14.8 给出了用一次双经纬仪观测法实测的气球平均升速与理论计算升速相对偏差(实线)以及理论计算升速与地面标准升速的相对偏差(虚线)随高度变化的曲线。由图可见,理论升速随高度增加,这主要是由于空气密度随高度减小所造成的。在 2 km 高度以下,气球的实际平均升速大于理论计算值,相对误差达 20%以上,且随高度的增加而偏差迅速减小,该层引起偏差的主要原因是大气边界层湍流的影响;在 2～12 km 高度范围内,气球的实际升速与理论计算值偏差不大,但偏差随高度增加,该层引起气球升速偏差的主要原因是受空气密度随高度减小的影响;在 12 km 高度以上,实际升速值低于理论计算值,且随高度增高而偏差加大,该层引起偏差加大的主要原因是氢气的渗漏影响。

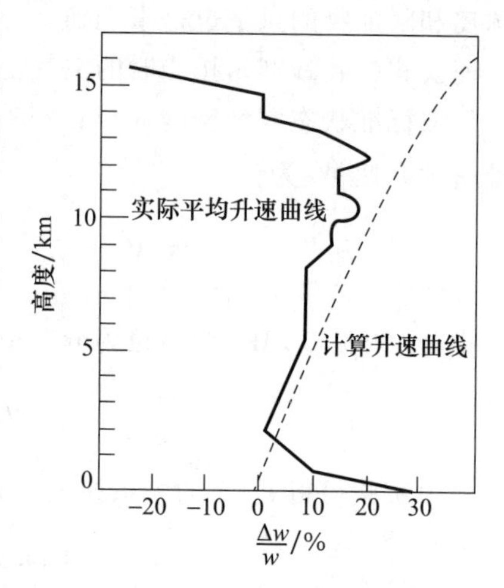

图 14.8　气球升速误差随高度的变化

需要说明的是,气球升速随高度的变化受诸多因子的影响,每一次探测过程都会存在差异。此外,在出现强对流天气时,垂直气流速度的数量级可与气球升速相当,在出现强烈的下沉气流时,会使气球升速为负值;气球的形状与球内外的温、压不相等都会造成气球升速产生偏差。

14.2　气球位置定位及测风方法

利用气球运动轨迹测量高空风,首要的就是要准确测定各个时刻气球在空间的位置。测定气球位置的仪器及手段有:光学经纬仪、无线电经纬仪、测风雷达、导航定位系统等,不同定位设备所确定的气球位置参数如表 14.4 所示。

表 14.4　不同定位设备确定的气球位置参数

定位方法	定位仪器设备	定位参数	备注
单点定位	光学经纬仪	δ、α	H 由固定升速外推得到
	光学经纬仪＋探空仪	δ、α、H	H 由探空计算而得
	无线电经纬仪＋探空仪	δ、α、H	H 由探空计算而得
	一次雷达＋反射靶	δ、α、R	
	二次雷达＋探空仪(回答器)	δ、α、$R(H)$	H 由探空计算而得
双点定位	两台光学经纬仪	δ_1、α_1、δ_2、α_2	H 直接计算而得
导航定位	导航卫星系统＋探空仪	Lon、Lat、H	

14.2.1　光学经纬仪

14.2.1.1　单经纬仪测风

经纬仪是一种依据测角原理设计的测量俯仰角和方位角的测量仪器,常用于大地测量中。光学测风经纬仪是一种观测气球仰角和方位角的精密光学仪器。它有多种类型,在结构、性能上有所差异,但其主要原理基本上是相同的。测风经纬仪只能测量空中气球的角坐标参数(仰角和方位角),高度参数是根据气球升速推算出来的。

目前常用的有机械式光学测风经纬仪、电子(数字)式光学测风经纬仪等,分别如图 14.9 和图 14.10 所示。

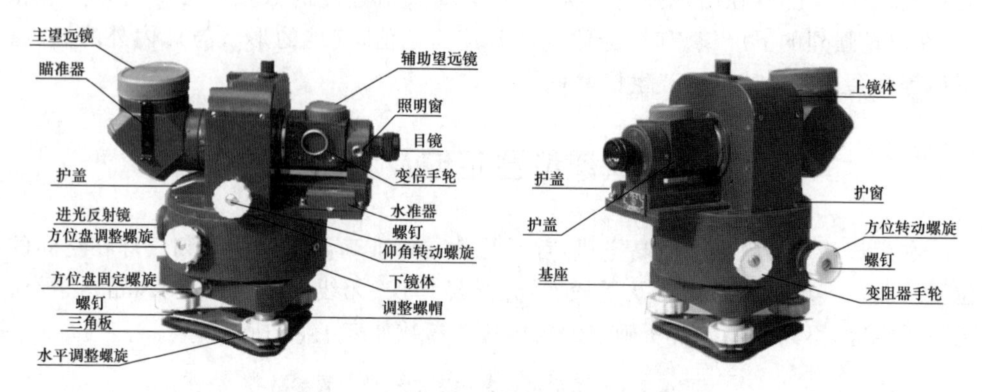

图 14.9　机械式光学测风经纬仪外形

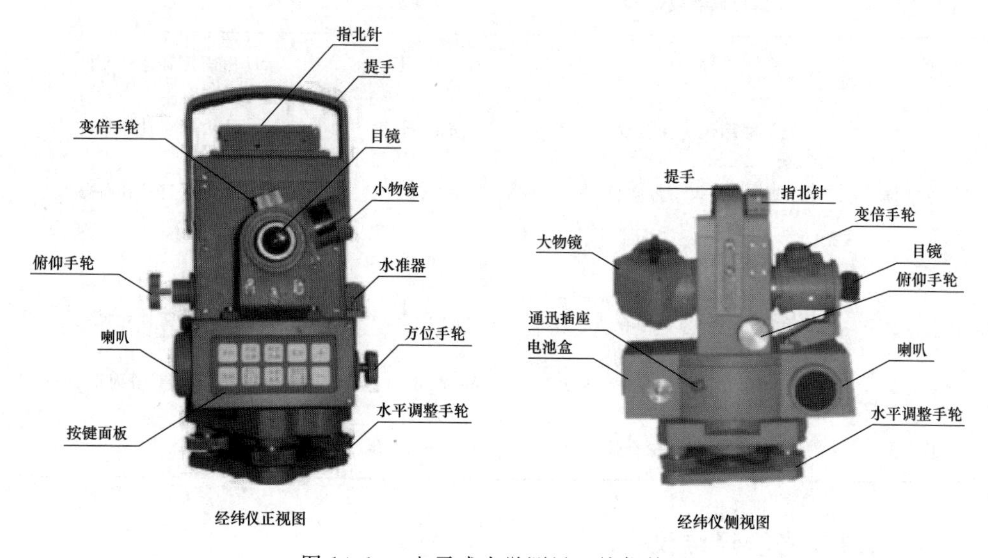

图 14.10　电子式光学测风经纬仪外形

1)测角原理

不同型号的光学测风经纬仪测角原理是基本相同的。如图 14.11 所示,ST 为光学轴,SC 为水平轴,AB 为垂直轴,三个轴相互垂直;C 为仰角度盘,B 为方位度盘,L 为仰角读数指标,H 为方位角读数指标。当光学轴 ST 绕水平轴 SC 在垂直面上转动时,将带动仰角刻度盘作相应的转动,转动角度的大小,可以从固定不动的仰角读数指标 L 处读取。当水平轴 SC 绕垂直轴 AB 在水平面上转动时,带动方位角读数指标 H 一起转动,方位度盘是固定不动,根据 H 转动的位置可在方位度盘上读取方位角读数。

2)结构

光学测风经纬仪主要由光学装置、转动装置、读数装置、水平调整装置、照明装置和定向装置等组成。光学装置如图14.12所示,由主望远镜、辅助望远镜、目镜、分划板等组成。主望远镜又称大物镜,放大倍率为24倍,视场角小,测角精度高,用于远距离观测;辅助望远镜又称小物镜,放大倍率为4倍,视场角大,测角精度低,用于近距离观测;目镜由一组镜头组成,用于观测气球或物象;分划板是成像位置,气球或物象和读数窗都成像在分划板上,可以观测到球影和读数值。

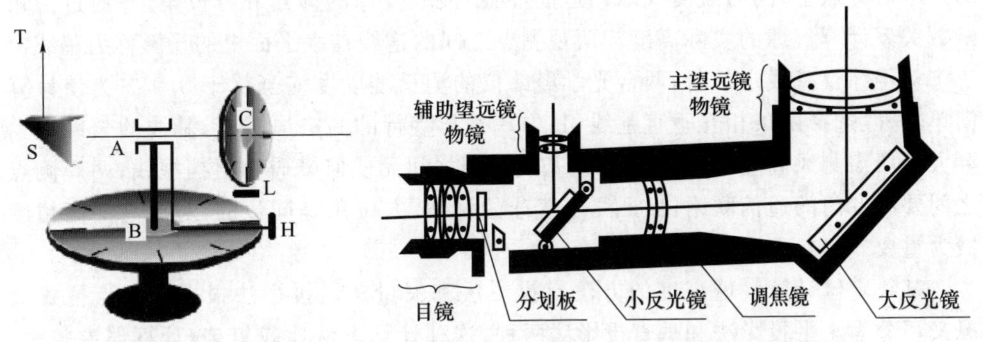

图14.11　测角原理示意图　　图14.12　光学系统示意图

转动装置由仰角、方位角手轮组成。利用仰角、方位角手轮进行调整时,望远镜可进行俯仰、方位旋转,调整速度较慢,称为细调或小动。另外,可直接用手握住望远镜筒进行俯仰、方位调整,调整速度较快,称为粗调或大动。

读数装置由仰角、方位度盘和刻线组成,如图14.13所示,上排为仰角刻线,下排为方位角刻线,长刻线为读数的整数值,短刻线为读数的小数值。当度盘整数位对准某一小数刻线时,该刻线的示度即为小数值。图中所示应当读为仰角34.5°,方位角237.7°。采用机械式光学测风经纬仪人工读数时,通常每分钟读取一次角坐标参

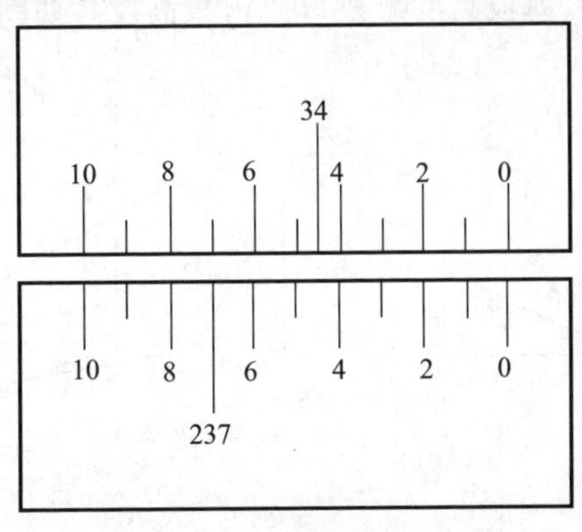

图14.13　读数窗示意图

数;当采用电子式光学测风经纬仪观测时,可设置为10 s、15 s、20 s、30 s、60 s等不同采样间隔自动采集角坐标参数,实现加密观测。

水平调整装置包括水准器和三个水平调整螺旋,用于调整经纬仪基座保持水平。

照明装置在夜间用于照明读数窗和分划板,白天可利用自然光。

定向装置包括指北针和方位度盘调节手轮,用于确定正北方位。

14.2.1.2 双经纬仪测风

双经纬仪测风又称为双经纬仪基线测风,是把两台经纬仪分别安置在已知距离的两个观测点上,同时观测气球的运动,同步读取气球的仰角和方位角,并通过三角函数关系计算气球的实际高度。两观测点之间的连线在水平面上的投影称为基线。

双经纬仪基线定位时,两台光学经纬仪的测量准确度应当优于0.05°;为使计算简单,一般选择两条相互垂直基线,其中一条与盛行的高空风垂直;基线的长度至少要大于所需测风高度的1/5或2/5,基线两端之间无任何障碍物阻挡视线;两观测点之间要有专门的通信联络,保证测定气球的仰角、方位角是同步的,对提高测高精度极为重要。

基线定位计算气球高度的方法有投影法和矢量法。投影法根据投影点位置情况又可分为水平投影法和垂直投影法两种,这种计算方法比较复杂,计算误差较大,目前一般采用矢量法。

在实施基线测风架设经纬仪时,两台经纬仪中相对位置在北方的一台对准另一台为180°,另一台经纬仪对准北方的一台为0°。气球施放点定为A点,另一点为B点。正北线与基线的夹角φ称为基线方位,这种定向方法称为基线定方位,如图14.14所示。在计算风向时,要进行基线方位订正。

在矢量法计算气球高度时,取两台经纬仪的连线AB在水平面上的投影为x轴,两台经纬仪的方位角都以x轴的正向为0,顺时针方向增大,A点观测气球的仰角与方位角分别为δ、α,B点观测气球的仰角与方位角分别为γ、β,基线长度为S,两台经纬仪的高度差为Δh(B点海拔高度减去A点海拔高度),如图14.15所示。

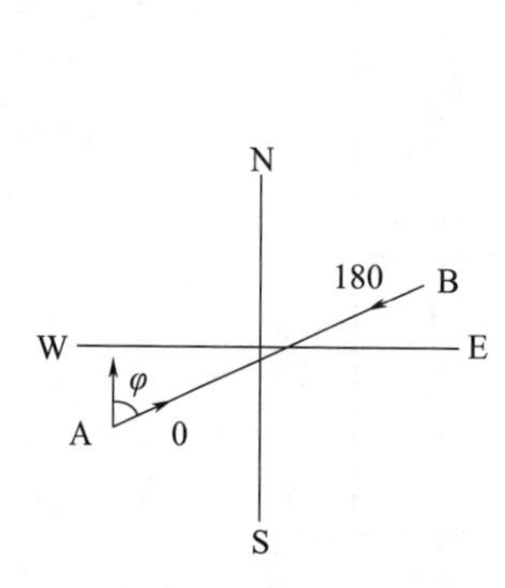

图14.14 基线定方位方法

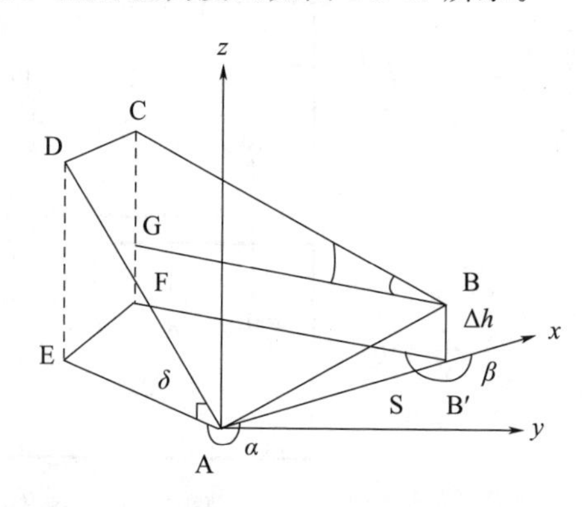

图14.15 两台经纬仪观测误差示意图

如图 14.16 所示，A 点视线通过 D 点，B 点视线通过 C 点，上方两个小圆分别表示测量误差范围。DC 分别垂直于 AD 和 BC，气球的实际位置则应在 P 点。

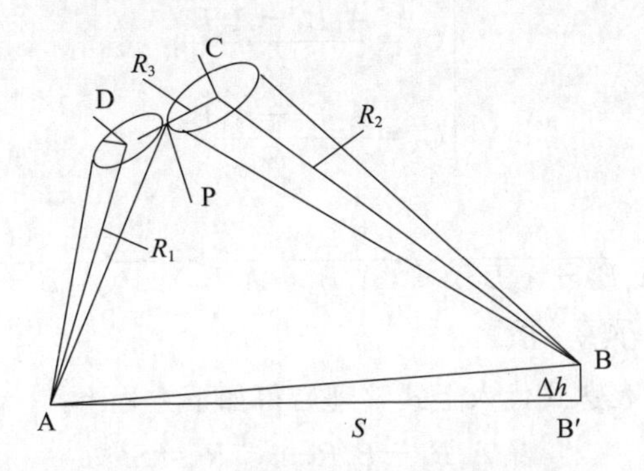

图 14.16　矢量法计算气球高度

由图可知，空间位置矢量可表示为：

$$\begin{cases}\overrightarrow{AD}=R_1(A_1\boldsymbol{i}+A_2\boldsymbol{j}+A_3\boldsymbol{k})\\ \overrightarrow{BC}=R_2(B_1\boldsymbol{i}+B_2\boldsymbol{j}+B_3\boldsymbol{k})\\ \overrightarrow{DC}=R_3(C_1\boldsymbol{i}+C_2\boldsymbol{j}+C_3\boldsymbol{k})\\ \overrightarrow{AB}=S\boldsymbol{i}+\Delta h\boldsymbol{k}\end{cases} \tag{14.2.1}$$

方向余弦为：

$$\begin{cases}A_1=\cos\delta\cdot\cos\alpha\\ A_2=\cos\delta\cdot\sin\alpha\\ A_3=\sin\delta\end{cases} \tag{14.2.2}$$

$$\begin{cases}B_1=\cos\gamma\cdot\cos\beta\\ B_2=\cos\gamma\cdot\sin\beta\\ B_3=\sin\gamma\end{cases} \tag{14.2.3}$$

因：

$$R_1(A_1\boldsymbol{i}+A_2\boldsymbol{j}+A_3\boldsymbol{k})\cdot R_3(C_1\boldsymbol{i}+C_2\boldsymbol{j}+C_3\boldsymbol{k})=0 \tag{14.2.4}$$

$$R_2(B_1\boldsymbol{i}+B_2\boldsymbol{j}+B_3\boldsymbol{k})\cdot R_3(C_1\boldsymbol{i}+C_2\boldsymbol{j}+C_3\boldsymbol{k})=0 \tag{14.2.5}$$

得：

$$A_1C_1+A_2C_2+A_3C_3=0 \tag{14.2.6}$$

$$B_1C_1+B_2C_2+B_3C_3=0 \tag{14.2.7}$$

且：

$$C_1^2+C_2^2+C_3^2=1 \tag{14.2.8}$$

联立(14.2.6)、(14.2.7)、(14.2.8)式解得：

$$\begin{cases} C_1=\dfrac{A_3B_2-A_2B_3}{G} \\ C_2=\dfrac{A_1B_3-A_3B_1}{G} \\ C_3=\dfrac{A_2B_1-A_1B_2}{G} \end{cases} \tag{14.2.9}$$

式中：

$$G=\sqrt{(A_3B_2-A_2B_3)^2+(A_1B_3-A_3B_1)^2+(A_2B_1-A_1B_2)^2} \tag{14.2.10}$$

由于：$\overrightarrow{AD}+\overrightarrow{DC}=\overrightarrow{AB}+\overrightarrow{BC}$

将(14.2.1)矢量表达式代入上式整理后得如下方程组：

$$\begin{cases} A_1R_1-B_1R_2+C_1R_3=S \\ A_2R_1-B_2R_2+C_2R_3=0 \\ A_3R_1-B_3R_2+C_3R_3=\Delta h \end{cases} \tag{14.2.11}$$

解此方程组得：

$$\begin{cases} R_1=[S(B_3C_2-B_2C_3)+\Delta h(C_1B_2-B_1C_2)]/D \\ R_2=[S(A_3C_2-A_2C_3)+\Delta h(C_1A_2-A_1C_2)]/D \\ R_3=[S(A_3B_2-A_2B_3)+\Delta h(B_1A_2-A_1B_2)]/D \end{cases} \tag{14.2.12}$$

式中，$D=C_1(A_3B_2-A_2B_3)+C_2(A_1B_3-A_3B_1)+C_3(A_2B_1-A_1B_2)$。

气球空间位置由DC线上P点的位置确定，P点将DC内分比为：

$$\frac{DP}{CP}=\frac{AD}{BC}=\frac{R_1}{R_2}\text{或}\frac{DP}{DC}=\frac{DP}{DP+CP}=\frac{R_1}{R_1+R_2}$$

则：$\overrightarrow{DP}=\dfrac{R_1}{R_1+R_2}\overrightarrow{DC}=\dfrac{R_1}{R_1+R_2}[R_3(C_1\boldsymbol{i}+C_2\boldsymbol{j}+C_3\boldsymbol{k})]$

又：$\overrightarrow{AP}=\overrightarrow{AD}+\overrightarrow{DP}$

$$\overrightarrow{AP}=R_1(A_1\boldsymbol{i}+A_2\boldsymbol{j}+A_3\boldsymbol{k})+\frac{R_1R_3}{R_1+R_2}[C_1\boldsymbol{i}+C_2\boldsymbol{j}+C_3\boldsymbol{k}]$$

因此，气球的空间位置(x,y,z)即可表示为：

$$\begin{cases} x=R_1A_1+\dfrac{R_1R_3}{R_1+R_2}C_1 \\ y=R_1A_2+\dfrac{R_1R_3}{R_1+R_2}C_2 \\ z=R_1A_3+\dfrac{R_1R_3}{R_1+R_2}C_3 \end{cases} \tag{14.2.13}$$

当短线$\overrightarrow{DC}$的模$R_3\geqslant 10$ m时，该组测量的坐标数据，计算气球高度的误差较大，应当剔除。

14.2.2　雷达

采用雷达发射脉冲电磁波跟踪观测上升气球携带的发射回答器(或反射靶),测量气球的角坐标参数和斜距,进而求得高空风的方法,称为雷达测风。这种雷达不同于普通的警戒雷达,称为高空气象探测雷达或测风雷达,可分为一次测风雷达和二次测风雷达。

14.2.2.1　一次测风雷达

跟踪观测气球携带的金属反射靶(也称测风反射体),对目标实施跟踪,测量目标物位置参数(δ,α,R)的测风雷达,称为一次测风雷达。如我国研制的 707 雷达,其发射和接收的电磁波频率是相同的。

反射靶是一种多面角反射器,由一块主板、四块角板、六个角爪和一根圆柱形铝合金牵引杆等组成。如图 14.17 所示。

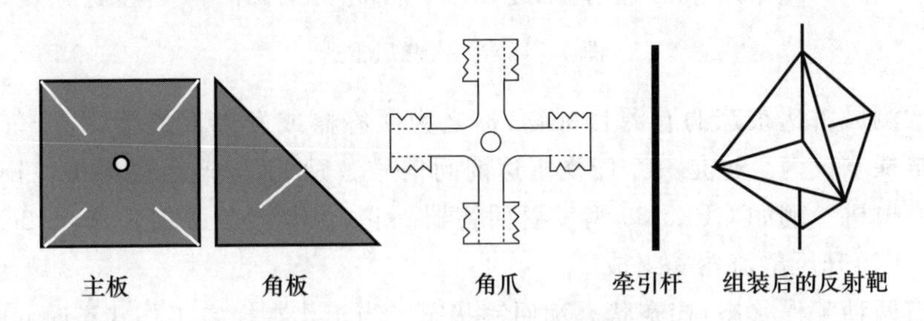

图 14.17　反射靶的结构图

用一次测风雷达进行测风,其探测高度和探测精度受多种因素制约。设雷达的发射功率为 P_t,天线有效截面为 A_e,天线增益为 G,雷达接收机灵敏度为 $P_{r\min}$,测风反射体的有效后向散射截面为 σ,则一次雷达的最大探测距离 $R_{\max}$为:

$$R_{\max}=\left[\frac{\sigma}{16\pi^2}\left(\frac{P_t}{P_{r\min}}\cdot G\cdot A_e\right)\right]^{\frac{1}{4}} \tag{14.2.14}$$

由上式可见,一旦雷达参数确定之后,提高探测距离(或高度)的关键是提高测风反射体的有效后向散射截面 σ。

当使用一次雷达进行高空风探测时,应在探测前进行反射靶的准备。

14.2.2.2　二次测风雷达

跟踪观测气球携带的发射回答器,对目标物实施跟踪,测量目标物位置参数(δ,α,R)的雷达,称之为二次测风雷达,如我国曾使用的 701 型车载高空气象探测雷达和目前使用的 L 波段高空气象探测雷达,如图 14.18 所示。

(a) 701型车载式高空气象探测雷达

(b) L波段高空气象探测雷达

图 14.18　二次测风雷达

二次测风雷达跟踪的有源目标物,称之为回答器或发射回答器,位于气球携带的无线电探空仪内。这是一个能受雷达询问信号激励,随即产生高频振荡回答信号的小型发射机。例如 GPZ5-59 型发射回答器。它由 400 MHz 振荡器,1.2 MHz 振荡器和 75 V 升压整流器等组成。

它有两种工作状态:探空状态和回答状态。当工作在探空工作状态时,400 MHz 振荡器受压、温、湿信号调制,发送探空信号。当工作在回答状态时,400 MHz 振荡器在 1.2 MHz 频率振荡器作用下,维持在正半周振荡下半周停振的状态,振荡信号微弱,处于"等待"状态。若在"等待"状态中,雷达发来"询问"信号,则 400 MHz 振荡器产生较长时间的强振荡信号,这就是回答信号。由于回答器发射的信号强得多,在测风雷达功率一定时,探测距离要大得多。

二次雷达发射和接收的电磁波频率可以相同,也可以不同。

14.2.2.3　目标物距离的测定

雷达测定目标物距离利用无线电波在空间传播的速度为一常数的特征来实现的。如图 14.19 所示,雷达发射电磁波,然后接收目标物反射(或散射或目标物受激励再发射)的电磁波。若从发射到接收到目标物回波所花时间为 t,则两者之间的距离 R 为:

$$R=\frac{c\cdot t}{2}=\frac{3\times10^{8}\times10^{-6}\cdot t}{2}=150t \tag{14.2.15}$$

式中 t 为时间,以微秒(μs)为单位。

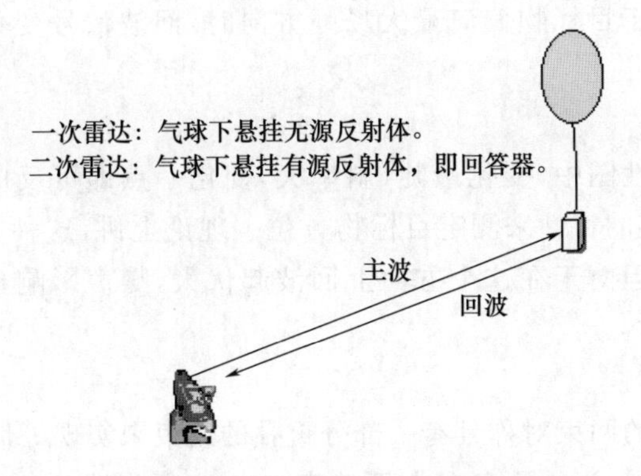

图 14.19　雷达测距原理示意图

14.2.2.4　目标物方位的确定

雷达测定目标物方位是利用雷达天线发射(接收)电磁波具有方向性的原理来实现的。雷达天线发射(接收)电磁波能量的强弱情况通常可用天线的方向性图来描述,这种图通常称为天线波瓣图,如图 14.20 所示。

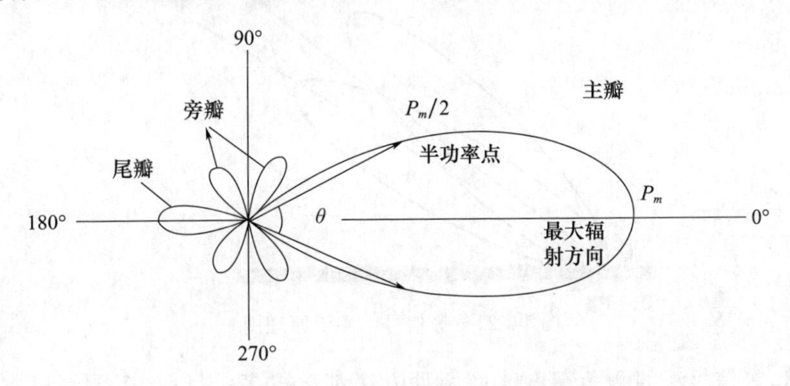

图 14.20　雷达天线方向性示意图

如图 14.20 所示,波瓣伸得最长的部分称之为主瓣,在主瓣方向上辐射(接收)能量最多。此外,还有伸得较小的部分称之为副瓣和尾瓣,也要辐射(接收)一部分电磁波能量。

从发射原点可以引出许多射线与波瓣图相交,原点至交点线段的长短,即为天线在这个方向上发射(接收)电磁波能量的能力。主波瓣两个半功率点之间的夹角θ,称之为波瓣宽度。其大小表示天线发射(接收)电磁波方向性的强弱。θ越小,方向性越强。

利用天线的方向性特性来测量目标物方位的方法有如下几种。

(1)最大信号法

利用天线最大辐射(接收)方向对准目标物,回波强度最大的特性来实现对目标物方位的测定。由于目标物偏离最大场强方向时,回波信号变化不明显,所以该法测量精度不高。

(2)最小信号法

利用天线方向性图中,变化最陡(斜率大,变化一点即可反应)的部分对准目标物时,回波强度最小的特性来测定目标物方位。理论上讲,这种方法,比最大信号法的定向精度较高。但由于在这个方向上回波起伏大,噪声影响也大,测角精度实际上很难提高。

(3)等信号法

利用天线产生的两束对称且有一部分重叠的波束来实现等信号测量。

如图 14.21 所示,当用原点 O 与两波束交点 O′所形成的射线对准目标物时,接收机接收到的两个波束的回波信号强度相等;否则,两波束所接收到的能量之差迅速变化。

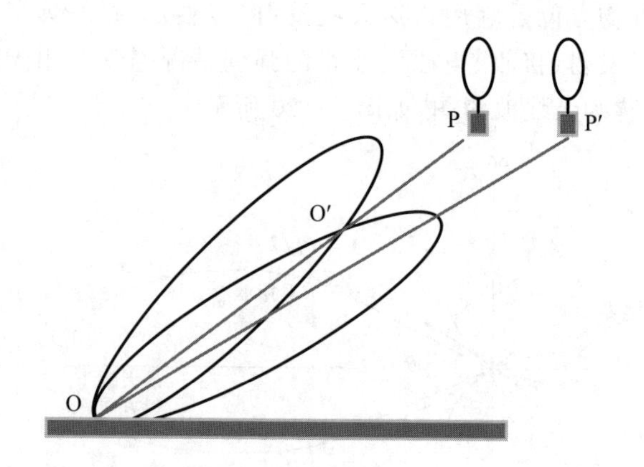

图 14.21　等信号法测量原理图

显然,等信号法的测角精度比前两种方法都高得多。目前,多数测风雷达都是采用等信号法来测量目标物方位的。

测风雷达按照角跟踪方式可分为圆锥扫描雷达和隐蔽圆锥扫描雷达;按照天线扫描方式又可分为机械扫描雷达和相控阵电扫描雷达等。目前测风雷达测角方式通常采用顺序波瓣扫描、圆锥扫描和隐蔽圆锥扫描等类型。

顺序波瓣扫描:701 型和 705 型测风雷达的测角体制属于顺序波瓣扫描体制。雷达的天线波瓣在上、下、左、右四个位置顺序偏扫,雷达接收机分别接收在这四个位置上的回波信号,最后采用等信号法测角。引向天线系统每四根为一组,分成上、下、左、右四组。在结构上,四组天线按菱形排列,组成阵列天线阵。

圆锥扫描:圆锥扫描雷达通常采用抛物面天线,由圆锥扫描电机带动天线中间的馈源匀速旋转,使发射波束进行圆锥扫描。波束在作圆锥扫描的过程中,绕着天线轴线旋转，因天线轴向是等信号轴方向，故在扫描过程中这个方向的天线增益始终不变。当天线对准目标时，接收机输出的回波信号为一串等幅脉冲。如果目标偏离等信号轴方向，则在扫描过程中波束最大值旋转在不同位置时，目标有时靠近有时远离天线最大辐射方向，这使得接收的回波信号幅度也产生相应的强弱变化，产生误差角，经角误差鉴别器就能产生一误差电压，误差电压的大小正比于误差角，其极性随偏离方向不同而改变。此误差电压经跟踪系统变换、放大、处理后，控制天线向减小误差角的方向运动，使天线轴线对准目标。

隐蔽圆锥扫描：隐蔽圆锥扫描体制是把单脉冲体制转换为圆锥扫描体制，又称为假单脉冲体制，即把同时波瓣法转化为顺序波瓣法。它有一个与一般振幅和差单脉冲雷达完全相同的馈源及高频和差比较器。发射时与单脉冲雷达相同，向空中辐射一个最大值方向与瞄准轴线一致的针状锐波束。接收时先经和差比较器形成和信号及方位、仰角两路差信号，然后用微波调制方法将两路差信号合并为一合成差信号。最后再利用一个相加器把高频的和信号与合成差信号叠加，得到与圆锥扫描系统一样的调制信号，以后的处理就与圆锥扫描雷达相同了。这种假单脉冲雷达的测角准确度比单脉冲雷达低，但比圆锥扫描雷达的测角准确度要高得多。

14.2.3　无线电经纬仪

无线电经纬仪是利用无线电测向技术测定无线电探空仪的仰角、方位角(δ,α)的电子设备。利用无线电经纬仪测风时，高度参数由无线电探空仪测量的温、压、湿计算而得。无线电经纬仪外形如图 14.22 所示，其结构组成框图如图 14.23 所示。

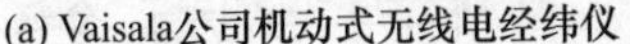

(a) Vaisala公司机动式无线电经纬仪

(b) 车载式无线电经纬仪

图 14.22　无线电经纬仪外形图

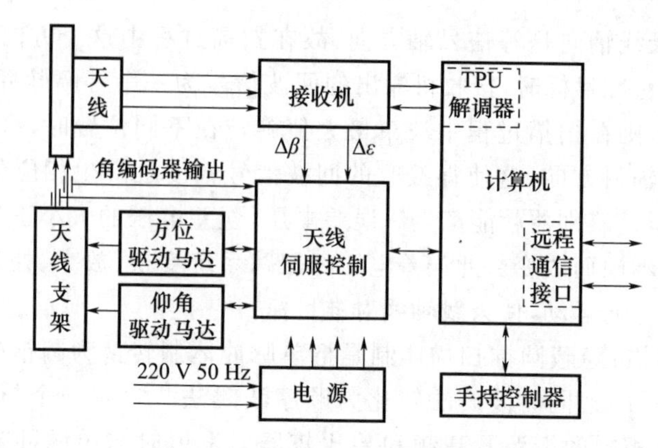

图 14.23 无线电经纬仪结构框图

目前使用的无线电探空仪发射频率一般为 403 MHz 和 1680 MHz 等,其四分之一波长分别为 18.6 cm 和 4.46 cm,因而无线电经纬仪接收天线的尺寸并不大。无线电经纬仪与测风雷达相比,具有功耗低、重量轻、机动性强等优点,特别是没有发射源,适用于机动和隐蔽探测。

无线电经纬仪包括两组天线,每组天线至少包括四个天线单元,其中一组天线用来测量探空信号的仰角,另一组用来测量探空信号的方位角,两组天线的工作原理相同。以仰角为例分析无线电经纬仪的测角原理。某组天线的四个单元并排排列,保持四分之一波长的距离,如图 14.24 所示。当天线组件板正好对准探空仪的发射方向时,如图 14.24a 所示,即无线电探空仪的信号垂直于天线单元组,因此,每个单元天线同时收到探空仪的信号,不产生相位差。天线输出端的四个信号叠加后得到一个最大的功率输出。当探空仪信号偏离天线组件板的法线方向时,如图 14.24b 所示,各个天线单元所收到的信号将处于不同的相位。经处理器计算出信号偏移的大小,控制天线的主轴作一定角度的偏移,使重新对准探空仪信号的方向。

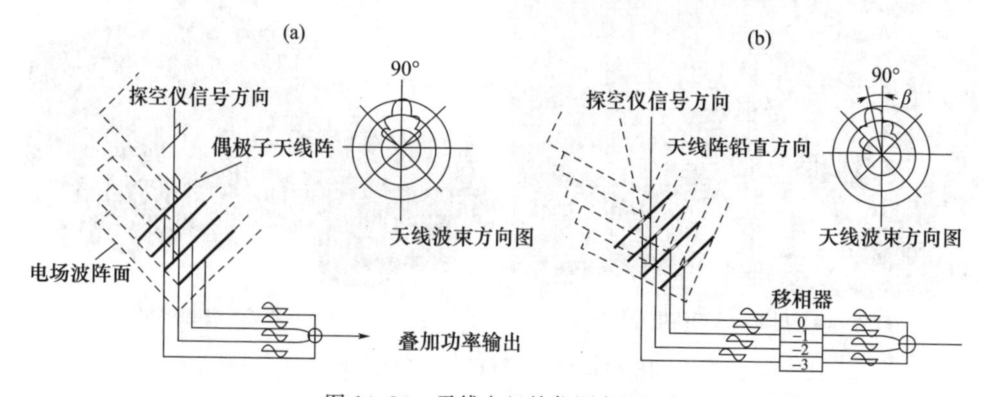

图 14.24 无线电经纬仪测角原理

由于无线电经纬仪定位精度会受到探空高度、无线电波大气折射等影响，只有在观测仰角大于 17°时，其测风精度才能小于 1 m/s，仰角降低其测风误差将快速增加，因此，在低仰角情况下观测数据不能使用。

14.2.4　无线电导航系统

无线电导航系统是 LORAN-C 地基导航系统以及 GPS、GLONASS、北斗等卫星导航系统的统称。目前主要利用全球卫星导航系统(GNSS)进行高空风探测。导航测风，是指借助无线电导航信号，由气球携带的探空仪自身确定其位置或速度信息，并将其位置或速度信息发回基站，然后在基站进行处理，求取高空风的方法。

利用 GNSS 信号进行测风，其关键的设备是 GNSS 探空仪。它是一个既能测量温、压、湿信息，又能接收 GNSS 信号的一种无线电探空仪。GNSS 测风有两种不同的方式：其一为多普勒频移法；其二为伪距定位法。

14.2.4.1　多普勒频移法

以芬兰 Vaisala 公司的 RS80 探空仪为代表。其测风原理是建立在探空仪与导航卫星的相对运动，产生多普勒频移的基础上。

如图 14.25 所示，当导航卫星与接收机之间有相对运动时，就会产生多普勒频移。当随气球上升的探空仪接收到卫星的载波信号时，依据多普勒频移可求出接收机相对于卫星的速度矢量，只要知道运动物体相对于四颗卫星的多普勒频移，即可知道卫星到运动物体的方向矢量，运动物体的速度可以通过一组线性方程解算出来：

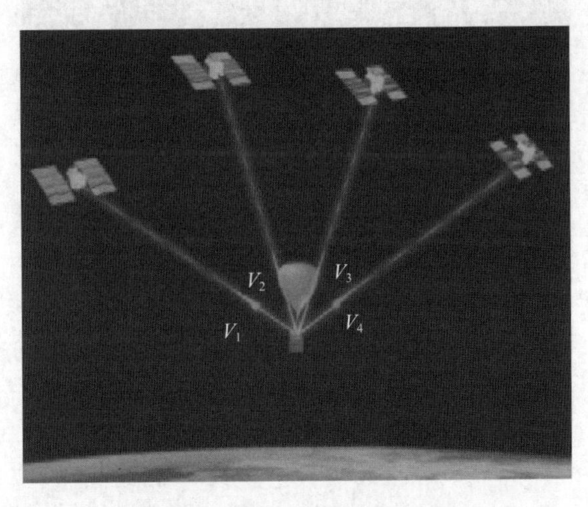

图 14.25　多普勒频移测风原理图

$$
\underset{n\times 4}{\underset{\boldsymbol{D}}{\begin{bmatrix} d_x^1 & d_y^1 & d_z^1 & 1 \\ d_x^2 & d_y^2 & d_z^2 & 1 \\ \vdots & \vdots & \vdots & \vdots \\ d_x^n & d_y^n & d_z^n & 1 \end{bmatrix}}} \underset{4\times 1}{\underset{\boldsymbol{V}}{\begin{bmatrix} v_x \\ v_y \\ v_z \\ v_t \end{bmatrix}}} = \underset{n\times 1}{\underset{\boldsymbol{f}}{\begin{bmatrix} f^1 \\ f^2 \\ \vdots \\ f^n \end{bmatrix}}} \tag{14.2.16}
$$

矩阵 $\boldsymbol{D}$ 的前三列是卫星位置到探空仪位置之间矢量的方向余弦,矢量 $\boldsymbol{f}$ 包含由探空仪与导航卫星相对运动产生的卫星载波信号多普勒频移,矢量 $\boldsymbol{V}$ 是待解算的速度矢量,v_t 是接收机的时钟误差。

要求解上述方程组的解,需要知道运动物体相对于 4 颗卫星的多普勒频移。

利多普勒频移信息的比较,便可获得探空仪相对于地面运动的信息,即高空风的信息。

14.2.4.2 伪距定位法

以芬兰 Vaisala 公司的 RS90、RS92 探空仪和美国 AIR 公司的产品为代表,它们是利用伪距定位原理进行探空仪定位,然后求取高空风,目前我国研制北斗探空仪也采用这种体制。

如图 14.26 所示,在全球任何一个地方,只要能接收到 4 颗以上 GNSS 卫星的导航定位信号,便可以利用下列方程,实现定位:

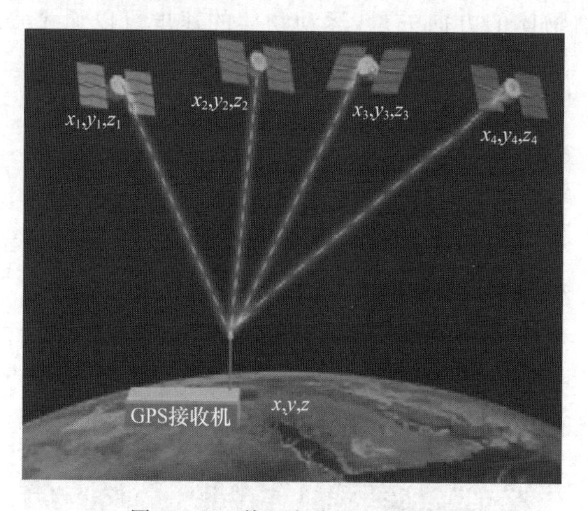

图 14.26　伪距定位测风原理图

$$
\begin{cases}
\sqrt{(x_1-x)^2+(y_1-y)^2+(z_1-z)^2}=c_0(t_1{}'-\Delta t-t_1) \\
\sqrt{(x_2-x)^2+(y_2-y)^2+(z_2-z)^2}=c_0(t_2{}'-\Delta t-t_2) \\
\sqrt{(x_3-x)^2+(y_3-y)^2+(z_3-z)^2}=c_0(t_3{}'-\Delta t-t_3) \\
\sqrt{(x_4-x)^2+(y_4-y)^2+(z_4-z)^2}=c_0(t_4{}'-\Delta t-t_4)
\end{cases}
\tag{14.2.17}
$$

式中，c_0 为电磁波传播速度；(x_k, y_k, z_k, t_k)为第 k 个导航卫星在 t_k 时刻的位置，是已知量，可由卫星发送的星历计算得到；(x_0, y_0, z_0, t_0)是待定位的气球（探空仪）位置参数。求解方程组，便可求出任一时刻 t_0，探空仪在空中的位置(x_0, y_0, z_0)，进而根据水平位移与层风的关系，求取高空风。理论上，采用粗测距码差分模式的 GNSS 测风系统的测风不确定度可达到 0.2 m/s。

GPS 技术刚开放民用时，GPS 接收机专用信号处理器价格昂贵，直接测量多普勒频移是一种节约成本、较为经济的方式，如 Vaisala 公司 20 世纪 80 年代推出的模拟电子探空仪 RS80。但在实际使用中发现，该方法具有明显的缺陷，抗干扰能力差会导致数据丢失率过高，一般在 12%左右，最高可达 50%，主要原因是直接测量多普勒频移方式没有利用扩频技术，抗干扰能力差，过高的测风数据丢失率，几乎让人们认为 GPS 技术不适合高空气象探测。

而导航定位方式是利用 4 颗以上 GPS 卫星测量得到的伪距信息，联立方程组解算出探空仪的位置。随着 GPS 技术的成熟和商业化快速发展，GPS 信号处理芯片价格大幅降低，多普勒频移测风体制逐渐被导航定位测风体制所取代，如 Vaisala 公司 20 世纪 90 年代推出的 RS90、2001 年推出的数字探空仪 RS92。

为满足海洋科考、测量船及其他移动平台上实施测风的需要，2000 年中国科学院开始研制利用 GPS 进行测风的导航探空测风系统。采用多普勒频移进行测速，实现了利用 GPS 测量高空风，2002 年通过了技术鉴定，开创了我国利用导航卫星探空测风的先例。2008 年，为了跟上世界高空探测系统的发展步伐并为参加 2010 年世界气象组织在我国阳江进行的国际探空仪比对试验，中国气象局与全国多个厂家一起开始研制 GPS 导航测风高空探测系统，2009 年完成了 4 个生产厂家 GPS 导航测风探空仪和地面信号接收处理系统的技术鉴定，并组织 2 个厂家的 GPS 高空气象探测系统参加了 2010 年世界气象组织在我国阳江进行的高性能探空仪的动态比对试验（WMO,2011）。

2007 年开始，随着我国“北斗一号”卫星导航定位系统建设的不断完善，国内已经开发研制了“北斗一号”无源定位接收机。原解放军理工大学气象海洋学院开展了基于“北斗一号”卫星导航定位系统的探空测风系统研制，首创了三颗北斗卫星结合探空高度实现定位，设计了北斗定位板，研制了北斗探空仪，在国际上首次架构了北斗高空气象探测系统（高太长 等，2007，2009）。2009 年 6 月，在南京国家基准气候站进行了与 GPS 探空仪的同球双施放比对试验，取得了成功（赵世军 等，2012，2013a，2013b）。

为推动高空气象探测装备技术发展,中国气象局在推动研制新型业务探空仪的同时,也启动了北斗导航测风探空仪的研制,于2020年印发了卫星导航探空仪功能需求规格书,建立了利用北斗和GPS双模卫星导航定位系统进行定位和测速的探空仪标准,并作为我国下一代探空测风系统,替代当前的L波段探空测风系统。

14.2.5 气球高度计算

14.2.5.1 几何高度与位势高度之间的换算

在光学经纬仪和无线电经纬仪探空测风中,气球高度需要从无线电探空资料计算得到,但是由探空温压湿资料计算的是位势高度,且位势高度是相对于地球表面等位势面的,其与几何高度之间的关系如图14.27所示,气球在某一时刻的空间位置P,图中O为地球中心,O′为测站位置,R_e为地球的平均半径(m),h_0为测站海拔高度(m),δ为气球的仰角,Z为气球的几何高度(m),$\overline{PB}$为气球的位势高度H(gpm),Z'为位势高度H对应的几何高度(m),R为气球的斜距(m)。

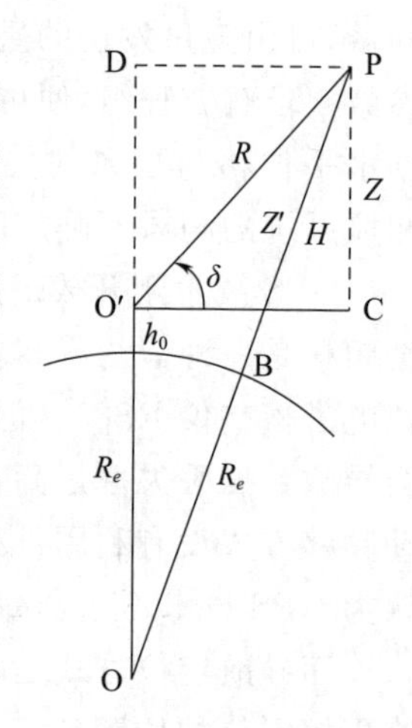

图14.27 站心坐标系与地心坐标系的关系

由图14.27可知,气球几何高度与斜距之间的关系式为:

$$Z=R\sin\delta \tag{14.2.18}$$

气球位势高度与几何高度的转换公式为:

$$Z'=\frac{r_\varphi H}{\frac{g_{0\varphi}}{g_n}r_\varphi-H} \tag{14.2.19}$$

$$H=\frac{r_\varphi Z'}{r_\varphi+Z'}\cdot\frac{g_{0\varphi}}{g_n} \tag{14.2.20}$$

式中

$$r_\varphi=\frac{2g_{0\varphi}}{3.085462\times10^{-6}+2.27\times10^{-9}\cos2\varphi} \tag{14.2.21}$$

$$g_{0\varphi}=9.80616(1-0.0026373\cos2\varphi+0.0000059\cos^2 2\varphi) \tag{14.2.22}$$

式中:φ为测站的地理纬度(°);r_φ为纬度为φ处的地球半径标定值(m);$g_{0\varphi}$为纬度为φ、海平面处的重力加速度(m/s^2);g_n为标准重力加速度(9.80665 m/s^2);R_e为地球的平均半径,取6371229 m。

14.2.5.2 雷达单测风时的几何高度

雷达单测风时,气球相对于地球表面的几何高度可用下式计算:

$$Z'=R\sin\delta-\frac{R^2\cos^3\delta}{8R_e}+\frac{R^2\cos^2\delta}{2R_e} \tag{14.2.23}$$

(14.2.23)式中,第一项为气球相对于测站的几何高度 Z,第二项为大气折射订正项,第三项为地球曲率订正项。

14.2.5.3　雷达探空测风时的大气折射订正

对于无线电经纬仪或者雷达测风,由于电磁波在大气中传播时,受到大气折射的影响,因此,在进行高空风计算时,在有同时次探测的温、压、湿资料时,应对大气折射引起的仰角和斜距测量误差进行修正(李浩 等,2011a)。

大气折射率指数和大气折射率按式(14.2.24)和(14.2.25)计算:

$$N=\frac{77.6}{T}\left(P+\frac{4810E(t)}{T}U\right) \tag{14.2.24}$$

$$n=1+N\times10^{-6} \tag{14.2.25}$$

式中,N 为气球所在高度的大气折射率指数,n 为大气折射率,T、P、$E(t)$、U 分别为气球所在高度的气温(K)、气压(hPa)、饱和水汽压(hPa)和相对湿度(%),由探空仪进行测量。

设大气为球面分层大气,折射率仅随高度变化,则大气折射率对方位角测量没有影响,只考虑仰角和斜距测量的误差。大气折射率分布如图 14.28 所示,n_0、n 分别为地面和高度 Z' 处的大气折射率,O′为地球中心,O 为测站位置,R_e 为地球平均半径,P 为气球某一时刻的空间位置,弧 OP 为电磁波实际路径。

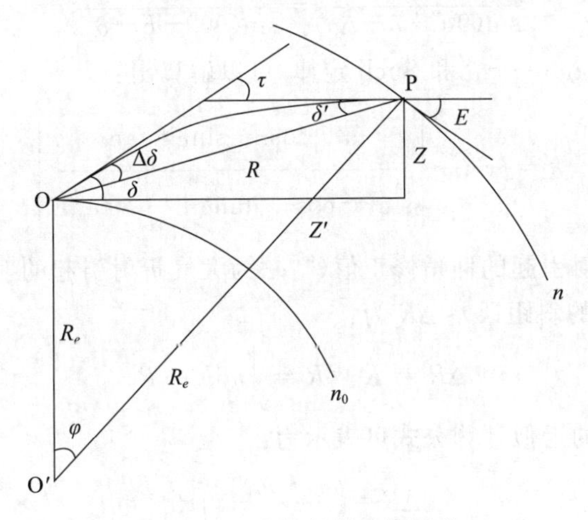

图 14.28　大气折射几何图形

由图 14.28 可知,δ 为实测仰角,大气折射引起的仰角误差为:

$$\Delta\delta=\tau-\delta' \tag{14.2.26}$$

τ 为射线弯曲角,即发射点与目标点两处射线切线的交角,δ' 为目标点的旁切角。根据球面大气中的 Snell 定律:

$$n_0R_e\cos\delta=n(R_e+Z')\cos E \tag{14.2.27}$$

可知射线在 Z' 高度的仰角为:

$$E=\arccos\left(\frac{n_0}{n}\cdot\frac{R_e}{R_e+Z'}\cos\delta\right) \tag{14.2.28}$$

对(14.2.28)式微分并进行整理后得:

$$\mathrm{d}E=\cot E\left[\frac{\mathrm{d}n}{n}+\frac{\mathrm{d}(R_e+Z')}{R_e+Z'}\right] \tag{14.2.29}$$

由几何关系可知:$E+\tau=\delta+\varphi$,则:

$$\mathrm{d}E+\mathrm{d}\tau=\mathrm{d}\varphi\ (\mathrm{d}\delta=0) \tag{14.2.30}$$

在传播路径上取一微元,则有如下关系:

$$\mathrm{d}\varphi=\cot E\,\frac{\mathrm{d}(R_e+Z')}{R_e+Z'} \tag{14.2.31}$$

$$\mathrm{d}\tau=\mathrm{d}\varphi-\mathrm{d}E=-\cot E\,\frac{\mathrm{d}n}{n} \tag{14.2.32}$$

由于 $n\approx 1$,在仰角不太低时,积分(14.2.32)式可得:

$$\tau=\frac{n_0-n}{\tan\delta}(\text{单位:rad}) \tag{14.2.33}$$

在△OO′P 中,由正弦定理计算 δ':

$$\frac{R_e+Z'}{\sin(90^\circ+\delta-\Delta\delta)}=\frac{R_e}{\sin(90^\circ-E-\delta')} \tag{14.2.34}$$

根据上式以及 $\Delta\delta=\tau-\delta'$ 和 Snell 定律,可以解算出:

$$\delta'=\arctan\left(\frac{\dfrac{n_0}{n}-\cos\tau-\sin\tau\times\tan\delta}{\sin\tau-\cos\tau\times\tan\delta+\dfrac{n_0}{n}\times\tan E}\right) \tag{14.2.35}$$

式中:$\Delta\delta$ 为大气折射引起的仰角修正值(°);τ 为大气折射引起的射线弯曲角(rad)。

大气折射引起的斜距误差 ΔR 为:

$$\Delta R=\hat{R}-R=\int n\mathrm{d}R-R \tag{14.2.36}$$

斜距误差 ΔR 的近似计算公式可表示为:

$$\Delta R=\left(\frac{n_0+n}{2}-1\right)R \tag{14.2.37}$$

在计算高空风时,先将测得的仰角、斜距分别减去仰角修正值 $\Delta\delta$ 和斜距修正值 ΔR,然后计算气球的实际水平距离和几何高度,再计算高空风(李浩 等,2011b)。

14.3 气球测风原理

利用气球的运动轨迹来测量空中风,主要涉及三个问题:①气球的运动轨迹能否客观反映气流的流动；②怎样实施对气球运动的跟踪测量；③由气球位置的跟踪测量结果，如何求取空中风。第 2 个问题已在上一节进行了介绍，本节主要讨论第 1 和第 3 个问题。

14.3.1　气球对环境风场的响应特性

前面讨论了气球垂直运动情况，这里主要讨论气球在环境风场作用下的水平运动情况（张伟星，2006）。以 m_a 代表气球排开的空气质量，m_b 代表气球总质量；g 为重力加速度。以向上为正，气球受的力为：

$$\text{浮力：}\boldsymbol{F}=m_a g \tag{14.3.1}$$

$$\text{重力：}\boldsymbol{f}=-m_b g \tag{14.3.2}$$

$$\text{阻力：}\boldsymbol{f}_n=-\frac{\rho C_D S_b\,|\boldsymbol{V}_r|\,\boldsymbol{V}_r}{2} \tag{14.3.3}$$

式中，$\boldsymbol{V}_r=\boldsymbol{V}_a-\boldsymbol{V}_b$，$\rho$ 为空气密度；C_D 为阻力系数；S_b 为气球系统截面积；$\boldsymbol{V}_r$ 为气球与气流的相对速度；$\boldsymbol{V}_a$、$\boldsymbol{V}_b$ 分别表示环境风场和气球的速度矢量。

气球变速运动附加力：

$$\boldsymbol{f}_c=m_c\frac{\mathrm{d}\,\boldsymbol{V}_r}{\mathrm{d}t} \tag{14.3.4}$$

m_c 为变速运动附加质量，对于气球相对于大气流场作不定常运动时可以证明：$m_c\approx m_a$。

则气球的三维运动方程为：

$$m_b\frac{\mathrm{d}\,\boldsymbol{V}_b}{\mathrm{d}t}=\boldsymbol{F}+\boldsymbol{f}+\boldsymbol{f}_n+\boldsymbol{f}_c \tag{14.3.5}$$

$$m_b\frac{\mathrm{d}\,\boldsymbol{V}_b}{dt}=(m_a-m_b)g+m_a\frac{\mathrm{d}(\boldsymbol{V}_a-\boldsymbol{V}_b)}{\mathrm{d}t}-\frac{\rho C_D S_b\,|\boldsymbol{V}_a-\boldsymbol{V}_b|\,(\boldsymbol{V}_a-\boldsymbol{V}_b)}{2} \tag{14.3.6}$$

将气球所受到的力分解到水平面和垂直方向上，在环境风场中，以 W_b 速度上升的气球，其运动方程可以写成：

$$\begin{cases} m_b\dfrac{\mathrm{d}U_b}{\mathrm{d}t}=\dfrac{1}{2}\rho C_D S_b\,|\boldsymbol{V}_a-\boldsymbol{V}_b|\,(U_a-U_b)+m_a\dfrac{\mathrm{d}}{\mathrm{d}t}(U_a-U_b) \\ m_b\dfrac{\mathrm{d}W_b}{\mathrm{d}t}=\dfrac{1}{2}\rho C_D S_b\,|\boldsymbol{V}_a-\boldsymbol{V}_b|\,W_b+m_a\dfrac{\mathrm{d}}{\mathrm{d}t}(W_a-W_b)+(m_a-m_b)g \end{cases} \tag{14.3.7}$$

式中，U_b、U_a 分别表示气球和环境风场的水平运动速度；W_a 为环境风场的垂直速度。由于环境风场在水平方向的分量通常远大于在垂直方向的分量，一般要大一到两个量级，因此假定风场的垂直分量 $W_a=0$，在气球测风中通常把气球的升速当作常数，即 $W_b=\text{const}$，则由（14.3.7）式可整理得到：

$$\frac{\mathrm{d}U_b}{\mathrm{d}t}-\frac{1}{T}U_b-K\frac{\mathrm{d}U_a}{\mathrm{d}t}+\frac{1}{T}U_a=0 \tag{14.3.8}$$

式中:

$$\begin{cases} T=\dfrac{m_b+m_a}{m_b-m_a}\cdot\dfrac{W_b}{g} \\ K=\dfrac{m_a}{m_b+m_a} \end{cases} \tag{14.3.9}$$

气球是随着环境风场的变化而运动,即先有 U_a 才有 U_b。实际大气条件下,环境风场 U_a 随高度 z 是千变万化的,这里,假定环境风场 U_a 随高度 z 的变化为正弦风场,作模拟分析,分析气球的运动规律。即:

$$U_a=u_a\cdot\sin\left(\frac{2\pi}{L}z\right) \tag{14.3.10}$$

式中,L 是风场的垂直方向扰动波长,u_a 为扰动振幅。当采用圆频率 $\omega=\frac{2\pi}{L}W_b$ 表示时,(14.3.10)式又可写成:

$$U_a=u_a\cdot\sin(\omega t) \tag{14.3.11}$$

将(14.3.11)式代入(14.3.8)式,可求解气球水平运动速度为:

$$U_b=Mu_a\cdot\sin(\omega t+\delta) \tag{14.3.12}$$

式中:

$$\begin{cases} M=\left(\dfrac{1+\omega^2T^2K^2}{1+\omega^2T^2}\right)^{\frac{1}{2}} \\ \delta=\arctan\left[\dfrac{(1-K)\omega T}{1+\omega^2T^2K}\right] \end{cases} \tag{14.3.13}$$

式中,M 称为气球对环境风场的响应函数,δ 称为相位角。显然,$0<M\leqslant 1$;$\delta\geqslant 0$。比较(14.3.11)、(14.3.12)式可见,当 $M\to 1$,$\delta\to 0$ 时,气球便认为能充分响应风场。

目前业务中常用的气球是 30 g 的测风气球(加上扎绳等实际重量约 35 g)和 750 g 的探空气球。假定风场扰动波长为 $L=300$ m,将这两种气球的有关参数代入(14.3.13)式。对测风气球:$M_{35}\approx 0.9998$、$\delta_{35}\approx 0.38°$;对探空气球:$M_{750}\approx 0.9697$,$\delta_{750}\approx 6.41°$。由此可见,当气球的负载不大时,其气球的惯性滞后可忽略不计,气球能较好地响应环境风场的变化,即可将气球的运动看作是随高空风场气流的流动。这是气球测风的理论依据。

需要说明的是,实际水平风场随高度的变化是复杂的,因此,响应函数和相位角在不同高度均是不同的。但一般来说,当气球的负载不大时,气球的惯性滞后可忽略不计,气球是能较好地响应风场的,即可将气球的运动看作是环境风场气流的流动。

14.3.2 高空风的计算

14.3.2.1 计算层风概念

如图 14.29 所示，从观测点 O 施放的气球，如果没有风，经过一段时间之后，气球会垂直上升到 H_1。如果有风，则气球一面上升，一面随风飘移，运动到 P_1，以后又会运行到 P_2，P_3，…。

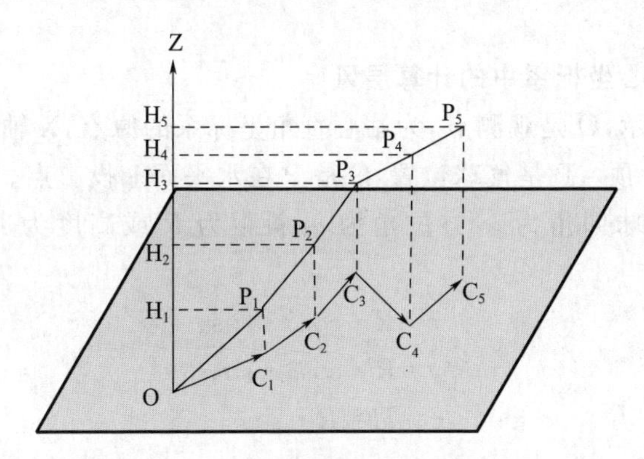

图 14.29　空间位移与水平位移的关系

将气球的空间位置 P_1，P_2，… 分别投影到水平面上，可分别得到投影点 C_1，C_2，…。矢量 $\overrightarrow{OC_1}$，$\overrightarrow{C_1C_2}$，…，$\overrightarrow{C_nC_{n+1}}$ 表示相邻观测时刻气球水平投影点的位置变化，叫水平位移。

水平位移是气球在该时段内所经历气层中，气流水平运动的量度。气层内风速越大，这水平位移也应越大。根据风的定义，该气层内的平均风矢量为：

$$\boldsymbol{V}_n=\frac{\overrightarrow{C_nC_{n+1}}}{t_{n+1}-t_n} \tag{14.3.14}$$

利用气球作风场感应器来测量空中风的概念与地面气象观测中测量风的概念是有差别的。在地面气象观测中，风的测量是指某一特定高度上气流流过测风仪器感应器的速度和方向。通常采用时间平均方法，求得平均风速和风向。采用的坐标系为欧拉坐标系。在高空风探测中，气球一面上升，一面随风飘移，气球对每一高度都是瞬间通过的。空中风的计算与气球在一定高度间隔（或一段上升时间）内的水平位移相联系，因此，空中风是计算气层内不同高度上风向风速的合成结果，即是一种合成风。为此，气象业务工作中，便引入“计算层风”或“量得风层风”的概念。

计算层是指用于求取高空风的一定厚度的气层，通常用气球上升的一段时间间隔来表示气层厚度。

计算层风是指在计算层内求得的合成风，又简称层风。计算层的中间高度（或中间时间）定义为该计算层风的高度，简称计算层高度（计算层时间）。

气象观测业务中,对于300~400 m/min 升速的气球,施放后20 min 内,每1 min 间隔作为一个计算层;20~40 min,每 2 min 间隔作为一个计算层;40 min以后,每 4 min间隔作为一个计算层。这一划分主要是根据经纬仪或雷达跟踪气球的定位误差引起的测风误差决定的,具体讨论见本章第 4 节。计算层时间的间隔一般不大于 1 min。当采用 GNSS 导航测风时,由于探测全过程气球的定位精度并不会发生变化,且定位精度高于经纬仪或雷达,因此,可全过程采用 1 min 或稍小于1 min作为计算层厚度。

14.3.2.2 站心坐标系中的计算层风

如图 14.30 所示,O 是观测点,为站心直角坐标系的原点,X 轴指向正北,Y 轴指向正东,Z 轴指向天顶。P 是气球位置,C 是 P 在水平面上投影点。位于 O 点的经纬仪或雷达测定的气球仰角为 δ,方位角为 α,斜距为 R 或高度为 H,则气球位置参数为:

$$\begin{cases} x=R\cdot\cos\delta\cdot\cos\alpha \\ y=R\cdot\cos\delta\cdot\sin\alpha \\ z=H=R\cdot\sin\delta \end{cases} \tag{14.3.15}$$

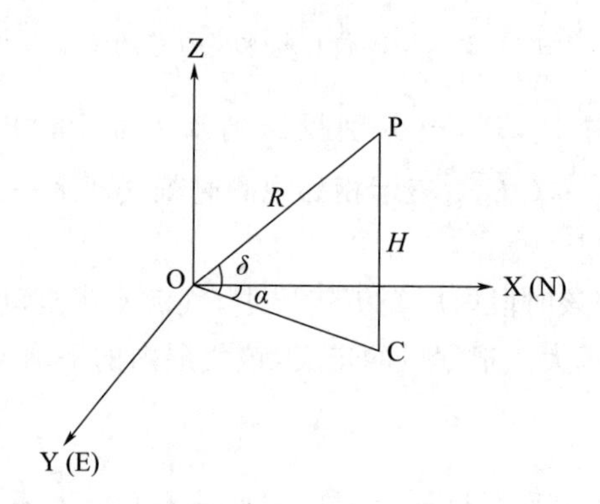

图 14.30 气球在站心坐标系中的坐标参数

图 14.31 中 P_i 为气球在时刻 t_i 的空间位置,C_i 为在 XOY 平面上的投影点,Z_i 为气球的几何高度,R_i 为气球的斜距,α_i、δ_i 为气球的方位角和仰角。同理,P_{i+1} 为气球在时间 t_{i+1} 的空间位置。

当采用固定升速 W 时(如经纬仪测风时),气球的水平距离可表示为:

$$\begin{cases} OC_i=Wt_i\cot\delta_i \\ OC_{i+1}=Wt_{i+1}\cot\delta_{i+1} \end{cases} \tag{14.3.16}$$

当采用非固定升速时(如雷达测风时),气球的水平距离可表示为:

$$\begin{cases} OC_i=R_i\cos\delta_i \\ OC_{i+1}=R_{i+1}\cos\delta_{i+1} \end{cases} \tag{14.3.17}$$

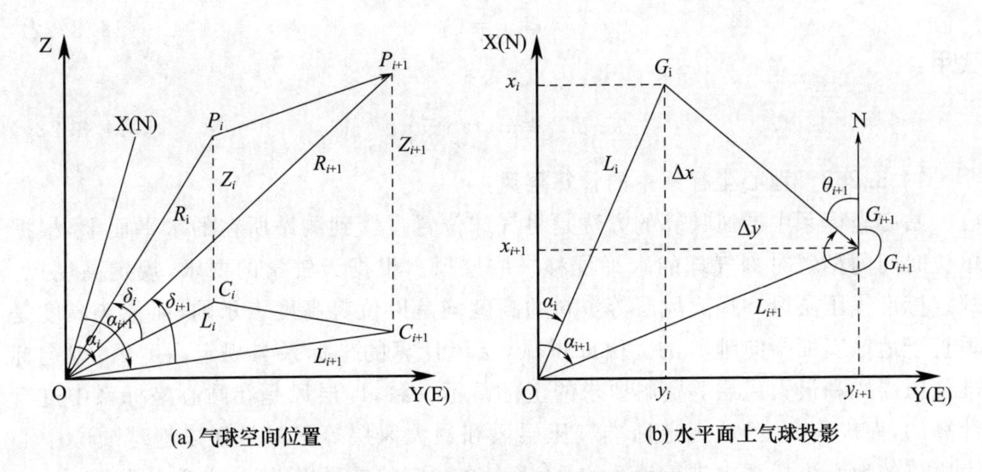

图 14.31　气球位置与水平面上的投影

在图 14.31 中：

$$\begin{cases} x_i = OC_i \cos\alpha_i \\ y_i = OC_i \sin\alpha_i \end{cases} \tag{14.3.18}$$

$$\begin{cases} x_{i+1} = OC_{i+1} \cos\alpha_{i+1} \\ y_{i+1} = OC_{i+1} \sin\alpha_{i+1} \end{cases} \tag{14.3.19}$$

$$\begin{cases} \Delta x = x_{i+1} - x_i \\ \Delta y = y_{i+1} - y_i \end{cases} \tag{14.3.20}$$

层风的风速为：

$$V_{i+1} = \frac{\sqrt{\Delta x^2 + \Delta y^2}}{t_{i+1} - t_i} \tag{14.3.21}$$

根据 Δx、Δy 的正负，层风的风向为：

当 $\Delta x > 0$ 时：

$$G_{i+1} = 180° + \theta_{i+1} \tag{14.3.22a}$$

当 $\Delta x < 0, \Delta y \geqslant 0$ 时：

$$G_{i+1} = 360° + \theta_{i+1} \tag{14.3.22b}$$

当 $\Delta x < 0, \Delta y < 0$ 时：

$$G_{i+1} = \theta_{i+1} \tag{14.3.22c}$$

当 $\Delta x = 0, \Delta y > 0$ 时：

$$G_{i+1} = 270° \tag{14.3.22d}$$

当 $\Delta x = 0, \Delta y < 0$ 时：

$$G_{i+1} = 90° \tag{14.3.22e}$$

当 $\Delta x = 0, \Delta y = 0$ 时：

$$G_{i+1}=C \tag{14.3.22f}$$

式中：

$$\theta_{i+1}=\arctan\frac{\Delta y}{\Delta x} \tag{14.3.22g}$$

14.3.2.3 地心坐标系中的计算层风

站心坐标系中层风计算的方法是将气球位置投影到测站所在的水平面上，根据单位时间内相邻时刻气球的水平位移求取层风。根据天气学的要求，规定高度风、规定标准气压层风和最大风层等资料的高度均是以位势高度表示的，而位势高度是垂直于地球表面指向地心的。由此可见，层风计算的坐标系与规定高度风、规定标准气压层风和最大风层等资料要求的坐标系不一致，即层风是在站心坐标系中进行计算的，而规定高度风、规定标准气压层风和最大风层等资料是在以地球质心中心为原点的地心坐标系中进行计算的，两者存在一定的差异，且概念也不一样。

对于全球导航卫星系统测风而言，GNSS对气球定位的参数是地心坐标系中的经度、纬度和高度（或气压高度）等，因此可在地心坐标系下进行层风计算（李浩 等，2011b）。

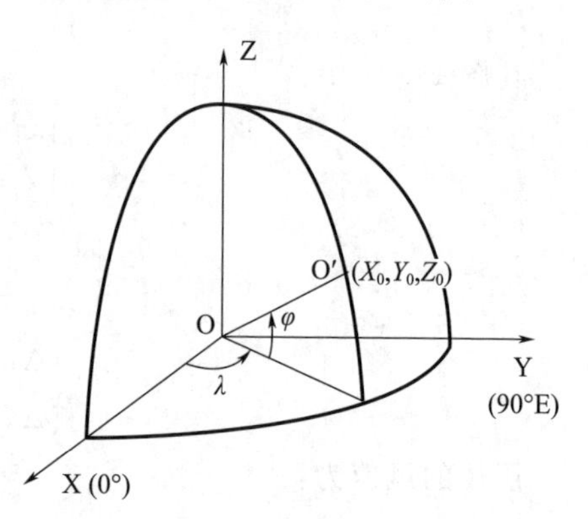

图 14.32 地心坐标系

地心坐标系采用 WGS-84 坐标系，即原点与地球质心重合，X 轴指向 0°大地子午线与赤道的交点，Z 轴指向协议地球北极，Y 轴指向东经 90°大地子午线与赤道的交点，组成右手系直角坐标系，如图 14.32 所示。O′为气球在地心坐标系数中的位置，它的位置参数(X_0,Y_0,Z_0)可表示为：

$$\begin{cases}X_0=(N+h_0)\cos\varphi\cos\lambda \\ Y_0=(N+h_0)\cos\varphi\sin\lambda \\ Z_0=[N(1-e^2)+h_0]\sin\varphi\end{cases} \tag{14.3.23}$$

式中，$N=\dfrac{a}{\sqrt{1-e^2\sin^2\varphi}}$，$e^2=\dfrac{a^2-b^2}{a^2}$，$N$ 为纬度 φ 处的地球曲率半径；e 为地球的偏心率；φ、λ 分别为测站的纬度与经度，h_0 为测站海拔高度；a、b 为地球的长半轴和短半轴。其中，$a=6378137$ m，$b=6356752.31$ m，$e^2=0.00669437999$。

气球在浮力、重力、空气阻力和风力的共同作用下，既作上升运动也作水平运动。浮力垂直于地面而指向天顶，重力始终指向地心，若不考虑气球的上升运动时，气球在空间的水平运动是沿等位势面运动的，因此，气球在风力作用下所产生的水平位移是平行于地球表面的一段弧线 $\hat{L}_i$，如图 14.33 所示。

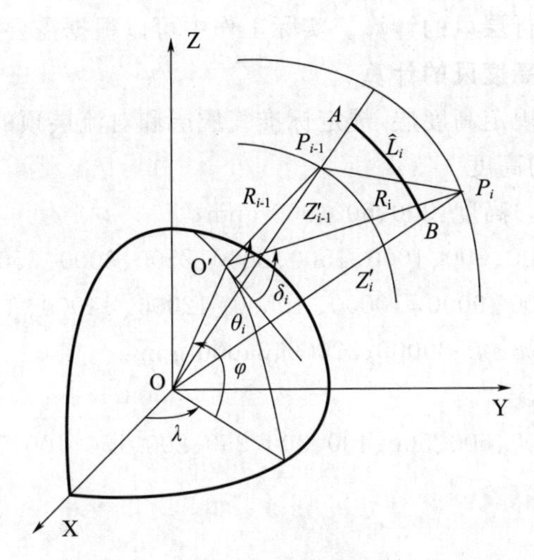

图 14.33　地心坐标系中气球的水平位移

气球 t_{i-1} 时刻位于 P_{i-1} 位置，t_i 时刻位于 P_i 位置，站心坐标系中所测的仰角分别为 δ_{i-1} 和 δ_i，斜距分别为 R_{i-1} 和 R_i，气球位置 P_{i-1}、P_i 相对于地球表面的几何高度分别为 Z'_{i-1} 和 Z'_i，气球由 P_{i-1} 位置移动到 P_i 位置时，产生平行于地球圆弧表面的平均位移为 $\hat{L}_i$，θ_i 为矢量 $\overrightarrow{OP}_{i-1}$ 与 $\overrightarrow{OP}_i$ 的夹角（弧度），则 $\hat{L}_i$ 为：

$$\hat{L}_i=(R_e+\frac{Z'_{i-1}+Z'_i}{2})\theta_i \tag{14.3.24}$$

式中，$R_e=N(1-e^2)+h_0$

$$Z'_i=\sqrt{R_e^2+R_i^2+2R_iR_e\sin\delta_i+2R_ih_0\sin\delta_i+2R_eh_0+h_0{}^2}-R_e$$

$$\theta_i=\arccos\frac{X_{i-1}X_i+Y_{i-1}Y_i+Z_{i-1}Z_i}{\sqrt{X_{i-1}^2+Y_{i-1}^2+Z_{i-1}^2}\cdot\sqrt{X_i^2+Y_i^2+Z_i^2}}$$

式中，$(X_{i-1},Y_{i-1},Z_{i-1})$、$(X_i,Y_i,Z_i)$ 分别为气球 t_{i-1} 和 t_i 时刻在地心坐标系中的位置坐标参数，可由(14.3.23)式计算得到。

则风速的表达式为：

$$V_i=\frac{\hat{L}_i}{t_i-t_{i-1}} \tag{14.3.25}$$

取同一次探测的气球位置角坐标，分别用站心坐标系和地心坐标系两种方法求取层风。计算结果显示，当相邻两时刻方位角变化较大时，两种方法计算的风向结果偏差稍大些；随着高度的增加两种方法计算的风速偏差有增大的趋势。但总的来说风向和风速的偏差均很小，两种方法计算的结果基本相同，这说明虽然概念不同，但两种方法在数值上差异不大，可以通用。对于传统的高空风探测，习惯上仍然采用站心坐标系进行层风的计算；对于北斗、GPS 等卫星导航定位测风，可根据定位参数采用地心坐标系进行层风的计算。实际工作中可以根据需要灵活选择计算方法。

14.3.2.4 规定高度风的计算

规定高度风是指规定高度层,规定标准气压层和对流层顶的风。包括:

(1)规定高度层的高度

距经纬仪(或雷达)高度:300、600、900 gpm;

距海平面高度:500、800、1000、1500、2000、2500、3000、3500、4000、4500、5000、5500、6000、7000、8000、9000、10000、10500、12000、14000、16000、18000、20000、22000、24000、26000、28000、30000、32000、34000 gpm。

(2)规定标准气压层

1000、925、850、700、600、500、400、300、250、200、150、100、70、50、40、30、20、15、10、7、5 hPa。

(3)对流层顶高度

由当时的空中气温廓线确定。

规定高度风的计算是在计算层风的基础上,假定风随高度线性变化的前提下,用时间内插法求得。由于风是矢量,可根据上下两层的风向、风速内插得到中间规定高度上的风,此时要注意风向的"过零问题";也可以根据上下两层的风的正交分量内插后再合成。

以第一种计算方法为例进行介绍。假定规定高度 H_x 处于 t_n 和 t_{n+1} 计算层之间,两计算层的风向风速分别为 D_n,V_n,D_{n+1},V_{n+1}。气球上升到规定高度的时间为 t_x,则规定高度上的风向 D_x、风速 V_x 分别为:

$$\begin{cases} D_x = D_n + \dfrac{t_x - t_n}{t_{n+1} - t_n} \cdot (D_{n+1} - D_n) \\ V_x = V_n + \dfrac{t_x - t_n}{t_{n+1} - t_n} \cdot (V_{n+1} - V_n) \end{cases} \tag{14.3.26}$$

要注意风向的"过零问题"。当 D_n、D_{n+1} 二者差大于 180°时,需对较小的风向加上 360°,内插后,若结果大于 360°,则要减去 360°。

14.3.2.5 最大风层的确定

最大风层是指在 500 hPa 或者 5500 gpm 以上的层风中,从某一高度开始到某一高度结束,出现风速均大于 30 m/s 的"大风区",并且是该区中风速最大的层次。选择最大风层时,在层风的基础上,根据选择最大风层的条件,由低到高确定最大风层。根据已选择的最大风层,确定相应最大风层的位势高度。"大风区"的开始和终止都已探测到的为"闭合大风区";只探测到"大风区"的开始,没有探测到终止的为"非闭合大风区"。

在"大风区"中,同一最大风速有两层或两层以上时,选取高度最低的一层。若有多个"大风区",且后一个"大风区"中的最大风速比前一个"大风区"中的最大风速大,后一个“大风区”中风速最大的层次也应选为最大风层。若后一个“大风区”中的最大风速比前一个“大风区”中的最大风速小,但后一个“大风区”中的最大风速与前一个“大风区”后出现的最小风速之间的差值在 10 m/s 或者以上时,后一个“大风区”中风速最大的层次也应选为最大风层。以此类推。

14.3.2.6　合成风计算

合成风是指地面至某一高度之间或者任意两高度之间气层的平均风。当进行空投空降时,需要计算从飞机高度到地面之间的合成风。任意两个高度之间的合成风,根据气球在 Z_1、Z_2 高度的仰角、方位角和时间采用求取层风的方法进行计算。

(1)地面至某一高度之间合成风计算

首先根据相邻上下两个高度层的方位角和仰角,内插得到气球在 Z 高度的方位角 α 和仰角 δ。

则合成风风速为:

$$V_h=\frac{Z\cdot\cot\delta}{t} \tag{14.3.27}$$

或者:

$$V_h=\frac{R\cdot\cos\delta}{t} \tag{14.3.28}$$

式(14.3.27)、(14.3.28)分别对应经纬仪测风和雷达测风。t 为气球上升到 Z 高度的时间(s)。

合成风的风向为:

$$\begin{cases}D_h=\alpha+180, & \alpha\leqslant 180\ \text{时}\\ D_h=\alpha-180, & \alpha>180\ \text{时}\end{cases} \tag{14.3.29}$$

(2)任意两个高度之间合成风计算

首先将任意二高度之间的气层分成若干薄气层,其次根据各薄气层所占总厚度的比例,把风矢量按照气层厚度权重进行累加求和,来求得二高度间的合成风。

设 V_i、D_i 是第 i 薄气层的风速和风向,气层的厚度为 h_i,合成风的气层总厚度为 H。则:

$$\begin{cases}V_{xi}=\dfrac{h_i}{H}\cdot V_i\cdot\cos(D_i+180)\\ V_{yi}=\dfrac{h_i}{H}\cdot V_i\cdot\sin(D_i+180)\end{cases} \tag{14.3.30}$$

式中,V_{xi}、V_{yi} 是第 i 薄气层对整个气层风在 x、y 方向的分量,由于风向是指风的来向,因此,在合成时应加 180°。对所有气层在 x、y 方向的贡献,就是该气层合成风在 x、y 方向的分量。

$$\begin{cases} V_x = \sum_{i=1}^{n} V_{xi} \\ V_y = \sum_{i=1}^{n} V_{yi} \end{cases} \tag{14.3.31}$$

进一步可得到该气层范围内合成风的风向和风速。

14.4　气球测风的误差分析

各种测风方法都会存在误差。讨论误差的目的,是了解测风资料的精度,改进探测方法,探索新的手段。导致气球测风误差的原因主要有:

(1)响应误差:气球不能完全响应高空风场的特征;

(2)跟踪误差:跟踪观测仪器不能准确测定气球的空间位置所带来的误差;

(3)高度指定误差:由指定气层厚度以及层风高度所带来的误差。

14.4.1　气球对环境风场的响应误差

由前面气球对环境风场的响应讨论可知,由于气球具有惯性,因而气球对环境风场的响应具有一定滞后,不能完全响应风场的变化。气球质量越大,气球响应误差越大。

表 14.5 所示为将我国常用的测风气球和探空气球参数代入(14.3.13)式计算的结果。从表中可以看出:

(1)气球对环境风场的响应特性与气球质量有关,气球质量越大,响应误差越大。

(2)气球对环境风场的响应特性与风场扰动波长 L 有关,波长 L 越短(高频扰动),响应误差越大。

表 14.5　测风气球和探空气球对环境风场的响应误差

L/m	300	200	100	50
M_{30}	0.9998	0.9995	0.9980	0.9924
δ_{30}/(°)	0.38	0.56	1.12	2.17
M_{750}	0.9697	0.9385	0.8386	0.7263
δ_{750}/(°)	6.41	8.84	12.35	11.34

在利用 GPS 探空仪进行测风过程中发现,当探空仪空间位置采样速率较高时,如 1 s 间隔,可明显观测到气球下的探空仪的摆动,这种摆动并不是真正的空气运动,是探空仪的规则钟摆运动与不规则的转动的叠加,因此,必须通过数据处理而尽可能滤波掉。另外,气球尾涡气流造成的探空仪相对于空气的运动也会造成较大的

响应误差，研究表明当采用小球(50 g)测风时，若垂直分辨率为 50 m，气球运动响应误差可达 1～2 m/s(2σ)。但对于大球(超过 350 g)测风，若垂直分辨率为 300 m，气球运动响应误差不明显。

14.4.2　跟踪误差

跟踪测量仪器(光学经纬仪、测风雷达、GNSS 等)对气球空间位置的测量误差，必然引起高空风的测量误差。通常，跟踪气球引入的测风误差，以两种形式出现：其一为系统误差；其二为随机误差。系统误差多数可以通过对测量仪器进行调整或对测量结果进行适当处理得到修正。下面将分别对系统误差和随机误差的影响进行讨论，以经纬仪为讨论对象。

14.4.2.1　系统误差对风矢量测量的影响

对于光学经纬仪测风，气球的仰角、方位角和高度是三个独立变量，下面分别讨论对风矢量测量的影响。

若气球仰角和高度在测量过程中没有其他系统误差，只产生 $\Delta\alpha$ 的方位角系统误差。气球的水平投影点如图 14.34 所示。则可以证明方位角系统误差对风速测量没有影响，只对风向产生 $\Delta\alpha$ 的系统误差，可以用 $\Delta\alpha$ 订正风向来消除方位角系统误差。

若气球方位角和高度在测量过程中没有其他系统误差，只产生 $\Delta\delta$ 的仰角系统误差。此时，气球的空间位置和水平投影点如图 14.35 所示。P_1为正确位置，P'_1为产生 $\Delta\delta$ 后的位置，使水平投影点由 C_1变为 C'_1；同理 C_2变为 C'_2。

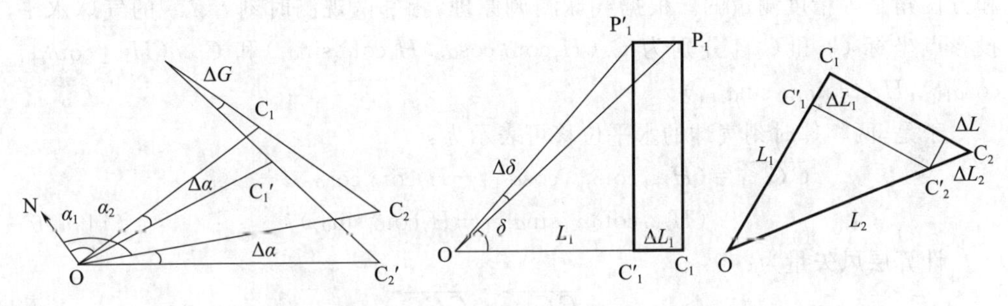

图 14.34　方位角系统误差示意图　　　图 14.35　仰角系统误差示意图

在 $\Delta OP_1P_1'$和 ΔOP_1C_1中：

$$\frac{\Delta L_1}{\sin\Delta\delta}=\frac{OP_1'}{\sin\delta_1},\quad OP_1'=\frac{L_1}{\cos(\delta_1+\Delta\delta)}$$

由于 $\Delta\delta$ 很小，$\sin\Delta\delta\approx\Delta\delta$；$\cos(\delta_1+\Delta\delta)\approx\cos\delta_1$。则：

$$\frac{\Delta L_1}{\Delta\delta}=\frac{L_1}{\sin\delta_1\cos\delta_1}\tag{14.4.1}$$

$$\Delta L_1=\frac{2L_1}{\sin2\delta_1}\Delta\delta\tag{14.4.2}$$

同理可得：

$$\Delta L_n=\frac{2L_n}{\sin 2\delta_n}\Delta\delta \tag{14.4.3}$$

当两次观测的仰角变化不大 $\delta_1\approx\delta_2$ 时，有：

$$\frac{\Delta L_1}{L_1}\approx\frac{\Delta L_2}{L_2} \tag{14.4.4}$$

由此可见：$\Delta OC_1C_2 \backsim \Delta OC'_1C'_2$；则$\overline{C_1C_2}\,/\!/\,\overline{C'_1C'_2}$，表明风向没有误差。对于风速的误差可表示为：

$$\Delta V=\frac{\Delta L}{\Delta t} \tag{14.4.5}$$

当仰角的系统误差小于 0.3°时，ΔV 可以忽略。当仰角的系统误差大于或等于 0.3°时，应对风速进行订正，但对风向的测量没有影响。

光学经纬仪测风时高度的系统误差来源主要是由气球升速误差造成。气球高度的系统误差使计算层高度产生错位，同时对风向和风速均产生误差。当相邻两观测时刻的仰角变化不大，且气球远离观测点时，可以分析得出风向和风速误差较小，可以忽略。

14.4.2.2 随机误差对风矢量测量的影响

1)单经纬仪测风随机误差

设经纬仪测量的仰角、方位角和高度随机误差(标准差)分别 σ_δ，σ_α 和 σ_H，且仰角和方位角是等精度测量的。根据气球测风原理，相邻两观测时刻 t_i、t_{i+1} 的气球水平投影点坐标 C_i 和 C_{i+1} 分别为 $C_i(H_i\cot\delta_i\cos\alpha_i, H_i\cot\delta_i\sin\alpha_i)$ 和 $C_{i+1}(H_{i+1}\cot\delta_{i+1}\cos\alpha_{i+1}, H_{i+1}\cot\delta_{i+1}\sin\alpha_{i+1})$。

于是，两相邻时刻气球的水平位移可表示为：

$$\begin{aligned}\overrightarrow{C_iC_{i+1}}=&(H_{i+1}\cot\delta_{i+1}\cos\alpha_{i+1}-H_i\cot\delta_i\cos\alpha_i)\boldsymbol{i}+\\&(H_{i+1}\cot\delta_{i+1}\sin\alpha_{i+1}-H_i\cot\delta_i\sin\alpha_i)\boldsymbol{j}\end{aligned} \tag{14.4.6}$$

计算层风矢量为：

$$\boldsymbol{V}=\frac{\overrightarrow{C_iC_{i+1}}}{t_{i+1}-t_i}=\frac{\overrightarrow{C_iC_{i+1}}}{T} \tag{14.4.7}$$

根据误差传递公式：

$$\sigma_v^2=\left(\frac{\partial\boldsymbol{V}}{\partial\alpha}\right)^2\sigma_\alpha^2+\left(\frac{\partial\boldsymbol{V}}{\partial\delta}\right)^2\sigma_\delta^2+\left(\frac{\partial\boldsymbol{V}}{\partial H}\right)^2\sigma_H^2 \tag{14.4.8}$$

式中，σ_v 为计算层风矢量误差。逐项计算并合成后经整理得：

$$\sigma_V^2=\frac{2}{T^2}\left[H^2Q^2\sigma_\alpha^2+H^2(1+Q^2)^2\sigma_\delta^2+Q^2\sigma_H^2\right] \tag{14.4.9}$$

式中：T 为相邻两次观测的时间间隔，H 为计算层高度，$Q=\frac{\overline{V}}{\overline{W}}\cot\delta$，$\overline{V}$ 为地面至 H 高

度的合成风，$\overline{W}$ 为气球的平均升速。

2)雷达测风随机误差

设雷达测量的仰角、方位角和斜距随机误差(标准差)分别 σ_δ，σ_α 和 σ_R，且仰角和方位角是等精度测量。与光学经纬仪测风误差讨论相似，雷达测风的随机误差公式为：

$$\sigma_V^2=\frac{2}{T^2}\left[H^2Q^2\sigma_\alpha^2+H^2\sigma_\delta^2+\frac{Q^2}{1+Q^2}\sigma_R^2\right] \tag{14.4.10}$$

式(14.4.10)适用于一次测风雷达和二次测风雷达。

3)经纬仪测风与雷达测风误差比较

取 $\sigma_\alpha=\sigma_\delta=0.1°$，$\sigma_R=20$ m，σ_H 取相当于 1 hPa 气压误差的高度，$T=1$ min。利用式(14.4.9)与式(14.4.10)分别计算测风的随机误差(m/s)如表 14.6 所示。

表 14.6　雷达测风与经纬仪测风矢量误差(单位:m/s)(WMO,2018)

Q	雷达测风						经纬仪测风					
	H/km						H/km					
	5	10	15	20	25	30	5	10	15	20	25	30
1	1	1	1.5	1.5	2.5	2.5	1	1.5	3	5.5	9	25
2	1	1.5	2.5	3	4	4	5	4	6.5	11	19	49
3	1.5	2.5	3	4	5	6	4	7	11	19	30	76
5	1.5	3	5	6	8	10	9	18	27	42	59	131
7	2.5	5	7	9	11	13	18	34	51	72	100	194
10	3	6.5	10	13	16	19	34	67	100	139	182	310

从表 14.6 以及公式(14.4.9)和(14.4.10)可以看出：

(1)跟踪精度是影响经纬仪测风、雷达测风精度的重要因素。为了提高测风精度，一方面要注意提高测量仪器的测角、测距精度；另一方面，要注意提高操作人员的技术水平，减少人为操作误差。

(2)跟踪精度一定时，测风误差是随高度升高而增大的，但从误差公式也可看出，测风误差还随时间间隔的增大而减小。为了使不同高度所测的空中风资料具有可比性，高空气象探测规范中规定，在不同的高度采用不同的时间间隔，在平流层通过增加时间间隔或降低垂直分辨率来保证测风精度满足要求。

(3)跟踪精度一定时，测风精度是随仰角的降低(Q 增大)而增大的，这种误差特征是高空气象探测规范操作条款制定的重要依据。例如“当气球过顶时，可以只读整数，不读小数”。这是因为气球过顶时，$\delta\to90°$，$Q\to0$，σ_V 变得很小。又如“当气球仰角低于 7°时，可停止测风”。因为当 $\delta\to7°$，$Q\to$大值，测风误差 σ_V 变得非常大，失去了测风的意义。由于无线电经纬仪没有直接测距的功能，气压和仰角都要参与空中风的计算,致使大风低仰角的测风精度降低,在高度 25000 m 以上、低仰角(10°以下)时,测风精度将远低于测风雷达,一般在仰角低于 6°时,其测风资料已不能使用。

3)GNSS 测风误差

图 14.36 为利用 GNSS 测风系统秒间隔的位置参数计算的东西向和南北向风速分量。从图中可以看出,取 1 s 间隔的计算层厚度,所计算的层风风速波动性很大,在 1 s 间隔内,风速变化可达 10~20 m/s,这种波动性是由实际大气的波动、气球下方探空仪的摆动以及大气湍流等共同作用的结果。显然,若直接利用秒间隔的数据作为层风结果则会出现较大的误差。为此,需要对秒间隔的测风数据进行平滑滤波处理。图 14.37 为不同平滑时段处理后的结果。从图中可以看出,平滑时段越长,曲线越平滑,振幅衰减越大,相位滞后越大。采用多长时间的平滑时段对秒间隔数据进行平滑处理,既能保留实际大气的波动特点,又能滤除探空仪摆动所带来的虚假速度,需要根据不同的应用要求而定,目前大多数 GPS 探空测风系统采用 30 s 左右的平滑时段来进行处理。

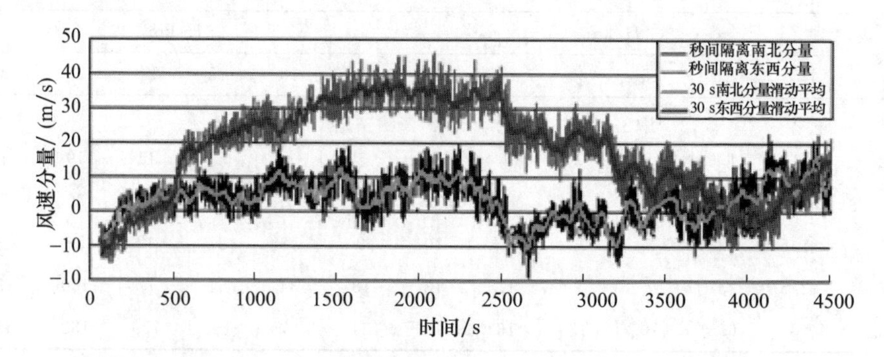

图 14.36 由 GPS 秒间隔定位数据计算的风速分量(彩图见书末)

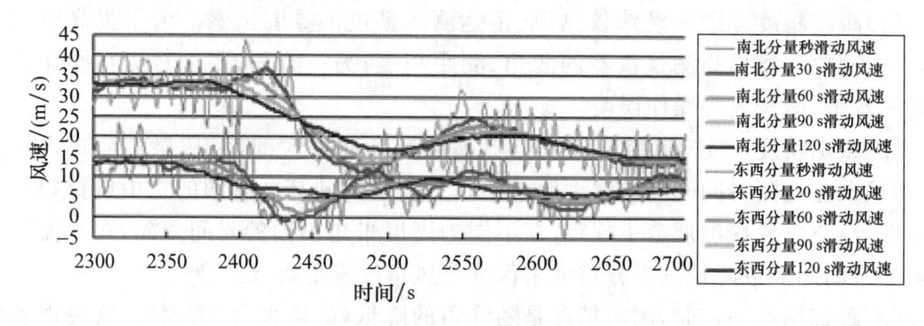

图 14.37 不同平滑时段平滑后的风速分量(彩图见书末)

表 14.7 所示为 2010 年 WMO 在中国阳江组织的高质量无线电探空系统比对中得到的 GPS 测风结果。从表中可以看出 GPS 测风精度高,系统偏差最大不超过 ±0.15 m/s,在垂直分辨率 300 m 时 RMS 不大于 0.9 m/s,但随着高度增加而有所

增大，平流层的 RMS 要比对流层低层大。图 14.38 所示为不同厂家 GPS 测风系统测风结果的比对。从图中可以看出，总体上东西和南北分量风速随高度变化趋势是一致，所有系统能分辨出约 90 s 周期的波动结构，但对 40 s 或以下周期的波动结构的分辨情况则有差异，这种差异是由于不同测风系统对无线电探空仪相对于气球运动的滤波处理算法不同所造成的。此外，无线电干扰也会对 GPS 定位产生误差从而导致测风误差。

表 14.7　WMO 国际高质量无线电探空系统比对中 GPS 测风的随机误差($k=2$)与系统偏差(WMO,2018)

高度范围	系统偏差 (m/s)	2 km 垂直分辨率 RMS 风矢量误差 (m/s)	300 m 垂直分辨率 RMS 风矢量误差 (m/s)	100 m 垂直分辨率 RMS 风矢量误差 (m/s)
对流层下层 0～8 km	±0.05	0.06～0.15	0.12～0.50	0.3～0.7
对流层上层 8～17 km	±0.10	0.1～0.4	0.3～0.9	0.4～1.4
平流层 17～34 km	±0.15	0.15～0.40	0.3～0.8	0.4～1.4

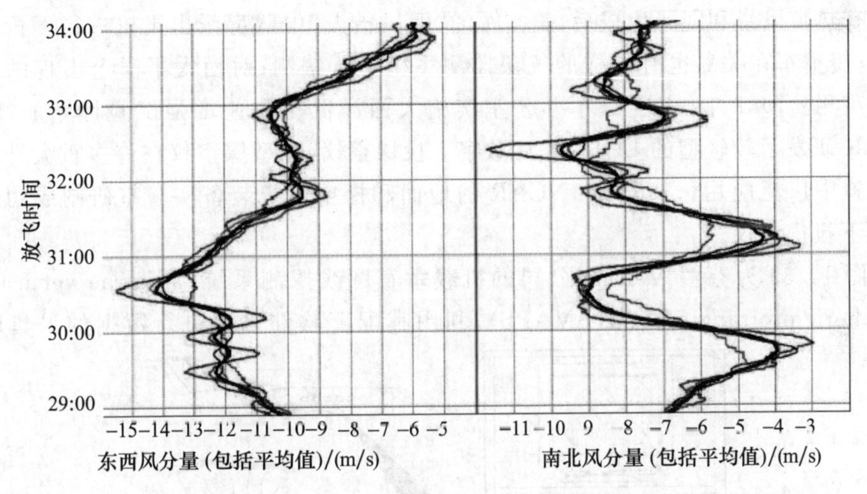

图 14.38　不同厂家 GPS 测风系统风廓线部分探测结果(WMO,2018)(彩图见书末)

14.4.3　高度指定误差

在计算层风时，由于规定所求取的合成风指定为气层平均高度上的风，这与该高度上的实际风有所差异，特别是在计算层内有较大的风切变时，会产生较大的误差，这种误差为高度指定误差。任何时间误差，均会导致高度指定误差。

由于在单经纬仪测风过程中，气球高度是通过假设气球升速为常数的情况下由时间计算的，因此，时间误差、升速误差均会导致气球高度误差，从而带来测风误差。在空气垂直速度较大的区域，风切变较大，这种情况引起的误差也较大。

14.5 下投式探空测风

除了利用气球上升方式进行大气的垂直探测外,也可以采用下投方式进行探测。

下投式探空测风系统中包括了由飞机或火箭携带在空中抛落进行大气垂直探测的高空气象探测装备,整个系统通常由下投式探空仪、降落伞、发射器、机载探空接收处理设备和机载数据转发设备等组成,以飞机为工作平台。下投式探空仪由降落伞携带,在下降过程中自动测量空中温、压、湿、风等气象要素,并将探测数据发送到机载探空接收处理设备进行处理和转发。该系统可实现对多个探空仪信号的接收处理,快速获取一个较大区域的大气垂直廓线信息,是用于无人区或人员难以抵近地区空中气象探测的专用设备。

20 世纪 70 年代初,为了实施全球大气研究计划的大西洋热带试验项目,美国国家大气研究中心(NCAR)研发出了欧米伽(omega)导航下投探空仪;后来 NCAR 不断改进和发展此型下投探空仪,并成功用于热带海洋对北半球天气和气候影响的研究。1982 年始,美国空军气象处应用于"飓风猎人"(hurricane hunt)任务,即在大西洋上有热带风暴和飓风生成后,美空军的"飓风猎人"中队都派出飞机进行下投探空观测;美空军在关岛也有同样的气象监测飞机中队编制,对西太平洋上出现的台风进行监测。1987 年,应美海军办公室实施大西洋低压快速增强试验计划的需求,NCAR 研发了较轻型的 LORAN-C 数字下投探空仪,此型探空仪在许多重大外场科学试验中广泛应用。1993 年,NCAR 的地面和探空系统装备实验室研制成功轻型 GPS 下投探空仪。

图 14.39 为芬兰 Vaisala 公司的机载垂直廓线探测系统(airborne vertical atmospheric profiling system,AVAPS),利用其配套软件可以进行数据的采集和处

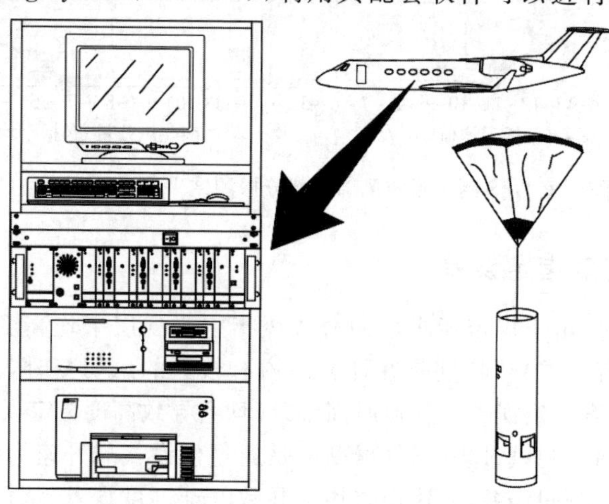

图 14.39 AVAPS空基垂直廓线探测系统

理，处理后可得到以每 0.5 s 为时间间隔的测量结果，每组测量结果包括该时刻探空仪所在处的气压、气温、相对湿度、风向、风速、垂直下降速度、经度、纬度、位势高度，以及风速的测量误差。原解放军理工大学气象学院、中国科学院国家空间科学中心也曾研制了下投式探空测风系统。

习　题

1. 比较气球示踪测风法与原位测风法的异同点。

2. 假设地面气压为 1000 hPa、气温为 10 ℃，请计算 30 g 气球、200 m/min 升速下的净举力大小。若地面气压为 600 hPa、气温为 10 ℃，则此时的净举力又是多少？

3. 某储氢筒的容积为 40 l。假设储氢筒内压力为 12 MPa，试计算，一罐储氢筒可充罐多少个标准状态下、200 m/min 升速的 30 g 测风气球？如果是氦气呢？

4. 程序设计：

一次经纬仪测风结束后，获得了 30 g 气球、200 m/min 升速下气球的飞行轨迹。请根据每分钟 1 次观测的气球仰角、方位角数据，编程实现计算层风的计算。注意：20 min 高度内每 1 min 为一个计算层，20～40 min 高度内每 2 min 为一个计算层，40 min高度以上每 4 min 为一个计算层，且计算层时间的间隔一般不大于 1 min。

5. 程序设计：

一次 GNSS 探空测风结束后，获得了 750 g 气球、约 400 m/min 升速下气球的飞行轨迹。请根据每秒 1 次输出的气球经度、纬度和高度数据，编程实现计算层风的计算。

6. 程序设计：

在第 4 题或第 5 题的基础上，编程实现规定高度风的计算。

7. 程序设计：

在第 4 题或第 5 题的基础上，编程实现合成风的计算，包括地面至某一高度之间的合成风，以及任意二高度之间的合成风。

8. 比较光学经纬仪测风、无线电经纬仪测风、雷达测风、GNSS 导航测风的优缺点。

9. 当高空风随高度呈线性增加时，请分析 30 g 测风气球和 750 g 探空气球的响应特性。

10. 用仪器跟踪观测上升气球测量高空风存在哪些误差？

11. 有哪些因素可能引起气球测风的跟踪误差？

12. 为什么规范规定在利用雷达测风时，“当气球仰角低于 7°时，可停止测风”？

13. 为什么规范规定在利用经纬仪测风时，“当气球过顶时，仰角可以只读整数，不读小数”？

14. 指出光学经纬仪测风随机误差公式中：

$$\sigma_V^2=\frac{2}{T^2}\left[H^2Q^2\sigma_\alpha^2+H^2\ (1+Q^2)^2\sigma_\delta^2+Q^2\sigma_H^2\right]$$

各项的意义,并分析经纬仪测风的误差与哪些因素有关。

15. 为什么高空风观测业务中求取层风时,在求取高层层风时要增加时间间隔?若采用卫星导航定位法进行高空风测量,还需要这样规定吗?

16. 目前 GNSS 测风系统可获得每秒间隔的气球空间位置参数,请分析一下如果采用 1 s 作为层风计算的时间间隔将会出现什么情况呢?

参考文献

曹晓钟,2021. 气球探空国内外技术进展与展望[M]. 北京:气象出版社.

高太长,陈新甫,翟东力,2007. 异源多普勒频移应用于空中风探测[J]. 解放军理工大学学报(自然科学版)(4):396-399.

高太长,吴维,郝晓静,等,2009. 无源北斗探空测风系统误差分析[J]. 解放军理工大学学报(自然科学版)(1):98-102.

李浩,张伟星,卫克晶,等,2011a. 一种电波折射订正方法及其在高空风探测中的应用[J]. 解放军理工大学学报(自然科学版)(5):548-554.

李浩,张伟星,王晓蕾,等,2011b. 基于地心大地坐标系的高空风计算方法[J]. 解放军理工大学学报(自然科学版)(2):195-199.

张伟星,2006. 军用高空气象探测教程[M]. 北京:解放军出版社.

张伟星,王晓蕾,2005. WGS-84 地心坐标系中高空风计算方法[J]. 气象科学(5):5484-5489.

赵世军,高太长,刘涛,等,2012. 基于北斗一号的高空风探测方法研究[J]. 气象科技(2):170-174.

赵世军,高太长,马英,等,2013a. 利用北斗导航系统探测高空风的研究[J]. 测绘科学, 38 (5): 13-15,45.

赵世军,高太长,陶冶,等,2013b. 探空仪及基于 INS 的高空风探测方法[P].

WMO,2018. Guide to instruments and methods of observation(No. 8)[Z]. Geneva:WMO.

WMO,2011. Instruments and observing methods report No. 107[Z]. WMO intercomparison of high quality radiosonde systems.

第 14 章　高空风探测
电子资源

第15章　高空温压湿探测

【学习指导】

1. 熟悉无线电探空系统组成与功能，无线电探空仪结构组成，了解无线电探空仪发展概况，树立民族自信；

2. 了解无线电探空工作内容，能解释规范规定的操作方法理由；

3. 熟悉无线电探空测量误差特点和原因，掌握无线电探空误差分析方法。

高空温压湿探测是高空气象探测的主要内容之一，可采用原位探测和遥感探测进行。原位探测通常采用气球、气机、火箭等平台搭载探测仪器进行探测，遥感探测主要采用微波辐射计、拉曼激光雷达以及卫星遥感等进行探测。在气象观测业务中，高空温压湿的无线电探空仪探测是基本的观测业务。本章主要介绍利用无线电探空仪探测高空温压湿的原理、技术和方法。

一次无线电探空仪探测一般需要1～2 h，探测高度不超过35 km。不同高度的测量是在不同的时间进行的，由于自由大气中气象要素随时间的变化很小，可以近似将该时段内的探测结果作为某一时刻气象要素的垂直分布，用于国际交换的无线电探空仪探测资料为世界时00时和12时。无线电探空仪在随气球上升过程中是随风水平飘移的，在1～2 h的探测时段内通常可水平漂离测站100～200 km，由于气象要素在高空的水平分布是比较均匀的，可以近似地将探测资料看作为测站上空的资料。随着GNSS技术的应用，不同时刻探空仪空间位置信息已可记录下来，并作为数值模式同化高空气象探测资料应用的重要参数。

高空气象探测中，气压采用百帕(hPa)为单位，分辨率0.1 hPa，气温采用摄氏度(℃)为单位，分辨率0.1 ℃，相对湿度采用百分数(%)为单位，分辨到整数位。气温低于0 ℃时，相对湿度仍然是以相对于液水面的饱和水汽压来计算。位势高度采用位势米(gpm)为单位，分辨到整数位。

15.1　无线电探空系统

无线电探空系统是完成高空气象探测工作的一套设备，主要由无线电探空仪(含气球)与地面站设备组成，地面站设备包括跟踪接收设备、数据处理设备、基测设备和辅助设备等，如图15.1所示。无线电探空仪是感应高空气象要素并将信号发送至地面的仪器设备;跟踪接收设备主要用于接收、解码探空仪信号;数据处理设备主要用于将探空信号转换成气象参量,并按照用户需要进行显示存储,生成所需的高空气象探测报告;基测设备是用于在探空仪施放前对探空仪性能进行检查,确定探空仪是否合格的设备;辅助设备主要有制氢设备、充球设备等,目前已开发有自动充球设备。除此之外,在无线电探空站还配备有标准的地面气象观测设备,用于测量探空仪施放瞬间的近地面气象要素值。

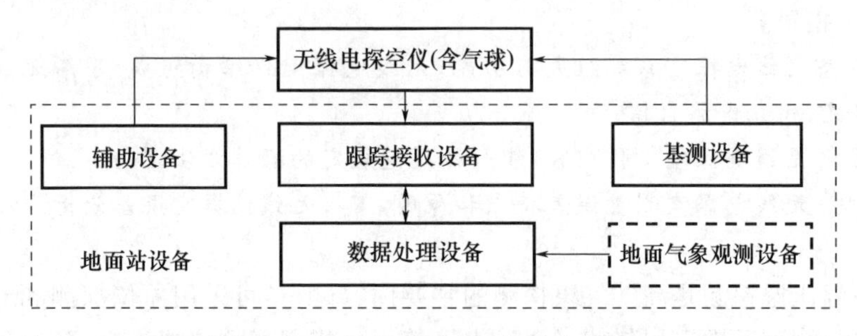

图 15.1　无线电探空系统组成框图

15.1.1　无线电探空仪

15.1.1.1　组成与基本要求

无线电探空仪是一种遥测仪器,它可以将直接感应的气象要素值转换成无线电信号向地面发送,地面接收后将信号收录、解调、转换和处理成高空各高度上温、压、湿探测结果。无线电探空仪一般由气象传感器、转换器、无线电发射机、电池以及检定证(数据)等组成,如图 15.2 所示。同时应用于测风的无线电探空仪,还包括GNSS 导航信号接收与转发电路或用于二次雷达跟踪的回答器。气象传感器通常包括温度、湿度和气压传感器,某些探空仪也可不带气压传感器而采用高度反算气压。转换器将传感器输出的信号转换成电信号或数字信号。无线电发射机则将转换后的电信号或数字信号发送到地面。国际电联分配给无线电探空仪的专用频段是

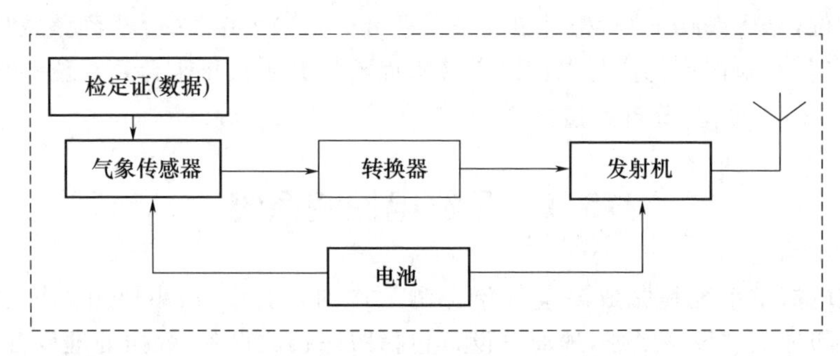

图 15.2　无线电探空仪组成框图

400 MHz、1680 MHz。电池为探空仪提供电源，一般要求电池能持续供电3 h以上，且在低温低压环境下能稳定供电，目前主要采用的是干电池或水活化电池。检定证(数据)给出了将电信号或数字信号转换为气象要素值的转换关系。

35 km高度以下大气，气象要素垂直变化大，温度变化范围为－95～50 ℃、气压变化范围为1050～5 hPa、相对湿度变化范围为100%～1%，水汽压变化范围为30～10^{-4} hPa，因此，要求无线电探空仪具有较大的动态测量范围；由于探空仪边上升边测量，因此要求其感应元件具有较小的滞后系数，能较快速地响应各高度气象要素的变化。由于气球一般以5～8 m/s的速度上升，为了保证每采集一组温压湿数据所代表的气层厚度约10 m，因此要求各要素的测量应迅速，采样周期一般不超过2 s。此外，无线电探空仪是一次性使用的仪器，成本不能太高，应具有结构简单、体积小、重量轻、坚固性好、防辐射、防云雨沾湿等性能。

15.1.1.2　种类与发展概况

17世纪，人们就开始利用风筝、热气球携带温度计、气压计等进行低空大气的探测，标志着从地面向高空气象探测的开始。随着无线电技术、气球技术的发展，19世纪以后，利用气球携带无线电探空仪进行30～40 km以下大气的探测成为主要手段。在此发展过程中，无线电探空仪经历了不断改进，发展出了多种类型的探空仪。

按照传感器类型，无线电探空仪可分为机械式探空仪和电子式探空仪两类。气象要素的变化使感应元件产生一定的机械形变位移输出，如双金属片、肠膜、空盒等传感器，由这类元件制成的探空仪称为机械式探空仪。气象要素的变化引起感应元件电学特征量的变化，如热敏电阻、湿敏电容等感应元件，由这类元件制成的探空仪称为电子探空仪。

按照传感器输出信号转换方式，无线电探空仪可分为计时或脉冲计数式探空仪、电码式探空仪、模拟式探空仪、数字式探空仪和智能式探空仪等。计时或脉冲计数式探空仪，在计时系统中，气象要素传感器驱动指针运动，使之与绝缘的扫描圆盘或旋转的鼓上的导电螺线相接触，这些触点与一个固定的参考触点之间的时间或者来自电振荡器的脉冲数，控制高频发射机工作。电码式探空仪，将气象要素传感器的输出转换成莫尔斯电码，并用于调制发射信号。模拟式探空仪，将传感器输出的电压、电流、电荷、电阻或电容等模拟量，通过信号整形，再把这些基本信号转换成标准的电压信号调制发射信号。数字式探空仪，利用微处理器将传感器输出的模拟量通过模拟/数字转换器输出转换成数字码，通过调制解调器，将数字信息馈入无线电发射机。智能式探空仪，一种带有微处理的传感器，具有基本的数据采集和处理功能，直接输出气象要素值，并用之调制发射信号。

按照调制方式，无线电探空仪可分为调幅式、调频式和调相式。调幅式探空仪，发射机采用一固定频率的射频信号，它的幅度受随传感器的输出而变化的声频信号的调制，这种声频调制易被各种传感器控制的电阻、电容或电感来实现。调频式探空仪,发射机采用一固定幅度的射频信号,它的频率受随传感器输出而变化的信号调制。调相式探空仪,用传感器输出的信号去调制发射机信号的相位变化,这种方式气象业务中一般不用。

按照用途,无线电探空仪可分为常规探空仪、定高气球探空仪、下投式探空仪、低空探空仪、特种探空仪、标准探空仪等。

①常规探空仪,由上升气球携带,升空到30～40 km,工作时间大于 2 h,信息传播距离大于 200 km,携带重量 0.5～2.0 kg,升速为 350～600 m/min,进行高空温、压、湿气象要素的探测。

②定高气球探空仪,由定高气球携带,沿等密度面水平飞行探测,探测范围可绕地球某个纬度带进行,工作时间为数天,定时、自动发射气象信号,探测项目除温、压、湿气象要素外,还可以进行一些专门项目的测定。

③下投式探空仪,多数使用飞机、火箭或定高气球将仪器带到一定高度,然后将仪器弹射至携带舱外,由气球或降落伞携带下降,探测高度一般为 70 km 以下,工作距离约 300 km,工作时间约几小时,可以由地面站或飞机接收其信号处理出相应的要素。

④低空探空仪,由上升的测风气球携带,上升速度为 100 m/min 或 200 m/min,进行 3 km 以下某气象要素的细微分布探测。

⑤特种探空仪,除气象要素以外的大气参量,如臭氧、大气电场等探测的专用探空仪。

⑥标准探空仪,是一种性能较高的探空仪,用来与常规探空仪进行比对,作为确定误差的参考基准。

我国自 20 世纪 50 年代以来,开始建设探空观测网。初期探空仪全部依赖进口,为改变这种局面,开始仿制生产苏联 49 型探空仪,并于 60 年代完成了国产 59 型机械式探空仪的生产定型,实现了探空仪国产化。20 世纪 70 年代开始研制电子式探空仪,并得到部分使用;90 年代开始研制数字式探空仪,21 世纪初开始研制 GPS 探空仪,并已逐渐投入气象业务使用。2010 年,全国 120 个探空站全部由 59 型机械式探空仪-701 二次测风雷达探空系统升级为 L 波段雷达探空系统,采用数字式探空仪,准确性和自动化得到极大提升。

15.1.1.3 机械式电码探空仪

图 15.3 是我国 1959 年研制的 GZZ2 型探空仪,又称 59 型探空仪、机械式电码探空仪,该型探空仪一直使用至 2010 年,目前已退出业务应用。

GZZ2 型探空仪分别由温压湿传感器、编码装置、发信装置和电池组等组成,另外还附有一套温压湿检定证(林晔 等,1993)。

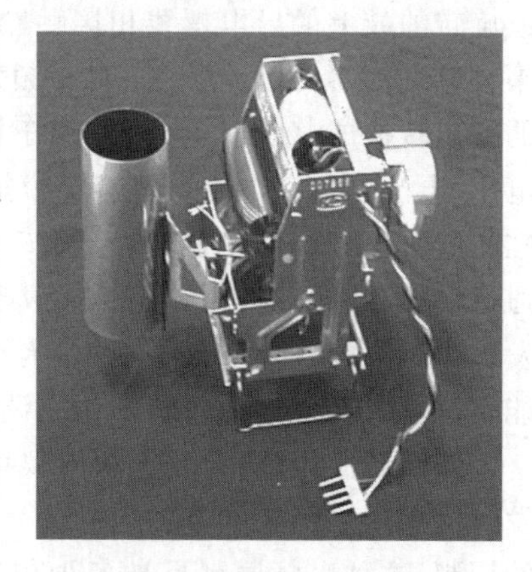

图 15.3 GZZ2 型探空仪

(1)温压湿传感器

温度传感器由螺旋形双金属片、空心指针、固定板、内防辐射罩等组成。由两种不同热胀系数的金属焊接在一起组成的双金属片,两端固定,当温度改变时,双金属片中间就会产生位移,根据位移大小可感应温度变化。

气压传感器由空盒组、指针、双金属片温度补偿器和中心支架等组成。空盒组由 3 个金属膜盒组成。膜盒是一抽成真空,内充一定惰性气体的空盒。当外界气压变化时,金属膜盒产生形变,根据形变位移量大小,可感应气压变化。

湿度传感器由鼓膜状肠衣、连杆、扭力弹簧、湿度指针、防雨罩等组成。肠衣是一种有机的吸湿物,具有较好的吸湿特性,当空气中相对湿度增大时,肠衣因吸湿而伸展,当相对湿度减小时,肠衣变干而收缩,具有湿胀干缩的特性。

(2)编码装置

编码装置由电码筒、直流微型电动机和减速装置、自动控制开关等组成。电码筒是编码装置的核心部件,可以指示出温、压、湿感应器指针的位置,把温、压、湿感应器指针的位置转换成探空电码。直流微型电动机带动电码筒转动,减速装置将电动机的转速减速后使电码筒的转速为 5～9 转/min。自动控制开关的作用是使电动机停止转动时,使 3 个指针全部脱离电码筒,以便当气象要素发生变化时,避免损坏指针或划坏电码筒。

(3)发信装置

发信装置是将编码机构送来的电码信号以无线电波的形式发送到地面,供地面接收机接收。发信装置由发射机或回答器和电池组组成。根据不同的地面接收设备,与 GZZ2 型探空仪相配套的发信装置有三种型号,可组成三种不同的探测系统,如图 15.4 所示。

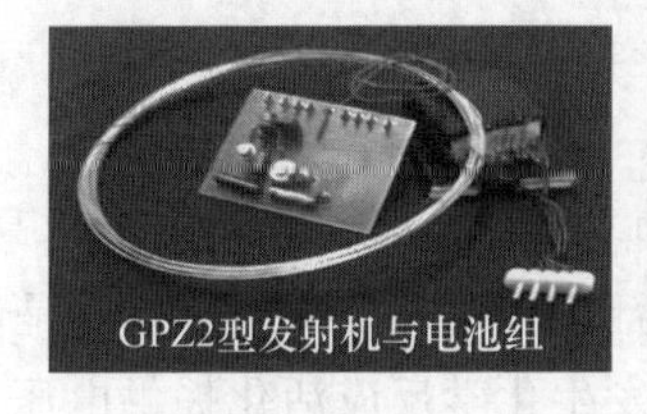

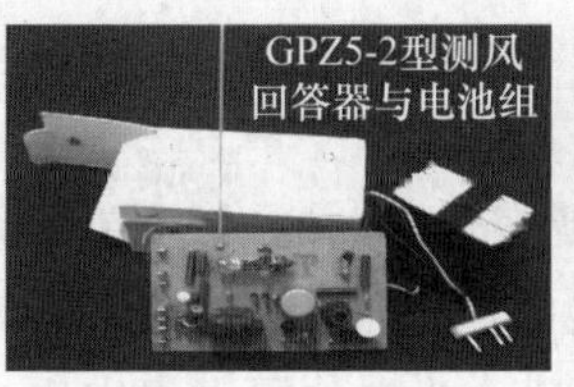

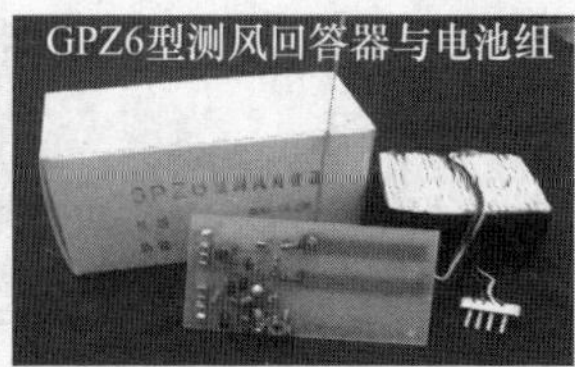

图 15.4　59 型探空仪配套的发信装置

GPZ2 型发射机是一个受电码筒控制的电子开关。当指针与电码花纹接触时,发射机工作,发探空信号,否则发射机不工作。工作原理比较简单,下面以 GPZ6 型回答器为例介绍工作原理,GPZ5 型回答器的工作原理与其相似。

GPZ6 型回答器的组成框图如图 15.5 所示,由 1.2 MHz 淬频振荡器、800 MHz 高频振荡器等组成,与探空仪和电池组配合测量高空温压湿气象要素。

当探空仪传感器指针与电码花纹接触,或扇形接触片与参考信号簧片相接触时,回答器处于探空工作状态,此时 1.2 MHz 淬频振荡器被短路到地而无输出,800 MHz 高频振荡器产生载波频率为 800 MHz,脉冲宽度为 40~100 μs,脉冲重复频率为 350~650 Hz,重复周期为 1538~2857 μs 的探空脉冲。雷达接收到探空脉冲后经高放、变频、混频、中放、检波、视频放大后变成视频脉冲,由选频放大器选出基波,即为 800 Hz 正弦波音频信号放大后送喇叭。探空脉冲同时也送至测角测距显示器,由于探空脉冲与显示器的扫描不能同步,所以在显示器上不能显示波形,而只能显示一大片模糊的图像。

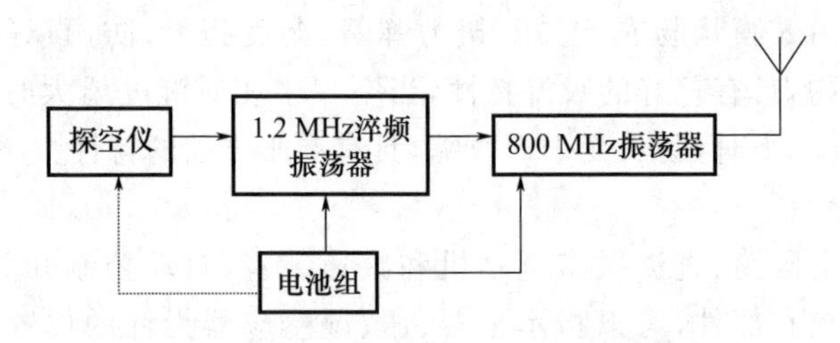

图 15.5　GPZ6 型回答器的组成框图

除探空状态以外的时间,回答器均处于回答工作状态。此时,1.2 MHz 淬频振荡器输出 1.2 MHz 的正弦波,输入到 800 MHz 高频振荡器一个淬频电压,800 MHz 振荡器在淬频电压的作用下,作 1.2 MHz 的间歇微弱振荡,称为超再生振荡。当回答器接收到由雷达发出的询问信号时,800 MHz 振荡器在询问脉冲和淬频电压的共同作用下,产生回答脉冲,由天线发射。回答脉冲宽度为 0.8~3.5 μs,重复频率为 1875(或 1500)Hz,重复周期为 533(或 667)μs。雷达接收到回答脉冲经高放、变频、混频、中放、检波、视频放大变为视频脉冲,送测距显示器和测角显示器。回答信号的视频脉冲同时也送至选频放大器,由于与探空脉冲的重复周期不同,产生的基波频率也是不同的,通过接收系统的音频电路,只选取探空信号而滤除回答信号。

(4)电池组

电池组是层叠式镁氯化亚铜化学电池,每个单体为 1.5 V,串联越多,电压越高。单体的第一层为氯化亚铜,是电池组的正极,第二层为吸水纸,第三层为镁片,是电池组的负极,第四层是塑料薄膜。当电池浸入水中后,发生化学反应活化提供电压。

(5)检定证

每个探空仪都配有一套温、压、湿检定证,表示了探空电码与气象要素之间的对应关系,是记录处理的基本依据。

15.1.1.4　数字式探空仪

图 15.6 是某型数字式探空仪组成框图。按组成单元可分为温、湿度传感器单元,包括两个热敏电阻和一个湿敏电阻,两个热敏电阻分别用来测量气温和气压传感器的温度;智能转换器单元(图中的 B 部分),包括气压传感器,由电阻/电压或电

压/电压转换电路，开关电路，A/D转换电路，编码处理电路等组成；发射机单元(图中的A部分)和电池组单元等。

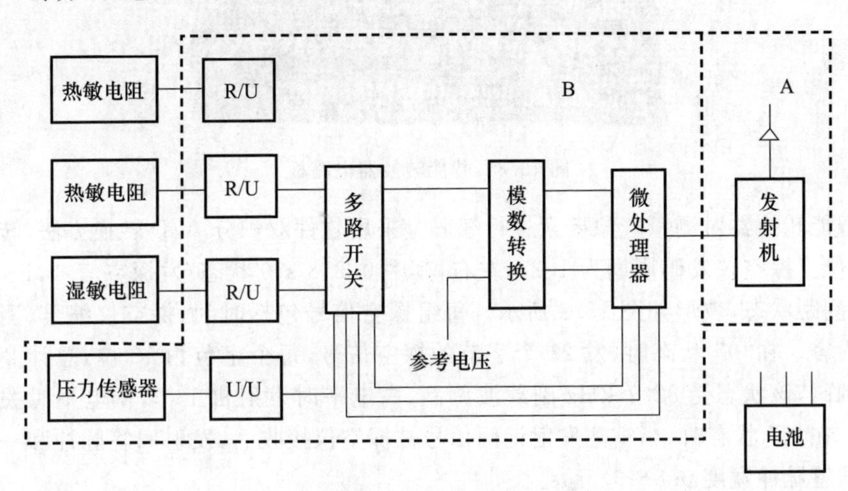

图15.6　数字式探空仪的组成框图

温度敏感元件采用GPW2和GPW3型棒状热敏电阻，形状为ϕ1 mm×10 mm的细杆状，其外形如图15.7所示，分别用于气温测量和气压传感器附温测量。温度敏感元件的敏感物质由铜、锰、镍、铁四种元素的氧化物配制烧结而成，其电阻值随温度的改变呈指数规律变化。在温度的测量范围内电阻值的变化范围为10～500 kΩ。热敏电阻在其表面涂有反射率很强的涂料。

图15.7　棒状热敏电阻实物图

湿度敏感元件采用XGH-02型高分子湿敏电阻，外形尺寸为10 mm×40 mm，如图6.16所示。湿度敏感元件的敏感物质主要是胶状纤维素混合涂料和碳黑。敏感物质均匀地涂敷在一对带有平行银电极的有机玻璃基板上。其电阻值随相对湿度的变化而变化，在相对湿度的测量范围内电阻值的变化范围为0.01～2 MΩ。

气压传感器选用24PCCFD6A型硅阻固态压力传感器，简称硅压阻气压传感器。硅压阻气压传感器主要由外壳、硅膜片和引线等组成，如图7.1所示。工作原理见第7章相关内容。由于硅压阻气压传感器不仅对气压敏感，而且对温度也非常敏感，因此在测压时专门用一个热敏电阻来测量硅压阻传感器的温度，用于对被测气压的补偿。

智能转换器主要是将各传感器的物理量，按一定格式转换成二进制代码，以二进制代码“0”控制32.7 kHz调制波信号。智能转换器由单片机、A/D转换器、副载波振荡器、放大器、积分器、比较器等电路组成，如图15.8所示。

图 15.8　智能转换器电路板

智能转换器对测量气象要素进行编码是采用软件双积分 A/D 转换方法,转换精度 14 位。探空仪发码周期为 1.2 s 左右,其中 0.218 s“0 状态”发探空信号,1 s“1 状态”为测距状态,波形如图 15.9 所示。每组探空信号包括时间、探空仪编号、测量要素等内容。在“0” 状态时,发 21 个字节的探空信号,每个字节为 12 位,总计 252 个二进制码,该状态受 32.7 kHz 副载波调制,高电平时发射机工作,低电平时关闭发射机。在“1” 状态时,当雷达发射询问信号被探空仪接收后,发射回答脉冲和一些杂波。回答脉冲宽度 0.8～3.5 μs。

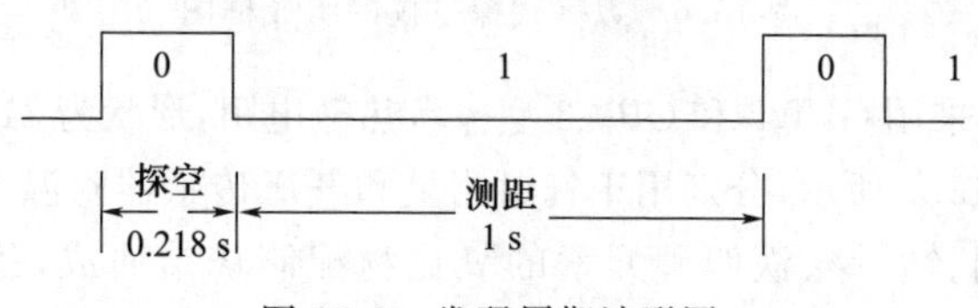

图 15.9　发码周期波形图

发射机由 400 MHz 高频振荡器、淬频振荡器和开关电路等组成,原理框图如图 15.10所示。每帧气象信息发送时间约 0.2 s,余下的约 1 s 时间发送超再生自激振荡脉冲,等待雷达询问脉冲的到来,当雷达发射的询问脉冲被发射机天线接收到后,400 MHz 振荡器工作,发射机发射测距的回答脉冲。

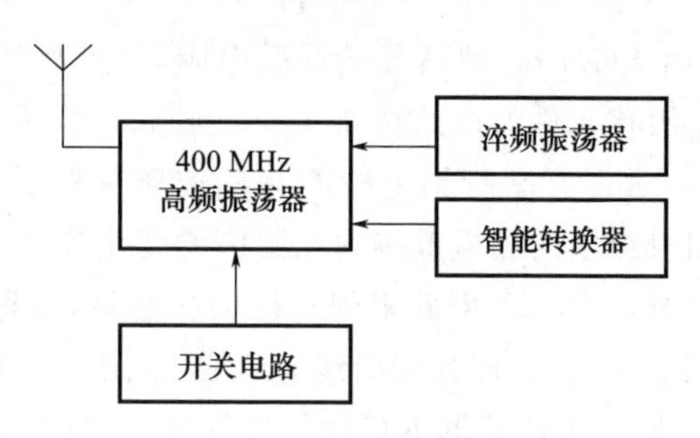

图 15.10　发射机原理框图

电池采用镁电池组。

15.1.1.5　GPS/北斗探空仪

GPS/北斗探空仪是一种增加了 GPS/北斗定位测速功能的新型探空仪,在测量高空温湿压的同时，还接收来自 GPS/北斗全球卫星导航定位系统的导航信号，对探空仪的三维位置和三维速度信息进行测量，获得高空温压湿以及风向风速资料。

维萨拉公司 RS41 型探空仪为新型 GPS 探空仪，其温度传感器为铂电阻丝，湿度传感器为带加热的温度测量的薄膜湿敏电容，风向、风速和气压是通过 GPS 接收机的位置和速度测量计算得到的，其中高度和气压是通过卫星测距码以及地面站差分计算的，气压计算时利用了探空测量的温度和湿度信息，风向向速是基于卫星导航信号载波频率变化计算的。发射机工作频率范围为 400.15～406 MHz，频率可调，频率稳定度为±2 kHz，采用 GFSK 调制方式。GPS 接收机具有 48 个通道，可以同时跟踪接收 48 个导航卫星信号，冷启动信号采集时间 35 s，重新采集信号时间 1 s，经纬度位置分辨率为 10^{-8}。

我国研制的北斗探空仪工作原理框图如图 15.11 所示。温、湿、压气象传感器及数据采集模块的温度测量元件为珠状热敏电阻，气压测量元件为硅压阻气压传感器，湿度测量元件为湿敏电容。测量转换电路与气压传感器安装在同一电路板上，并置于金属屏蔽盒内。温度、湿度和气压测量元件连接在测量转换单元的相应接口上，传感器随气球升空，其传感器阻值和容值随高度变化而改变，单片机通过多路开关对信号进行实时的控制接收，并把采集的探空信号转换为数字信号通过串口发送给信号编码及调制模块，发送时间为 1 s，数据内容有：探空仪序列号、温度数据、气压数据、气压附温数据、高基准数据、湿度数据、低基准数据。

北斗定位模块可以实现机动载体的实时高精度三维定位、三维测速、精确授时，随着气球升空北斗定位模块以 1 s 的数据更新率将实时的定位信息通过串口发送给信号编码及调制模块。

信号编码及调制模块将单片机从串口接收到的温度、湿度、压力数据和北斗模块的定位信息按照约定的方式编码后以数据速率 2400 bps 的 GFSK 方式调制在 400 MHz 的载波上通过功放模块发射出去。

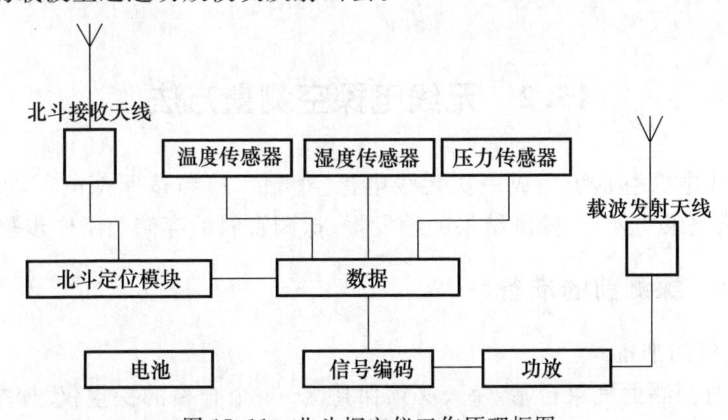

图 15.11　北斗探空仪工作原理框图

15.1.2 探空站地面设备

地面站设备包括跟踪接收设备、数据处理设备、基测设备以及制氢充球设备等。目前已研制有自动充球放球设备,如图 15.12 所示。跟踪接收设备应能随着探空仪的上升和随风飘移的不同方位有效接收探空仪发送的无线电信号,一般由接收天线与接收机组成。图 15.13 所示为一种北斗/GPS 接收天线示意图。数据处理设备由计算机与配套的数据处理软件组成,可实现数据质量控制、标准气压层、特性层气象要素信息的提取、高空气象探测报文的自动生成等功能。基测设备一般由标准器单元、特定湿度环境产生单元、测量显示单元、检测室(包含通风器)、数据传输单元、探空仪供电电源和机箱等组成。

图 15.12 自动探空放球系统

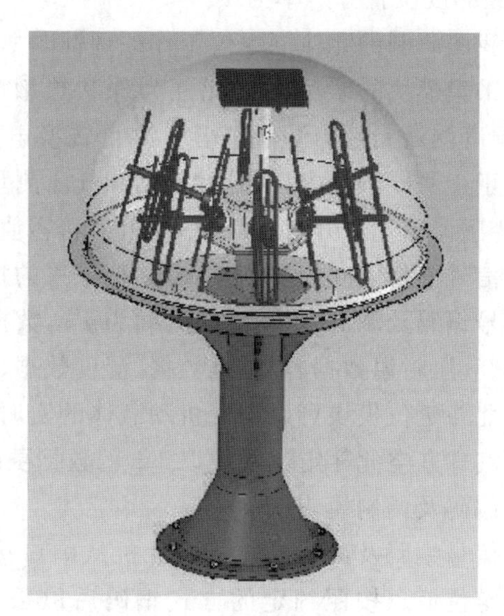

图 15.13 北斗/GPS 接收天线

15.2 无线电探空测量方法

利用无线电探空系统完成一次无线电探空测量,应当按照探测前的准备、探测的实施、探测记录的处理、探测结果的编发报、探测资料的存储等工作步骤进行。

15.2.1 探测前的准备

1. 探空仪的准备

担负定时探测的气象台站,每天必须保持 3～4 个合格的探空仪,探空仪准备的内容为探空仪传感器的检查、探空仪电路板的检查、探空仪检定证参数输入数据处理终端等。

2. 电池组的准备

采用镁电池组时作为电源时，应先配置电池组的电液。在实施探测前40 min左右进行电池组的检查与浸泡；施放探空仪前30 min左右进行电池组的赋能。

3. 探空仪的基值测定

基值测定是指将探空仪测定的地面气温、气压和相对湿度值与标准仪器测定的地面气温、气压和相对湿度值进行比较，以确定探空仪传感器的基点变化是否在允许范围内的操作过程。基值测定应在探空仪施放前30 min进行。

将探空仪连同传感器置于专用的基值测定设备中，接通探空仪电源并打开基值测定环境中的专用通风器；准备好温、压、湿测量的标准仪器；打开数据处理设备和相关设备，对探空仪测量的温、压、湿进行采集，同时对标准仪器测量的温、压、湿进行读数或者采集。求取探空仪的测量值与标准仪器测量值差值的绝对值即为基点变量，其基值测定的合格条件为：

温度基点变量：不大于0.4 ℃；

气压基点变量：不大于1 hPa；

相对湿度基点变量：不大于5%RH。

当温、压、湿基点变量均满足合格条件时，探空仪为合格，当温、压、湿基点变量之一不满足合格条件时，探空仪为不合格。

4. 探空气球的充灌

根据气球型号和当时的天气状况，确定探空气球的净举力；调整平衡器的砝码，使平衡器的总重量等于所选定的净举力和探空仪及附加物重量之和；进行充氢并检查气球有无漏气或脱胶等现象；当平衡器被气球吊离地面约0.5 m时，停止充氢扎紧球颈，将气球系留在室内，以待施放。

5. 探空仪与地面设备的配合

连接传感器与探空仪的电路板，安装发射机的天线；连接电池组与探空仪电路板；用系球蜡绳的一端连接探空仪。在实施探测前，应当检查探空仪与地面接收设备、数据处理终端等工作是否正常，并且进行相互配合、调整，使其处于最佳的工作状态。

15.2.2　探测的实施

1. 探空仪与气球的连接

将装配好的探空仪用专用蜡绳与充灌好的气球连接，蜡绳的长度需要保证探空仪与气球之间的距离大于20 m。

2. 瞬时地面气象观测

每次在施放探空仪前5 min内进行地面干球温度、湿球温度、气压、风向、风速、总云量、低云量、云状的云属和天气现象的种类等项目的观测，并记录在专用记录表中或输入到数据处理终端中。

3. 施放探空仪

一般采用自动施放探空仪；当地面风速较大时，采用绕线放球法、人工顺风放球法或过顶放球法等。

4. 探空信号的接收

接收探空仪在升空过程中发射的温、压、湿探空信号；解调探空信号，获得温、压、湿信息的模拟信号或数字信号；根据探空仪检定证将模拟信号或者数字信号，计算出探空仪每个周期的温、压、湿值；由实时采集的温、压、湿值和与之对应的时间值组成实时探测的原始数据，以进一步进行资料处理。

15.2.3 探测记录的处理

在实时探测原始数据的基础上，根据高空气象探测规范的要求，利用高空气象探测应用软件进行探测记录处理，获取规定标准气压层、零度层、对流层顶和特性层等相关资料，还可以根据需要计算弹道气象偏差量资料，并将计算的高空温、压、湿、风资料编制成高空温、压、湿、风探测报告电码，供气象业务部门或其他相关部门使用。

1)规定标准气压层的处理

规定标准气压层的气压值为1000、925、850、700、600、500、400、300、250、200、150、100、70、50、40、30、20、15、10、7、5 hPa，以及地面层和记录终止层。

根据各规定标准气压层的气压值，确定各规定标准气压层的时间；由各规定标准气压层的时间，确定各规定标准气压层的气温和相对湿度值。依据各规定标准气压层的气温和相对湿度，计算各规定标准气压层的露点温度和气温露点差；计算各规定标准气压层的位势高度；根据规定标准气压层所对应的位势高度与时间，绘制高度-时间线(中国气象局，2021)。

露点温度 t_d 按(15.2.1)式计算：

$$t_d=\frac{243.12[7.65t/(243.12+t)+\lg U-2]}{7.65-[7.65t/(243.12+t)+\lg U-2]} \tag{15.2.1}$$

式中，U 为相对湿度(%)，t 为气温(℃)。

气温露点差按(15.2.2)式进行计算。

$$\Delta t=t-t_d \tag{15.2.2}$$

式中，Δt 为气温露点差(℃)；t 为气温(℃)；t_d 为露点温度(℃)。

规定标准气压层位势高度按(15.2.3)式进行计算。

$$H=h_0+\Delta H_{0,1}+\Delta H_{1,2}+\cdots+\Delta H_{n-1,n} \tag{15.2.3}$$

式中：

$$\Delta H_{n-1,n}=\frac{R_d}{g_n}\overline{T}_V(\ln P_{n-1}-\ln P_n) \tag{15.2.4}$$

$$\overline{T}_V=(273.15+\bar{t})\times\left(1+0.00378\frac{E(\bar{t})}{\overline{P}}\overline{U}\right) \tag{15.2.5}$$

式中，H 为规定标准气压层的位势高度(gpm)；h_0 为放球地点的海拔位势高度(gpm)；$\Delta H_{n-1,n}$ 为 $P_{n-1}\sim P_n$ 气压层之间的厚度(gpm)；R_d 为 287.05 J/(kg·K)；g_n 为 9.80665 m/s^2；$\overline{T}_V$ 为 $P_{n-1}\sim P_n$ 气压层之间的平均虚温(K)；$\bar{t}$、$\overline{P}$、$\overline{U}$ 分别为 $P_{n-1}\sim P_n$ 气压层之间的平均气温(℃)、平均气压(hPa)和平均相对湿度(%)；$E(\bar{t})$ 为气温 $\bar{t}$ 时的纯水平液面饱和水汽压，按照新系数的马格努斯公式计算。

$$\overline{E}(t)=6.112\exp\left(17.62\times\frac{\bar{t}}{243.12+\bar{t}}\right) \tag{15.2.6}$$

$$\overline{P}=\exp[(\ln P_{n-1}+\ln P_{n-2})/2] \tag{15.2.7}$$

2)0 ℃层位置及参数确定

气温为 0 ℃的气层称为 0 ℃层。0 ℃层只选择一个，当出现多个 0 ℃层时，只选其中高度最低的一个。施放瞬间的地面气温低于 0 ℃，该次探测不选 0 ℃层；施放瞬间的地面气温为 0 ℃，地面层即为 0 ℃层；气温缺测而无法选择 0 ℃层，该次探测的 0 ℃层作缺测处理。

0 ℃层位置确定后，分别计算出 0 ℃层的气压、相对湿度、露点温度、气温露点差和位势高度。

3)确定对流层顶

对流层顶是对流层与平流层之间的过渡气层。在 500 hPa 高度以上，由气温垂直递减率(γ)开始小于或者等于 2.0 ℃/kgpm 气层的最低高度，且由该高度起，向上 2 kgpm 及其以内的任何高度与该最低高度之间的平均气温垂直递减率($\bar{\gamma}$)均小于或者等于 2.0 ℃/kgpm，该最低高度若出现在 150 hPa(包括 150 hPa)高度以下，定为第一对流层顶。出现在 150 hPa高度或者以上，不论有没有出现第一对流层顶，均定为第二对流层顶，如图 15.14 所示。

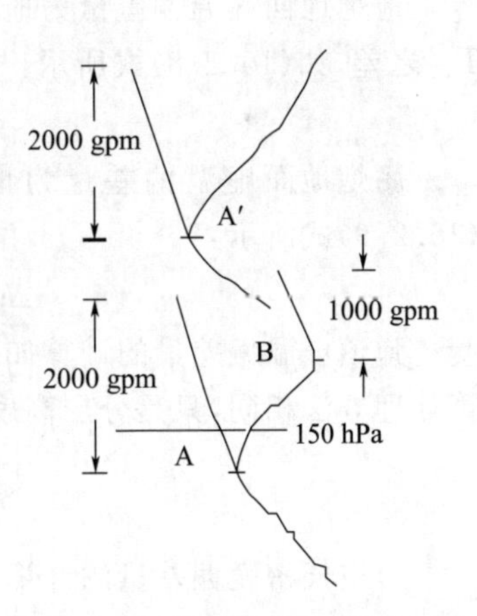

图 15.14　对流层顶确定示意图

在第一对流层顶以上，由气温垂直递减率(γ)开始大于 3.0 ℃/kgpm 气层的最低高度起，向上 1 kgpm 及其以内的任何高度与该最低高度之间的平均气温垂直递减率($\bar{\gamma}$)均大于 3.0 ℃/kgpm，在该最低高度且 150 hPa 高度以上又出现符合第一对流层顶条件的气层，即选为第二对流层顶。若在 150 hPa 高度或者以上有几个气层均符合第二对流层顶条件时，则选择高度最低的一个。

对流层顶位置确定后,分别计算出对流层顶的气温、气压、相对湿度、露点温度、气温露点差和位势高度。

4)选择特性层

特性层是表示测站上空大气层结特征的气层。选择特性层的条件为:

(1)地面层、对流层顶和探测终止层;

(2)第一对流层顶以下,厚度大于 400 gpm 的等温层,或者温度变化大于 1.0 ℃的逆温层的起始点和终止点;

(3)温度缺测层的开始、中间(任选)和终止点;

(4)在温度-气压对数坐标上,加选温度梯度的显著转折点,即在已选两特性层间的温度分布与用线性内插的温度比较,在第一对流层顶以下,大于 1.0 ℃,或者在第一对流层顶以上,大于 2.0 ℃的差值最大的气层。

(5)在湿度-气压对数坐标上,加选相对湿度梯度的显著转折点,即在已选两特性层间的相对湿度分布与用线性内插的相对湿度比较,大于 15%的差值最大的气层。

(6)在 110~100 hPa,如果没有温、湿特性层,应当加选一层。

特性层位置确定后,分别计算出特性层的气温、气压、相对湿度、露点温度和气温露点差。

5)虚温偏差量的计算

虚温偏差量可分为地面虚温偏差量和弹道虚温偏差量,用于修正地炮射击和高炮射击。

地炮地面虚温偏差量为地面实际虚温 T_V 与气象台站海拔高度对应的标准虚温 T_{VZ} 之差,如(15.2.8)式所示:

$$\Delta t_0 = T_V - T_{VZ} \tag{15.2.8}$$

高炮地面虚温偏差量为地面实际虚温(℃)减去 15.9(海平面标准虚温),如(15.2.9)式所示:

$$\Delta t_0' = (T_V - 273.15) - 15.9 \tag{15.2.9}$$

弹道虚温偏差量的计算如(15.2.10)式所示。地炮和高炮的弹道虚温偏差量计算处理方法相同,只是分层高度不同。

$$\Delta t_{弹道} = \frac{1}{n}\sum_{i=1}^{n} t_{V_i} - t_{VZ_i} \tag{15.2.10}$$

6)空气密度偏差量的计算

实际空气密度与标准空气密度的偏离程度称为空气密度偏差量。高炮地面空气密度偏差量的计算如(15.2.11)式所示:

$$\Delta\rho_0(\%) = \left(\frac{P}{1.206 R_d T_V} - 1\right) \times 100\% \tag{15.2.11}$$

式中,P 为地面本站气压(Pa);R_d 为干空气的比气体常数;T_V 为地面实际虚温(K)。

高炮弹道空气密度偏差量的计算如(15.2.12)式所示：

$$\Delta\rho_{弹道}(\%)=\frac{1}{n}\sum_{i=1}^{n}\Delta\rho_i(\%) \tag{15.2.12}$$

其中：

$$\Delta\rho_i(\%)=\left(\frac{\rho_i-\rho_{Zi}}{\rho_{Zi}}\right)\times100(\%) \tag{15.2.13a}$$

或者：

$$\Delta\rho_i(\%)=\left(\frac{P_iT_{VZi}}{P_{Zi}T_{Vi}}-1\right)\times100\% \tag{15.2.13b}$$

式中，$\Delta\rho_i(\%)$为第 i 层的空气密度偏差量；ρ_i、ρ_{Zi}为第 i 层的实际空气密度和标准空气密度(kg/m^3)；P_i、P_{Zi}为第 i 层的实际气压和标准气压(hPa)；T_{Vi}、T_{VZi}为第 i 层的实际虚温和标准虚温(K)。

15.2.4　探测结果的编发报

探测资料可分为探测原始记录和处理结果资料两部分，高空温、压、湿、风探测的原始记录，经计算处理后可得到结果资料，根据高空温、压、湿、风探测报告的电码格式，编制高空温、压、湿、风探测报告电码，供气象保障业务部门使用。

15.2.5　探测资料的存储

探测资料的存储可分为高空气象探测原始记录的存储、高空气象探测结果的存储和高空气象探测全月资料的存储。

每次探测结束后，按《高空温压湿和风探测记录表》《高空风探测记录表》的格式，打印输出一份由气象台站保存。全月探测结束后，将全月的高空气象探测结果，按统一规定使用的符号、代号和格式，存储为一个电子文本文件后，向上级业务主管部门上报，或者为本台站保存。移动站不存储全月资料。

15.3　无线电探空测量误差

WMO 经常组织开展国际无线电探空仪比对试验，以便了解目前各国使用的无线电探空仪性能，并为进一步改进探空仪性能和观测方法提供依据。自 1984 年以来，高质量无线电探空仪国际比对试验已经开展了 9 次，2010 年 7 月在中国阳江开展的试验共有 13 种类型的探空仪参加。下面从探空测量误差原因、探空测量误差分析方法以及比对试验结果三方面进行介绍。

15.3.1 探空测量误差原因

15.3.1.1 气温

在无线电探空仪探测过程中,气温测量误差主要有热滞后引起的滞后误差、太阳辐射与红外辐射引起的辐射误差、水或冰黏附在温度传感器上引起的沾湿误差等。

现代无线电探空仪采用的温度传感器主要有热敏电阻、热敏电容和热电偶,它们的时间常数均很小,如表15.1所示。在1000 hPa气压时一般小于1 s,在10 hPa气压时在10 s左右,因此,在对流层的热滞后系统误差小于0.05 K,在平流层上部则小于0.1 K。因此,由于热滞后所引起的温度误差可忽略。一般要求温度传感器响应速度要快,以确保其在以5 m/s至6 m/s的典型上升速度穿过对流层1 km厚的气层过程中由热滞后造成的系统偏差小于0.1 K,在通过平流层同样厚度气层过程中的系统偏差小于0.2 K。

表15.1 温度传感器典型时间常数τ(WMO,2018) 单位:s

温度传感器	业务应用	气压/hPa		
		1000	100	10
片状热敏电阻 0.4 mm×0.8 mm×0.8 mm	2003年	≤1	≤3	≤10
线状热敏电容(直径0.1 mm)	2002年	0.4	1.1	3
铜康铜热电偶(直径0.06 mm)	1991年	<0.3	<0.8	2
其他现代珠状热敏电阻	2005年	≤1	≤4	5~12

太阳直接辐射或云层散射辐射加热可引起探空仪温度测量产生较大的误差,且随着高度的增加而增加,并与太阳高度角、云层分布、下垫面性质等有关。早期曾采用在温度传感器表面涂高反射率白色漆的方式来减小太阳辐射误差,后来发现白色漆在红外波段具有较高的比辐射率,温度传感器发射的红外辐射超过其从环境大气吸收的红外辐射,导致其在夜间测量的温度出现明显的偏低现象。此外,气球尾流效应,温度传感器支架、探空仪主体与温度传感器之间的温差所引起的热传导也会影响温度测量准确性。研究表明,在温度传感器表面镀铝,对太阳辐射和长波辐射均具有较低的吸收率,从而较好地同时减小太阳辐射与长波辐射引起的误差。目前,温度传感器表面镀铝已被WMO推荐使用。为了减少气球的尾流的加热或冷却效应,WMO比对试验表明,若需探测到20 km高度,探空仪至少悬挂在气球以下20 m,而当探测高度需要达到30 km时,探空仪应悬挂在气球下40 m。

传感器黏附上水或冰后,一旦其上升至相对湿度低于100%的大气中,就会引起传感器表面水的蒸发或冰的升华冷却作用，类似于湿球效应，使得传感器所测温度偏低。如果传感器表面的水或冰不能迅速地消除，则其测量的温度结果会产生明显偏差。在夜间，传感器表面覆盖的冰层致使其在红外波段就像一个黑体，引起较强的辐射冷却作用，这种情况在高空低气压情况下常可引起温度测量偏低。此外，若黏附在传感器上的水随着传感器上升进入到较冷空气中冻结，释放的潜热将使其升温甚至可趋近于 0 ℃。若传感器覆以冰层并上升进入较暖层，则在冰层完全融化前温度不会升至高于 0 ℃。因此，在潮湿条件下，当有报告接近 0 ℃的等温层时应谨慎处理。

在无线电探空中，由于气压测量误差会导致标准等压面上的温度报告误差。平均而言，1 hPa 的气压误差在 900 hPa 时产生的温度误差约为 −0.1 K，在 200 hPa 对流层上层约为 −0.3 K，在 30 hPa 时约为 ±0.5 K，在 10 hPa 时在多数情况下高达至少 1 K。

15.3.1.2　湿度

在无线电探空仪湿度测量中，湿度传感器的滞后是引起误差的重要因素，此外探测过程中湿度传感器上黏附有水或冰以及因探空仪长期储存后性能变化也是主要因素。

现代探空仪湿度传感器主要是薄膜湿敏电容、碳膜湿敏电阻，早期的肠膜传感器已很少使用，目前公认的精确的湿度传感器是冷镜式露(霜)点计。

薄膜湿敏电容、碳膜湿敏电阻、肠膜的时间常数均随温度降低而增加，如表 15.2 所示，薄膜湿敏电容在温度 −70 ℃的时间常数约 80 s，而碳膜湿敏电阻、肠膜在 −70 ℃时因时间常数太大而无法使用，早期的探空仪在温度低于 −40 ℃时就不报告相对湿度值了。在低温下，饱和水汽压很小，空气中所含的水汽含量很低，传感器响应时间增加。

表 15.2　相对湿度传感器时间常数 τ(WMO,2018)　　单位:s

湿度传感器	使用时间	温度/℃				
		20	0	−20	−40	−70
无帽加热双薄膜湿敏电容	2004 年	<0.15	0.4	2	10	80
有帽其他单薄膜湿敏电容	2000 年	0.1～0.6	0.6～0.9	4～6	15～20	150～300
碳膜湿敏电阻	1960 年	0.3	1.5	9	20	不可靠
肠膜	1950 年	6	20	100	>300	不适用
霜点湿度计，CFH	2003 年用于科学		<2	<4		<25
冷镜湿度计，夜间白雪	1996 年用于科学		<2	<4		<25

采用冷镜式露(霜)点仪进行湿度测量时，需要将露(霜)点温度转换为相对湿度，在低温条件下饱和水汽压计算误差就会引起相对湿度较大的误差，最近 WMO 建议采用 Wexler(1976)、Hyland 和 Wexler(1983)或 Sonntag(1994)给出的公式计

算饱和水汽压,而不是使用 WMO 早期推荐的 Goff-Gratch 公式,新的公式改进了温度低于−50 ℃情况下计算精度。当温度低于 0 ℃时,湿度传感器仍应以相对于水面的相对湿度进行报告。

冰面上的饱和水汽压公式(Hyland 和 Wexler(1983))为:

$$\ln(e_i) = A\ln(T) + \sum_{i=0}^{5} a_i T^{i-1} \tag{15.3.1}$$

液水面上的饱和水汽压公式(Wexler(1976))为:

$$\ln(e_w) = B\ln(T) + \sum_{i=0}^{6} b_i T^{i-2} \tag{15.3.2}$$

式中,A、B、a_i、b_i 均是拟合系数。T 以开尔文(K)为单位,e_i、e_w 以帕斯卡(Pa)为单位。

由于低温下传感器时间常数的增加,导致在湿度梯度较大的地方,如在对流层顶、逆温区,湿度测量误差增大,因此需进行湿度修正。

对于时间常数较大响应较慢的湿度传感器,可采用下述公式(miloshevich et al.,2004)进行相对湿度修正:

$$U = [U_e(t_2) - U_e(t_1) \cdot X]/(1 - X) \tag{15.3.3}$$

式中,U 为真实的环境相对湿度,U_e 为 t_1、t_2 时刻测量的相对湿度,假设在 t_1 与 t_2 时刻之间相对湿度没有明显的变化,$X = \mathrm{e}^{-(t_2 - t_1)/\tau}$,$\tau$ 是相对湿度传感器的时间常数。

图 15.15 为在中国阳江国际探空仪比对期间利用双薄膜湿敏电容测量的相对湿度廓线以及采用传感器时间常数修正后的相对湿度廓线,纵坐标为探空仪施放后的时间(WMO,2018)。从图中可以看出在对流层顶、逆温层附近,由于湿度梯度大,修正前后湿度变化大。

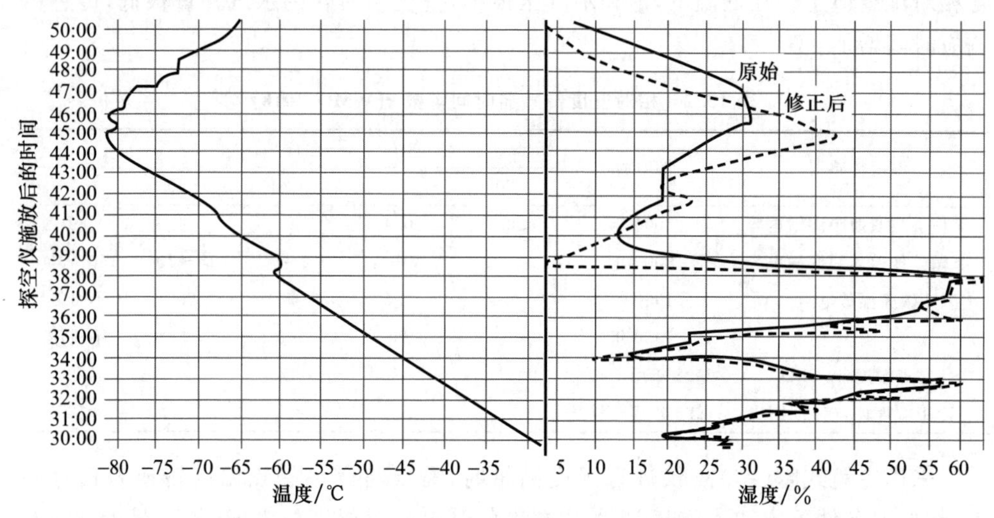

图 15.15　双薄膜电容湿度传感器测量的夜间对流层上层相对湿度廓线(实线)以及经时间常数修正后的相对湿度廓线(虚线)

湿度传感器黏上雨水、云水或积冰后会对湿度测量产生严重影响。目前主要采用防雨帽、双传感器轮流加热以及在传感器表面涂疏水材料的方法来减小沾水的影响。当采用防雨帽时，其制作材料应具有高反射率且是不吸湿的，并具有较好的通风性，避免太阳辐射加热造成湿度传感器的温度与环境温度不一致以及防雨帽内形成高湿环境。当气球上升穿过云层后，其尾流也会受到来自气球表面蒸发的水汽污染，若探空仪离气球太近，则会对湿度测量产生影响。

由于湿度传感器在储存时，易受到其他化学物质的影响，从而导致其基点漂移，产生系统误差。另外，湿度传感器在生产过程中，校准不充分，如湿度、温度计量点只有少数几个，也会造成湿度测量误差。

15.3.1.3　气压

现代探空仪气压传感器主要是电容式膜盒传感器、硅电容式传感器，为了减小温度变化对气压测量的影响，气压传感器均安装在探空仪主体内部电路板上，并采用保温盒进行包装，同时利用电池散发的热量来补偿探空仪内部的冷却。

电容式膜盒传感器、硅电容式传感器的时间常数很小，气压测量的滞后误差不明显。气压传感器需要保证在1000 hPa到3 Pa的较大量程范围内具有较高的分辨率，因此，其灵敏度一般设计为随气压降低而增加。

随着GNSS技术在探空仪中的应用，目前已实现了由高精度的几何高度测量反算气压，这样探空仪中就不需要气压传感器了。首先，利用GNSS导航信号测量的几何高度换算为位势高度，然后，再由探空仪测量的温度和湿度计算气压，目前的这种气压测量精度已能满足测量要求。

15.3.2　探空测量误差分析方法

准确确定无线电探空测量误差是困难的。首先，探空测量是在上升过程中进行测量的，无法知道测量时气象要素的真值；其次，探空仪是一次性使用仪器，每次探测时所使用的探空仪都不同，其测量性能有所差别；此外，大气总是在不断地变化，每次测量的大气条件也不相同，因而对其测量误差的评价较为困难。目前，多采用“双施放比对法”“三施放比对法”“昼夜比对法”“客观分析法”等方法进行分析评价，研究探空测量误差特点和规律。

15.3.2.1　双施放比对法

在同一气球下携带两个同类型探空仪进行同步测量比较，称为双施放比对法。设探空仪对某一气象要素的测量值为 $x_i(i=1,2)$，其环境真值为 x_0，其测量系统误差为 η_i，随机误差为 ε_i，则有：

$$x_i = x_0 + \eta_i + \varepsilon_i \tag{15.3.4}$$

由于这两个探空仪为同一类型，其系统误差可以认为相同，即 $\eta_1=\eta_2=\eta$。于是，任一时刻两探空仪的测量值之差 Δx_j 为：

$$\Delta x_j = x_1 - x_2 = \varepsilon_1 - \varepsilon_2 \tag{15.3.5}$$

假定各同步测量是等精度的，于是可求得其均方差值 σ^2：

$$\begin{aligned}\sigma^2 &= \frac{1}{N-1}\sum_{j=1}^{N}\Delta x_j^2 = \frac{1}{N-1}\sum_{j=1}^{N}(\varepsilon_1 - \varepsilon_2)^2 \\ &= \frac{1}{N-1}\sum_{j=1}^{N}(\varepsilon_1^2 + \varepsilon_2^2) = \sigma_{x_1}^2 + \sigma_{x_2}^2\end{aligned} \tag{15.3.6}$$

由于是同一类型的探空仪，可假定 $\sigma_{x_1}^2 = \sigma_{x_2}^2 = \sigma_x^2$，于是：

$$\sigma^2 = 2\sigma_x^2 \tag{15.3.7}$$

由此，可以求出该类型探空仪的随机误差 σ_x 为：

$$\sigma_x = \sqrt{\frac{\sigma^2}{2}} \tag{15.3.8}$$

由此可见，使用双施放比对法可以用同步差值($x_{1j} - x_{2j}$)的统计均方差 σ^2 来表示该型号探空仪的测量随机误差。但是，双施放比对法无法求出探空仪的系统误差。

15.3.2.2 三施放比对法

在同一气球下携带三个不同类型的探空仪进行同步测量，进行比较的方法，称为三施放比对法。设三个不同类型的探空仪分别为 A、B、C，在上升过程中，各探空仪的同步测量值分别为 $x_{a_i}, x_{b_i}, x_{c_i}$($i=1,2,3\cdots,N$)，设三种探空仪的系统误差和随机误差分别为 $\eta_a, \eta_b, \eta_c; \varepsilon_{a_i}, \varepsilon_{b_i}, \varepsilon_{c_i}$。则有：

$$\begin{cases} x_{a_i} = x_i + \eta_a + \varepsilon_{a_i} \\ x_{b_i} = x_i + \eta_b + \varepsilon_{b_i} \\ x_{c_i} = x_i + \eta_c + \varepsilon_{c_i} \end{cases} \tag{15.3.9}$$

式中，x_i 为气象要素值(真值)。

于是，三个不同类型的探空仪中，两两探空仪之间的同步差值分别为：

$$\begin{cases} \Delta x_{abi} = x_{a_i} - x_{b_i} \\ \Delta x_{aci} = x_{a_i} - x_{c_i} \\ \Delta x_{bci} = x_{b_i} - x_{c_i} \end{cases} \tag{15.3.10}$$

即：

$$\begin{cases} \Delta x_{abi} = (\varepsilon_{a_i} - \varepsilon_{b_i}) + (\eta_a - \eta_b) \\ \Delta x_{aci} = (\varepsilon_{a_i} - \varepsilon_{c_i}) + (\eta_a - \eta_c) \\ \Delta x_{bci} = (\varepsilon_{b_i} - \varepsilon_{c_i}) + (\eta_b - \eta_c) \end{cases} \tag{15.3.11}$$

在对比施放中，两两探空仪测量值差值中含有两部分误差的和，即随机误差和系统误差差值的和。随机误差的符号和大小都是随机的，当测量值足够多时，随机误差的均值趋于零。由此可得到两两探空仪之间的系统误差之差为 $\eta_{ab} = (\eta_a - \eta_b)$，

$\eta_{ac}=(\eta_a-\eta_c)$，$\eta_{bc}=(\eta_b-\eta_c)$为：

$$\eta_{ab}=\frac{1}{N}\sum_{i=1}^{N}\Delta x_{abi} \tag{15.3.12a}$$

$$\eta_{ac}=\frac{1}{N}\sum_{i=1}^{N}\Delta x_{aci} \tag{15.3.12b}$$

$$\eta_{bc}=\frac{1}{N}\sum_{i=1}^{N}\Delta x_{bci} \tag{15.3.12c}$$

同样地，可以得到两两探空仪之间的均方差为：

$$\sigma_{ab}^2=\frac{1}{N-1}\sum_{i=1}^{N}(\Delta x_{abi}-\eta_{ab})^2 \tag{15.3.13a}$$

$$\sigma_{ac}^2=\frac{1}{N-1}\sum_{i=1}^{N}(\Delta x_{aci}-\eta_{ac})^2 \tag{15.3.13b}$$

$$\sigma_{bc}^2=\frac{1}{N-1}\sum_{i=1}^{N}(\Delta x_{bci}-\eta_{bc})^2 \tag{15.3.13c}$$

根据统计学原理，$\sigma_{ab}^2=\frac{1}{N-1}\sum_{i=1}^{N}(\varepsilon_{a_i}-\varepsilon_{b_i})^2$，可得到：

$$\sigma_{ab}^2=\sigma_a^2+\sigma_b^2 \tag{15.3.14a}$$

$$\sigma_{ac}^2=\sigma_a^2+\sigma_c^2 \tag{15.3.14b}$$

$$\sigma_{bc}^2=\sigma_b^2+\sigma_c^2 \tag{15.3.14c}$$

由上式可解出三种探空仪的测量随机误差 σ_a，σ_b，σ_c 分别为：

$$\sigma_a=\sqrt{\frac{\sigma_{ab}^2+\sigma_{ac}^2-\sigma_{bc}^2}{2}} \tag{15.3.15a}$$

$$\sigma_b=\sqrt{\frac{\sigma_{ab}^2+\sigma_{bc}^2-\sigma_{ac}^2}{2}} \tag{15.3.15b}$$

$$\sigma_c=\sqrt{\frac{\sigma_{ac}^2+\sigma_{bc}^2-\sigma_{ab}^2}{2}} \tag{15.3.15c}$$

由此可见，三施放比对法，不但可以求出三种探空仪各自的随机误差 σ_a，σ_b，σ_c，还可以得出两探空仪之间的系统偏差 η_{ab}，η_{ac}，η_{bc}。

15.3.2.3　昼夜比对法

在天气形势比较稳定的天气，在白天和夜间施放同种类型探空仪，用于研究探空仪的辐射误差。表 15.3 为 WMO 国际探空仪比对试验获得的不同类型温度传感器白天与夜间的温度测量系统偏差。从表中可以看出，除了涂白漆的棒状热敏电阻外，热电偶型、镀铝珠状热敏电阻、丝状热敏电容的辐射误差大部分均已小于 1 K。

表 15.3　不同类型温度传感器白天与夜间温度系统偏差

温度传感器	系统误差/K			
气压/hPa	300	100	30	10
棒状热敏电阻，白漆，MRZ(俄罗斯)	1	1.8	3.3	5.1
康铜热电偶，Meteo-labor(瑞士)	0.5[a] 0.3[b]	0.75[a] 0.5[b]	1.1[a] 0.75[b]	1.8[a] 1[b]
片状热敏电阻 Lockheed Martin Sippican(美国)	0.3	0.5	0.8	0.95
线状热敏电容 Vaisala(芬兰)	0.15	0.3	0.5	0.8
珠状热敏电阻[c]，镀铝膜	0.2～0.5	0.3～1.1	0.4～1.5	0.6～2.3

注：a 是阳江国际比对结果，b 是其后的另一次比对结果，c 是阳江国际比对中其他珠状热敏电阻比对结果范围

15.3.2.4　客观分析法

利用等压面图，分析探空资料准确性的方法，称为客观分析法。该方法的理论依据是天气比较稳定，同一天气形势下相邻测站的气象要素应当具有可比性。利用相邻测站的探空资料，精心绘制等高线、等温线、等湿线；然后用内插法，求出该站的位势高度、温度和湿度；最后，将内插值与实测值进行比较，即求出差值的平均值(系统误差)和均方差，便可估计该测站的探空质量。

15.3.3　探空仪施放比对试验结果

2010 年 7 月 WMO 在我国广东阳江组织了高质量无线电探空仪国际比对试验(Nash et al.，2011)。下面是摘自 2018 版 WMO《仪器与观测方法指南》中的部分比对试验结果(WMO，2018)。

1. 气温测量误差

表 15.4 是 WMO 国际无线电探空仪比对和相应的其他试验中使用 NASA-ATM 多热敏电阻作为参照获得的夜间温度观测误差。

表 15.4　夜间观测的温度系统误差、探空仪误差和不确定度(k=2)(WMO，2018)

温度传感器	系统误差/K				探空仪误差/K		不确定度(k=2)		
	300 hPa	100 hPa	30 hPa	10 hPa	30 hPa	10 hPa	100 hPa	30 hPa	10 hPa
杆状热敏电阻，白色涂漆，MRZ(俄罗斯)	0.2±0.5	0.2±0.5	−0.2±0.7	−0.8±0.7	1	1	1～1.7	1～2	1.1～2.5
铜康铜热电偶 Meteo-labor(瑞士)	0.1±0.1	0±0.1	−0.1±0.2	−0.1±0.2	0.3	0.4	0.3～0.4	0.3～0.6	0.4～0.7

续表

温度传感器	系统误差/K				探空仪误差/K		不确定度($k=2$)		
	300 hPa	100 hPa	30 hPa	10 hPa	30 hPa	10 hPa	100 hPa	30 hPa	10 hPa
线状热敏电容 Vaisala RS92(芬兰)	0.04±0.1	0.05±0.1	−0.07±0.2	−0.07±0.2	0.2	0.3	0.2～0.4	0.2～0.5	0.3～0.6
片状热敏电阻 Lockheed Martin Sippican(美国)	0±0.1	−0.05±0.2	−0.07±0.2	−0.07±0.2	0.2	0.3	0.2～0.4	0.2～0.5	0.3～0.6
珠状热敏电阻 镀铝膜	0±0.2	0.1±0.2	0.1±0.2	0.2±0.2	0.2	0.4	0.2～0.5	0.2～0.5	0.4～0.8
NASA-ATM 多热敏电阻,F. Schmidlin 使用	假设偏差为±0.1				0.2	0.2	0.2～0.3	0.2～0.3	0.2～0.3

表 15.5 是白天无线电探空仪温度测量的系统误差、探空仪误差以及不确定度($k=2$)。

表 15.5　温度传感器白天系统误差和探空仪误差及不确定度($k=2$)(WMO,2018)

温度传感器	系统误差/K			探空仪误差/K			不确定度($k=2$)		
	100 hPa	30 hPa	10 hPa	100 hPa	30 hPa	10 hPa	100 hPa	30 hPa	10 hPa
杆状热敏电阻,白色涂漆,MRZ(俄罗斯)	0.7±0.5	0.5±1	−0.7±1.3	1	1	1	1～1.7	1～2	1.1～2.5
铜康铜热电偶 气象劳动(瑞士)	−0.2 −0.05	−0.5 −0.2	−0.8 0	0.4	0.4	0.8	0.6	0.9	1.5
线状热电容 Vaisala RS92(芬兰)	0±0.2	−0.2±0.2	−0.3±0.3	0.4	0.4	0.4	0.4～0.7	0.4～0.9	0.4～0.9
片状热敏电阻,洛克希德・马丁 Sippican(美国)	−0.1±0.2	−0.2±0.2	0.3±0.3	0.3	0.3	0.4	0.3～0.6	0.3～0.8	0.4～1.0
珠状热敏电阻 镀铝膜	0.1±0.2	0±0.3	0±0.5	0.4～0.8	0.4～1.3	0.4～1.7	0.5～1.0	0.8～1.6	0.4～2.3
NASA-ATM 多热敏电阻,F. Schmidlin 使用	±0.2	±0.2	±0.3	0.3	0.3	0.4	0.3～0.5	0.4～0.6	0.4～0.7

2. 气压测量误差

表 15.6 为无线电探空气压测量误差,其中部分无线电探空仪采用位势高度计算气压,具有较高的精度。

表 15.6　气压测量系统误差、探空仪误差和总体不确定度(WMO,2018)

无线电探空仪类型	系统误差/hPa			探空仪误差/hPa			不确定度		
	850 hPa	100 hPa	10 hPa	850 hPa	100 hPa	10 hPa	850 hPa	100 hPa	10 hPa
MRZ[a](俄罗斯)	−1.5～0.5	−1.2～−0.8	0～0.2	7	3.5	0.5	8	4	0.7
Meisei RS2-91	0.2～1	−0.1～0.5	−0.2～0.2	1	0.6	0.6	2	1.1	0.8
VIZ MkⅡ	0～1	0.7～1.1	0.3～0.7	1.6	0.6	0.4	2.5	1.6	1
Vaisala RS92,硅传感器	<0.5	<0.3	<0.2	0.8	0.4	0.2	1	0.6	0.4
MODEM M2K2[a]	−0.8～−0.4	<0.1	<0.05	1.2	0.4	0.03	1.6	0.4	0.05
Vaisala RS92[a]	<0.5	<0.1	<0.05	1.2	0.4	0.03	1.6	0.4	0.05
Lockheed-Martin Sippican(LMS)[a],LMG-6	<0.5	<0.1	<0.05	1.2	0.4	0.03	1.6	0.4	0.05

注：a 表示没有使用气压传感器,采用位势高度计算气压

3. 相对湿度测量误差

表 15.7、表 15.8、表 15.9 分别为夜间温度高于−20 ℃、−20 ℃与−50 ℃之间、−50 ℃与−70 ℃之间不同湿度传感器测量的相对湿度系统偏差、探空仪误差和总体不确定度。

表 15.7　夜间相对湿度测量系统偏差、探空仪误差和不确定度(温度高于−20 ℃)(WMO,2018)

湿度传感器	系统偏差(%)			探空仪误差(%)			不确定度($k=2$)		
相对湿度(%RH)	80～90	40～60	10～20	80～90	40～60	10～20	80～90	40～60	10～20
肠膜,MRZ(俄罗斯)和RS3(英国)	−8	−1	9	12	18	16	20	19	25
碳湿敏电阻 VIZ MKⅡ(美国)	4～10	−4～4	−20～10	10	4～16	6～20	14～20	4～20	6～40
双薄膜电容 Vaisala RS92(芬兰)	1±2	0±2	0±2	3	5	3	3～6	5～8	3～5
薄膜电容 LMS-6(美国)	−1±2	1±3	2±2	3	5	3	4～6	6～9	5～9
其他薄膜电容 Meisei RS2-91	3±2	6±3	2±2	4	5	3	5～9	8～14	3～7

续表

湿度传感器	系统偏差(%)			探空仪误差(%)			不确定度(k=2)		
雪白湿度计 Meteo-labor(瑞士)	−1	−1	−1	4	5	3	5	6	4
CFH(美国/德国)	4	3	0	8	7	2	13	10	2

表 15.8　夜间相对湿度测量系统偏差、探空仪误差和不确定度

(温度在−20 ℃与−50 ℃之间)

湿度传感器	系统偏差(%)			探空仪误差(%)			不确定度(k=2)		
相对湿度(%RH)	60～80	40～60	10～20	60～80	40～60	10～20	60～80	40～60	10～20
碳湿敏电阻 VIZ MKⅡ(美国)	−5～0	−10～−4	−20～10	10	8	7	10～15	12～18	17～27
双薄膜电容 Vaisala RS92(芬兰)	1±3	0±3	0±2	6	6	4	6～10	6～9	4～6
薄膜电容 LMS-6(美国)	−1±2	1±3	2±2	6	6	4	6～9	6～10	4～8
其他薄膜电容 Meisei RS2-91	3±10	7±8	4±4	6	8	4	6～19	8～23	4～8
雪白湿度计 Meteo-labor(瑞士)	−2	−1	3	6	8	4	8	9	7
CFH(美国/德国)	2	1	0	5	5	5	7	6	5

表 15.9　夜间相对湿度测量系统偏差、探空仪误差和不确定度

(温度在−50 ℃与−70 ℃之间)

湿度传感器	系统偏差(%RH)		探空仪误差(%)		不确定度(k=2)	
相对湿度(%RH)	40～60	20～40	40～60	20～40	40～60	20～40
双薄膜电容 Vaisala RS92(芬兰)	0±4	1±3	7	4	7～11	4～8
薄膜电容 LMS-6(美国)	1±4	−1±3	12	14	12～17	14～18
其他薄膜电容 Meisei RS2-91	4±6	5±4	12±8	12±8	6～30	5～29
雪白湿度计 Meteo-labor(瑞士)	−3±3	−2	9	8	9～15	10
CFH(美国/德国)	2	2	5	3	7	5

习　题

1. 高空温、压、湿探测方式有哪些?

2. 高空气象探测对无线电探空仪的设计提出了哪些要求?

3. 无线电探空系统由哪几部分组成,各自的功能是什么?

4. 无线电探空仪由哪几部分组成,各自的功能是什么?

5. GPS/北斗探空仪与常规探空仪相比有何异同点?

6. 无线电探空仪温度、湿度、气压传感器各有哪些种类?简述各自工作原理与特点。

7. 分析无线电探空温度、湿度、气压测量误差的原因。

8. 了解某种探空仪组成结构,分析其为了保证测量准确性采取了哪些措施,还可以从哪些方面进行改进?

9. 分析由探空仪几何高度计算气压误差的原因。

10. 假设温度递减率为0.6 ℃/(100 m),探空仪上升速度为400 m/min,温度传感器时间常数为1 s,请计算热滞后误差。

11. 假设湿度梯度为25 %/(100 m),探空仪上升速度为400 m/min,分别计算湿度传感器时间常数为20 s和200 s时的滞后误差。

12. 什么是特性层?有哪些形式的特性层?

13. 无线电探空仪由惯性滞后引起的测温误差,在对流层顶以下和对流层顶以上有什么不同?为什么?

14. 通过“双施放比对”“三施放比对”和“昼夜比对”,可以分别了解探空仪哪些性能指标?

15. 在什么情况下,探空仪测温要进行辐射误差订正?

16. 简述开展无线电探空工作的步骤和方法,并谈谈违反了这些步骤和方法会带来什么影响。

参考文献

林晔,王庆安,顾松山,等,1993. 大气探测学教程[M]. 北京:气象出版社.

中国气象局,2021. 常规高空气象观测数据处理方法:QX/T 628-2021[S]. 北京:气象出版社.

HYLAND R W,WEXLER A, 1983. Formulations for the thermodynamic properties of the saturated phases of H_2O from 173.15 K to 473.15K[J]. ASHRAE Transactions, 89(2A):500-519.

MILOSHEVICH L M,PAUKKUNEN A,VÖMEL H,et al, 2004. Development and validation of a time－lag correction for Vaisala radiosonde humidity measurements[J]. Journal of Atmospheric and Oceanic Technology,21:1305-1327.

NASH J,OAKLEY T,VÖMEL H,et al,2011. Instruments and Observing Methods Report No. 107 [R]. WMO intercomparison of high quality radiosonde systems,Yangjiang,China,12 July—3 August 2010.

SONNTAG D, 1994. Advancements in the field of hygrometry[J]. Zeitschrift für Meteorologie, 3 (2):51-66.

WEXLER A, 1976. Vapor pressure formulation for water in range 0 to 100 ℃. A revision[J]. Journal of Research of the National Bureau of Standards - A. Physics and Chemistry, 80A(5 and 6):775-785.

WMO,2018. Guide to instruments and methods of observation,2018 edition[Z]. Geneva:WMO.

第 15 章　高空温压湿探测
电子资源

第16章　主动式大气遥感

【学习指导】

1. 熟悉描述电磁波在大气中传输的折射、散射、吸收、衰减、极化、多普勒效应特性的物理参量；

2. 了解天气雷达组成与工作原理，熟悉雷达气象方程，理解反射率因子、差分反射率因子、径向速度产品含义，能从径向速度场分析实际风场，能判别速度模糊与距离模糊回波区；

3. 了解风廓线雷达组成与工作原理，能从DBS探测数据计算风廓线；

4. 了解激光气象雷达组成与工作原理，熟悉激光气象雷达方程，理解气象能见度、气体浓度差分吸收测量原理，了解激光气象雷达进展；

5. 了解声雷达组成与工作原理，理解温度廓线、风廓线声雷达遥感原理；

6. 了解GNSS工作原理，能解释距离延迟、弯曲角产生原因，理解GNSS信号遥感反演PWV、TEC、折射率廓线、温湿度廓线原理；

7. 从天气雷达、GNSS大气遥感技术发展史中，建立交叉融合、逆向思维创新意识。

人工向大气发射电磁波、声、光等波动信号，并接收被大气散射、吸收衰减或折射后的波动信号，从中提取气象参数的技术和方法，称为主动式大气遥感。主动式大气遥感设备有天气雷达、激光气象雷达、风廓线雷达、SAR雷达、声雷达以及GNSS/MET遥感设备等。利用主动式大气遥感设备，能定量探测云、降水、能见度、风、气温、大气湍流和微量气体成分等。电磁波、激光、声波等波动信号在大气中的传播理论是开展主动式大气遥感的理论基础。本章首先介绍电磁波在大气中的传播特性，然后分别阐述天气雷达、风廓线雷达、激光气象雷达、声雷达和GNSS大气遥感原理。

16.1　电磁波在大气中的传播

16.1.1　电磁波的基本性质

波是振动在空间的传播。如在空气中传播的声波，在水面传播的水波，在地壳中传播的地震波等，它们都是由振源发出的振动在弹性介质中的传播，这些波统称为机械波。在机械波里，振动着的是弹性介质中质点。光波、热辐射、微波、无线电波等都是由振源发出的电磁振荡在空间的传播，这些波称之为电磁波。根据麦克斯韦建立的电磁场理论，所有电磁波的传播速度都与光速相同。电磁波具有波动和粒子两重性质。

16.1.1.1 波动性

所谓波动性，指的是电磁波的时空周期性，可以用波长、速度、周期和频率来表示。电磁波是一种伴随电场和磁场的横波，在平面波内，电场 $\boldsymbol{E}$ 和磁场 $\boldsymbol{H}$ 的振动方向是在与波行进方向成直角的平面内，如图16.1所示。电磁波的波长 λ、频率 f 以及速度满足关系式：

$$f \cdot \lambda = C \tag{16.1.1}$$

式中，$C=2.998\times10^{8}$ m/s，为电磁波在真空中的传播速度。

电磁波的波动性主要表现为电磁波具有干涉、衍射、偏振以及散射等现象。大气遥感主要利用电磁波的波动性进行遥感。

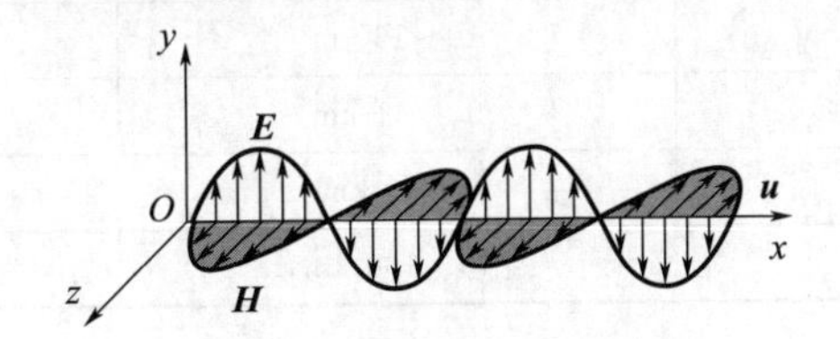

图16.1 电磁波波动示意图

16.1.1.2 粒子性

电磁波与物质作用时，也具有粒子性。将电磁波作为粒子对待时，其能量 Q 为：

$$Q = h \cdot f \tag{16.1.2}$$

式中，h 为普朗克常数（$h=6.626\times10^{-34}$ J·s）。

电磁波的粒子性表现为电磁辐射的光电效应、康普顿效应等。

16.1.1.3 电磁波波谱

电磁波波长范围很广，从10^{-10} μm的宇宙射线至10^{10} μm的无线电波，按其在真空中的波长或频率，可以划分为无线电波、红外线、可见光、紫外光、x 射线、γ 射线、宇宙射线等。表16.1给出了电磁波的分类和常用的名称。其中，红外线的各波段的名称及其波长范围以及微波的波长范围根据使用者的需要而有所不同，不是固定的。这里只是表示在遥感中一般所使用的名称和波长范围。另外，在不同波段，习惯使用的波长单位也不同。在无线电波波段，波长的单位一般取千米（km）或米（m）；在微波波段，常用厘米（cm）或毫米（mm）为单位；在红外波段，常用微米（μm）为单位；在可见光直至 γ 射线波段，常用微米或纳米（nm）为单位。其中，1 mm$=10^{3}$ μm$=10^{6}$ nm。

表 16.1 电磁波分类表

<table>
<tr><th colspan="3">名称</th><th>波长范围</th><th>频率范围</th></tr>
<tr><td colspan="3">紫外线</td><td>10 nm～0.4 μm</td><td>750～3000 THz</td></tr>
<tr><td colspan="3">可见光</td><td>0.4～0.76 μm</td><td>400～750 THz</td></tr>
<tr><td rowspan="5">红外线</td><td colspan="2">近红外</td><td>0.76～1.3 μm</td><td>230～400 THz</td></tr>
<tr><td colspan="2">短波红外</td><td>1.3～3 μm</td><td>100～230 THz</td></tr>
<tr><td colspan="2">中红外</td><td>3～8 μm</td><td>38～100 THz</td></tr>
<tr><td colspan="2">热红外</td><td>8～14 μm</td><td>22～38 THz</td></tr>
<tr><td colspan="2">远红外</td><td>14～1000 μm</td><td>0.3～22 THz</td></tr>
<tr><td rowspan="8">无线电波</td><td rowspan="3">微波</td><td>毫米波</td><td>1～10 mm</td><td>30～300 GHz</td></tr>
<tr><td>厘米波</td><td>1～10 cm</td><td>3～30 GHz</td></tr>
<tr><td>分米波</td><td>0.1～1 m</td><td>0.3～3 GHz</td></tr>
<tr><td colspan="2">超短波</td><td>1～10 m</td><td>30～300 MHz</td></tr>
<tr><td colspan="2">短波</td><td>10～100 m</td><td>3～30 MHz</td></tr>
<tr><td colspan="2">中波</td><td>0.1～1 km</td><td>0.3～3 MHz</td></tr>
<tr><td colspan="2">长波</td><td>1～10 km</td><td>30～300 kHz</td></tr>
<tr><td colspan="2">超长波</td><td>10～100 km</td><td>3～30 kHz</td></tr>
</table>

尽管各种辐射本质是一样的,但是由于频率和波长的不同,它们都还有各自的特点。

紫外线是由于原子和分子内部电子状态的改变引起的,由于它的频率高,各种物质对短的紫外线波都有强烈的吸收。如小于 0.3 μm 的紫外线通过大气层时几乎全部被臭氧吸收,而 0.3～0.4 μm 是紫外线的大气窗区。目前,大气遥感中主要利用紫外线波段探测大气臭氧和二氧化碳等。

可见光谱区波长间隔狭窄,波长范围在 0.4～0.76 μm。该范围波长的最大特点是它对人眼睛的视网膜施以一种特殊的刺激引起视觉,因而人眼可感知它。可见光光量子足以对物质实施各种化学作用和电子作用。影响地球大气系统的太阳辐射的主要部分就是可见光辐射。

红外线波长范围为 0.76～1000 μm,它还可以分为近红外、中红外和远红外等波段区。它是由于分子、质子和电子的振动转动状态的改变而发生的辐射。红外线是人眼看不见的一种光线,但热敏电阻、光电管能感应它。地球大气发生的辐射主要是红外辐射,因而对红外辐射特性的了解对探测地球大气的特性有重要意义。

微波波长范围为 1 mm～1 m,在主动遥感时,通常由调速管或磁控管产生。与可见光和红外相比,微波在大气中衰减较小,具有全天候探测的特点,不受云层覆盖的影响,在地球资源调查、大气海洋探测等方面有广泛应用。与普通无线电波相比,微波处于无线电波谱的高端，波长短，使得同样尺寸天线的辐射具有较高的方向性和分辨能力。

16.1.2　电磁波在大气中的折射

由物理学可知，电磁波在真空中或在物理性质均匀的介质中传播时，按直线前进。但由于实际大气的物理性质不均匀，电磁波在大气中传播时，路径会发生弯曲，这种现象称之为大气折射。在发生折射的同时，部分电磁波能量被介质吸收。通常，用复折射指数 m 来描述其特性：

$$m = n - \mathrm{i}k \tag{16.1.3}$$

式中，实数项 n 为折射率，虚数项 k 为介质的吸收率。在只考虑电磁波传播路径时，为简化处理，可以将虚数项忽略。

由于大气折射率 n 与真空折射率($n_c=1$)值非常接近，故大气折射率 n 常用折射率指数 N 表示，亦称为大气折射率差：

$$N = (n-1) \times 10^6 \tag{16.1.4}$$

根据理论分析和实验观测，微波波段的大气折射率指数 N 与气温、气压、湿度等气象要素有关，关系式为：

$$N = K_1 \frac{P_d}{T} - K_2 \frac{e}{T} + K_3 \frac{e}{T^2} \tag{16.1.5}$$

式中，P_d 表示干空气气压、e 表示水汽压，都以百帕(hPa)为单位。T 是气温，用绝对温度(K)表示。K_1、K_2、K_3 是由实验决定的常数。对于波长大于 2 cm 的微波，近似值分别为 77.6 K/hPa、56 K/hPa 和 3.75×10^5 K/hPa。

(16.1.5)式右边第一项表示干空气折射率指数，后两项表示水汽对折射率指数的贡献。因为气压 $P = P_d + e$，故(16.1.5)式一般可近似写成：

$$N = \frac{A}{T}\left(P + \frac{Be}{T}\right) \tag{16.1.6}$$

式中，A、B 为待定常数。对波长为 2 cm～3 m 的无线电波而言：$A=77.6$，$B=4810$；对于光波而言：$A=77.6(1+7.52/\lambda^2)$，$B=0$。λ 为电磁波波长，单位为微米(μm)。

大气中 P、T、e 是随时间和空间变化的，因此，N 也是随时间和空间变化的函数。在对流层中 P、T、e 在垂直方向上的变化比水平方向大得多，折射率指数的垂直变化也必然远远大于水平的变化。为了简化讨论折射率指数在大气中的变化问题，忽略水平变化，把大气看成球面分层大气，主要讨论 N 的垂直变化。

由(16.1.6)式，可得到：

$$\frac{\mathrm{d}N}{\mathrm{d}z} = \frac{A}{T}\frac{\mathrm{d}P}{\mathrm{d}z} - \frac{A}{T^2}\left(P + \frac{2Be}{T}\right)\frac{\mathrm{d}T}{\mathrm{d}z} + \frac{AB}{T^2}\frac{\mathrm{d}e}{\mathrm{d}z} \tag{16.1.7}$$

设电磁波相对于地球表面的路径曲率为 K，并假定 $K>0$ 为向上弯曲，则有

$$K=\frac{1}{r_e}+\frac{\mathrm{d}N}{\mathrm{d}z}\times 10^{-6} \tag{16.1.8}$$

式中,z 为高度,r_e 为地球半径。

图 16.2 给出了各种折射情形下电磁波的传播路径示意图。下面讨论大气折射率指数垂直分布不同情况下电磁波在大气中传播特性。

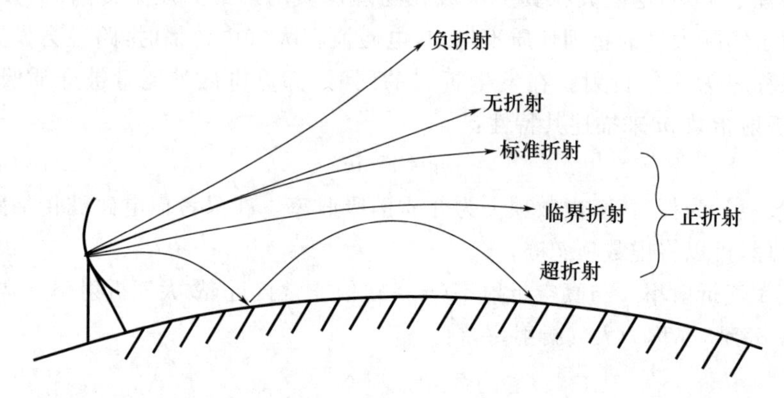

图 16.2　各种折射情形下电磁波的传播路径

1. 负折射

当$\frac{\mathrm{d}N}{\mathrm{d}z}>0$ 时,$K>\frac{1}{r_e}=15.7\times 10^{-8}\ \mathrm{m}^{-1}$

即折射率指数随高度增加时,电磁波的传播路径弯离地面向上。此时,正常传播时能接收到的电磁波信号将难以收到。这种情形称为负折射。它不利于通信和雷达探测。

2. 无折射

当大气为均质大气时,$\frac{\mathrm{d}N}{\mathrm{d}z}=0, K=\frac{1}{r_e}$

即折射率指数不随高度改变时,电磁波传播路径为直线。

3. 正折射

当$\frac{\mathrm{d}N}{\mathrm{d}z}<0$ 时,$K<\frac{1}{r_e}$

即折射率指数随高度递减时,电磁波传播路径弯向地面,这种情形叫正折射。它是电磁波传播的一般情况。其中又可分为三种特殊情况:

(1)标准折射:对于“标准大气”,$\frac{\mathrm{d}N}{\mathrm{d}z}=-4\times 10^{-2}\ \mathrm{m}^{-1}$,$K=11.7\times 10^{-8}\ \mathrm{m}^{-1}$,它反映了对流层内大气折射的平均情况。

(2)临界折射:当$\frac{\mathrm{d}N}{\mathrm{d}z}=-15.7\times 10^{-2}\ \mathrm{m}^{-1}$时,$K=0$,相对曲率为零,说明此时电磁波传播的路径离地表面的高度保持不变,这种情形叫临界折射。

(3)超折射：当$\frac{\mathrm{d}N}{\mathrm{d}z}<-15.7\times10^{-2}\ \mathrm{m}^{-1}$时，$K<0$，电磁波传播路径向下弯曲的曲率半径小于地球半径。此时，电磁波传播的路径很快弯曲折向地面，电磁波可能在地面反射后以足够强度继续向前传播，而传到很远距离。由于超折射结果，电磁波可以在一层大气中传播，形成大气波导。

对于光波，N 主要依赖于温度：

$$\frac{\mathrm{d}N}{\mathrm{d}z}\approx\frac{\partial N}{\partial T}\frac{\mathrm{d}T}{\mathrm{d}z}=-77.6\frac{P}{T^2}\frac{\mathrm{d}T}{\mathrm{d}z} \tag{16.1.9}$$

此时，光折射情况主要决定于温度层结构。当$\frac{\mathrm{d}T}{\mathrm{d}z}>0$，即存在逆温层时，$\frac{\mathrm{d}N}{\mathrm{d}z}<0$。近地面层空气形成上热下冷的剧烈逆温时，低层空气密度就比高层大得多。在大气折射的作用下，地面实物的景象向上抬升而显现在空中，看起来似乎在空中某一高度上出现了景物，海市蜃楼这类光学现象就是由于超折射而形成的，如图 16.3 所示。

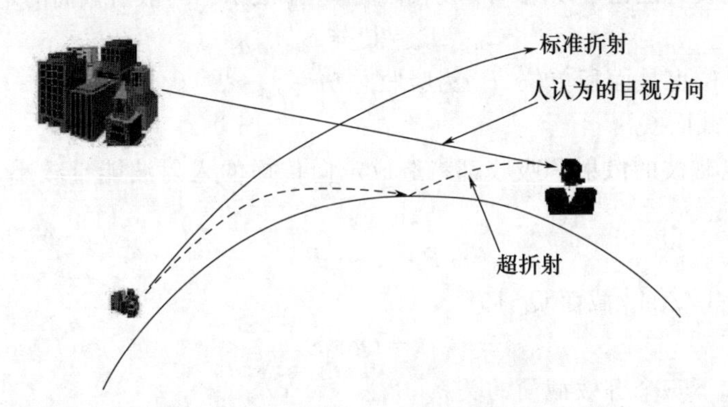

图 16.3　海上超折射形成海市蜃楼的示意图

16.1.3　电磁波在大气中的散射、吸收和衰减

当电磁波在大气中传播时，被入射电磁波照射的大气气体分子和气溶胶粒子，其表面会感应出复杂的电荷和电流分布，这一交变电荷与电流分布就要向外辐射电磁波，这种现象称之为散射。同时，电磁波在粒子内部传播，有电流在粒子内部流动，必有一部分能量要被吸收或转化为焦耳热，产生“介质损耗”，这就是粒子对入射波的吸收作用。散射作用使一部分入射波能量偏离原来传播方向而向四面八方辐射，所以，对定向传播的入射波来说，散射和吸收作用都同样造成入射波能量的消弱，故统称为衰减。

16.1.3.1　单个粒子散射、吸收和衰减的表示方法

为了研究大量粒子聚合物——大气的散射、吸收和衰减，首先要讨论单个粒子的散射、吸收和衰减的物理过程。

(1)表示散射、吸收和衰减的几个物理量

(a) 散射截面 Q_s

设想以散射粒子为中心作一个球面,通过这球面 A 的散射波能量称为散射总能量。以 P_s 代表单位时间通过球面 A 的总散射能。S_s 表示散射波的能流密度(能量/时间·面积),S_i 代表入射波的能流密度,则总散射功率 P_s 为

$$P_s = \oiint_A S_s \cdot \mathrm{d}A \tag{16.1.10}$$

一般总散射功率与入射波能流密度成正比,入射波越强,则散射波总功率就越大,因此,有

$$P_s = Q_s \cdot S_i \tag{16.1.11}$$

式中 Q_s 为比例系数,单位为面积,称之为散射截面。它是一个等效面积。

(b) 吸收截面 Q_a

粒子的吸收特性也可以用一个吸收截面 Q_a 来表示。与散射截面的定义相似,有

$$P_a = Q_a \cdot S_i \tag{16.1.12}$$

式中,Q_a 的单位也是面积单位,P_a 为吸收总功率。

(c) 衰减截面 Q_t

粒子对电磁波的散射和吸收都将造成定向传播的入射波能量减小,故总衰减功率 P_t 为:

$$P_t = P_s + P_a \tag{16.1.13}$$

同样地,引入衰减截面 Q_t,即

$$P_t = Q_t \cdot S_i \tag{16.1.14}$$

显然有如下三个等效截面的关系

$$Q_t = Q_s + Q_a \tag{16.1.15}$$

(d) 后向散射截面 σ

在主动式大气遥感中,所关心的往往是后向散射的能量,即回波强度。粒子的后向散射特性通常用后向散射截面来描述。其定义如下:

设一理想散射体,其散射截面为 σ,它散射的能量是空间各向同性分布的。若实际粒子的后向散射能流密度正好等于同距离理想散射体散射回接收天线的能流密度,则该理想散射体的散射截面就称为该实际粒子的后向散射截面,亦称雷达截面。

设粒子离接收天线的距离为 R,入射波的能流密度为 S_i,则粒子后向散射到天线处的能流密度 $S_s(\pi)$ 为

$$S_s(\pi) = \frac{S_i \sigma}{4\pi R^2} \tag{16.1.16}$$

由此得到,后向散射截面 σ 为

$$\sigma = 4\pi R^2 \frac{S_s(\pi)}{S_i} \tag{16.1.17}$$

一个粒子的散射截面、吸收截面、衰减截面以及后向散射截面大小与粒子性质(复折射率)、大小以及入射波波长有关。

(2)球形粒子的散射理论

由前面所述已知,粒子的散射原因是入射电磁波照射到粒子时,入射波的电磁场就使粒子极化,感应出复杂的电荷分布和电流分布,它们也要以同样的频率发生变化,这种高频变化的电荷分布和电流分布就要向外辐射电磁波,这种二次辐射的电磁波就是散射波。而这个粒子即成为散射中心或散射源。

对于一个散射粒子来说,散射能量的分布是三维空间的函数。如果散射粒子具有某种对称性,则散射能的分布亦具有某种对称性。图 16.4 给出了不同大小球形粒子散射强度分布示意图,它与粒子尺度参数($x=2\pi r/\lambda$)有很大的关系。当粒子半径远小于入射波的波长时($x\ll1$),即所谓小粒子情形,它的散射波在前后两个半球基本是对称的,如图 16.4a 所示;当粒子大一些,前向散射就超过后向散射,如图 16.4b 所示;对于更大的粒子($x\gg1$),前向散射就更大,散射波集中于前向,而且在某些角度上还会出现极值点,如图 16.4c 所示。

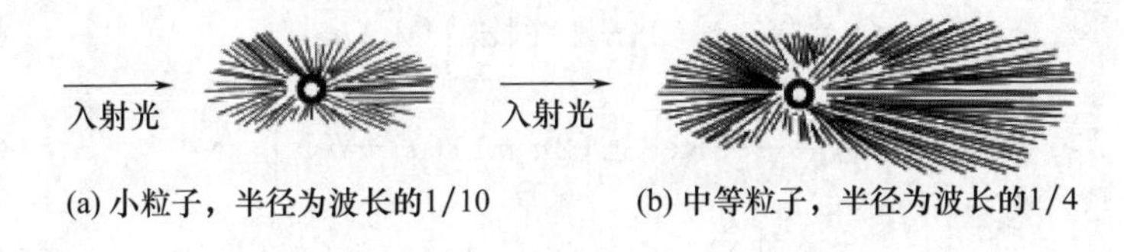

(a) 小粒子，半径为波长的1/10　　(b) 中等粒子，半径为波长的1/4

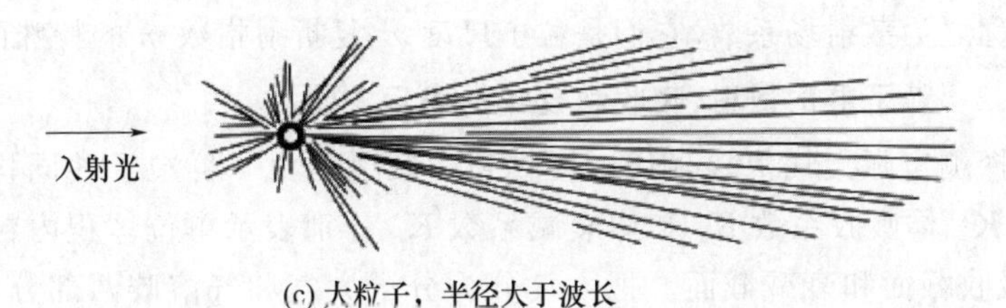

(c) 大粒子，半径大于波长

图 16.4　散射强度分布示意图

如果一个粒子是各向同性的,则粒子的散射特性将由粒子半径、折射率以及入射波的波长决定,这就是散射三要素。根据这三个要素,可以通过散射理论计算出散射能量的分布和偏振状态。但实际大气中的粒子并不满足各向同性的条件。

(a)小粒子散射(分子散射、瑞利散射)

研究散射问题时,所谓粒子的大小是相对于电磁波的波长而言,如前所述,用 $x=2\pi r/\lambda$ 来表示。当粒子尺度 $x\ll1$,这时的散射称为瑞利散射。空气分子对可见光的散射,云滴对微波的散射都属于这种情况。满足瑞利散射条件时,通过求解电磁场理论中的麦克斯韦尔方程组,可得到粒子的散射截面 Q_s、吸收截面 Q_a、后向散

射截面 σ_r 分别为

$$Q_s=\frac{128}{3}\cdot\frac{\pi^5 r^6}{\lambda^4}\left|\frac{m^2-1}{m^2+2}\right|^2 \qquad (16.1.18)$$

$$Q_a=\frac{8\pi^2 r^3}{\lambda}\mathrm{I_m}\left(-\frac{m^2-1}{m^2+2}\right) \qquad (16.1.19)$$

$$\sigma_r=\frac{64\pi^5 r^6}{\lambda^4}\left|\frac{m^2-1}{m^2+2}\right|^2 \qquad (16.1.20)$$

这里 $\mathrm{I_m}$ 是指取 $\left(-\frac{m^2-1}{m^2+2}\right)$ 的虚部。衰减截面则是散射截面和吸收截面之和,如(16.1.15)式所示。

(b)大粒子散射(Mie 散射)

当粒子半径大于入射波波长 $\frac{1}{10}$ 时,散射的性质就比较复杂。1908 年米(G. Mie)从麦克斯韦尔方程组推导出了均匀介质圆球形粒子对平面波散射的函数表达式,习惯上称为米散射公式,其粒子的散射截面 Q_s、衰减截面 Q_t、后向散射截面 σ_m 分别为

$$Q_s=\frac{\lambda^2}{2\pi}\sum_{i=1}^{\infty}(2n+1)(|a_n|^2+|b_n|^2) \qquad (16.1.21)$$

$$Q_t=\frac{-\lambda^2}{2\pi}\mathrm{Re}\left[\sum_{i=1}^{\infty}(2n+1)(a_n+b_n)\right] \qquad (16.1.22)$$

$$\sigma_m=\frac{\lambda^2}{4\pi}\left|\sum_{i=1}^{\infty}(-1)^n(2n+1)(a_n+b_n)\right|^2 \qquad (16.1.23)$$

式中,a_n、b_n 称之为散射场系数,它们是粒子尺度 x、复折射指数 m 的特殊函数。

16.1.3.2 粒子群的散射、吸收和衰减的表示方法

在雷达探测实际大气中云、雨时,接收到的散射是由一群粒子共同构成的。用体散射系数 K_s、体吸收系数 K_a 和体衰减系数 K_t 分别表示单位体积内粒子群的总散射截面、吸收截面和衰减截面。把大气分为分子大气和气溶胶两部分,分子大气中的气体分子的尺度很小,就不细分分子的大小,气溶胶粒子的大小差异很大,则用函数 $n(r)$ 来表示单位体积内半径为 r 的粒子数。这样区分后,就有:

$$K_s = N_m Q_{sm} + \int_0^{\infty} n(r)Q_s(r)\mathrm{d}r \qquad (16.1.24)$$

$$K_a = N_m Q_{am} + \int_0^{\infty} n(r)Q_a(r)\mathrm{d}r \qquad (16.1.25)$$

$$K_t = N_m Q_{tm} + \int_0^{\infty} n(r)Q_t(r)\mathrm{d}r \qquad (16.1.26)$$

式中 Q_{sm}、Q_{am}、Q_{tm} 分别表示空气分子的散射截面、吸收截面和衰减截面,N_m 为单位体积内的空气分子数。在标准情况下每立方厘米空气中的分子数为 $2.7\times10^{19}/\mathrm{cm}^3$。$Q_s(r)$、$Q_a(r)$、$Q_t(r)$ 分别表示半径为 r 的粒子的散射截面、吸收截面和衰减截面。

16.2　云和降水主动微波遥感

雷达(radar)是无线电探测和测距(radio detection and raging)的缩写，是一种通过发射和接收电磁波来探测和定位目标的遥感系统。天气雷达，则是一种通过发射和接收电磁波专门用于探测云和降水分布、强度和微物理结构的遥感系统。传统意义上，天气雷达是指专门用于降水测量的微波雷达，而专门用于云测量的微波雷达称为云雷达，由于云雷达所采用的电磁波波长为毫米波，又称为毫米波云雷达。目前，天气雷达已经成为气象业务和科学研究最重要的危险性天气监测手段。

16.2.1　天气雷达种类与发展概况

按照电磁波波段，天气雷达可分为 S 波段(10 cm)、C 波段(5 cm)、X 波段(3 cm)的测雨雷达，以及 Ka 波段(35 GHz)、W 波段(95 GHz)的测云雷达等。按照技术体制，天气雷达可分为模拟天气雷达、数字天气雷达、多普勒天气雷达、双偏振多普勒天气雷达等。

依据气象业务中使用的雷达技术体制，天气雷达大致经历了 5 个发展阶段(张培昌 等，2001；胡明宝，2007)。

(1)军用雷达的改装使用阶段

第二次世界大战末期，由于微波磁控管的研制成功和微波技术在雷达中的应用，雷达技术得到了快速发展。针对军用空情警戒雷达使用中发现的云雨回波，气象学家根据气象目标特点，对军用空情警戒雷达的接收处理与显示部分进行适当改装，实现了对云雨目标的位置及强弱性质的探测。如 20 世纪 40 年代末期，美国国家天气局用的 WSR-1 和 WSR-3，都是由 ASR 系列雷达改装的。50 年代英国生产的 Decca41 和 Decca43 等也是改装自军用雷达。我国也曾在 50 年代末引进 Decca41 雷达用于监测天气。当时雷达选用的波长主要采用 X 波段，少量采用 S 波段，性能与军用的警戒雷达差不多。

(2)模拟式天气雷达阶段

20 世纪 50 年代中期，根据气象探测的需求，开始专门设计用于监测危险性天气和估测降水的雷达，并命名为天气雷达。1957 年美国气象局设计生产了 S 波段 WSR-57 天气雷达，主要是在波长选择和信号接收处理上作了较多的改进，对回波信号强度测量和图像显示方面作了不同于军用的设计，以适应气象目标探测要求，监测大范围降水和定量估测降水。该时期的雷达属于模拟信号接收和模拟图像显示的雷达，观测资料的存储是通过对显示器上显示的回波进行照相，资料处理主要是事后的人工整理和分析。我国在 20 世纪 60 年代末 70 年代初也研制成功 X 波段 711 型天气雷达，以后又陆续研制成功 X 波段 712、C 波段 713、S 波段 714 等不同型号的天气雷达,技术水平与国外同期产品相当。

(3)数字式天气雷达阶段

20世纪70年代以后,随着数字技术和计算机技术的发展和使用,计算机速度的加快,使天气雷达信号与数据图像处理能力增强,天气雷达资料的定量处理达到实时性要求,天气雷达与计算机技术结合,出现数字化天气雷达。典型产品有美国WSR-74天气雷达。同时也将数字技术与计算机技术用于对原有的模拟天气雷达进行改造,使其具有数字化处理功能。我国在改革开放之后,随着对外交流和计算机技术的引进,开始研究天气雷达资料的数字化处理技术。20世纪80年代中期我国出现了数字化天气雷达改装与应用研究的高潮,进行了一些模拟天气雷达的数字化改造工作。

(4)多普勒天气雷达阶段

多普勒天气雷达出现于20世纪70年代,但直到20世纪90年代才开始业务布网使用。刚开始出现的多普勒天气雷达,主要是科研性质的,数量不多且集中在大学与科研机构,进行一些探测科研试验。由于多普勒天气雷达信息丰富、数据量大,因此,受到回波资料处理速度慢与结果难以直观显示两大问题的困扰。直到20世纪70年代中期以后,计算机速度明显提高且出现彩色显示器,多普勒天气雷达回波的实时处理与实时显示问题才得以解决。美国的雷达气象研究人员开展了大量的观测与研究工作,组织了多普勒天气雷达和普通天气雷达的联合观测试验(JDOP),试验结果令人鼓舞,从而进一步明确了多普勒天气雷达的优越性。美国于1988年完成新一代多普勒天气雷达(NEXRAD)的研制、测试、考核工作,正式定名为WSR-88D。在美国国会通过预算后,于1990年开始全面更换布设下一代多普勒天气雷达,到1996年结束,总计布设166部WSR-88D,分布于美国本土、海外以及教育训练基地。WSR-88D不仅有更强的探测能力,较好地定量估测降水的性能,还具有获取风场信息的功能,有丰富的应用处理软件,可为用户提供多种监测和预警产品。美国天气局在雷达布设完成后的观测统计表明,WSR-88D明显改善了对冰雹、龙卷等强风暴天气的监测准确率,缩短了预警警报发布时间。我国也十分重视多普勒天气雷达技术的发展。20世纪80年代末研制成功中频锁相技术的多普勒天气雷达,90年代后期研制成功全相参技术的多普勒天气雷达,到20世纪末,我国已具备X、C、S三个波段多普勒天气雷达的研制生成能力,并已开始装备气象、民航和军队等部门。我国新一代天气雷达统称为CINRAD。在21世纪初,中国气象局开始实施新一代多普勒天气雷达的业务布网工作,C波段天气雷达主要分布在内陆,S波段天气雷达主要分布在长江沿海。目前我国已有236部新一代天气雷达建成投入业务使用。

(5)双偏振天气雷达阶段

为了改善雷达探测降水和识别降水粒子相态和尺度的能力,提高多普勒天气雷达性能,双线偏振多普勒技术被研究应用于天气雷达,美国下一代多普勒天气雷达WSR-88D已经全部升级成双偏振天气雷达,中国也在开展新一代多普勒天气雷达的升级改造为双偏振多普勒天气雷达。

随着雷达技术的发展，采用相位控制阵列天线技术的相控阵天气雷达，以及多普勒天气雷达组网协同观测技术也在迅速发展，从而更好地解决天气雷达降水粒子形态探测、空间分辨率、扫描速度等问题，服务于定量降水预报、小尺度天气预报、模式应用等方面。

16.2.2　天气雷达组成及工作原理

天气雷达通常由天线馈线分系统、伺服分系统、发射分系统、接收分系统、信号处理分系统、监控分系统、光纤通信分系统、数据处理及显示分系统、电源分系统等九个分系统组成，如图 16.5 所示。

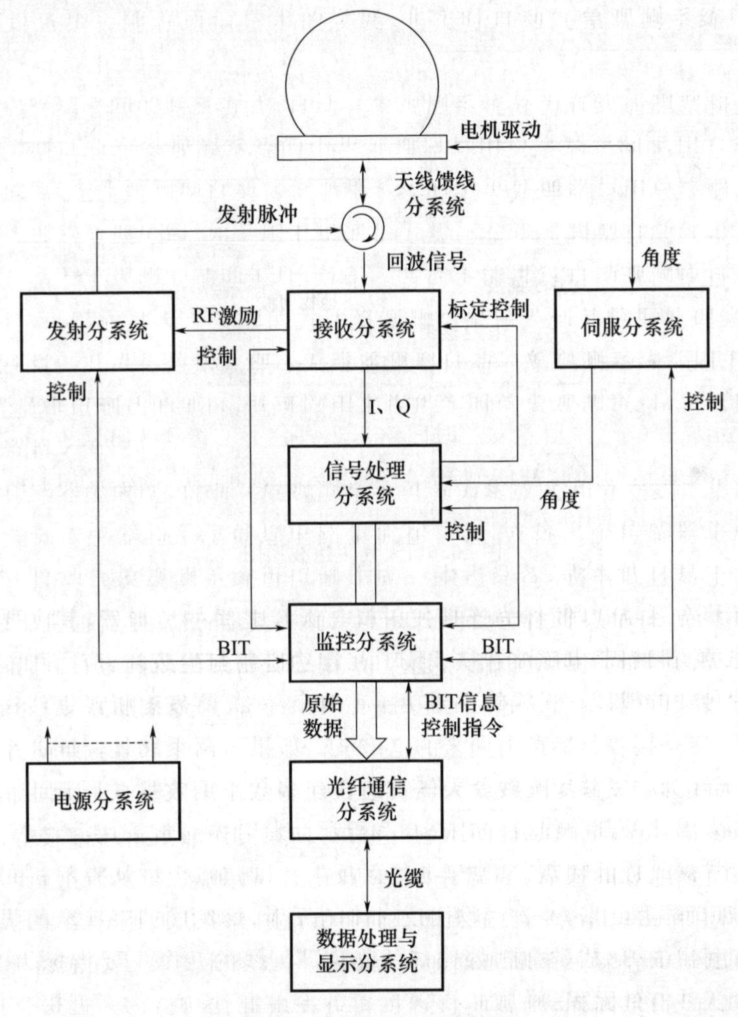

图 16.5　天气雷达组成框图

发射分系统也可简称为发射机,其主要功能是周期性地产生时间上短促而峰值功率强大的高频振荡电磁波,经过天线馈线分系统后再发射出去。发射分系统是间歇性工作的,在短暂的工作时间中产生电磁波并发射出去,然后停息直到进入下一个周期。图 16.6 为发射分系统工作波形图。这种间歇性工作方式类似人的脉搏跳动,所以常把这种发射称为脉冲发射,这种雷达称为脉冲波雷达。天气雷达发射波通常为极化波,即场强在各方向分布不均匀(光学中称此现象为偏振,无线电学中称为极化,目前常混用)。如果电矢量只在一个平面内振动,称为线极化波;如果电矢量振动的轨迹为圆,称圆极化波;如果电矢量振动的轨迹为椭圆,称椭圆极化波。目前的天气雷达大多只发射并接收水平线极化波。与发射分系统有关的主要技术指标为脉冲重复频率与脉冲重复周期、波长、脉冲宽度和发射功率等。

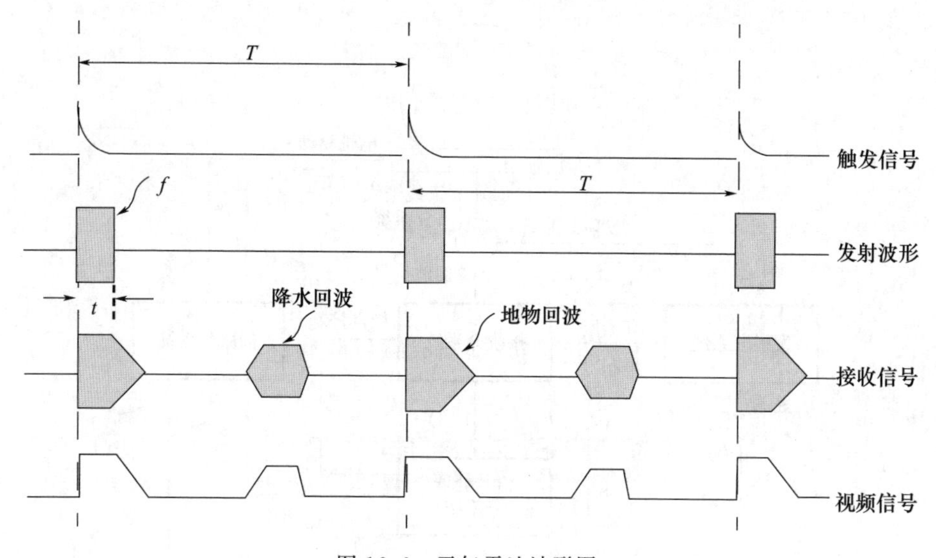

图 16.6 天气雷达波形图

天线馈线分系统中,馈线为连接发射机与天线之间的波导管,其主要功能是将发射机输出的高频振荡电磁波送往天线。在雷达研制与生成时,应尽可能降低电磁波在馈线中传输的损耗。天线的主要功能有两个:一是将发射机经馈线送来的电磁波辐射出去;二是接收目标散射回来的电磁波。如果这两个功能由同一个天线来完成,则称该天线为收发共用天线。天气雷达目前多数采用收发共用天线。天线一般由辐射体和发射体两部分组成,如图 16.7 所示。发射体通常采用抛物面型,辐射体是用波导管扩展而成的喇叭口,位于抛物面反射体的焦点上。从发射机来的电磁波能量,由喇叭口辐射出来,经过抛物面反射体的反射,聚集成一束狭窄的强电磁波向空间定向辐射出去,形成类似于探照灯的光束。天线的几个主要指标为波束宽度、天线增益和天线有效面积等。

接收分系统又称接收机，它的主要任务是将天线接收的经馈线传入的目标散射回波，放大后送往信号处理分系统进行处理。雷达天线所收到的回波信号是非常微弱的。所以，雷达接收机必须具有检测微弱信号的能力。这种能力常称为接收机灵敏度，它用接收机的最小可测功率表示。所谓最小可测功率，就是回波信号刚刚能从噪声中分辨出来时的回波功率。接收机必须具有足够的放大倍数，以便使微弱的回波信号能够放大达到后续处理的要求。接收机的放大倍数用增益(dB)表示。接收机也必须要有足够的动态范围，能对远距离返回的微弱回波信号进行放大，也能够对近距离返回的强回波信号进行放大。同时，接收机还要能对近距离返回的强的地杂波或干扰波进行抑制。

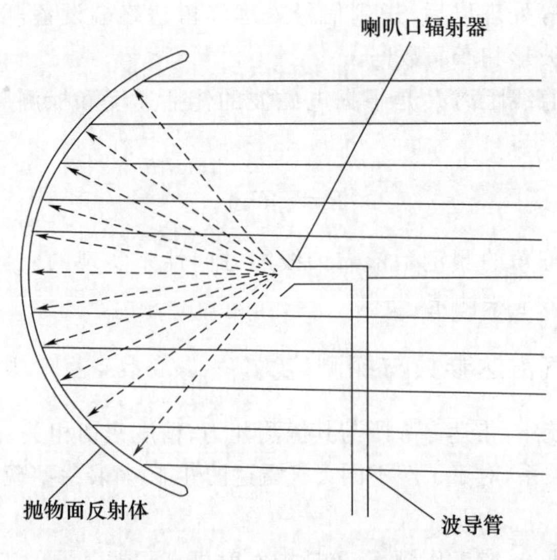

图16.7　天线结构示意图

伺服分系统主要作用有两个方面：一是根据用户在数据处理与显示分系统上给出的命令，通过天线传动系统操纵雷达天线进行相应动作的扫描；二是通过同步系统将天线指向的方位角和仰角数据送入信号处理分系统。由于天气雷达探测的是三维空间中的气象目标，所以天线应该能指向任何方向。当前天气雷达扫描方式主要有两种：一种是旋转扫描，天线以选定的仰角环绕垂直轴作圆周扫描，简称为PPI扫描；另一种是俯仰扫描，在选定的方位上天线不断作上下俯仰扫描，简称为RHI扫描。

信号处理分系统在现代雷达系统中起着越来越重要的作用，其功能也越来越强，承担了很多原来由接收机做的工作。在多普勒天气雷达中，信号处理分系统的主要功能是对来自接收分系统的I/Q正交信号进行处理，得到反射率的估测值，即回波强度，并通过脉冲对处理(PPP)或快速傅里叶变换(FFT)处理，得到散射粒子群的平均径向速度和速度谱宽，然后传送至数据处理与显示分系统作进一步的处理并显示。

数据处理与显示分系统是一个功能强大的处理软件包,可以完成对整个雷达的控制。数据处理与显示分系统对于信号处理分系统送来的雷达探测的气象目标回波的原始数据进行采集、处理,形成原始数据文件,并进一步处理制作出各种气象产品,在终端显示器上显示。通过服务器和通信网络,还可以将原始数据和气象产品传送给其他用户。现代天气雷达的终端显示器都是计算机显示屏,可以显示原始回波数据,以及进一步处理的各种产品。

雷达工作过程是:定时器控制发射机产生高频大功率的脉冲串,经过定向天线向空间辐射电磁波;在天线控制设备的作用下,天线波束按照指定的方式在空间扫描;当电磁波照射到云和降水目标时,后向散射的电磁波到达雷达天线,再经由接收机进行放大和混频等处理以后,送到信号处理和雷达终端设备,以便对回波进行处理得到所需的观测波形和产品数据。

目标离雷达的直线距离 R 是根据电磁波的传播速度和探测脉冲与回波信号间的时间间隔 Δt 来确定:

$$R=\frac{1}{2}C\Delta t \tag{16.2.1}$$

目标的方位和仰角的测定是依靠天线的方向性来实现的。目标的径向速度是利用目标的多普勒效应来测定。

16.2.3 天气雷达参数与探测能力

在天气雷达系统中,雷达参数既与其探测能力、精度密切相关,也是雷达定量探测的依据。掌握这些关系,对于了解不同天气雷达的性能,解释一些现象是十分重要的。

(1)波长 λ

雷达的工作波长 λ(或工作频率 f)是指发射机高频振荡器的工作波长(或频率),是决定天气雷达性能的一个重要参数。

一般情况下,天气雷达的波长为厘米波(1～20 cm)。工作波长不同,雷达的结构、技术性能和用途也有所不同。波长和频率满足两者的乘积为常数的关系,见式(16.1.1)。这个常数就是电磁波在真空中的传播速度。表 16.2 给出了一些天气雷达波长与其可探测气象目标的关系。

表 16.2 天气雷达波长与可探测的气象目标

波长/cm	频率/MHz	波段	可探测的气象目标
0.86	35000	Ka	云和云滴
3	10000	X	小雨和雪
5	6000	C	中雨和雪
10	3000	S	大雨和强风暴
20	1500	L	天气监视

(2)脉冲宽度 τ

脉冲宽度是指调制脉冲的持续时间,单位为 μs。

脉冲宽度与雷达最大作用距离有关。在峰值发射功率等情况一定的条件下,脉冲宽度越大,雷达的最大作用距离也越大,相反,脉冲宽度越小,雷达的作用距离也相应地减小。这是因为在一个搜索脉冲内所包含的能量和脉冲宽度成正比。

脉冲宽度和雷达的距离分辨率 ΔR 有关。脉冲宽度越小,距离分辨率越高。距离分辨率应当满足下式:

$$\frac{2\Delta R}{C}=\tau \tag{16.2.2}$$

所以

$$\Delta R=\frac{C\tau}{2} \tag{16.2.3}$$

脉冲宽度的大小决定了雷达的盲区半径的大小。盲区半径是指雷达能有效探测的最小范围,用 R_{min} 表示。在盲区半径以内的目标,雷达是无能力探测的,这是因为当目标距离雷达很近(在盲区以内)时,目标回波的前沿将同发射脉冲的后沿混合在一起,以致无法分辨。脉冲宽度窄,有利于缩小雷达的盲区,提高雷达距离分辨率,但并不是脉冲宽度越窄越好,因为脉冲宽度太窄时,不利于雷达最大作用距离的提高,同时对接收机的要求也较高。

为精确测定降水区的大小和内部结构,天气雷达通常采用较窄的脉冲宽度,如 1 μs 或 2 μs 等。有的天气雷达为了适应探测不同距离目标的需要,设置了几种脉冲宽度。在探测近目标时采用较窄的脉冲宽度,在探测远目标时,为了增大回波信号的强度,采用较宽的脉冲宽度。

(3)脉冲重复频率 F

单位时间内由雷达发射的脉冲个数。例如,当雷达的重复频率为 300 Hz 时,表明在每秒钟内发射 300 个高频脉冲。与重复频率相对应的参数为重复周期 T,它是两个相邻脉冲之间的间隔,它们之间的关系如式(16.2.4)所示。

$$F=\frac{1}{T} \tag{16.2.4}$$

由于天气雷达的工作特点是必须在前一个发射脉冲的回波从最大距离 R_{max} 处回到雷达站以后,才可以发射下一个脉冲,脉冲的重复周期应满足 $T\geqslant\frac{2R_{max}}{C}$,于是

$$R_{max}=\frac{1}{2}CT=\frac{C}{2F} \tag{16.2.5}$$

脉冲重复频率或脉冲重复周期决定雷达最大不模糊距离。当某天气雷达脉冲重复频率为 300 Hz 时,则该雷达最大不模糊探测距离为 500 km。

(4)天线波束宽度 θ

主波瓣两个半功率点之间的夹角,如图 16.8 所示。波束宽度越小,天线辐射的电磁能量在空间的分布越集中,天线的定向性越好。

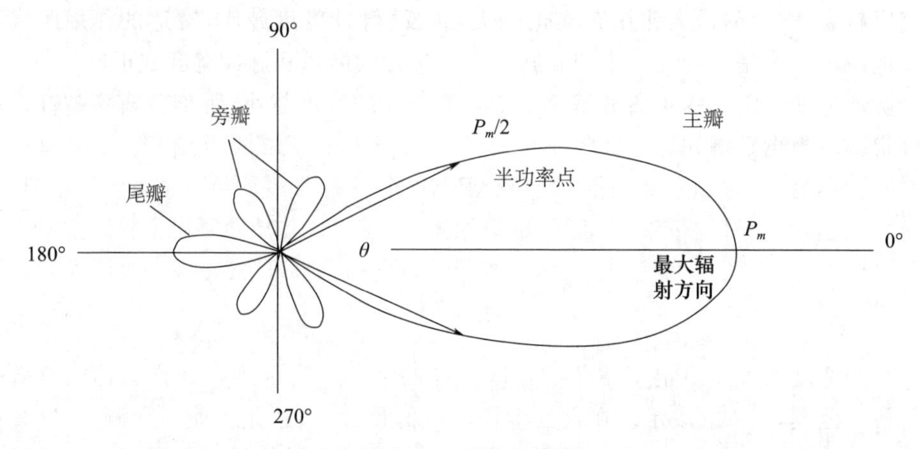

图 16.8　天线方向图

根据天气雷达的工作原理,我们可得到一些与天线波束宽度相关的结论。首先,天线波束宽度越窄,其角分辨能力越强。这里所说的雷达角分辨能力是指区分点目标的视角分辨能力。其次,天线波束宽度与雷达作用距离也有关。

天线波束宽度 θ 与天线反射体截面直径 D 和波长 λ 有关,在雷达工作波长已定的情况下,对于圆抛物面天线,波束宽度和天线尺寸成反比:

$$\theta=\frac{70\lambda}{D} \tag{16.2.6}$$

不同形状的天线导致不同的波束宽度,图 16.9 给出了三种形状的天线的波束宽度示意图。圆抛物面形的天线,其水平和垂直波束宽度相同,因而其水平和垂直角分辨率也相同;扁平的,也就是水平方向尺度较大的天线,水平波束窄,垂直波束宽,因而水平角分辨率高于垂直角分辨率,这样的天线一般用于远洋船上进行海面搜索;细长的天线,也就是垂直方向尺寸较大的天线,其垂直方向的波束宽度较窄,水平波束宽,因而垂直角分辨率要好于水平角分辨率。

(5)天线增益 G

雷达辐射总功率相同时,定向天线在最大辐射方向辐射的能流密度与各向均匀天线辐射的能流密度之比,称为天线增益。天线增益反映了天线集中发射雷达波的能力,常用对数单位来表示。

各向同性天线发射功率为 P_t,投射在离雷达距离为 R 的目标上单位面积的功率,即能流密度 S_{iso} 为:

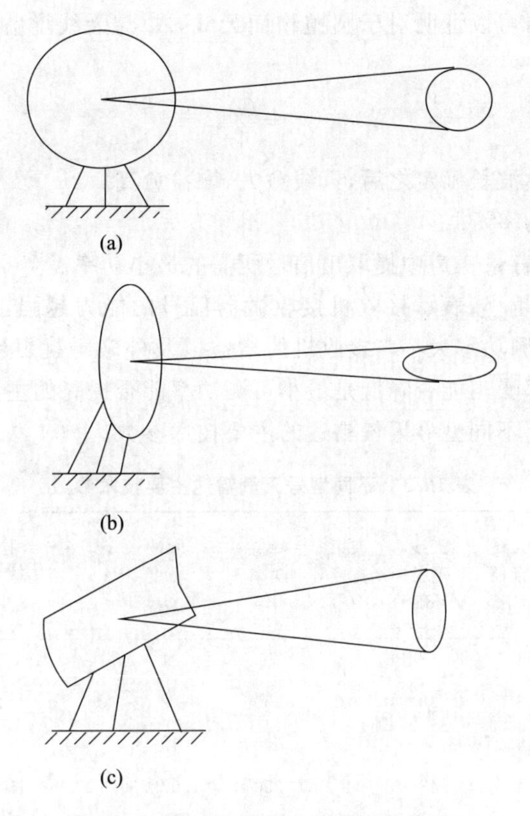

图 16.9　波束宽度与几何截面的关系

$$S_{iso}=\frac{P_t}{4\pi R^2} \tag{16.2.7}$$

当电磁辐射功率相同时，定向天线在最大辐射方向的能流密度 $S_{i\max}$ 与各向同性辐射天线能流密度 S_{iso} 之比称为天线增益 G，即：

$$G=\frac{S_{i\max}}{S_{iso}} \tag{16.2.8}$$

目前，天气雷达天线最大增益范围为10^3（30 dB）到10^5（50 dB）。

(6)天线有效面积 A_e

天线反射体能有效接收回波信号的口径面积。设回波功率为 P_r，S_s 为回波功率能流密度，则有：

$$P_r=S_s\cdot A_e \tag{16.2.9}$$

由于定向天线并非均匀地接收各个方向的能量，天线的有效面积 A_e 总是小于其几何截面 A_P，对于圆抛物面天线而言：

$$A_e=\frac{2}{3}A_P \tag{16.2.10}$$

根据天线理论,可以证明对于圆抛物面天线,A_e 与天线增益和雷达波长之间有如下关系:

$$A_e = \frac{G\lambda^2}{4\pi} \tag{16.2.11}$$

由此可见,雷达波长确定之后,天线愈大,增益愈高。

(7)最小可测功率 $P_{r\min}$

表示接收机从背景噪声中提取出信号所需的最小功率。

最小可测功率越小,表示接收机接收微弱信号的能力越强,因而雷达的作用距离也越远。最小可测功率大小与接收机的增益以及外来干扰、接收机内部噪声等有关,外来干扰和内部噪声能否降低是最小可测功率能否提高的主要因素。

表 16.3 给出了不同型号天气雷达的主要技术参数。

表 16.3　不同型号天气雷达主要技术参数

型号	波长 /cm	天线直径 /m	天线增益 /dB	波束宽度 /(°)	峰值功率 /kW	脉冲宽度 /μs	脉冲重复频率 /Hz	最小可测功率 /dBm
711	3.2	1.5	38	1.5	75	1	400	−96
713	5.6	3.7	38	1.2	250	2	200	−107
714	10.7	4.0	36	2	600	1.3	200	−107
CINRAD/C	5.66	4.5	43	1	250	1.0/2.5	300～450/300～1300	−107
CINRAD/S	10.3	8.54	45	0.99	650	1.57/4.70	300～450/300～1300	−107
WSR-88D	10.71	8.53	45	1	1000	1.57/4.50	318～452/318～1403	−113

16.2.4　气象目标回波的特性

天气雷达探测的目标是云、雨、雪、雹等水凝物粒子群,它所接收的回波信息是被雷达波束照射的粒子群的后向散射能量的合成。此外还应注意到,电磁波在大气传播过程中,其能量的衰减是由其传播路径上所有粒子群所引起的总衰减。因此,在天气雷达探测中,必须研究气象目标对电磁波的散射、衰减等特性,并引入一些物理量来对它进行描述。

16.2.4.1　气象目标的散射特性

若在雷达波束照射的范围内,单位体积内有 N 个粒子,每个粒子的后向散射截面为 σ_i,则该粒子群的总后向散射特性应由这 N 个粒子后向散射截面之和来表示,定义这个和为雷达反射率 η:

$$\eta = \sum_{i=1}^{N} \sigma_i \tag{16.2.12}$$

设以$n(D)$表示粒子的数密度谱分布，则$n(D)\mathrm{d}D$表示单位体积内粒子直径处于$D \sim D+\mathrm{d}D$之间的粒子数，设粒子的后向散射截面为$\sigma(D)$，则雷达反射率η可进一步表示为：

$$\eta=\int_0^\infty n(D)\cdot\sigma(D)\mathrm{d}D \tag{16.2.13}$$

由于降水粒子的后向散射截面通常是随着粒子尺度的增大而增大的，因此，由(16.2.12)、(16.2.13)式可见，反射率η大，说明单位体积中降水粒子的尺度大，或数量多，亦即表示气象目标强度大。但是，降水粒子的后向散射截面不仅取决于降水粒子大小，还与入射雷达波长λ有关。在瑞利散射条件下，单个粒子的瑞利后向散射截面为：

$$\sigma_r=\frac{\pi^5 D^6}{\lambda^4}\left|\frac{m^2-1}{m^2+2}\right|^2 \tag{16.2.14}$$

式中，m为复折射指数，记$|K|^2=\left|\frac{m^2-1}{m^2+2}\right|^2$。

从(16.2.14)式可见：

①小的球形粒子的后向散射截面σ_r与粒子直径D的6次方成正比。粒子直径越大，其后向散射能力越强。例如，1 mm的小雨滴，它的后向散射截面要比0.1 mm的大云滴大10^6倍。

②σ_r与雷达波波长λ的4次方成反比。雷达波波长越短，粒子后向散射截面越强。如表16.4所示，对同一小球形粒子，以10 cm波长为参考，当波长为5.66 cm、3.2 cm时，小球形粒子的后向散射截面将分别增大9.7倍、95倍。也就是说，如果其他条件相同，波长短的雷达能接收到较多的散射能量，容易探测到弱的云雨目标。

表16.4　雷达波长与后向散射截面的关系

波长 λ/cm	0.9	1.25	3.2	5.66	10
σ_r/σ_{10}	15200	4560	95	9.7	1

③$\sigma_r \propto |K|^2$，对于液态水，温度在0～20 ℃，雷达波长在3～10 cm范围内时，$|K|^2=0.93$。对于冰，在所有的温度，当冰的密度为1 g/cm^{3}时，$|K|^2=0.197$，约为液态水的1/5。因此，对于同样大小的水球和冰球，在相同波长的雷达波照射下，冰球的后向散射截面只有液态水球的1/5。由理论上证明，雪的散射可以看作同样体积冰球的散射，所以，干雪的回波强度比雨的回波强度要弱。

将(16.2.14)式代入(16.2.13)式，可得到瑞利散射情况下的雷达反射率η为：

$$\eta=\frac{\pi^5}{\lambda^4}\left|\frac{m^2-1}{m^2+2}\right|^2\int_0^\infty n(D)D^6\mathrm{d}D \tag{16.2.15}$$

在(16.2.15)式中，引入一个新的物理参数——反射率因子Z，其单位为mm^6/m^3：

$$Z=\int_0^{\infty} n(D)\cdot D^6 \mathrm{d}D \tag{16.2.16}$$

则(16.2.15)式可写成:

$$\eta=\frac{\pi^5}{\lambda^4}\left|\frac{m^2-1}{m^2+2}\right|^2 Z \tag{16.2.17}$$

由于实际降水的反射率因子动态范围较大,气象上常用 dBZ 为单位表示:

$$\mathrm{dBZ}=10\ \lg\frac{Z(\mathrm{mm}^6/\mathrm{m}^3)}{1\ \mathrm{mm}^6/\mathrm{m}^3} \tag{16.2.18}$$

由定义可见,反射率因子 Z 的大小反映了单位体积中降水粒子的大小和数密度,即体现了气象目标的强度,且与雷达参数无关。因此,在满足瑞利散射条件下,不同波长雷达所测气象目标的 Z 值可以相互比较。

当水滴或冰粒的大小与入射在其上面的雷达波长相当时,粒子的散射过程比起小球形粒子的散射要复杂得多,这时需采用米散射理论来讨论散射问题。图 16.10 为根据米散射理论计算得出的球形粒子的标准化后向散射截面 σ_b 随粒子尺度参数 x 的变化曲线图。其中,半径为 r 的球形粒子的标准化散射截面 σ_b 定义为:

$$\sigma_b=\frac{\sigma}{\pi r^2} \tag{16.2.19}$$

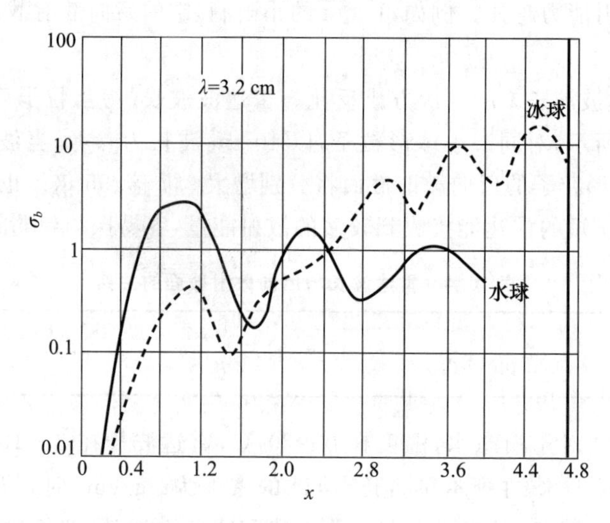

图 16.10 标准化后向散射截面 σ_b 与尺度参数 x 的关系

由图 16.10 可见,当球形粒子相对于雷达波长很小时,即 $x\ll 1$ 时,σ_b 按瑞利散射规律随 x 增大而迅速增大,但当 x 大于一定数值后,σ_b 增大的速度将减慢,有时甚至减小并产生振荡式的变化。经过计算,对于球形的冰粒,在 x 比较大的时候,它的 σ_b 可以比同体积的球形水滴大 10 倍左右,这也是冰雹的回波信号十分强的原因。

在米散射条件下,引入等效反射率因子 Z_e,单位也是$\mathrm{mm}^6/\mathrm{m}^3$,即

$$Z_e = \frac{\lambda^4}{\pi^5} \left| \frac{m^2-1}{m^2+2} \right|^{-2} \sum_{i=1}^{N} \sigma_{mi} \tag{16.2.20}$$

于是，在米散射条件下的雷达反射率 η 可表示成

$$\eta = \frac{\pi^5}{\lambda^4} \left| \frac{m^2-1}{m^2+2} \right|^{2} Z_e \tag{16.2.21}$$

在出现米散射情况下，不同波长雷达测得的等效反射率因子大小并不能完全表示气象目标的强弱。

16.2.4.2　气象目标的衰减特性

电磁波在大气中传播时，由于受到气象目标的散射、吸收等物理效应的影响，会造成传播路径上能量的衰减。设 $\overline{P}_{r_0}$ 是没有考虑分子大气、云和降水等衰减时的回波功率，$\overline{P}_r$ 是考虑这些衰减作用后的回波功率，由于雷达回波信号需要经过雷达与目标之间双程衰减，于是有：

$$\overline{P}_r = \overline{P}_{r_0} \cdot e^{-2\int_0^R k_t \mathrm{d}r} \tag{16.2.22}$$

式中，k_t 为衰减系数，单位为 km^{-1}。因子 2 表示雷达回波需经过往返路径上的双程衰减。

回波功率的衰减通常用分贝数表示。为此，需把衰减系数 k_t 也变换成以 dB/km 为单位的衰减系数 k。根据对数换底公式 $\lg M = 0.4343 \ln M$，(16.2.22)式可写成：

$$10 \lg \frac{\overline{P}_r}{\overline{P}_{r_0}} = -2\int_0^R 4.343 k_t \mathrm{d}r \tag{16.2.23}$$

由此可得不同单位的消光系数 k 和 k_t 之间的转换关系为：

$$k = 4.343 k_t \tag{16.2.24}$$

这样(16.2.22)式可改写为

$$\overline{P}_r(\mathrm{dBm}) = \overline{P}_{r0}(\mathrm{dBm}) - 2\int_0^R k \mathrm{d}r \tag{16.2.25}$$

下面分述大气分子、云、雨、雪和冰雹对电磁波的衰减特性。

(1)大气分子的衰减特性

研究表明，大气分子的衰减主要是由于吸收作用引起的，对于波长较长的天气雷达而言，气体的衰减可略而不计，但对于工作在 1 cm 左右波长的雷达而言，由于水汽在 1.35 cm 吸收带以及氧气在 0.5 cm 吸收带的作用，分子衰减必须加以考虑。

(2)云的衰减特性

云滴半径 $r < 100\ \mu\mathrm{m}$，对天气雷达而言，满足瑞利散射条件。经计算表明，云的衰减系数 k_c(单位：dB/km)与云的含水量 M(单位：g/m³)成正比：

$$k_c = K_1^* \cdot M \tag{16.2.26}$$

式中，K_1^* 为单位含水量($M = 1\ \mathrm{g/m^3}$)时的衰减系数。

研究表明,云的衰减系数 k_c 还与雷达波长 λ、云的温度有关。在相同条件下,雷达波长增大,衰减系数 k_c 要减小;冰云的衰减系数比水云的衰减系数要小两个数量级。表 16.5 给出了不同含水量的云的衰减系数。由于不含降水粒子的云,含水量较小(不超过 1 g/m^3)且云范围一般不大,所以云对电磁波的衰减通常较小,可以略而不计。

表 16.5 不同含水量的云的衰减系数(单位:dB/100 km)

含水量/(g/m^3)	λ=5 cm		λ=3.2 cm		λ=0.9 cm	
	10°C	0°C	10°C	0°C	10°C	0°C
0.1	0.056	0.09	0.196	0.27	6.81	9.9
0.22	0.123	0.20	0.43	0.60	15.0	21.8
0.34	0.19	0.31	0.67	0.93	23.2	33.6

(3)雨的衰减特性

对实测数据的对比分析表明,雨的衰减系数 k_p 与降水强度 I 之间有如下经验关系:

$$k_p = K_2 \cdot I^{\gamma} \tag{16.2.27}$$

式中,K_2 和 γ 都是与雷达波长 λ 和温度有关的系数,I 是降水强度(mm/h)。

假设有一宽度为 100 km 的雨区,其平均雨强为 5.0 mm/h,如果雷达波长为 10 cm,则衰减量(经过 100 km 的往返路程,即 200 km)为 0.3 dB。当雷达的波长为 5.7 cm 时,则衰减量为 1.6 dB。但是,当波长为 3.2 cm 时,则衰减量为 12.2 dB。可见,当雷达工作波长较短时,中等的雨强就会造成相当大的衰减。如表 16.6 所示。

表 16.6 不同雨强下的衰减系数(单位:dB/km)

I (mm/h)	λ=10 cm $k_t=0.0003I$	λ=5.7 cm $k_t=0.0013I^{1.1}$	λ=3.2 cm $k_t=0.0074I^{1.31}$
0.5	0.00015	0.0006	0.003
1.0	0.0003	0.001	0.007
5.0	0.0015	0.008	0.061
10	0.003	0.016	0.151
50	0.015	0.096	1.24
100	0.030	0.206	3.08
200	0.060	0.44	7.65
300	0.090	0.69	13.0

(4)雪的衰减特性

由于雪的形状复杂,处理较困难。研究表明,对干雪而言,其衰减系数 k_s 可表示成:

$$k_s = 3.5 \times 10^{-2} \cdot \frac{I^2}{\lambda^4} + 2.2 \times 10^{-3} \cdot \frac{I}{\lambda} \tag{16.2.28}$$

式中，I 为降水强度(mm/h)，λ 为雷达波长。

对于湿雪而言，其衰减系数要比干雪大得多。

(5)冰雹的衰减

由于冰雹的尺度较大且具有一定的谱分布，冰雹对电磁波的衰减作用较明显，特别是当冰雹表面有一层水膜时，对于 3 cm 的雷达波长，其衰减系数可超过 4 dB/km。

16.2.5　天气雷达探测原理

16.2.5.1　有效照射深度和有效照射体积

设雷达发射脉冲波的持续时间为 τ，则该脉冲信号占据的空间长度为 $h = C\tau$，如图 16.11 所示。

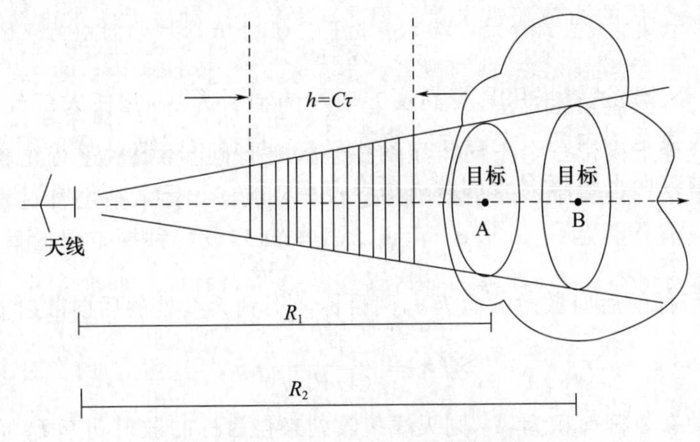

图 16.11　雷达有效照射体积示意图

当该脉冲前沿到达目标 A 时，A 面上所有粒子产生的后向散射回波，在 t_1 时刻 $\left(t_1 = \dfrac{2R_1}{C}\right)$ 将返回天线。当脉冲后沿到达 A 点时，A 面上所有粒子产生的后向散射回波在 t_2 时刻 $\left(t_2 = \dfrac{2R_1}{C} + \tau, t_2 = t_1 + \tau\right)$ 仍能被天线接收到。对距离为 R_2 的 B 点，脉冲前沿产生的后向散射回波到达天线的时刻为 $t_3 = \dfrac{2R_2}{C}$。若要使脉冲前沿与脉冲后沿之间全部粒子产生的后向散射回波同时被天线接收，则必须 $t_2 = t_3$，因此有

$$\frac{2R_2}{C} = \frac{2R_1}{C} + \tau \tag{16.2.29}$$

由此可得到

$$R_2 - R_1 = \frac{1}{2} C\tau = \frac{h}{2} \tag{16.2.30}$$

由(16.2.30)式可见,当雷达脉冲宽度 τ 确定之后,雷达波束径向范围 $h/2$ 内的气象目标粒子的后向散射回波能同时到达天线。$h/2$ 称之为有效照射深度。

假定水平与垂直波束宽度分别为 θ、φ,则能同时到达天线的气象目标后向散射回波的空间体积,称为有效照射体积 V:

$$V=\pi\left(R\cdot\frac{\theta}{2}\right)\left(R\cdot\frac{\varphi}{2}\right)\cdot\frac{h}{2} \tag{16.2.31}$$

当天线波束宽度用立体角 Ω 表示时,有效照射体积 V 还可以用积分形式表示为:

$$V=\int_{R_1}^{R_1+\frac{h}{2}}\int_{\Omega}R^2\,\mathrm{d}R\mathrm{d}\Omega \tag{16.2.32}$$

16.2.5.2 雷达气象方程

设雷达的脉冲发射功率为 P_t,又假设雷达天线是各向同性地向外辐射的,那么,在距离 R 处雷达波的能流密度为

$$S_i=\frac{P_t}{4\pi R^2} \tag{16.2.33}$$

实际上,一般雷达都采用具有高度方向性的辐射天线,它使大部分能量集中在一个很窄的波束范围内朝一定的方向发射出去。根据天线增益 G 的定义,则在定向天线最大辐射方向上距离 R 处的能流密度为:

$$S_{i\max}=G\cdot S_i=\frac{P_tG}{4\pi R^2} \tag{16.2.34}$$

若 R 处目标的后向散射截面为 σ,则目标散射到天线处的后向散射能流密度为

$$S_s(\pi)=\frac{P_tG}{(4\pi R^2)^2}\cdot\sigma \tag{16.2.35}$$

若天线的有效截面积为 A_e,则天线接收到来自目标的散射功率 P_r 应为

$$P_r=S_s(\pi)A_e=\frac{P_tG\sigma A_e}{(4\pi R^2)^2} \tag{16.2.36}$$

从天线理论可知

$$A_e=\frac{\lambda^2}{4\pi}G \tag{16.2.37}$$

将上式代入(16.2.36)式得

$$P_r=\frac{P_tG^2\sigma\lambda^2}{(4\pi)^3R^4} \tag{16.2.38}$$

这是一个普遍的雷达方程,适用于飞机、舰船、单个雨滴等任何一种单个目标。

根据前面的讨论可知,雷达发射电磁波束以后,每一瞬间接收到的云雨回波都是由有效照射体积内所有的云和降水粒子的散射回波共同组成的。因此,将单个目标的雷达方程(16.2.38)式中的雷达截面 σ 换成有效照射体积 V 中所有云和降水粒子的后向散射截面的总和,就可以得到

$$P_r = \frac{P_t G^2 \lambda^2}{(4\pi)^3 R^4} \sum_V \sigma_i \tag{16.2.39}$$

假设在有效照射体积 V 中所有云和降水粒子谱均匀，任何一个单位体积都可以具有代表性，则上式也可以写成

$$P_r = \frac{P_t G^2 \lambda^2}{(4\pi)^3 R^4} V\eta \tag{16.2.40}$$

式中，V 为雷达的有效照射体积，η 为雷达反射率，是单位体积内云和降水粒子后向散射截面的总和。

若只考虑波束宽度范围内的回波信号，将(16.2.31)式代入(16.2.40)式，经整理后则有

$$P_r = \frac{P_t G^2 \lambda^2 h\theta\varphi}{512\pi^2 R^2}\eta \tag{16.2.41}$$

这就是一般的雷达气象方程。

在实际应用中发现，用(16.2.41)式来计算气象目标的平均回波功率，普遍高于实测得到的结果，分析表明这是因为在公式推导时假定了天线波束宽度范围内各个方向的电磁波辐射能流密度都和最大辐射方向一样，而实际上天线波束的能量分布是不均匀的，如图16.8所示，除了最大辐射方向以外，其他方向的辐射能流密度都要比最大辐射方向小。偏离最大辐射方向的云和降水，得到的辐射能量必然小于 G 倍。在(16.2.34)式中一概乘以 G，必然导致算得的回波功率偏高。另外，在推导有效照射体积时，只计算了波束宽度（即波束两个半功率点夹角）范围内的体积，实际上在两个半功率点以外，也有部分能量辐射出去，并散射回来。忽略了这一部分，也会带来计算结果的误差。

在上述分析的基础上，考虑到天线辐射的不均匀分布，在计算距离天线 R 处的目标得到的辐射能流密度时，就不能简单地一律乘上一个天线增益 G，而应该利用天线方向图函数来修正。于是在 R 距离处，偏离天线主轴 (θ,φ) 角的入射能流密度为：

$$S_i(\theta,\varphi) = \frac{P_t G}{4\pi R^2} \cdot |f(\theta,\varphi)|^2 \tag{16.2.42}$$

这里 $|f(\theta,\varphi)|$ 为天线方向图函数：

$$|f(\theta,\varphi)| = \left|\frac{E(\theta,\varphi)}{E(0,0)}\right| \tag{16.2.43}$$

式中，$E(0,0)$ 是天线主轴方向（也就是最大辐射方向）上的电场强度振幅值，$E(\theta,\varphi)$ 是与波束轴线水平和垂直方向的夹角分别为 θ 和 φ 处的电场强度振幅值。所以，天线方向图函数 $|f(\theta,\varphi)|$ 就是天线辐射的电场强度随偏离主轴方向而变化的振幅比值，是个无量纲数，在数值上恒有 $|f(\theta,\varphi)| \leqslant 1$。由于能流密度正比于 E 的平方，所以(16.2.42)式乘的是 $|f(\theta,\varphi)|^2$。

根据天线互易定理，天线发射能力最大的方向也是接收能力最大的方向。因

此,在计算气象目标的回波功率时,对于其他方向接收的回波功率还应该再乘以$|f(\theta,\varphi)|^2$。

这样考虑天线辐射不均匀分布后的回波功率为:

$$P_r=\frac{P_tG^2\lambda^2}{(4\pi)^3R^4}V\eta\cdot|f(\theta,\varphi)|^4 \tag{16.2.44}$$

将有效照射体积(16.2.32)式代入(16.2.44)式得

$$P_r=\int_R^{R+\frac{h}{2}}\int_\Omega\frac{P_t\lambda^2G^2\eta}{(4\pi)^3R^4}|f(\theta,\varphi)|^4R^2\mathrm{d}R\mathrm{d}\Omega$$

$$=\frac{P_t\lambda^2G^2\eta h}{(4\pi)^3\cdot 2R^2}\int_\Omega|f(\theta,\varphi)|^4\mathrm{d}\Omega \tag{16.2.45}$$

对于圆形抛物面天线:

$$\int_\Omega|f(\theta,\varphi)|^4\mathrm{d}\Omega=\frac{\pi\theta\varphi}{8\ln 2} \tag{16.2.46}$$

将上式代入(16.2.45)则可得:

$$P_r=\left(\frac{P_tG^2\lambda^2\theta\varphi h}{1024\pi^2\ln 2}\right)\eta\cdot\frac{1}{R^2} \tag{16.2.47}$$

比较(16.2.47)式和(16.2.41)式可见,两者相差一个系数$\frac{\ln 2}{2}=0.72$。可见考虑了天线辐射的不均匀分布后由(16.2.47)式算得的回波功率只及(16.2.41)式算得的72%,基本上解决了用(16.2.41)式计算回波平均功率普遍高于实验结果的问题,该方程被国内外雷达气象工作者所普遍采用(张培昌 等,2001)。

当云和降水粒子满足瑞利散射时,用雷达反射率因子Z来表达反射率η,将(16.2.17)式代入(16.2.47)式,得

$$P_r=\frac{\pi^3}{1024\ln 2}\cdot\left[\frac{P_thG^2\theta\varphi}{\lambda^2}\right]\cdot\frac{1}{R^2}\cdot\left[\left|\frac{m^2-1}{m^2+2}\right|^2Z\right] \tag{16.2.48}$$

令

$$C_R=\frac{\pi^3P_tG^2\theta\phi h}{1024(\ln 2)\lambda^2}\cdot\left|\frac{m^2-1}{m^2+2}\right|^2 \tag{16.2.49}$$

C_R称为雷达常数,则在满足瑞利散射条件下的雷达气象方程可以简写成:

$$P_r=\frac{C_R}{R^2}Z \tag{16.2.50}$$

雷达气象方程建立了回波功率大小与雷达参数、气象目标特性、目标与雷达之间的距离三者之间的关系。雷达接收到的回波功率P_r与目标的反射率因子Z成正比(瑞利散射时),对于大粒子,P_r与等效反射率因子Z_e成正比。

利用雷达气象方程,即可以通过测量的回波功率反演气象目标的反射率因子:

$$\mathrm{dBZ}=10\lg P_r+20\lg R-10\lg C_R \tag{16.2.51}$$

当考虑降水衰减时,由(16.2.25)式得:

$$dBZ = 10\lg P_r + 20\lg R - 10\lg C_R - 2\int_0^R k dr \tag{16.2.52}$$

式中,回波功率通常采用 mW 为单位,距离通常采用 km 为单位,衰减系数的单位为 dB/km。

16.2.5.3 径向速度

静止的气象目标对入射电磁波会产生散射和衰减,而运动的气象目标,除产生散射和衰减之外,还会使散射回波的相位发生变化。

假定雷达发射电磁波的初始相位为 ϕ_0,且保持恒定,则距离为 R_1 的气象目标散射波的相位 ϕ_1 为:

$$\phi_1 = 2\pi \cdot \frac{2R_1}{\lambda} + \phi_0 \tag{16.2.53}$$

间隔时间 T 后,雷达发射第二个脉冲电磁波,同一气象目标的距离变为 R_2,其散射回波的相位 ϕ_2 为

$$\phi_2 = 2\pi \cdot \frac{2R_2}{\lambda} + \phi_0 \tag{16.2.54}$$

于是,相隔为 T 时间的同一气象目标的散射回波相位差($\phi_1 - \phi_2$)为

$$\Delta\phi = (\phi_1 - \phi_2) = -\frac{4\pi}{\lambda}(R_2 - R_1) \tag{16.2.55}$$

设气象目标的径向速度为 V_r:

$$V_r = \frac{R_2 - R_1}{T} \tag{16.2.56}$$

则(16.2.55)式变为

$$\Delta\phi = -\frac{4\pi}{\lambda} \cdot V_r \cdot T \tag{16.2.57}$$

令 $\omega_d = \Delta\phi / T$,$\omega_d$ 为多普勒角频率,且 $\omega_d = 2\pi f_d$,f_d 为多普勒频移,代入(16.2.57)式得:

$$\omega_d = -\frac{4\pi}{\lambda} V_r = 2\pi f_d \tag{16.2.58}$$

于是:

$$f_d = -\frac{2V_r}{\lambda} \tag{16.2.59}$$

由此可见,天气雷达探测气象目标时,气象目标运动信息反映在回波信号的相位变化中,即多普勒频移中。通过测量出多普勒频移,即可提取出气象目标的运动信息。当气象目标远离雷达时,径向速度为正,多普勒频移为负,表示回波信号频率减小;当气象目标向雷达靠近时,径向速度为负,多普勒频移为正,表示回波信号频率增大。表 16.7 给出了多普勒频移 f_d(绝对值)与径向速度 V_r 和波长 λ 之间的关系。

表 16.7　不同雷达波长及不同径向速度所产生的多普勒频移(单位:Hz)

径向速度/(m/s)	波长/cm			
	1.8	3.2	5.5	10.0
0.1	11	6	4	2
1.0	111	62	36	20
10.0	1111	625	364	200
100.0	11111	6250	3636	2000

由前面讨论可知,运动的气象目标,其后向散射回波除携带有粒子大小和数量的信息外,还携带有气象目标运动速度的信息,使回波频率发生偏移,这时气象目标后向散射回波的电场强度可表示成:

$$E(t)=e(t)\cos(\omega_d-\omega_0)t \tag{16.2.60}$$

式中,ω_d 为多普勒角频率,ω_0 为雷达发射电磁波角频率。

对气象目标(粒子群),回波强度是有效照射体积内所有粒子散射回波的合成:

$$E(t)=\mathrm{Re}[A(t)e^{-i\omega_0 t}] \tag{16.2.61}$$

式中回波复振幅:

$$A(t)=\sum_{j=1}^{N}e_j(t)e^{i\omega_d t}=I(t)+iQ(t) \tag{16.2.62}$$

$$\begin{cases} I(t)=\sum_{j=1}^{N}e_j(t)\cos\omega_d t \\ Q(t)=\sum_{j=1}^{N}e_j(t)\sin\omega_d t \end{cases} \tag{16.2.63}$$

I、Q 称之为回波信号的 I 分量和 Q 分量。现代多普勒天气雷达,能够检测出上式反映的运动粒子散射回波的振幅信息和相位变化信息。对于普通天气雷达,它只能检测振幅(强度)信息。

多普勒天气雷达回波信号处理的一般程序是先将回波信号按不同方位和距离,分成若干个距离库,然后对每个距离库的回波信号序列进行傅里叶变换,得出其频谱分布。多普勒天气雷达为了获取各个不同距离库上的多普勒频移信息,采用了脉冲多普勒体制。这样,距离库的回波信号是离散的,可通过离散傅里叶变换获取其频谱信息。然而,多普勒天气雷达探测得到的数据量是非常大的。例如,若在 100 km 探测范围内以方位角 2°间隔,距离以 1 km 间隔作为一个库,雷达扫描一周就共有 18000 个库的资料需要同时处理。为此,需采用一些快速算法进行信号处理。目前常用的方法有脉冲对处理方法(PPP)、快速傅里叶变换法(FFT)等。

(1)脉冲对处理方法(PPP)

脉冲对处理方法,是通过对每一距离库内的连续两个取样值进行成对处理提取平均多普勒频移、平均径向速度、谱宽的方法。

假定散射体内各粒子的平均多普勒速度相同,每个粒子径向速度涨落值具有偶函数的概率分布密度,则可定义回波复振幅 $A(t)$ 的自相关函数为:

$$R(T)=\frac{\overline{A(t)\cdot A^{*}(t+T)}}{|\overline{A(t)}|^{2}} \tag{16.2.64}$$

式中,T 为连续两次取样的时间间隔,"$*$"表示复共轭。

由上述相关关系,可推得平均径向速度 $\overline{V}_r$、平均多普勒频移 $\overline{f}_d$ 和谱宽 σ_f 的计算公式:

$$\overline{V}_r=\frac{\lambda}{4\pi T}\arctan\left\{\frac{\mathrm{Im}[R(T)]}{\mathrm{Re}[R(T)]}\right\} \tag{16.2.65}$$

$$\overline{f}_d=\frac{1}{2\pi T}\arctan\left\{\frac{\mathrm{Im}[R(T)]}{\mathrm{Re}[R(T)]}\right\} \tag{16.2.66}$$

$$\sigma_f=\frac{\sqrt{2}}{2\pi T}\left[1-\frac{|R(T)|}{R(0)}\right]^{1/2} \tag{16.2.67}$$

由多普勒天气雷达接收机系统相位检波器输出的 $I(t)$ 和 $Q(t)$ 信号输入到脉冲对处理器,首先根据(16.2.64)式将两路输入信号经运算得到 $R(T)$,然后再根据(16.2.65)、(16.2.66)和(16.2.67)计算出平均径向速度、平均多普勒频移和谱宽。

(2)快速傅里叶变换法(FFT)

快速傅里叶变换法,是对每一被宽度为 T_0 的波门所截取的一段回波信号,用更短的时间间隔 T 进行采样,使原始资料离散化,然后对该离散化资料进行傅里叶变换,频谱分析,进而求出平均多普勒频移、平均径向速度和谱宽的方法。

由于降水粒子的径向速度是不相同的,在时段 $\left[-\frac{T}{2},-\frac{T}{2}+T_0\right]$ 内的回波信号:

$$E(t)=\int_{-\infty}^{\infty}F(f)\mathrm{e}^{-\mathrm{i}2\pi ft}\mathrm{d}f \tag{16.2.68}$$

其对应的傅氏变换为:

$$F(f)=\int_{-\infty}^{\infty}E(t)\mathrm{e}^{-\mathrm{i}2\pi ft}\mathrm{d}t \tag{16.2.69}$$

因此,在 T_0 时段内的平均回波功率 $\overline{P}_r$ 可表示成:

$$\overline{P}_r=\frac{1}{T_0}\int_{-\frac{T}{2}}^{T_0-\frac{T}{2}}E(t)\cdot E^{*}(t)\mathrm{d}t \tag{16.2.70}$$

将(16.2.68)式代入上式可得到

$$\overline{P}_r = \frac{1}{T_0}\int_{-\infty}^{\infty} |F(f)|^2 \mathrm{d}f \tag{16.2.71}$$

令 $S(f)=\frac{1}{T_0}|F(f)|^2$，称之为多普勒功率谱密度，则(16.2.71)式变为：

$$\overline{P}_r = \int_{-\infty}^{\infty} S(f)\mathrm{d}f \tag{16.2.72}$$

由于多普勒频移 f_d 与粒子径向速度 V_r 具有唯一的确定关系，所以，多普勒速度谱密度与多普勒功率谱密度 $S(f)$ 有如下关系：

$$S(V_r)\mathrm{d}V_r = S(f)\mathrm{d}f \tag{16.2.73}$$

由此，可得平均多普勒频移 $\overline{f}_d$ 为

$$\overline{f}_d = \frac{\int_{-\infty}^{\infty} f \cdot S(f)\mathrm{d}f}{\int_{-\infty}^{\infty} S(f)\mathrm{d}f} \tag{16.2.74}$$

谱宽方差 σ_f^2 为

$$\sigma_f^2 = \frac{\int_{-\infty}^{\infty} (f-\overline{f}_D)^2 S(f)\mathrm{d}f}{\int_{-\infty}^{\infty} S(f)\mathrm{d}f} \tag{16.2.75}$$

平均多普勒速度 $\overline{V}_r$ 为

$$\overline{V}_r = \frac{\int_{-\infty}^{\infty} V_r S(V_r)\mathrm{d}V_r}{\int_{-\infty}^{\infty} S(V_r)\mathrm{d}V_r} \tag{16.2.76}$$

两种多普勒天气雷达回波信息的处理方法各有优缺点。PPP 方法的优点是减少了需要处理的数据量，使多普勒天气雷达资料实现实时处理和实时显示，但精度稍差些；而 FFT 方法，精度较高，可获得多普勒功率谱信息，但处理速度较慢，需高速计算设备来完成。

16.2.5.4 测速模糊和测距模糊

由尼奎斯特(Nyquist)取样定理可知，若要在雷达回波中检测到最高的多普勒频移分量为 $f_{d\max}$，则至少必须在时域上每隔 $\frac{1}{2f_{d\max}}$ 取样一次，而雷达的取样间隔由雷达脉冲重复周期 T 确定，于是：

$$f_{d\max} = \frac{1}{2T} \tag{16.2.77}$$

$f_{d\max}$ 为雷达所能测量的最大不模糊频移。利用(16.2.4)式及(16.2.59)式得

$$V_{r\max} = \frac{\lambda}{2} f_{d\max} = \frac{\lambda}{4} F \tag{16.2.78}$$

$V_{r\max}$为最大不模糊径向速度。由此可见，最大不模糊径向速度与脉冲重复频率成正比。

与常规天气雷达一样，多普勒天气雷达脉冲发射的重复频率还决定了雷达最大不模糊距离 $R_{\max}$，有：

$$R_{\max}=\frac{1}{2}\cdot\frac{C}{F}=\frac{1}{2}TC \tag{16.2.79}$$

由(16.2.79)式和(16.2.78)式，有：

$$V_{r\max}R_{\max}=\frac{\lambda C}{8} \tag{16.2.80}$$

由(16.2.80)式可以看到，当雷达波长 λ 确定之后，最大不模糊径向速度与最大不模糊距离是互相制约的。若要求多普勒天气雷达测速范围大，则必然会使雷达的有效测距范围减小，两者难以兼顾，成为两难问题。例如，10 cm 多普勒天气雷达，若要求最大不模糊速度 $V_{\max}=20$ m/s，则最大不模糊距离为 187 km。表 16.8 给出了几种常用多普勒天气雷达的最大测速、最大测距与波长间的关系，其中括号内为雷达脉冲重复频率 F 的数值。图 16.12 为多普勒天气雷达探测的径向速度分布，从中可见，在距离 90 km 以外，方位 270°到 300°之间，在正最大径向速度外出现的断断续续的负最大径向速度区(深蓝色区域)，即出现了速度模糊区，真实的径向速度应为正值，且大于 15 m/s。

对测速模糊问题的处理通常有两种方法：一种是从硬件方面处理，在信号处理器中增加一个脉冲重复频率，采用双脉冲重复频率(即 DPRT)的方法提高最大不模糊速度；二是采用软件方法进行退模糊处理，在数据处理系统中通过一定的算法识别出模糊速度区，从而进行退模糊处理。

表 16.8　最大不模糊速度、最大不模糊距离与波长的关系

λ/cm	$R_{\max}(F)$			
	60 km (3000 Hz)	100 km (1500 Hz)	150 km (1000 Hz)	200 km (750 Hz)
	$V_{r\max}/(\mathrm{m/s})$			
3.2	±24	±12	±8	±6
5.6	±42	±21	±14	±10.5
10.7	±80	±40	±27	±20

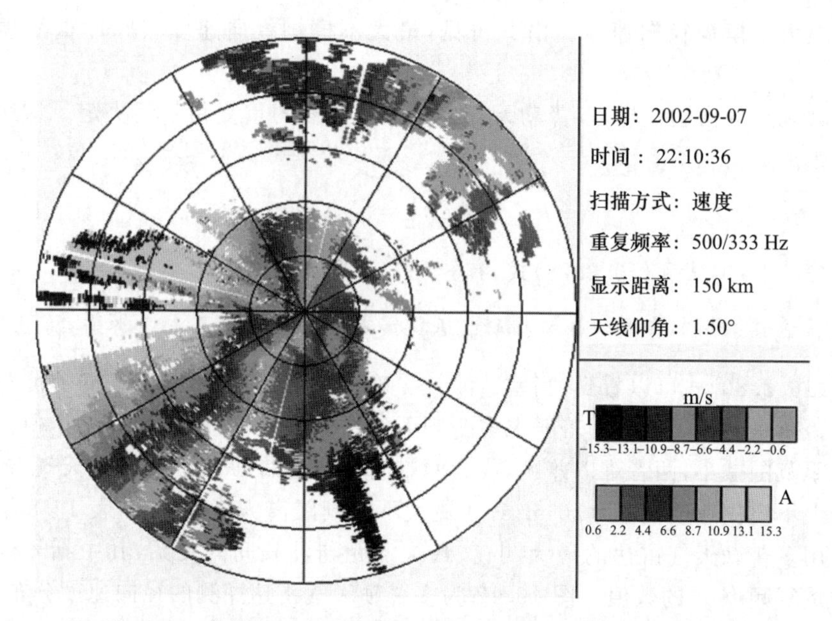

图 16.12　多普勒天气雷达探测的径向速度分布图(彩图见书末)

16.2.5.5　双线偏振参量

普通的天气雷达发射和接收的电磁波为水平线极化波，但对于双偏振天气雷达，其发射和接收的电磁波区分为水平线极化和垂直线极化不同的分量。利用不同线极化分量强度的差异可以识别水凝物粒子种类，为区分不同降水性质提供了重要手段。描述回波信号双线偏振特性的参量主要有差分反射率因子、差分传输相移常数、零滞后相关系、线性退偏比等。

根据接收的是水平线极化回波功率还是垂直线极化回波功率，反射率因子区分为四个分量 Z_{HH}、Z_{VH}、Z_{VV}、Z_{HV}，其中下标 H、V 分别表示水平与垂直极化方向，第一个下标表示发射的电磁波信号极化方向，第二个下标表示接收的电磁波极化方向。

(1)差分反射率因子

差分反射率因子 Z_{DR} 定义为水平反射率因子与垂直反射率因子的差值：

$$Z_{DR}(\mathrm{dBZ})=Z_{HH}(\mathrm{dBZ})-Z_{VV}(\mathrm{dBZ}) \tag{16.2.81}$$

若 Z_{DR} 为正值，表示雷达所观测到的水平极化回波比垂直极化回波大。当雨滴较大时，水滴的形状会变成较为扁平，水平方向尺度大于垂直方向，这时 Z_{DR} 为正。因此，差分反射率因子可以表示粒子在水平与垂直方向相对尺度差异。

(2)线性退偏比

线性退偏比 L_{DR} 定义为交叉极化反射率因子与水平反射率因子的差值：

$$L_{DR}(\mathrm{dBZ})=Z_{HV}(\mathrm{dBZ})-Z_{HH}(\mathrm{dBZ}) \tag{16.2.82}$$

对于球形粒子，线性退偏比为 0，对于非球形粒子，如冰晶、雪花、冰雹等，线性退偏比大于 0。

(3)差分传输相移常数

电磁波在非球形降水粒子区中传输时，水平极化与垂直极化传输的电磁波会产生相位差。双程差分传输相位差定义为水平极化相位与垂直极化相位的差值，其大小与传输距离以及粒子非球形程度有关。

$$\Phi_{DP}(^\circ)=\Phi_{HH}(^\circ)-\Phi_{VV}(^\circ) \tag{16.2.83}$$

为了仅表示粒子非球形对相位传输差异的影响，定义差分传输相移常数 K_{DP} 为单位距离的相位差：

$$K_{\mathrm{DP}}=\frac{\Phi_{\mathrm{DP}}(R_2)-\Phi_{\mathrm{DP}}(R_1)}{2(R_2-R_1)} \tag{16.2.84}$$

式中，K_{DP} 的单位为(°)/km，系数 2 表示来回双程对相位差的影响。

(4)零滞后相关系数

相关系数 $\rho_{HV}(0)$ 为水平极化回波信号与垂直极化回波信号互相关系数的幅度值，表示为：

$$\rho_{HV}(0)=\frac{|(S_{VV}S_{HH}^{*})|}{\sqrt{(|S_{HH}|^{2})(|S_{VV}|^{2})}} \tag{16.2.85}$$

对于水滴粒子，相关系数值比较高；但若是不规则粒子或者空气分子，相关系数就会很低。它对估计冰雹大小、提高降雨量的估计精度以及探测空中水凝结物融化层都有重要指示意义。

16.2.6　天气雷达探测方式

天气雷达作为探测云和降水的重要手段，在监测强对流天气的发生、发展，以及开展临近天气预报方面发挥着越来越重要的作用。常规数字化天气雷达探测可获取回波的位置、范围、强度、形态、高度、移向、移速、强回波中心、回波性质及其发展趋势等。多普勒天气雷达探测除包括上述常规数字化天气雷达探测内容以外，还可进一步得到径向风向、风速，辐合区、辐散区及强风切变区的位置等。根据探测任务的不同，天气雷达探测可采用圆锥扫描、垂直扫描和立体扫描三种模式工作。

圆锥扫描探测又称为平面位置显示(PPI)探测，是指雷达天线在预选某一仰角不变的情况下，在 0～360°方位间进行的连续扫描探测，并得到 PPI 图。在 PPI 回波强度图上，可分析回波强度、回波形态、回波分布和回波的移向移速，区分降水性质(层状云降水、混合性降水、对流性降水)。在 PPI 回波速度图上，重点分析各高度上的风向、风速、判断冷暖平流和垂直风场切变的高度，根据径向速度分布特征判断辐合区、辐散区位置。寻找和发现“牛眼”，以判断中尺度气旋、中尺度反气旋、辐合中心和辐散中心等。发现和判断是否存在逆风区，以开展暴雨临近预报。图 16.13 为区域性暴雨个例的 PPI 图。这次强降水属于混合云降水,回波范围较大,呈絮状,在大片回波中分布有强回波区。从速度图上可以看出地面为南风,风向随高度升高稍有顺转,在高空转到西南风。

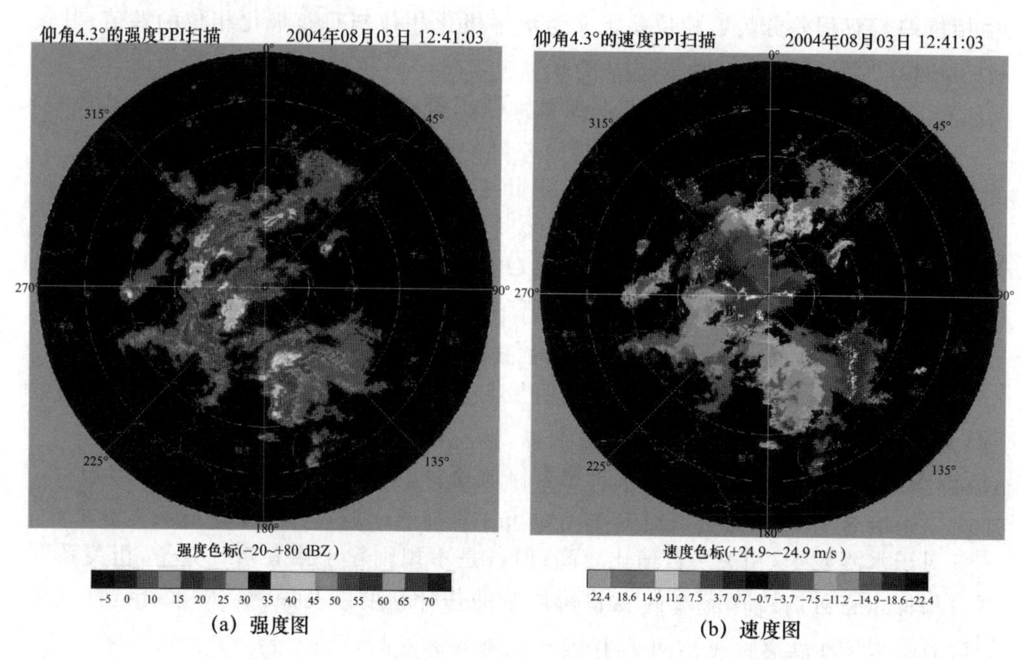

(a) 强度图　(b) 速度图

图 16.13　多普勒天气雷达 PPI 回波图(彩图见书末)

垂直扫描探测又称为距离高度显示(RHI)探测,是指雷达在选定某一方位角的情况下,0~90°仰角之间进行的连续扫描探测。目前,业务上 RHI 扫描的仰角范围为 0~30°。在 RHI 探测显示时,其图像中横坐标(表示距离)和纵坐标(表示高度)的标尺分辨率不同,纵坐标的标尺常作适当放大,便于使用。在 RHI 强度图上,主要了解回波顶高、0 ℃层亮带、回波是否接地、强回波的位置以及风暴结构和云体结构。在 RHI 速度图上,主要了解入流区、出流区以及风场的垂直结构,进一步判断降水性质(层状云降水、对流云降水)和可能出现的灾害性天气的种类(如冰雹、暴雨、大风)和程度。图 16.14 为图 16.13 所示暴雨的 RHI 图,回波顶高超过 10 km,在回波强度图上有 0 ℃层亮带特征。从速度图可以看出,在大片冷色中有一块红色区域,表明对应回波强度图的强中心处从低层到高层有风向的垂直切变。

立体扫描探测又称体扫(VOL),是指选定多个不同仰角的圆锥扫描探测构成的集合。天气雷达进行立体扫描探测时,一般从 0°或接近 0°仰角开始作圆锥扫描探测,完成一个圆锥扫描探测后,依次抬升仰角,进行多次圆锥扫描探测。立体扫描探测应根据不同的探测对象和目的,选择不同圆锥扫描的个数和仰角间隔,一般原则是在低仰角下间隔较小,高仰角下间隔较大。利用立体扫描探测资料,通过一定的插值处理,可较全面地分析探测区域内回波在不同等高面(简称 CAPPI)的分布。图 16.15为利用立体扫描数据得到的 3 km 等高面的 CAPPI 强度回波图。

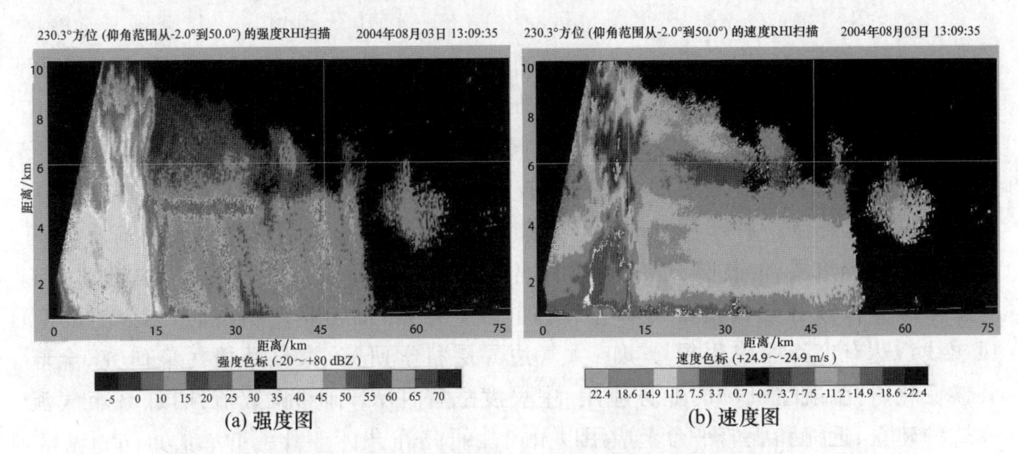

图 16.14　多普勒天气雷达 RHI 回波图(彩图见书末)

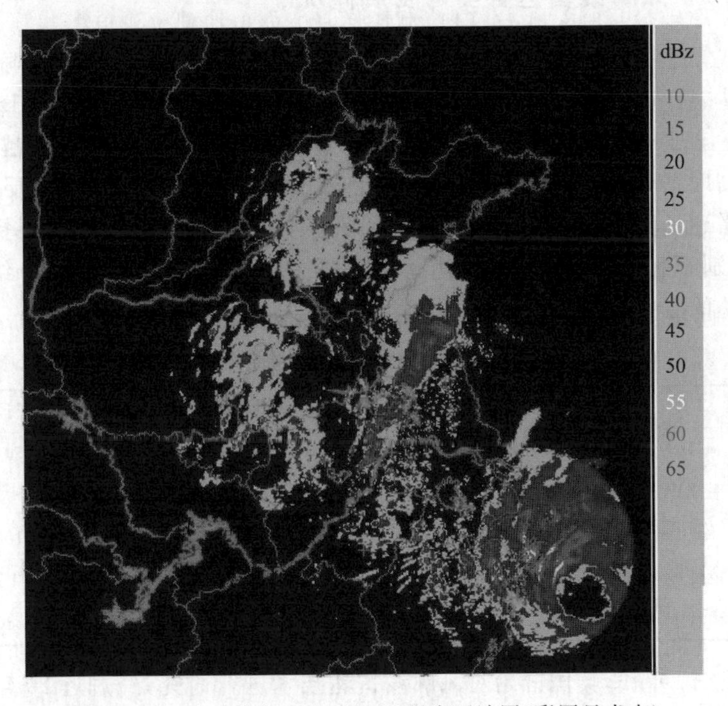

图 16.15　3 km 等高面的 CAPPI 强度回波图(彩图见书末)

16.3 风廓线微波遥感

风廓线雷达(wind profiling radar),亦称风廓线仪(wind profiler),是利用大气湍流对电磁波产生的散射回波对大气三维风场进行连续性探测的遥感设备。20世纪60年代以后,弱信号提取技术、相干检测技术、多普勒技术、计算机技术、相控阵天线技术、谱矩理论、大气散射理论等科学技术相继发展起来,从而促进了风廓线雷达技术的发展。作为一种新型无球高空气象探测设备,风廓线雷达已成为当前常规气象探空体制的重要补充。它能够不间断地提供大气风场、垂直气流、大气温度、大气折射率结构常数等随高度的分布,具有时空分辨率高、连续性和实时性好的特点。风廓线雷达有广泛的应用领域,如:大气边界层科学研究、大气环境污染研究、全球气候变化研究、航空机场的业务应用、中尺度危害性天气研究、数值预报、城市气流模式的建立、近海和舰船平台上应用以及风能研究等。

16.3.1 风廓线雷达种类与发展概况

风廓线雷达在其发展过程中采用过不同的名称。早期,为区别测雨雷达,称之为晴空雷达,后来又按频率划分,称之为甚高频雷达(VHF,30～300 MHz)和特高频雷达(UHF,300～3000 MHz)。通常,发射频率越高,雷达的探测高度越低。后来,又按探测高度划分为MU雷达(中高层大气探测雷达)、MST雷达(中层平流层、对流层探测雷达)、ST雷达(平流层、对流层探测雷达)和BL雷达(边界层探测雷达)。目前,为区别于其他功能的探测雷达,统一称之为风廓线雷达。表16.9给出了不同风廓线雷达的主要技术参数。

表16.9 各型风廓线雷达主要技术参数

	边界层风廓线雷达	对流层风廓线雷达	平流层风廓线雷达
频率/MHz	900～1300	400～500	50～90
发射功率/kW	≤5	≤40	≤500
天线尺寸/(m×m)	≤3×3	≤12×12	≤100×100
探测高度范围/km	0.05～3	0.15～16	1～30
高度分辨率/m	50	150	1000

20世纪60年代,美国开始对风廓线雷达技术进行研究,经过近20年的发展完善,到80年代初已逐步趋于成熟。1980年,美国国家海洋大气局(NOAA)环境研究院在科罗拉多州中北部建立了一个风廓线雷达试验网,共安装了6部风廓线雷达,其中4部为49.5 MHz的平流层风廓线雷达,1部为404 MHz的对流层风廓线雷达,1部为915 MHz的边界层风廓线雷达。经过8年的试运行,在大量对比试验和完善

后，1989 年 NOAA 环境研究院决定在美国中部建立一个由 31 部对流层风廓线雷达组成的业务实验网。1988 年至 1990 年间，美军在新墨西哥州白沙导弹靶场组建“大气廓线探测设备研究中心”时，不仅建有气象铁塔和气球探空雷达，还建立包括平流层、对流层和边界层的四部风廓线雷达，组成了一个较为完整的风廓线雷达高空气象探测体系，用于导弹试验的军事气象保障和相应的科学研究。1994 年，世界气象组织仪器与观测委员会(CIMO)将风廓线雷达列为高空气象探测仪器。

我国风廓线雷达研制工作开始于 20 世纪 80 年代。研制的第一部风廓线雷达工作频率为 365 MHz，探测范围为 350 m～13 km。90 年代以来，我国先后开展了边界层、对流层和平流层等各型风廓线雷达的研制和装备建设，总体水平已与国外相当，某些指标和采用的技术已优于国外同类产品。

目前，我国正在推进风廓线雷达观测网建设。截至 2020 年，我国风廓线雷达观测网站的数量已经达到 134 个。利用风廓线雷达组网观测，不仅可进行区域三维风场探测，更好地服务于天气监测预警，而且长期风廓线雷达观测资料的累积也可为电力等部门提供区域风力资源的数据支撑。

16.3.2　风廓线雷达组成与工作原理

按照功能划分，风廓线雷达的组成与天气雷达相差不大，也是由天线馈线分系统、发射分系统、接收分系统、监控分系统、信号处理分系统、数据处理与显示终端分系统、电源分系统和附属设备等部分组成，如图 16.16 所示。

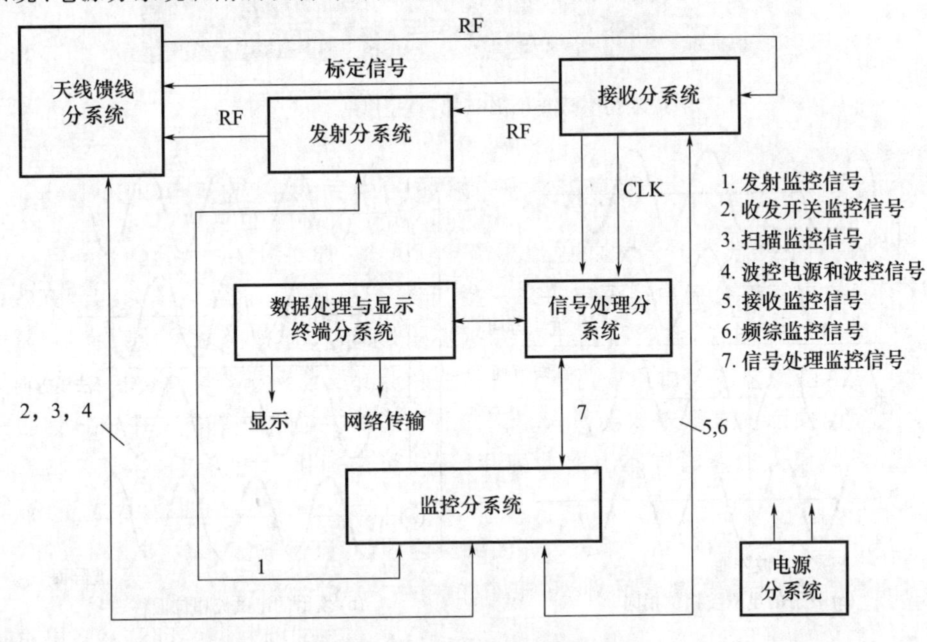

图 16.16　风廓线雷达组成框图

除了具体器件差别外，风廓线雷达与天气雷达的主要差别是天线不一样，目前天气雷达一般采用机械扫描方式，驱动天线整体旋转。而风廓线雷达一般采用相控阵天线，如图 16.17 所示。天线阵面保持不动，通过电扫描技术，通过移相器控制波束的指向。在天线阵列的每组辐射单元后面，接有一个电控移相器，通过控制移相器的移相量，改变各个辐射单元的馈电相位，从而改变天线阵面上的相位分布。不同的相位分布，在空中合成不同指向的波束，如图 16.18 所示。图 16.18a 中各单元发射的电磁波相位相同，合成波束沿天线面的法线方向传输；图 16.18b 中各单元发射的电磁波相位产生一定的偏移，合成波束则偏离天线面的法线方向传输。移相器偏移量的多少由监控分系统送出的波控码控制，在波控码的控制下，各辐射单元按一定的分配规律，把发射分系统送来的大功率脉冲信号向外辐射，在空间形成不同指向的波束。同时，天线分系统把各移相器及辐射单元的工作状态反馈到监控分系统。

图 16.17　相控阵天线阵子

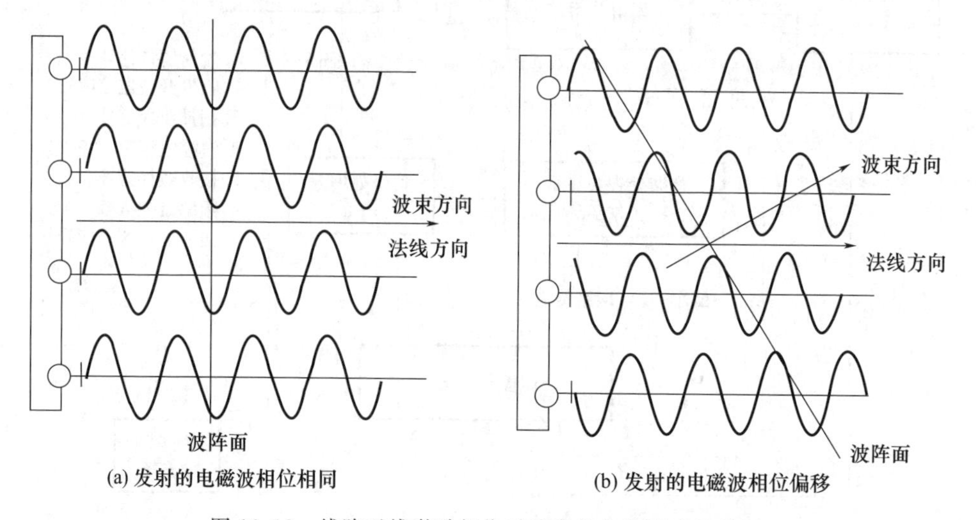

图 16.18　线阵天线激励相位对波束指向的影响示意图

接收分系统对回波信号接收后进行放大、变频、滤波及数字化等一系列处理，形成正交的 I、Q 视频信号。信号处理分系统依次对 I、Q 信号进行 A/D 转换、时域滤波、时域平均、FFT 变换、频域滤波、谱平均等处理，其流程如图 16.19 所示。

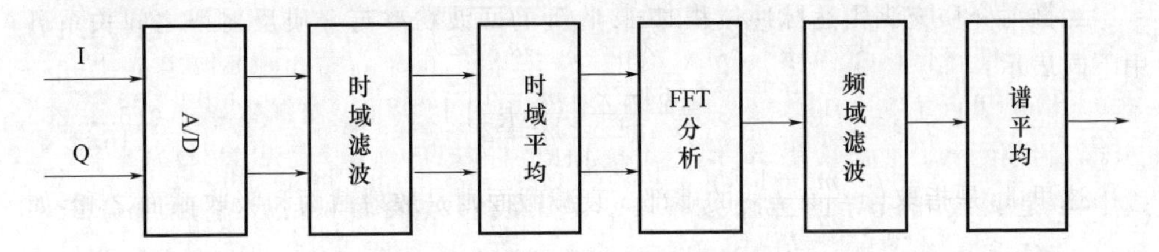

图 16.19　风廓线雷达信号处理流程图

监控分系统通过多组差分信号在线监测天线、波控、发射、接收、电源等分系统或电路的运行状态和故障，从而实现对各分机/模块的状态监测，在出现问题时报警。

信号处理分系统中的时序信号组件生成各种有严格时序关系的雷达时序/控制信号，送往各分系统，执行发射、扫描、接收和信号检测任务。

数据处理分系统提取出目标物散射强度和运动速度等信息，完成风廓线的计算及显示。

16.3.3　风廓线探测原理

16.3.3.1　湍流大气对电磁波的散射

风廓线雷达是利用大气中折射率起伏的湍涡产生的散射回波进行探测的。根据湍流大气对电磁波的 Bragg 散射理论，湍流大气的反射率 η 可表示为：

$$\eta = 0.39 C_n^2 \lambda^{-1/3} \tag{16.3.1}$$

式中，λ 是电磁波波长，C_n 是大气折射率结构常数。使用量纲分析及从湍流的运动方程出发，可以得到结构常数的关系式为：

$$C_n = a^2 L_0^{4/3} M^2 \tag{16.3.2}$$

式中，L_0 是湍流外尺度，M 是折射率的垂直梯度，a 是一无量纲的常数。

湍流大气对电磁波散射的物理实质是：不同尺度的湍涡相当于具有不同间距的空间衍射光栅，而不同间距的衍射光栅对于不同散射角上的散射能量有不同的贡献，在某些特定散射方向会形成衍射的“亮点”，即较强的散射回波。根据衍射光栅的布拉格(Bragg)散射理论，对散射角为 θ 方向的散射强度贡献最大的湍涡尺度满足如下布拉格条件：

$$l(\theta) = \frac{\lambda}{2\sin(\theta/2)} \tag{16.3.3}$$

对 $\theta = 180^o$ 的后向散射方向，$l(180^o) = \lambda/2$。这就表明对后向散射强度贡献最大的有效湍涡尺度 $l(180^o)$ 应是入射电磁波波长 λ 的一半。由于大气中的平均湍涡尺度是随高度增加而增大的,因此,在高空,较长波长的电磁波对后向散射回波贡献较大。这也说明了为什么平流层风廓线雷达要采用较长波长电磁波的原因。

16.3.3.2　风廓线雷达方程

当散射介质充满雷达脉冲体积时,接收到的回波功率与介质反射率之间关系可用下式表示:

$$P_r=\frac{\alpha^2 P_t A_e \Delta R}{4\pi R^2}\eta \tag{16.3.4}$$

式中,α 是天线和波导的传输效率,A_e 是天线有效截面积,ΔR 是距离分辨率 $\left(\Delta R=\frac{\tau C}{2}\right)$,$P_t$ 为雷达发射功率。

16.3.3.3　风廓线 DBS 探测模式

若把湍涡作为气流质点,并作一段时间的平均,则湍涡运动就表示气流的流动。由于湍涡随风飘移,沿雷达径向的风速分量将导致回波信号的多普勒频移。测定回波信号的频移值,可以直接计算出某一层大气沿波束径向的风速分量。

为了测量水平风的大小和方向,必须改变发射波束的指向,风廓线雷达常采用多普勒波束定向摆动扫描模式(DBS,doppler beam swinging)轮流发送三波束或五波束的电磁波进行风廓线的探测,如图 16.20 所示。

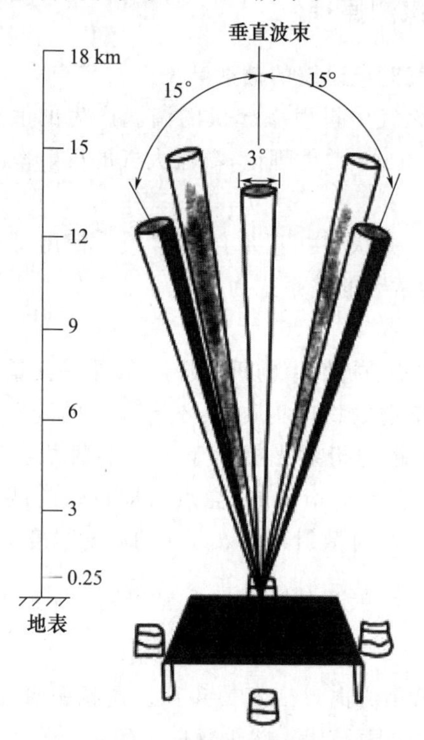

图 16.20　风廓线雷达 DBS 探测模式

三波束 DBS 模式：垂直向上及向东、向北倾角 15°发送。

五波束 DBS 模式：垂直向上及向东、向北、向西、向南倾角 15°发送。

测出沿波束发射方向同一高度的径向风速，在水平风场均一的假设条件下，可利用(16.3.5)公式联立求解出风矢量的三个分量(u,v,w)。u,v,w 分别是风矢量在东西、南北和垂直方向上的分量，然后合成就得到该高度上的水平风速 V 和风向 β。

$$\begin{cases} V_{re} = u\sin\alpha + w\cos\alpha \\ V_{rn} = v\sin\alpha + w\cos\alpha \\ V_{rz} = w \end{cases} \tag{16.3.5}$$

式中，α 为倾斜波束与垂直波束的夹角。由此，可求解得到：

$$\begin{cases} u = (V_{re} - V_{rz}\cos\alpha)/\sin\alpha \\ v = (V_{rn} - V_{rz}\cos\alpha)/\sin\alpha \\ w = V_{rz} \end{cases} \tag{16.3.6}$$

16.4　激光大气遥感

激光气象雷达是利用大气气体分子和气溶胶对激光的散射、吸收特性来测量气象参数的遥感设备。由于激光方向性强，到远距离仍保持高的辐射通量，光电探测器又有很高的灵敏度，激光气象雷达可探测远处的目标，而且精度高。目前激光气象雷达的发射波段处于紫外到红外，由于大气中的分子和气溶胶对激光的散射很强，对云的穿透能力差，无法测得云内的情况，因此，激光雷达测量的对象主要是晴空大气。激光气象雷达和微波天气雷达可互为补充，实现对大气环境的全天候监测。

16.4.1　激光气象雷达种类与发展概况

自 1960 年第一台激光器研制成功之后，由于激光具有单色、相干性强、能量高度集中等特点，激光技术很快被应用到大气探测中。早期，主要利用大气气体分子和气溶胶对激光的散射特性，研制成功各种云高测量仪、能见度测量仪；20 世纪 70 年代之后，利用吸收光谱特性的差分吸收原理，研制出可遥感大气气体成分、气压和气温等气象要素的测量仪器。20 世纪 80 年代以来，采用光外差探测技术，研制了相干激光多普勒测风雷达，可探测晴空大气风场。图 16.21 为安装在香港国际机场的激光多普勒测风雷达。目前，激光雷达已安置到气象卫星上用于对全球云、气溶胶、风廓线的探测。2006 年 4 月 28 日法国和美国共同研制的 CALIPSO 卫星发射升空，其主要载荷是云和气溶胶的偏振激光雷达(CALIOP)，用于探测全球云、气溶胶垂直分布及消光系数廓线等。2018 年 8 月 22 日欧洲航天局(ESA，简称欧空局)发射的 AELOUS 卫星上搭载了多普勒测风激光雷达 ALADIN，首次实现了全球风场的探测。

图 16.21　安装于香港国际机场的激光多普勒测风雷达

我国自 1965 年开始,先后研制了激光测云仪、多波段米散射激光雷达、拉曼激光雷达等,并开展了一系列激光大气探测原理的研究和实际应用。在激光探测云雾、气溶胶、能见度以及大气污染气体浓度等方面取得了不少进展,并在机场探测云底高度、研究大气污染的扩散规律和监测污染气体浓度等实际工作中获得一定应用。21 世纪初,研制完成了非相干脉冲多普勒激光测风雷达。目前,国内在相干多普勒激光雷达系统方面的研究也得到了突破。2022 年 4 月发射的 DQ-1 大气环境监测卫星,其上搭载了一台激光雷达,可实现全球云和气溶胶探测。

根据采用的物理机制,激光气象雷达主要分为以下几种。

(1)米(Mie)散射激光气象雷达。利用大气中的云和气溶胶粒子对激光的 Mie 散射机制来探测低空大气中的云、气溶胶垂直分布的激光雷达。

(2)瑞利(Rayleigh)散射激光气象雷达。利用大气中原子分子的 Rayleigh 散射机制而工作的激光雷达,主要用于对大约 30～80 km 范围中层大气的探测。

(3)拉曼(Raman)散射激光气象雷达。Raman 散射是大气分子对光的一种非弹性散射。Raman 散射激光雷达一般只适用于对浓度较高和距离较近的对象辨认分子种类的探测。

(4)差分吸收激光气象雷达。在激光与大气相互作用的各种机制中,吸收具有很大的相互作用截面,使得利用吸收机制工作的激光雷达能够达到较高的灵敏度,同时吸收又是一种共振过程,具有分辨大气成分的能力,因此,差分吸收激光雷达可以探测大气中的微量成分。

(5)共振荧光激光气象雷达。用在某些特定的激光波长下原子或分子发生共振荧光增强的现象来实现辨认大气成分的探测。由于在低空大气中,原子、分子的密度很大,碰撞十分频繁,容易发生荧光的淬灭效应。因此,共振荧光激光雷达多用于对高层大气中原子、分子的成分探测。

(6)多普勒测风激光雷达。用于风场测量的激光雷达,多普勒测风激光雷达,既可利用云、气溶胶米散射的多普勒效应进行测风,也可利用分子、原子瑞利散射的多普勒效应进行测风。

16.4.2 激光气象雷达组成与工作原理

激光气象雷达通常由五部分组成,如图16.22所示。①激光发射单元,由激光器和发射光学元件等组成。发射光学元件通常由扩束、整形、激光发射导向元件等组成。发射光学元件除了用来改善发射激光的发散角外,还要保证发射的激光束与接收光学单元的光轴平行或同轴。②接收与后继光学单元,由一个或者多个接收望远镜以及分光器件组成,主要功能是收集一定角度范围内的大气后向散射光,并通过分光器件抑制天空辐射背景光,分离出所需光谱的回波信号光。③信号探测与采集单元,由光子探测器、放大器、采集器等组成,主要功能是对后继光学单元的出射光进行光电转换、电信号的放大和数据采集。④运行控制单元,由激光主波控制器、光电倍增管门控制器、主控计算机及激光雷达运行程序等组成,主要功能是保证激光发射、回波信号探测、数据采集、传送和存储一致有序进行。⑤数据处理和显示单元,由用于数据实时处理与显示的软件组成(王英俭 等,2014)。

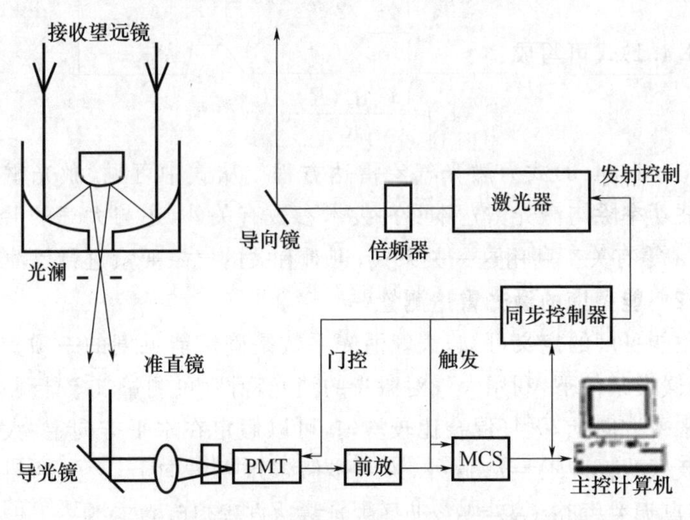

图16.22 激光气象雷达组成框图

激光器产生一束激光经发射光学元件扩束、整形、导向后射向大气,大气中的分子、气溶胶粒子对其产生散射或荧光,其中一部分后向回波信号进入接收望远镜视场,通过后继光路分离出所需的回波信号光的光谱信息,由光子探测器将光信号转换为电信号,经放大处理后由采集器采集处理成数字信号,然后送入运行控制单元进一步处理,反演生成气象产品并显示。运行控制单元还承担协调整机发射、接收、采集、扫描等工作。

16.4.3 激光气象雷达探测原理

16.4.3.1 激光气象雷达方程

激光气象雷达接收的信号是由大气中的分子、原子、云和气溶胶粒子与激光产生相互作用后的散射回波,瑞利散射、米散射、拉曼散射、共振荧光以及分子吸收理论是激光气象雷达探测的理论基础。后向散射系数和消光系数是描述激光与大气相互作用的重要参数。

假定激光雷达发射的激光脉冲功率为 P_t,接收到位于距离 R 处的大气散射的回波功率为 P_r,则可推导出两者的关系式:

$$P_r(R)=P_t\frac{\beta_\pi(R)A_e}{4\pi R^2}\frac{\Delta h}{2}\eta(R)T_{\text{sys}}\mathrm{e}^{-2\int_0^R\alpha(r)\mathrm{d}r} \tag{16.4.1}$$

式中,A_e 为有效接收面积;$\beta_\pi(R)$ 为后向散射系数,$\eta(R)$ 为充满系数,$\alpha(r)$ 为消光系数,T_{sys} 为收发望远镜的透过率。令

$$C_L=\frac{P_tA_e}{4\pi}\frac{\Delta h}{2}\eta(R)T_{\text{sys}} \tag{16.4.2}$$

于是(16.4.1)式可写成:

$$P_r(R)=\frac{C_L\beta_\pi(R)}{R^2}\mathrm{e}^{-2\int_0^R\alpha(r)\mathrm{d}r} \tag{16.4.3}$$

(16.4.1)、(16.4.3)式为激光气象雷达方程。从式中可见,激光雷达接收到的大气散射回波功率除与激光雷达本身的技术参数有关外,还与大气的后向散射系数 β_π、消光系数 α 等有关。利用这一关系式,可对有关的气象要素进行反演。

16.4.3.2 能见度的激光雷达测量

根据气象能见度的定义可知,大气消光系数是确定能见度的一项重要因子。因此,在一定的假设条件下,利用大气对激光的消光特性,可测量气象能见度。

由于在水平方向上,大气混合比较均匀,可以假定在水平方向上,大气消光系数 $\alpha(R)$ 与距离无关,即 $\alpha(R)=\alpha$;此外,进一步假定水平方向上,大气的后向散射系数 $\beta_\pi(R)$ 也与距离无关,即 $\beta_\pi(R)=\beta_\pi$,于是激光雷达方程(16.4.3)为

$$P_r(R)=\frac{C_L\beta_\pi}{R^2}\mathrm{e}^{-2\alpha R} \tag{16.4.4}$$

对(16.4.4)式两边取对数，得到：

$$\ln[R^2P_r(R)]=\ln(C_L\beta_\pi)-2\alpha R \tag{16.4.5}$$

由(16.4.5)式可见，为求得消光系数 α，可在同一次测量时采集两个不同距离 R_1、R_2 回波功率值 $P_r(R_1)$ 和 $P_r(R_2)$，求解出两个未知量 α 和 β_π。由此，将消光系数值代入(16.4.6)式便可确定当时的 MOR 值。

$$\mathrm{MOR}=\frac{3}{\alpha} \tag{16.4.6}$$

由于回波功率测量存在误差，通常测量多个距离的回波功率，并采用最小二乘法进行线性拟合求取消光系数。

16.4.3.3 气体浓度的差分吸收测量

由于可调谐激光器的发展，利用大气分子吸收光谱特性差异的差分吸收法发展起来，并用于大气气体成分浓度、气温和气压的测量。

1. 差分吸收法原理

利用某种气体对激光的吸收谱线特征，在其强吸收线和弱吸收线上分别发射不同波长的激光，然后测量各自的回波强度，进行差分比较，测量出气象要素的方法，称为差分吸收法。

设某种气体对激光的吸收谱线如图 16.23 所示。λ_0 为强吸收线，λ_w 为弱吸收线。

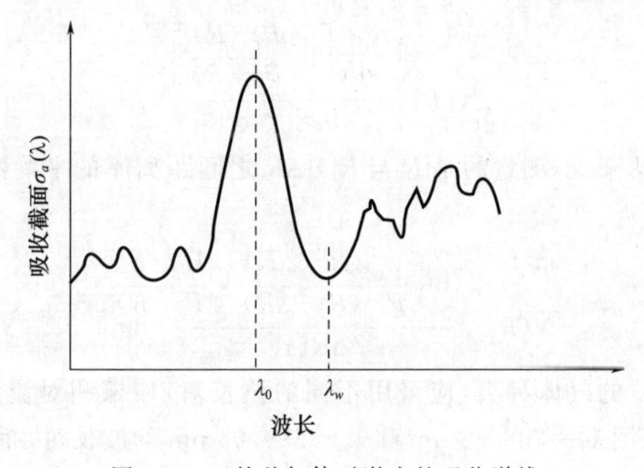

图 16.23 某种气体对激光的吸收谱线

利用可调谐激光雷达，分别发射两束波长分别为 λ_0 和 λ_w 的激光束。通常 λ_0 和 λ_w 较接近，可以认为除特定气体对 λ_0 和 λ_w 的吸收截面 $\sigma_a(\lambda_0)$、$\sigma_a(\lambda_w)$ 不同外，其他气体和气溶胶对两束光的散射和消光特性相同。于是，对两束激光回波强度的分析，便可估计该气体的浓度，或大气压力和温度的分布。

2. 气体浓度的差分吸收测量

为讨论方便，将大气总消光系数 $\alpha(r)$ 分为两部分：

$$\alpha(r)=\alpha_G(r)+\alpha_a(r) \tag{16.4.7}$$

式中,$\alpha_a(r)$为被测气体的吸收系数,$\alpha_G(r)$为其他气体和气溶胶的消光系数。

设 $N(r)$为被测气体的浓度,$\sigma_a(\lambda)$为被测气体的吸收截面,则有:

$$\alpha_a(r)=N(r)\cdot\sigma_a(\lambda) \tag{16.4.8}$$

将(16.4.7)、(16.4.8)式代入激光雷达方程(16.4.3)式,便可得到双波长的回波强度 $P_{r_0}(R)$、$P_{r_w}(R)$为:

$$\begin{cases} P_{r_0}(R)=\dfrac{C_{L_0}\beta_{\pi_0}(R)}{R^2}e^{-2\int_0^R[\alpha_{G_0}(r)+N(r)\sigma_{a_0}]\,dr} \\ P_{r_w}(R)=\dfrac{C_{L_w}\beta_{\pi_w}(R)}{R^2}e^{-2\int_0^R[\alpha_{G_w}(r)+N(r)\sigma_{a_w}]\,dr} \end{cases} \tag{16.4.9}$$

设$\begin{cases}\beta_{\pi_0}(R)\approx\beta_{\pi_w}(R)\\ \alpha_{G_0}(R)\approx\alpha_{G_w}(R)\end{cases}$,则将(16.4.9)两式相除后两边取对数得:

$$\ln\frac{P_{r_0}(R)}{P_{r_w}(R)}=-2\int_0^R(\sigma_{a_0}-\sigma_{a_w})\cdot N(r)\mathrm{d}r \tag{16.4.10}$$

假设 σ_{a_0}、σ_{a_w} 不随距离变化,对(16.4.10)式取微分,得:

$$\frac{\mathrm{d}}{\mathrm{d}R}\left[\ln\frac{P_{r_0}(R)}{P_{r_w}(R)}\right]=2(\sigma_{a_w}-\sigma_{a_0})\cdot N(R) \tag{16.4.11}$$

由此,可得到该气体的数密度 $N(R)$为:

$$N(R)=\frac{\dfrac{\mathrm{d}}{\mathrm{d}R}\left[\ln\dfrac{P_{r_0}(R)}{P_{r_w}(R)}\right]}{2(\sigma_{a_w}-\sigma_{a_0})} \tag{16.4.12}$$

对于激光雷达来说,测量的是 R 与 $R+\Delta R$ 之间距离库的平均数密度 $\overline{N}(R)$,则由(16.4.12)式可得:

$$\overline{N}(R)=\frac{\ln\left[\dfrac{P_{r_0}(R+\Delta R)}{P_{r_w}(R+\Delta R)}\cdot\dfrac{P_{r_w}(R)}{P_{r_0}(R)}\right]}{2\Delta R(\sigma_{a_w}-\sigma_{a_0})} \tag{16.4.13}$$

根据所需测量的气体种类,应采用不同的波长对,如探测对流层臭氧的差分吸收激光雷达,可采用 $\lambda_0=288.38$ nm 和 $\lambda_w=299.05$ nm 的波长对,而探测二氧化硫的差分吸收激光雷达,则采用 $\lambda_0=300.05$ nm 和 $\lambda_w=301.5$ nm 的波长对。

图 16.24 为紫外差分吸收激光雷达测量的平流层臭氧浓度与美国的 SAGEⅡ探测结果比较,两者之间具有较好的一致性。

16.4.3.4 气压和气温廓线的差分吸收测量

气压、气温的差分吸收测量是利用气体浓度 N 和吸收截面 σ_a 都与气压和气温有关的特性,通过适当的方法反演出来的。

将气体浓度与消光系数随距离的变化函数,写成随气压 P 和气温 T 变化的函数,则(16.4.12)式可改写为:

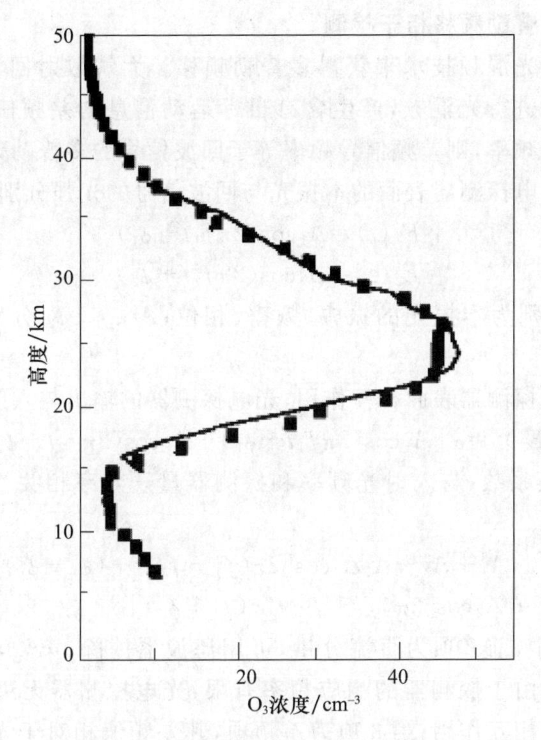

图 16.24　UV-DIAL 测量的平流层臭氧浓度与 SAGEⅡ探测结果对比图

$$N(P,T)\cdot\Delta\sigma_a(P,T)=\frac{1}{2}\cdot\frac{\mathrm{d}}{\mathrm{d}R}\left[\ln\frac{P_{r_0}(R)}{P_{r_w}(R)}\right] \tag{16.4.14}$$

选择某种气体(例如 O_2),当它的混合比(即大气中各气体成分的含量与干空气量的比值)不随高度变化且已知时,若该气体吸收截面对气压不敏感,只随气温变化而变化,则可通过(16.4.14)式,可反演出气温随高度的变化。

同样地,若选择某种气体,它的吸收截面只对气压敏感,但不随气温变化而变化,则可通过(16.4.14)式反演出气压随高度的变化。

初步分析表明,利用 O_2 的吸收带(0.76～0.77 μm)可进行气温廓线的反演;利用 O_2 吸收带的 0.7607 μm 和 0.7632 μm 的谷区,可进行气压廓线的反演。

16.4.4　多普勒激光雷达测风

与普通激光气象雷达相比,多普勒激光雷达增加了鉴频器,用于检测激光回波信号的多普勒频移。根据多普勒频移检测技术的不同,可分为相干探测多普勒激光雷达、非相干探测(直接探测)多普勒激光雷达两大类。目前的相干式多普勒激光雷达大多采用外差技术进行鉴频处理。直接探测多普勒激光雷达通常采用边缘技术、条纹技术和分子吸收技术进行鉴频处理。

16.4.4.1 多普勒频移相干检测

相干探测基于光混频技术来获得多普勒频移。大气散射回波信号与系统本振光通过光电探测器进行光混频,产生含有目标运动信息的差频信号,若本振光的频率等于发射激光的频率,则差频信号频率等于回波信号的多普勒频移。

假设投射到光电探测器表面的本振光与回波信号的光强分别为:

$$E_1(t)=A_1\cos(2\pi f_1 t+\phi_1) \tag{16.4.15}$$

$$E_2(t)=A_2\cos(2\pi f_2 t+\phi_2) \tag{16.4.16}$$

式中,A_1、f_1、ϕ_1 分别为本振光的振幅、频率、相位;A_2、f_2、ϕ_2 分别为回波信号的振幅、频率、相位。

两路光信号在探测器表面相互作用,光电探测器的输出与入射光强度成正比:

$$I=\alpha(E_1+E_2)^2=\alpha\left[A_1\cos(2\pi f_1 t+\phi_1)+A_2\cos(2\pi f_2 t+\phi_2)\right]^2 \tag{16.4.17}$$

式中,α 为光电转换系数,与入射光频率和探测器量子效率相关。将式(16.4.17)展开后得到:

$$\begin{aligned}I=\alpha\{&A_1^2+A_2^2+A_1A_2\cos[2\pi(f_1-f_2)t+(\phi_1-\phi_2)]+\\&A_1A_2\cos[2\pi(f_1+f_2)t+(\phi_1+\phi_2)]\}\end{aligned} \tag{16.4.18}$$

式(16.4.18)中,前 2 项为直流分量,可用滤波器滤除;第 4 项为两束光的和频项,它的频率极高,由于探测器的响应频率有限,光电探测器无法响应,故这部分光波与探测器不发生相互作用;第 3 项为差频项,其差频值相对于光频要低很多,选择合适的探测器带宽,当差频值低于探测器的截止频率时,探测器会有频率值为(f_1-f_2)的光电流输出:

$$I=\alpha A_1A_2\cos[2\pi(f_1-f_2)t+(\phi_1-\phi_2)] \tag{16.4.19}$$

由式(16.4.19)可知,相干探测可响应差频信号的振幅、频率和相位等信息,可获得与差频成余弦关系的交变电流值,通过对探测信号的傅氏变换处理可得到差频(f_1-f_2)信息,即目标多普勒频移值。

相干探测多普勒雷达一般探测的是气溶胶粒子产生的米散射信号,其回波信号多普勒谱宽与发射激光谱宽相当,有利于多普勒频移的准确检测。

16.4.4.2 多普勒频移非相干检测

非相干探测,也称为直接探测,是利用回波信号的相对强度来进行多普勒频移的检测,主要技术有边缘技术、条纹技术、分子吸收技术等。边缘技术对基于大气分子的瑞利散射信号的多普勒频移检测有明显优势,条纹技术则对气溶胶产生的米散射信号的多普勒频移检测有优势。边缘技术常采用高分辨率的 F-P 标准具或者碘分子滤波器作为鉴频器,其测量灵敏度依赖于分子与气溶胶的后向散射比和风速大小;条纹技术则是利用干涉条纹重心的位移来检测多普勒频移。边缘技术又分单边缘技术和双边缘技术,单边缘技术用一个边缘滤波器作为鉴频器,双边缘技术则使用两个光谱响应曲线相同,曲线中心有一定间隔的边缘滤波器作为鉴频器。

(1)边缘鉴频原理

边缘技术进行多普勒频移检测时,通常选择具有尖锐透过率曲线的滤波器作鉴频器,这样的滤波器有 F-P 标准具、原子/分子吸收滤波器、Mach-Zehnder 干涉仪等。边缘技术采用的滤波器是一个静态滤波器,需要选择对多普勒频移最敏感的滤波器。

双边缘技术是单边缘技术的改进,其测量灵敏度比单边缘技术提高近一倍。双边缘技术采用两个滤波器作鉴频器,当存在多普勒频移时,大气散射回波信号透过两个鉴频器后的信号发生变化,一个输出信号增大,另一个减小,通过比较两信号间的差异大小可直接得到多普勒频移。F-P 标准具具有陡峭的光谱响应和可调节的特性,成为鉴频器的重要选择之一。

图 16.25 给出了利用两个完全相同、中心以一定间隔分离的 F-P 标准具进行多普勒测量的双边缘技术原理示意图。假设发射激光的频率为 f_0,其位于两个标准具响应曲线频率的交叉点上。当入射到两个标准具的大气散射回波信号没有多普勒频移时,其透过 F-P 标准具的两个透射光谱对称地分布在发射激光频率 f_0 的两侧(图中实线所示),两个标准具的输出信号相等;当大气散射回波信号光谱发生移动时(图中虚线所示),两个标准具的输出信号强度不再相等,一个增大,另一个减小。

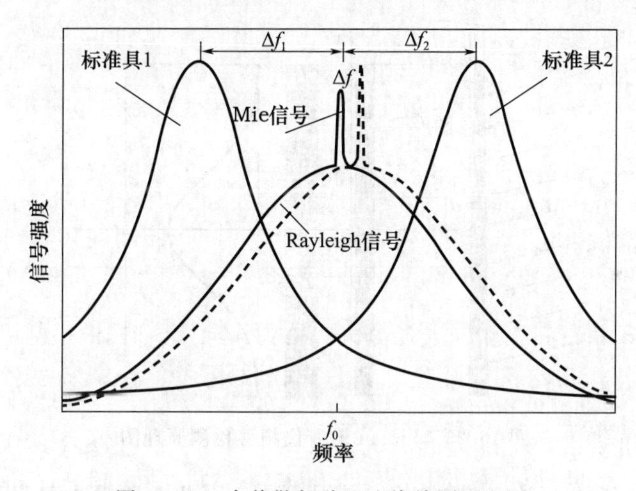

图 16.25　多普勒频移双边缘检测原理图

在双边缘技术中,若两个标准具输出信号强度分别为 N_1 和 N_2,两个标准具输出信号强度的响应函数 R 定义为:

$$R=\frac{N_1-N_2}{N_1+N_2} \tag{16.4.20}$$

标准具的输出信号强度 N_1 和 N_2 为:

$$N_i(f)=k_i\int_{-\infty}^{+\infty}T_{FP,i}(f')I(f-f')\mathrm{d}f' \tag{16.4.21}$$

式中,$i=1$,2 分别代表标准具 1 和 2;k_i 为系统常数;$T_{FP}(f)$为标准具的透过率函数;$I(f)$为后向散射回波信号光谱分布。

响应函数 R 是多普勒频移的单值函数,求其反函数 $R^{-1}(f_d)$可确定多普勒频移(张日伟 等,2014b)。

(2)条纹鉴频原理

利用多通道探测器对干涉仪形成的干涉条纹成像,若存在多普勒频移,各通道上的能量会发生变化,条纹重心发生移动,通过测量条纹重心的相对移动来检测多普勒频移。最初条纹鉴频采用 F-P 标准具作为干涉仪,但其产生的环状条纹给条纹重心位置确定带来不便,后来采用 Fizeau 干涉仪产生线条纹,可由 CCD 线列探测器直接确定条纹重心位置,因此,Fizeau 干涉仪在非相干探测多普勒激光测风雷达中得到了很好的应用(张日伟 等,2014a)。

Fizeau 干涉仪由两个高光学质量(反射率很高)的平板组成,它们之间由一微小楔角 α 分开,形成楔形空间。当激光光束以 θ 角入射时,其在通过两个平板间的楔形空间后,沿楔角方向产生干涉条纹,图 16.26 为 Fizeau 干涉仪及干涉条纹重心位置检测原理示意图。

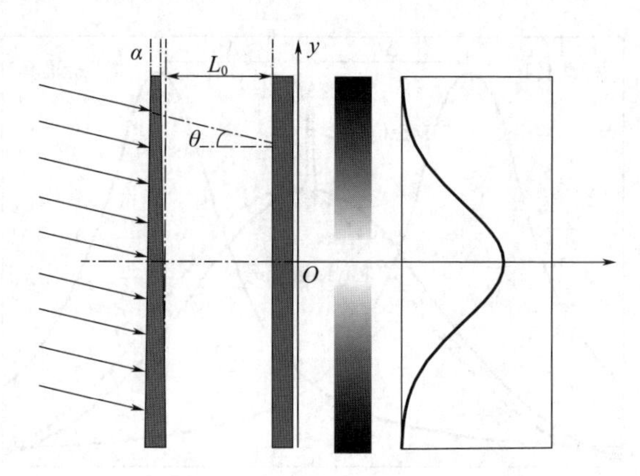

图 16.26 Fizeau 干涉仪频移检测原理图

Fizeau 干涉仪的入射角 θ 和楔角 α 都非常小,因此在测量大气散射回波信号的多普勒频移时,所产生的干涉条纹强度分布可近似用 Airy 函数表示:

$$A(\phi)=\frac{(1-R)^2}{1-2R\cos\phi+R^2} \tag{16.4.22}$$

式中,R 为干涉仪平板内表面的反射率;ϕ 为相位因子,是入射激光频率 f 和干涉仪平板间距 L 的函数:$\phi=4\pi Lf/c$,平板间距 L 可由图 16.26 的几何关系得到,用公式表示为:

$$L=L_0-\alpha y \tag{16.4.23}$$

式中,L_0 为干涉仪两平板中心的距离,y 为干涉条纹重心位置。

如果频率 f_0 的激光束透过干涉仪后形成的条纹重心位于平板中心间距 L_0 处，接收到频率为 f_0+f_d 的大气散射回波信号形成的干涉条纹重心位于平板间距 L 处，它们之间满足如下关系：

$$L_0 f_0 = L(f_0+f_d) \tag{16.4.24}$$

联立式(16.4.23)、(16.4.24)可得到干涉条纹重心位置：

$$y=\frac{L_0-L}{\alpha}=\frac{L_0 f_d}{\alpha(f_0+f_d)} \tag{16.4.25}$$

与发射激光频率 f_0 相比，多普勒频移 f_d 非常小($f_d \ll f_0$)，公式(16.4.25)改为写：

$$y=\frac{L_0 f_d}{\alpha(f_0+f_d)}\approx\frac{L_0}{\alpha f_0}f_d \tag{16.4.26}$$

因 L_0 处的 $y=0$，由多普勒频移 f_d 引起的干涉条纹重心位移：

$$\Delta y=y-0=\frac{L_0}{\alpha f_0}f_d \tag{16.4.27}$$

由式(16.4.27)知，干涉条纹重心的位移 Δy 与多普勒频移 f_d 成正比。

当回波信号存在多普勒频移时，产生的干涉条纹重心位置会发生移动，其重心位移量 Δy 可由 CCD 线列探测器检测出来，而后根据式(16.4.27)计算得到多普勒频移，进而确定径向速度。

从 CCD 线列探测器各阵列单元探测的信号强度分布确定条纹重心位置最简单的方法是根据各单元探测的信号强度通过加权平均的方法进行求取，如式(16.4.28)所示。

$$y=\frac{\sum_{i=k-m}^{i=k+m} iI_i}{\sum_{i=k-m}^{i=k+m} I_i} \tag{16.4.28}$$

式中，I_i 为 CCD 线列探测器第 i 单元探测的信号强度，k 为最强信号对应的单元序号，m 为选取的偏移最强信号中心单元的个数。

16.5　声波大气遥感

声雷达是利用大气对声波产生折射、散射、吸收和衰减的物理特性来获取气象要素分布特征的遥感设备。

声波为机械波，其振动方向与传播方向一致，且频率较低。声波的频率为 20 Hz 至 20000 Hz，在人的听觉范围内。频率高于 20000 Hz 的声波叫超声波，频率低于 20 Hz的声波叫次声波。由于大气引起的声波的散射、吸收和衰减，都比电磁波强得多，因此利用声波遥感大气的优点是灵敏度高，缺点是声波在大气中传播时能量衰减大，探测高度受到一定限制。声雷达主要用于大气边界层探测。

16.5.1 声波在大气中的传播特性

16.5.1.1 声波在大气中的传播速度

声波在媒质(介质)中传播的速度称为声速或音速,其大小因媒质的性质和状态而异。一般说来,音速的数值在固体中比在液体中大,在液体中又比在气体中大。空气中的音速,在标准大气压条件下约为 340 m/s,或 1224 km/h,但大气中的声速并不是固定的,与气温、湿度和气压有关。

假定大气为理想气体,且声波在传播过程中是绝热的,则其传播速度 C 为:

$$C=\sqrt{\gamma\frac{p}{\rho}} \tag{16.5.1}$$

式中,$\gamma=c_p/c_v$,为空气的定压比热 c_p 与定容比热 c_v 之比,p 为气压,ρ 为空气密度。

(1)静止干空气中的声速

对干洁大气,用干空气状态方程 $p=\rho R_d T$ 代入(16.5.1),得

$$C=\sqrt{\gamma_d R_d T} \tag{16.5.2}$$

式中,$\gamma_d\approx1.404$,$R_d=2.87\times10^2$ J/kg·K,则(16.5.2)式简化为:

$$C=20.1\sqrt{T}\quad(单位:m/s) \tag{16.5.3}$$

由此可见,在干洁大气中,声波的传播速度 C 只与温度(T)有关,与温度的平方根成正比。

(2)静止湿空气中的声速

当空气中含有水汽时,用湿空气状态方程 $p=\rho R_d T_v$ 代入(16.5.1)式得:

$$C=\sqrt{\gamma_v R_d T_v} \tag{16.5.4}$$

式中,γ_v 为湿空气的定压比热与定容比热之比。由于虚温 $T_v=(1+0.618q)T$,比湿 $q\approx0.622e/P$,于是(16.5.4)可改写为:

$$C=C_0(1+0.15e/p) \tag{16.5.5}$$

式中,C_0 为干空气声速,e 为水汽压。由(16.5.5)式可见,在湿空气中,声波的传播速度会比干空气中大。

(3)有风时的声速

当有风时,声波的传播速度是静止大气中传播速度与风速矢量之和。设声传播方向与风向之间夹角为 α,取 OX 方向与风向相同,如图 16.27 所示,则风速为 u 时的声速 C_1 为:

$$C_1=C+u\cos\alpha \tag{16.5.6}$$

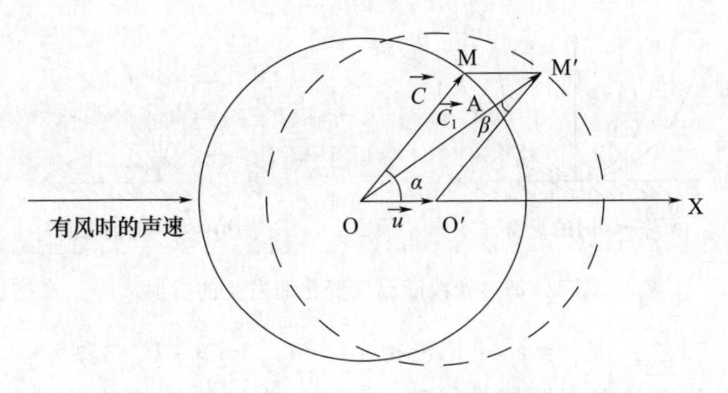

图 16.27　声传播方向与风矢量关系示意图

16.5.1.2　声波在大气中的折射

声波由振源产生后在大气中传播，一般可以用类似于光线的“音线”来表示声波能量的传播路径。音线是指与声波波阵面相垂直并指向声波传播方向的矢线。

(1)静止大气中的折射

假定大气是干燥、无风的。如果是等温大气，则音线为一直线。但实际大气中温度随高度递减的，声波的传播速度也随高度变化，音线就变成弯曲的了。

对水平均一分层大气，如图16.28所示，音线在每一层内是直线，而在各层的界面上改变方向(即产生折射)。如各层温度为 T_0、T_1、T_2 且 $T_0>T_1>T_2$，各层声速为 C_0、C_1、C_2，各层的入射角为 i_0、i_1、i_2，折射角为 e_1、e_2、e_3，则有

$$\frac{\sin i_0}{C_0}=\frac{\sin i_1}{C_1}=\frac{\sin i_2}{C_2} \tag{16.5.7}$$

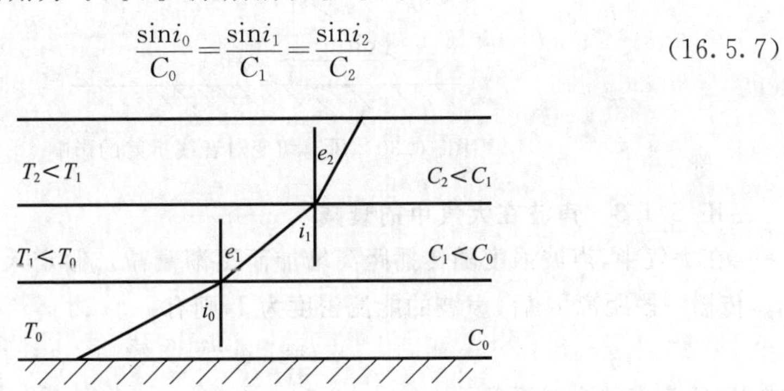

图 16.28　音线在水平均一分层大气中的折射

由(16.5.3)式可知，当 $T_0>T_1>T_2$，则 $C_0>C_1>C_2$，则 $i_0>i_1>i_2$，音线向上弯曲，如图16.29a所示；反之，当温度随高度增加时，音线则向下弯曲，如图16.29b所示。

(2)有风时的折射

当有风时，声波的传播方向要复杂得多，它与风的大小和方向有关。当只考虑垂直方向有风切变时，设分层大气中各层的声速为：

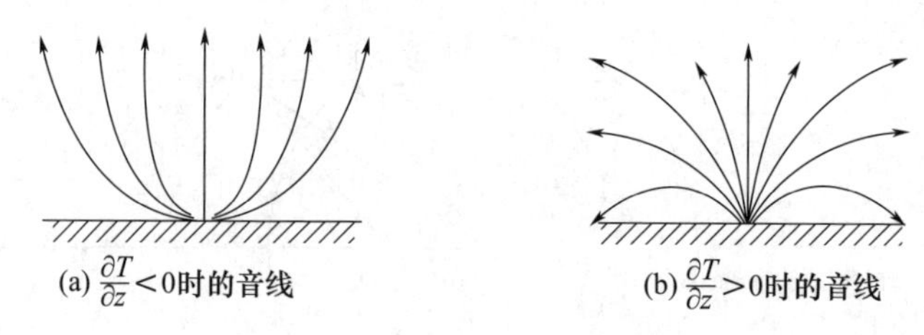

图 16.29　音线随温度变化而发生的折射

$$C_0;\quad C'_1=C_1+V_1\cos\theta_1;\qquad C'_2=C_2+V_2\cos\theta_2$$

式中,V_2 和 V_1 分别是上下两层的风速,θ_2 和 θ_1 为风矢量与水平方向的夹角,如图 16.30 所示。通过一定的数学推导,可得:

$$\frac{C_1}{\sin i_1}+V_1=\frac{C_2}{\sin i_2}+V_2 \tag{16.5.8}$$

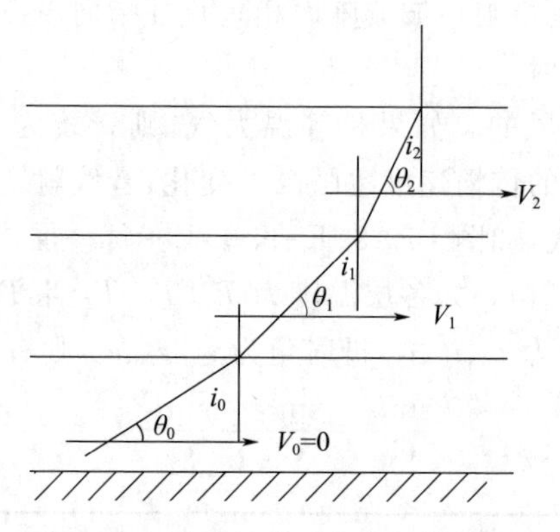

图 16.30　风速切变对音线折射的影响

16.5.1.3　声波在大气中的衰减

在大气中,声波强度随传播距离增加而逐渐衰减。假定入射声波的能流密度为 I_0,传播一段距离 R 后,声波的能流密度为 I,则有:

$$I=I_0\mathrm{e}^{-KR} \tag{16.5.9}$$

式中,K 为声波衰减系数。

声波的衰减由经典衰减、吸收衰减和散射衰减等引起(杨训仁 等,2007)。声波的经典衰减是指由于受干空气黏滞性、热传导、辐射和分子扩散效应等引起的声能衰减。这种衰减通常远小于分子吸收衰减和散射衰减,可以忽略不计。

当声波振动频率与空气分子振动和转动频率相近时,声波在空气中传播时声能被分子吸收转换成分子振动与转动能量,使声能衰减,这种衰减称为分子衰减。

声波在湍流大气中传播时,由于大气温度和风场的非均匀性,声能向四周散射,使声能衰减,这种衰减称为散射衰减。这是声能在大气中传播时最重要的衰减,它超过经典衰减和吸收衰减。

16.5.1.4 声波在大气中的散射

当声波在大气中传播时，由于空气温度和风场的不均匀性，会导致声波产生散射现象。根据湍流大气中声波的散射理论，可推得 θ 散射方向上的声能散射截面 $\beta(\theta)$ 为：

$$\beta(\theta)=0.033\left(\frac{2\pi}{\lambda}\right)^{\frac{1}{3}}\cos^2\theta\left[\frac{C_V^2}{C^2}\cos^2\frac{\theta}{2}+0.13\frac{C_T^2}{T^2}\right]\left(\sin\frac{\theta}{2}\right)^{-\frac{11}{3}} \tag{16.5.10}$$

式中，λ 为声波波长，C、T 分别为平均声速和平均温度，C_V^2、C_T^2 分别为风速和温度脉动的结构常数，定义如式(16.5.11)、(16.5.12)所示。

$$C_V^2=\left[\frac{\overline{u(x)-u(x+r)}}{r^{\frac{1}{3}}}\right]^2 \tag{16.5.11}$$

$$C_T^2=\left[\frac{\overline{T(x)-T(x+r)}}{r^{\frac{1}{3}}}\right]^2 \tag{16.5.12}$$

由(16.5.10)式可见，声波散射强度与波长有关，声波波长越长，散射越小；声波散射主要是由大气温度和风速脉动引起的；在 $\theta=90^\circ$ 散射方向上，无散射；在 $\theta=180^\circ$ 散射方向上，即后向散射方向上，只有温度脉动会产生散射。

16.5.2 声雷达组成与工作原理

声雷达通常由天线、发射机和接收机三部分组成，其原理框图如图 16.31 所示。发射机产生和通过天线发射固定频率的脉冲声波信号，天线兼顾发射和接收两项功能，接收机将天线高放送来的信号进行放大、检测、处理，并以一定的形式输出处理结果。声雷达的天线是一个喇叭，其将电能转换成声能向外发射，同时也将接收的声散射回波转换成电能。

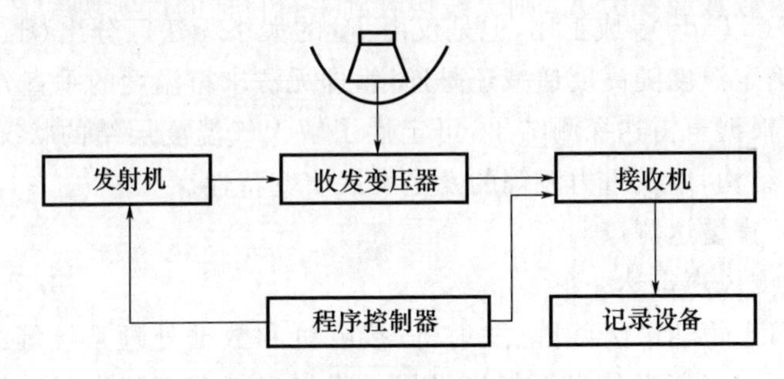

图 16.31 单点声雷达组成框图

16.5.3 声雷达探测原理

16.5.3.1 声雷达方程

与推导天气雷达气象方程的思路相似，可推得声雷达接收的散射回波功率

P_r 为

$$P_r=\frac{P_t\eta_t\eta_r C\tau A_r}{2R^2}\beta(\theta)\mathrm{e}^{-2\int_0^R K\mathrm{d}r} \tag{16.5.13}$$

式中,P_t 为声雷达发射的声脉冲的功率,η_t、η_r 分别为电声转换系数和声电转换系数;τ 为脉冲宽度,A_r 为天线有效面积,R 为探测距离,K 为声能衰减系数,$\beta(\theta)$ 为散射系数,θ 为散射角,C 为声速。

16.5.3.2 边界层温度层结的探测

对于单点声雷达而言,天线是垂直安置的,发射、接收共用一个天线,则天线接收的是 $\theta=180°$ 的后向散射回波,由(16.5.10)式可知,这时,散射系数 $\beta(180°)$ 只与温度扰动项有关,即

$$\beta(180°)=0.008\left(\frac{C_T^2}{T^2}\right)\cdot\lambda^{-\frac{1}{3}} \tag{16.5.14}$$

另外,由于声雷达探测距离较短,通常在 1～2 km,可假定 $\mathrm{e}^{-2\int_0^R K\mathrm{d}r}=1$。故可由(16.5.13)、(16.5.14)式,根据声雷达探测到的回波功率 P_r 随高度的分布特性,求得 C_T^2/T^2 随高度的分布特性。显然,在上述假定条件下,声雷达探测的回波功率 P_r 为

$$P_r=\frac{A}{R^2}\left(\frac{C_T^2}{T^2}\right) \tag{16.5.15}$$

式中,$A=0.004P_t\eta_t\eta_r C\tau A_r\lambda^{-\frac{1}{3}}$,为声雷达常数。

根据局地各向同性湍流理论可知,当大气层结接近中性时,温度结构常数 C_T^2 是与温度层结 $(\mathrm{d}T/\mathrm{d}z)^2$ 成正比。因此,由(16.5.15)式可知,声雷达的回波功率 P_r 与温度层结 $(\mathrm{d}T/\mathrm{d}z)^2$ 成正比。

虽然 P_r 与 $(\mathrm{d}T/\mathrm{d}z)^2$ 成正比,但是仅由 P_r 的大小无法区分出 $(\mathrm{d}T/\mathrm{d}z)$ 的符号,即无法进一步确定温度随高度递减还是递增,即无法求得温度的垂直分布廓线。

由此可见,根据声雷达探测结果,可定性了解大气温度层结的状况——逆温层、热对流、混合层结构,以及重力波等的发生发展演变特性。

16.5.3.3 声雷达测风

(1)多普勒测风声雷达

多普勒测风声雷达由天线阵、发射机、接收机和数据处理系统等组成。天线阵是为获得散射回波多普勒信息而特别设置的发射和接收天线布局。发射机和接收机用于发射和接收声脉冲信号和散射回波信号。数据处理系统用于检测和处理散射回波信息,以求得风随高度的分布。主要天线布局有单点布设法、双点布设法和三点布设法等。

单点多普勒测风声雷达系统是将三个天线放在同一点上,一个垂直放置,另两个以仰角 δ,且调整在两个相互垂直的平面内放置,如图 16.32 所示。

随着相控阵技术的发展，采用相控阵方式实现声波传输方向改变的相控阵多普勒声雷达已发展起来，如图 16.33 所示。

图 16.32　多普勒测风声雷达天线布局图

图 16.33　相控阵多普勒测风声雷达天线阵

(2)多普勒声雷达测风原理

声波在大气中传播时，若波源与测量仪器有相对运动时，也会产生多普勒频移 f_d：

$$f_d=\frac{1}{2\pi}(\boldsymbol{K}_s-\boldsymbol{K}_0)\cdot\boldsymbol{V}_a \tag{16.5.16}$$

式中，$\boldsymbol{V}_a$ 为风速，$\boldsymbol{K}_0$ 为入射声波矢量，$\boldsymbol{K}_0=\frac{2\pi}{\lambda_0}\boldsymbol{i}$，$\boldsymbol{K}_s$ 为散射声波矢量，$\boldsymbol{K}_s=\frac{2\pi}{\lambda}\boldsymbol{i}$。

单点声雷达系统的探测原理与风廓线雷达相似，此处不再介绍。下面介绍双点布设的多普勒测风声雷达系统的风速探测原理。图 16.34 为双点布设的多普勒测风声雷达系统示意图。T 为发射天线，R 为接收天线。垂直向上发射的声脉冲信号在空中 O 点的 θ 散射方向的散射信号被接收天线 R 接收到，则该回波信号携带的风矢量 $\boldsymbol{V}_a$ 的多普勒信息包含在(16.5.16)式中。

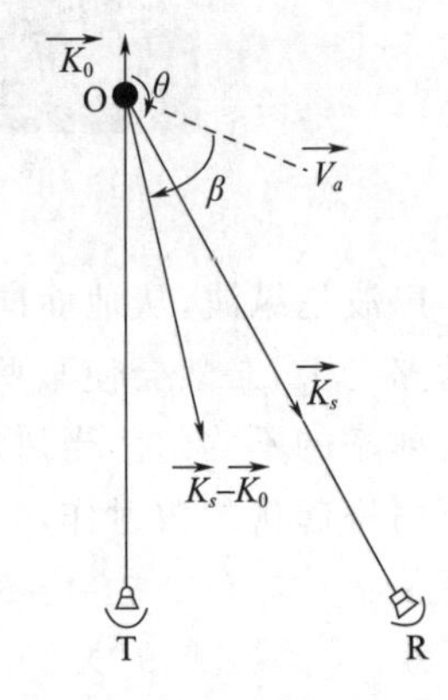

图 16.34　双点多普勒声雷达测风原理示意图

在大气中，$|\boldsymbol{V}_a|$ 并不大，则 $|\boldsymbol{K}_0|\approx|\boldsymbol{K}_s|$，且 $(\boldsymbol{K}_s-\boldsymbol{K}_0)$ 通常平分∠TOR，于是由(16.5.16)式，可得到

$$f_d=\frac{2|\boldsymbol{V}_a|\cdot\cos\beta}{\lambda_0}\cdot\sin\left(\frac{\theta}{2}\right) \tag{16.5.17}$$

式中，θ 为散射角，β 为风向与 $(\boldsymbol{K}_s-\boldsymbol{K}_0)$ 之间的夹角。于是

$$|\mathbf{V}_a| = \frac{\lambda_0 f_d}{2\sin\left(\frac{\theta}{2}\right)\cos\beta} \tag{16.5.18}$$

由此可见,只要多普勒声雷达测得 f_d,便可求以求出实际风速 $\mathbf{V}_a$。

16.5.4　无线电-声探测系统(RASS)

声筒与风廓线雷达联合探测温度廓线的系统称之为无线电-声探测系统,简称RASS(radio-acoustic sounding system),可用于边界层温度廓线的探测。图 16.35 所示为 RASS 天线布局图,从图中可以看出在风廓线雷达相控阵天线四角各安置了一个声筒,用于发射声波。RASS 工作原理是:用高功率声源产生的声波扰动大气,使之产生与声波波长尺度相当的折射率起伏结构(即温度目标),并用高灵敏度的无线电系统——风廓线雷达探测这种折射率起伏产生的回波,从而得到声波垂直传播速度的高度分布,再根据声速与温度间的关系反演出温度廓线。

图 16.35　RASS 天线布局图

声波是纵波,从地面向上发射声波便形成以发射点为中心的波阵面。在声波传播路径上,必然会使某些地方空气被压缩,某些地方空气发生膨胀,从而产生大气折射率的不均匀。当风廓线雷达向上发射电磁波时,由于受到声波波阵面上大气折射率起伏的散射作用,其回波中便携带有声波传播速度的信息——多普勒频移 f_d:

$$f_d = \frac{2}{\lambda} V_a \tag{16.5.19}$$

式中,λ 为风廓线雷达发射的电磁波波长,V_a 为声波阵面移动速度(声速)。因 $V_a = 20.1\sqrt{T}$,则有

$$T=\frac{1}{(20.1)^2}\left(\frac{\lambda f_d}{2}\right)^2 \tag{16.5.20}$$

由此，便可测得温度 T 随高度的变化。

16.6　GNSS 大气遥感

16.6.1　GNSS 气象应用发展概况

GNSS 是全球导航卫星系统(global navigation satellite system)的简称，可以用于高精度的导航、定位和授时。随着导航卫星技术的发展，目前它已经渗透到国民经济和国防建设的许多领域。美国、俄罗斯、欧盟、中国分别建设有 GPS、GLONASS、GALILEO、"北斗"全球导航卫星系统。地球上任一位置的 GNSS 接收机通过接收至少四颗 GNSS 导航卫星的信号，即可实现高精度的导航和定位。

20 世纪 80 年代后期开始，随着美国 GPS 系统的成熟和应用，国际上兴起了一种利用 GPS 信号探测地球大气的新型遥感方法，即通过测量穿过大气层的 GPS 信号由于速度减慢和路径弯曲引起的延迟来获得大气中温、压、湿等信息。后来，随着不同全球导航卫星系统的建立和应用，形成了 GNSS 大气遥感新方法。GNSS 大气遥感主要分为两类：一类是利用地球表面上的 GNSS 接收机接收的导航信号进行遥感大气的方法，即地基 GNSS 大气遥感；另一类是利用安装在低轨卫星上的 GNSS 接收机接收的导航信号进行遥感大气的方法，即天基 GNSS 掩星大气遥感。

20 世纪 90 年代，世界许多国家先后都开展了 GNSS 大气遥感研究。美国 1992 年底完成了一个地基 GPS 气象应用的小尺度试验，1993 年 5 月实施了一个较大规模的地基 GPS 气象探测技术应用野外试验——GPS/STORM 试验，表明利用地基 GPS 气象探测技术可以获得固定站点上空准确而连续的水汽总量资料。1995 年 4 月 3 日，美国大学大气科学研究协会(UCAR)发射了一颗低轨试验小卫星 Micro-Lab-1，进行了星载 GPS 掩星气象探测技术可行性和实用性试验论证的首次卫星运行试验，并取得了成功。欧洲的大气气候试验(ACE)计划，采用 6 颗小卫星组网进行全球大气参数测量，它不仅通过接收 GPS 和 GLONASS 卫星信号进行掩星探测，得到大气折射率的垂直分布，还通过对恒星在紫外和可见光波段进行临边探测，导出平流层中臭氧的密度廓线。德国在 1996 年制定了称为 CHAMP 的 GPS 气象探测计划，于 2000 年 7 月 15 日由俄罗斯发射了 CHAMP 卫星，在该卫星上携带了 7 种不同的科学仪器，分别用于对地球重力场、磁场和中性大气/电离层进行测量。1999 年 2 月，丹麦发射了名为 Oersted 的 GPS 气象探测卫星。阿根廷于 2000 年 11 月 21 日发射了名为 SAC-C 的遥感环保监测卫星，上面载有 GPS 接收机用于掩星观测。欧洲 EUMETSAT 组织在 MetOp 系列气象卫星上搭载了 GNSS 掩星接收机

GRAS,计划提供超过14年跨度的高精度掩星数据,服务于数值天气预报和气候监测等方面的应用。另外,日本、澳大利亚等国也都相继开展了GPS大气遥感研究工作(丁金才,2009)。

20世纪80年代初,国内有关单位利用已有的地壳运动观测网络及国外的GPS探测资料,开展了地基反演大气水汽含量、天基反演大气参数以及相关应用研究工作。在掩星探测方面,我国台湾省与美国有关方面自1997年10月起开始实施COSMIC(constellation observing system for meteorology,ionosphere and climate,气象、气候和电离层的星座观测系统)的计划,并于2006年4月发射了6颗载有双频GPS接收机的低轨卫星。COSMIC是世界上第一个能够每天提供全球几千个点实时大气廓线资料的天基观测网,其目的是利用GPS系统和COSMIC低轨卫星系统进行地球大气、空间天气和全球气候变化的研究和预报。目前,包含12颗卫星的COSMIC-2任务,已于2019年完成发射。COSMIC-2任务专注于观测热带与亚热带区域,卫星搭载了高信噪比掩星接收机,提高了低对流层区域探测精度。我国已建成了全国地基导航卫星气象观测系统站网。2013年,我国风云三号C星在太原卫星发射中心成功发射,其上搭载了我国研制的北斗/GPS双系统兼容的掩星接收机GNOS,可用于遥感反演高垂直分辨率、高精度的全球温度、湿度、气压和电离层电子密度廓线数据。目前,国内外已开展了基于微纳卫星的GNSS掩星探测试验。

16.6.2 地基GNSS大气遥感

在标准大地测量的分析中,要估算从GNSS卫星向地面的GNSS接收机传送的信号在大气层中累计的延迟,并加以修正。这种延迟对沿信号路径的水汽总量、电子总量非常敏感,是开展地基GNSS大气遥感的信息源。连续工作的地基GNSS接收机,可用来测量每一测站上空的水汽总量,其时间分辨率优于30 min。研究表明,用地基GNSS接收机来测量水汽总量,在某些情况下比用微波辐射计测量水汽更精确。

16.6.2.1 距离延迟

GNSS导航信号在从导航卫星穿过地球大气到达地面接收机过程中,会受到电离层和中性大气的影响而使其速度变慢、路径弯曲,同时由于卫星钟和接收机钟之间的钟差的影响以及接收机内部硬件延迟的影响,使得观测得到的卫星与接收机之间的伪距并不等于真实几何距离。GNSS信号在从导航卫星发射到接收机接收过程中经过的时间与真空中光速的乘积称为伪距。伪距与接收机卫星之间几何直线距离的差称为距离延迟。

如图16.36所示,S是导航卫星,R是地面上的接收机,由于大气折射影响,从卫星发射的信号并不按卫星和接收机之间的直线路径R_0传播,而以路径R_g传播,在忽略卫星钟和接收机钟之间的钟差以及接收机硬件延迟的情况下,则距离延迟为:

$$\delta\rho = \int_{R_g} C_0 \mathrm{d}t - R_0 = \int_{R_g} \frac{C_0}{C} C \mathrm{d}t - R_0 = \int_{R_g} n \mathrm{d}s - R_0$$
$$= \int_{R_g} (n-1)\mathrm{d}s + \left[\int_{R_g} \mathrm{d}s - R_0\right] \tag{16.6.1}$$

式中，n 为大气折射率，C_0 为真空中光速，C 为实际大气中的电磁波传播速度。(16.6.1)右边第一项为由于电磁波传播速度的减慢所造成的距离延迟，第二项为由于路径的弯曲所造成的弯曲延迟。

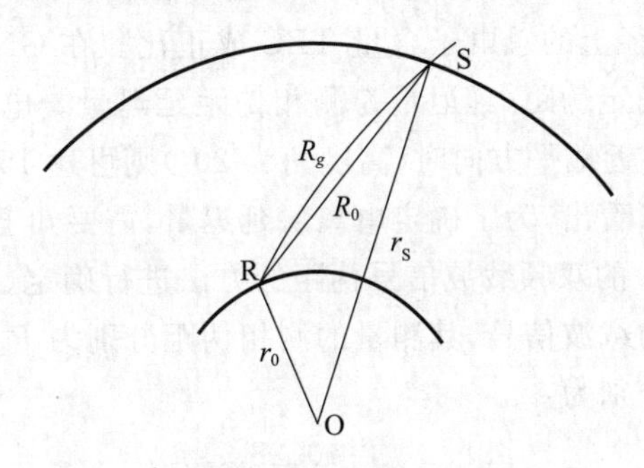

图 16.36　GNSS 信号在大气中的传播路径

对于高仰角的导航卫星信号，由路径弯曲导致的延迟一般很小，可以忽略。于是(16.6.1)可简化为

$$\delta\rho = \int_{R_g} (n-1)\mathrm{d}s = 10^{-6} \int_{R_g} N \mathrm{d}s \tag{16.6.2}$$

式中，N 为折射率指数。由于 GNSS 导航信号穿过大气时要经过电离层和中性大气层，因此距离延迟是电离层延迟与中性大气延迟之和。

16.6.2.2　电离层延迟

对于 GNSS 导航频段的电磁波来说，电离层是弥散性介质，根据 Appleton 公式，其相折射率 n_p、群折射率 n_g 与电磁波频率和电子密度有关：

$$n_p = 1 - 40.28 \frac{N_e}{f^2} \tag{16.6.3}$$

$$n_g = 1 + 40.28 \frac{N_e}{f^2} \tag{16.6.4}$$

于是，电离层中由相折射率引起的测相伪距延迟量为：

$$\delta\rho_p = -40.28 \frac{1}{f^2} \int_{R_g} N_e \mathrm{d}s \tag{16.6.5}$$

如果以 TEC 表示沿电磁波传播路径的电子总量(电子数/m^2)，即

$$\mathrm{TEC} = \int_{R_g} N_e \mathrm{d}s \tag{16.6.6}$$

那么(16.6.5)式可改写为

$$\delta\rho_p = -40.28\frac{\mathrm{TEC}}{f^2} \tag{16.6.7}$$

同理,在电离层中,由群折射率引起的传播距离差,即测码伪距延迟量 $\delta\rho_g$ 为:

$$\delta\rho_g = 40.28\frac{\mathrm{TEC}}{f^2} \tag{16.6.8}$$

可以看出,由电离层引起的测码伪距延迟量与测相伪距延迟量大小相等,符号相反,并与信号传播路径上的总电子含量 TEC 成正比。在 GNSS 大气遥感中,一般采用载波相位测量来确定伪距,延迟量为测相伪距延迟量。电离层延迟量在天顶方向最大可达 50 m,在接近地平方向时(高度角为 20°)则可达 150 m。

从式(16.6.7)可以看出,为了确定电离层延迟量,需要知道当时的 TEC 值,为此通过分别测量 L_1 和 L_2 的双频载波信号伪距的方法进行确定。

若对于不同频率的载波信号,其测量的测相伪距分别为 P_1、P_2。由式(16.6.7),电离层测相伪距延迟分别为:

$$\delta\rho_{\mathrm{ion}_1} = -\frac{40.28}{f_1^2}\mathrm{TEC} \tag{16.6.9a}$$

$$\delta\rho_{\mathrm{ion}_2} = -\frac{40.28}{f_2^2}\mathrm{TEC} \tag{16.6.9b}$$

将两式相减,求解得到 TEC 为:

$$\mathrm{TEC} = \frac{1}{40.28}\frac{f_1^2 f_2^2}{f_2^2 - f_1^2}(\delta\rho_{\mathrm{ion}_1} - \delta\rho_{\mathrm{ion}_2}) \tag{16.6.10}$$

由于中性大气是非弥散介质,因此不同频率的电磁波在中性大气中的延迟相同,所以在忽略不同频率的信号的硬件延迟差异基础上,有

$$P_1 - P_2 = \delta\rho_{\mathrm{ion}_1} - \delta\rho_{\mathrm{ion}_2} \tag{16.6.11}$$

把(16.6.11)式代入(16.6.10)得:

$$\mathrm{TEC} = \frac{1}{40.28}\frac{f_1^2 f_2^2}{f_2^2 - f_1^2}(P_1 - P_2) \tag{16.6.12}$$

对于 GPS 导航信号,L_1 和 L_2 载波频率 $f_1 = 1.57542$ GHz,$f_2 = 1.22760$ GHz,代入上式有:

$$\mathrm{TEC} = 9.5244(P_2 - P_1) \tag{16.6.13}$$

这里 TEC 的单位为 TECU,1 TECU$=10^{16}$个/m^2。

这样,通过对双频载波相位伪距量的观测,即可反演出路径总电子含量,从而确定出任一载波信号的电离层延迟量。

16.6.2.3 中性大气延迟

对频率低于 30 GHz 的电磁波,中性大气层中可认为是非弥散性介质,即折射率与电磁波的频率无关,电磁波的传播速度与频率无关。中性大气折射率指数由气

压、温度和水汽压等因素决定，如果以 N_d 和 N_w 分别表示中性大气折射率指数的干分量和湿分量，则有

$$N = N_d + N_w \tag{16.6.14}$$

其中

$$N_d = k_1 R_d \rho \tag{16.6.15}$$

$$N_w = k_2' \frac{e}{T} + k_3 \frac{e}{T^2} \tag{16.6.16}$$

式中，ρ 为空气密度(kg/m^3)；T 为空气温度(K)；e 为水汽压(hPa)。

于是，中性大气距离延迟可表示为

$$\Delta D = \Delta D_d + \Delta D_w \tag{16.6.17}$$

式中，ΔD 为中性大气延迟，ΔD_d、ΔD_w 分别称为干延迟和湿延迟，可进一步写为：

$$\Delta D_d = 10^{-6}\int_{R_g} N_d \mathrm{d}s = m(\theta)\cdot 10^{-6}\int_{h_s}^{\infty} N_d \mathrm{d}z = m(\theta)\cdot \Delta D_{Z_d} \tag{16.6.18}$$

$$\Delta D_w = 10^{-6}\int_{R_g} N_w \mathrm{d}s = m(\theta)\cdot 10^{-6}\int_{h_s}^{\infty} N_w \mathrm{d}z = m(\theta)\cdot \Delta D_{Z_w} \tag{16.6.19}$$

式中，ΔD_{Z_d}、ΔD_{Z_w} 分别为天顶干延迟和天顶湿延迟，表示导航信号沿天顶方向垂直路径传播时的中性大气延迟。在海平面上，天顶干延迟典型值为 230 cm，天顶湿延迟较小，但变化较大，可从几毫米变化到 350 mm，与大气中的水汽含量有关，是开展地基 GNSS 遥感水汽含量的信息源。$m(\theta)$ 为投影函数，是天顶延迟与信号传播实际距离延迟之间的转换函数，不同的学者采用不同的形式，如：

$$m(\theta) = 1/\sin\theta \tag{16.6.20a}$$

$$m(\theta) = \frac{1 + a_i/[1 + b_i/(1 + c_i)]}{\sin\theta + \cfrac{a_i}{\sin\theta + \cfrac{b_i}{\sin\theta + c_i}}} \tag{16.6.20b}$$

当卫星高度角较高时，各种投影函数的估计值相差较小；而当卫星高度角较低时，如小于 15°，各个模型的估计值相差较大，这主要是由于假设水汽在水平方向均一造成的。

若大气处于静力学平衡，则天顶干延迟

$$\Delta D_{zd} = 10^{-6}\int_0^{\infty} k_1 R_d \rho \mathrm{d}z = -k_1 R_d 10^{-6}\cdot\int_{P_s}^{0}\frac{1}{g}\mathrm{d}p = \frac{k_1' P_s}{g_m} \tag{16.6.21}$$

式中，$g_m = 9.784/f(\varphi,h)$ 为当地重力加速度，$f(\varphi,h)$ 为与测站地理纬度和海拔高度有关的函数。

由此可见，利用地面气压值可估计天顶干延迟。如果地面气压观测值的精度优于 0.5 hPa，计算得到的天顶干延迟误差不大于 1 mm。

16.6.2.4 可降水量反演

对于天顶湿延迟：

$$\begin{aligned}\Delta D_{zw} &= 10^{-6}\int_{h_s}^{\infty}(k'_2\frac{e}{T}+k_3\ \frac{e}{T^2})\mathrm{d}z \\ &= 10^{-6}(k'_2+\frac{k_3}{T_m})\int_{h_s}^{\infty}\frac{e}{T}\mathrm{d}z \\ &= 10^{-6}(k'_2+\frac{k_3}{T_m})R_v\int_{h_s}^{\infty}\rho_v\mathrm{d}z\end{aligned} \tag{16.6.22}$$

(16.6.22)中的积分项表示垂直气柱内水汽总量。常用可降水水汽 PWV(precipitable water vapor)表示垂直气柱内水汽总量大小。PWV 是指单位面积垂直气柱中的水汽全部凝结成的液态水在地面累积的深度：

$$\mathrm{PWV}=\int_{h_s}^{\infty}\frac{\rho_v}{\rho_w}\mathrm{d}z \tag{16.6.23}$$

式中，ρ_v 是水汽密度，ρ_w 是液态水密度。于是(16.6.22)式可写成

$$\mathrm{PWV}=\Pi\cdot\Delta D_{z_w} \tag{16.6.24}$$

式中，天顶湿延迟 ΔD_{z_w} 以长度单位给出，无量纲比例系数 Π 是与湿空气折射率、水汽比气体常数及大气平均温度 T_m 有关的经验系数，其关系式为

$$\Pi=10^6\cdot\left[R_v\rho_w\left(\frac{k_3}{T_m}+k'_2\right)\right]^{-1} \tag{16.6.25}$$

T_m 为加权平均温度，定义为

$$T_m=\frac{\int_{h_s}^{\infty}\frac{e}{T}\mathrm{d}z}{\int_{h_s}^{\infty}\frac{e}{T^2}\mathrm{d}z} \tag{16.6.26}$$

在实际应用中，比例因子 Π 一般取 1.5，而它的实际值取决于局地气候因子(地理位置、海拔高度、季节)的综合作用，并且其变化幅度高达 15%。由探空资料计算发现，Π 值的日变化幅度和季节变化幅度相当，几乎 Π 的所有时空变化都来自于 T_m 的变化。有两种确定 T_m 的方法：①利用 NWP 模式预报的湿度和温度廓线资料进行估计；②利用探空资料及地面温度进行回归分析，得出加权平均温度与地面温度之间的线性关系式，可按不同地区，不同月份分别进行回归分析。

综上所述，利用地基 GNSS 观测量反演可降水量的步骤流程为：

(1)由 GNSS 观测量确定距离延迟；

(2)根据双频载波相位观测量确定总电子含量和电离层延迟；

(3)由地面气压确定测站处天顶干延迟，并根据观测信号天顶角转换为干延迟；

(4)由距离延迟、电离层延迟和干延迟计算出天顶湿延迟；

(5)利用地面观测的气温由统计关系确定加权平均温度和比例因子 Π；

(6)根据天顶湿延迟和比例因子Π计算可降水量。

16.6.3　天基GNSS掩星大气遥感

在GNSS导航信号穿过大气层到达低轨道星载GNSS接收机的过程中，信号传输路径会发生折射。利用星载GNSS接收机测量的多普勒频移与低轨道卫星的位置和速度信息，可反演得到信号路径切点高度处的大气折射率，并进而推导出空气密度、气压、气温和湿度等大气参数。其理论基础是无线电波在大气中的折射与气压、气温和湿度之间的理论关系。

16.6.3.1　掩星事件

掩星事件，是指空间中两个星体，原本直视可见，但由于其他星体或物质的运动使两者间发生了遮掩的现象。从几何光学的原理来讲，即从其中一个星体上发出的光，经直射无法到达另外一颗星体时，称为掩星。GNSS掩星事件是指由GNSS导航卫星、低地球轨道(LEO)卫星、地球之间构成的掩星事件，从导航卫星上发射的导航信号按直线传播时无法穿过地球到达LEO卫星，但由于地球大气的折射效应传输路径发生弯曲，最后还是能被低轨卫星上的接收机接收到的现象，如图16.37所示。图中，灰色代表中性大气层(neutral atmosphere)，它的高度从地表到50～80 km的高空。黑色代表电离层(ionosphere)，它的高度从中性大气层顶到几百千米的高空。当GNSS卫星和LEO卫星运行到相互之间因地球遮掩不能直视时，如果没有地球大气的存在，那么GNSS导航信号将会按直线传播，不能到达LEO卫星，但由于地球大气的存在，GNSS导航信号被地球大气折射发生弯曲，绕过地球表面，可到达LEO卫星。

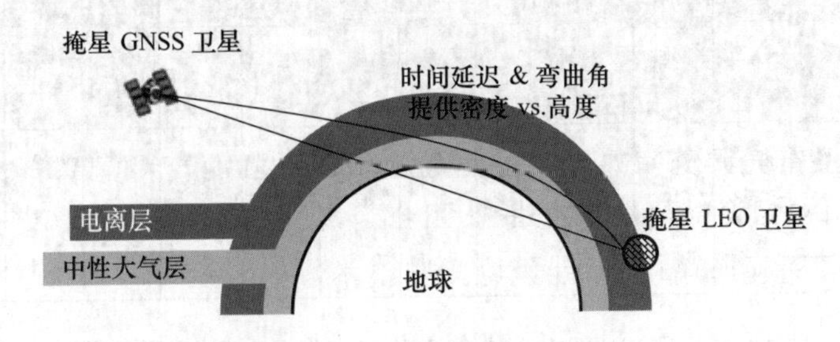

图16.37　掩星事件示意图

由于导航卫星与LEO卫星均在高速运行，当导航信号横切中性大气层顶(约60 km)到横切中性大气层底，即地球表面时，整个过程持续的时间约1 min。在此过程中，由于大气折射的影响，导致信号传输速度变慢、路径弯曲，从而使得信号到达LEO卫星的时间超过沿直线在真空中传播的时间，产生时间延迟(time delay)。在一次掩星事件过程中，当导航信号横切地球中性大气层顶时，可测的时间延迟约为3×10^{-12} s；当横切地球表面时，可测的时间延迟约为3×10^{-6} s，相应的距离延迟

(range delay)就从 1 mm 到 1 km。这样,由于大气折射效应产生了一个变化幅度为六个数量级的信号。这些大动态范围变化的信号为高垂直分辨率折射率廓线遥感提供了足够的信息。掩星观测数据的垂直分辨率可从接近地面的几百米变化到 60 km高附近的 1 km。

一颗 LEO 卫星与 24 颗 GPS 卫星所组成的星座,每天发生的掩星事件约 500 个。图 16.38 所示为六颗 LEO 卫星组成的 COSMIC-1 星座 24 h 发生的掩星事件分布图,图中绿色表示掩星点的位置,代表一次掩星事件过程中,射线切点在地表上投影的几何中心点。从图中可以看出,掩星事件分布在南北纬 70°之间,无论是海洋还是陆地,不同地区分布均匀,这就提供了全球均匀分布的高空探测资料。而红色代表现有探空站的位置,主要分布于有人居住的地区,数量少且全球分布极不均匀。掩星事件的数量与 LEO 卫星的数量有关,而掩星事件的分布与 LEO 卫星的轨道有关(赵世军 等,2002)。

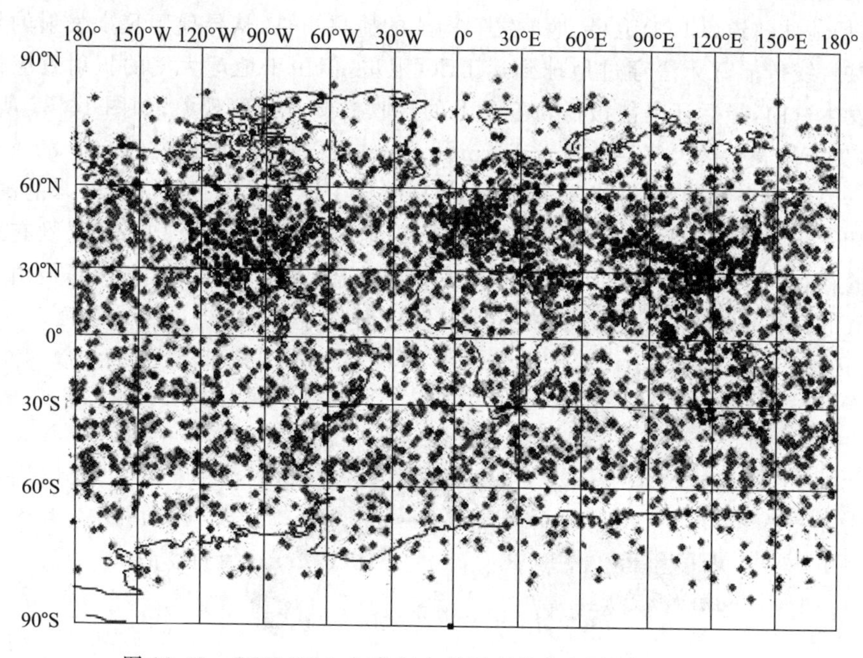

图 16.38　COSMIC-1 全球 24 h 掩星事件分布图(彩图见书末)

16.6.3.2　总折射角廓线

如图 16.39 所示,从 GNSS 卫星发出的导航信号传输路径在被地球大气折射后发生弯曲,然后被 LEO 卫星星载接收机所接收,穿过大气层的信号路径射线与进入大气层时的信号路径射线之间的夹角称为总折射角,又称为弯曲角,用 ε 表示。根据几何关系:

$$\varepsilon=\phi_g+\phi_L+\theta-\pi \tag{16.6.27}$$

式中，ϕ_g 是GNSS卫星信号路径射线与GNSS卫星地心向径 r_g 之间的夹角，ϕ_L 是LEO卫星接收的信号路径射线与地心向径 r_L 之间的夹角，θ 是GNSS卫星地心向径与LEO卫星地心向径的夹角。

由于GNSS卫星、LEO卫星的位置和速度可以由其星历确定，是已知量，那么 θ 可以求得。因此，要确定总折射角，需要求得 ϕ_g 和 ϕ_L。下面建立求取 ϕ_g 和 ϕ_L 的方程。

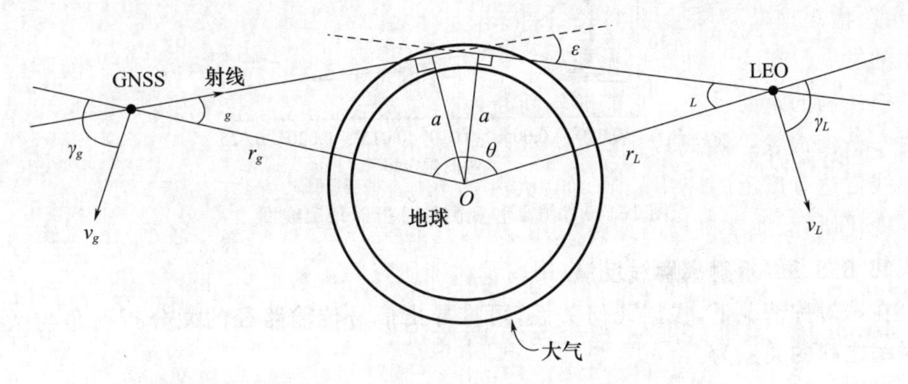

图16.39　掩星信号射线几何关系图

在局地球对称大气假定下，即大气折射率 n 只是地球半径 r 的函数假设下，根据Snell定律，GNSS信号的射线轨迹方程为：

$$r \cdot n \cdot \sin\phi = a \tag{16.6.28}$$

式中，r 是射线上任一点的地心向径，n 是该点处的大气折射率，ϕ 是射线瞬时方向与当地天顶的夹角。对于某条射线而言，a 是沿射线的不变量，称之为碰撞参数，可用其表示某一条射线。由于GNSS卫星高度约20000 km，LEO卫星高度约800 km，可以认为它们所处的环境为真空，则折射率为1，于是根据(16.6.23)式有：

$$r_g \sin\phi_g = r_L \sin\phi_L = a \tag{16.6.29}$$

由于GNSS卫星和LEO卫星的相对运动，接收到的GNSS信号会产生多普勒频移，其与GNSS卫星和LEO卫星的运动速度有关：

$$f_d = f_0 c^{-1}(V_g^r \cos\phi_g + V_L^r \cos\phi_L + V_g^c \sin\phi_g - V_L^c \sin\phi_L) \tag{16.6.30}$$

式中，f_d 是多普勒频移，f_0 是载波频率，c 为光速。v_i^r、v_i^c 分别是卫星 i 沿地心向径方向及正交方向的速度分量。联立(16.6.29)式和(16.6.30)式可求得 ϕ_g 和 ϕ_L，进一步求得总折射角 ε 和碰撞参数 a。

这样，在一次掩星事件中，通过对从大气层顶到地面的一系列射线信号的相位测量，确定出多普勒频移量，进而求解得到不同高度的总折射角，即总折射角廓线 $\varepsilon(a)$，这是开展温湿廓线反演的信息基础。图16.40给出了仿真模拟的和实测的总折射角廓线，由图中可以看出，在一次掩星事件中，最大折射角约为0.025 rad。

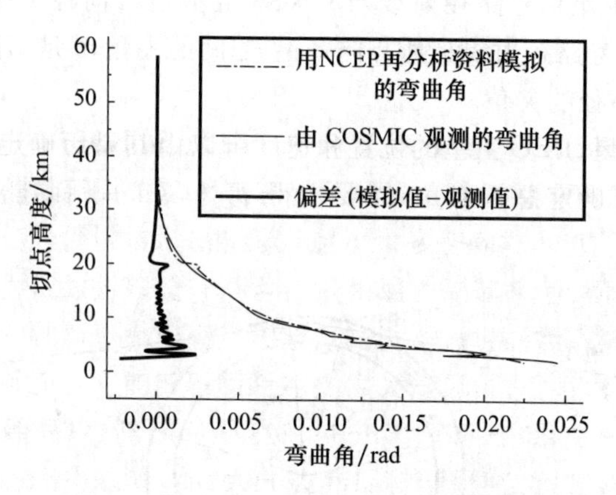

图 16.40　仿真和观测的总折射角廓线图

16.6.3.3　折射率廓线反演

在球对称情况下,根据几何关系,可推导出信号传输路径的微分折射角与微分折射率之间的关系为:

$$d\varepsilon=\frac{dn}{n}\cdot\frac{a}{\sqrt{\eta^2-a^2}} \tag{16.6.31}$$

式中,$\eta=rn$。上式对整条信号路径积分,则得到总折射角随碰撞参数变化的关系式:

$$\varepsilon(a)=2\int_a^{\infty}\frac{d\ln(n)}{d\eta}\cdot\frac{a}{\sqrt{\eta^2-a^2}}d\eta \tag{16.6.32}$$

(16.6.32)式是总折射角随碰撞参数变化的理论关系式。式中系数 2 表示在球对称大气假设下在切点两边的射线弯曲是相同的。显然,总折射角与折射率的垂直分布有关。

利用数学上的 Abel 变换,上式可变换为:

$$\ln(n)=\frac{1}{\pi}\int_a^{\infty}\frac{\varepsilon(a)}{\sqrt{\eta^2-a^2}}d\eta \tag{16.6.33}$$

这样就可从折射角廓线反演出大气折射率廓线。

由于折射率指数 $N=(n-1)\times10^6\approx10^6\times\ln(n)$,故(16.6.28)式变成:

$$N(a)=\frac{10^6}{\pi}\int_a^{\infty}\frac{\varepsilon(a)}{\sqrt{\eta^2-a^2}}d\eta \tag{16.6.34}$$

16.6.3.4　温湿廓线反演

在干空气状态下:

$$N=77.6\frac{P}{T} \tag{16.6.35}$$

$$\rho=0.3484\frac{P}{T} \tag{16.6.36}$$

由(16.6.35)式和(16.6.36)式可得，

$$\rho = 0.004489N \tag{16.6.37}$$

这样利用(16.6.37)式就可由 N 求得 ρ。

利用静力学方程

$$\frac{\partial P}{\partial h} = -\rho g \tag{16.6.38}$$

可以从空气密度求得 P，最后将 P 和 ρ 再代入(16.6.36)式求出 T，就得到了温度随高度变化的廓线。由于实际大气中存在水汽，由上述方法求出的温度与实际大气的温度并不完全相等，通常将上述方法反演获得的气温称为干温。在大气上层，由于水汽含量较少，反演的温度与实际温度很接近。图 16.41 为 GNSS 掩星反演的温度廓线，图中实线为反演结果，虚线为邻近探空站探测的温度曲线。从图中可以看出在对流层中上层及平流层温度反演结果与探空曲线一致性较好，而在对流层下层出现了明显偏差。

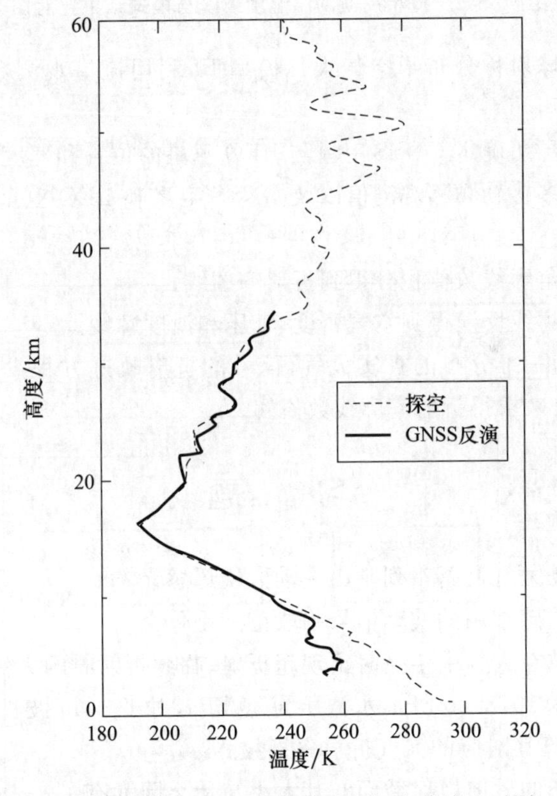

图 16.41　掩星反演的温度廓线与探空曲线比对图

目前，一般采用数值模式预报的温湿廓线作为初值进行反演，可同时获得温湿廓线，其误差大大减小。图 16.42 为 GPS 掩星反演的温湿廓线与模式结果的比对，其中反演的湿温比干温更接近模式预报值。

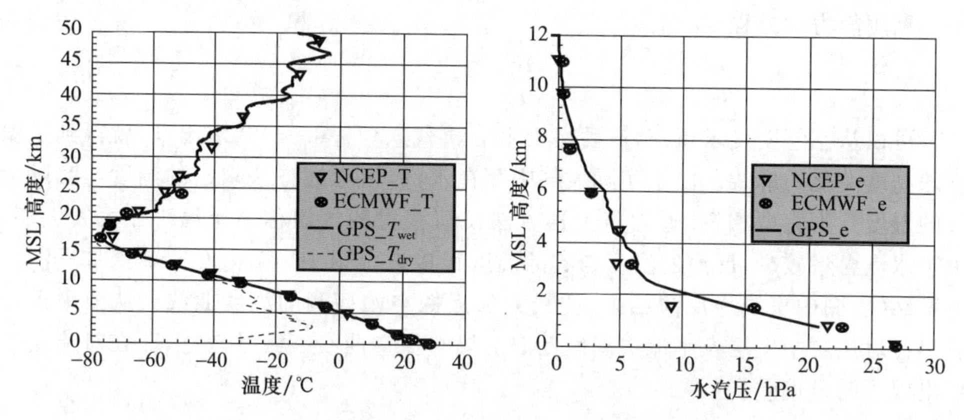

图 16.42　掩星反演的温湿度廓线与模式结果比对图

综上所述，在球对称分布干空气大气模型下，利用掩星观测数据反演温湿廓线的步骤可归纳如下：

(1)根据卫星星历确定 GNSS 卫星与 LEO 卫星的位置和速度信息；

(2)由掩星的多普勒频移观测值以及 GNSS 卫星和 LEO 卫星的位置、速度信息计算总折射角廓线；

(3)由总折射角廓线数值积分得到折射率廓线；

(4)由折射率廓线反演得到空气密度、气压和温度廓线。

对于折射率为三维分布的真实大气，信号的折射轨迹方程没有解析解，因此通常采用光线追迹法来求得折射率廓线数值解。

习　题

1. 什么是主动大气遥感？列举出主动大气遥感设备。

2. 主动大气遥感常用的波动信号频段范围是什么？

3. 简述电磁波在大气中传播时出现超折射、临界折射时的大气特点。

4. 已知气压为 1013.25 hPa，水汽压为 30 hPa，对于 3 cm 波长的微波和 2 μm 波长的光波，分别计算其对应的大气折射率指数 N。

5. 什么是粒子的后向散射截面？其大小与什么因素有关？

6. 利用瑞利散射理论，解释天空呈蓝色的原因。

7. 假定对于某种粒子，波长为 $\lambda_1=0.6\ \mu m$ 的红光和波长为 $\lambda_2=0.45\ \mu m$ 的蓝

光满足瑞利散射条件,计算两种波长光波后向散射截面的比值。

8. 简要说明天气雷达组成及其工作原理。

9. 分析天气雷达主要技术参数与雷达性能之间的关系。

10. 某气象台现有一部多普勒天气雷达,工作波长 10.3 cm,脉冲宽度 1.57 μs,脉冲重复频率 318 Hz。

(1)计算该雷达的最小作用距离。

(2)若多普勒频移为 60 Hz,则目标的径向速度应为多少?

(3)推导最大不模糊速度与最大不模糊距离的关系。

(4)若要求最大不模糊速度为 20 m/s,则最大不模糊距离应是多少?

11. 何为反射率因子?何为雷达反射率?

12. 推导雷达气象方程。

13. 试解释湍流大气对雷达波的散射机制。

14. 概述风廓线雷达的工作原理。

15. 简述激光雷达测量水平能见度原理。

16. 简述激光雷达测量大气成分浓度的差分吸收原理。

17. 简述激光雷达测量气温原理。

18. 声波散射截面大小与哪些因素有关?

19. 何为温度结构常数?其大小与什么因素有关?

20. 简述 RASS 测温工作原理。

21. 产生距离延迟的原因是什么?电离层延迟有何特点?中性大气延迟有何特点?

22. 天顶干延迟主要与什么因素有关?天顶湿延迟主要与什么因素有关?

23. 何为可降水量?加权温度与哪些因素有关?

24. 何为掩星事件?GNSS 掩星事件有何特点?

25. 何为碰撞参数?其有何特点?

26. 写出 Abell 变换关系式。

27. 何为干温?影响 GNSS 掩星反演温度准确性的因素有哪些?

28. 绘出地基 GNSS 遥感反演水汽总量的流程图。

29. 绘出天基 GNSS 掩星遥感温度廓线的流程图。

参考文献

丁金才,2009. GPS气象学及其应用[M]. 北京:气象出版社.

何平,2006. 相控阵风廓线雷达[M]. 北京:气象出版社.

胡明宝,2007. 天气雷达探测与应用[M]. 北京:气象出版社.

孙学金,胡明宝,王蕊,李浩,赵世军,2019. 大气遥感原理[M]. 北京:气象出版社.

王英俭,胡顺星,周军,等,2014. 激光雷达大气参数测量[M]. 北京:科学出版社.

杨训仁,陈宇,2007. 大气声学(第二版)[M]. 北京:气象出版社.

张培昌,杜秉玉,戴铁丕,2001. 雷达气象学[M]. 北京:气象出版社.

张日伟,孙学金,严卫,等,2014a. 星载激光多普勒测风激光雷达鉴频系统仿真(I):基于 Fizeau 干涉仪的 Mie 通道大气风速反演研究[J]. 物理学报,63(14):140702.

张日伟,孙学金,严卫,等,2014b. 星载激光多普勒测风激光雷达鉴频系统仿真(II):基于 Fabry-Perot 标准具的 Rayleigh 通道大气风速反演研究[J]. 物理学报,63(14):140703.

赵世军,孙学金,朱有成,等,2002. LEO 卫星轨道参数对 GPS 掩星数量和分布的影响[J]. 解放军理工大学学报(自然科学版),3(2):85-89.

第 16 章　主动式大气遥感
电子资源

第17章　被动式大气遥感

【学习指导】

1. 熟悉辐亮度概念与普朗克定律，会计算亮温，熟悉大气红外、微波吸收特性；

2. 了解气象卫星种类与应用特点、星载遥感器种类与功能，了解各国气象卫星发展现状，树立民族自信心；

3. 理解可见光云图成图原理，能从可见光云图中区分不同类型地物和种类的云；

4. 理解红外云图成图原理，能从红外云图中区分云顶高度和地表温度高低；

5. 熟悉红外遥感方程，理解透过率函数、权重函数概念，能解释温度、湿度廓线红外遥感反演原理；

6. 熟悉微波遥感方程，能解释水汽含量与云中含水量微波遥感反演原理；

7. 从被动遥感技术发展历史，培养透过现象探究本质的科学思维和创新方法。

被动式大气遥感是指遥感器接收大气或其他自然源（如太阳）发射的电磁辐射来获取大气信息的方法和技术。被动式遥感仪器设备没有发射部分，因此可以节省能源、缩小装备体积、减轻重量、降低造价。这些优点特别适合以卫星为观测平台进行的全球大气探测。

按遥感器接收的电磁波波段的不同，被动式大气遥感可分为可见光近红外遥感、红外遥感和微波遥感等。按观测平台的不同，被动式大气遥感可分为天基（卫星）遥感、空基（飞机、浮空气球）遥感和地基遥感等。本章首先介绍有关辐射量概念和基本辐射定律，然后重点阐述以卫星为观测平台的可见光、红外和微波被动遥感原理以及有关大气参数的反演方法，并对地基被动遥感作简要介绍。

17.1　辐射量与辐射定律

被动式大气遥感测量地球大气系统的温度、湿度和云雨演变等，是通过测量地球大气系统发射或反射的电磁辐射而实现的。因此，电磁辐射是被动式大气遥感的物理基础，而了解辐射的基本概念和基本定律是了解电磁辐射的关键。

17.1.1 基本辐射量

描述辐射的物理量主要包括辐射能、辐射通量、辐射通量密度、辐射强度和辐射率等,分别定义如下。

1)辐射能 Q

电磁辐射所携带的能量,或物体发射辐射的全部能量,单位为焦耳(J)。

2)辐射通量 Φ

单位时间内通过某一表面的辐射能,它表示了辐射能传递的速率,单位为瓦(W)。

$$\Phi=\frac{\partial Q}{\partial t} \tag{17.1.1}$$

3)辐射通量密度 F

通过单位面积的辐射通量,单位为瓦/米^2(W/m^2)。

$$F=\frac{\partial \Phi}{\partial A} \tag{17.1.2}$$

对于一个被照射的表面或发射的表面,还可使用以下术语:

① 辐照度 E:指投射到一表面上的辐射通量密度。

② 辐射度 M:指辐射体表面射出的辐射通量密度。

当表示辐照(射)度随波长的变化时,可定义光谱辐照(射)度 $E_\lambda=\mathrm{d}E(\lambda)/\mathrm{d}\lambda$ 或 $M_\lambda=\mathrm{d}M(\lambda)/\mathrm{d}\lambda$,其单位为 W/(m^2 · μm)。

4)辐射强度 I

用于描述点辐射源强度方向性的物理量,表示点辐射源在某一方向上单位立体角内的辐射通量,单位为瓦/球面度(W/sr)。

$$I=\frac{\partial \Phi}{\partial \Omega} \tag{17.1.3}$$

对于各向同性点辐射源,其辐射强度与辐射通量之间的关系是

$$I=\frac{\Phi}{4\pi} \tag{17.1.4}$$

5)辐射率 L

辐射率是用于描述面辐射源辐射强度方向性的物理量,是指面辐射源在单位时间内通过垂直与面元法线方向 $\boldsymbol{n}$ 上单位面积、单位立体角的辐射能,又称为辐射亮度,简称辐亮度,单位为瓦/(米^2 · 球面度)(W/(m^2 · sr))。辐射率是位置、方向和时间的函数。设辐射方向 $\boldsymbol{s}$ 与面元法线方向 $\boldsymbol{n}$ 的夹角为 θ,即天顶角为 θ,如图 17.1 所示。则

$$L(\theta)=\frac{\mathrm{d}^3 Q}{\mathrm{d}t\ \mathrm{d}\Omega\ \mathrm{d}A\ \cos\theta} \tag{17.1.5}$$

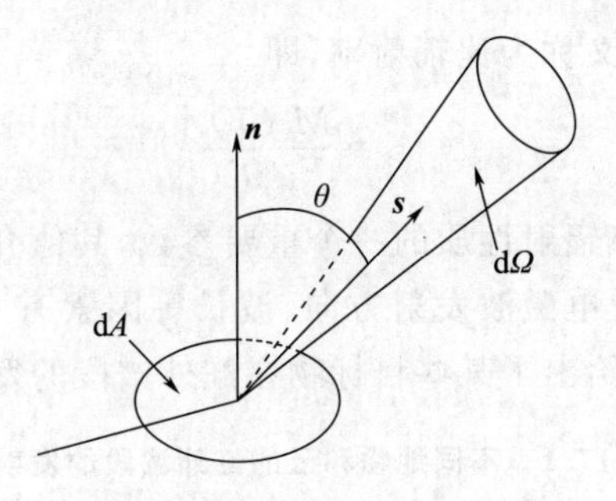

图 17.1　辐射率定义示意图

式中，立体角定义如图 17.2 所示。

$$d\Omega = \sin\theta d\theta d\phi = d\mu d\phi \tag{17.1.6}$$

式中，$\mu = \cos\theta$，ϕ 是方位角。当考虑光谱辐射率时，辐射率还是波长的函数。

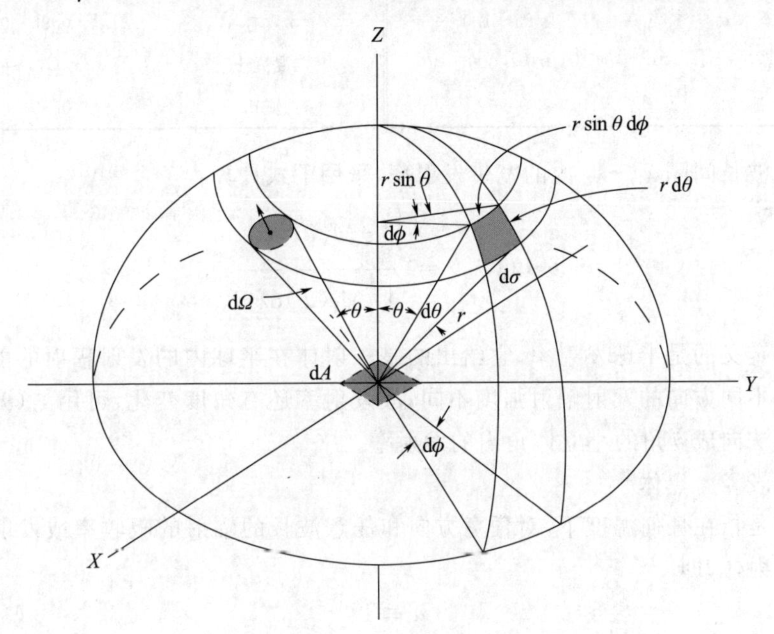

图 17.2　立体角定义示意图

对于朗伯源，其向各个方向的辐射率均相同，则辐射度与辐射率之间的关系为

$$M = \int_0^{\pi/2} L\cos\theta\sin\theta d\theta \int_0^{2\pi} d\phi = \pi L \tag{17.1.7}$$

17.1.2　辐射体和辐射平衡

17.1.2.1　发射率

发射率是指物体的光谱辐射度 $M_\lambda(T)$ 与相同温度相同波长的绝对黑体的光谱

辐射度 $F_{\lambda}(T)$的比值 ε_{λ}，又称为比辐射率，即

$$\varepsilon_{\lambda}=\frac{M_{\lambda}(T)}{F_{\lambda}(T)} \tag{17.1.8}$$

发射率是反映物体热辐射性质的一个重要参数，其值介于 0～1，与物体的结构、成分、表面特性、温度以及电磁波发射方向、波长等因素有关，黑体的发射率等于 1，不随波长变化。表 17.1 给出了某些目标物在红外谱段的发射率。

表 17.1　不同地物和云的红外波段的发射率

物体	发射率	物体	发射率
液态水	1.0	土壤	0.9～0.98
新雪	0.99	草地	0.9～0.95
老雪	0.82	沙漠	0.84～0.91
液态水云	0.25～1.0	森林	0.95～0.97
卷云	0.1～0.9	混凝土	0.71～0.9
冰	0.96	城市	0.85～0.87

对于波长间隔 $\lambda_1 \to \lambda_2$ 内的宽带发射率，采用下式计算：

$$\varepsilon(\lambda_1,\lambda_2)=\frac{\int_{\lambda_1}^{\lambda_2}\varepsilon_{\lambda}M_{\lambda}(T)\mathrm{d}\lambda}{\int_{\lambda_1}^{\lambda_2}M_{\lambda}(T)\mathrm{d}\lambda} \tag{17.1.9}$$

上面定义的是半球发射率，它给出的是辐射体在半球内的发射辐射的能力。由于物体在不同方向的发射辐射强度不同，故发射率还有角度变化，可用 $\varepsilon_{\lambda}(\theta)$表示与辐射表面法向成 θ 角的小立体角内的发射率。

17.1.2.2　黑体

黑体是指在任何温度下，对任意方向和任意波长的辐射的吸收率或发射率都等于 1 的辐射体，即

$$a_{\lambda}\equiv 1 \tag{17.1.10}$$

或者说，在热力学定律允许的范围内，最大限度地把热能转变为辐射能的理想热辐射体称黑体。黑体是一个理想的热辐射体，在自然界并不存在，但是在实验室可以近似地制作它，图 17.3 为一人造黑体。当外界辐射能经由小孔射于空腔时，此辐射能经过多次反射后，几乎不可能再由小孔射出，故可视为辐射能被空腔所完全吸收，而称之以完全黑体。自然界的某些物体(如太阳)可看作黑体。

17.1.2.3　灰体

灰体是指吸收率或发射率与波长无关，且为小于 1 的常数的辐射体，即

$$a_{\lambda}=\text{常数}<1 \tag{17.1.11}$$

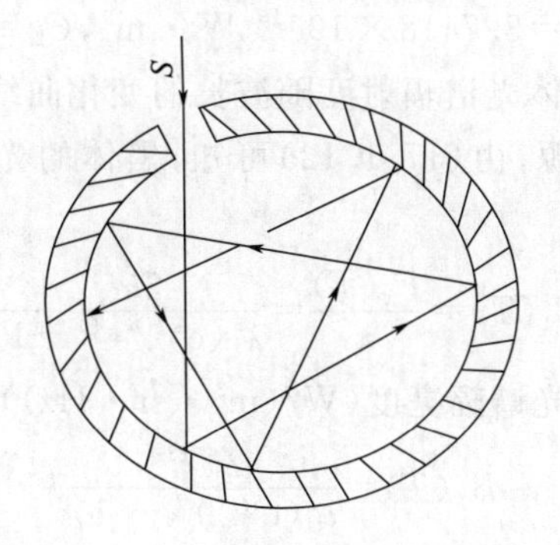

图 17.3　人工制造的接近黑体的辐射体

17.1.2.4　选择性辐射体

选择性辐射体是指吸收率或发射率随波长而变的辐射体。

在自然界中，绝大多数物体是选择性辐射体。一些选择性辐射体在某些波长间隔内的吸收率随波长变化很小，可以近似看作灰体。在红外波段，一些地表的吸收率近似于 1，这些物体在这一波段可近似看成黑体。

17.1.2.5　辐射平衡与局地热力平衡

自然界的所有物体都以辐射形式放出能量，同时也吸收外界的辐射能量。如果放出的辐射能量恰好等于吸收外来的辐射能，我们就说该物体处于辐射平衡。

地球大气是具有一定温度的，时刻在发射辐射，消耗本身的内能。同时，又吸收其他物体从各方面射来的辐射，使内能增加。当射出的辐射能恰好等于接收的辐射能，则地球大气处于热辐射平衡态。对于地球大气系统，它不是孤立的，要受到太阳辐射和其他微粒流的作用，同时大气内存有温度梯度，所以大气中完全的热力平衡是没有的。但当大气的分子密度比较大，而辐射过程相对于大气分子碰撞使内能分布均匀的时间慢很多时，虽然大气的温度在变化，仍可把每一给定的瞬时状态看作是辐射平衡的，可以用一定的温度 T 来描述，称为局地热力学平衡。实际大气中，在 50 km以下可以认为大气处在局地热力平衡。

17.1.3　辐射定律

17.1.3.1　普朗克定律

普朗克在 1900 年成功地引进量子概念，将辐射当作不连续的微粒子，从理论上得出与实验符合的黑体光谱辐射度 $F_\lambda(T)$ 与温度 T、波长 λ 之间的关系：

$$F_\lambda(T)=\frac{2\pi hc^2}{\lambda^5}\frac{1}{e^{hc/(\lambda k_B T)}-1}=\frac{C_1}{\lambda^5(e^{C_2/(\lambda T)}-1)} \tag{17.1.12}$$

这就是普朗克定律。式中，$F_\lambda(T)$ 为黑体光谱辐射度（$W/(m^2\cdot\mu m)$），普朗克常数 $h=6.63\times10^{-43}$ J·s，c 为光速，玻尔兹曼常数 $k_B=1.38\times10^{-23}$ J/K，C_1 和 C_2 为

第一和第二辐射常数,$C_1=3.7418\times10^{-16}$ W·m^2,$C_2=1.4388\times10^{-2}$ m/K。图17.4给出了不同温度下黑体光谱辐射度随波长的变化曲线。

由于绝对黑体为朗伯源,由(17.1.12)可知,黑体的光谱辐亮度(W/(m^2·sr·μm))为

$$B_\lambda(T)=\frac{F_\lambda(T)}{\pi}=\frac{2hc^2}{\lambda^5(e^{hc/(\lambda k_B T)}-1)} \tag{17.1.13}$$

以频率 f 表示的黑体光谱辐亮度(W/(m^2·sr·Hz))为

$$B_f(T)=\frac{2hf^3}{c^2(e^{hf/(k_B T)}-1)} \tag{17.1.14}$$

以波数 v 表示的黑体光谱辐亮度(W/(m^2·sr·cm^{-1}))为

$$B_v(T)=\frac{2hc^2v^3}{e^{hcv/(k_B T)}-1} \tag{17.1.15}$$

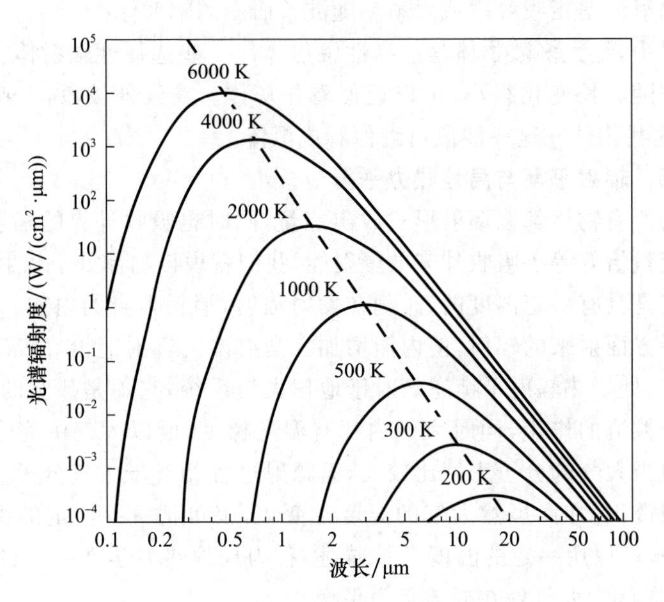

图 17.4　不同温度下黑体光谱辐射度曲线

利用普朗克定律,可定义物体的亮温。若已知物体在某波长的光谱辐亮度 $L_\lambda(T)$,而温度为 T_b 的绝对黑体发射的同样波长的光谱辐亮度与之相等,则这一黑体的温度 T_b 就称为该实际物体的亮温,计算公式为:

$$T_B=\frac{hc}{\lambda k_B}\cdot\frac{1}{\ln\left[\frac{2hc^2}{\lambda^5 L_\lambda(T)}+1\right]} \tag{17.1.16}$$

17.1.3.2　瑞利-金斯(Rayleigh-Jeans)定律

在 λT 很大的情况下,如波长在1 mm～30 cm的微波波段,300 K左右的正常大

气温度下，有$(hc/k_B\lambda T)\ll 1$，则 $e^{\frac{hc}{\lambda k_B T}}\approx 1+\frac{hc}{\lambda k_B T}$，此时，(17.1.13)可简化为

$$B_\lambda(T)=\frac{2k_Bc}{\lambda^4}T \tag{17.1.17}$$

式(17.1.17)即瑞利-金斯辐射定律，此时辐亮度与温度之间呈线性关系，瑞利-金斯辐射定律是普朗克定律在微波波段的近似。当$(hc/\lambda k_B T)<0.019$ 时，用瑞利-金斯辐射定律代替普朗克定律进行辐亮度计算的误差小于 1%。

由(17.1.14)式，可得到

$$B_f(T)=\frac{2k_Bf^2}{c^2}T \tag{17.1.18}$$

设大气温度为 T，其实际物体的微波辐亮度为 $L_f(T)$，把它等效于温度为 T_{bf} 的黑体的辐射，则由(17.1.18)式有：

$$T_{bf}=\frac{c^2L_f(T)}{2k_Bf^2} \tag{17.1.19}$$

当大气的发射率 ε_f 已知时，根据定义：

$$\varepsilon_f=\frac{L_f(T)}{B_f(T)}=\frac{T_{bf}}{T} \tag{17.1.20}$$

于是，只要知道微波波段的亮温 T_{bf} 和发射率，便可容易地求出大气的实际温度 T：

$$T=\frac{1}{\varepsilon_f}T_{bf} \tag{17.1.21}$$

由此可见，由于微波段的黑体辐亮度 $B_f(T)$ 与温度具有简单的线性关系，给微波遥感温度带来许多方便。

17.1.3.3　维恩(Wien)位移定律

在普朗克定律发现之前，德国物理学家威廉·维恩于 1893 年通过实验数据经验总结发现：在一定温度范围内，黑体辐射本领最大值相对应的峰值波长 λ_{max} 与其热力学温度 T 的乘积为一常数，即

$$\lambda_{max}T=b \tag{17.1.22}$$

(17.1.22)式称为维恩位移定律。式中，b 为维恩常量，$b=2.8978\times10^{-3}$ m·K。维恩位移定律说明随着温度的增加，辐射的峰值向短波方向移动，如图 17.4 中虚线所示。

17.1.3.4　斯蒂芬-波尔兹曼(Stefan-Boltzmann)定律

一个黑体表面单位面积在单位时间内辐射的总能量，即辐射度 $F(T)$ 与其热力学温度 T 的 4 次方成正比，即

$$F(T)=\sigma T^4 \tag{17.1.23}$$

(17.1.23)式称为斯蒂芬-波尔兹曼定律。式中 σ 为斯蒂芬-波尔兹曼常数：$\sigma=$

5.6687×10^{-8} W/(m^2 · K^4)。

17.1.3.5 基尔霍夫(Kirchhoff)定律

德国物理学家基尔霍夫于1859年提出,用于描述物体的发射率与吸收率之间的关系。在热力学平衡条件下,各种不同物体对相同波长的单色辐射出射度与单色吸收率之比值都相同,并等于该温度下黑体对同一波长的单色辐射出射度。

$$F_\lambda(T)=\frac{M_\lambda(T)}{a_\lambda} \tag{17.1.24}$$

由(17.1.10)发射率定义,则有

$$\varepsilon_\lambda=a_\lambda \tag{17.1.25}$$

因此,根据基尔霍夫定律,一个物体在某波长处的发射率等于吸收率,即其在某波长的发射辐射能力越强,其吸收该波长辐射的能力也越强。

17.2 气象卫星及星载遥感器

气象卫星是指在卫星上携带各种气象探测仪器,遥感测量诸如气温、湿度、风、云等气象要素以及各种天气现象的专用卫星。气象卫星的出现极大地促进了大气科学的发展,在探测理论和技术、灾害性天气监测、天气分析预报等方面发挥了重要作用。

17.2.1 气象卫星发展概况

20世纪50年代后期,空间技术迅速发展,出现了人造卫星。1960年4月1日,美国成功发射了第一颗气象试验卫星泰罗斯-1(TIROS-1),开创了人类从太空自上而下观测大气的新纪元。气象卫星按轨道类型大致可分为两种:一种是圆形近极地太阳同步轨道卫星,简称极轨气象卫星;另一种是地球同步轨道卫星,简称静止气象卫星。至今发射了气象卫星的国家和组织主要有中国、美国、日本、俄罗斯、印度、韩国和欧洲气象卫星组织等。

美国是世界上最先拥有极轨和静止气象卫星的国家,也是当今世界上拥有气象卫星数目最多、星载遥感器及其资料应用最丰富、最先进的国家。美国的极轨气象卫星自1960年发射第一颗极轨气象卫星TIROS-1开始,历经60多年,目前最新在轨运行的是NOAA-20。

欧洲气象卫星组织(EUMETSAT)发展静止气象卫星要远早于极轨气象卫星。1977年首次发射静止气象卫星METEOSAT-1,目前在轨运行的是第二代业务静止气象卫星(MSG),设计有四颗卫星(METEOSAT-8,METEOSAT-9,METEOSAT-10,METEOSAT-11)。2022年启用第三代静止气象卫星(MTG),MTG将包含6颗卫星:4 个 MTG-I 成像卫星以及两个 MTG-S 大气探测卫星。EUMETSAT 于 2006 年发射了第一颗极轨气象卫星 METOP-A,METOP 系列包含 3 颗极轨气象卫星,METOP-B、METOP-C 分别于 2012 年和 2018 年发射。

日本以发展静止气象卫星为主。日本葵花(Himawari)系列静止气象卫星发展了三代。1997 年发射了其第一代静止气象卫星 GMS,GMS 系列卫星发射了 5 颗。2005 年发射了其第二代静止气象卫星,即多用途卫星 MTSAT,MTSAT 系列卫星发射了 2 颗。2014 年发射了其第三代静止气象卫星,日本第三代静止气象卫星发射了 2 颗,即 Himawari-8 和 Himawari-9。

我国是世界上少数几个同时拥有极轨和静止气象卫星的国家之一。自 1988 年第一颗风云系列卫星升空,截止到 2021 年风云(FY)-3E 的发射,这期间中国共成功发射了 19 颗风云系列气象卫星,包括极轨系列的 FY-1A 到 FY-1D、FY-3A 到 FY-3E,以及静止系列的 FY-2A 到 FY-2H、FY-4A 和 FY-4B。

风云一号气象卫星是中国研制的第一代太阳同步轨道气象卫星,FY-1A 和 FY-1B 为试验星,FY-1C 和 FY-1D 为业务星。目前,中国极轨气象卫星在轨运行的是风云三号系列。FY-3(01)批由 FY-3A 和 FY-3B 两颗试验星组成,FY-3(02)批由 FY-3C 和 FY-3D 两颗业务星组成,FY-3(03)批由 3 颗太阳同步轨道卫星和 1 颗低倾角轨道降水测量专用卫星组成。FY-3E 是 FY-3(03)批的首发星,也是风云卫星家族里首颗晨昏轨道卫星,它与在轨的 FY-3C 星、FY-3D 星组网,形成“黎明、上午、下午”三星组网的运行格局,实现全球观测的 100%覆盖。FY-3E 星具有高精度光学微波组合大气温度湿度垂直分布探测能力、主动遥感仪器风场精确探测能力、高时效的全球百米量级分辨率光学成像观测能力、太阳和空间环境综合探测能力等四大探测能力,能够有效提高全球数值天气预报精度和时效。

风云二号气象卫星是中国研制的第一代静止轨道气象卫星,FY-2(01)批包括 FY-2A 和 FY-2B 两颗试验星,FY-2(02)批包括 FY-2C、FY-2D 和 FY-2E 三颗业务卫星,为确保向新一代静止气象卫星风云四号的平稳过渡,FY-2(03)批规划了 FY-2F、FY-2G 和 FY-2H 三颗业务卫星。目前,中国第二代静止轨道气象卫星已经在轨运行,FY-4A 于 2016 年发射,属于试验星,FY-4B 于 2021 年发射,属于业务星。风云四号在世界上首次实现静止轨道成像观测和红外高光谱大气垂直探测综合观测,首次实现了我国天基闪电观测,风云四号 B 星搭载的快速成像仪首次实现全球静止气象卫星空间分辨率最高(250 m)的观测,区域扫描仅需1 min,大幅提升卫星对地观测效率和时空分辨率。与风云二号系列卫星相比,风云四号卫星是具有划时代意义的新一代静止气象卫星,主要的功能亮点表现在实现了静止轨道上的三维大气廓线探测、高空间分辨率高频次观测和闪电时空分布探测,这些必将为我国未来的天气监测服务提供强有力的卫星观测支撑。

17.2.2 卫星运动的基本规律

气象卫星在其所在的轨道上对地球大气进行观测,它所携带的遥感器及其工作方式、观测范围,资料的地面接收与处理都与卫星的运行有关。为了在地面跟踪和接收卫星数据,就必须了解卫星在空间中的运动规律。

17.2.2.1 卫星的运动方程

在考虑卫星运动轨迹时,通常假定地球是一个匀质的理想球体,质心就是地心;卫星与地球的距离远大于卫星本身,卫星看成是质点;卫星与地球相比,卫星质量很小,其对地球的影响可忽略。此外,忽略其他天体、大气对卫星的作用,即只考虑地球引力的作用。

气象卫星的轨道是近于圆形的,在地球引力的范围内,地球对卫星具有吸引力,即万有引力。卫星围绕地球以速度 $\boldsymbol{v}$ 作匀速圆周运动,所需的向心力就是万有引力,表示为:

$$F(r)=-\frac{GMm}{r^2}=-\frac{um}{r^2} \tag{17.2.1}$$

式中,G 为万有引力常数,$G=6.67259\times10^{-11}\,\mathrm{N\cdot m^2/kg^2}$,$M$ 为地球质量,$M=5.997\times10^{24}\,\mathrm{kg}$,$m$ 为卫星的质量,u 是开普勒常数,$u=3.986032\times10^{14}\,\mathrm{m^3/s^2}$,$r=h+R$ 是卫星到地心的距离。$F(r)<0$ 为引力,$F(r)>0$ 为斥力。

在以地球质心为原点的直角坐标系中,设 $r^2=x^2+y^2+z^2$,则卫星的运动方程可以写成

$$m\frac{\mathrm{d}^2x}{\mathrm{d}t^2}=-u\frac{m}{r^2}\frac{x}{r} \tag{17.2.2}$$

$$m\frac{\mathrm{d}^2y}{\mathrm{d}t^2}=-u\frac{m}{r^2}\frac{y}{r} \tag{17.2.3}$$

$$m\frac{\mathrm{d}^2z}{\mathrm{d}t^2}=-u\frac{m}{r^2}\frac{z}{r} \tag{17.2.4}$$

通过计算,可知卫星运动轨迹满足平面方程形式。由此可见,卫星在有心力场中运动,其轨道必在过地心的一个平面内。也就是说,卫星轨道平面通过地球中心。

卫星在轨道中运动时,不仅受地球引力的作用,还受到太阳和月球等其他星体的引力、太阳的直接与间接辐射压力、大气阻力的作用,此外,地球不规则球体及质量分布不均匀使得引力发生变化,这些力统称为摄动力。由摄动力引起的轨道参数的变化与理想情况下所产生的偏差就称为卫星轨道的摄动。其中最主要的摄动是由于地球并不是一个理想球体,而是一个在赤道地区有些微隆的椭球体所造成的卫星轨道平面的进动,即卫星的轨道平面绕地球自转轴旋转的现象。

赤道微隆起的部分对卫星产生一个额外的引力,这个引力的方向在南北半球都

是指向赤道，由于这个引力的作用，产生一个力矩，在这个力矩的作用下，卫星的轨道平面便绕地球自转轴作缓慢的转动。卫星轨道平面的进动角速度与卫星高度和倾角有关：

$$\frac{\mathrm{d}\Omega}{\mathrm{d}t}=\frac{10^2}{(1-e^2)^2}\left(\frac{R}{R+h}\right)^{-3.5}\cos i \tag{17.2.5}$$

式中，e 为地球偏心率，h 为卫星高度，i 为轨道平面倾角，R 为地球半径。

17.2.2.2　卫星轨道参数

卫星轨道是指卫星在空间绕地球运行的轨道。目前，在轨运行的气象卫星基本上采用圆形轨道。天球面上卫星轨道参数如图 17.5 所示。

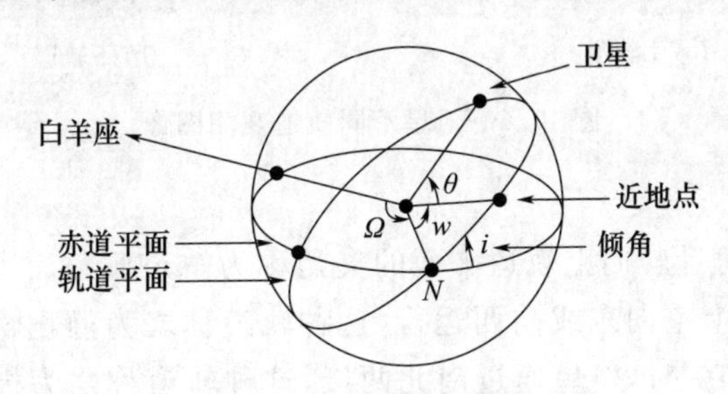

图 17.5　卫星轨道参数

1)环绕速度

指卫星作圆轨道运动所具有的速度。

$$V_{圆}=\sqrt{\frac{u}{h+R}} \tag{17.2.6}$$

式中，h 是卫星高度，即卫星离地球表面的垂直距离，R 是地球半径，为 6.356752×10^6 m(极半径)和 6.378137×10^6 m(赤道半径)，平均值为 6.371009×10^6 m。

2)周期

指卫星沿轨道绕地球飞行一周所需的时间。

$$T=2\pi\sqrt{\frac{(h+R)^3}{u}} \tag{17.2.7}$$

美国 2005 年发射的 NOAA-18 极轨气象卫星，轨道高度为 870 km，可知其线速度为 7.42 km/s，周期为 102.14 min。静止卫星轨道高度约为 35800 km，周期约为 24 h，与地球自转周期相等。

3)星下点

指卫星与地球中心连线在地球表面的交点。由于卫星的运动和地球的自转，星下点在地球表面形成一条连续的轨迹，这一轨迹称为星下点轨迹。

4)升交点/降交点

卫星由南向北运行与赤道平面的交点称之为升交点，卫星由北向南运行与赤道平面的交点称之为降交点。

5)上轨道/下轨道

卫星由南向北运动的轨道称之为上轨道,卫星由北向南运动的轨道称之为下轨道。图 17.6 给出了上轨道和下轨道轨迹图。

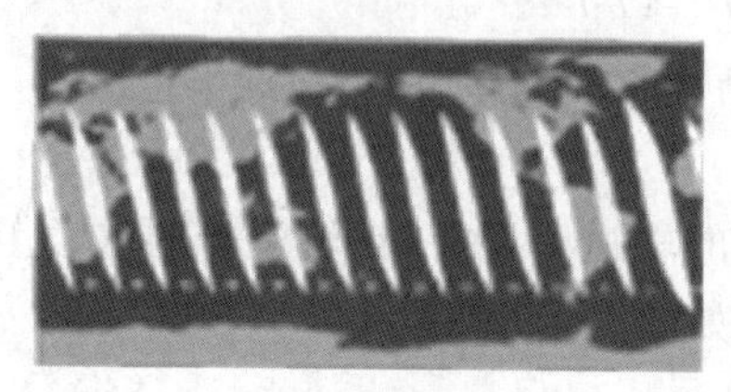

(a) 上轨道　　(b) 下轨道

图 17.6　卫星不同轨道观测图像

6)轨道倾角

由赤道平面逆时针转向上轨道平面的夹角称为轨道倾角。当轨道倾角 $i=0°$ 或 $180°$ 时,卫星在赤道上空向东或向西运行,这种轨道称之为静止轨道或赤道轨道;当轨道倾角 $i=90°$ 或 $270°$ 时,卫星通过南北两极,这种轨道称之为极轨道;当轨道倾角 $0<i<90°$ 时,卫星顺地球自转方向,由西南向东北方向运动,这种轨道称之为顺行轨道或前进轨道;当轨道倾角 $90°<i<180°$ 时,卫星逆地球自转方向,由东南向西北方向运动,这种轨道称之为逆行轨道或后退轨道。

7)截距

由于在卫星绕地球公转的同时,地球不停地自西向东旋转。所以,当卫星绕地球转一周后,地球相对于卫星要转过一定度数,这个度数称为截距。可见,截距是连续两次升交点之间的经度差。

由于地球自转一周需要 24 h,所以每小时地球转过 15°。如果把地球看作不动,则卫星轨道相对于地球每小时向西偏移 15 个经度。设截距 L 的单位为度,周期 T 的单位为小时,则截距与卫星轨道周期的关系为

$$L=T\times 15°/\mathrm{h} \tag{17.2.8}$$

截距常用来进行卫星轨道的预告。若上一轨道升交点的经度为 λ_n,下一轨道升交点的经度为 λ_{n+1},则:

$$\lambda_{n+1}=\lambda_n \pm L \tag{17.2.9}$$

式中,当升交点位于西经取"+",升交点位于东经取"-"。

17.2.2.3　卫星姿态的控制

卫星姿态是指卫星在空间相对于轨道平面、地球表面或任何坐标系的固定取向。它决定于卫星仪器对地面的观测方式和资料的可利用性。卫星姿态的控制有自旋稳定、三轴定向稳定和重力梯度稳定等方式,目前气象卫星所用的主要是自旋

稳定和三轴定向稳定方式。

(1)自旋稳定

卫星围绕自转轴以一定的角速度旋转，则卫星本身具有较大的角动量。在空间阻力极小的情况下，卫星的角动量近似守恒。因此，自转轴的方向始终不变，指向宇宙空间某一定点。自旋稳定又分平动式和滚动式两种，如图 17.7 所示。平动式是指自转轴平行轨道平面，仪器窗在底面；滚动式是指自转轴垂直轨道平面，仪器窗在侧面。

(2)三轴定向稳定

卫星不自转，而是依靠一系列装置，使卫星在俯仰轴、横滚轴和偏航轴三个方向上保持稳定取向。如图 17.8 所示，俯仰轴(Y 轴方向)与卫星轨道平面垂直，控制卫星上下摆动；横滚轴(X 轴方向)平行于轨道平面，且与轨道方向一致，控制卫星左右摆动；偏航轴(Z 轴方向)指向地球中心，控制卫星沿轨道方向运行。三轴定向稳定的优点是可连续地获取地球大气信息。采用三轴定向稳定方式是目前的发展趋势。

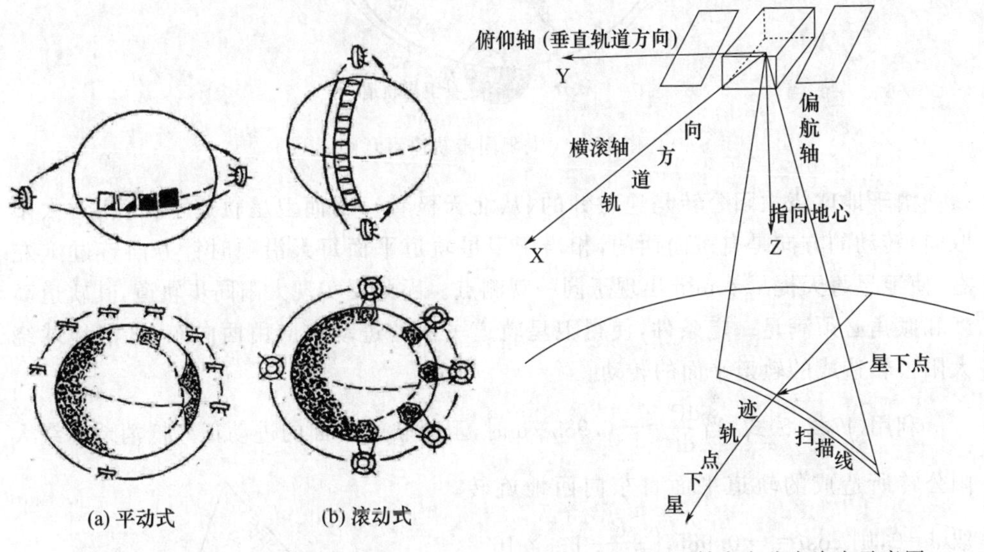

图 17.7　自旋稳定方式示意图

图 17.8　卫星三轴定向稳定姿态示意图

17.2.3　气象卫星种类

气象卫星通常有两类：极轨气象卫星和静止气象卫星。随着观测需要，目前也开始发展大椭圆轨道的卫星。

17.2.3.1　极轨气象卫星

极轨气象卫星通常采用圆形近极地太阳同步轨道，其轨道的偏心率为 0，轨道倾角 i 接近90°，同时，卫星的轨道平面和太阳始终保持相对固定的取向，如图 17.9 所示。

由于地球绕太阳公转过程中，其还在绕地轴不停地自转，而卫星又是绕地球运转的。因此,卫星的轨道平面也跟地球一起不停地围绕着太阳公转(如果不考虑其他运动)。地球绕太阳转一圈是 365 d,此时间内卫星轨道平面法线方向改变了360°,每天轨道平面转动的角度为:360°/365 d=0.985°/d。

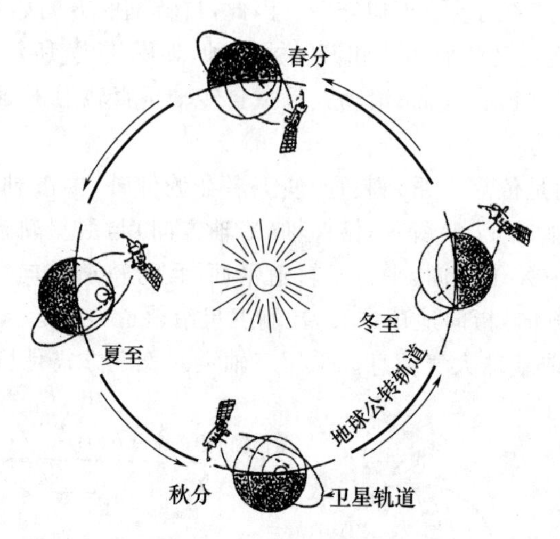

图 17.9　太阳同步轨道示意图

由于地球绕太阳公转是逆时针的(从北天极看),因而卫星轨道平面(相对太阳取向)转动的方向是自东向西的,相当于卫星轨道平面每天沿顺时针方向转过 1°左右,使卫星每天提早 4 min 出现于同一观测点。因此要实现太阳同步轨道,其轨道高度和倾角必须满足一定条件,使得卫星轨道平面的进动方向由西向东,抵消地球绕太阳公转造成的轨道平面的转动。

利用(17.2.5)式,当$\frac{d\Omega}{dt}=-0.985°/d$时,卫星轨道平面的进动正好抵消地球绕太阳公转所造成的轨道平面自东向西地旋转。取 $e=0$,则 $\cos i=-0.985\left(\frac{R}{R+h}\right)^{3.5}\times10^{-2}$,所以,$i$、$h$ 相互配备,即可实现太阳同步。如我国风云一号气象卫星轨道高度为 901 km,其轨道倾角 $i=99°$。图 17.10 所示为极轨卫星轨道示意图。采用这样高度和倾角的轨道,太阳光对卫星轨道平面的照射方向固定不变,从而保证卫星在每天同一位置获得同样的光照条件。

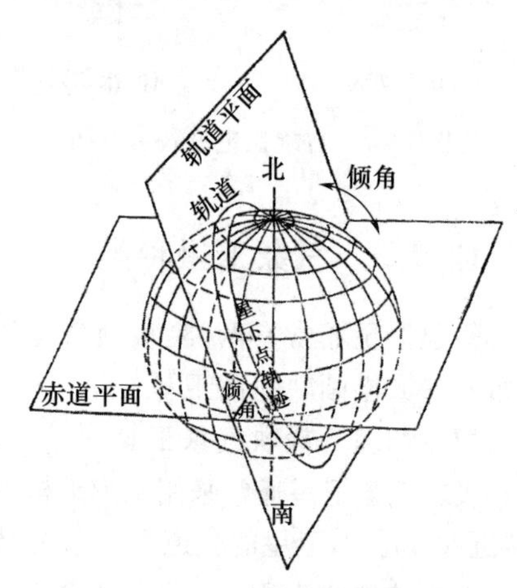

图 17.10　极轨卫星轨道示意图

利用极轨气象卫星进行遥感探测的优点

是：探测范围较大，可兼顾极地高纬度地区观测，因而可实现全球探测；同时每天对某地观测能得到大致相同光照条件，便于与常规资料配合使用；轨道低，空间分辨率较高。缺点是获得的资料时间分辨率低，每天只能有 2 次过顶探测，不利于中小尺度天气的连续监测。

17.2.3.2　静止气象卫星

静止气象卫星采用地球同步轨道。根据定义可知，要实现地球同步卫星轨道，卫星运动方向与地球自转方向一致，轨道平面与赤道平面重合，即在赤道上空，并且要采用圆形轨道，卫星轨道周期与地球自转周期一致，同为 23 h56 min04 s。

由于 $T=2\pi\sqrt{\frac{(R+h)^3}{u}}$，所以 $h=\sqrt[3]{\frac{u}{4\pi^2}T^2}-R=42230-6370=35860$ km。

因此，静止气象卫星的轨道高度必须为 35860 km。图 17.11 为分别位于经度 0°以及东西经 75°、135°的 5 颗静止气象卫星观测范围示意图。

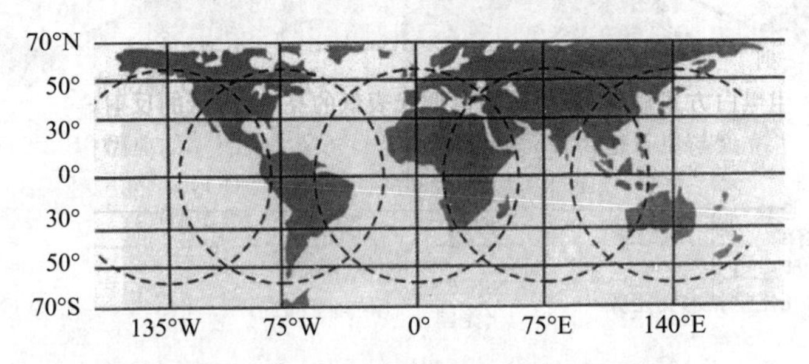

图 17.11　静止气象卫星遥感范围示意图

采用静止气象卫星进行遥感探测的优点是：观测的范围大，一颗卫星可观测地球 1/4 面积；时间分辨率高，可实现 5 min、30 min 或 1 h 间隔的连续观测，有利于观测追踪中纬度中小尺度天气；可以用于收集和转发气象资料。缺点是无法对两极进行遥感探测，同时，由于轨道高度高，空间分辨率相对较低。

17.2.3.3　全球气象卫星探测系统

根据前述极轨卫星和静止卫星轨道特点，对全球范围内大气环境作连续探测，单凭一颗静止卫星和极轨卫星是无法实现的，必须将多颗静止卫星与极轨卫星组合在一起，发挥各自优势，弥补其短处，形成一个全球卫星探测系统，如图 17.12 所示。目前，全球已形成中国风云系列气象卫星、美国气象卫星与欧洲气象卫星三足鼎立的局面，并且东半球的气象预报主要靠中国的风云气象卫星提供相关资料。此外，日本、韩国、印度、俄罗斯等国家的气象卫星也在全球气象卫星观测业务中发挥了重要作用。目前，静止气象卫星体系主要由位于经度 0°和 63 °E 附近的欧洲气象卫星组织 METEOSAT 卫星、74 °E 附近的印度 INSAT 卫星、105 °E 附近的中国 FY-2/4 卫星、140 °E 附近的日本葵花卫星、135 °W 附近的美国 GOES-W 和 75 °W 附近的美国 GOES-E 卫星组成;极轨气象卫星体系主要包括美国的 NOAA 系列气象卫星、中国的 FY-1/3 系列气象卫星、俄罗斯的 METEOR 系列气象卫星,欧洲气象卫星组织的 METOP 系列卫星等。

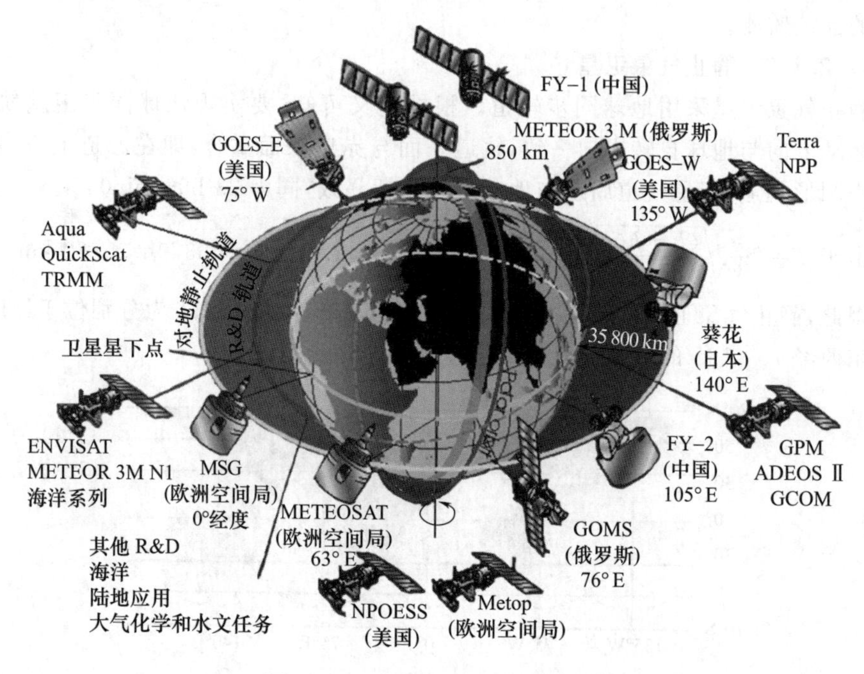

图 17.12 全球气象卫星探测系统

17.2.4 星载遥感器

卫星获取地球大气信息的遥感器可以是主动的,也可以是被动的。目前在轨的主动遥感器有 2014 年发射的全球降水测量卫星 GPM(global precipitation measurement mission)上的双频微波测雨雷达 DPR(dual-frequency precipitation radar),2006 年发射的云测量卫星 CloudSat 上的毫米波云廓线雷达 CPR(cloud profiling radar)以及 CALIPSO 卫星上的云和气溶胶偏振激光雷达 CALIOP(cloud-aerosol lIdar with orthogonal polarization),以及 2018 年 ESA 发射的 Aeolus 卫星上的激光多普勒测风雷达 ALADIN(atmospheric laser doppler instrument)等。由于主动遥感器体积大、重量重和能耗高,所以,目前业务用气象卫星上装载的传感器以被动式为主。

通常将被动接收来自地球大气系统自身发射或反射太阳辐射的仪器称为辐射仪,它由定向或空间扫描镜、光学分系统、探测器,信号处理分系统、信号输出装置等部分组成,图 17.13 为辐射仪的前端组成结构示意图。定向或空间扫描镜,用于获取不同位置的遥感信号。在大多数可见光和红外遥感器中，这种能力是由机械扫描镜提供的。卫星沿轨道向前的运动提供一维扫描，旋转镜则提供左右方向的另一维扫描，如图 17.14 所示；光学分系统由一次反射镜、二次反射镜和分色镜等组成，用于收集目标物发出的辐射能；探测器是将接收到的辐射能转换为电信号。信号处理分系统将探测器的电信号放大到所需要的输出电平，通过模数转换，并将其处理为所要求的格式流；信号输出装置将被信号处理系统处理好的信息发送给天线或记录到仪器内部的有关介质上。此外，在被动式遥感系统中，常需要装载定标设备，用它来确定灵敏度或响应率，卫星在轨定标所用参考源为星上内部黑体和宇宙空间。

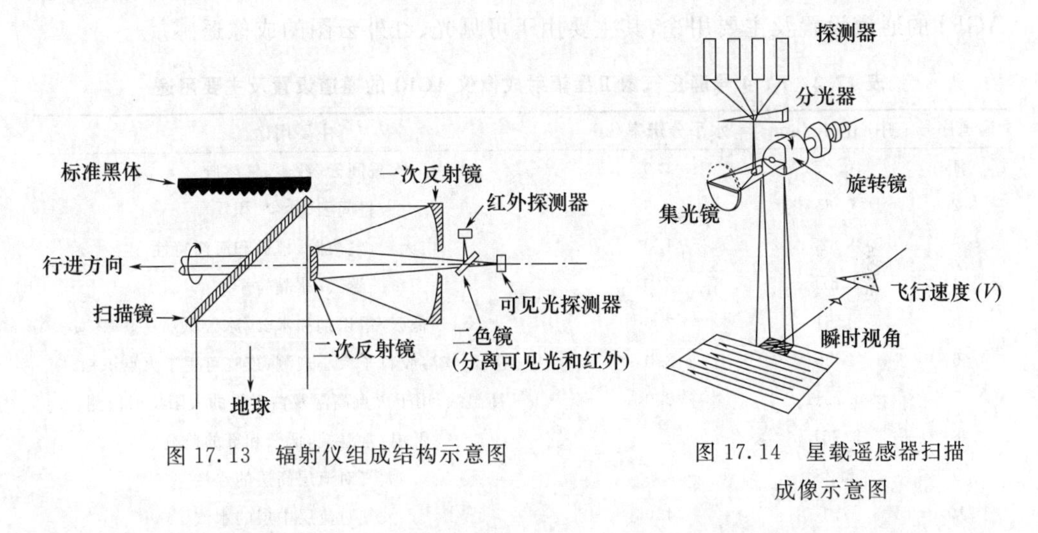

图 17.13　辐射仪组成结构示意图

图 17.14　星载遥感器扫描成像示意图

辐射仪按照用途划分，可分为辐射成像仪、垂直探测器和其他特殊用途探测仪器。辐射成像仪主要用于气象目标物成像，垂直探测器主要用于大气特性或组成的垂直剖面探测。

辐射成像仪按照探测的光谱波段划分，又可分为可见光红外扫描辐射计和微波扫描辐射成像仪等。可见光红外扫描辐射计主要用于获取云、植被、冰雪和海面温度分布，进行森林火灾、沙尘暴和干旱等监测。可见光红外扫描辐射计主要有我国 FY 静止气象卫星系列上的静止轨道先进辐射成像仪 AGRI、FY 极轨气象卫星系列上的多通道可见光红外扫描辐射计 VIRR、美国 NOAA 极轨气象卫星系列的先进的甚高分辨率辐射器 AVHRR 以及可见光/红外成像辐射计 VIIRS 等。微波成像仪主要用于获取降水量、土壤湿度、洋面风速、海冰形态、云、水体等信息。目前业务使用的有中国风云三号系列卫星上的微波辐射成像仪 MWRI(micro-wave radiation imager)等。

按照探测的光谱波段划分，垂直探测器可分为红外大气垂直探测器和微波大气垂直探测器。红外大气垂直探测器主要用于获取晴空区的气温、湿度廓线，地表温度、海面温度、云性质等。代表性的红外大气垂直探测器有美国 NOAA 极轨气象卫星系列的高分辨率红外探测器 HIRS/3、跨轨扫描红外大气探测器 CrIS、中国 FY 极轨卫星系列的高光谱红外探测器 HIRAS 等。微波大气垂直探测器主要用于全天候获取气温、湿度廓线、云中液态水含量和地表特性等,以美国 NOAA 极轨气象卫星系列的先进微波探测单元 AMSU、先进技术微波探测器 ATMS、中国 FY 极轨卫星系列的微波温度计 MWTS、微波湿度计 MWHS 等为代表。

其他探测仪器包括美国 NOAA 极轨气象卫星系列上的地球辐射收支仪 ERBS,紫外后向散射仪 SBUV 等。

表 17.2 给出了我国 FY-4 号静止气象卫星搭载的静止轨道先进辐射成像仪 AGRI 的通道设置及主要用途,其主要用于可见光、红外云图的成像遥感。

表 17.2 FY-4 号静止气象卫星辐射成像仪 AGRI 的通道设置及主要用途

通道序号	中心波长/μm	水平分辨率/km	主要用途
1	0.47	1.0	昼间云、沙尘、气溶胶
2	0.65	0.5	昼间云、沙尘、积雪
3	0.825	1.0	白天云、气溶胶、植被和海洋特性
4	1.375	2.0	卷云(冰晶粒子)
5	1.61	2.0	低云/雪识别和水云/冰云识别
6	2.25	2.0	卷云、气溶胶粒子大小观测;夜晚可用于火点识别
7	3.75H	2.0	高温端,用于火点高温及白天强的太阳反射监测
8	3.75L	4.0	低温/常温端,低云和雾的监测
9	6.25	4.0	大气对流层高层的水汽
10	7.1	4.0	大气对流层中层的水汽
11	8.5	4.0	沙尘信息判别
12	10.7	4.0	大气窗区,观测地球表面和云顶温度
13	12.0	4.0	窗区边缘,弱吸收
14	13.5	4.0	CO_2 吸收带,探测云、对流层中低层及地表信息

表中,H 表示高空间分辨率,L 表示低空间分辨率

17.3 可见光近红外被动遥感

可见光近红外遥感主要是利用反射、散射或透射的太阳辐射对气象参数或天气现象进行的遥感。目前,我国风云四号卫星辐射成像仪 AGRI 在可见光近红外波段观测通道的中心波长分别为 0.47 μm、0.65 μm、0.825 μm、1.375 μm、1.61 μm、2.25 μm,其他气象卫星在可见光近红外波段的观测通道类似。卫星可见光近红外遥感利用的是反射的太阳辐射,主要的大气遥感产品是白天可见光云图、气溶胶光学厚度,而地基可见光近红外遥感利用的则是透射或漫射散射的太阳辐射,可对气

溶胶光学厚度、全天空云分布等进行遥感反演。利用月球反射的太阳光(月光)还可以获得夜间微光云图。本节主要介绍卫星可见光云图、气溶胶光学厚度的遥感原理。

17.3.1　可见光遥感方程

由于大气在可见光波段的吸收系数较小,近于透明,所以卫星在这些波段接收的辐射主要来自地面、云面对太阳辐射的反射辐射,这些辐射量通过可见光遥感方程来描述。

1)物理过程

由维恩位移定律可知,辐射温度大约是 5900 K 的太阳,其辐射峰值的波长在 0.5 μm 左右,位于绿光区域内,它是可见光波谱的中心。而大气的温度在 300 K 左右,其辐射峰值的波长在 10 μm 左右,因此,卫星遥感器接收的可见光波段的辐射主要来自于地面、大气和云对可见光波段太阳辐射的反射。图 17.15 描述了可见光辐射与地面、大气和云之间可能存在的相互作用。可见光波段的太阳辐射在大气中主要受到气体分子、气溶胶以及云的散射、吸收,以及地表、云体、海表的反射。

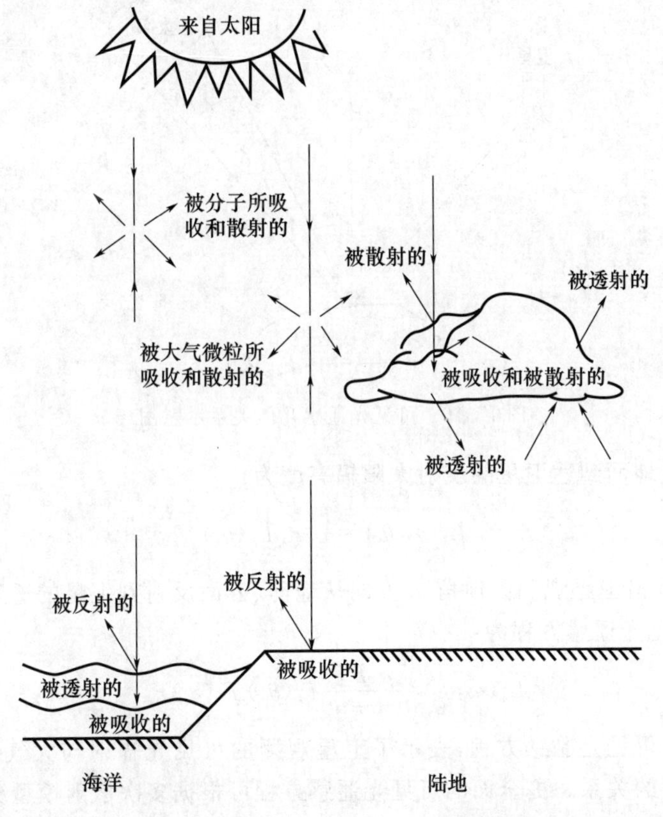

图 17.15　可见光辐射与地面、大气和云之间可能存在的相互作用

2)可见光遥感方程

假定大气是平面、平行、非散射大气,即不考虑大气对可见光波段太阳辐射的散射。

如图 17.16 所示,太阳天顶角为 θ_0,太阳截面对地球所张的立体角为 ω_0,直射太阳辐射的光谱辐亮度为 $B_{\lambda\otimes}$,则到达大气顶的太阳直射辐照度为 $F_{\lambda\otimes}$:

$$F_{\lambda\otimes}=B_{\lambda\otimes}\omega_0 \tag{17.3.1}$$

到达地面水平面的辐照度为:

$$E_\lambda=F_{\lambda\otimes}\mu_0 T_\lambda(\theta_0) \tag{17.3.2}$$

式中,$T_\lambda(\theta_0)$为沿天顶角 θ_0 方向从大气顶到地面的透射率,$\mu_0=\cos\theta_0$。

若地面、云面为各向同性的漫反射体,则地表反射的太阳辐亮度:

$$L_{s\lambda}=\frac{E_\lambda}{\pi}r_{s\lambda} \tag{17.3.3}$$

式中,$r_{s\lambda}$为云顶或地表反照率,表示反射的太阳辐射通量密度与入射的直接太阳辐射通量密度的比值。

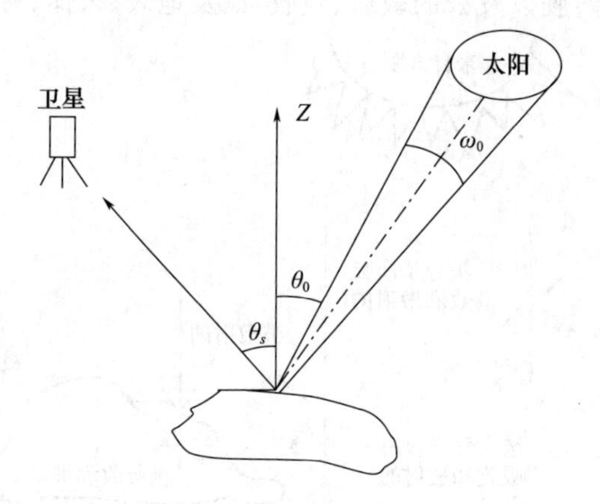

图 17.16 可见光遥感几何关系示意图

由云面或地面到达卫星的反射太阳辐亮度为:

$$L_\lambda(\infty,\theta_s)=\frac{E_\lambda}{\pi}r_{s\lambda}T_\lambda(\theta_s) \tag{17.3.4}$$

式中,$T_\lambda(\theta_s)$为沿卫星观测天顶角 θ_s 方向从地面、云面反射到卫星的透射率。

所以,可见光遥感方程为:

$$L_\lambda(\infty,\theta_s)=\frac{\mu_0 F_{\lambda\otimes}}{\pi}T_\lambda(\theta_0)T_\lambda(\theta_s)r_{s\lambda} \tag{17.3.5}$$

式(17.3.5)为可见光遥感方程,表示了卫星观测的可见光辐射与大气透射率、地面反照率等之间的关系。更全面的可见光遥感方程可根据多次散射模型分析得到。

17.3.2 可见光云图

可见光云图是星载辐射成像仪在可见光波段观测的辐亮度经处理后生成的反映云层分布的图像。

可见光波段，大气透射率近似为 1，即 $T_\lambda(\theta_0)\approx 1$，$T_\lambda(\theta_s)\approx 1$，且 $F_{\lambda\otimes}$ 为常数，所以由(17.3.5)式可见，$L_\lambda(\infty,\theta_s)$ 正比于 $r_{s\lambda}\mu_0$。

在一幅图像观测的短时间内，太阳天顶角变化不大，通过扫描方式改变卫星观测的天顶角 θ_s，即可获得不同地理位置的辐亮度 $L_\lambda(\infty,\theta_s)$ 或反照率 $r_{s\lambda}$，将反照率 $r_{s\lambda}$ 按照不同大小赋以不同的色调，即生成了可见光云图。一般反照率 $r_{s\lambda}$ 越大，颜色越白；反之，反照率 $r_{s\lambda}$ 越小，颜色越黑。图 17.17 为我国风云二号静止气象卫星 1997 年 6 月 21 日的第一幅可见光云图。

图 17.17　风云二号气象卫星的第一幅可见光云图

当卫星观测的视场像元无云时，色调表示的是地表反照率大小；当卫星观测的视场像元有云时，色调表示的是云顶反照率大小。不同类型的地表和云，其反照率不同，在可见光云图上的色调也不同，如表 17.3 所示。黑色为反照率较低的海洋、高原湖泊、大面积森林覆盖区，白色为反照率较高的积雨云、厚的卷层云，且下面有中、低云和降水。因此，可见光云图的色调实际上反映的是地表或云顶的反照率，由此可对地表类型或云的类别进行识别。

利用可见光云图进行地表类型和云类识别时，需要注意以下几个问题：一是要注意生成可见光云图的波段的影响。由于反照率 $r_{s\lambda}$ 与波长 λ 有关，同一物体，不同波长的反照率不同，因而在识别地表类型或云类时需要考虑观测通道波长不同引起的色调差异。二是要注意太阳天顶角的影响。太阳天顶角随时间和地理位置而变化，在生成可见光云图，已对太阳天顶角对反照率的影响进行了订正(μ_0)，使得不同像元的色调反映的仅是地表(云顶)反照率的差异,但是由于大气散射的影响,这种订正并未完全消除,尤其是太阳天顶角较大时,这种订正会出现较大误差,从而造成图像边缘与中心色调的差异,在利用不同时次的可见光云图进行分析时以及分析云图边缘云的性质时需要特别加以注意。三是要注意卫星观测天顶角的影响。在可见光波段,大气近于透明,透射率接近于1,但是仍然存在大气散射衰减,特别是气溶胶较多时,$T_\lambda(\theta_0)<1$,$T_\lambda(\theta_s)<1$,若不对大气衰减进行修正,则可见光云图的色调还受大气衰减影响,在云图的边缘与中间部位卫星观测的天顶角差异较大,会给大气衰减修正带来偏差,从而导致同样类别的地表或云,却色调不同(陈渭民,2003)。

表 17.3　不同云和地表的可见光反照率及在可见光云图上的色调

色调	目标物	反照率
黑色	海洋、高原湖泊、大面积森林覆盖区	7%
深灰色	牧场、草地、耕地	17%
灰色	陆地上的晴天积云、沙漠、陆地上单独出现的卷云、河流、湖泊等	29%
灰白色	大陆上的中高云、中等厚度的云(中云、低云、雾)	36%
白色	积雪、冰冻的湖泊和海洋	59%
浓白色	积雨云、厚的卷层云,且下面有中、低云和降水	92%

17.3.3　气溶胶光学厚度遥感

在有气溶胶情况下,大气对可见光近红外辐射的散射作用不能忽略,到达大气顶的上行太阳辐射中不仅有地表的反射辐射,还有大气对太阳辐射的散射辐射。在晴空大气下,若只考虑大气对太阳辐射的一次散射作用以及地表对太阳辐射的反射作用,则到达大气顶的上行太阳辐射为:

$$L_\lambda(\infty;\mu,\varphi)=L_\lambda^{\text{path}}(\infty;\mu,\varphi)+\frac{\mu_0 F_{\lambda\otimes}}{\pi}\cdot\frac{T(\mu_0)r_{s\lambda}T(\mu)}{1-r_{s\lambda}R_a^*} \tag{17.3.6}$$

式中,$F_{\lambda\otimes}$为大气顶的直射太阳光谱辐照度;$\mu_0=\cos\theta_0$为太阳天顶角的余弦,μ、φ为卫星观测天顶角的余弦和方位角;(17.3.6)式右边第一项为大气路径漫射辐射,表示由于大气对太阳辐射的一次散射所造成的上行漫射辐射;右边第二项是由于地面与大气之间的多次反射所造成的上行漫射辐射。R_a^*为大气对从下方入射的辐射的反照率,一般与从上方入射的辐射的反照率相同,$T(\mu_0)$和$T(\mu)$分别为整层大气向下和向上的透射率。$r_{s\lambda}$为地表反照率,当地表为朗伯体时,其与方向无关。

大气路径漫射辐射:

$$L_\lambda^{\text{path}}(\infty;\mu,\varphi)\approx\frac{\tilde{\omega}\cdot\tau}{4\pi\mu}F_{\lambda\otimes}P(\mu,\varphi;-\mu_0,\varphi_0) \tag{17.3.7}$$

式中,$P(\mu,\varphi;-\mu_0,\varphi_0)$是相函数,代表从$(-\mu_0,\varphi_0)$方向入射的直接太阳辐射在$(\mu,\varphi)$方向散射的能量比例;$\tilde{\omega}$为单散射反照率;$\tau$为大气总光学厚度。

利用入射直射太阳辐射强度$\frac{F_{\lambda\otimes}\mu_0}{\pi}$对(17.3.6)、(17.3.7)式归一化后，得到大气顶表观反照率公式为：

$$r^{\mathrm{TOA}}(\mu,\varphi;\mu_0,\varphi_0)=r^{\mathrm{path}}(\mu,\varphi;\mu_0,\varphi_0)+\frac{T(\mu_0)T(\mu)r_{s\lambda}}{1-r_{s\lambda}R_a^*} \tag{17.3.8}$$

式中，$r^{\mathrm{path}}(\mu,\varphi;\mu_0,\varphi_0)$为大气路径辐射等效反照率，即纯粹由大气散射所造成的漫射辐射贡献，其中包含了气溶胶光学厚度信息。

$$r^{\mathrm{path}}(\mu,\varphi;\mu_0,\varphi_0)=\frac{\tilde{\omega}\cdot\tau}{4\mu\mu_0}P(\mu,\varphi;-\mu_0,\varphi_0) \tag{17.3.9}$$

(17.3.8)式中的表观反照率 $r^{\mathrm{TOA}}(\mu,\varphi;\mu_0,\varphi_0)$可由卫星上的辐射计测量确定，是已知量，而 $r^{\mathrm{path}}(\mu,\varphi;\mu_0,\varphi_0)$、$r_{s\lambda}$、$R_a^*$、$T(\mu_0)$、$T(\mu)$均为未知量，因此，要从(17.3.8)式反演出气溶胶光学厚度涉及两个问题：一是需要事先已知气溶胶光学参数，即气溶胶单次散射反照率 $\tilde{\omega}$、气溶胶散射相函数 P 等光学参数，这样可计算出 R_a^*、$T(\mu_0)$、$T(\mu)$；二是需要已知地表反照率 $r_{s\lambda}$，这样才可对地表反射噪声进行确定和去除。当从(17.3.8)中分离出 $r^{\mathrm{path}}(\mu,\varphi;\mu_0,\varphi_0)$后，则可由(17.3.9)式反演出大气总光学厚度：

$$\tau=\frac{r^{\mathrm{path}}(\mu,\varphi;\mu_0,\varphi_0)}{P(\mu,\varphi;-\mu_0,\varphi_0)}\frac{4\mu\mu_0}{\tilde{\omega}} \tag{17.3.10}$$

(17.3.10)式中的总光学厚度包括大气分子的瑞利散射和气溶胶散射的贡献，因此，需从反演出的总光学厚度中减去瑞利散射光学厚度才能得到气溶胶光学厚度(AOD)。

围绕气溶胶光学参数的确定以及地面反照率的确定，发展了适应不同地表下垫面的多种 AOD 反演算法，这里就不一一介绍了，有兴趣的读者可参阅相关文献。目前，利用 MODIS 可见光与近红外波段的 0.66 μm、0.86 μm、0.47 μm、0.55 μm、1.24 μm、1.64 μm 和 2.12 μm 7 个可见光和近红外通道观测的表观反照率，已实现了对陆地、海洋上空的气溶胶光学厚度(AOD)的反演，其中陆地暗地表 AOD 的不确定度达到 $\pm(0.05+0.15\tau)$，海洋 AOD 的不确定度达到 $\pm(0.03+0.05\tau)$。

17.4　红外被动遥感

温度大约是 300 K 的地气系统，其辐射峰值波长在 10 μm 附近的红外区域内。因此，可通过对红外辐射的测量遥感大气、地表和云的特性。通过红外遥感，可获取昼夜红外云图、水汽图、晴空区海面温度、晴空区大气温湿廓线、监测火情等。本节重点介绍红外云图的成像原理以及晴空区海面温度和温湿廓线遥感反演原理。

17.4.1　大气、地表和云的红外辐射特性

大气是由气体分子和悬浮在气体分子中的尘埃、水滴和冰晶等固体和液体微粒

构成。它们的大小尺度如表17.4所示。由于散射与粒子的尺度和辐射的波长有关,对红外波段,大气分子因散射的削弱是可以忽略不计的,但当大气中含有较多气溶胶时,散射的影响变大。

表17.4　大气分子和气溶胶粒子尺度

名称	大气分子	尘埃	雾	云滴	雨滴
半径/μm	10^{-4}	$10^{-3}\sim10^{0}$	$10^{0}\sim10^{1}$	$10^{0}\sim10^{1}$	$10^{2}\sim10^{4}$

在大气各种气体成分的吸收光谱中,有一些强吸收区域,这些强吸收区域,称之为吸收带,如图17.18所示。在红外波段,二氧化碳(CO_2)在中心波长15 μm、4.3 μm、2.7 μm有强的吸收带。水汽(H_2O)在中心波长6.3 μm、2.7 μm有两个红外吸收带。臭氧(O_3)在中心波长9.6 μm有强的吸收带。由于大气在这些气体成分中的某些波段具有强烈的吸收,按照基尔霍夫定律,在这些吸收带,这些气体也有强烈的辐射,这些辐射信息将成为遥感大气的物理基础。

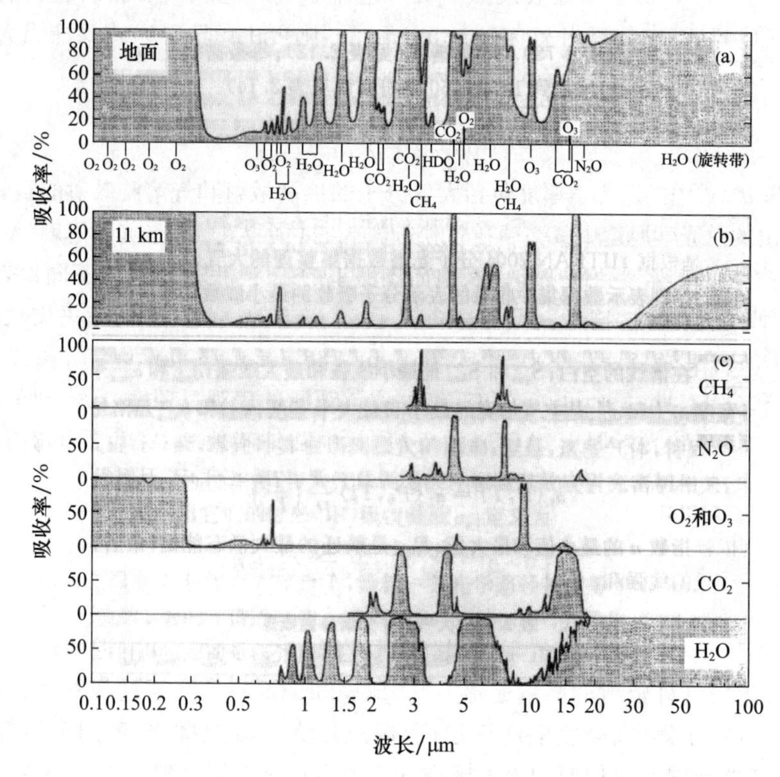

图17.18　大气分子吸收谱

(a)表示大气顶到地面整层大气的吸收率谱;(b)表示大气顶到对流层顶(约11 km)的吸收率谱;(c)表示大气中几种主要气体分子的吸收率谱

在卫星大气遥感中，以地表为背景，研究地表辐射特性，对大气遥感也是非常重要的。在红外波段（如 4～120 μm），地表发射率几乎与波长和地表性质无关，其发射率在 0.9～1.0，平均值约为 0.95。因此，在红外遥感中，常把地表作为黑体来处理，但在定量化的遥感中需要考虑不同地表的发射率差异。

在大气遥感中，云既是遥感的对象，又是地-气系统的中间界面，对大气遥感的影响非常重要。云的红外辐射特性与云滴的大小、含水量（云数密度）和云层的厚度等密切相关。对于低云而言，含水量大、云滴较大且云层较厚，其发射率在 0.9～1.0。对于高云而言，云层较稀薄、云滴小、含水量低，其发射率在 0.4～0.95。

17.4.2　红外遥感方程

红外辐射在大气中传输，一方面要受到大气的衰减，另一方面大气本身也发射一定的红外辐射，传输过程不仅与辐射能的波长有关，而且与大气的成分和状态有关，辐射传输方程定量地给出了红外辐射传输规律。

1）物理过程

卫星接收到的红外辐射主要包括：云和地面发射的红外辐射，大气中各吸收气体发射辐射，地面和云面反射的大气向下的红外辐射，地面和云面反射的太阳辐射中红外波段的辐射，以及大气对太阳辐射中红外波段辐射的散射辐射。其中地面和云面反射的太阳辐射中红外波段的辐射以及大气对太阳辐射中红外波段辐射的散射辐射占比很小，可忽略。

2）红外遥感方程

在建立大气红外遥感时，首先对实际大气作合理的简化，假设大气是平面平行非散射大气，即假定：①大气是水平均匀的分层介质，所有的物理参数都只是高度的函数，并忽略地球曲率的影响，把地面看作平面。这样假定的合理性是，一方面实际大气中温度、气压的垂直变化大于水平变化约三个数量级，另一方面，在卫星遥感中，仪器的瞬时视场与地球半径相比是很小的。②忽略散射削弱的作用。这是因为如前所说，晴空大气对红外辐射的散射作用与吸收作用相比，通常小得多，因此，在这里可不考虑散射的作用。

如图 17.19 所示，考虑空间 M 点附近的单位截面（$ds=1$）及长度为 dl 的小圆柱体，当一束光谱辐亮度为 L_v 的单色辐射沿方向 $\boldsymbol{l}$ 通过距离 dl 后，辐亮度 L_v 的改变量 dL_v 为：

$$dL_v(\boldsymbol{l})=L_v(\boldsymbol{l}+d\boldsymbol{l})-L_v(\boldsymbol{l})=dL_v^{(1)}(\boldsymbol{l})+dL_v^{(2)}(\boldsymbol{l}) \tag{17.4.1}$$

式中，$dL_v^{(1)}(\boldsymbol{l})$表示由于柱体内气体吸收所造成的衰减量，$dL_v^{(2)}(\boldsymbol{l})$表示由于柱体内空气自身发射的辐射。$\boldsymbol{l}$ 一方面代表辐射传输方向，另一方面代表沿该方向的几何位置，下标 v 表示辐射的波数。

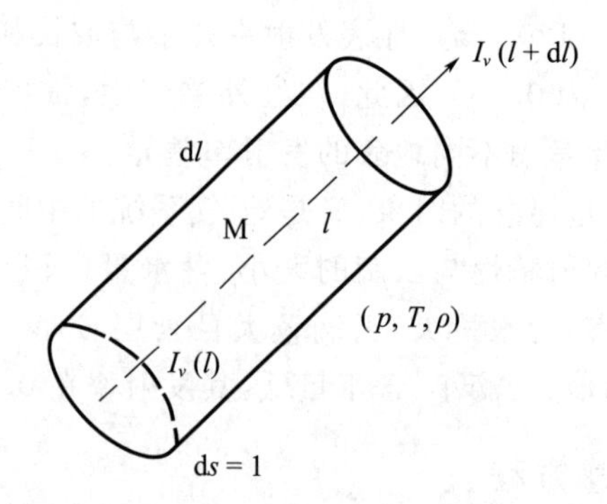

图 17.19　空气柱中的辐射传输

根据比尔-朗伯定律，在有吸收、无散射的介质中：

$$dL_v^{(1)}(\boldsymbol{l})=-k_v(l)L_v(\boldsymbol{l})\rho dl \tag{17.4.2}$$

式中，ρ 是吸收气体的密度，k_v 为吸收气体质量吸收系数，单位为 $cm^2 \cdot g^{-1}$。

同样，柱体内沿 $\boldsymbol{l}$ 方向的发射辐射为：

$$dL_v^{(2)}(\boldsymbol{l})=k_v(l)B_v(T)\rho dl \tag{17.4.3}$$

式中，$B_v(T)$ 是温度为 T 的黑体辐亮度。

将(17.4.2)、(17.4.3)式代入(17.4.1)式得：

$$dL_v(\boldsymbol{l})=[-L_v(\boldsymbol{l})+B_v(T)]k_v(l)\rho dl \tag{17.4.4}$$

在(x,y,z)直角坐标系中，设 $\boldsymbol{l}$ 与天顶方向 z 轴的夹角为 θ，由于 $dl=\sec\theta dz$，则(17.4.4)式改写为

$$dL_v(z,\theta)=[-L_v(z,\theta)+B_v(T)]k_v(z)\rho\sec\theta dz \tag{17.4.5}$$

定义透射率函数为

$$T_v(z,\theta)=\exp\left\{-\sec\theta\int_z^\infty \rho k_v(z)dz\right\} \tag{17.4.6}$$

表示从高度 z 到大气顶沿天顶角 θ 方向的波数为 v 大气透射率，其值从大气顶的取值为1随高度向下减小，最小为0。透射率函数对高度 z 求导得：

$$\frac{\partial T_v(z,\theta)}{\partial z}=\rho k_v(z)T_v(z,\theta)\sec\theta \tag{17.4.7}$$

(17.4.7)式代入(17.4.5)式得：

$$dL_v(z,\theta)=[-L_v(z,\theta)+B_v(T)]\frac{dT_v(z,\theta)}{T_v(z,\theta)} \tag{17.4.8}$$

整理得

$$T_v(z,\theta)dL_v(z,\theta)+L_v(z,\theta)dT_v(z,\theta)=B_v(T)dT_v(z,\theta) \tag{17.4.9}$$

于是有

$$d[L_v(z,\theta)T_v(z,\theta)]=B_v(T)dT_v(z,\theta) \tag{17.4.10}$$

对(17.4.10)式由 0→∞积分：

$$L_v(\infty,\theta)-L_v(0,\theta)T_v(0,\theta)=\int_0^\infty B_v(T)\frac{\partial T_v(z,\theta)}{\partial z}\mathrm{d}z \tag{17.4.11}$$

式中，$L_v(\infty,\theta)$为大气顶沿天顶角 θ 方向的上行辐亮度，可认为是卫星观测仪器的入瞳辐亮度。$L_v(0,\theta)$为地表处的上行辐亮度，它由三部分组成：地表自身发射的辐射 $L_v^{(1)}(0,\theta)$、地表对来自大气下行辐射的反射 $L_v^{(2)}(0,\theta)$以及地表对太阳直射辐射的反射 $L_v^{(3)}(0,\theta)$。由于地表在红外波段近似为黑体，吸收率接近 1，于是后两部分可忽略，地表自身发射的辐亮度 $L_v^{(1)}(0,\theta)$与 θ 无关，由基尔霍夫定律得：

$$L_v^{(1)}(0,\theta)=k_{vs}B_v(T_s) \tag{17.4.12}$$

式中，T_s 为地表温度，k_{vs} 为地表吸收率。

于是(17.4.11)式改写为：

$$L_v(\infty,\theta)=k_{vs}B_v(T_s)T_v(0,\theta)+\int_0^\infty B_v(T)\frac{\partial T_v(z,\theta)}{\partial z}\mathrm{d}z \tag{17.4.13}$$

(17.4.13)式为卫星红外遥感方程，是卫星从空间遥感地表和大气的物理基础。式左边项表示到达卫星的上行红外辐射，式右边第一项表示地表(或云顶)辐射项，是地表或云顶发射的红外辐射透过上层大气后到达卫星的上行红外辐射；右边第二项表示大气辐射项，是大气各层发射的红外辐射透过上层大气后到达卫星的上行红外辐射，其中包含了大气温度信息和吸收气体含量信息，是开展大气温度廓线和气体含量廓线遥感的基础。

到达卫星的上行红外辐射 $L_v(\infty,\theta)$中有 2 个变量：一个是观测天顶角 θ，一个是观测通道的波数 v。固定波数，改变观测天顶角，就形成了成像扫描遥感方式；固定天顶角，采用不同波数的通道对同一像元同时进行观测，就形成了垂直廓线遥感方式。这是目前卫星大气遥感中最常用的两种遥感方式。前者获得的产品为各类卫星图像产品，后者获得的产品主要有温湿廓线、大气成分廓线等。

17.4.3　红外云图与表面温度遥感

红外云图是星载辐射成像仪在大气红外窗区通道观测的辐亮度经处理后得到的反映云层亮温分布的图像。

在大气红外窗区波段，如中心波长为 10.7 μm 的大气红外窗区波段，透射率 $T_v(0,\theta)\approx1$，$T_v(z,\theta)\approx1$，因而$\frac{\partial T_v(z,\theta)}{\partial z}=0$，(17.4.13)简化为：

$$L_v(\infty,\theta)=k_{vs}B_v(T_s) \tag{17.4.14}$$

由于在红外波段，云、地表面可看作黑体，故 $k_{vs}\approx1$，则(17.4.14)式又简化为

$$L_v(\infty,\theta)=B_v(T_s) \tag{17.4.15}$$

这样，通过扫描方式获取不同天顶角的大气窗区通道的 $L_v(\infty,\theta)$，实际上代表

的是地表发出的辐亮度,从而可以反演出地表温度 T_s。需指出的是,上述推导过程是将红外波段的云和地表近似地作为黑体处理,且忽略了大气的吸收和散射作用。实际上,云和地表不是真正的黑体,所有类型地表的发射率都小于1,大气对云和地表辐射具有吸收衰减作用,因此,由卫星接收到的辐亮度反演出的温度比实际地表温度要低,反演的温度为地表亮温 T_{bb}。

由卫星观测的辐亮度 $L_v(\infty,\theta)$ 和普朗克定律得:

$$T_{bb}=hcv\left[k\ln\left(\frac{2hc^2v^3}{L_v(\infty,\theta)}+1\right)\right]^{-1} \tag{17.4.16}$$

实际的地表温度与亮温之间的关系为:

$$T_s=T_{bb}+\Delta T \tag{17.4.17}$$

式中,ΔT 为温度修正值。大量卫星观测资料分析表明,温度修正值达到5～10 K,与大气中的水汽含量以及地表性质有关。

如果卫星观测的像元为较厚的云像元,则所反演的亮温为云顶亮温。对于不同云顶高度的云,云顶温度修正值也不同。

从上述分析可以看出,红外云图实质上反映的是地表、云顶等的亮温通过色调处理形成的云图。亮温越高,颜色越黑;亮温越低,颜色越白。由于云顶高度越高,云顶温度越低,因此色调越白;反之,云顶高度越低,云顶温度高,色调越黑。这样通过红外云图中色调的差异就可以区分出云顶高度,对云的种类进行识别。

图17.20给出了同时刻的红外云图和可见光云图。比较这两种云图,可发现同一台风云系在不同的云图上表现出不同的特征,但也有许多相似性,结合可见光云图与红外云图可以很好地了解台风云系结构。表17.5给出了不同地物在可见光云图和红外云图上的色调差异。表中各物像所对应的色调,只是概念性的,由于决定物像色调的因素很多,实际工作中仅按表中所示的色调判别是不够的。

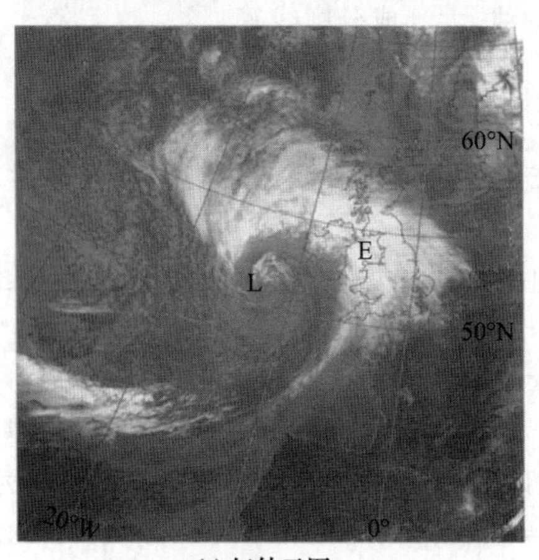

(a) 红外云图

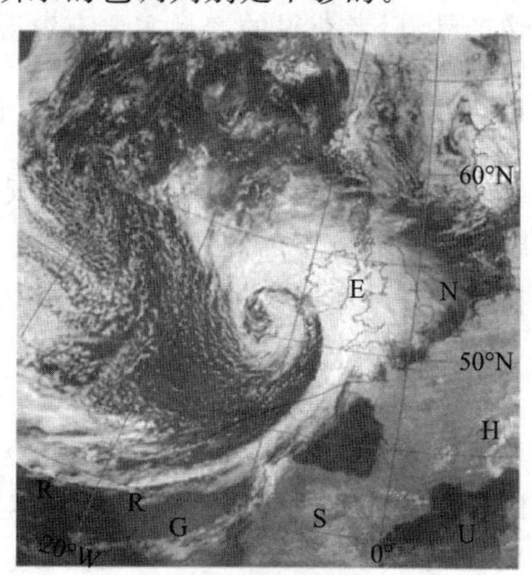

(b) 可见光云图

图17.20　1986年8月1日14:55(UTC)的红外与可见光云图

表 17.5　不同地物在可见光云图与红外云图上的色调

<table>
<tr><td colspan="2" rowspan="2"></td><td colspan="6">可见光云图</td></tr>
<tr><td colspan="2">白</td><td>淡灰</td><td>灰</td><td>深灰</td><td>黑</td></tr>
<tr><td rowspan="5">红外云图</td><td>黑</td><td colspan="2">太阳耀斑</td><td>夏季沙漠(白天)</td><td>干土壤</td><td>暖湿地</td><td>暖海洋</td></tr>
<tr><td>深灰</td><td></td><td rowspan="3">层积云</td><td>沙漠(白天)</td><td>晴天积云
沙漠(夜间)</td><td>湿土壤</td><td rowspan="2">高山
森林</td></tr>
<tr><td>灰</td><td>层云(厚)
雾(厚)</td><td>晴天积云
卷层云(薄)</td><td>纤维状卷云</td><td rowspan="2">青藏高原</td></tr>
<tr><td>淡灰</td><td>高层云(厚)
浓积云</td><td>纤维状卷云</td><td>高层高积云(薄)</td><td>冷海洋</td></tr>
<tr><td>白</td><td colspan="2">密卷云,多层云
积雨云,卷云砧
高山积雪,极地冰雪</td><td>单独厚卷云
卷层云</td><td>卷云
消失中的卷云砧</td><td>单独薄卷云</td><td>宇宙
空间</td></tr>
</table>

17.4.4　云顶高度(气压)的红外遥感

对于不透明云,卫星观测的 11 μm 红外窗区亮温 T_{11},主要来自于云顶的发射辐射,受云顶之上的水汽影响较小,因而该通道的亮温可以代表云顶温度,进而利用已知的温度廓线(如数值天气模式预测的温度廓线、探空温度廓线)就可确定云顶高度(气压)。但是,这种直接利用红外窗区亮温和温度廓线确定云顶高度的方法对于不透明的云常会导致估计的云顶高度偏高,这是由于忽略了云顶以上大气消弱影响的缘故。由于云顶以上大气的消弱,会导致估计的云顶温度偏低,从而出现云顶高度偏高。

对于半透明的云,云下大气和地表的辐射会透过云层到达大气上层,使得测量的辐亮度值含有云下辐射的贡献,从而反演的云顶温度偏高,云顶高度偏低,甚至出现较大的偏差。为了进一步提高半透明云云顶高度的反演精度,目前主要采用红外分裂窗区通道法来进行反演。通过研究发现,对于 11 μm 和 12 μm 的红外分裂窗,其大气透射率差异主要受水汽影响,在 12 μm 附近水汽有微弱的吸收,11 μm 通道亮温一般比 12 μm 通道亮温高,双通道亮温差 $T_{11}-T_{12}$ 与 11 μm 通道的亮温 T_{11} 之间的关系随云的透射率而变化,如图 17.21 所示。从图中可以看出,当像元为不透明云时,$T_{11}-T_{12}$ 接近于 0,这主要是因为云上水汽含量较少,两通道亮温差异不大;当像元为晴空时,$T_{11}-T_{12}$ 即为地表两通道亮温差 ΔT_s;对于半透明云,则 $T_{11}-T_{12}$ 介于 0 和 ΔT_s 之间。在实际反演云顶温度时,将研究区域内的每个像元的 $T_{11}-T_{12}$ 和 T_{11} 按照图 17.21 作散点图,对散点分布进行曲线拟合,得到类似于图中的曲线,云顶温度就是这条拟合曲线延伸至 $T_{11}-T_{12}=0$ 时不透明云所对应的亮温 T_{11},利用这一亮温值就可以对半透明云区的云顶高度进行反演了。

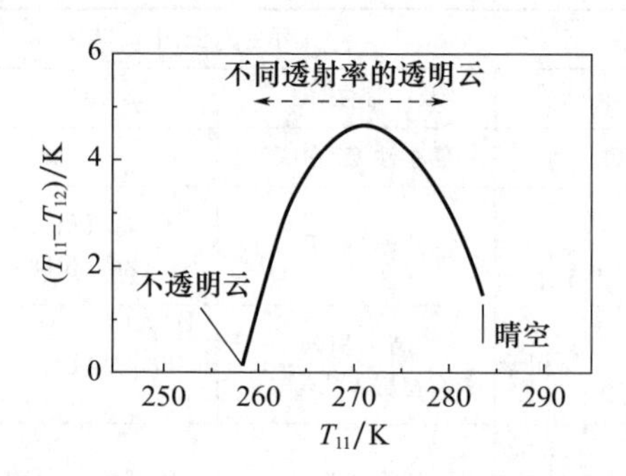

图 17.21　11 μm 和 12 μm 通道亮温差与 11 μm 通道亮温之间的统计关系(李万彪,2014)

17.4.5　温湿廓线的红外遥感

早在 1956 年,King 指出可从卫星观测的热红外辐射中推导出温度廓线,后来 Kaplan(1959)进一步发展了从卫星观测的光谱热辐射分布反演温度廓线的方法。Kaplan 指出,在吸收谱线的翼区的观测可以看到深层的大气,而在吸收谱线中心的观测由于辐射自由路径小,因而只能看到大气顶层。因此,通过选择合适的不同波数,就可以通过观测的辐亮度反演出温度的垂直分布。

为简化讨论,只考虑天底方向的垂直廓线遥感反演问题,并将垂直坐标用气压坐标表示,忽略天顶角符号,于是(17.4.13)可改写为:

$$L_v(0) = k_{vs}B_v(T_s)T_{vs} + \int_{p_s}^{0} B_v[T(p)]\frac{\partial T_v(p)}{\partial \ln p}\mathrm{d}\ln p \qquad (17.4.18)$$

式中,$L_v(0)$表示大气顶气压为 0 时的辐亮度。从气压 p 高度到大气顶的透射率 $T_v(p)$为:

$$T_v(p) = \exp\left[-\frac{1}{g}\int_0^p k_v(p')q(p')\mathrm{d}p'\right] \qquad (17.4.19)$$

式中,$q(p)$为吸收气体的混合比,$q(p)=\dfrac{\rho(p)}{\rho_a(p)}$,其中 $\rho(p)$为吸收气体密度,$\rho_a(p)$为空气密度。

令 $R_v=L_v(0)-k_{vs}B_v(T_s)T_{vs}$,$\mathrm{K}_v(p)=-\dfrac{\partial T_v(p)}{\partial \ln p}$,则(17.4.18)式可简写为:

$$R_v = \int_{p_s}^{0} B_v[T(p)]K_v(p)\mathrm{d}\ln p \qquad (17.4.20)$$

从(17.4.20)式可见,由某高度大气发出并到达卫星的辐射是该高度大气辐射 $B_v[T(p)]$与 $K_v(p)$的乘积,因此对于一定的 $B_v[T(p)]$,$K_v(p)$起着加权作用,所以把 $K_v(p)$称为权重函数,其值表示某高度大气发射的辐射占到达卫星高度上辐射的比例大小。

(17.4.20)式为第一类弗雷德霍姆(Fredholm)方程，权重函数 $K_v(p)$包含了吸收气体含量信息，$B_v[T(p)]$中包含了温度信息。因此，卫星遥感反演就是从一系列不同波数的 R_v 观测量中求解出大气温度、成分含量信息的过程。

由于第一类弗雷德霍姆方程为积分方程，其解的存在性、唯一性和稳定性以及求解方法是开展遥感反演需要解决的关键问题。根据数学理论，对于第一类弗雷德霍姆方程，当权重函数为 δ 函数时，其具有唯一稳定解；当观测量 R_v 存在测量误差时，其解具有不稳定性。因此，第一类弗雷德霍姆积分方程能否求解成功主要取决于权重函数的形状以及 R_v 的准确度。相应地由卫星遥感大气温度廓线时，选择的观测通道要使得其权重函数的峰尽可能地尖，接近 δ 函数，且星载遥感器测量的光谱辐亮度误差尽可能地小。那么，如何选择观测波数使得权重函数满足 δ 函数性质呢？下面我们来分析一下影响权重函数的因子。

17.4.5.1　透射率函数、权重函数与有效辐射层

由(17.4.19)透射率函数可推导出权重函数为：

$$K_v(p)=-\frac{\partial T_v(p)}{\partial \ln p}=\frac{1}{g}pq(p)k_v(p)T_v(p) \tag{17.4.21}$$

(17.4.21)式中的负号表示透射率随气压减小而增大，不影响权重函数形状。权重函数是气体的吸收系数 $k_v(p)$、混合比 $q(p)$以及气压 p 和透射率 $T_v(p)$的乘积。为了从热辐射测量值确定温度，发射源必须选择含量相对丰富且已知、垂直均匀分布的气体，且该气体的吸收带与其他气体的吸收带不重叠。大气中的二氧化碳和氧气满足这些要求，它们在 100 km 高度以下大气中垂直均匀分布，混合比为常数，并且 CO_2的 15 μm 红外振转带、O_2的 5 mm 微波吸收带不受其他气体吸收带的污染，它们分别是红外温度廓线遥感与微波温度廓线遥感应用的观测通道。虽然吸收系数是温度和气压的函数，但对于某一固定波数，可认为其随高度变化不大。另外，CO_2、O_2 的混合比也随高度不变，所以，权重函数随高度的变化主要受气压随高度减小、透射率随高度增加共同作用，从而会在某一高度出现极大值。

图 17.22 为 15 μm CO_2吸收带内 8 个波数(899.0 cm^{-1}，750.0 cm^{-1}，734.0 cm^{-1}，709.0 cm^{-1}，701.0 cm^{-1}，692.0 cm^{-1}，679.8 cm^{-1}，668.7 cm^{-1})通道的透射率与权重函数随对数气压(高度)的变化曲线。从图中可以看出，不同波数的透射率均随气压减小(高度增加)而增加，并趋近于 1，对于吸收带中心吸收系数较强的波数，如 $v_8=668.7\ cm^{-1}$，大气中下层的透射率均为 0；权重函数曲线在对数气压坐标图中均表现出单峰特点，类似 δ 函数特点，且峰值高度随不同波数而变化，对于吸收系数较强的波数，权重函数的峰值高度较高(气压低)，而对吸收系数较弱的波数，如 $v_1=899.0\ cm^{-1}$，权重函数的峰值高度较低(气压高)。

在到达卫星的辐射中，对于弱吸收波数通道，辐射主要来自于大气低层，由此得

到的温度主要代表大气低层的温度;而对于强吸收波数通道,辐射主要来自于大气高层,所表示的温度是大气高层的温度。由于某一波数对应的权重函数峰值有一定的宽度,所以卫星测量的辐射来自一定厚度的气层,这气层称为有效辐射层,或有效信息层。因而选择吸收系数不同的观测通道,就可以从多个波数通道的观测辐射 R_v 反演出温度廓线。

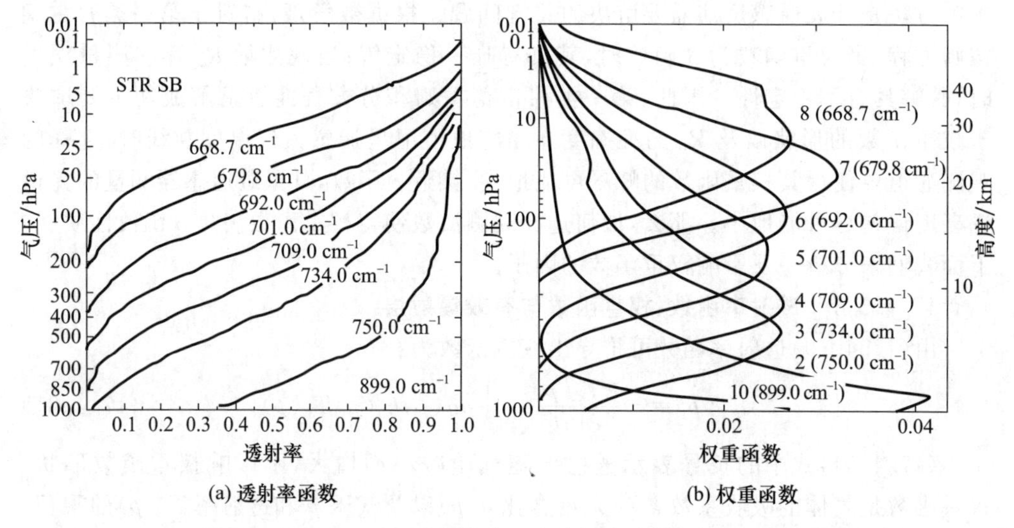

图 17.22　15 μmCO_2吸收带内 8 个波数的透射率与权重函数

17.4.5.2　大气温度廓线可遥感性的直观分析

如图 17.23a 所示,选取三个波数 v_1,v_2,v_3 通道测量大气发射的辐射 $B(v_1)$,$B(v_2)$,$B(v_3)$。如果卫星测量某一波数的辐射仅与某一高度上发射的辐射有关,与其他高度上的辐射无关,就得图 17.23b 所示波数与高度间存在的一一对应的关系,也就是卫星在某一波数上测量的辐射来自于某一高度上,相当于权重函数为 δ 函数的情形;由这一高度的辐射,按普朗克公式就能求得这高度上的温度,也就可以得到图 17.23c上高度与温度间的一一对应的关系,这就说明如果合理选取若干波数通道获取相应的辐射,就可以得到若干不同高度上的温度,即温度廓线。

17.4.5.3　从地球大气辐射光谱分析大气温度廓线的可遥感性

图 17.24 是雨云 4 号卫星上红外干涉分光仪(IRISD)测量到的地气系统热红外光谱,其中虚线表示不同温度下的黑体辐亮度。图中可见,波数范围 850～950 cm^{-1} 大气窗区测得的温度是地表温度,约为 290 K,而在 600～800 cm^{-1} 的 15 μm 为中心的带内,由于 CO_2 强烈地吸收热红外辐射,遥感测量的是对流层顶到平流层的温度,在 220 K 至 275 K 之间。在 CO_2 吸收带两翼,由于透射率较大,辐射来自于大气低层,由此表示的温度是大气低层的。因此,我们可以通过选取适当的波数通道,如

图 17.25中箭头指示所示为 NOAA-2 卫星上的 VTPR 探测通道，在该通道内只有一种强吸收气体 CO_2（其他气体吸收可忽略），这样利用红外遥感方程，可反演特定高度的温度。

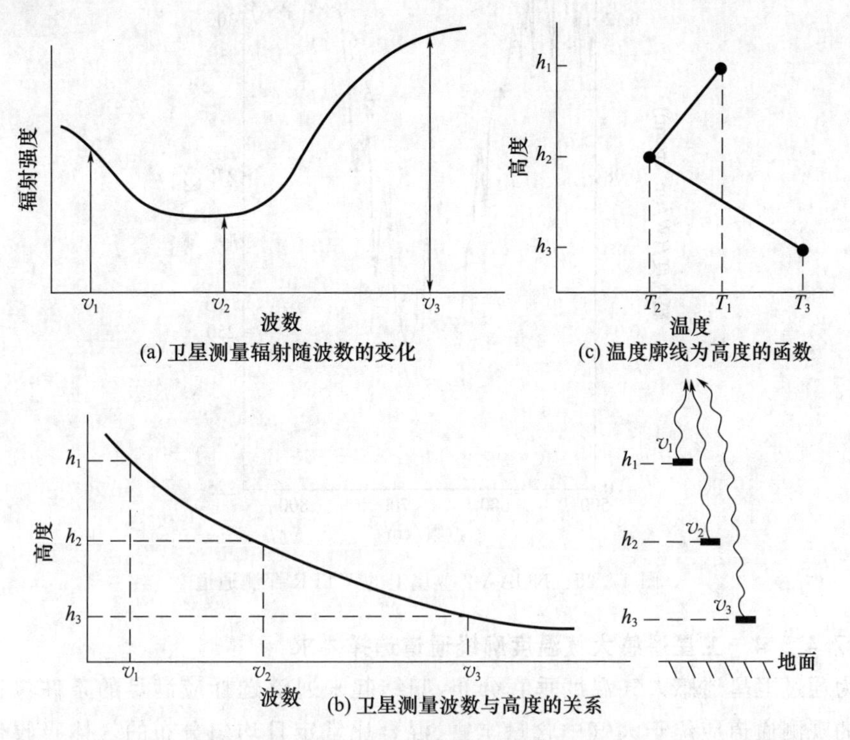

图 17.23　卫星遥感大气温度廓线原理示意图

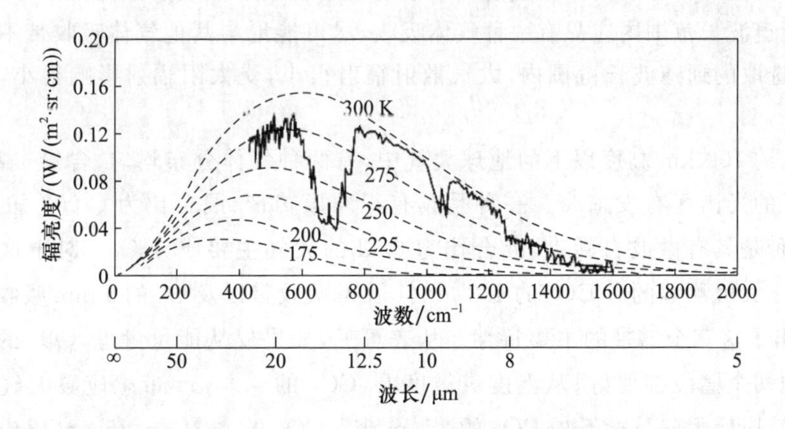

图 17.24　由 Nimbus-4 卫星 IRISD 探测的地气系统热红外光谱

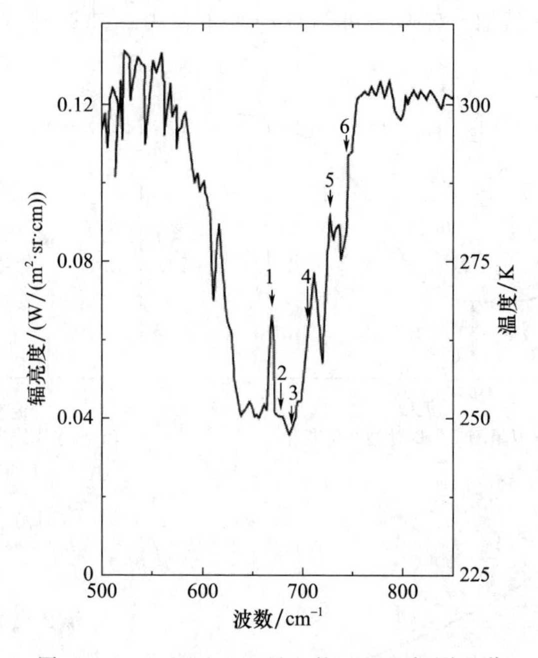

图 17.25 NOAA-2 卫星上的 VTPR 探测通道

17.4.5.4 卫星遥感大气温度廓线通道选择要求

为通过卫星遥感大气温度垂直分布,归结起来通道选择应满足的条件包括:①选择的观测通道应位于大气中含量丰富、混合比常定且均匀分布的气体吸收带内,这样对于所选定的波段内卫星接收到的辐射主要取决于大气的垂直温度分布;②所选取的通道波长范围内应只有一种气体吸收,尽可能地与其他气体吸收带不互相重叠;③所选取的通道波长范围内,大气散射辐射很小,受太阳辐射影响很小,可以忽略不计。

在大约 100 km 高度以下的地球大气中,有两种气体分布均匀、含量丰富,且在易于测量的光谱区有发射带。一种是具有红外振转带、混合比为 0.003 的 CO_2 气体;另一种是具有微波自转带、混合比为 0.21 的大气主要成分 O_2。对于这两种气体,可用于大气测温的有 CO_2 的 4.3 μm、15 μm 吸收带以及 O_2 的 5 mm 吸收带。表 17.6 给出了这三个谱带的主要特性。从表可见,如果仅从能量考虑,CO_2 的 15 μm 带比其他两个谱段都要好;从温度灵敏度看,CO_2 的 4.3 μm 带感应暖大气目标最好,但是感应冷大气目标不如 CO_2 的 15μm 带。CO_2 的 4.3 μm、15 μm 感应大气温度都要比 O_2 的 5 mm 带要好,但是当大气中有云时,O_2 的 5 mm 带占有绝对优势。O_2 的 5 mm 吸收带是开展微波遥感大气温度的主要通道选择区。

表 17.6　CO_2 的 4.3 μm、15 μm 及 O_2 的 5 mm 三个光谱带探测特性比较

谱带	能量（相对普朗克辐射强度）		温度灵敏度（相对探测器噪声）		云的透射率	
	200 K	300 K	200 K	300 K	水云	冰云
4.3 μm CO_2	1.25	200	1	20	0.06	0.01
15 μm CO_2	5000	15000	10	6	0.01	0.01
5 mm O_2	1	1	4	1	0.96	0.9998

17.4.5.5　温度廓线反演算法

由于卫星红外遥感方程是一个非线性的积分方程，正如前面所述，观测量的微小误差就有可能导致解的不稳定，从而使得温度廓线反演失败，而观测总是存在误差的，为了获得稳定的求解，目前围绕温度廓线的反演发展了多种算法，概括起来主要是两类：一是物理反演法，二是统计反演法。

物理反演法是一种利用辐射传输方程进行约束和反演的算法。通常首先给出温度廓线的初估解，然后利用快速辐射传输模式根据初估解计算出卫星观测的光谱辐亮度值，通过对初估值的不断迭代调整，使计算出的光谱辐亮度逼近实际观测值，最后利用反演模式给出最终反演解。该类方法的关键问题是构建一个快速而精确的辐射传输模式、迭代方法以及较好的初估解。

统计反演法是利用预先收集到的温度廓线资料和与其匹配的卫星光谱辐亮度测量值，直接或间接建立大气温度廓线与卫星辐亮度测量值间的回归方程，进而反演温度廓线的算法。确定回归方程的方法有最小二乘法、最小方差法、经验正交函数和特征向量展开法等。统计反演法的优点是不需要计算辐射传输方程中的权重函数，计算速度快、稳定性强，关键是确定回归系数，并有大量样本用于计算回归系数，不足之处是反演精度不高，有时会出现较大的误差。由于该方法采用了回归技术，迫使反演的温度廓线处于“平均值”附近，从而可以保证解的真实性和稳定性。

下面介绍非线性迭代法的基本原理，它属于物理反演法的一种（Liou，2002）。

当地表对到达卫星的上行辐亮度贡献很小时，对于不同观测通道 v_i，(17.4.18)式改写成如下形式：

$$L_{v_i} = \int_{p_s}^{0} B_{v_i}[T(p)] \frac{\partial T_{v_i}(p)}{\partial \ln p} \mathrm{d}\ln p \tag{17.4.22}$$

式中，波数域的普朗克函数为：

$$B_{v_i}(T) = \frac{a v_i^3}{\exp(b v_i / T) - 1} \tag{17.4.23}$$

对于给定的波数，由于权重函数在不同的对数气压层取得极大值，由中值定理，实测的辐亮度可以近似表示为：

$$\hat{L}_{v_i} \approx B_{v_i}[T(p_i)]\left[\frac{\partial T_{v_i}(p)}{\partial \ln p}\right]_{p_i} \Delta_i \ln p \tag{17.4.24}$$

式中,p_i 表示第 i 个通道权重函数峰值所在的气压层;$\Delta_i \ln p$ 是第 i 层的对数气压差分,相当于第 i 个通道权重函数的有效宽度。

令 p_i 层的初始估计温度为 $T^*(p_i)$,则期望的辐亮度为

$$L^*_{v_i} = B_{v_i}[T^*(p_i)]\left[\frac{\partial T^*_{v_i}(p)}{\partial \ln p}\right]_{p_i} \Delta_i \ln p \tag{17.4.25}$$

将(17.4.24)与(17.4.25)两方程相除,并考虑到权重函数随温度的变化比普朗克函数的变化小得多,所以有

$$\frac{\hat{L}_{v_i}}{L^*_{v_i}} \approx \frac{B_{v_i}[T(p_i)]}{B_{v_i}[T^*(p_i)]} \tag{17.4.26}$$

(17.4.26)式是 Chahine 于 1970 年提出的松弛方程,利用松弛方程可对 p_i 层处的温度 $T^{(n)}(p_i)$ 作如下步骤的非线性迭代反演:

(1)根据探测通道数 M,将大气划分成 M 层,第 i 层对应的气压 p_i 为第 i 个探测通道权重函数最大值所在高度的气压。

(2)对 $n=0$ 的 $T^{(n)}(p_i)$ 作一初始估计值。

(3)把 $T^{(n)}(p_i)$ 代入方程(17.4.23)计算出普朗克函数 $B_{v_i}[T^{(n)}(p_i)]$,并用精确的辐射传输模式对每一个探测通道计算出预期的上行辐亮度 $L^{(n)}_{v_i}$。

(4)将计算的辐亮度 $L^{(n)}_{v_i}$ 与同一通道的卫星观测值 $\hat{L}_{v_i}$ 进行比较。如果每个探测通道的残差 $R_{v_i} = \frac{|\hat{L}_{v_i} - L^{(n)}_{v_i}|}{\hat{L}_{ui}}$ 均小于预置的阈值(比如10^{-4}),则 $T^{(n)}(p_i)$ 就是解,并将其在每个给定气压层 p_i 之间进行内插,以求得所期望的温度廓线。否则,继续步骤(5)。

(5)应用松弛方程(17.4.26),对每一个 p_i 气压层的温度值产生一个新的估计值 $T^{(n+1)}(p_i)$,即强迫温度廓线适合观测的辐亮度:

$$T^{(n+1)}(p_i) = \frac{bv_i}{\ln\{1-[1-\exp(bv_i/T^{(n)}(p_i))]L^{(n)}_{v_i}/\hat{L}_{v_i}\}} \tag{17.4.27}$$

$$i = 1, 2, \cdots, M$$

(5)返回步骤(3)并重复进行迭代,直到残差小于预置的判据阈值时为止。

17.4.5.6 湿度廓线的遥感反演

分析(17.4.18)式和(17.4.19)式可以发现,吸收气体混合比信息 $q(p)$ 包含在大气透射率中,并对到达卫星的上行红外辐射产生影响,因此若采用的探测通道是水汽吸收带通道,则 $q(p)$ 就是要获取的水汽混合比信息。

对方程(17.4.18)积分项进行分部积分，则得

$$L_v(0) = B_v[T(0)] + \int_{p_s}^{0} T_v(p) \frac{\partial B_v[T(p)]}{\partial p} dp \tag{17.4.28}$$

式中，$T(0)$表示气压为 0 的大气顶的温度。

(17.4.28)式与(17.4.18)式类似，也属于第一类弗雷德霍姆方程。水汽混合比信息包含在大气透射率中。权重函数是普朗克函数随气压变化的导数，若已知温度廓线，则权重函数就是已知量，通过反演同样可求得吸收气体混合比廓线。

在红外波段，水汽 6.3 μm 吸收带与大气中其他气体的吸收带重叠小，因而选择其中一组不同吸收系数的水汽通道，就可进行水汽密度(湿度)廓线的卫星遥感。同样地，利用某一特定气体的吸收带通道的辐亮度观测值，也可遥感反演该气体的密度廓线。

利用卫星测量的水汽红外吸收通道辐亮度反演湿度廓线，要比温度廓线反演更为复杂。在红外温度廓线反演中，吸收气体(CO_2)的含量是已知的，且随时间和空间的变化很小，而在湿度廓线反演中，则需要已知大气温度廓线，但却是随时间和空间变化的，这样权重函数的峰值高度不仅随探测通道的波数不同而变化，而且随温度廓线(时间和空间)的变化而上下摆动，这在温度廓线的反演中是不存在的，从而导致一组固定波数通道的辐亮度值并不能适应全球不同地区和季节的湿度廓线反演。另外，由于在等温层中，$\frac{\partial B_v[T(p)]}{\partial p}=0$，表示卫星观测的辐亮度值中不包含等温层的辐射信息，从而就无法反演等温层中的湿度廓线信息。

目前湿度廓线的遥感反演，主要是与温度廓线一起进行同步进行。这里不作详细介绍。

17.5　微波被动遥感

根据热辐射理论，在热平衡条件下，大气除发射红外辐射外，还有微波辐射。研究表明，大气对微波的吸收主要是氧气、水汽和云雨。有强吸收就会有强辐射，利用大气本身发射的微波辐射进行大气探测，称之为微波被动大气遥感。

大气微波遥感原理与红外遥感原理相似，只是由于大气微波辐射具有对云的穿透性，可以弥补红外遥感的某些不足，从而可以扩大探测范围和内容，提高总体探测精度和探测水平。

17.5.1　大气、地表和云的微波辐射特性

17.5.1.1　大气微波吸收特性

大气中除氧气、水汽和臭氧在微波带有很强吸收外，其他大气成分在微波段未

发现有明显的吸收带,某些微量气体,如 SO_2、NO_2、CO、NO 等虽然对微波也有较强的吸收,但因其含量少,其微波辐射也很微弱。图 17.26 为大气微波吸收谱。从图中可以看出,水汽在 22.235 GHz(1.348 cm)、183 GHz(0.164 cm)的吸收带占据主导地位,而氧气在 60 GHz(0.5 cm)和 118.75 GHz(0.253 cm)的两个强吸收带占据主导地位。对微波波段而言,其主要窗区位于 35 GHz(8.6 mm,Ka 带)、94 GHz(3.2 mm,W 带)、140 GHz(2.14 mm,F 带)以及 220 GHz(1.36 mm,G 带)等。其中水汽的弱吸收带 22.235 GHz 是遥感大气总水汽含量的重要频段,而水汽强吸收带 183 GHz 是遥感大气湿度廓线的重要频段,60 GHz 的氧气吸收带是微波遥感大气温度廓线的重要频带。

由于气溶胶粒子直径($10^{-3}\sim10^{1}\,\mu m$)远小于微波波长,且亦未发现有显著的吸收带,因此,气溶胶在微波波段的辐射和衰减可以忽略不计。

由此可见,在微波波段,强吸收带少,吸收谱线结构简单,从而简化了大气微波透射率的计算。

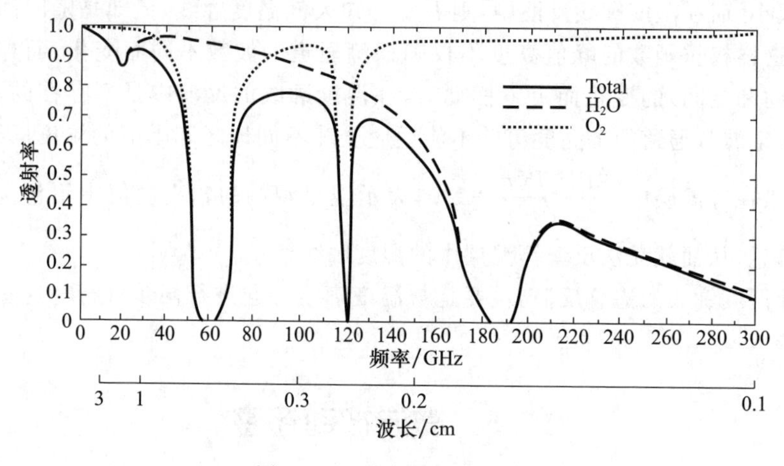

图 17.26 大气微波吸收谱

17.5.1.2 地表微波辐射特性

地表在红外波段可近似作为黑体来处理,其发射率与地表性质无关,但在微波波段,地表发射率却与地表性质和波长关系较大。表 17.7 给出了几种不同地表在 $\lambda=3.2$ cm 波段的微波发射率,所有类型的地表发射率均小于 1,且差异较大。通常陆地上的微波发射率较大,冰雪层的次之,海洋最小,地表在微波波段不能作为黑体来近似处理。地表微波发射率大小取决于两个主要因素,一个是地表面至一定深度下的复介电常数的分布,另一个是表面至一定深度内层的几何形状结构。自然地表微波辐射特征的复杂多变增加了天基大气微波遥感的复杂性,但从另一方面又成为遥感地表物理化学特性及状态的有力手段,并在遥感海水物理化学特性、海浪、冰雪、土壤湿度等方面得到应用。

表 17.7　不同地表在 $\lambda=3.2$ cm 波段的微波发射率

地表	干沙	湿沙	草地	碎石	树林	海面	冰洋
ε_λ	0.93	0.75	0.94	0.88	0.88	0.37	0.90

17.5.1.3　云雨的微波辐射特性

云滴直径一般小于 100 μm，它们对微波的散射影响通常很小。对于频率低于 60 GHz 的微波辐射，冰的吸收系数比液态水小 1 至 3 个数量级，且吸收系数随频率增加而增加，如图 17.27 所示。对于液态云而言，吸收系数可用下述公式计算：

$$k_a^c=\frac{6\pi}{\rho_w \lambda}I_m(-K)\cdot M \tag{17.5.1}$$

式中 $K=\frac{m^2-1}{m^2+2}$，ρ_w 为水的密度，M 为云水含量，λ 为波长。由(17.5.1)式可见，在微波波段，云的吸收特性与云水含量有关，与云滴谱无关。这种特性有利于用云的微波辐射强度来探测云水含量。

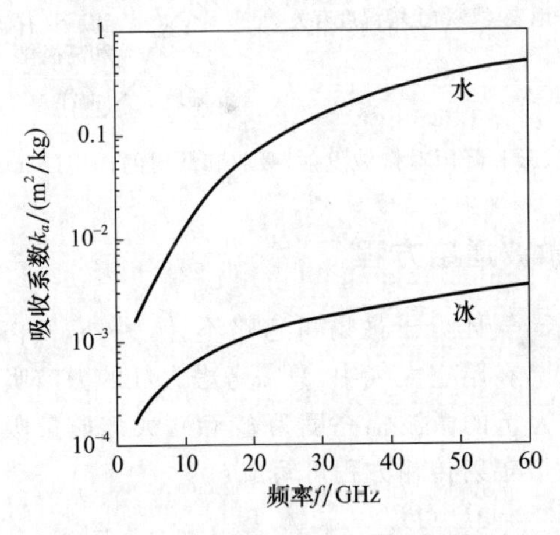

图 17.27　60GHz 以下微波波段水和冰的质量吸收系数

降水粒子(雨、雪、冰雹等)直径大于 100 μm，接近或超过微波波长，需要同时考虑散射和吸收对微波辐射传输的影响。雨的吸收系数 k_a^p 与雨强 I 之间的经验关系：

$$k_a^p=aI^b \tag{17.5.2}$$

式中，a、b 是温度和波长的函数。

图 17.28 给出了地表、云和降雨对微波发射、吸收和散射的作用。从图中可以看出，冰晶对于频率高于 60 GHz 的微波辐射具有较强的散射，因此，在降雨云层上有冰晶粒子存在时，这时从卫星上的微波辐射计观测的辐射主要来自于冰晶的散射，且看不到冰晶层下的降雨层。而对 22 GHz 以下的微波辐射，冰晶的散射作用可以

略去不计,雨滴具有较高的吸收(发射),这样冰晶云对这些频率的微波就是透明的,从而对探测冰晶云层下的雨强非常有利。海面具有低的微波发射率和高极化特征,而陆地则具有高发射率和微弱极化特征。云滴、水汽和氧气对于微波辐射只需要考虑吸收作用,而不需要考虑散射作用。雨滴既具有较高的发射率,同时也具有较强的散射作用,但以吸收为主。

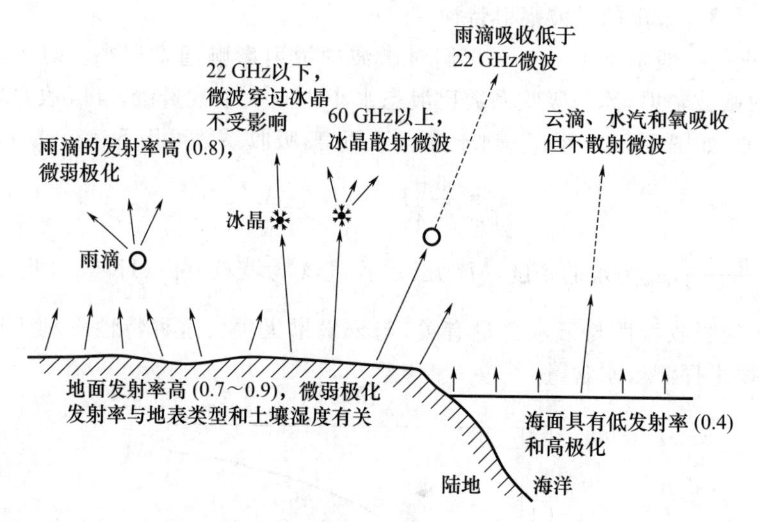

图 17.28　地表、云和降雨对微波发射、吸收和散射的作用(Strangeways,2007)

17.5.2　大气微波遥感方程

由于微波波长较长,气体分子散射可忽略不计,另外,气溶胶粒子的散射、吸收衰减可忽略不计。因此,在晴空大气中,只需考虑大气的微波吸收与发射过程。

设沿 $\boldsymbol{l}$ 方向,频率为 f 的微波辐亮度为 $L_f(\boldsymbol{l})$,大气质量吸收系数为 k_f,与红外辐射传输方程类似,微波辐射传输方程可写成:

$$\frac{\mathrm{d}L_f(\boldsymbol{l})}{\rho \mathrm{d}l}=-k_f L_f(\boldsymbol{l})+k_f B_f(T) \tag{17.5.3}$$

由于

$$B_f(T)=\frac{2k_B f^2}{c^2}T$$

引入微波辐射亮温 T_{bf}:

$$T_{bf}=\frac{c^2}{2k_B f^2}L_f$$

则(17.5.3)式可写成:

$$\frac{\mathrm{d}T_{bf}(\boldsymbol{l})}{\rho \mathrm{d}l}=-k_f T_{bf}(\boldsymbol{l})+k_f T \tag{17.5.4}$$

(17.5.4)式即为用亮温表示的微波辐射传输方程。$\mathrm{d}l=\sec\theta\mathrm{d}z$，$\theta$ 为天顶角。

为进一步讨论微波遥感问题，下面分天基向下探测和地基向上探测两种情况分别进行讨论。

1. 下行微波辐射传输方程(地对空遥感)

当考虑地对空遥感时，必须研究大气下行微波辐射传输方程，这时由(17.5.4)式得到：

$$-\frac{\mathrm{d}T_{bf}^{\downarrow}(\boldsymbol{l})}{\rho\mathrm{d}l}=-k_f T_{bf}^{\downarrow}(\boldsymbol{l})+k_f T \tag{17.5.5}$$

假设在大气上界 $T_{bf}^{\downarrow}(\infty)=0$，于是，由(17.5.5)式可求解得到：

$$T_{bf}^{\downarrow}(0)=\int_0^{\infty}\rho k_f T(l)\mathrm{e}^{-\int_0^l \rho k_f \mathrm{d}l'}\mathrm{d}l \tag{17.5.6}$$

若在地面垂直向上探测，$\theta=0$，$l=z$，则(17.5.6)式变为：

$$T_{bf}^{\downarrow}(0)=\int_0^{\infty}\rho k_f T(z)\mathrm{e}^{-\int_0^z \rho k_f \mathrm{d}z'}\mathrm{d}z \tag{17.5.7}$$

定义从地面到 z 高度的透射率函数为

$$T_f(0,z)=\exp(-\int_0^z \rho k_f \mathrm{d}z') \tag{17.5.8}$$

则(17.5.7)可改写为：

$$T_{bf}^{\downarrow}(0)=\int_0^{\infty}-T(z)\frac{\partial T_f(0,z)}{\partial z}\mathrm{d}z \tag{17.5.9}$$

(17.5.6)、(17.5.9)式均是地基微波遥感方程。

2. 上行微波辐射传输方程(天对地遥感)

当考虑天对地向下遥感时，方程(17.5.4)变为

$$\frac{\mathrm{d}T_{bf}^{\uparrow}(\boldsymbol{l})}{\rho\mathrm{d}l}=-k_f T_{bf}^{\uparrow}(\boldsymbol{l})+k_f T \tag{17.5.10}$$

地表处的上行微波辐射为 $T_{bf}^{\uparrow}(0)=\varepsilon_{fs}T_s+(1-\varepsilon_{fs})T_{bf}^{\downarrow}(0)$，其中 ε_{fs} 为地表微波发射率，T_s 为地表温度，$T_{bf}^{\downarrow}(0)$为下行微波辐射亮温。于是由(17.5.10)式可求解得：

$$T_{bf}^{\uparrow}(\infty)=\varepsilon_{fs}T_s\mathrm{e}^{-\int_0^{\infty}\rho k_f \mathrm{d}l}+(1-\varepsilon_{fs})\mathrm{e}^{-\int_0^{\infty}\rho k_f \mathrm{d}l}\int_0^{\infty}\rho k_f T(l)\mathrm{e}^{-\int_0^l \rho k_f \mathrm{d}l'}\mathrm{d}l+ \\ \int_0^{\infty}\rho k_f T(l)\mathrm{e}^{-\int_l^{\infty}\rho k_f \mathrm{d}l'}\mathrm{d}l \tag{17.5.11}$$

当对星下点进行探测时，$\theta=0$，$l=z$，则(17.5.11)式变为

$$T_{bf}^{\uparrow}(\infty)=\varepsilon_{fs}T_s\mathrm{e}^{-\int_0^{\infty}\rho k_f \mathrm{d}z}+(1-\varepsilon_{fs})\mathrm{e}^{-\int_0^{\infty}\rho k_f \mathrm{d}z}\int_0^{\infty}\rho k_f T(z)\mathrm{e}^{-\int_0^z \rho k_f \mathrm{d}z'}\mathrm{d}z+ \\ \int_0^{\infty}\rho k_f T(z)\mathrm{e}^{-\int_z^{\infty}\rho k_f \mathrm{d}z'}\mathrm{d}z \tag{17.5.12}$$

定义从 z 高度到大气顶的透射率函数为

$$T_f(z,\infty)=\exp(-\int_z^{\infty}\rho k_f \mathrm{d}z') \tag{17.5.13}$$

于是(17.5.12)式改写为：

$$T_{bf}^{\uparrow}(\infty)=\varepsilon_{fs}T_sT_f(0,\infty)+(1-\varepsilon_{fs})T_f(0,\infty)\int_0^{\infty}T(z)\frac{\partial T_f(0,z)}{\partial z}\mathrm{d}z+\int_0^{\infty}T(z)\frac{T_f(z,\infty)}{\partial z}\mathrm{d}z \tag{17.5.14}$$

(17.5.11)和(17.5.14)式即为卫星微波遥感方程，方程左边为卫星测量到的微波辐射亮温。右边第一项为到达大气顶的地表发射的微波辐射(地表发射项)；第二项为到达大气顶的地面反射的下行大气微波辐射(地表反射项)；第三项为到达大气顶的大气自身发射的上行微波辐射(大气辐射项)，如图 17.29 所示。除此之外，在微波波段，宇宙背景还存在微波辐射，地表反射的宇宙微波背景辐射成为卫星微波遥感的噪声。与红外遥感方程(17.4.13)式相比，微波遥感方程(17.5.14)式中增加了一项地表反射项，而在红外波段，由于地表近似为黑体，大气下行辐射被地表全部吸收，所以地表反射项近似为零。正是由于多了这一项，使得微波遥感反演比红外遥感反演复杂得多。

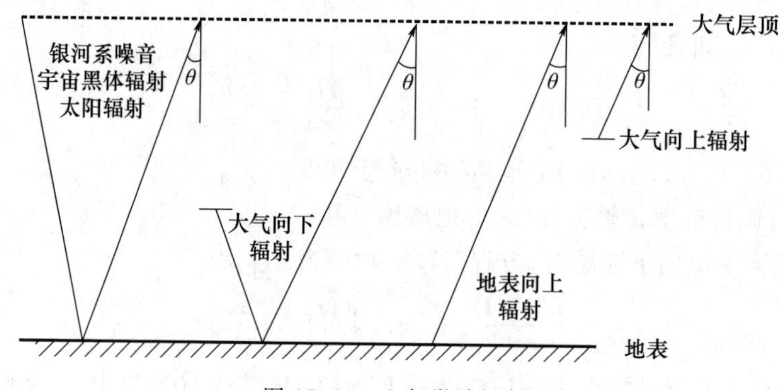

图 17.29　上行微波辐射

大气微波遥感方程是开展微波成像遥感，以及温度和湿度廓线、水汽含量、云中液态水含量和土壤湿度等参数反演的理论基础。下面就微波遥感温湿廓线，大气中水汽含量、云中液态水含量等参数的原理和反演方法作简要介绍。

17.5.3　温度廓线的微波遥感

17.5.3.1　温度廓线的天基微波遥感

微波遥感温度廓线时，测量通道选择在大气中混合比为已知常数的氧气 60 GHz 吸收带，在该吸收带内氧气是主要吸收气体。

根据透射率定义，有：

$$T_f(0,z)=\frac{T_f(0,\infty)}{T_f(z,\infty)} \tag{17.5.15}$$

所以

$$\frac{\partial T_f(0,z)}{\partial z}=-\frac{T_f(0,\infty)}{[T_f(z,\infty)]^2}\frac{\partial T_f(z,\infty)}{\partial z} \tag{17.5.16}$$

将(17.5.16)式代入(17.5.14)式，整理得

$$T_{bf}^{\uparrow}(\infty)=\varepsilon_{fs}T_sT_f(0,\infty)+\int_0^{\infty}T(z)K_f(z)\mathrm{d}z \tag{17.5.17}$$

式中，$K_f(z)$为卫星微波遥感温度廓线的权重函数。

$$K_f(z)=[1+(1-\varepsilon_{fs})\cdot T_f^2(0,z)]\frac{\partial T_f(z,\infty)}{\partial z} \tag{17.5.18}$$

与红外遥感方程(17.4.13)相比，可以看出：两者在形式上相似，均属于第一类弗雷德霍姆(Fredholm)方程。因此，理论上也可与红外温度遥感反演类似进行微波温度遥感反演。但在微波遥感方程中，因地表不能作为黑体处理，增加了地表发射率 ε_{fs} 未知数，因此在进行反演求解前必须首先确定不同通道频率的地表发射率 ε_{fs}。

由于地表发射率随地表类型和微波频率变化，可先借助红外窗区通道测出表面温度 T_s，然后利用微波大气窗区通道(如 0.8 cm 波段)，测得表面亮温 $T_{b0.8}$，便可求出微波窗区通道的发射率 $\varepsilon_{0.8s}$，即

$$\varepsilon_{0.8s}\approx\frac{T_{b0.8}}{T_s} \tag{17.5.19}$$

再利用预先测量得到的不同地表特征在不同频率的比辐射率 ε_{fs} 与 $\varepsilon_{0.8s}$ 的比值 r_f 求出相应观测通道频率的发射率：

$$\varepsilon_{fs}=r_f\varepsilon_{0.8s} \tag{17.5.20}$$

如图 17.26 所示，在氧气吸收带，仍有水汽的弱吸收。因此，计算透射率 $T_f(z,\infty)$和权重函数 $K_f(z)$时除考虑氧气吸收外，还需考虑水汽的吸收作用。图 17.30 给出了卫星遥感时氧气 60 Gz 吸收带 8 个微波通道的权重函数。越靠近吸收带中心的通道的权重函数峰值高度越高，吸收带翼区的通道权重函数峰值高度越低。这组权重函数峰值高度覆盖了 0～20 km 的高度范围，用这组通道可以遥感 0～20 km 高度的温度廓线。

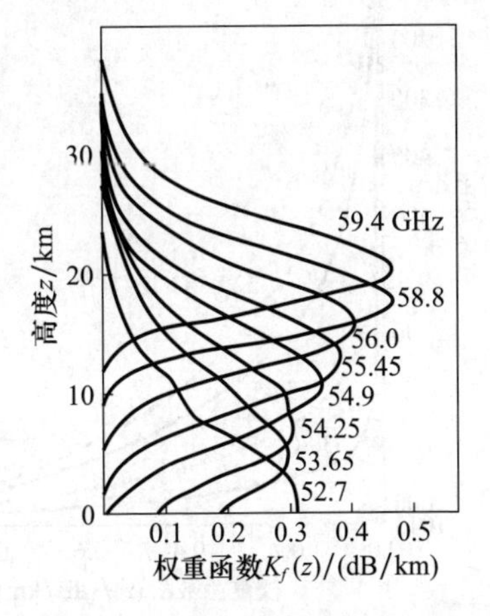

图 17.30　氧气 60 GHz 吸收带不同通道权重函数

17.5.3.2　温度廓线的地基微波遥感

在地面上，用微波辐射计对空遥感时，令

$$K_f(z)=-\frac{\partial T_f(0,z)}{\partial z} \tag{17.5.21}$$

于是，(17.5.9)式可以写成：

$$T_{bf}^{\downarrow}(0)=\int_0^{\infty}T(z)K_f(z)\mathrm{d}z \tag{17.5.22}$$

式中 $K_f(z)$ 是地基微波遥感的权重函数。需要注意的是,方程(17.5.17)和(17.5.22)虽然都是线性第一类 Fredholm 积分方程,但两者的权重函数有极其不同的形式。地对空遥感温度廓线的权重函数总是随高度增加而急剧减小,如图 17.31 所示。这是因为一方面发自高层的微波辐射比低层微弱,且经过低层大气的吸收削弱,到达地面接收器的辐射是很微弱的,另一方面低层大气发射的微波辐射比较强,经过比较短的吸收路径到达地面接收器,因此,低层大气的辐射在到达地面接收器的总辐射中贡献最大,即权重函数最大。地对空遥感权重函数的这种单调递减特性决定了温度的可测高度限于低层,随高度升高,误差增大。

除了用多通道的微波辐射计向上垂直观测可反演温度廓线外,还可以采用不同天顶角的单通道观测亮温来反演温度廓线(赵柏林 等,1987)。由于 $l=z\sec\theta$,则对不同天顶角而言,(17.5.7)式变为:

$$T_{bf}^{\downarrow}(0,\theta)=\int_0^{\infty}\rho k_f T(z)\mathrm{e}^{-\int_0^z \rho k_f \sec\theta \mathrm{d}z'}\sec\theta\mathrm{d}z \tag{17.5.23}$$

图 17.32 给出了不同氧气吸收带附近微波通道观测的亮温随天顶角的变化情况。从图中可以看出,亮温从天顶至天边逐渐增大,最后接近于近地面大气温度,但 55 GHz 通道的亮温随天顶角变化不大,这是因为其已接近于氧气 60 GHz 吸收带中心,吸收系数大,低层氧气对高层该频段的辐射强烈吸收,因此,不同天顶角的亮温主要反映的是低层温度信息。但在氧气吸收带翼区,不同天顶角的亮度则反映了大气不同高度层次的温度分布,可用于对大气温度廓线的遥感。

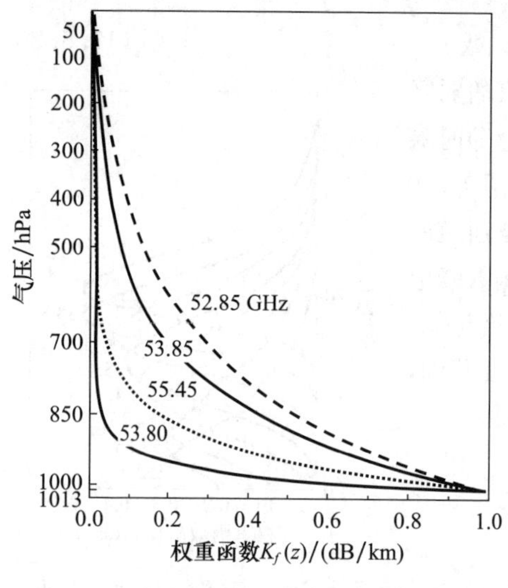

图 17.31 地基遥感温度廓线的权重函数

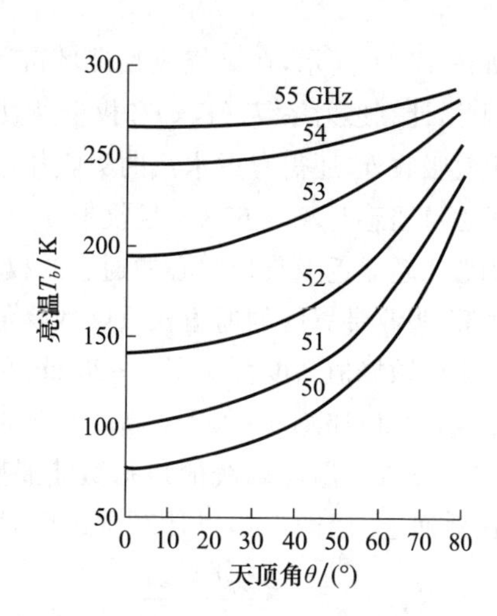

图 17.32 地面向上观测时亮温随天顶角的变化(赵柏林 等,1987)

德国 RPG-HATPRO 地基微波多通道辐射计是一种采用多通道并行测量技术以及联合使用天顶方向观测和多角度扫描观测模式的微波辐射计，其具有 7 个 K 波段通道(22.24～31.40 GHz)和 7 个 V 波段通道(51.26～58.00 GHz)，可遥感温度廓线、湿度廓线和液态水廓线。

17.5.3.3　湿度廓线的微波遥感

湿度廓线微波遥感时，探测通道中心频率需选在 22 GHz 和 183 GHz 水汽吸收带内。只考虑水汽的吸收，k_f 为水汽的质量吸收系数，则由(17.5.7)和(17.5.12)式得水汽微波遥感方程：

$$T_{bf}^{\downarrow}(0)=\int_0^{\infty}\rho_w(z)K_f^{\downarrow}(z)\mathrm{d}z \qquad (17.5.24)$$

$$T_{bf}^{\uparrow}(\infty)=\varepsilon_{fs}T_s+\int_0^{\infty}\rho_w(z)K_f^{\uparrow}(z)\mathrm{d}z \qquad (17.5.25)$$

式中，

$$K_f^{\downarrow}(z)=T(z)T_f(0,z)k_f \qquad (17.5.26)$$

$$K_f^{\uparrow}(z)=[T(z)(1+(1-\varepsilon_{fs})T_f^2(0,z))-\varepsilon_{fs}T_s]T_f(z,\infty)k_f \qquad (17.5.27)$$

(17.5.24)、(17.5.25)式中未知量为水汽密度廓线 $\rho_w(z)$，由于权重函数 $K_f^{\downarrow}(z)$、$K_f^{\uparrow}(z)$ 与水汽密度有关，这两式为非线性积分方程，只能用其一阶变分线性方程在初值附近求解。一般是令 $\rho_w(z)=\bar{\rho}_w(z)+\delta\rho_w(z)$，而且 $\delta\rho_w(z)\ll\bar{\rho}_w(z)$，$\bar{\rho}_w(z)$ 为初始猜值(可取气候平均值)。湿度廓线一般是与温度廓线一起进行联合反演。

总的来说，遥感水汽密度廓线比遥感温度廓线困难。这不仅在于水汽遥感方程是非线性积分方程，还在于水汽密度时空变化大，难以选取一组合适的测量通道保证权重函数的峰值高度较均匀分布在需反演的高度范围内，同时也难以设定准确的初始猜值。

17.5.4　水汽含量和云中液态水含量的微波遥感

从图 17.26 可以看出，在频率低于 22 GIIz 时，透射率近似等于 1，且透射率主要是由于水汽和液态水的吸收造成的，氧气、冰晶的吸收和散射影响很小。所以，对于频率低于 22 GHz 的频段，透射率有：

$$T_f(0,\infty)=T_{f\,\mathrm{liquid}}\cdot T_{f\,\mathrm{vapour}} \qquad (17.5.28)$$

式中，$T_{f\mathrm{liquid}}$ 为液态水的透射率，$T_{f\mathrm{vapour}}$ 为水汽的透射率，由于它们均近似等于 1，可近似表示为：

$$T_{f\,\mathrm{liquid}}\approx\exp(-\frac{Q}{Q_0})\approx1-\frac{Q}{Q_0} \qquad (17.5.29)$$

$$T_{f\mathrm{vapour}}\approx\exp(-\frac{W}{W_0})\approx1-\frac{W}{W_0} \qquad (17.5.30)$$

式中，W、Q 分别是水汽含量(mm)和液态水含量(mm)，为水汽密度和液态水密度沿垂直路径上的积分,W_0 和 Q_0 是和频率有关的常量。

$$W=\frac{1}{\rho_w}\int_0^{\infty}\rho_v \mathrm{d}z \tag{17.5.31}$$

$$Q=\frac{1}{\rho_w}\int_0^{\infty}\rho_c \mathrm{d}z \tag{17.5.32}$$

式中,ρ_w 为液态水密度,ρ_v 为水汽密度,ρ_c 为云中液态水密度。

为了反演液态水含量和水汽含量,必须将辐射传输方程转变成与液态水含量和水汽含量显式表示的形式。对于频率低于 22 GHz 的频段,(17.5.14)式可近似简化为:

$$T_{bf}^{\uparrow}(\infty)\approx T_s[1-T_f^2(0,\infty)(1-\varepsilon_{fs})] \tag{17.5.33}$$

利用(17.5.29)、(17.5.30)式,并略去含有 W、Q 的二阶项,则得到:

$$T_{bf}^{\uparrow}(\infty)=\varepsilon_{sf}T_s+2\left[\frac{W}{W_0}+\frac{Q}{Q_0}\right](1-\varepsilon_{sf})T_s \tag{17.5.34}$$

假设地表温度和地表发射率为已知常数,则可以从两个通道(通常是 22 GHz 的水汽微波弱吸收通道与 35 GHz 的微波窗区通道)的亮温测量值来确定 Q、W,可通过建立下述拟合关系式进行反演(陈洪滨,2000):

$$W=w_0+w_1T_{bf_1}+w_2T_{bf_2} \tag{17.5.35}$$

$$Q=q_0+q_1T_{bf_1}+q_2T_{bf_2} \tag{17.5.36}$$

式中 T_{bf_1} 和 T_{bf_2} 为频率 f_1 和 f_2 处的观测亮温。系数 w_i 和 q_i 的值取决于所选的频率和地表的发射率、地表温度和经验参数(W_0、Q_0)。这些系数可根据一组已知的亮温以及液态水含量和水汽含量,采用统计方法来确定。

微波扫描辐射成像仪水汽与云水含量产品可用于进行热带气旋分析,图 17.33 为台风“桑美”形成时的水汽含量与液态水含量反演产品图像。通过大量分析发现,洋面上空水汽含量大于 60 mm 为台风形成的两个基本条件之一,在台风形成区域,洋面上空云中液态水含量的值普遍大于 0.18 mm 时,地面可产生降雨。

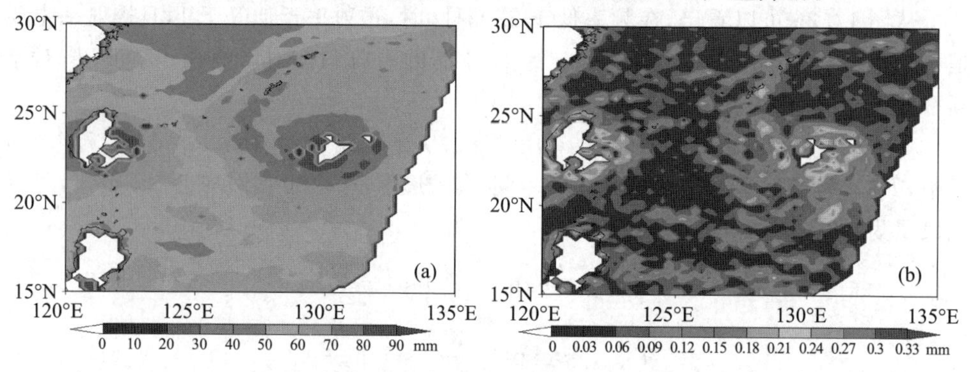

图 17.33 台风“桑美”形成时的水汽含量(a)和液态水含量(b)

17.5.5　降雨强度的微波遥感

雨滴对微波辐射具有散射和吸收作用。从卫星上利用微波辐射遥感地面降雨强度主要基于两种原理:一种是基于雨滴的微波发射效应,另一种是基于雨滴对微波的散射效应。雨滴的发射可以使得微波辐射增加,而雨滴、冰晶粒子的散射则使得微波辐射减小。在海洋上,水的发射率小且稳定,因此,使用低频通道(<22 GHz)通过降雨发射的微波辐射,可以进行降雨识别和降雨强度反演。在陆地上,地表发射率大,因此,水凝物发射的微波辐射不能从地表发射的辐射中分离出来,此时,上层冰晶粒子的散射导致在高频(>60 GHz)波段辐射的减小,从而可以用来监测降雨。在陆地上,通道的设计要保证地表背景辐射不影响降雨的反演。图 17.34 给出了不同微波频率下卫星星下点观测时,亮温随降雨强度的变化关系。从图上可以看出,在陆地上空,亮温随降雨强度的增加而下降,频率越高,影响越大。在海洋上空,由于海表面发射率较低,因此,亮温最初是随降雨强度的增加而增大的,如图中虚线所示。

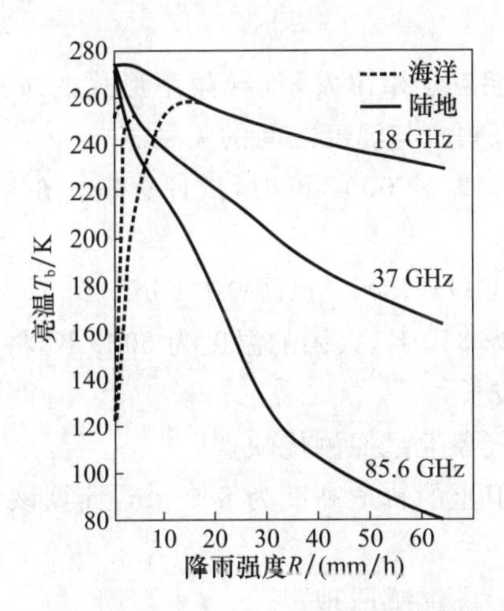

图 17.34　不同微波频率下卫星星下点观测的亮温与降雨强度的关系(Spencer et al.,1989)

降雨强度的微波被动遥感反演通常采用统计分析建立如(17.5.37)式所示的卫星观测亮温 T_{bf} 与地面降雨强度测量值 R 之间的回归关系式进行。地面降雨强度的测量可采用雷达和雨量计。由于雷达和卫星同样可对降水进行连续观测,且二者均为面降水观测,在时间和空间上容易匹配,所以,在利用经验方法反演降雨强度时,多用地基雷达和卫星对同一降水区进行同步观测,然后利用雷达反射率因子与降雨强度之间的经验关系(即 Z-R 关系)得到地面降雨强度,通过统计分析,得出如(17.5.37)式所示的亮温与降雨强度之间的回归关系式。

$$T_{bf} \approx b + cR^d \tag{17.5.37}$$

式中,b、c和d是与大气和地表状况有关的系数。理论上,$d=0.84$。

随着微波辐射传输模式和云微物理模式的发展,人们可以对不同水凝物垂直分布状态下的微波辐射传输进行模拟,构建地面降雨强度与单(多)通道亮温之间的关系,实现降雨强度的物理反演,进一步地还可以开展水凝物垂直廓线的微波遥感反演。

习　题

1. 比较解释下述各组名词:

(1)辐射度,辐亮度;

(2)发射率(比辐射率),吸收率;

(3)黑体,灰体;

(4)大气窗区,吸收带;

(5)亮温,色温;

(6)反照率,反射率

2. 从频率形式的普朗克定律出发,推导频率形式的维恩位移定律,即黑体辐射辐亮度最大值对应的峰值频率与温度之间的关系。

3. 当温度分别为300 K和6000 K时,试计算黑体在下列给定频率或波长的辐亮度:

(1)1 GHz;(2)1000 GHz;(3)1 μm;(4)0.1 μm

4. 假设人体的温度为310 K、太阳的温度为6000 K,将人体和太阳视为黑体,分别计算它们辐射的峰值波长。

5. 比较极轨与静止气象卫星探测优缺点。

6. 已知某极轨气象卫星的轨道高度为800 km,计算该卫星的环绕速度、周期和截距。

7. 简要说明可见光云图遥感原理。

8. 在可见光云图中,假设某地某时刻上空有淡积云,可见光反射率为30%,随后淡积云很快消散,露出可见光反射率15%的草地地表,计算可见光云图中云表面和草地表面两种表面对应的辐亮度比值。

9. 推导卫星红外遥感方程,并指出方程中各物理量的意义。

10. 一台装载在气象卫星上的红外扫描辐射计测量地表在10 μm窗区发射的出射辐射。假定卫星和地表间的大气效应可以忽略,问当在10 μm处观测到的辐亮度为0.98 W/(m^2 · μm · sr)时,地表温度应为多少?

11. 说明可见光云图和红外云图的特性及异同。

12. 什么是权重函数?权重函数峰值高度与什么因素有关?并加以解释。

13. 概述卫星红外遥感晴空大气温度廓线的原理。

14. 为什么卫星红外遥感湿度廓线要比温度廓线难？

15. 图(a)和图(b)给出了某地空中向下观测和地面向上观测的大气红外辐射光谱，请阐述两图辐射光谱曲线有哪些特点和不同点，为什么？

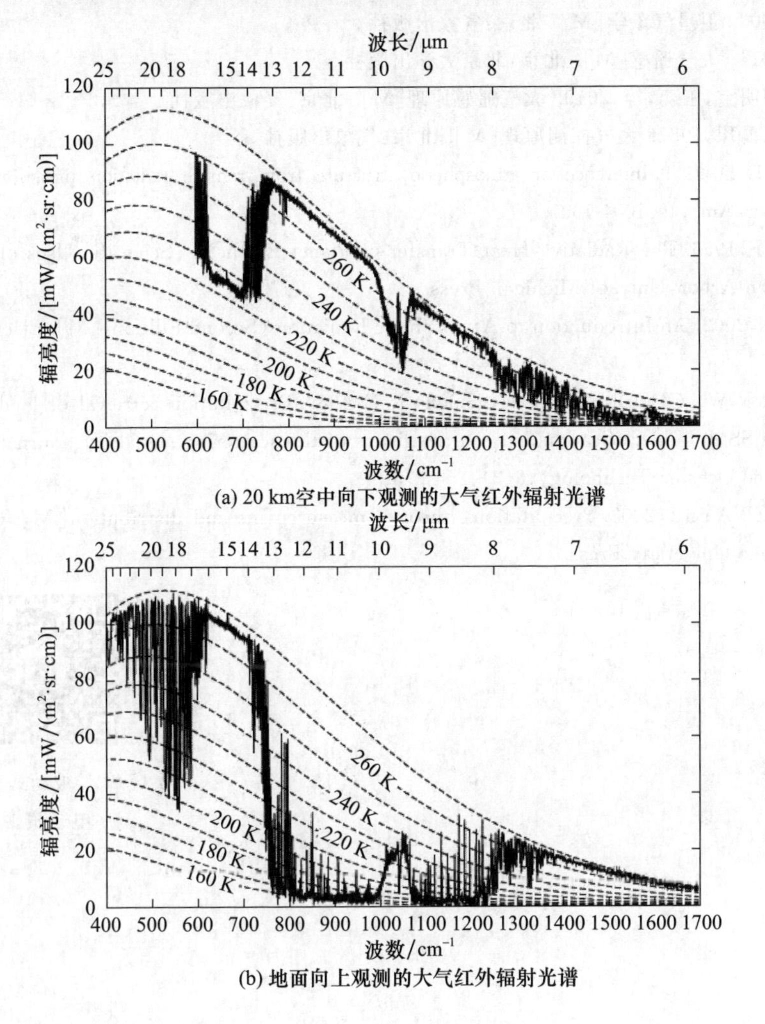

(a) 20 km空中向下观测的大气红外辐射光谱

(b) 地面向上观测的大气红外辐射光谱

16. 比较温度廓线的卫星红外和微波遥感的优缺点。

17. 比较天基红外遥感方程与微波遥感方程的异同。

18. 简述天基微波遥感与地基微波遥感方程的异同。

19. 简述天基微波遥感云中含水量原理。

参考文献

陈洪滨,2000. 星载微波辐射计遥感反演云水量的一个算式[J]. 遥感学报,4(3): 165-171.

陈渭民,2003. 卫星气象学[M]. 北京:气象出版社.

李万彪,2014. 大气遥感[M]. 北京:北京大学出版社.

孙学金,胡明宝,王蕊,等,2019. 大气遥感原理[M]. 北京:气象出版社

赵柏林,张霭琛,1987. 大气探测原理[M]. 北京:气象出版社.

KAPLAN L D, 1959. Inference of atmospheric structure from remote radiation measurements[J]. J. Opt. Soc. Am. ,49:1004-1007.

KING J I F,1956. The Radiative Heat Transfer of Planet Earth. In "Scientific Uses of Satellites" [M]. Ann Arbor:Univ. of Michigan Press.

LIOU K N,2002. An Introduction to Atmospheric Radiation (Second Edition)[M]. Elsevier Science (USA).

SPENCER R W, GOODMAN H M, HOOD R E,1989. Precipitation retrieval of land and ocean with the SSM/I: identification and characteristics of the scattering signal[J]. Journal of Atmospheric and Oceanic Technology,6(2):254-273.

STRANGEWAYS I,2007. Precipitation: theory, measurement and distribution[M]. Cambridge: Cambridge University Press.

第 17 章　被动式大气遥感

电子资源

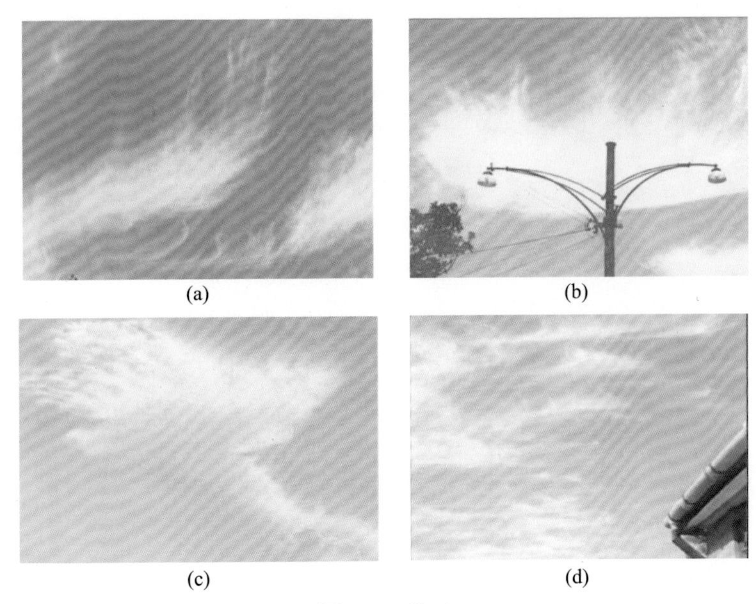

(a)　　(b)

(c)　　(d)

图 2.1　卷云

(a)毛卷云;(b)密卷云;(c)伪卷云;(d)钩卷云

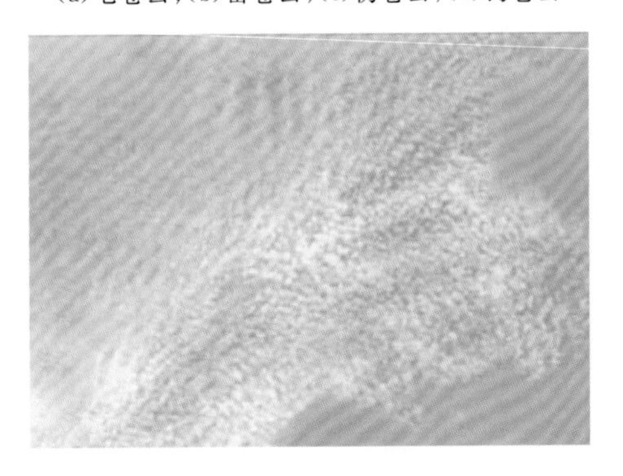

图 2.2　卷积云

(a)　　(b)

图 2.3　卷层云

(a)毛卷层云;(b)匀卷层云

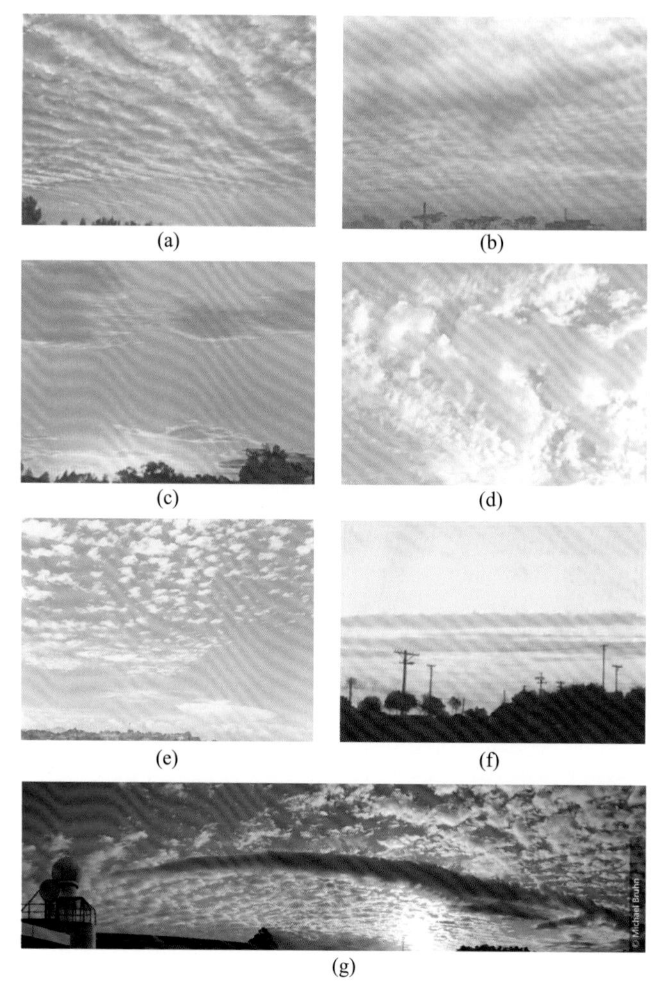

(a) (b) (c) (d) (e) (f) (g)

图 2.4 高积云

(a)透光高积云;(b)蔽光高积云;(c)荚状高积云;
(d)积云性高积云;(e) 絮状高积云;(f) 堡状高积云;(g)滚轴状高积云

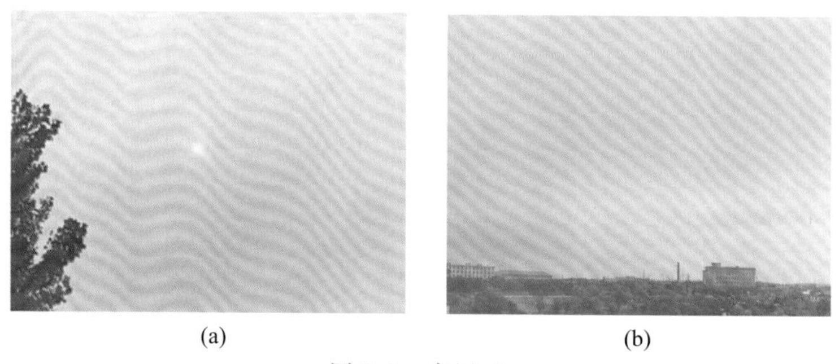

(a) (b)

图 2.5 高层云

(a)透光高层云;(b)蔽光高层云

图 2.6　雨层云与碎雨云

图 2.7　层积云

(a)透光层积云;(b)蔽光层积云;(c)荚状层积云;

(d)积云性层积云;(e)堡状层积云;(f)滚轴状层积云

(a) (b)

图 2.8 层云

(a)层云;(b)碎层云

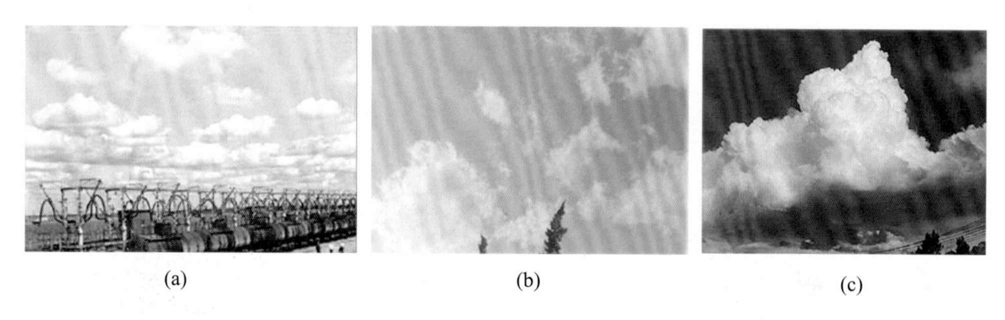

(a) (b) (c)

图 2.9 积云

(a)淡积云;(b)碎积云;(c)浓积云

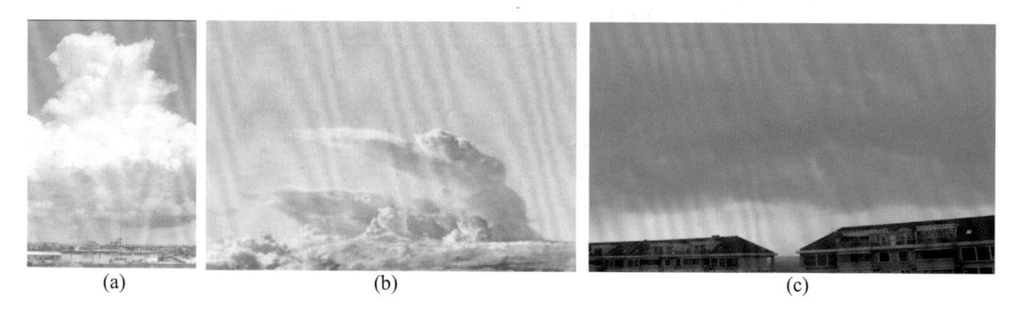

(a) (b) (c)

图 2.10 积雨云

(a)秃积雨云;(b) 鬃积雨云顶;(c) 鬃积雨云底

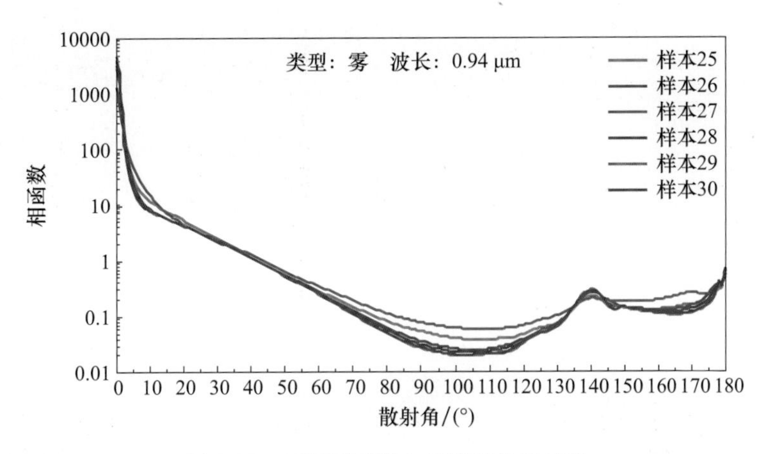

图 3.15 不同雾滴谱与气溶胶的相函数

图 4.1 极光

图 4.2　虹

图 4.3　晕

图 4.4　华

图 4.5　宝光

图 4.6　霞

图 4.7　蜃楼

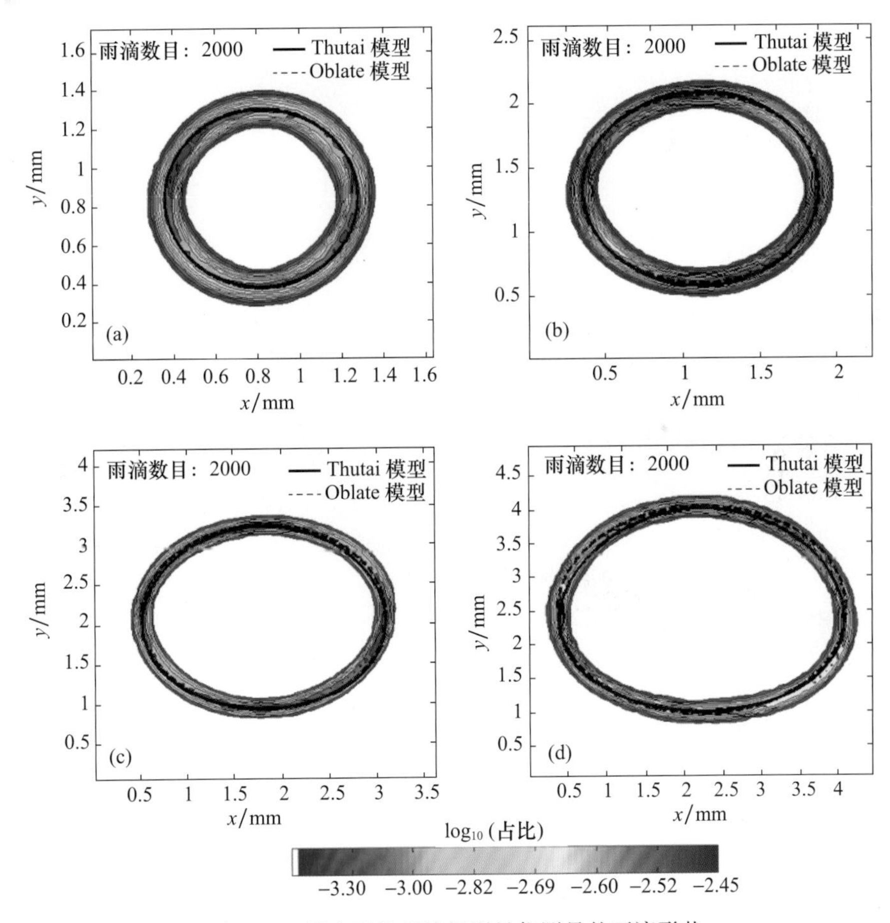

图 9.11　降水微物理特征测量仪测量的雨滴形状

雨滴直径：(a)0.8～1.0 mm；(b)1.4～1.6 mm；(c)2.4～2.6 mm；(d)3.4～3.6 mm

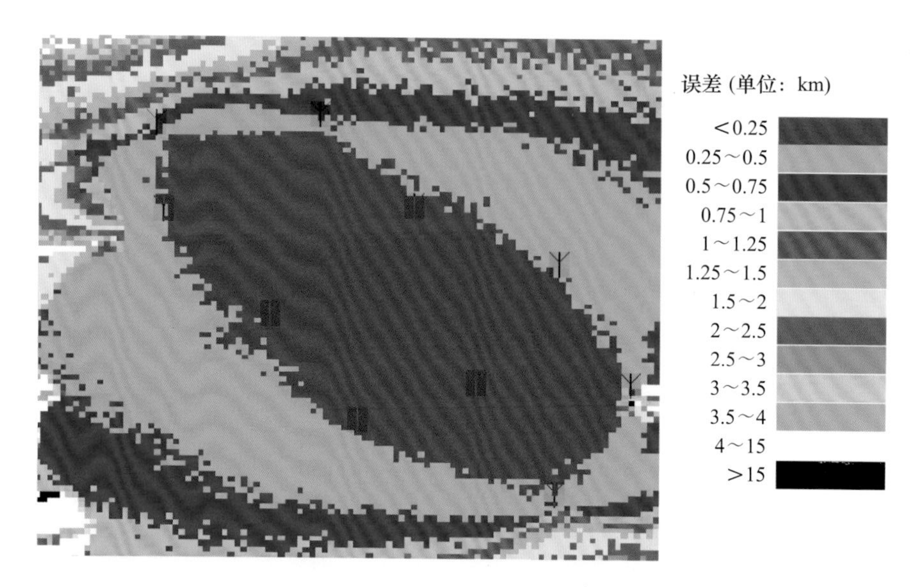

图 11.11　雷电定位网误差评估(标丫处为测站)

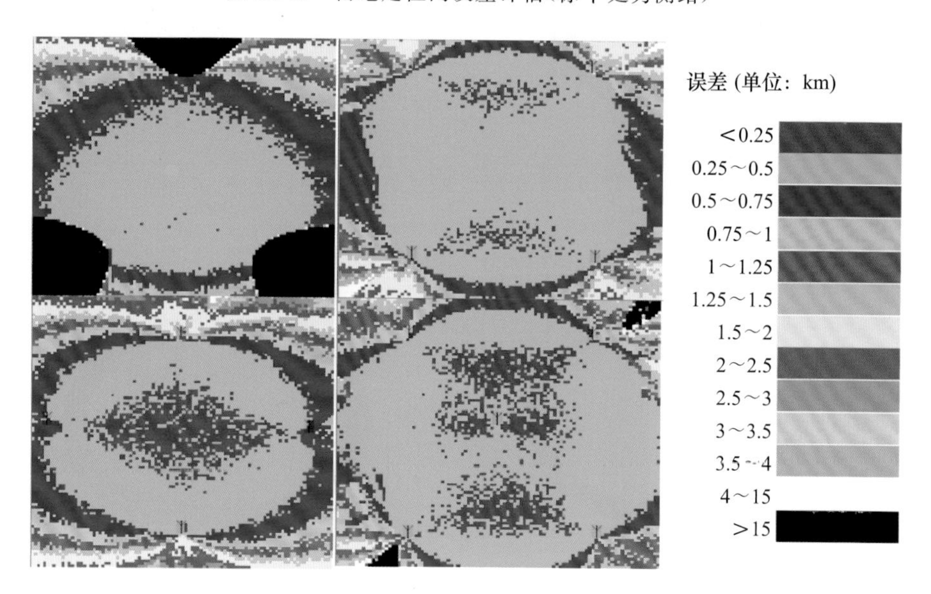

图 11.12　不同布站形状对探测精度的影响(丫为测站)

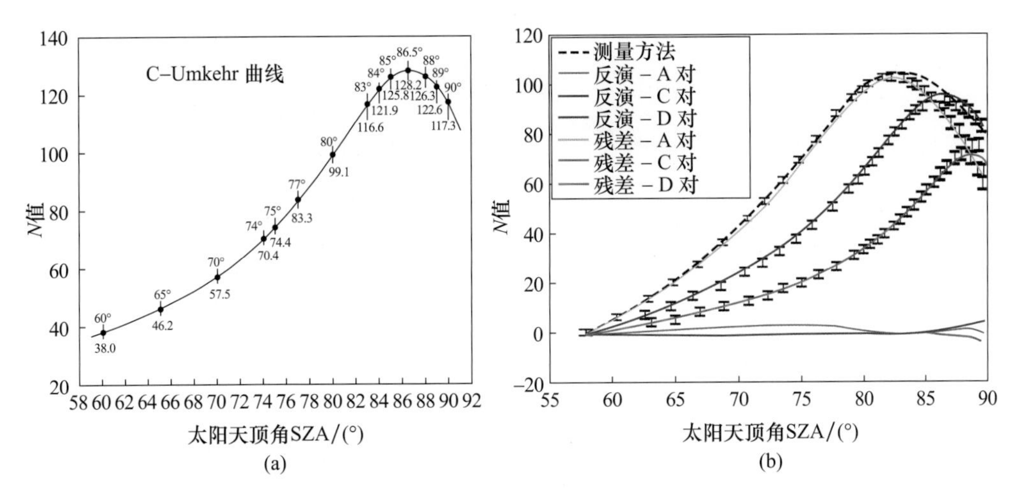

图 13.29 C 对波长 Umkehr 曲线(a),太阳天顶角归一化后的 A 对、C 对、D 对波长 Umkehr 曲线(b)

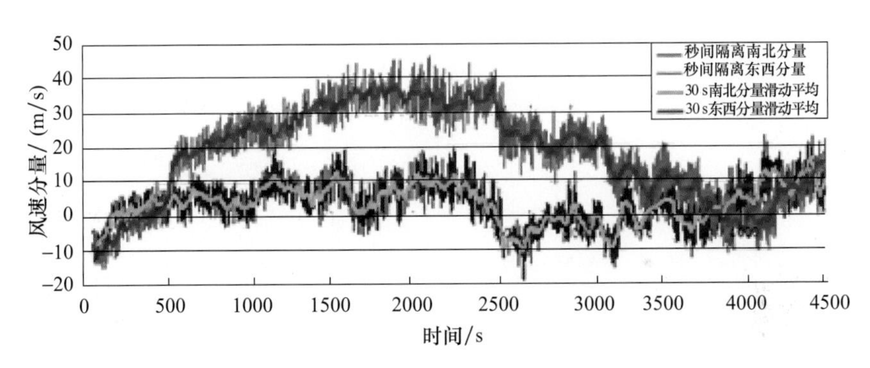

图 14.36 由 GPS 秒间隔定位数据计算的风速分量

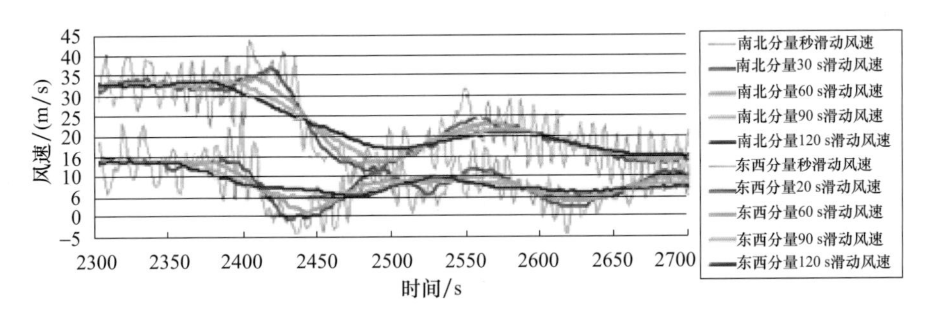

图 14.37 不同平滑时段平滑后的风速分量

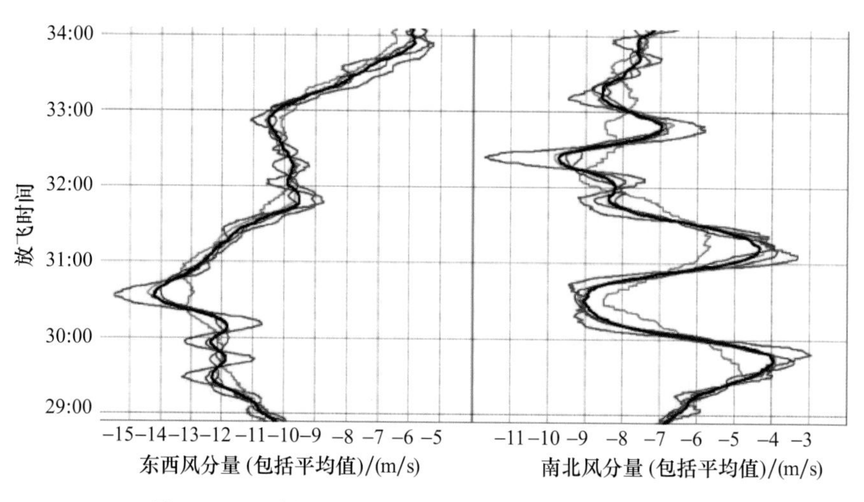

图 14.38　不同厂家 GPS 测风系统风廓线部分探测结果

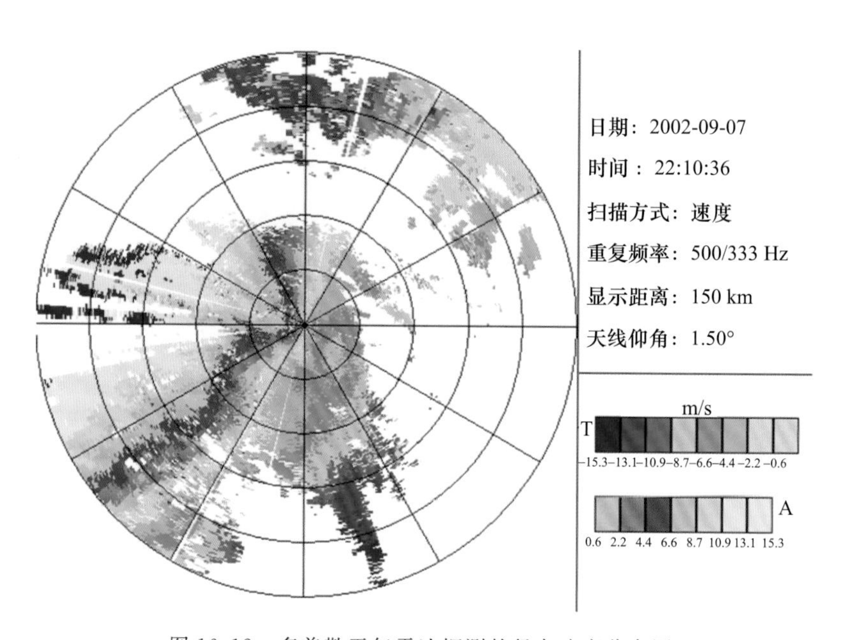

图 16.12　多普勒天气雷达探测的径向速度分布图

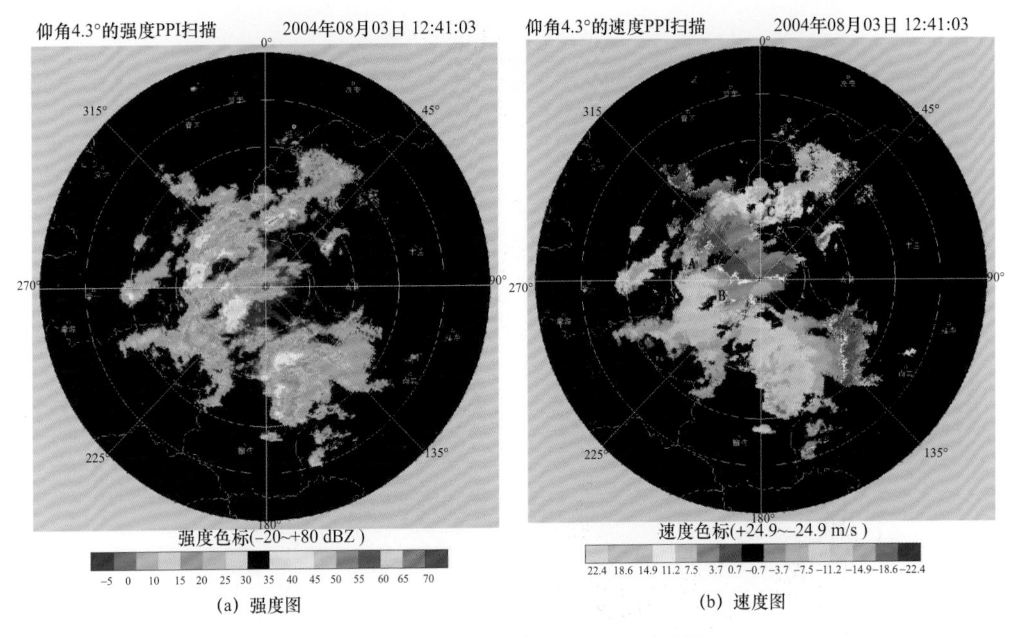

(a) 强度图　　(b) 速度图

图 16.13　多普勒天气雷达 PPI 回波图

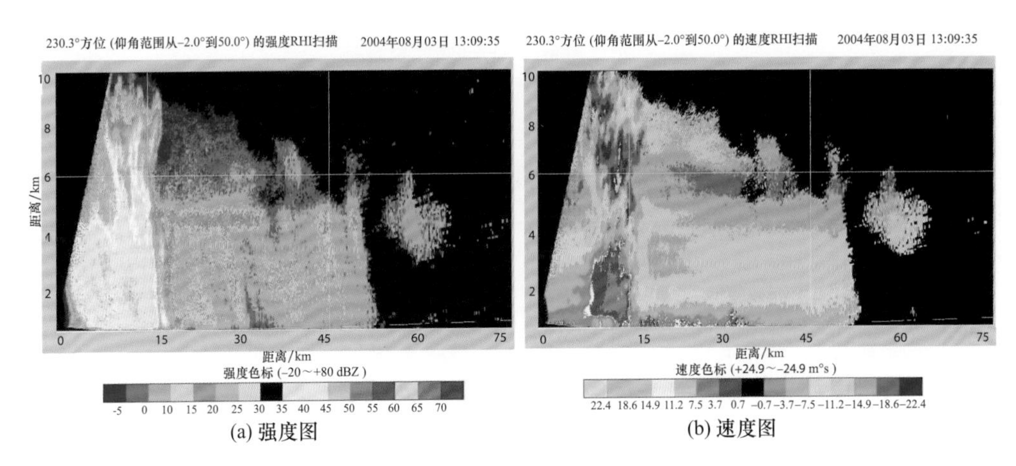

(a) 强度图　　(b) 速度图

图 16.14　多普勒天气雷达 RHI 回波图

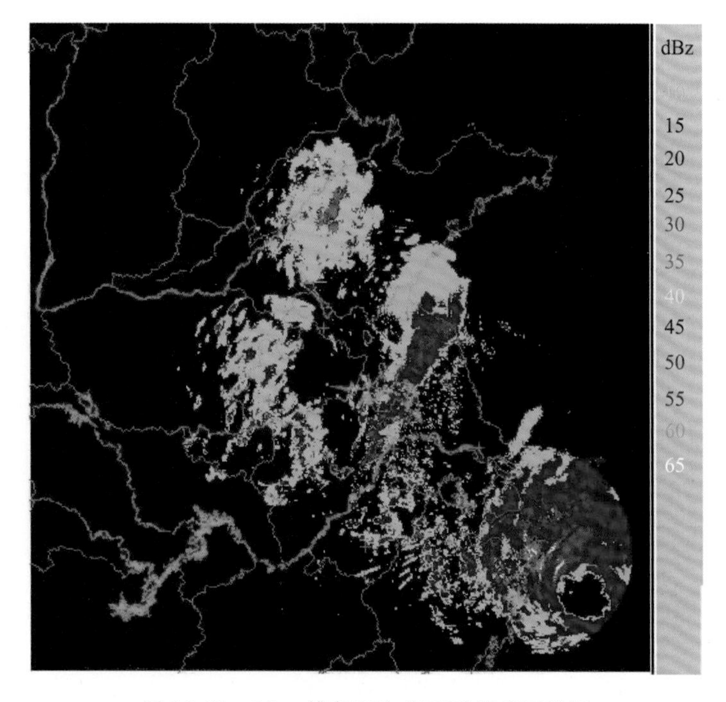

图 16.15　3 km 等高面的 CAPPI 强度回波图

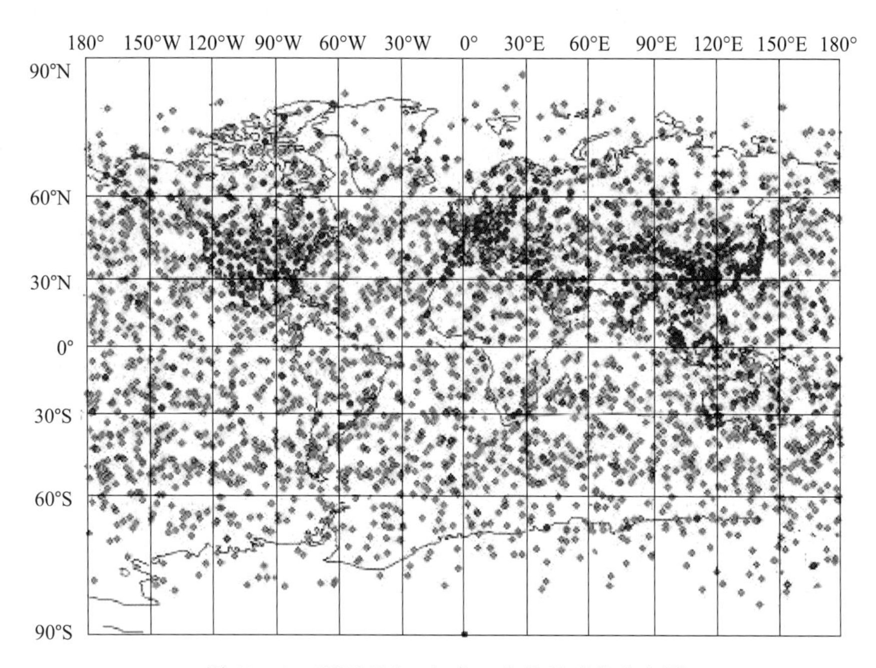

图 16.38　COSMIC-1 全球 24 h 掩星事件分布图